DIJI YU JICHU GONGCHENG
JISHU CHUANGXIN YU FAZHAN

地基与基础工程技术创新与发展

（2017）

赵存厚　肖恩尚　主编

中国水利水电出版社
www.waterpub.com.cn
·北京·

内 容 提 要

本书为中国水利学会地基与基础工程专业委员会主办的"第14次全国水利水电地基与基础工程学术研讨会"论文集。内容包括了理论研究与探讨、混凝土防渗墙、灌浆工程、岩土锚固与支护、高喷灌浆工程、桩基工程、振冲工程、顶管与掘进、新材料研究与试验等内容，反映了2016—2017年两年来水利水电地基与基础工程技术的最新成果。

本书内容丰富，资料翔实珍贵，实用性强，可供水利水电行业及其他建筑领域的工程技术人员和院校师生参考使用。

图书在版编目（ＣＩＰ）数据

地基与基础工程技术创新与发展. 2017 / 赵存厚，肖恩尚主编. -- 北京 ： 中国水利水电出版社，2017.7
ISBN 978-7-5170-5821-2

Ⅰ．①地… Ⅱ．①赵… ②肖… Ⅲ．①地基－工程施工－学术会议－文集②基础(工程)－工程施工－学术会议－文集 Ⅳ．①TU47-53②TU753-53

中国版本图书馆CIP数据核字(2017)第217873号

书　　名	**地基与基础工程技术创新与发展 （2017）** DIJI YU JICHU GONGCHENG JISHU CHUANGXIN YU FAZHAN（2017）
作　　者	赵存厚　肖恩尚　主编
出版发行	中国水利水电出版社 （北京市海淀区玉渊潭南路1号D座　100038） 网址：www.waterpub.com.cn E - mail：sales@ waterpub.com.cn 电话：（010）68367658（营销中心）
经　　售	北京科水图书销售中心（零售） 电话：（010）88383994、63202643、68545874 全国各地新华书店和相关出版物销售网点
排　　版	中国水利水电出版社微机排版中心
印　　刷	三河市鑫金马印装有限公司
规　　格	184mm×260mm　16开本　41印张　972千字
版　　次	2017年7月第1版　2017年7月第1次印刷
印　　数	0001—1500册
定　　价	**145.00元**

《地基与基础工程技术创新与发展（2017）》及第 14 次全国水利水电地基与基础工程学术研讨会主要赞助单位

中国水利水电第八工程局有限公司

中国水电基础局有限公司

中国葛洲坝集团基础工程有限公司

北京振冲工程股份有限公司

中国水利水电第七工程局有限公司

中国长江三峡集团公司

山东省水利科学研究院

中国水利水电科学研究院

长江水利委员会长江科学院

湖南宏禹水利水电岩土工程有限公司

河海大学江苏河海工程技术公司

水利部建设管理与质量安全中心

前　言

　　随着我国国民经济建设不断取得新的成就，水利水电建设事业获得了前所未有的迅猛发展，水工建筑物规模越来越大，形式越来越多样，功能要求更高，对基础的要求也越来越高，而好的建坝地质条件越来越少，客观上要求地基与基础工程技术必须不断发展，这对技术的提高提供了一个难得的契机。

　　在这样的大好形势下，中国水利学会地基与基础工程专业委员会决定召开2017年水利水电地基与基础工程学术会议。这一动议得到了全国水利水电行业和其他行业一些单位的有关技术人员的热烈响应和积极支持，许多技术人员踊跃来稿，至发稿时止，收到各类技术论文、工程总结共计160余篇，经组织专家审校，选用113篇编辑成《地基与基础工程技术创新与发展（2017）》论文集。论文集主要包括了水利水电行业2016—2017年两年来的技术成果。综观来稿有以下几个特点：

　　（1）技术创新较多，学术水平较高。有多篇论文反映了我国水利水电地基与基础工程的最新成果、最新纪录和新型工艺。如超深与复杂地质条件防渗墙施工技术、灌浆中的MICP技术、BIM技术、防渗支护一体化（RMG）技术、岩溶地区灌浆技术、高水头下复杂岩体防渗补强技术、高拱坝衔接帷幕灌浆技术等。

　　（2）深厚覆盖层处理技术取得巨大进展。正在施工的新疆大河沿水库坝基防渗墙深度达到184m，这是继西藏旁多水利枢纽工程防渗墙深度158m纪录的又一次突破。目前，我国深度大于100m的防渗墙已超过10道，且都处在西部高山峡谷地区，地质条件复杂，这标志着我国深厚覆盖层防渗处理的技术达到了一个新的高度。

（3）新型灌浆材料的研究极大地丰富了基础工程技术的内涵。如新型固化灰浆墙体材料、生石灰改性膨润土浆液、乳化沥青破乳堵漏材料、低热沥青浆液、CW流变自黏性材料等。新材料的多样化也催生了工艺的多样化，对地基与基础工程中的缺陷处理措施更具有针对性。书中多位作者慷慨地把这些成果贡献出来，其资料和精神难能可贵。

（4）开展了学术争鸣。不同的学术和技术观点展开讨论有助于明辨真理，弄清是非。有鉴如此，书中还收入了对我国现行技术标准进行讨论和实效灌浆压力等方面的文章。

本次论文集的征集工作自 2016 年 10 月开始，2017 年 6 月完成，历时 8 个月。论文的整理和审稿工作，由中国水利学会地基与基础工程专业委员会秘书组组织多位专家完成初审，由各主任委员、副主任委员完成终审。在论文的征集、审稿和出版过程中，学会老领导夏可风同志也付出了大量辛勤的劳动。在此期间，中国水电基础局有限公司给予了大力支持。将要举行的学术会议的会务工作，专委会委托中国水利水电第八工程局有限公司承担。在此一并表示衷心的感谢。

本论文集的文稿内容充实、资料丰富、技术先进，值得学习和借鉴，但也有个别文章内容稍嫌肤浅。有些工程项目由多篇文章从不同角度阐述，致使这些文章中部分文字有不同程度的重复，编者在审改时删除了其中的一部分；但为照顾各篇论文的相对独立性，仍旧保留了部分内容。由于编辑出版时间仓促，部分论文的文字来不及准确推敲，错漏在所难免，请作者与读者予以谅解。

编　者

2017 年 8 月

目　录

灌　浆　工　程

岩土锚固与支护

高 喷 灌 浆 工 程

桩 基 工 程

振 冲 工 程

顶 管 与 掘 进

新 材 料 研 究 与 试 验

其 　 他

理论研究
与探讨

贵州夹岩水利枢纽水源工程库尾伏流隧洞

中国水利水电第八工程局有限公司基础公司
简　介

　　中国水利水电第八工程局有限公司基础公司（简称基础公司）组建于1952年，主要从事水电、风电等新能源、城市轨道交通等地基与基础工程及水利、堤防、市政、隧洞工程等领域的施工，具有地基与基础工程专业承包一级资质。

　　基础公司拥有一大批高素质工程技术人员及施工管理人员，在多领域地基与基础工程施工技术及管理领域致力于不断创新。基础公司有14项重大科研成果获省部级科技进步奖，拥有国家专利23项、国家级工法3项、省部级工法10余项，主编及参编行业标准3项，11项工程荣获国家和省部级优质工程奖。

　　基础公司积极推进转型升级，竭诚通过自身的不懈努力，以激情和智慧，以诚信和服务，成功锻造"八局基础"品牌，以精湛的施工工艺、严谨的工作作风、良好的履约信誉，充分展示开放、进取、诚信、负责的企业形象，为业主提供优质服务，创建一流品牌。

控制性灌浆帷幕对某枢纽地基防渗适用性研究

周建华　王丽娟　张金接

（中国水利水电科学研究院　北京中水科工程总公司）

【摘　要】 针对四川岷江干流下游河段某枢纽工程防洪堤防渗处理需求，分析了控制性灌浆帷幕方案的特点及对该地基适用性，建立相应计算模型，对灌浆帷幕防渗体进行了渗流稳定分析，确定了控制性帷幕灌浆防渗方案的有效性和适用性；通过帷幕体渗透系数敏感性分析，确定了灌浆帷幕渗透系数的最优控制指标；结合该工程条件，给出了经济可行的控制性帷幕灌浆施工方案。

【关键词】 控制性灌浆帷幕　渗流稳定性　敏感性　灌浆工艺

1　工程概况

四川岷江干流下游河段某枢纽工程正常蓄水位为 335.00m，总库容为 2.27 亿 m^3。

防洪堤采用胶凝砂砾石筑坝技术修建，拟建在砂卵砾石层上，工程级别为 4 级，上游坝坡坡比为 1∶0.5，下游坝坡坡比为 1∶0.7，坝顶宽度 6m。

工程区内主要覆土层如下：

（1）河流冲洪积（Q_4^{al+pl}）粉土、粉土夹细砂②层，稍密状，厚度 1～5m，上部为 0.5～1m 的灰黑色耕植土，属可液化土层，透水性强—中等；

（2）河流冲洪积（Q_4^{al+pl}）卵石③层，粒径一般为 20～80mm，少量大于 150mm，最大可达到 500mm，中密状为主，透水性强，层厚 8.3～10.5m，整个场地均有分布；

（3）三叠系上统须家河组（T_3xj^4），灰色厚层细砂岩，层中夹少量薄层含碳质粉砂岩及煤块。

根据堤防工程设计规范规定，对于透水堤基，灌浆帷幕也是防渗的重要手段，且对于深厚覆盖层的砂砾石层和岩基渗漏一般也采用灌浆的方式进行防渗处理。

本文对堤基灌浆帷幕防渗体进行了渗流稳定分析，确定控制性帷幕灌浆防渗方案的有效性和适用性；通过帷幕体渗透系数敏感性分析，确定渗透系数的最优控制指标；并结合该工程条件，给出经济可行的控制性帷幕灌浆施工方案。

感谢国家重点研发计划项目 2016YFC0401805 及中国水利水电科学研究院科研专项 EM0145B462016 项目的资金资助。

2 灌浆帷幕适用性分析

2.1 渗流稳定性分析

2.1.1 渗流计算参数

根据相关报告及试验资料，覆盖层（砂卵石层）渗透系数为 1×10^{-2} cm/s，下部弱风化岩层的渗透系数为 2.61×10^{-7} cm/s，帷幕的幕体渗透系数为 5×10^{-5} cm/s，上游混凝土防水层的渗透系数为 2.61×10^{-7} cm/s，坝体渗透系数为 1.77×10^{-4} cm/s。

稳定渗流期，防洪堤堤前水头可取 10m。

灌浆帷幕布置 2 排，孔排距均为 2m，则根据帷幕体厚度理论计算公式：

$$T=2R+d=\frac{2d}{\sqrt{3}}+d \tag{1}$$

式中：T 为帷幕体厚度；R 为浆液扩散半径；d 为注浆孔排距。将相应参数代入式（1），则帷幕体厚度 $T=4.4$m。

根据控制性灌浆技术对于砂砾石地层一般达到的工程效果，帷幕体渗透系数可按 $K=5\times10^{-5}$ cm/s 考虑。

利用 GeoStudio 软件，按照设计给定的截面尺寸，建立计算模型，进行渗流稳定分析。

2.1.2 渗流稳定性分析

正常运行期，防护堤及堤基的计算成果如图 1～图 5 所示。

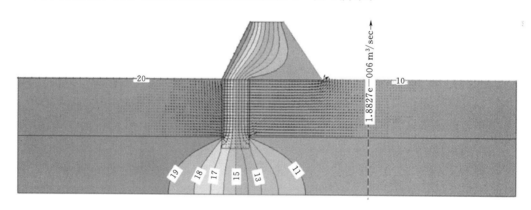

图 1　防护堤及堤基的总水头分布图

分析以上渗流计算结果，可以得到如下结论：

（1）堤身及堤基内部水头向下游方向逐渐变小，水流整体向下游运移，坝体内部渗流速度较小，浸润线埋深较大，堤身稳定性较好，坝体上游方向地层内渗流速度较小，说明覆盖层起到了一定的防渗作用，最大渗流速度出现在下游堤脚与堤基接触位置。

（2）灌浆帷幕最大水力坡降发生在帷幕体与基岩接触位置，水力坡降最大值为 2.93，根据堤防工程设计规范，帷幕幕体允许水力坡降为 3，幕体不会产生渗透破坏；压力水头的 90% 消耗在帷幕体上，故幕体内部渗透比降也比较大。

（3）防护堤及堤后砂卵石覆盖层渗流出口处最易发生渗透破坏，该位置水力坡降取值

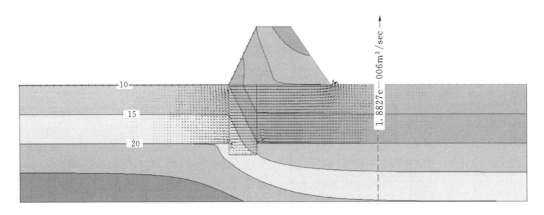

图 2 防护堤及堤基的压力水头分布图

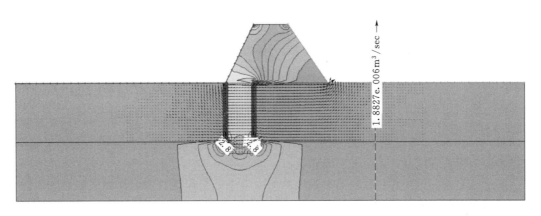

图 3 防护堤及堤基的水力坡降分布图

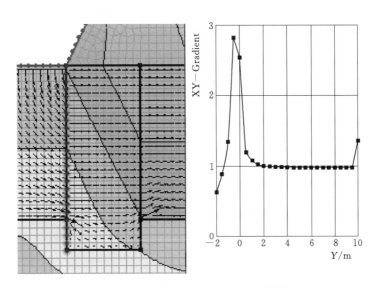

图 4 防渗帷幕竖直方向各点水力坡降

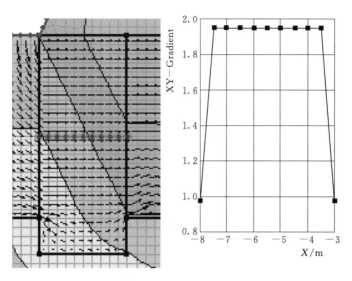

图 5　防渗帷幕水平方向各点水力坡降

为 7.23×10^{-3}，基本为零，根据设计院土工试验成果，渗流出口区域覆盖层临界水力坡降为 0.83，故砂卵石层本身的渗透稳定性没有问题。

（4）通过堤基和堤身的单宽渗流量为 $1.8827 \times 10^{-6} \mathrm{m}^3/\mathrm{s}$，即每天单宽渗流量为 $0.163 \mathrm{m}^3/(\mathrm{d} \cdot \mathrm{m})$，考虑到本防护堤防护等级为 4 级，且渗流不会对帷幕及堤基产生破坏，根据堤防工程设计规范，满足相应要求。

通过以上分析可知，控制性帷幕灌浆防渗方案满足工程渗透稳定性要求，对于本防护堤工程是适用的。

2.2　帷幕体渗透系数敏感性分析

帷幕体渗透系数是评价帷幕效果的主要指标，会对防护身和帷幕的渗透稳定性产生较大影响，也会直接影响帷幕的施工难度和工程成本。为确定合理的帷幕渗透系数范围，对幕体渗透系数进行敏感性分析，探讨渗透系数数变化对防护堤及帷幕渗透稳定性的影响。

分别取帷幕体渗透系数 $K = 1 \times 10^{-5} \mathrm{cm}/\mathrm{s}$，$1 \times 10^{-4} \mathrm{cm}/\mathrm{s}$（常规灌浆通常能达到的防渗标准），带入模型进行渗流计算，结果见表 1。

表 1　　　　　　　　　　　　　不同渗透系数渗流计算结果统计表

渗透系数 /(cm/s)	水力坡降 最大值	水力坡降 最大值位置	渗流出口 水力坡降	渗流出口 临界水力坡降	单宽流量 /m³/(d·m)
1×10^{-5}	2.94	幕体与岩基接触处	3.21×10^{-3}	0.83	0.034
5×10^{-5}	2.92	幕体与岩基接触处	7.23×10^{-3}	0.83	0.163
1×10^{-4}	2.84	幕体与岩基接触处	6.15×10^{-2}	0.83	0.316

分析以上各图，及计算结果统计表，可以得到如下结论：

（1）防渗帷幕渗透系数对防渗体及堤基渗透稳定有一定影响，当渗透系数为 10^{-4} cm/s 时，防护堤及堤后砂卵石覆盖层渗流出口处最大水力坡降为 6.15×10^{-2}，满足成都勘测设计研究院土工试验成果要求；当渗透系数为 10^{-4} cm/s 时，单宽流量增加比较明显，防渗效果不佳。

（2）当幕体渗透系数小于 5×10^{-5} cm/s 时，继续减小渗透系数，相应最大水力坡降、单宽流量等参数均进一步减小，但变化幅度不大，故渗透系数进一步减小意义不大；且控制性灌浆技术一般均可以达到此效果。

综上所述，渗透系数的合理取值范围为 5×10^{-5} cm/s 左右，既能满足应用需要，又不会造成材料浪费。

2.3 控制性帷幕灌浆施工方案设计

本工程拟采用的灌浆方法可以概括为孔口封闭纯压式、自下而上分段分序灌注。

（1）为保证防渗效果和幕体在水土压力下的自身稳定，帷幕布孔方式为沿着防护堤迎水侧布置两排孔，排距 2m，孔距 2m，呈梅花形布置，孔深嵌入基岩 1～2m；内排孔距离上游堤角 1m。每排孔共分两序进行施工，灌浆孔距为 2m，局部区域可根据注浆和施工情况布置加密补强孔。如果因场地等因素对钻孔布置产生影响，无法施灌，根据实际情况作局部调整。

布孔充分考虑到了灌浆中的"围、堵、挤"原则，灌浆的过程是先低压从一序、外围充填灌注，待形成封闭体系后，再在中间进行较高压力挤密灌浆。在同一排中采用分序灌注，可以充分提高灌浆压力，使浆液在有效范围内扩散和凝结，减少浆液的浪费，也可有效地提高灌浆效果和灌浆工效。

（2）孔径、孔深。开口孔径为 108mm，孔深为 12m。孔深要求进入基岩下承台底部 2m，以尽可能地截断渗流通道，减少堤基涌水量和渗透压力。

钻进采用风动钻机、跟管护壁钻进，成孔后直接孔口封闭、边拔管边灌注。

（3）灌浆材料。灌浆材料主要根据被灌地层的状况、灌浆目的，本着造价低、易于取材、不易引起不良后果等原则决定。控制性灌浆采用水泥膏浆结合稳定性浆液施工工艺。

（4）灌注工艺。灌浆采用孔口封闭、孔内纯压、自下而上的灌浆施工工艺。

1）灌浆采用一次成孔、自下而上的灌注工艺。

2）灌浆段长：各灌浆段长一律为 0.5m；应保证砂砾石层和基岩的接触面处于同一灌浆段中，以保证接触面的灌注效果。

3）灌浆浆液：先灌注稳定性浆液，如不能起压或灌注过程太长，则改灌水泥膏浆，以保证对微小裂隙的灌注效果。内排孔应尽量采用稳定性浆液结束灌注，如果内排孔的灌浆是以膏浆灌注结束的，应在其附近进行补强灌注。

4）灌浆次序：根据布孔情况，先灌注一序孔、外排孔，再灌注二序孔、内排孔。

5）灌浆压力：一序孔、外排孔拟采用 0.4～0.6MPa 的灌浆压力，二序孔、内排孔采用 0.6～1.0MPa 的中等灌浆压力。首先是要满足浆液的扩散半径，保证各灌浆孔间最终灌浆的浆液能相互搭接，保证不出现漏灌地段。

6）结束标准：①若没有明显的串、冒、跑浆现象，应尽量达到结束灌浆压力，以保证浆液的扩散半径，并希望在一定的灌浆压力能对地层起到挤密、压密的效果；②若产生串、冒、跑浆现象，在采取间歇、止浆等有效措施无效后，结束，待凝后在附近钻孔进行补强；③若地面或地上建筑物产生有害抬动，出现裂缝等现象，在采取限压限量措施无效后，应停止灌注，待凝后在附近钻孔进行补强灌浆。

3 结论与建议

本文通过分析控制性帷幕灌浆对于某防洪堤堤基防渗的有效性和适用性，得到如下结论与建议：

（1）采用膏浆结合稳定性浆液的控制性灌浆帷幕防渗方案满足相应规范的渗透稳定性要求，渗漏量也在可控范围内。

（2）通过帷幕体渗透系数敏感性分析可知，渗透系数的合理取值范围为 $5 \times 10^{-5} \, \text{cm/s}$ 左右，既能满足应用需要，又不会造成材料浪费。

（3）采用膏浆结合稳定性浆液的控制性灌浆帷幕防渗方案，具有造价低、工效高、施工工期、过程容易控制等优点。

结合该防护堤工程的具体情况，可以考虑控制性帷幕灌浆防渗方案作为防洪堤基础防渗的主要措施，并可为类似地层中工程的防渗处理提供一定的参考。

MICP技术影响因素探究及其灌注效果分析

李　娜[1,2]　李　凯[1,2]　王丽娟[1,2]　符　平[1,2]

(1.中国水利水电科学研究院　2.流域水循环模拟与调控国家重点实验室)

【摘　要】 微生物诱导碳酸钙沉积技术（MICP）是通过生物生化过程实现土体加固及防渗功能，并具有快速高效、环境耐受性好、不污染环境等优势。本文选择"巴氏芽孢杆菌"（编号ATCC 11859）作为研究菌种，探讨了其最佳培养条件；同时选择粉细砂（$d < 0.254mm$）作为灌注介质进行微生物灌浆，检测了其灌注效果；均得到了有价值的实验结论。

【关键词】 MICP　巴氏芽孢杆菌　最佳培养条件　灌注效果

1　引言

微生物灌浆即微生物诱导碳酸钙沉积技术（MICP），特指在工程中培养特定微生物，配置微生物浆液，通过微生物代谢中间产物碳酸钙来实现基础防渗加固和混凝土缺陷修补的一种灌浆材料及工艺；其机理是通过尿素水解、硫酸盐还原、脂肪酸发酵、反硝化作用等微生物生化过程产生碳酸根离子，同时微生物细菌细胞膜界面处带负电荷的有机质不断吸附带正电荷的钙离子，碳酸根离子同钙离子沉积出碳酸钙，最终通过碳酸钙达到地基加固的目的[1-3]。

巴氏芽孢杆菌（编号ATCC 11859）在新陈代谢过程中会产生一种酶，可以将尿素分解，形成铵根离子和碳酸根离子，该细菌表面带负电荷，当溶液中含有一定浓度钙离子时，钙离子会被细胞吸附，从而以细胞为晶核，在细菌周围就会形成具有胶凝作用的碳酸钙结晶[4,5]，该晶体可加固砂砾；尿素水解易于控制，生成碳酸钙沉淀的效率最高[6,7]，因此选择巴氏芽孢杆菌作为本文研究菌种。同时选择ATCC推荐的1376培养液，培养液成分为每L培养液含有酵母提取物20g、$(NH_4)_2SO_4$ 10g、0.13M的Tris缓冲液，配置好的培养液分装三角瓶中进行高121℃/20min高温蒸气灭菌。

MICP技术加固砂砾影响因素众多，主要有影响生物浓度、活性的因素及灌注砂砾的工艺等。文章在上述选定菌种及营养液的基础上对影响生物浓度、活性的因素进行了实验研究，同时依据实验研究结论，选择最优条件下培养的微生物进行了粉细砂加固实验。

2　MICP技术影响因素研究

微生物诱导碳酸钙，活性越高的微生物菌液，其诱导碳酸钙能力越强，进而加固砂砾效果也越理想。因此影响生物活性的因素也对微生物诱导碳酸钙技术具有影响。根据前人经验[5,8,9]，选择营养液 pH 值、培养温度、接种比例作为主要影响生物活性的因素；选择菌液浓度、菌液活性、菌液单体活性作为评价指标，进行 MICP 技术影响因素实验研究。为了准确对比不同因素值对菌种的浓度和活性影响，实验过程中，每次对比实验的营养液、生物接种选择的母液均为相同的，即整个实验过程中确保只有一个变量，排除其他因素对实验结果的影响。

2.1　pH 值影响

营养液 pH 值对微生物生长影响显著，选取合适的营养液 pH 值对巴氏芽孢杆菌的浓度及活性极其重要，实验对比了菌种在不同 pH 值营养液环境中的浓度、活性及单体活性变化。由于在微生物培养过程中，菌液的 pH 值是在不断变化的，试验中对比的 pH 值为营养液的 pH 值，即营养液接种前的 pH 值，下文提到的 pH 值均指接种前营养液的 pH 值。

试验结果表明，营养液 pH 值对微生物的浓度变化影响很小，不同 pH 值下，微生物生长曲线大致相同，变化范围控制在 10% 内。营养液 pH 值对微生物的活性及单体活性影响显著，且不同培养阶段，活性变化趋势不同：

（1）培养前 10h，pH＝7.62 和 pH＝8.8 的营养液环境中，微生物活性及单体活性增长较快，其中 pH＝7.62 微生物的活性及单体活性较 pH＝6.24 微生物增大 1 倍；培养 10～24h 阶段，pH＝5.14 和 pH＝6.24 的营养液环境中，微生物活性及单体活性增长较快，其中 pH＝6.24 微生物的活性及单体活性较 pH＝8.8 微生物增大 2 倍。

（2）pH＝7.62、pH＝8.8 营养液中微生物在培养 0～24h 阶段活性及单体活性持续增大，并在 24h 后快速下降；pH＝5.14、pH＝6.24 营养液中微生物在培养 0～10h 阶段活性快速增大，并在 10～48h 阶段缓慢增大，48h 后快速减小；不同 pH 值条件下，微生物活性及单体活性在 48h 时基本相同，差别不超过 10%。

通过试验对比，文章认为营养液 pH＝6.24 为微生物生长最优 pH 值。

2.2　培养温度影响

不同生物均有其最适生长温度，温度过高或者过低均会影响其生长。实验过程中，首先对生物的最适生长温度进行实验研究，首先确定营养液的 pH 值为自然 pH 值（即根据 ATCC 推荐的 1376 培养液成分进行配置后，营养液的 pH 值，未经过调整）为 8.8，接种比例为 10%（即每 100mL 营养液接种 10mL 菌液）；然后将接种后的营养液分别放到不同温度下环境中进行培养。培养过程中，在不同培养阶段对菌液进行浓度和活性的检测，结论如下：

（1）培养温度为 $T＝5℃$、$T＝10℃$、$T＝35℃$ 时，微生物在 0～24h 阶段浓度逐渐增大，并在 24h 时达到最大，然后减小；$T＝35℃$ 情况下微生物浓度增长速率和减小速率较 $T＝5℃$、$T＝10℃$ 情况下均大 20%。培养温度为 $T＝20℃$、$T＝30℃$ 时，微生物在 0～48h 阶段浓度逐渐增大，并在 48h 时达到最大且接近 $T＝35℃$ 培养温度下的最大浓度。

（2）$T＝30℃$、$T＝35℃$ 时微生物活性明细大于 $T＝5℃$、$T＝10℃$、$T＝20℃$ 时的活性；$T＝30℃$、$T＝35℃$ 在 0～24h 培养阶段，活性逐渐增大且在 24h 时达到最大值，且最

大值较第一次测量值增幅超过 300%，24h 后 $T=35℃$ 温度下微生物活性快速下降，$T=30℃$ 温度下微生物活性基本保持不变。$T=5℃$、$T=10℃$、$T=20℃$ 时，微生物在整个培养过程中浓度变化不大，最大值较第一次测量值增幅未超过 100%。

（3）$T=30℃$、$T=35℃$ 时微生物单体活性明细大于 $T=5℃$、$T=10℃$、$T=20℃$ 时的活性；$T=35℃$ 在 0～48h 培养阶段，单体活性逐渐增大且在 48h 时达到最大值；$T=30℃$ 在 0～24h 培养阶段，单体活性逐渐增大且在 24h 时达到最大值，其后单体活性逐渐减小；$T=5℃$、$T=10℃$、$T=20℃$ 时，微生物单体活性在整个培养过程中浓度变化不大，最大值较第一次测量值增幅未超过 40%。

综合考虑微生物浓度、活性及单体活性，文章认为最优培养温度为 30℃。

2.3　生物接种比例影响

接种比例是指菌液体积与营养液体积的比例，其对微生物的生长及活性有着一定影响。实验过程中，保证其他条件完全一致，对比接种比例分别为 5%、10%、15% 三种情况下，微生物的浓度、活性和单体活性。试验结果如下：

（1）在 0～24h 培养阶段，接种比例为 5%、15% 的微生物浓度增大，且在 24h 时达到最大，之后缓慢减小；10% 接种比例微生物浓度在 0～24h 快速增大，24h 后继续增大但增长速率减缓；三种接种比例微生物浓度在 72h 时基本达到一致，相差不超过 5%。

（2）在 0～24h 培养阶段，接种比例为 5%、15% 的微生物活性及单体活性增大，且在 24h 时达到最大，之后迅速减小；10% 接种比例微生物活性及单体活性在 0～24h 快速增大，且在 24h 时达到最大，之后基本保持不变。

微生物灌浆最为重要的是要确保生物活性的稳定，因此文章认为 10% 的接种比例最有利于维持生物活性稳定，是最优接种比例。

通过以上实验分析，对比不同影响因素对微生物浓度、活性及单体活性的影响，得出培养巴氏芽孢杆菌的最优条件是 10% 的接种比例、30℃ 培养温度及 pH＝6.24 的营养液环境。

3　基于 MICP 技术加固粉细砂研究

粉细砂由于其粒径极小，孔隙率极低，采用水泥灌浆加固，灌入性不佳，加固效果不好。微生物灌浆是通过微生物代谢中间产物碳酸钙来实现基础防渗加固，其原理为微生物分解出一种尿素酶，尿素酶可以水解尿素产生碳酸根离子，同时微生物细菌细胞膜界面处带负电荷的有机质不断吸附带正电荷的钙离子，碳酸根离子同钙离子沉积出碳酸钙，最终通过碳酸钙达到加固效果；且微生物浆液的黏度同水的黏度基本一致，对粉细砂可灌性较好；因此文章选择采用微生物浆液对粉细砂加固。

3.1　实验设计

依据研究结果，实验过程选择微生物的最佳培养条件进行培养，即 10% 的接种比例、30℃ 培养温度及 pH＝6.24 的营养液环境。在生物培养至 24h 时，进行微生物浆液灌注。

为准确灌浆，实验室采用蠕动泵、注射器（内径 30mm）、烧杯、橡胶塞组装成一套小型灌注装置，具体如图 1 所示。

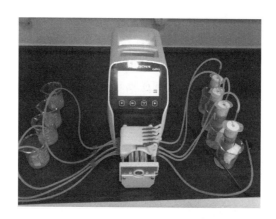

图 1　灌注装置

灌注前先将筛好后的粉细砂（100 目）装入注射器内形成砂柱（砂柱直径 30mm，高度 70mm），并加 20mL（砂柱体积的 1/3）蒸馏水饱和，饱和后先灌注 20mL（砂柱体积的 1/3）微生物菌液（培养 24h 的菌液），然后灌注 30mL（菌液体积的 1.5 倍）尿素、硝酸钙及氯化钙的混合钙液，灌注速率均为 0.5mL/min；每隔 24h 灌注一次，具体灌注记录见表 1。

表 1　　　　　　　　　　　　　　　　灌 注 记 录 表

灌注次序	灌注时间/（月-日　时）	菌液体积/mL	菌液活性/[mS/(cm·min)]	菌液浓度/OD$_{600}$ 值	钙液体积/mL	灌注速率/(mL/min)
1	11-30　17:00	20	1.44	1.624	30	0.5
2	12-1　17:00	20	1.07	0.99	30	0.5
3	12-2　17:00	20	0.71	2.084	30	0.5
4	12-3　17:00	20	0.73	2.035	30	0.5
5	12-4　17:00	20	0.72	2.084	30	0.5

注　菌液和钙液依次灌注。

图 2　模块图

3.2　实验结果

按照以上实验设计，进行微生物灌注实验，在第五次灌注结束 24h 后，进行拆模，并将拆除得到的微生物加固砂柱在电热鼓风干燥箱内烘干 24h（设定温度为 30℃），烘干后得到模块如图 2 所示。

烘干模块后采用液压伺服机（图 3）对模块进行抗压强度检测，经检测计算得出模块抗压强度为 12.7MPa。同时通过改造砂浆渗透仪（图 4）对加固模块的渗透率进行检测，得出粉细沙的渗透率由加固前的 1.1×10^{-2} cm/s 降低到加固后的 4.82×10^{-4} cm/s。

图 3　液压万能试验机　　　　　　图 4　砂浆渗透仪

4　结论

微生物诱导碳酸钙沉淀技术同传统的地基础处理方法相比，具有环保、节能等优点，本文通过微生物实验成功培养出巴氏芽孢杆菌，并探讨了其最佳培养环境；同时通过土工试验检测了其加固砂土的效果。得出如下结论：

（1）选择巴氏芽孢杆菌作为诱导碳酸钙沉淀的菌种，最佳培养环境为 10% 的接种比例、$30℃$ 培养温度及 $pH＝6.24$ 的营养液环境。

（2）在最优环境下进行菌种培养，并对粉细砂进行灌注，加固沙块抗压强度可达到 $12.7MPa$，渗透率可由加固前的 $1.1×10^{-2}cm/s$ 降低到加固后的 $4.82×10^{-4}cm/s$。

参考文献

［1］　Van Paassen L A，Ghose R，van der Linden T J M，et al. Quantifying biomediated group improvement by ureolysis：large – scale biogrout experiment［J］. Journal of geotechnical and geoenvironmental，engineering，2010，136（12）：1721 – 1728.

［2］　Jimenez – Lopez C，Rodriguez – Navarro C. Consolidation of degraded ornamental porous limestone stone by calcium carbonate precipitation induced by the microbiota inhabiting the stone［J］. Chemophere，2007，68（10）：1929 – 1936.

［3］　Ghosh P，Mandal S，Chattopadhyay B D，et al. Use of microorganism to improve the strength of cement mortar［J］. Cement and Concrete Research，2005，35（10）：1980 – 1983.

［4］　U K Gollapudi1，C L Knutson，S S Bang，M R Islam. A new method for controlling leaching through permeable channels. ChemospHere. 1995，30（4）：695 – 705

［5］　Stocks – Fischer S，Galinat J K，Bang S S. Microbiological precipitation of CaCO$_3$，SoilBiology and Biochemistry，1999，31（11）：1563 – 1571

［6］　Muynck W D，Belie N D，Verstraete W. Microbial carbonate precipitation in construction materials：A review［J］. Ecological Engineering，2010，36（2）：118 – 136.

［7］　Muynck W D，Verbeken K. Influence of urea and calcium dosage on the effectiveness of bacterially induced carbonate precipitation on limestone [J]. Ecological Engineering, 2010, 36 (2): 99 – 111.

[8] Whiffin V S. Microbial $CaCO_3$ precipitation for the production of Biocement: [PHDThesis]. Western Australia: Murdoch University, 2004.

[9] Jiyun Shen, Xiaohui Cheng. Laboratory Investigation on Restoration of Chinese AncientMasonry Buildings Using Microbial Carbonate Precipitation. In Proceedings of 1st international conference BGCE. Netherlands: TU Delft, 2008: 28 – 34.

关于《水工建筑物水泥化学复合灌浆施工规范》若干重要问题的思考

李会勇[1]　景　锋[2]　李　珍[2]　韩　炜[2]　孙　亮[1]　魏　涛[2]　邵晓妹[2]

（1.中国水电基础局有限公司　2.武汉长江科创科技发展有限公司）

【摘　要】　对编写中的《水工建筑物水泥化学复合灌浆施工规范》进行了讨论，对其主要目标、基本理念、与其他标准的关系、编制原则等进行了分析。

【关键词】　水泥灌浆　化学灌浆　水工建筑物　复合灌浆　灌浆规范

1　引言

经过十年努力，化学灌浆专业规范体系基本确立，参见表1。

表1　　　　　　　　　　　　　规　范　体　系

序号	规　范　名　称	规　范　编　号	下文简称
1	水工建筑物水泥灌浆施工技术规范	SL62—2014	《水泥灌浆规范》
2	水工建筑物化学灌浆施工规范	DL/T5406—2010	《化灌规范》
3	水电水利工程控制性灌浆施工规范	DL/T5728—2016	《控制性灌浆规范》
4	混凝土裂缝灌浆用环氧树脂材料	JC/T1041—2007	
5	丙烯酸盐灌浆材料	JC/T5237—2010	
6	聚氨酯灌浆材料	JC/T2041—2010	

2017年春，《水工建筑物水泥化学复合灌浆施工规范》（以下简称本规范或《复合灌浆规范》）第一次工作会在武汉召开，编写工作正式启动。那么，在《水泥灌浆规范》《化灌规范》《控制性灌浆规范》和主要材料标准均已施行的情况下，再专门再制订一部《复合灌浆规范》的意义何在？它的主要目标是什么？要点何在？和已颁布的标准间如何对接？编写原则如何确定？上述问题，不一而足。

笔者对此进行了简要解析，认为如果该规范的重心能够放在"复合"二字上，即将水泥和化学灌浆作为一个整体看待，将对已颁布规范形成有效补充，使规范体系更加完善。

2 《复合灌浆规范》的目标

2.1 明确水泥化学复合灌浆可以解决什么技术难题，解决到什么程度

《化灌规范》中将化学灌浆的对象明确为基岩微细裂隙、覆盖层微细孔隙、混凝土裂缝三个方面，而未将宽大裂隙高压大流量涌水封堵纳入其中。《控制性灌浆规范》发布后，这一趋势更加明确，因此，建议本规范的侧重点放在以水泥灌浆和化学灌浆相结合的技术手段，对微细裂隙、微细孔隙和裂缝进行有效灌注，形成高标准复合防渗体（$10^{-6} \sim 10^{-7}$ cm/s 级）或恢复受灌体整体性，提高强度或承载力，最终起到防渗堵漏和（或）补强加固两方面的作用。

2.2 明确提出水泥灌浆和化学灌浆的边界范围

在工程实践中，我们时常会遇到一些工程设计人员的疑问。他们普遍感到困惑的是，参照以往经验，水泥化学复合灌浆可以解决工程中的问题，但是，水泥灌浆灌到什么程度时改用化学灌浆比较合适呢？《水泥灌浆规范》和《化灌规范》都没有给出明确的回答，只是说由设计规定，设计又不熟悉这个专业，结果就成了死循环。因此，本规范需要明确提出水泥灌浆和化学灌浆的边界范围，使上述难题得以缓解。

2.3 提前修正《化学灌浆规范》的过时条款

《化学灌浆规范》是在 2010 年发布的。此后的七年间，化学灌浆技术呈现出突飞猛进式的发展，应用的范围、规模急剧扩大，规范中的某些条款已经过时，修改程序也已经启动。为此，在《复合灌浆规范》编制过程中，应当把近年来化学灌浆行业的技术进展纳入其中，提前实现与新版化学灌浆规范的对接。

3 《复合灌浆规范》要点解析

3.1 复合灌浆后的理想状态

《复合灌浆规范》重在复合，如何理解呢？我们可以首先从复合灌浆后的理想状态开始分析。在理想状态下，裂隙、裂缝、孔隙等受灌体得到有效灌注后呈现出良好的均化形态，受灌体和浆材固结体或凝胶体本体间呈一体式或连续式分布，而没有明确的界面。如果进行拉拔或劈裂抗拉试验，断裂位置应在凝胶体或受灌体部位，而界面依旧良好。如果复合灌浆规范发布后，按照它的指引，能够以相对较低的成本达到或接近这种状态，规范的目的也就达到了。

3.2 复合灌浆的理论分析

复合灌浆并不是水泥灌浆和化学灌浆的简单累加，而应从水泥灌浆和化学灌浆各自的内在规律入手进行分析。

从工程实践看，基岩高压水泥灌浆不同于普通水泥灌浆。由于压力的作用，裂隙发生弹性形变甚至劈裂的现象较为普遍，覆盖层高压水泥灌浆更是如此。应当指出，直到目前，我们对劈裂灌浆的研究仍然远远不够，自觉不自觉地把劈裂灌浆等同于渗透灌浆，规范中的规定实际上也隐含了这一点——灌浆以材料和工艺为核心，未考虑灌注过程中受灌体裂隙群本身的动态变化。总的来看，《水泥灌浆规范》的主要条款均围绕渗透灌浆，梯次均化模型展开，即首先灌注大裂隙，水泥浆扩散到一定程度时形成界面，凝结、固化、

裂隙变小，逐步与中等裂隙接近，待大裂隙全部均化为中等裂隙后，与原有中等裂隙一道受灌，再形成小裂隙群，最后形成微细裂隙时，水泥灌浆已经不具备可灌性，需要进行化学灌浆处理。这就是传统的水泥-化学复合灌浆理念，它对于化学灌浆是适用的，但与水泥灌浆的工程实践相差甚远，原因在于它水泥灌浆本质上不是渗透充填，而是劈裂，即在水泥灌浆过程中，作为受灌体的岩层本身也在发生变化。

从诸多工程反映出的情况看，在裂隙群发育且大中小裂隙三维立体分布的地层（如砂板岩或构造破碎带镶嵌岩等）中，由于水泥灌浆的劈裂特性，浆液首先进入主裂隙中并往往发生远窜，此时主裂隙内的浆液自身压力对主裂隙侧壁形成挤压，而次裂隙则在受压后变得更加致密甚至封闭，待主裂隙灌注完毕后次裂隙的这种状态也很难恢复原状。也就是说，在水泥灌浆过程中，由于水泥浆和受灌体间的互动效应，使水泥浆的灌注效果呈现出某种程度的局限，在某些特殊地层中还相当严重，其重要外在表现之一就是吃水不吃浆，浆液回浓较快。在这种微细裂隙群发育的地层中，采用高压水泥灌浆方法时，高压水泥灌浆的劈裂和次裂隙面挤压效应尤其明显。如果防渗标准要求较高，化学灌浆往往是必须进行的。

3.3 复合灌浆的整体优势

从复合灌浆的工程实践看，先进行水泥灌浆，后进行化学灌浆是必要的。这一点在《化学灌浆规范》中已经做了明确的规定。值得一提的是，这一规定不仅适用于基岩裂隙群，同样适用于砂层和混凝土缺陷处理。

有一种观点认为，水泥灌浆不适于砂层，因为砂层颗粒间隙很小，水泥颗粒无法进入其中，所以没有必要。这显然忽略了高压水泥灌浆的劈裂特性——水泥灌浆固然无法实现在砂层微细孔隙间的均匀充填，但它可以在砂层中形成劈裂效应，将砂层切割，在其中形成大大小小的浆脉，降低浆脉间的砂层渗透性，使化学灌浆的效果大幅度提高。这一点，早在20世纪80年代的工程实践中就已经得到充分证明。

对于混凝土裂缝等缺陷而言，水泥灌浆的主要作用不在裂缝本体上，而在混凝土结构与外部地层的连接部位。如果能在化学灌浆前提前封闭外部空腔，使裂缝处于相对封闭状态，则会显著提升化学灌浆的效果。相对而言，这种水泥灌浆的目的以填充混凝土结构和外部地层的空腔为主，且必须保证混凝土结构的安全，因此往往采用较低的灌浆压力。

为提高复合灌浆的整体效果，达到整体最优，就不能，也不必追求水泥灌浆或化学灌浆自身的最优，不能把技术用到极限。在化学灌浆的起步时期，某些早期工程规定水泥灌浆达到3Lu甚至1Lu后才允许进行化学灌浆，化学灌浆过程中以极小的流量进行浸润渗透，最终以较小的材料注入率获得了良好的效果。但是，它的历时较长，投入的人力和设备资源较多，更多地具有研究性质，工程实践中往往不具备上述条件，甚至是不能允许的。为此，复合灌浆规范中就需要考虑在水泥灌浆和化学灌浆间设置一个大致的、具有一定指导意义的范围。

3.4 基岩和覆盖层灌浆中水泥、细水泥和化灌的大致适用范围

（1）水泥灌浆：裂隙宽度大于 0.2mm 时，适用于水泥灌浆。

（2）细水泥灌浆：裂隙宽度 0.1~0.2mm 是细水泥灌浆最为适合的区间。

（3）化学灌浆：裂隙宽度小于 0.1mm 时，水泥和细水泥等颗粒状浆材难以填充，纯

溶液型的化学灌浆更为适用。

值得指出的是，上述具体指标只是为了表达一种理念，是极为粗略的，需要结合地质条件、特别是地层的基本特性作进一步讨论。

4　明确与材料标准的关系

鉴于材料标准是基于室内材料试验结果进行的，其与现场材料试验和现场工程实验间存在着极大差距，因此，复合灌浆规范中应明确指出材料标准的局限性，原则上材料标准只作为参考，且以方法为主，当工程环境远远偏离材料标准时（如极寒、极热、用量极大），不能受材料标准束缚，而应结合实践由设计根据工程需求重定标准。

具体操作上，可参考制定中的《建设工程化学灌浆材料应用技术规范》所采用的处理方式，即在条文中提出宜符合材料标准，条文说明中补充，高温或低温等特殊条件下可不受此限制。

5　明确规范的撰写原则

目前，水泥灌浆和化学灌浆规范采取的做法是细致规定，而控制性灌浆规范、化灌国标则是原则规定。鉴于复合灌浆操作复杂而精细，而现场条件千变万化，宜采用原则性规定，以留有一定的灵活性。

6　结语

（1）《复合灌浆规范》是对现行规范标准体系的有效补充，是必要和有益的。

（2）《复合灌浆规范》宜明确工程目标、水泥灌浆和化学灌浆的边界条件，并对现行化学灌浆规范的某些过时条款进行提前修订。

（3）《复合灌浆规范》应以水泥灌浆的劈裂性和化学灌浆的渗透性为理论基础，追求整体最优。

（4）《复合灌浆规范》可以引用各材料标准的方法，但只作为参考。

（5）《复合灌浆规范》的编写宜采用原则性规定方式，以保留一定的灵活性。

浅议灌浆工程中的 BIM 技术应用

姜命强　　王海东

（中国水利水电第八工程局有限公司基础公司）

【摘　要】 BIM 技术在工程领域的应用越来越受到重视，但在灌浆工程中的应用尚未得到足够的重视。本文从一个灌浆工程技术人员的视角，对 BIM 技术应用于灌浆工程的必要性进行了阐述，并就在灌浆工程中如何研发、应用 BIM 技术提出了设想，初步构建了一个灌浆工程中应用 BIM 技术的步骤和预期目标，并对其应用前景进行了分析。

【关键词】 灌浆工程　BIM 技术　可视化　物联网　应用

1　BIM 技术发展现状概述

1.1　BIM 及 BIM 技术概述

BIM（Building Information Modeling）即建筑信息模型，它是以建筑工程项目的各项相关信息数据作为模型的基础，进行建筑模型的建立，通过数字信息仿真模拟建筑物所具有的真实信息。

美国国家 BIM 标准（NBIMS）将 BIM 定义为：一个设施物理和功能特性的数字化表达，一个设施有关信息的共享知识资源，为该设施从概念到拆除的全寿命周期中的所有决策提供可靠依据的过程。在项目不同阶段，不同利益相关方通过在 BIM 中插入、提取、更新和修改信息，以支持和反映各自职责的协同工作。

BIM 是基于 CAD 技术发展起来的。但与以往的三维制图相比，BIM 可以认为是基于三维模型的管理体系。

BIM 技术不是指具体某个软件，也不是简单地将数字信息进行集成，其本质是通过建立一个数字模型来整合建筑全生命周期内的所有信息，包含设计、建造、运维管理等各个环节。利用 BIM 技术可以增强设计与施工之间的沟通，实现从概念设计到施工过程的高效运作，方便甲方全方位地了解工程进度及质量状况，实现实时精细化管理，可以使建筑工程在其整个进程中显著提高效率、大量减少风险。

1.2　BIM 技术在国外的发展

BIM 技术最早可追溯到 20 世纪 70 年代，由卡内基梅隆大学建筑和计算机专业教授 Chunk Eastman 提出。从提出到逐步完善，再到工程建设行业的普遍接受，经历了几十年的历程。如今，BIM 应用在国外已经相当普及。BIM 的实践最初主要由几个比较小的先锋国家所主导，比如芬兰、挪威和新加坡，美国的一些早期实践者紧随其后。经过长期的酝酿，BIM 在美国逐渐成为主流，并对包括中国在内的其他国家的 BIM 实践产生影响。与大多数国家相比，英国政府要求强制使用 BIM，伦敦是众多全球领先设计企业的总部，英国的设计公司在 BIM 实施方面也处于全球领先水平。北欧国家包括挪威、丹麦、瑞典和芬兰，是一些主要的建筑业信息技术的软件厂商所在地，如 Tekla 和 Solibri，而且对发源于邻近匈牙利的 ArchiCAD 的应用率也很高。

1.3 BIM 技术在国内的发展

当下，新技术不断出现，在这样的技术背景之下，很多行业都在被颠覆。以电商为例，电商的兴起已经使原有的商业模式不可避免地发生了变革，而建筑业，因 BIM 技术的出现，也正面临着这样的变革。

我国建筑业产值规模巨大，但产业集中度不高，信息化水平落后，建筑业生产效率低的不足依然明显，尽管我国建筑企业一直在提倡集约化、精细化，但缺乏信息化技术的支持，上述的情况很难改善。而 BIM 技术的出现让建筑企业的精细化管理提供了可能。

近年来 BIM 在国内建筑业的呼声一片高涨，各行业协会、行业专家、施工企业也开始重视 BIM 对建筑行业的价值。国家住房和城乡建设部发布的《2011—2015 年建筑业信息化发展纲要》拉开了 BIM 技术在我国施工企业全面推进的序幕。

按照国家住房和城乡建设部《关于印发推进建筑信息模型应用指导意见的通知》（建质函［2015］159 号）文件中明确发展目标"到 2020 年末，建筑行业甲级勘察、设计单位以及特级、一级房屋建筑工程施工企业应掌握并实现 BIM 与企业管理系统和其他信息技术的一体化集成应用"。"到 2020 年末，以下新立项项目勘察设计、施工、运营维护中，集成应用 BIM 的项目比率达到 90%：以国有资金投资为主的大中型建筑；申报绿色建筑的公共建筑和绿色生态示范小区"。工作重点：施工单位改进传统项目管理方法，建立基于 BIM 应用的施工管理模式和协同工作机制。开展 BIM 应用示范，根据示范经验，逐步实现施工阶段的 BIM 集成应用。主要应用方面：①施工模型建立；②细化设计，利用 BIM 设计模型根据施工安装需要进一步细化、完善，指导建筑部品构件的生产以及现场施工安装；③专业协调，进行建筑、结构、设备等各专业以及管线在施工阶段综合的碰撞检测、分析和模拟，消除冲突，减少返工；④成本管理与控制；⑤施工过程管理，应用 BIM 施工模型，对施工进度、人力、材料、设备、质量、安全、场地布置等信息进行动态管理；⑥质量安全监控；⑦地下工程风险管控；⑧交付竣工模型。

国家住房和城乡建设部已起草施工领域建筑信息模型应用的工程建设标准《建筑工程施工信息模型应用标准》，已形成征求意见稿。

2 BIM 技术应用于灌浆工程的发展水平

BIM 技术最初主要应用于房建、交通等领域，近几年来，随着国家政策的引导和要求，已逐步向水利水电、市政工程等领域发展。

近年来，在岩土工程领域，也越来越多地应用了 BIM 技术，国内很多企业也正在开发、完善各具特色的 BIM 应用平台，如昆明勘测设计研究院开发了集土木工程规划设计、工程建设、运行管理一体化的 HydroBIM 综合平台；中国水电八局已将 BIM 技术应用于砂石料场和矿山开采的规划设计和爆破设计等。2016年4月，中国岩石力学与工程学会在北京举办了第一届全国岩土工程BIM技术研讨会。可以预见，BIM技术在岩土工程领域的应用将会越来越广泛、越来越深入。

作为岩土工程的重要组成部分，在灌浆工程（地基与基础工程）领域，BIM技术也开始受到了行业内的重视。2016年，中国水电八局有限公司BIM中心设立了基础工程BIM分中心，在灌浆工程设备和地质建模、施工现场布置、帷幕灌浆可视化模拟、预应力锚索与大坝埋件的碰撞检查等方面，做出了一些探索性的工作。但总体来说，BIM技术在灌浆工程中的应用和开发尚未得到重视，在专业领域内尚未形成共识，应用的方向需进一步明确，应用的广度和深度急待提高。

3 灌浆工程应用BIM技术的必要性

3.1 提升灌浆技术的需要

我国水利水电工程钻孔与灌浆技术自20世纪70年代在乌江渡水电站工程中确立了"孔口封闭、高压灌浆"的工艺以后，几十年来一直没有质的变化。就国内灌浆工程的现状来看，劳动强度大、材料浪费惊人、现场布置较随意、施工过程中部分数据失真等现象仍然比较突出。灌浆工程作为隐蔽工程，其施工质量也是各建各方最为担心的。我国知名灌浆专家夏可风在《打造中国灌浆的升级版》一文中指出，我国的灌浆工程应实现机械化和自动化、实现钻孔和灌浆数据的信息化、实现灌浆工艺的精细化。这也是实现中国灌浆技术升级发展的内涵。

根据BIM技术的精髓，BIM作为建筑物全生命周期的信息综合体，是钻孔与灌浆工程信息化的终极目标。同时，通过在工程施工过程中应用物联网技术，实现数据的适时采集和传输，确保数据的真实性和及时性，这正是BIM技术应用的要求。

3.2 创新灌浆工程管理模式的需要

当前灌浆工程的管理模式，仍然是设计出技术要求和二维施工图纸，施工单位在开工前组织交底、按图施工，监理单位现场监理。在这种管理模式下，前期的施工现场规划、设计技术交底较为抽象，现场监理随意性大，施工信息不能及时反馈要各相关方。

通过对BIM技术的应用，可在灌浆工程管理中初步可达到如下目标：

（1）根据BIM技术"所见即所得"的原理，通过施工前对灌浆工程施工场地建模，可以根据现场的地形地势和相关构筑物的影响，更直观地对场地规划布置。如施工道路规划、制浆站布置和运输管路规划，从而使场地的规划布置更为合理。

（2）根据对灌浆工程的三维空间模拟和进度模拟，对技术人员和作业人员进行更加详尽、直观的设计和技术交底，有利于相关人员掌握技术和工艺要求、质量控制要点和现场危险源等，从而达到现场施工的科学化、合理化。

（3）通过施工过程参数的及时采集和传输，有利于保证数据的真实性和及时性，从而更有利于确保灌浆质量，提高项目管理的精细化水平。

（4）通过BIM这个信息载体，即可实现建筑物全生命周期管理，在建筑物建设和运营期间均可通过BIM查询，并诊断问题，制定解决方案，大大提高了管理工作效率和能力。

应用 BIM 技术创新项目管理方式，短期内可能看不到经济效益，但从长远来看，若能有效利用 BIM 技术提高项目精细化管理水平，对于提高项目的经济、社会效益大有裨益。

3.3 实现灌浆工程可视化的需要

灌浆工程是地下隐蔽工程，是看不见的工程，对其施工质量的管理和资料数据的掌握主要是通过过程控制和过程测量来实现，事后则无法补救。通过 BIM 技术可以将施工过程资料数据永久记录，可以实现对工程信息、施工质量的管理数据化，通过数据形成的图形不仅是工程的信息库，也是工程实体的形象展示，从而将这种看不见的工程变为有形的、看得见的工程。

3.4 政府和行业政策的强制要求

近年来，各级政府对建筑业 BIM 技术的应用越来越重视，甚至有了一些强制性的规定。如湖南省政府办公厅文件已明确规定 2018 年底前，政府投资的交通设施、水利设施、市政设施等项目采用 BIM 技术，社会资本投资额在 6000 万元以上（或 2 万 m² 以上）的建设项目采用 BIM 技术。不能采用 BIM 技术意味着在湖南省某些项目上的投标将受到限制，而且，今后在其他地区也可能出现类似的限制。

4 几点设想

根据笔者的理解，在灌浆工程中应用 BIM 技术的终极目标应是要达到隐蔽工程的可视化和数据化。简单地说，就是要达到一个工程完工后，这个工程在电脑中应是接近工程实体形象、全方位可视的，其各个部位的所有设计和施工过程中的各类信息是可提取的。目前，BIM 技术在房建、交通等行业中已形成较为系统、日趋成熟的应用平台，但在灌浆工程领域，几乎还是一片空白，那么，将 BIM 技术应用于灌浆工程，这条路该如何走呢？笔者提出几点初步的设想，供同行们参考。

4.1 通过工程设计及施工数据进行三维建模，实现隐蔽工程的可视化

由于灌浆工程的特点，灌浆处理的对象隐蔽在地下，通过灌浆孔灌注浆液以改善地基性能，而地层地质条件的隐蔽性和空间不均匀性，灌浆孔的孔向、分段、孔与处理对象或其他对象的关系，地层地质条件对灌浆影响等难以集中显示，某些专业方面的信息甚至只有少数人知道，在施工过程中，因各种信息的不对称，导致判断和决策的偏离，从而产生各种问题。灌浆工程相关信息了解不全困扰着很多项目管理者，因灌浆孔设计、灌浆过程控制的不合理，施工中发生钻孔破坏其他隐蔽构筑物、地层抬动、地层灌注不充分或浆液流失过多等的风险始终存在且一直较高。

施工阶段，根据设计图纸和施工数据，建立包含地形、地层、建筑物、道路、设备、设施、灌浆孔布置等与灌浆相关的灌浆工程信息模型，可用于场地规划、布局、设计复核、碰撞检查，对于各种对象的几何信息进行三维直观描述，并将其文字说明或编号转换为三维图形的属性信息，直观形象，方便查找。比如需要分析某个帷幕灌浆孔灌浆异常的原因，可以从模型中快速获取灌浆孔穿过地层的工程地质和水文地质信息，生成工程地质和水文地质剖面图，灌浆孔直接获取的地质信息也可以实时录入信息模型，对前期地质勘探资料进行补充，为后期灌浆施工提供指导。当在信息模型中加入质量、进度、成本等多

维信息时，可在工程开工前在电脑上进行施工模拟演练，在减少设计误差，降低施工风险的同时，制定出更科学合理的施工工序。

4.2 利用物联网技术，实现数据共享

BIM与物联网集成应用，实质上是工程全过程信息的集成与融合，BIM技术发挥上层信息集成、交互、展示和管理的作用，而物联网技术则承担底层信息感知、采集、传递、监控的功能。在灌浆工程中，将BIM技术与物联网技术集成应用，可实现建筑全生命周期"信息流闭环"，实现虚拟信息化管理与实体环境硬件之间的有机融合。目前，物联网技术在灌浆工程中已有了一定程度的应用，如在溪洛渡、白鹤滩等工程中，自动记录仪采集的灌浆、抬动数据、灌浆现场的视频监控等信息，通过物联网技术直接上传至大坝施工管理信息系统，在互联网上可查询灌浆实时信息。若能在灌浆工程目前已建立的物联网技术基础上，将灌浆工程BIM与物联网集成应用，基于BIM技术构建起灌浆施工信息管理平台，通过物联网技术，将制浆、钻灌设备、自动记录仪、建筑物安全监控等与BIM模型相连接，可实现灌浆施工、建筑物安全监控的信息智能、动态管理，提高施工管理效率，满足工程现场数据和信息的实时采集、高效分析、及时发布和随时获取。

4.3 开发管理平台

BIM软件提供了参数化设计与创建模型，以及三维浏览、碰撞检测、管线综合、虚拟建造等专项技术应用，但是仅依靠某个软件解决工程中遇到的所有技术问题和管理要求是不现实的，现在工程领域越来越强调项目的全生命周期管理，BIM在全生命周期的应用需要以不同BIM软件创建的模型数据为基础开展，那么在花费很大代价建立的BIM模型还能干什么呢？这时就需要"BIM"平台的建立，第三方独立的BIM平台应具备以下功能：支持主流BIM软件创建的模型数据文件，不受任何限制地打开、调用和管理由不同BIM建模软件创建的模型，并且不丢失属性信息，解决工程中遇到的技术与管理问题，为工程项目全生命周期的应用提供最佳解决方案。灌浆工程BIM技术的发展也应遵循以上规律，在灌浆工程BIM软件应用的基础上，开发项目级或专业公司级BIM平台，拓宽BIM模型的应用空间，提升BIM模型的应用价值。

4.4 BIM技术多维应用

BIM4D模型是在3D模型基础上加入时间元素。BIM4D模型可用来对施工流程进行模拟和评估，并且与项目所有参与方进行探讨与分析。BIM4D的功能主要是作为沟通工具，使项目参与者以直观的视觉方式就拟定的施工程序进行沟通，如对施工现场临建设施场地使用动态转换，场内外的道路交通线路动态规划，施工机械、车辆等的停放和行驶路线动态模拟，钻灌工艺流程的模拟等，项目参与者可以很容易对不同施工程序进行比较，比传统的图纸和文字方式沟通更为有效，与工程项目中非专业人士进行可视化交流，可促进双方对项目方案的高度统一认可。

BIM5D模型是在4D模型基础上加入成本元素。灌浆工程属于地下隐蔽工程，实际地质条件与探勘结果可能存在差异，应用5D模型能快速地反映时间流程与成本，可迅速提供不同的成本控制方案，提供项目决策者分析决策。精确的5D模型可以生成精确的工程量和材料用量计划，精确计算成本，能提高投标前或工程进行中的现金流量预测精准度，对多项目进行的施工单位，能协助其更准确的预估财务状况，使营运的风险降到最低。

5 应用前景展望

近年来，"互联网＋"的概念被正式提出之后迅速发酵，各行各业纷纷尝试借助互联网思维推动行业发展，工程施工行业也不例外。随着 BIM 应用逐步走向深入，单纯应用 BIM 的项目会越来越少，更多的是将 BIM 与其他先进技术集成或与应用系统平台集成，以期发挥更大的综合价值，如 BIM＋PM、BIM＋云计算、BIM＋物联网等。预计 BIM 技术在灌浆工程中的应用前景同样广阔，未来灌浆工程 BIM 技术应用也必将逐步走向深入，并逐步引入"BIM＋"模式，发挥更大的综合价值。

（1）在灌浆工程中将 BIM 与 PM 集成应用，可为灌浆工程项目管理提供可视化管理手段，如二者集成的 4D 管理应用，可直观反映出整个灌浆工程的施工过程和形象进度，帮助项目管理人员合理制订施工计划、优化使用施工资源。据预测，基于 BIM 的项目管理系统将越来越完善，甚至可完全代替传统的项目管理系统。

（2）将 BIM 与云计算集成应用，基于云计算强大的计算能力，可将灌浆 BIM 应用中计算量大且复杂的工作（如工程地质资料的分析、大量灌浆施工数据的统计和分析）转移到云端，以提升计算效率；基于云计算的大规模数据存储能力，可将 BIM 模型及其相关的业务数据同步到云端，方便项目管理者随时随地访问，在施工现场可通过移动设备随时连接云服务，及时获取所需的 BIM 数据和服务等。

（3）将 BIM 与物联网的集成应用，实现虚拟信息化管理与实体硬件之间的有机融合，提高施工现场安全管理能力，确定合理的施工进度，支持有效的成本控制，提高质量管理水平。

（4）将 BIM 与数字化加工集成应用，利用 BIM 模型转换成的数字化加工模型，制造设备根据该模型进行数字化加工，可应用于灌浆管、孔口管、预埋件、钢结构等构件的加工，在灌浆工程中具有如下优势：一是精密机械自动完成构件的加工，误差小，生产效率高；二是可异地加工，运到现场装配，提高灌浆工程现场装配化程度，缩短现场制作工期，保证工程质量。

在 2012 年发布的《北美商业价值评估报告（2007—2012 年）》的人物访谈中 SMITH 先生强调："我知道我们还没有真正看到 BIM 打算对行业所做的全面影响。一旦我们能把目前所有不连贯的成功连接起来时，我们将看到深刻的变化。"BIM 对一个行业或领域的影响，绝不是短时期可以见到明显效果的。当其应用于灌浆工程中时，也是如此，但其应用的前景是诱人的。

灌浆工程地表抬动变形控制技术的探讨

刘松富

（中国水电基础局有限公司）

【摘　要】 采用灌浆方式构建良好的坝基固结体及帷幕体，应以不产生过大的岩层抬动变形为前提。由于实际灌浆工程中地层条件复杂、浅表部岩体破碎、灌浆盖板质量差或厚度不够、浇筑时清基不彻底、灌浆工艺参数设计及应用不当等客观因素的存在，以及高压灌浆技术的应用，在一些灌浆工程中超限抬动变形事故屡有发生。本文系统地剖析了地表产生抬动变形的机理，与大家共同探讨控制地表抬动变形的技术措施，以期为以后的灌浆工程在抬动变形控制方面提供可借鉴的依据。

【关键词】 高压灌浆　抬动变形　分层分序　协调控制

1　前言

高压灌浆技术自 1975 年首次在乌江渡水电站帷幕灌浆施工中应用以后，在国内水电基础处理领域得到了广泛的应用与推广，目前高标准的坝基固结与防渗处理大多应用高压灌浆技术来得以实现。

高压灌浆有利于浆液的扩散和排除浆液中的过多水分，在岩体裂隙中形成致密的、强度较高的固结体。但过高的灌浆压力往往会导致地表抬动变形和浆液浪费，甚至会危及地表建筑物的安全。

当地表产生过大变形造成混凝土盖板开裂后，上部岩体节理内部固有的"网架"结构将遭受破坏，使得岩体浅表部失去了原有的承压条件，灌浆时在地表裂缝处将会多频次地出现冒浆及进一步抬动变形的现象，孔段往往很难升到设计压力进行灌注。对于这种盖板变形开裂产生的冒浆，往往是灌不好灌、堵不好堵，一般多采用降压限流、间歇及待凝等措施处理，由于水泥浆液固结形成的阻浆层相对薄弱，下部孔段灌浆时很容易被再次击穿破坏。往往这种冒浆现象有时会伴随于该部位下部孔段灌浆施工的全过程，加大了该部位的灌浆施工难度，施工进度及灌浆效果也将受到很大程度的影响。

由此可见，为了获得良好灌浆效果及保证地表上部建筑物安全，在灌浆施工过程中必须有效地进行地表抬动变形的控制，杜绝地表超限变形的发生。

2　地表抬动变形形成的机理

大多认为地表抬动变形仅与灌浆压力有关，只要地表产生过大的变形就会偏面理解为灌浆时实施的压力过高，其实地表产生抬动变形的原因很复杂。为了找寻地表抬动变形产生的规律，结合某高坝坝基固结灌浆试验工程，对两个试区地表抬动情况进行了全过程的监测，测得的地面抬动变形成果见表1。

表 1 地表抬动变形成果统计表

试区	灌段深度 /m	最大抬动量 /μm	对应的峰值灌浆压力 /MPa	对应的平均灌浆压力 /MPa	对应的进浆率 /(L/min)
一	10	240	0.61	0.10	39.0
二	10	350	1.23	0.55	15.7

从表1地面抬动变形成果可看出，两试区灌浆孔段的最大抬动均发生在岩体的浅表部位、低灌浆压力、较大进浆量条件下，具有一定的规律性。说明地表抬动变形的产生有时不仅仅是单纯高压力作用的结果。

为了进一步分析及验证地表抬动变形产生的机理，参考有关资料，以单条等宽裂隙为模型，推导得出的岩体地表抬动变形值（$\Delta \chi$）的近似关系式如下：

$$\Delta \chi = \frac{R^4}{EH^3} \left(1 - \frac{4}{5} \frac{\tau_b R}{hP} \right) \frac{(p - \gamma H)^5}{p^4} \tag{1}$$

式中：R 为浆液扩散半径，在灌段内的裂隙条数、开度不发生改变的前提下，主要受进浆量的制约；E、γ、H 分别为上覆岩体的变模、重度及厚度；p 为灌浆压力；τ_b 为宾汉流体塑性屈服强度；h 为裂隙开度。

由式（1）可见，地表的抬动变形量与作用于岩体的灌浆压力、进浆量的大小、裂隙的开度、盖重的厚度及质量、岩体的应力条件、浆液的黏度等多种因素有关。采用自上而下的灌浆方式可以增加上覆岩体的 E 值，采用分层分序施工方法对上部岩体集中灌注可以相应增加盖重的厚度及强度相当于增加 H 及 γ 值，也就是说采用自上而下、分层分序施工法对于减小 $\Delta \chi$ 是有利的。除此之外，合理控制灌浆压力（p）与进浆量协调关系、加快变换浓浆的速度来增加浆液的塑性屈服强度 τ_b 值也都是减小岩体地表抬动变形的重要手段。

3　地表抬动变形的控制

通过系统的分析地表抬动变形产生的原因，可以看出根据被灌岩体条件和拟采用的灌浆技术选择适宜的灌浆工艺及参数，能够有效地减小地表抬动变形，同时还应配合现场的抬动变形监测进行综合控制。

3.1　从灌浆工艺及参数方面进行控制

（1）灌浆前应构造良好的盖重条件。坝基固结及防渗灌浆工作应在浇筑混凝土盖板后或具有一定的坝体厚度后进行。在浇筑混凝土盖板前，应清除上部松动岩体，尽量清至完整基岩，以保证浇筑的混凝土能与岩面可靠胶结，这是防止上部岩体冒浆的关键，尤其以陡倾节理发育的岩体。清基达到要求后，配制 ϕ12@0.25 钢筋并浇筑混凝土，当采用高压灌浆工艺时，混凝土盖重的强度等级建议不小于 C20，厚度建议不小于 1.5m。

（2）施工顺序采用分层分序的方法。在施工时，首先把各序灌浆孔深度 5.0～10.0m

以上的孔段作为第一层先行灌注，以期形成厚度较大的虚拟阻浆盖板，然后再进行深度5.0～10.0m以下的孔段灌注。

（3）施工工艺采用自上而下分段灌浆。采用自上而下分段灌浆方式与分序加密相结合，先行灌注上部岩体，可利于减少地表冒浆，减小岩体裂隙承压面积。

（4）应用塑性屈服强度较大的小水灰比浆液灌注。采用快变浆技术，利用小水灰比浆液具有高塑性屈服强度的特性，尽快应用小水灰比浆液（塑性屈服强度 $\tau>20Pa$）进行灌注。常用的几种纯水泥浆液的流变参数见表2。

表2　　　　　　　　　　纯水泥浆液的流变参数参考值

水灰比	漏斗黏度/s	塑性屈服强度 τ/Pa	黏度 η/(mPa·s)
2	27.4	1.0	2.5
1	28.0	2.5	6.0
0.7	30.5	7.5	32.0
0.6	32.5	11.5	41.0
0.5	38.0	21.4	56.0

（5）灌浆中合理控制灌浆压力与注浆率的关系。灌浆压力是灌浆能量的来源，注浆率的大小决定浆液在岩体中的扩散半径及承压面积，控制好灌浆压力与注浆率的关系，避免在较大注入率时使用过高的压力，是控制地表抬动变形的关键。《水工建筑物水泥灌浆施工技术规范》（DL/T 5148—2012）中规定的灌浆压力与注浆率的控制原则，由于在现场操作时较繁琐，笔者建议在灌浆施工时可参照表3进行灌浆压力与注浆率的协调控制。

表3　　　　　　　　　　灌浆压力与吸浆率控制

灌浆吸浆率/(L/min)	>30	30～20	20～10	<10	备注
灌浆使用压力/MPa	0.4p	0.6p	0.8p	p	p 为相应段的灌浆压力

（6）在地表抬动变形仍较大时，可考虑适当降低灌浆压力。受母岩自身强度所限制，可能在有些工程中灌浆压力的选择偏大。在地表频繁发生超限变形时，可参考前期灌浆试验获取的岩体启缝临界压力值，适当降低灌浆压力。

（7）无盖重灌浆或盖重质量存在严重缺陷时建议采用的灌浆方式：①限制孔口部位首段的灌浆压力，在无盖重灌浆时首段灌浆压力建议不宜大于0.3MPa，在有盖重但盖重存在严重缺陷时首段灌浆压力建议不宜大于0.5MPa；②采用分层分序、自上而下分段与快变浆技术三者相结合的施工手段；③同时控制好灌浆压力与注浆率的关系。

3.2　利用抬动变形监测进行现场实时控制

（1）抬动变形观测装置。为了有效地控制地表抬动变形，在灌浆区域内每10～15m范围内应安设1个抬动观测装置，目前应用较普遍的抬动观测装置主要有两种结构型式，如图1所示。两种观测装置从工作原理上没有什么区别，a装置与b装置相比，安装工序上较为繁琐，但相应成本要低一些。

抬动观测装置结构主要由埋设岩体深部的静位移杆、埋设岩体浅部的动位移杆以及千分表组成，静位移杆底端镶铸于灌浆盖板以下约30m深处，动位移杆底端镶铸于灌浆盖

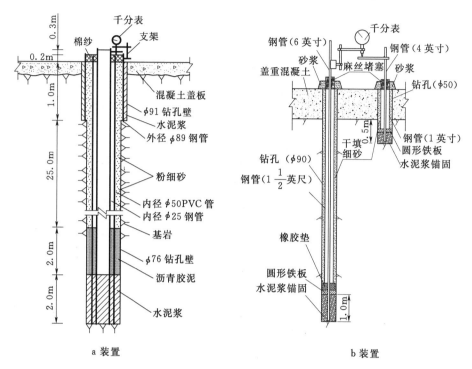

图 1　抬动观测装置示意图

板以下约 0.5m 深处，两个位移杆之间处于相对自由状态。在压水试验或灌浆前，首先记录千分表的起始读数，然后在压水试验或灌浆过程中，每隔 10min 观测一次千分表的读数，每次观测的读数与起始读数之差，即为抬动变化值。

近期有一些单位采用电子位移传感器代替千分表，并结合灌浆参数自动记录系统，实现抬动变形值现场自动采集及超限报警，使得抬动变形观测更加及时、准确及便利，笔者建议在坝体廊道及趾板等重要部位进行高压灌浆时应强制推广使用。

（2）现场实时控制：

1）在灌浆过程中安排专人严密监视抬动装置千分表的变化情况，在抬动值小于 $100\mu m$ 时，按设计要求正常灌注；在 $100\mu m \leqslant$ 抬动值 $< 200\mu m$ 时，灌浆升压过程严格控制注入率小于 5L/min，如果抬动值不再上升，逐级升压，否则停止升压；在抬动值大于等于 $200\mu m$ 时，停止灌浆，待凝 8h 后扫孔复灌。

2）灌浆阀门安排专人细心操作，灌浆过程中尽量避免出现过多、过高的峰值压力；加强灌浆泵的检修及维护，减小输出压力的脉动幅度。

3）加强抬动装置及仪表的保护工作，在灌浆过程中严禁观测仪表受到外界人为的撞击干扰，保证测量数据的真实性。

4　工程实例

某水电站坝基固结灌浆试验工程，基于地层代表性的考虑，两个试区均布置在河床出露的礁岛上，浇筑厚30cm的素混凝土作为灌浆盖板。灌浆方法采用常规的孔口封闭、自上而下分段、孔内循环灌浆法。由于试区部位处于陡倾带内，浅表部岩体破碎，试区外围三面临空，加上灌浆盖板也相对薄弱，在灌浆初期两试区的地表均出现了较大幅度的抬动变形，试区地板多处出现裂缝，地表出现的冒浆现象严重。在灌浆前及灌浆施工初期，使用水准仪测量各抬动监测点的高程，监测到的两试区地面累计抬动值高达51mm和107mm。地表累计抬动成果详见表4。

表4   地表累计抬动成果统计

试区号	一试区		二试区	
阶段	灌浆初期	灌浆后期	灌浆初期	灌浆后期
测点	累积抬动值/mm	累积抬动值/mm	累积抬动值/mm	累积抬动值/mm
ZD1	72	74	128	131
ZD2	30	34	85	87
平均	51	54	107	109

在灌浆后期为了防止地表进一步发生过大的抬动破坏，针对灌浆工艺及控制措施进行了相应的调整，主要在以下几个方面：

（1）采用分层分序的施工次序，首先对上部10.0m的岩体进行集中灌注。

（2）灌浆压力与注入率的协调控制关系调整为：在灌浆升压过程中严格控制注入率在10L/min左右，在设计压力范围内，逐渐升压。

（3）灌浆阀门安排专人细心操作，灌浆过程中尽量避免出现过多、过高的峰值压力。

从表4可看出，两个试区的累计抬动变形为54mm和109mm，较之灌浆初期仅有3mm和2mm的涨幅，表明在灌浆后期采取的抬动变形控制措施是有效的。

岩基灌浆工程"实效灌浆压力"的引入及应用

刘松富

（中国水电基础局有限公司）

【摘　要】　在岩体灌浆工程中，确定及应用合理的灌浆压力值，在岩体中有利于获得良好的灌浆效果。但通过研究发现，我们平时由灌浆资料统计出来的用于判定灌浆结束条件、用于评价灌浆质量及效果的灌浆压力值——终灌压力值，在一些特定条件下不能够真实地反映岩体裂隙进浆及充填饱和时的压力状态，不利于客观评价灌浆质量及效果。为此我们在本文中提出了"实效灌浆压力"这个全新概念，并就如何定义、可行性验证及引入意义等几个方面进行了系统阐述，以期与大家共同探讨。

【关键词】　终灌压力　实效灌浆压力　岩体拒浆　充填饱和

1　综述

灌浆压力是驱动浆液在岩体裂隙中流动的能量来源，在灌浆孔段中实施较高的灌浆压力可以起到扩张裂隙、增加浆液的流动性及挤密改造破碎带内泥质充填物的结构形态等的作用，有利于岩体裂隙中浆液的扩散及排除浆液中的过多水分，形成充填饱满的、强度较高的固结体。由室内浆液压滤成型试验得出的结论可知，在 0.2MPa 的压力成型条件下，水灰比为 1.0 的普通 42.5R 硅酸盐水泥浆液的结石抗压强度为 108.0MPa，比常规成型试件的 40.7MPa 高 1.7 倍，并且成型压力越大，强度也越高。因此在不导致地表抬动变形的前提下，为能在岩体中获得良好的灌注效果，应合理地利用较高的灌浆压力。

在实际灌浆施工中，我们通常所说的灌浆压力一般均指的是我国现行水电行业灌浆规范中灌浆结束条件所规定的，岩体拒浆即吸浆率不大于 1L/min 时的最大灌浆压力，也就是各灌浆孔段的终灌压力值。目前国内的水电工程进行灌浆质量及效果评价时也均采用的是孔段的终灌压力值。

近几年来，通过对国内一些灌浆工程的跟踪调研发现，若仅从灌浆成果资料统计出的数据看，各个孔段的终灌压力值极少有不满足设计要求的，一般均达到了设计要求的最大灌浆压力，往往使人主观认为灌浆质量是有保证的、岩体可以承受较高的灌浆压力。而再进一步分析灌浆原始资料时却又发现，有部分孔段（某些灌浆工程甚至是大部分）的最大灌浆压力大多是作用于岩体裂隙堵塞并拒浆以后，此时作用于孔段的压力已不能通过浆液载体有效地传递至岩体裂隙中，已不能使浆液在裂隙中进一步扩散及排水挤密。也就是说孔段的终灌压力值在某种条件下不能代表灌注孔段周边岩体裂隙中的最大进浆压力或浆液充填饱和压力，此时作用于孔段的高压力只是一种假象，对于岩体裂隙的进浆是无意义的。造成孔段终灌压力值不能真实反映进浆压力的原因主要有两个方面：

一是发生于灌区下伏的岩体相对破碎、孔段灌注时串、冒浆现象频发的灌浆区段，因采取低压限流、间歇等堵漏措施所致。由于受地层串、冒浆的影响，在灌浆过程中为了减少浆液不必要的流失，一般采用降压限流、间歇、待凝等技术措施加以控制。按照浆液在裂隙中"流动沉积论"的特性，虽然有效地堵住了浆液的外漏通道，但也同时堵住了浆液在裂隙中正常的渗流通道。在裂隙堵塞拒浆前，由于灌浆压力不能尽快升至最大设计压力，使得一些微细裂隙不能利用高压力更好的扩缝充填，其典型的 p-Q-t 曲线形式如图1所示。

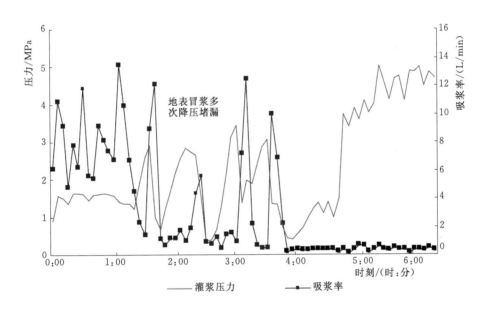

图1　某工程灌浆孔 20～25m 段 p-Q-t 曲线

由图1中可以看出，在前4h灌浆时间段内由于地表冒浆不能有效控制，不得不多次采取降压措施，在灌注4h以后地表冒浆堵住了，再提升至4～5MPa的高压力时，吸浆率未出现明显变化，孔段已不再吸浆。

二是发生于长期小流量、低压力灌注造成裂隙过早堵塞的孔段，因灌浆过程中灌浆压力与吸浆率的关系协调控制不当所致，其典型的 p-Q-t 曲线形式如图2所示，绘制出的 p-t 曲线多呈松鼠型，也就是我们通常所说的大尾巴、小身子型曲线。

由图2中也不难看出，孔段开灌后，在低压状态下吸浆率呈急剧下降趋势，在开灌15min以后，应尽快提升灌浆压力，但实际上却是在灌注1h15min以后，才提升至最大设计压力，此时的裂隙已发生了堵塞，吸浆率在升压后没有任何变化。

当然孔段岩体裂隙发生堵塞的时间长短及可能性与裂隙的开度、性状及分布数目等多种因素有关，各个孔段没有统一的规律。

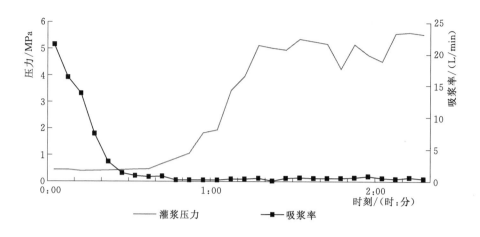

图 2　某工程灌浆孔 15～20m 段 p-Q-t 曲线

2　"实效灌浆压力"的引入

通过上述的分析表明，在孔段发生串、冒浆并长时间低压限流或灌浆压力与吸浆率的关系协调控制不当时，孔段的终灌压力值从统计资料上看虽均能达到设计值，但却不能反映真实的灌注进浆压力。为此，我们有必要引入"实效灌浆压力"这一全新的概念来用以更加准确地分析评价灌浆质量。

"实效灌浆压力"如何来定义呢？对于岩体裂隙出现拒浆有两种情况：一种是灌浆孔段周边岩体裂隙入口过早堵塞，另一种是浆液在裂隙的一定范围内充填趋于饱和。因此我们定义的实效灌浆压力应能够表征裂隙在畅通状态下，在较高驱动压力下浆液在裂隙一定范围内充填趋于饱和，呈现不再吸浆或小流量时的灌浆压力。根据一些灌浆工程中灌注岩体的拒浆特点，我们把被灌注孔段吸浆率在 3～5L/min 范围内所对应的灌浆压力值中的前 3 个大值取平均，定义为实效灌浆压力。从图 3 模拟出的正常灌浆过程 p-Q-t 曲线可以看出，在正常

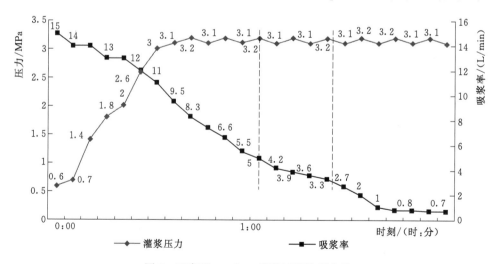

图 3　正常型 p-Q-t 灌浆过程控制曲线

灌注条件下实效灌浆压力值与终灌压力值是相等的，表明了实效灌浆压力值不仅能客观反映岩体裂隙的饱和充填压力，而且还能够动态反映出的作用于岩体裂隙中的最大灌浆压力。

3 引入"实效灌浆压力"的作用及意义

3.1 引入"实效灌浆压力"的作用

为了验证引入"实效灌浆压力"的作用及意义，我们结合某高坝灌浆试验工程实例来加以分析说明。某高坝灌浆试验工程受工程地质条件和试区边界条件所限，两个试区的各次序孔在灌注过程中均出现较为严重的地表冒浆及孔间串浆现象，根据灌浆资料的统计，两个试区共完成的孔段数为270段，发生串、冒浆的段数为139段，占完成孔段数的51%。

按上述的"实效灌浆压力"的定义，我们选取了两个试验区Ⅲ序孔的全部灌浆资料并分别进行了统计，两个试区Ⅲ序孔灌浆压力分段统计结果见表1。

表1　　　　　一、二试区Ⅲ序孔灌浆压力分段统计表

部位	灌浆段次	1	2	3	4	5段及以下
一试区	设计灌浆压力/MPa	0.50	1.50	2.50	4.00	5.00
	终灌压力/MPa	0.55	1.96	2.63	4.52	4.93
	实效灌浆压力/MPa	0.57	0.53	1.12	1.70	1.90
二试区	设计灌浆压力/MPa	0.50	1.50	3.00	5.00	5.50
	终灌压力/MPa	0.61	1.52	3.11	5.44	5.59
	实效灌浆压力/MPa	0.48	0.81	1.17	2.77	2.75

由表1的统计成果可看出，孔段的终灌压力值无论在何种条件下仅静态的反映了设计压力值；而实效灌浆压力值确是动态的，能客观反映孔段的最大进浆压力，受地层串、冒浆的影响及人为因素影响时，能同步与设计压力值存在离差。

通过对实效灌浆压力的分析，也可以得出如下结论：对于串、冒浆的处理所采用的降压、限流、间歇、待凝等技术措施，将会对灌浆效果造成一定的负面影响，正常的裂隙渗流通道有时不能得到有效的灌注。

3.2 引入"实效灌浆压力"的意义

（1）"实效灌浆压力"的引入，使我们可以准确的获取有效作用于岩体裂隙中的最大灌浆压力值，为客观评价灌浆质量和效果提供可靠的依据。

（2）"实效灌浆压力"的引入，可以有效地保证灌浆施工质量。防止某些施工方基于降低灌浆材料消耗的考虑，而以牺牲灌浆质量为代价，故意长期小流量（≤3L/min）低压力灌注造成裂隙过早堵塞的现象发生。

（3）灌浆压力的应用与该工程所使用浆液的流变特性、施工深度、岩体力学特性、岩体裂隙的宽度、倾角、分布和形状等有着密切关系。目前国内在灌浆压力的设计及应用上存在盲目攀高的倾向，"实效灌浆压力"的引入，可以扼制这种不正常现象的发展，为设计方合理的确定与修改灌浆参数提供真实依据。

（4）笔者建议在进行灌浆参数设计时，可规定实效灌浆压力的最小极限值，对于集中发生过多串、冒浆的灌浆区段，可以以此作为判定区段是否进行加密补强的依据。

混凝土
防渗墙

武汉市轨道交通27号线施工全貌图

中国葛洲坝集团基础工程有限公司
简　介

　　中国葛洲坝集团基础工程有限公司成立于1974年，隶属于中国葛洲坝集团股份有限公司，是以承担水利水电、市政公用、房屋建筑、地基基础等工程施工及相关服务的大型企业。具有国家"水利水电工程施工总承包一级资质""地基与基础工程专业承包一级资质""市政公用工程总承包一级资质""房屋建筑总承包一级资质"。

　　公司为国家级"高新技术企业"和"省级技术中心"。公司编写国家和省部级工法数十项，取得专利和科技进步奖励百余项。创"优质工程""安全工程"近百项，其中葛洲坝大江围堰工程、三峡一期围堰工程获国家级质量金奖，燕山水库工程获"鲁班奖"，上海葛洲坝大厦获得上海市"白玉兰"优质工程，汉中二桥工程获陕西省"长安杯"奖，江西景德镇至婺源高速公路工程获"詹天佑奖"，南水北配套北京东干渠工程获得"长城杯工程金质奖"等。

　　公司注册资本金4亿元。拥有教授级高级工程师、注册建造师、注册造价工程师等各类专业人才800多人。拥有大型设备3000余台（套）。

　　公司致力成为国内水利水电基础处理行业的领军企业、具有全球竞争能力的基础及地下工程专业承包商、较强协同能力的市政及公路工程大型承包商，并将继续以"诚信筑牢基础、协同创造未来"为经营理念，与各界同仁携起手来，共同迈向成功，铸造辉煌！

超深与复杂地质条件防渗墙施工技术

刘　健　孔祥生

（中国水电基础局有限公司）

【摘　要】　进入 21 世纪，我国水电工程进入高速发展期，大型水利工程也开始大规模建设，防渗墙技术面临全新的要求和挑战。首先面对大量水利水电工程在深厚覆盖层上建设高坝的需要，100m 以上超深与复杂地质条件防渗墙的施工技术储备与能力明显不足，系统开展技术研究十分迫切。本文以旁多水利枢纽主坝防渗墙工程为例，基于造孔成槽、固壁泥浆、混凝土浇筑技术的研究，以及新材料、新工艺、新机具的应用与创新，形成了与复杂地质条件相适应的安全、优质、高效超深防渗墙施工技术。

【关键词】　旁多水利枢纽　深厚覆盖层　超深防渗墙　施工技术　技术创新

1　概述

旁多水利枢纽工程坝址位于拉萨河中游，地处林周县旁多乡下游 1.5km，下距拉萨市直线距离 63km。其开发任务以灌溉、发电为主，兼顾防洪和供水。枢纽主要由碾压式沥青混凝土心墙砂砾石坝、泄洪洞及泄洪兼导流洞、发电引水系统、发电厂房和灌溉输水洞等组成，为Ⅰ等大（1）型工程。坝址控制流域面积 16370km²，水库总库容 12.3 亿 m³，正常蓄水位 4095m，灌溉面积 67 万亩，电站装机容量 160MW，大坝坝顶高程 4100m，最大坝高 72.3m。

坝基防渗墙轴线沿沥青混凝土心墙轴线布置，长 1073m，桩号为 0 - 120.00～0 + 953.00，设计成墙面积约 12.5 万 m²。防渗墙分两期施工，一、二期分界桩号为 0 + 758.60，一期导流期间主要施工左岸漫滩和阶地基础防渗工程，二期导流期间主要施工右岸预留约 210m 宽河床部位基础防渗工程。

左岸河漫滩、阶地段基岩埋深远大于 150m，有些部位甚至超过 424m。坝基覆盖层是由一套形成于不同地质历史时期、不同地质作用、物质组成各异、层次结构复杂的陆源沉积物组成，结构松散。覆盖层中广泛分布有漂石透镜体、粉细砂透镜体、孤石透镜体等特殊地层，地质条件异常复杂。因此，给超深防渗墙施工带来了极大挑战。

以使坝体两岸防渗墙更多的嵌入基岩，坝基防渗墙由原设计 120m，调整为 152～158m。随着防渗墙深度达到 150m 以上，常规施工技术很难满足工程需要，需改变传统的施工理念，进行工艺探索、技术改进与创新。

2 大坝防渗墙设计

坝基防渗墙，桩号 0+159.00～0+669.00（轴线长 510m）范围内坝基覆盖层厚大于 152m，采用混凝土防渗墙悬挂防渗处理，最大设计孔深 158m；其余覆盖层厚度小于 152m，均采用混凝土防渗墙全封闭处理，入岩深度不小于 1m，河床段最浅施工孔深 80.72m，墙厚 1m。墙体混凝土强度 A 区 $R_{28} \geqslant 20\text{MPa}$、$R_{180} \geqslant 25\text{MPa}$，B 区 $R_{28} \geqslant 30\text{MPa}$、$R_{180} \geqslant 35\text{MPa}$；抗渗等级 W10；弹性模量 A 区 $E_{28} \leqslant 21\text{GPa}$、$E_{180} \leqslant 28\text{GPa}$，B 区 $E_{28} \leqslant 24\text{GPa}$、$E_{180} \leqslant 35\text{GPa}$。（左岸河漫滩段高程 3970m 以上为 A 区、以下为 B 区。）

3 主要施工方法

3.1 施工设备选取

根据地质条件、工程建设要求和设备现状，选用利勃海尔 HS875HD 重型钢丝绳抓斗、HS885HD 重型钢丝绳抓斗、金泰 SG40 重型液压抓斗、利勃海尔 HS843HD 钢丝绳抓斗、CZ-A、ZZ-6A 型冲击钻机、YBJ-800/960 型大口径液压拔管机等，并对能力不足的设备进行改进，以适应施工需要。

3.2 施工平台与导墙

施工平台高程确定至关重要，可避免施工期内因特大洪水可能导致的灾难性后果。根据拉萨河水文情况，按 20 年一遇洪水标准，确定施工平台高程为 4033.80m，较原设计 4032.00m 抬高了 1.80m。施工平台宽度 26～30m，上游 6.3m 铺设卧木、枕木和轻轨作为钻机施工平台；平台上游埋设浆、水管路；下游 17m 作为抓斗作业、倒渣、下设预理管、混凝土浇筑、临时交通等作业平台。

导墙设计充分考虑施工安全以及接头拔管承受压力的要求。根据防渗墙深度不同分为两种：防渗墙大于 80m 深度的导墙，采用全断面开挖后立模浇筑"L"形钢筋混凝土导墙，高度 2.0m（厚 0.6m），底宽 1.8m（厚 0.5m），内侧间距 1.2m。防渗墙小于 80m 深度的导墙，采用全断面开挖后立模浇筑钢筋混凝土导墙，梯形断面，高度 2.0m，上口混凝土宽 0.6m，下口混凝土宽 1.2m，内侧净宽 1.2m。为与混凝土基座匹配，导墙混凝土强度等级为 C35，按设计要求配筋。

导墙建造时，其顶面高出施工平台 5cm，高程误差±2cm，导墙轴线与防渗墙轴线平行一致，其允许误差±1.5cm，导墙顶呈直线，高程按照设计要求执行。

3.3 施工方法

采用"钻抓法"，局部结合"钻劈法"泥浆护壁造孔成槽；墙段连接采用接头管法、浅槽段可采用钻凿法；气举法结合抽筒法清孔，泥浆下直升导管法浇筑混凝土成墙。

3.3.1 槽段划分

根据工程特性，综合考虑地层特点、墙体深度、设备能力等，以保证槽孔稳定为准则，一、二期防渗墙槽段划分如下：

0+350.00～0+758.60 段。采用"一期小槽、二期大槽"的原则，即一期槽段长 4m，分为 2 个主孔和 1 个副孔，主孔长 1m、副孔长 2m；二期槽段长 7m，分为 3 个主孔和 2 个副孔，主孔 1m、副孔 2m。

0+146.00～0+350.00 段。为加快施工进度，兼顾地层特点，一、二期槽槽段长均为 7m，分为 3 个主孔和 2 个副孔，主孔 1m、副孔 2m。

其余左岸段防渗墙及河床段。由于左岸段场地限制，不便大型抓斗展开施工，二期河床段防渗墙，则因地质条件相对复杂，或地层更为松散，不宜做大槽孔。两者一、二期槽槽段长度均为 6.6m，主孔 1m、副孔 1.8m。

3.3.2　槽孔挖掘

结合地层、施工强度和设备能力等因素进行综合考虑，采用"钻抓法"、局部结合"钻劈法"建造槽孔；分两期施工，一期槽孔的端孔混凝土拔管后形成二期槽孔的端孔，待相临一期槽孔施工结束再施工二期槽孔。

主孔：采用 ZZ-6A（或 CZ-A）型冲击钻机钻凿成孔。

副孔：孔深 100m 或 110m 以上采用利勃海尔 HS843HD 钢丝绳抓斗或金泰 SG40 重型液压抓斗抓取，孔深 100m 或 110m 以下采用利勃海尔 HS875HD/HS885HD 重型钢丝绳抓斗抓取，入岩采用 ZZ-6A 型冲击钻机钻凿。

3.3.3　泥浆护壁

选用新型浆液——MMH 正电胶泥浆，以提高泥浆护壁效果和泥浆动切力、静切力，增大携带和悬浮岩屑的能力，保证成槽护壁和混凝土浇筑质量。经试验研究选定浆液配比，见表 1。

表 1　　　　　　　　　　　MMH 正电胶泥浆配比

材料	水/kg	膨润土/kg	纯碱/kg	CMC/kg	正电胶/kg	助剂 A/kg
掺量	1000	50～60	1.6～2	≤1	0.25～0.28	适量

3.3.4　墙段连接

鉴于槽孔深度大，综合考虑接头管起拔施工诸多因素，规避风险，结合墙厚与接头管直径的匹配关系，提高拔管成功率，选用 800mm 接头管，起拔后对接头孔适度扩孔。

3.3.5　槽孔清孔与混凝土浇筑

（1）槽孔清孔。本工程主要采用气举反循环法对槽孔浇筑混凝土前实施清孔，选定空压机的额定风压均大于 1MPa，选择 ϕ165 厚壁排渣管。较深部位槽孔由于底部泥浆较为黏稠，先利用抽筒将槽孔底部过于黏稠的钻渣及浆液抽出加注新浆，避免排渣管底管堵塞，待孔内泥浆稀释一定程度，再下设排渣管实施气举法清孔。孔底 10～20m 泥浆全部置换新浆，提高清孔质量和效率。

清孔换浆结束标准：清孔换浆结束后 1h，槽孔内淤积厚度不大于 10cm。使用膨润土时，孔内泥浆密度不大于 1.15g/cm³；泥浆黏度不小于 32s（马氏）；含砂量不大于 3%，实际施工按不大于 1.5% 控制。

（2）混凝土浇筑。混凝土浇筑主要做好开浇阶段、中间阶段和综浇阶段的控制。开浇做好压管，中间做好埋管和混凝土上升速度和面差控制，综浇阶段减少导管埋深和孔口絮凝物清除。导管埋深控制在 1～6m，一期槽孔混凝土面的上升速度控制在 3～4m/h，以和接头管埋深及起拔施工相配合，二期槽孔尽量提高浇筑速度。

4 关键技术

4.1 防止施工平台沉降的孔口加固技术

施工平台及孔口稳定是防渗墙顺利施工的必要条件，因本工程防渗墙深度较大，槽孔施工周期长，施工平台加固显得尤为重要。通过对多种加固方法技术经济指标的比较，依据工程实际，施工平台采用了水泥＋黏土＋碾压方式加固，即将导墙底部松散地层，如粉细砂、腐殖土等先予以清除，然后用水泥＋黏土置换，再进行碾压，大大提高了施工平台的稳定性。

4.2 抑制松散地层漏浆坍塌技术措施

如何有效抑制松散地层坍塌，以及由此引起的掉块卡钻、卡斗等，是超深防渗墙施工需解决的首要问题。本工程冲洪积漂（卵）砾石层和冰水积层具有结构松散、渗透性强等特点，造孔时泥浆会大量漏失，严重时会发生槽孔坍塌事故，危及人员、设备安全，延误工期。对此，采取如下技术措施：

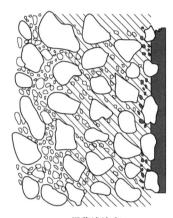

未设污染底层　泥浆滤液和　外泥皮
　　　　　　细小固粒　桥塞区域
　　　　　　侵染区

图 1　泥浆护壁机理

（1）使用新型正电胶浆液护壁。建造槽孔时，向槽孔内注入新鲜 MMH 正电胶泥浆，这项工作/工序主要基于泥浆护壁机理。MMH 正电胶泥浆具有稳定/稳固体系，它由"外泥皮＋桥塞区＋侵染区"构成（见图 1）。

在以往工程中，对上部松散地层，通常采用回填黏土挤密，使用常规膨润土或黏土泥浆，但仍会出现孔口或槽孔上部坍塌现象，而正电胶浆液堵漏、防塌作用极为明显。

（2）泥浆使用与性能指标控制。对新制及重复利用泥浆性能予以控制并进行经常性检测，是维护槽壁稳定的关键，泥浆性能指标控制均严于国内规范要求并优于国际标准，见表 2。

表 2　　　　　　　　　　　　　　泥浆性能主要控制指标

泥浆类型	马氏漏斗黏度/s	表观黏度/(mPa·s)	塑性黏度/(mPa·s)	密度/(g/cm³)	动切力/Pa	静切力/Pa	动塑比	含砂量/%
新制泥浆	40～55	21～33	7～11	1.04～1.06	5.6～18.9	9.0～15.3	0.48～1.23	
重复利用泥浆	>32～38	18～22	3～5.5	1.08～1.12	1.6～2.3	1.8～4.6	1.48～2.05	<3
浇筑前泥浆	>36～43	11.5～15	6～9	1.08～1.11	5.6～6.2	3.2～9.3	0.68～0.93	1.5～0.5

新制泥浆主要用于清孔及上部 15～20m 易坍塌地层，重复利用泥浆主要供中下部地层使用。特殊槽段新制泥浆用至 40m 深度左右，以确保孔壁稳定。

（3）由于松散强漏失地层孔隙大，在冲击钻或抓斗施工副孔过程中往往产生急速泥浆渗漏，浆面下降，造成槽孔坍塌。为解决这一突出问题，施工中采用了"单向压力封堵剂""复合堵漏剂"等特殊泥浆，并向主孔内回填黏土、钻屑等方法，有效封堵了大孔隙地层，并加快了施工进度，提高了抓取深度。

4.3　漂石、孤石层的处理技术

从整个施工揭示的地层情况看，孔深20～158m分布有厚度不一、成因不同、层数不等的漂石、孤石层，尤以0＋146.00～0＋290.00、0＋563.00～0＋756.00段居多。施工中主要采用重锤法、钻孔爆破法等，更广泛的是重锤法。遇到孤石后，首先选用平底钻（重4.5t左右）冲击，当难以破碎时再改用HS843HD或HS875HD抓斗配重锤冲击破碎。

4.4　孔形、孔斜控制措施

孔形、孔斜控制是超深墙施工关键技术难题，尤其对存在大量漂石、孤石等特殊地层更是如此。

施工中主要是及时测量、及时修孔、及时纠偏，即发现孔形不好或孔斜时，及时采用修孔器、钻具加焊耐磨块，或回填与探头石近似硬度的漂石、块石等予以纠偏，否则接头管不能顺利下设，无法保证墙体连接质量。此外，尽可能降低混凝土早期强度，使接头孔混凝土便于凿除也是弥补接头孔孔斜问题，确保墙段搭接质量的重要技术措施。

小墙清除：槽孔深，小墙清除尤为困难，小墙的存在将严重影响施工质量。施工中先在副孔中部打一钻，然后用抓斗抓取的方法，亦即副孔当主孔施工，小墙用抓斗清除，即加大抓斗抓取深度，又可保证墙体质量。深槽孔内残留的"小墙"不易准确凿除，采用"燕尾锤"和"方锤"等重锤进行冲压处理，可有效控制墙体整体入岩深度。

4.5　混凝土浇筑和拔管技术措施

4.5.1　混凝土浇筑控制措施

影响混凝土浇筑质量的主要因素包括：①清孔质量——降低含砂量（＜3％），远低于规范要求；②泥浆质量——保证其足够的静切力，使其未清除的岩屑在浇筑过程中悬浮在泥浆中而不下沉；③孔口封闭——浇筑过程中混凝土不得未经导管直接落入槽孔；④保证冬季施工中混凝土入仓温度不小于5℃；⑤及时清除上部絮凝泥浆。

混凝土和易性直接关系到混凝土浇筑是否顺畅及墙体质量。因防渗墙深度大，浇筑导管长，为减少或避免混凝土浇筑过程中可能发生的"堵管"和接头管"铸管"现象，在配合比设计时注重其和易性，在很大程度上降低了"堵管"和"铸管"概率，避免了混凝土黏结力对接头管起拔的不利影响。

4.5.2　拔管技术措施

影响拔管施工的因素较多，如混凝土特性、孔形、孔斜、接头管埋深、混凝土凝结时间的掌握、起拔压力控制等。某个细节控制不好，都有"筑管"或"拔塌"的可能。施工中，一般以起拔力为主要控制指标，辅以管体埋深、混凝土尚失流动性的时间控制。拔管压力控制在10～17MPa，管体埋深控制在35～50m，初凝时间在13～15h。

5　技术创新

5.1　创新引用新型泥浆——MMH正电胶浆液

对本工程超深防渗墙，泥浆在造孔成槽直至浇筑混凝土全过程起着关键作用。如何做到深厚覆盖层槽孔护壁堵漏，抑制坍塌，取决于泥浆性能。为此对深槽护壁进行深入研究，经过大量实验，选用了一种新型浆液——MMH正电胶泥浆护壁。其性能特点：①稳定性，"MMH-水-黏土复合体"在浆液中是一种空间稳定剂，这种稳定体系可以提高泥浆的切力，对于携带和悬浮泥浆中的钻屑十分有利，亦即有利于清孔并保证未被清除的岩屑在较长时间内不下沉；②固-液相间特性会在孔壁形成"滞留层"，对解决砂层和松散的漂砾石层坍塌起到关键作用。

5.2 液压抓斗垂向增深系统改进

本工程除选用具备200m深槽挖掘能力的HS875HD重型钢丝绳抓斗和100m以上深槽挖掘能力的HS843HD钢丝绳抓斗外，还选用了额定抓取深度60m的SG40重型液压抓斗。

根据现场测试，SG40重型液压抓斗在施工到设备部件所能达到的最大深度60m深度时，发现发动机功率、主机结构强度、桅杆强度等均远远未发挥到额定值并严重过剩。基于设备设计及制造不合理，部分构件设计参数不匹配，所以造成液压抓斗的额定施工深度受限，发动机功率及整机结构强度严重过剩的实际情况，对液压抓斗动力系统、斗体、胶管卷盘、油管等进行改进，使其能够使各部分构件的设计参数更好地匹配，节约能源及材料，增加挖掘深度。经现场技术改进后，SG40重型液压抓斗最大施工深度达到106m，已经接近设计能力2倍，大大提高了施工能力。

5.3 基于快速打捞孔内钻头的机械打捞手研制

本工程虽在护壁泥浆方面做了深入研究与应用，对孔壁掉块卡钻起了很好的抑制作用。但百米深厚覆盖层冲击钻施工掉钻、卡钻现象也在所难免，打捞孔内钻头是不能回避的课题。以往浅槽孔施工，钻头掉入并卡入孔内，主要是通过专用扁铲触动钻头使其松动后，下设捞钩，通过人工在孔口摆动钢绳使捞钩钩住孔内钻头某一部位后上提，这种打捞方法效率比较低，往往需要很长时间或不轻易打捞成功。本工程槽孔深，如在打捞孔内钻头上浪费时间对槽孔安全施工极为不利，因而必须研究一种快速有效的打捞方法。

通过研究和借鉴德国克虏伯公司水下采掘技术中多瓣式挖斗水下采掘技术，并加以引申应用到了基础处理行业中，研究出防渗墙泥浆下机械打捞手，并获得了成功。

机械打捞手采用四爪结构和滑轮组的倍率放大作用，模仿人手的功能，充分利用设备自身的动力加强对被打捞物体的夹持力和提升力，提高了打捞的成功率。克服了其他方法的盲目性和低效率。另外这种打捞工具具有结构简单，加工成本低，体积小易于搬迁，使用效率高安装方便的特点。适合于所有地下造孔工程中的异物打捞场合。机械打捞手打捞应用见图2。

5.4 大体积泥浆搅拌系统开发

本工程防渗墙工程规模大，槽孔深，防渗墙造孔施工需浆量大，使用常规防渗墙施工用的制浆系统和方法，无法满足工程需要，必须建立适合本工程施工需求的新型制浆系统。经设计研究，研制了大体积泥浆搅拌系统，实现配料、计量和搅拌自动化，料灌容积120～130m³，搅拌桶6～7m³，实现了高效用料和适应大规模防渗墙造孔的需要。

5.5 深孔重载破力器改进

钢绳绳抓斗抓取超深槽孔，提升力大，确保抓取施工，钢丝绳破力器须正常工作。工程使用的HS843HD钢丝绳抓斗，破力器上的相关元件承受重载能力受到局限，为适应本工程超深槽孔施工需要，对破力器上的球形定心轴承和调心滚子轴承以及密封件等进行了

图 2　捞抓将掉入 152m 深孔底的 5t 钻头打捞出来时的情景

改进，提高了破力器承载力。

6　施工成果

6.1　技术管理成果

（1）基于护壁堵漏、防塌槽，提高泥浆稳定性和悬浮能力，创新使用了正电胶泥浆，通过科学维护和管理，达到了预期效果，有效抑制了槽孔坍塌，施工全程仅在早期供浆能力不足，使用黏土浆造孔时出现过两次孔口坍塌，再无危害槽孔安全施工的塌孔发生，并确保了超深槽孔混凝土浇筑的顺利实施。

（2）针对深厚漂卵石层、孤石层造孔成槽以及孔型孔斜的控制，效果比较显著。从统计数据看，槽孔最深达到 158.47m，孔斜率控制满足规范要求。95％的接头管下设到底，最深达 158m。个别槽孔有 5～15m 无法下设到底，则辅以钻凿法处理，亦保证了墙体搭接厚度和搭接质量。

（3）墙段连接方面，有效把握拔管方法和控制混凝土浇筑速度，控制接头管合理埋深，降低拔管风险。从整个一期槽接头管施工情况看，最大拔管深度 158m，成孔率达96.6％，创造了墙段连接最深拔管记录。

6.2　墙体质量检测成果

0＋157.30～0＋663.00 深墙段（孔深 152.00～158.47m）完成后，对墙体质量进行了系统检测，包括钻孔取芯、压（注）水试验、声波检测及混凝土试块检测等。结果表明，墙体抗压强度、抗渗指标、墙体连接、混凝土均匀性、孔底淤积等完全满足设计和规范要求。不足的是墙顶絮凝物较常规防渗墙厚，但可通过人工凿除、明浇混凝土解决。

7　结语

旁多水利枢纽坝基超深防渗墙工程的成功实践，取决于对施工技术管理与创新。主要表现在以下方面：

（1）新设备、新机具的研制与应用，使防渗墙综合施工能力可达到 200m 深度，是本工程超深防渗墙施工的取得成功的重要前提条件。

（2）正电胶泥浆的应用，槽孔护壁效果良好，施工全过程未发生槽孔坍塌、掉块等孔内事故。正电胶泥浆因其独特的固-液相间特性及超强的动切力、静切力等性能，可作为百米级防渗墙施工护壁浆液的一项选择。

（3）施工过程中，对泥浆性能的适时检测非常必要，即使是重复利用泥浆也要随时检测，以保证孔壁稳定。本次施工特别注重了清孔换浆后的泥浆性能，尤其要有足够的静切力，这样才能保证未被清除的岩屑在长达数十小时的混凝土浇筑过程中不沉淀，这对保证墙体质量是非常关键的。

（4）混凝土浇筑与接头管起拔的有效配合，即一期槽孔混凝土面上升速度、接头管埋深的控制与起拔施工相配合，是防渗墙成功建造的科学管理方法。

参考文献

[1] 蒋振中.我国地下连续墙施工技术近年来的新发展［C］//水利水电地基于基础工程技术论文集.呼和浩特：内蒙古科学技术出版社，2004.

[2] 夏可风.水利水电地基基础工程技术创新与发展［M］.北京：中国水利水电出版社，2011.

[3] 乌效鸣，胡郁东，等.钻井液与黏土工程浆液［M］.北京：中国地质大学出版社，2002.

[4] 苏义脑.钻井液基础理论研究与前沿技术开发新进展［M］.北京：石油工业出版社，2007.

[5] 张春光，许同台，侯万年.正电胶钻井液［M］.北京：石油工业出版社，1999.

巨漂孤石地层、倒悬体及陡坎地层中防渗墙施工关键技术研究及应用

田　彬　何　烨

（中国水利水电第七工程局有限公司）

【摘　要】　针对存在特大巨漂孤石、超厚倒悬体、深切河床及超高陡坎地层的防渗墙施工，本文依托双江口水电站特殊地质条件，对该地层防渗墙施工关键技术进行研究和创新，总结出一套针对这种特殊地层先进的施工工艺及处理方法。

【关键词】　孤石巨漂地层　倒悬体　陡坎地层　防渗墙施工　关键技术　研究及应用

1　概述

双江口水电站地处高寒地区，海拔在 2500m 以上，最低气温达 -15.6℃。坝区内上、下游部位两岸山体雄厚，河谷深切，谷坡陡峻达 40°～55°，临河坡高 1000m 以上。左岸下部基岩裸露，上部崩积堆积块碎石土；右岸下部为崩积块碎石土，上部基岩裸露，两岸出露基岩为燕山期似斑状黑云母钾长花岗岩，岩石致密坚硬。

上、下游围堰防渗墙墙厚为 1.0m，最大深度为 75.95m。施工过程中揭示上、下游围堰右岸及河床深切部位均存在大量巨漂孤石，已探明最大孤石直径在 15m 左右；上、下游左岸部位存在倒悬体及陡坎，特别是上游左岸部位倒悬体顶部基岩厚度深达 17.5m 左右，陡坎部位落差达 35～40m，坡度 70°～85°几乎为垂直体。

2　施工难点

（1）工程地质复杂，地层存在大量巨漂孤石，已探明最大孤石直径在 15m 左右，施工难度极大。

（2）谷坡陡峻，施工中揭示岸坡段存在超高陡坎（坡度 70°～85°几乎为垂直体），防渗墙嵌岩难度大，如何保证入岩是质量控制的关键。

（3）岸坡段存在超厚倒悬体，已探明倒悬体厚度达到 17.5m，施工中须击穿倒悬体。

3　防渗墙施工工序

防渗墙施工工序如图 1 所示。

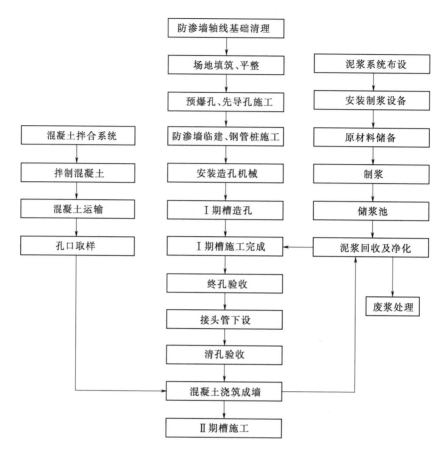

图 1　防渗墙施工工序图

4　施工设备选择

结合双江口水电站上、下游围堰防渗墙地质资料，针对防渗墙轴线孤石含量高、直径大及基岩岩面坡度陡、石质坚硬的特点，除使用防渗墙主要造孔设备 CZ－9D 型冲击钻钻机外，采用 2 台 XY－2 型地质钻机、2 台阿特拉斯全液压履带式钻机及 2 台 XHP900WCAT 型空压机配合施工。

5　孤石巨漂地层钻孔预爆

5.1　预爆孔作用及优点

根据前期防渗墙施工经验，结合双江口水电站地质资料，确定在防渗墙施工前对上、下游围堰防渗墙轴线河床段及基岩陡坡段实施钻孔预爆处理。预爆孔主要有以下作用和优点：

（1）对地质情况进行勘探，与前期设计提供的地质资料进行复核，提前探明地质情况及对孤石进行爆破，可减少成槽施工中的干扰、工时消耗、材料损耗，缩短工期，节约施工成本。

（2）由于钻孔预爆时防渗墙施工平台尚未修建，成槽施工尚未开始，爆破时不会产生任何不利影响，因此爆破孔的布置和爆破参数、措施的选择更为灵活，效果更好。

（3）预爆孔可兼作补充勘探孔，及时发现地层中孤石的分布情况及基岩面的大概位置，为后续防渗墙施工提供比较详细的地质资料，从而避免成槽施工中大部分的补充勘探干扰和基岩面误判情况。

5.2 施工方法

预爆孔施工主要施工方法为：测量放样防渗墙轴线→布置补勘孔→补勘孔钻进（ϕ140套管跟管钻进）→根据勘探情况遇大孤石、漂石的补勘孔作为预爆孔→加密布置预爆孔→加密预爆孔钻进（ϕ140套管跟管钻进）→在预爆孔ϕ140套管内下设ϕ90PVC管→拔出ϕ140套管→装药→连线→起爆。

5.3 预爆孔布置原则及方式

（1）为保证预爆效果，预爆孔布置原则为：预爆孔必须准确探明大孤石、漂石的具体位置、大小，若遇有特大孤石、倒悬体等特殊部位则根据现场实际情况进行加密布置。

（2）预爆孔布孔方式。上、下游围堰防渗墙预爆孔，间距为2.0m，若遇有特大孤石、倒悬体等特殊部位根据实际情况适当加密孔排距（图2）。

图2 预爆孔施工图

5.4 装药

本工程采用手工装药，药卷采用ϕ32乳化炸药，在装入炸药前要注意结块，防止结块堵塞炮孔。预爆孔内由竹片配合普通导爆索加工成药串起爆，炸药采用ϕ32乳化炸药连续不耦合装药（采用3节ϕ32型乳化炸药装药），特大孤石、漂石及倒悬体部位加强装药（采用4节ϕ32型乳化炸药装药），起爆药包和起爆管要放在孔底炮孔中间。堵塞材料使用黏土或砂加黏土，严禁用石块堵塞（图3）。

图 3　装药结构图

爆破主要采用深孔爆破，采用孔内微差控制爆破技术，以改善爆破效果，减少震动，保证爆破施工作业的安全（图 4）。

图 4　预爆孔装药爆破图

起爆网络的连接和防护是关系到爆破成败很重要的一个环节，应由经专门经过培训并考核合格的爆破员进行联网，并有主管技术的爆破工程师负责网络的检查。网络连接完成并经检查无误后，利用包装炸药的纸箱片进行覆盖绑扎保护。

5.5　起爆爆破

采用电力导爆管联合起爆法，即在孔内、孔外均采用导爆管起爆法，最后起爆时采用电力起爆法引爆。

5.6　爆破参数

爆破参数的确定对爆破效果将产生直接影响，它受钻孔设备能力、爆后块度要求和环境要求等因素的限定。生产中可按下列设计参数进行试爆：

（1）孔径：$D=140\text{mm}$。

（2）孔深：原则上钻穿第一层漂卵石层。

（3）炮孔堵塞长：$L=1.0\sim1.5\text{m}$。

（4）装药密度：2.4kg/m。

（5）单孔装药量：根据孤石大小及孔深确定。

6　倒悬体处理方法

6.1　倒悬体探测

根据前期预爆孔及地质钻取芯施工对地层进行勘探，发现上游 SF-3 号槽及下游 XF-6

号槽存在倒悬体。其中，上游 SF-3 号槽倒悬体位于 1～3 号孔之间，顶部基岩厚度约 17.5m，倒悬体底部腔体最大深度约 3m；下游 XF-6 号槽倒悬体位于 1～2 号孔之间，顶部基岩厚度约 10m，倒悬体底部腔体最大深度约 1.5m。

6.2 布孔

在发现倒悬体部位，按照孔距 0.5m、排距 0.3m 梅花形布置三排爆破孔，中间排爆破孔布置在防渗墙轴线上。

6.3 施工方法

倒悬体处理方法为：布置爆破孔→阿特拉斯钻机钻进（φ140 套管跟管钻进至基岩面）→阿特拉斯钻机使用偏心钻头裸钻进入基岩，孔深控制在距离倒悬体空腔顶部 0.5m→在预爆孔 φ140 套管内下设 φ90PVC 管→拔出 φ140 套管→装药→连线→起爆。

装药、连线、起爆等施工方法与上述预爆孔相同（图 5）。

图 5　倒悬体部位爆破处理

7　高陡坡嵌岩施工

针对基岩面陡坡段防渗墙施工，首先使用冲击钻机钻进，穿过上部回填层、覆盖层后采用 XY-2 型地质钻机钻孔取芯 15m，以确定基岩面的准确深度。然后使用地质钻机配十字钻头采用间断冲击法，冲砸出台阶，下设定位管（φ108 排污管），再用地质钻机使用 φ76 钻头钻爆破孔，钻孔深度控制标准为最高点入岩 1m。钻孔后根据基岩发育程度及基岩深度确定装药量，一般按 2kg/m 控制。然后下置爆破筒，提升定位管进行爆破。爆破后用冲击钻机冲击破碎，直至终孔。

8　施工效果

防渗墙墙体质量检查采用检查孔钻孔取芯、注水试验、物探体测等方法。

上、下游围堰防渗墙共计抗压试件 113 组，抗渗试件 17 组，抗冻试件 3 组，弹性模量 7 组，分别按相应规范要求进行了 28d 龄期抗压强度、抗渗及抗冻试验。28d 龄期共计 70 组，检验结果统计得出围堰防渗墙抗压：最大值 $R_{28max}=34.7$MPa，最小值 $R_{28min}=27.2$MPa，平均抗压强度 $R_{28}=30.1$MPa，抗渗性能：检测结果大于 W10，抗冻性能：检测结果大于 F100。结果表明混凝土抗压、抗渗及抗冻指标满足设计要求，合格率 100%，混凝土质量优良。

防渗墙墙体施工质量检查孔共 9 个（上游 6 个，下游 3 个），钻孔孔径 130mm，其位置由监理部根据施工过程情况确定。

检查孔注水情况：注水 48 段，合格 47 段，渗透系数最大 4.40×10^{-6}cm/s，最小 6.68×10^{-9}cm/s，合格率 97.9%。S-J-6 检查孔有一段不满足设计要求，试段位置在 0.0~5.0m，且位于上游右堰端头高程 2280.00m，对工程整体防渗效果影响甚微，后期经过业主、设计同意，对该段进行加强灌浆，二次注水检查合格（见表 1）。

表 1　　　　　　　双江口水电站上游围堰防渗墙检查孔注水试验成果表

孔号	段次	段长 /m	试验水头 /m	地下水位 /m	注入水量 /mL	注入时间 /min	单位时间注入量/(mL/s)	渗透系数 $K/i(10^{-7}$cm/s)
S-J-1	1	9.0	0	4.5	54	5	0.180	3.87
S-J-2	1	5.2	0	16.0	60	5	0.200	6.61
	2	5.2	0.43	16.0	38	5	0.127	1.91
	3	5.2	0.91	16.0	100	5	0.333	3.33
S-J-3	1	5	1.15	11.0	81	5	0.270	9.44
	2	5	1.15	11.0	11	5	0.037	3.33
	3	5	1.15	11.0	90	5	0.300	3.43
	4	5	1.15	11.0	5	5	0.017	0.635
	5	5	1.35	11.0	5	5	0.017	1.58
	6	5	1.35	11.0	4	5	0.013	0.543
	7	5	1.35	11.0	17	5	0.057	9.08
	8	5	1.35	11.0	56	5	0.187	4.58
	9	5	1.35	11.0	240	5	0.800	2.64
	10	5	1.35	11.0	45	5	0.150	3.74
	11	5	1.35	11.0	89	5	0.297	2.64
	12	5	1.35	11.0	78	5	0.260	2.12
S-J-4	1	5.2	0.7	16.0	40	5	0.133	3.86
	2	5.2	0.6	16.0	200	5	0.667	9.90
	3	5.2	0.95	16.0	210	5	0.700	7.01
	4	5.2	1	16.0	54	5	0.180	1.60
	5	5.2	1	16.0	34	5	0.113	1.00
	6	5.4	1	16.0	60	5	0.200	1.72

孔号	段次	段长 /m	试验水头 /m	地下水位 /m	注入水量 /mL	注入时间 /min	单位时间注入量/(mL/s)	渗透系数 $K/i(10^{-7}\text{cm/s})$
S-J-5	1	7.9	0.0	24.0	61	5	0.203	5.53
	2	5.4	0.73	24.0	97	5	0.323	4.32
	3	5.3	0.42	24.0	62	5	0.207	1.90
	4	5.3	0.57	24.0	73	5	0.243	1.68
	5	5.3	1.10	24.0	78	5	0.260	1.54
S-J-6	1	5.0	0.60	24.0	348	5	1.160	44.0
	2	5.2	0.74	24.0	45	5	0.150	2.47
	3	5.2	0.79	24.0	21	5	0.07	0.739
S-J-6	1	5.0	0.6	24	20	5	0.067	2.54
X-J-1	1	5.3	0.6	1.0	24	5	0.08	7.42
	2	5.3	0.6	1.0	27	5	0.09	8.35
	3	3.2	0.6	1.0	9.6	5	0.032	4.42
X-J-2	1	5.4	0.6	14.8	24	5	0.08	2.39
	2	5.2	0.35	14.8	8.1	5	0.027	4.13×10^{-8}
	3	5.2	0.20	14.8	219.9	5	0.733	9.19
	4	5.3	0.3	14.8	69	5	0.23	2.26
	5	5.3	0.75	14.8	2.1	5	0.007	6.68×10^{-9}
	6	5.2	0.75	14.8	9.9	5	0.033	3.20×10^{-8}
	7	5.2	0.61	14.8	12	5	0.04	3.91×10^{-8}
	8	5.2	0.95	14.8	54	5	0.18	1.72
	9	5.2	0.72	14.8	86.1	5	0.287	2.79
	10	5.2	0.67	14.8	69	5	0.23	2.24
X-J-3	1	5.3	1.02	14.8	48.9	5	0.163	4.51
	2	5.3	0.78	14.8	39	5	0.13	1.89
	3	5.3	0.90	14.8	208.8	5	0.696	7.25
	4	5.3	0.62	14.8	156	5	0.52	5.01

防渗墙物探检测由四川大渡河双江口水电站开发有限公司委托中国电建集团成都勘测设计研究院有限公司承担，采用单孔声波、对穿声波、声波CT、钻孔全景图像的物探方法，对上、下游围堰防渗墙墙体质量和墙体底部与基础接触部位的质量进行检测。具体检查情况见表2和表3。

表 2　　　　　　　　双江口水电站上下游围堰防渗墙工程物探检测工作量表

工程部位	项目名称	单位	完成工程量	备注
上游围堰防渗墙墙体施工质量检测	单孔声波检测	m	181.6	防渗墙墙体检查孔
	对穿声波检测	m	2424	
	声波 CT 检测	检波点炮数	19077	
	钻孔全景图像检测	m	329.7	防渗墙墙体检查孔 180.7m
	注水试验	段、次	30	
	墙体底部与基础接触部位施工质量检测			
	对穿声波检测	m	282.5	含陡坎段灌前灌后
	钻孔全景图像检测	m	258.7	
下游围堰防渗墙墙体施工质量检测	单孔声波检测	m	98.2	防渗墙墙体检查孔
	对穿声波检测	m	2095.4	
	声波 CT 检测	检波点炮	10089	
	钻孔全景图像检测	m	266	防渗墙墙体检查孔 95.2m
	注水试验	段、次	17	
	墙体底部与基础接触部位施工质量检测			
	对穿声波检测	m	325.8	含陡坎段灌前灌后
	钻孔全景图像检测	m	159.4	

表 3　　　　　　　双江口水电站上游围堰防渗墙墙体对穿声波综合统计表

部位	声波速度/(m/s)			备注
	平均波速	大值平均	小值平均	
防渗墙体	4243	4302	4176	
接触部位	4050	4244	3845	不含陡坎
墙下帷幕	4841	5096	4559	
防渗墙体低速带	3963	4162	3814	
陡坎段接触部位灌前 Q	4582	4780	4338	
陡坎段接触部位灌后 H	4652	4819	4427	

9　结语

　　尽管防渗墙施工在我国水电工程实践中取得了一系列的成果，但在恶劣的环境和复杂的地质环境条件下，工程投资、施工工期、质量已经成为关系整个电站总投资、总进度和工程蓄水安全的重要因素之一。防渗墙施工与地质环境的相关理论、复杂地层的钻进工艺，在孤石巨漂密集地层、倒悬体及陡坎处理措施工工艺等的研究仍显不足，在很大程度上制约了防渗墙施工技术的发展。双江口水电站围堰防渗墙的施工难度极大，本工程地层中所含的巨漂孤石（直径 15m），倒悬体（埋深 17.5m、厚度 2.5m）、岸坡陡坎（落差 35～40m），防渗墙孔深（最深 75.95m）在基岩为花岗岩的围堰防渗墙施工中尚属国内首次，本工程对于今后有类似工程极具借鉴、参考指导意义。

参考文献

［1］ 高钟璞，等.大坝基础防渗墙 ［M］.北京：中国电力出版社，2000.
［2］ DLT5199—2004 水电水利工程混凝土防渗墙施工规范 ［S］.
［3］ 丛蔼森.地下连续墙的设计施工与应用 ［M］.北京：中国水利水电出版社，2001.

堤防超深防渗墙施工技术研究

谢文璐[1]　杨　磊[2]　邬美富[1]　焦家训[1]　张玉莉[1]　巨伟涛[1]

(1.中国葛洲坝集团基础工程有限公司　2.武汉大学)

【摘　要】 混凝土防渗墙在国内经过50余年的研究应用，在施工深度、厚度、精度方面有了飞速的发展，西藏旁多水电站、四川冶勒水电站、西藏甲玛沟尾矿库、新疆石门水库等项目的防渗墙施工均达到百米级，标志着我国混凝土防渗墙工程已达到国际领先水平。然而，在堤防防渗处理中，混凝土防渗墙却发展缓慢，主要原因在于堤基中下部存在着深厚的粉细砂层，在造孔过程中，受到成槽设备的扰动，极易塌槽，随着塌槽范围的不断扩大，严重危及堤防的安全。本文通过对堤防超深防渗墙施工技术进行研究，摸索研究出一套针对深厚覆盖层的防渗墙施工技术，可以为后续类似工程设计、施工提供参考。

【关键词】 堤防工程　超深混凝土防渗墙　施工技术研究

1　项目概况

1.1　工程概况

荆江大堤综合整治工程堤基塑性混凝土防渗墙轴线长1km，总成墙面积为68592m²，墙厚0.6m，平均孔深约69m，渗透系数$K<10\times10^{-7}$cm/s，28d抗压强度大于2MPa，入岩深度不小于0.5m。

根据施工技术要求，防渗墙施工前需进行先导孔施工，在防渗墙中心线上，每20m钻一先导孔，探明地质条件和控制走向。根据先导孔勘探成果资料显示，防渗墙成墙深度范围为69～85m。

1.2　地质条件

荆江大堤主要为二元结构堤基，主要由壤土、粉细砂、细砂、砂砾石组成，分布淤泥质黏性土和淤泥层，局部堤段呈互层或夹层透镜状组成的复杂结构堤基。主要分布情况为：①0～-3.2m为素填土；②-3.2～-13m为壤土；③-13～-81.6m为粉砂；④-81.6～-83m为细砂；⑤-83～-85m为砂砾石。

2　堤防超深防渗墙施工技术研究

2.1　施工设备选型

目前，运用于防渗墙中的液压抓斗主要有金泰、宝峨、中联重科、三一重工、利勃海尔等。根据施工工艺、工程量和工期，对以上液压抓斗进行技术经济比较，结合以往工程中实际施工效果，最终选定液压抓斗为：宝峨 GB30（最大成槽深度 60m）、宝峨 GB46（最大成槽深度 75m）、金泰 SG46（最大成槽深度 75m）、金泰 SG60（最大成槽深度 100m）各 1 台。选定乌卡斯 CZ－5 型冲击钻机配合液压抓斗施工。

2.2　设计方案优化

原设计墙厚为 60cm，采用"纯抓法"成槽，入岩深度不小于 0.5m。

（1）成槽方式由"纯抓法"优化为"钻抓法"。在现场生产性试验过程中，采取"全抓法"施工，发生施工平台底部坍塌，导墙开裂，3 个试验槽均出现了不同程度的大面积塌孔现象。需对原设计方案进行优化。

经参建各方及专家组讨论研究，"纯抓法"不宜在该段堤防下应用，因为深厚粉细砂层在抓斗的扰动下极易塌孔，"钻抓法"通过对地层进行挤密加固，孔壁稳定性得到了较好的提升，在冲击钻施工端孔时，钻头在孔内的振动加大了接头孔的直径，使得墙段连接可靠，建议改用"钻抓法"进行试验。通过"钻抓法"造孔施工情况和混凝土充盈系数反映出槽段并未出现大面积塌孔情况，少量塌孔属于正常、合理、可控范围内。经参建各方及专家咨询会议纪要，研究决定将成槽工艺改为"钻抓法"。

（2）部分墙厚由 60cm 优化为 80cm。如果 75m 以上槽段仍采用墙厚 60cm，施工中随着深度的增加，槽段更容易发生偏斜，纠偏工作量会增大，成槽工效会大幅下降，随着成槽周期的增加会加大塌槽风险，在防渗墙底部塌槽加大了卡斗（钻）、埋斗（钻）处理难度。在满足规范允许最大孔斜率的情况下，孔底偏斜值已不能满足规范规定槽段搭接厚度。解决以上问题的方法有两种，一是增加墙厚，二是采用悬挂式防渗墙，即 75m 以上的槽段只施工至 75m，墙底不嵌入基岩。根据渗流计算分析，超过 75m 的槽段采用悬挂式防渗墙达不到设计防渗要求，为保证防渗效果，墙底应嵌入基岩形成封闭防渗墙，因此对该段防渗墙结构进行优化，防渗墙厚度由 60cm 调整为 80cm。

2.3　孔斜技术控制

分析原因：①地层软硬程度不同，钻头、斗体受力不均；②一期槽接头管施工时混凝土出现绕流；③遇到卵石、漂石层，钻进困难。

解决办法：①冲击钻机进入软硬不均地层，采取低锤密击，保持孔底平整，穿过此层后再正常钻进；液压抓斗配备了全自动电脑控制系统装置监控，每当电脑系统显示偏斜率达 0.1～0.2 度时，采取更换加宽加长斗齿到偏斜负面、短窄斗齿到偏斜正面，同时开启抓斗自身推板进行纠偏，使槽孔偏斜率控制在 3‰ 以内。②一期槽接头管法施工完毕后，液压抓斗立即抓取副孔，确保混凝土强度较低时将绕流混凝土清除。③选用带侧刃的大刃脚一字形冲击钻头，钻头重量要大，冲程要高；冲击钻进时可适时向孔内投入黏土，增加孔壁的胶结性，减少漏失量；保持孔内水头高度，不断向孔内补充泥浆，防止因漏水过量而坍孔；在大漂石层钻进时，要注意控制冲程和钢丝绳的松紧，防止孔斜；遇孤石时可抛填硬度相近的片石或卵石，用高冲程冲击，或高低冲程交替冲击，将大孤石击碎挤入孔壁。④采用超声波测孔仪测量孔斜，在计算孔斜时，将左右和上下两个方向进行矢量叠加之后再计算孔斜，称之为"叠加孔斜率"，这种方法虽然增加了测量孔斜的计算量，但对于提高检测精度和控制防渗墙的质量具有重要意义。

2.4　塌槽控制

分析原因：①冲击钻头或掏渣筒倾倒，撞击孔壁；②泥浆相对密度偏低，起不到护壁作用；③孔内泥浆面低于孔外水位；④遇流沙、软淤泥、破碎地层或松砂层钻进时进度太快；⑤地层变化时未及时调整泥浆相对密度。

解决办法：①探明坍塌位置，将砂和黏土混合物回填到坍孔位置以上1~2m，等回填物沉积密实后再重新冲孔；②按不同地层土质采用不同的泥浆相对密度；③提高泥浆面；④严重坍孔，用黏土，泥膏投入，待孔壁稳定后，采用低速重新钻进；⑤地层变化时要随时调整泥浆相对密度。

2.5　冲击钻卡钻、钻头脱落控制

分析原因：①钻孔不圆，钻头被孔的狭窄部位卡住；②冲击钻头在孔内遇到大的探头；③石块落在钻头与孔壁之间；④未及时焊补钻头，钻头直径逐渐变小钻头入孔冲击被卡；⑤上部孔壁坍落物卡住钻头；⑥在黏土层中冲程太高，泥浆度过高，以致钻头被吸住；⑦放绳太多，冲击钻头倾倒，顶住孔壁；⑧大绳在转向装置联结处被磨断；或在靠近转向装置处被扭断；或绳卡松脱；或钻头本身在薄弱断面折断。

解决办法：①若孔不圆，钻头向下有活动余地，可使钻头向下活动并转动至孔径较大方向提起钻头；②使钻头向下活动，脱离卡点；③使钻头向下活动，让石块落下；④及时修补冲击钻头；若孔径已变小，应严格控制钻头直径，并在孔径变小处反复刮孔壁，以增大孔径；⑤用打捞钩或打捞活套助提；⑥利用泥浆泵向孔内泵送性能优良的泥浆，清除坍落物，替换孔内黏度过高的泥浆；⑦使用专门加工的工具将顶住孔壁的钻头拨正。⑧用打捞活套打捞；用打捞钩打捞；用冲抓锥来抓取掉落的钻头。

2.6　抓斗卡斗、埋斗控制

原因分析：流塑状土层受干扰后流动，易发生塌方，当发生塌方事故时，若提斗不力将造成埋斗；掉落土方（石块）落入斗体两侧将挤压斗体，造成斗体倾斜，使斗体因受摩擦力而提拉困难，造成卡斗；粉细砂层易发生慢性缩颈，该层与泥皮覆盖后与板状斗体相遇会形成较大的吸附力，造成提拉困难引起卡斗而导致埋斗。

解决方法：首先提高泥浆性能，将泥浆密度提高到$1.15g/cm^3$以上，然后用测绳仔细测出抓斗斗体在孔内的实际位置，判断出斗体在孔内的状态。

（1）上卡（孔内卡斗）：吊用十字钻冲击钻机对准斗体的吊耳进行扫孔，在扫孔过程需缓慢、平稳，切勿连续冲击。扫孔过程中安排专职人员对扫孔进度、孔位进行全程监控，冲击钻头与吊耳有偏差，需及时校正。若全冲程效果不明显，则改为半冲程进行扫孔，当吊耳受到多次震动后斗体有了活动空间，则抓斗可以利用自身的起拔力进行提升斗体。

（2）下卡（孔底卡斗、埋斗）：吊用冲击钻机在斗体左右两侧各打一孔，钻至被埋斗体底2~5m的地方，将适量的炸药放置与斗体被卡处或者最接近的部位，利用炸药孔内爆破，使斗体下卡部位与槽底震动分离。

2.7　接头管铸管控制

接头管起拔晚、导向槽塌陷、槽内塌孔均可能造成接头管被凝固的混凝土包裹而拔不出来。因此，摸索出一套接头管"铸管"的高效施工方法，对防渗墙施工具有重要的意义。

（1）钻头装置的构造。该装置实质上是一种冲击钻钻头的延伸装置，它需要在原冲击钻头上进行改装。其构造如图1所示。

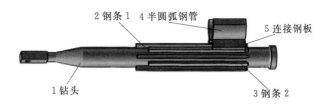

图1　铸管处理装置构造示意图

（2）接头管铸管处理施工流程。接头管铸管处理流程如图2所示。

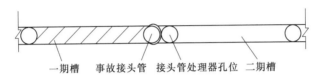

图2　接头管铸管处理流程图

具体施工流程为：冲击钻机（抓斗）就位→冲击钻机（抓斗）施工接头管一侧原始地层至铸管深度以下→铸管处理装置套住接头管，低速钻进至接头管铸管深度→铸管处理装置移位→液压拔管机就位→分节拔管→剩余2～3节接头管时直接用吊车拔管→拔管结束。

2.8　接头管智能拔管系统研究

接头管法施工时拔管压力、起拔时间等方面的控制，国内大都采用人工控制及依靠经验判断，施工强度大，可操作性差，存在着较大的误差及事故风险。因此，加强对拔管施工过程中起拔时间和起拔压力的控制研究，实时收集拔管过程中的压力、时间数据，是拔管施工定量化和智能化发展需解决的重大课题。

（1）研究技术路线。结合研究方法、现场试验周期和时间安排的科学性、合理性和可行性，确定如图3所示的研究技术路线。

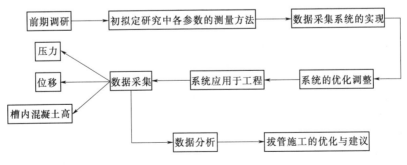

图3　研究技术路线框图

（2）防渗墙拔管施工数据采集系统开发。

1）硬件组成。本装置的硬件结构主要包括主控 MCU，压力传感器，位移传感器等部分组成。如图 4～图 6 所示。

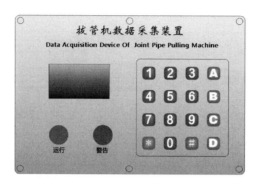

图 4　主控 MCU 效果图

图 5　压力传感器

图 6　拉绳式位移传感器

2）软件组成。软件结构包括 MCU 程序和计算机端程序。

（3）创新点。本装置创造性体现在：将拔管过程中关键数据位移、压力实时、连续的收集起来。与先前手工记录方法相比，本装置既能满足实时采集和检测数据，又能更加完整地记录和显示拔管整个过程的压力-位移变化关系，结合混凝土面高程数据，为起拔时间和起拔压力的控制研究提供最直接的数据，适应了拔管施工定量化和智能化的发展方向。

3　结语

通过对堤防超深混凝土防渗墙施工技术研究，有效解决了塌槽、接头管铸管、卡钻（斗）、埋钻（斗）等施工技术难题，为项目实现质量目标、经济目标、进度目标提供了技术保障。

本项目关键技术的研究与应用，刷新了堤防工程中混凝土防渗墙的深度、厚度，使得堤防工程混凝土防渗墙向更深、更厚的方向进一步发展，对类似的工程具有非常好的借鉴意义。

参考文献

［1］ 王清友.塑性混凝土防渗墙［M］.北京：中国水利水电出版社，2008.

［2］ 孔祥生，黄扬一.西藏旁多水利枢纽坝基超深防渗墙施工技术［J］.人民长江，2012（4）：78－81.

［3］ 宋玉才，焦家训，张玉莉，等.水工混凝土防渗墙施工技术进展［J］.施工技术，2009（38）：522－525.

［4］ 宋玉才.深厚覆盖层防渗墙墙体接头形式［J］.水利水电技术，2009，4（40）：41－31.

［5］ 周昌茂.塑性混凝土防渗墙接头孔施工技术［J］.施工技术，2015（44）：363－365.

［6］ 田友刚.在混凝土防渗墙工程中自动化拔管设备的应用［J］.天津市经理学院学报，2013（6）：41－42.

乌东德水电站大坝围堰防渗墙施工技术及质量控制

曹中升　刘传炜

（葛洲坝集团乌东德施工局）

【摘　要】　乌东德水电站大坝上、下游围堰防渗墙墙厚 1.2m，最大墙深 97.3m，为国内目前厚层墙体中深度最大的防渗墙。鉴于地质条件复杂，施工难度大，研究采用超深钻孔技术、陡倾岸坡嵌岩技术、接头管拔管工艺、槽型检测装置、预埋管接头套筒箍接工艺等施工技术，有效地解决了施工中的技术难题；采用 QC 小组、质量控制制度、施工过程控制，有效地控制了施工中的质量。施工进度及施工安全满足设计要求，取得了良好的经济效益和社会效益。

【关键词】　围堰防渗墙　槽孔检测　接头管拔管　预埋管套筒箍接　QC 小组　质量控制

1　工程简介

乌东德水电站大坝上、下游围堰均采用"复合土工膜＋塑性混凝土防渗墙＋墙下帷幕灌浆"的防渗方案。上游围堰防渗墙轴线长度为 247.41m，共划分 50 个槽段，防渗墙施工平台高程为 832.50m，防渗墙施工深度为 8.90～97.74m，厚度 1.2m；帷幕灌浆底线高程 727.00m，防渗帷幕沿两岸堰肩接堰顶高程 873.00m 灌浆平洞，帷幕灌浆最大孔深 130m（左岸堰肩）。下游围堰防渗墙轴线长 138.40m，共划分 29 个槽段，防渗墙施工平台高程 829.00m，防渗墙施工深度为 3.0～91.4m，厚度 1.2m；帷幕灌浆底线高程 728.00m，防渗帷幕沿两岸堰肩接堰顶高程 847.00m 灌浆平洞，帷幕灌浆最大孔深 101.0m（河床）。大坝上、下游围堰沿防渗轴线纵剖面图分别见图 1、图 2。

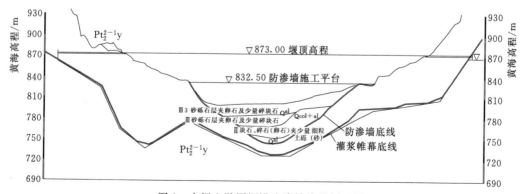

图 1　大坝上游围堰沿防渗轴线纵剖面图

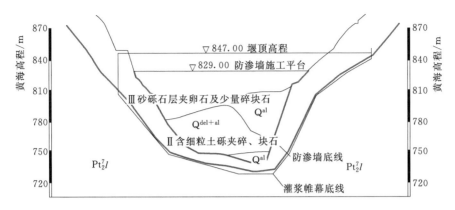

图 2　大坝下游围堰沿防渗轴线纵剖面图

防渗墙槽段长度划分：缓坡段且孔深小于60m的部位，Ⅰ、Ⅱ期槽长度一般划分为7.2m，由三个主孔和二个副孔组成，副孔长度1.8~2.91m；孔深大于60m或陡坡段部位，Ⅰ期槽长度为4.2m，由二个主孔和一个副孔组成，Ⅱ期槽槽长为7.2m，由三个主孔和二个副孔组成，副孔长度均为1.8m。防渗墙施工采用冲击钻机配合钢丝绳抓斗成槽法，主孔采用"钻凿法"钻进，副孔采用"钻抓法"结合"平打法""钻劈法"造孔，泥浆固壁，Ⅰ、Ⅱ期槽接头孔全部采用接头管套接连接；防渗墙混凝土采用搅拌车运输至槽孔浇筑平台，由溜槽入孔，"泥浆下直升导管法"浇筑。

2　施工难点及对策

乌东德水电站大坝围堰防渗墙墙厚1.2m，最大埋深97.74m，为目前国内第一深厚墙。主要施工难点如下：

（1）防渗墙接头孔采用接头管拔管工艺，常规拔管机难以满足接头孔施工质量控制的需要。

（2）受峡谷地形影响，岸坡基岩面硬岩陡倾部位，防渗墙嵌岩难度大；同时，上游围堰基岩为薄层白云岩，先导孔取芯鉴定基岩难度大。

（3）覆盖层厚且存在较多大孤石，造孔成槽难度大，且容易卡钻、埋钻。同时受合同工期约束，施工工期紧，质量控制难度大。

针对本工程防渗墙的施工特点和难点，主要采取以下对策：

（1）结合工程实际做好拔管机功率计算，由厂家生产定做特种拔管机，解决常规拔管机难以满足深孔拔管的难题。

（2）由专业地质勘探队采用先进的基岩取芯工艺，解决上游围堰基岩面鉴定取芯困难的问题。

（3）采用孔内定向爆破、钻孔爆破、重凿（锤）冲砸、钻头镶焊耐冲击高强合金刀块等措施，解决造孔遇大块孤石或陡倾硬质基岩时容易溜钻、跑偏而致嵌岩困难的问题；采用特制的槽型检测装置，检测槽孔是否存在"小墙"，以确保防渗墙成槽质量。

（4）优化预埋灌浆管接头处理工艺，增加套筒箍接技术，保证灌浆管垂直度，解决了传统焊接法容易出现脱掉管的问题。

3 综合施工技术研究

针对乌东德水电站大坝上、下游围堰深厚防渗墙工程，开展了专项施工技术攻关，主要研究项目包括超深钻孔技术、陡倾岸坡嵌岩技术、接头管拔管工艺、槽型检测装置、预埋管接头套筒箍接工艺。

3.1 超深钻孔技术

根据地层情况，接头孔采用 ZZ-6 或 CZ-9 型冲击钻机钻进，以加强对块石破碎及地层的挤密效应，排渣采用传统抽筒出渣方式。

对存在大量漂石、孤石且孔深 90m 以上的深厚地层，施工过程中加密检测次数，及时检测孔形情况，若造孔发生偏斜，其孔形、孔斜的控制方法：一是在钻头上加焊一圈钢筋，扩大钻头直径，扩孔改变孔斜，或在钻头上加焊耐磨块进行修孔；二是回填石料修孔，即采用石料或石块回填至偏斜段顶部，重新进行该段造孔，并加大造孔过程中的测斜密度，严格控制修孔质量。

3.2 陡倾岸坡嵌岩技术

冲击钻机钻凿主孔到达倾斜基岩面时，根据爆破抵抗线的大小和对周边已浇槽段混凝土的影响情况，采用型号为 $\phi70$ 和 $\phi32$ 的乳化炸药，定向聚能爆破破碎岩石，或用全液压钻机在岩面上钻爆破孔，下置爆破筒进行爆破，爆破后再用冲击钻机重锤冲砸、破碎；同时，根据先导孔钻孔情况，利用部分先导孔提前爆破，达到破碎基岩的效果。

3.3 接头管拔管工艺

槽段连接采取接头管法，即在清孔换浆结束后，在Ⅰ期槽两端孔位置下设 $\phi110$ 钢制接头管，孔口固定，在混凝土浇筑过程中，根据混凝土初凝时间、混凝土面上升速度及上升高度，起拔接头管，最后在接头管部位形成Ⅱ期槽端孔，待Ⅱ期槽成槽浇筑后与Ⅰ期槽连接成墙。接头管分节制作，插销连接，采用液压拔管机起拔。

（1）接头管下设。接头管下设前，先对接头孔进行检测，必要时采用直径 125mm 的钻头进行修孔处理，以保证接头孔的垂直度；而后安装拔管架、液压站，并调试正常后，开始进行接头管下设。采用 25t 吊车或 HS885 钢丝绳抓斗配合起吊下设接头管，下设过程中不能强拉硬放，速度不宜过快，特别是塌过孔的槽段更要严格控制下管速度，防止破坏孔壁；下管过程中，如遇障碍物或孔形较差等情况应立即停止下设，将接头管上提一定的高度后再缓慢下设；接头管应尽量下到孔底，下设完成后使用拔管机上下反复拔、放几次。

（2）拔管。接头管拔管施工的关键是严格把握接头管外各接触部位混凝土的实际龄期，因此必须详细掌握混凝土的浇筑情况，施工过程中须及时、准确地填写能够全面反映混凝土浇筑、导管提升、接头管起拔过程的记录表，并据此判断各部位混凝土的龄期、预计脱管时间和实际脱管龄期，以便准确掌握起拔时间及拔管速度。

拔管采用"慢速限压拔管法"，浇筑施工与拔管施工应紧密配合，浇筑速度不宜过快。底管接触混凝土 3h 后开始微动，此后活动接头管的间隔时间不应超过 30min，每次提升 1～2cm，以破除混凝土的黏结力。微动的时间不宜过早，也不宜过于频繁，否则对混凝土的凝结和孔壁稳定不利。当管底混凝土的龄期达到确定的脱管龄期后，按照混凝土的浇筑速度逐步起拔接头管。

由于确定的预计脱管龄期不一定十分准确，实际脱管龄期也不可能与确定的预计脱管龄期完全一致，所以在拔管过程中必须随时注意观察拔管阻力、管内泥浆面的变化情况及管底活门的启闭情况，随机应变，及时调整拔管时间和拔管速度。当拔管时底门开启，拔管后管内浆面下降，说明已脱管的部分成孔正常，否则说明管底有混凝土跟进，不能正常成孔。这时应检查底门是否能正常开启，如活门无问题，说明拔管时间过早，应延长混凝土的脱管龄期，暂停拔管。当压力表反映的拔管阻力过小时，应暂停拔管或降低拔管速度；当成孔正常但拔管阻力过大时，应适当加快拔管速度。

在拔管施工的最后阶段应注意及时向管内注满泥浆，并适当降低拔管速度，最后一节管在孔内应停留较长时间，以防止孔口坍塌。接头管提出之前，应测量实际成孔深度，并做记录。

拔管全部结束后，用测饼测量接头孔深度，对陡坡槽段深孔侧的接头孔，及时向孔底回填 20m 深度的黏土，24h 后采用"套打法"钻进至终孔深度，并扩孔成 120cm 直径的接头孔。

3.4 槽孔检测装置

为防止槽孔内小墙清理不彻底，影响防渗墙槽孔质量，根据槽型及大小，模拟防渗墙成槽形状，研制了防渗墙槽型检测装置。防渗墙槽段施工完毕后，用钻机将该检测装置自上而下吊放入槽孔内，一直下放到设计深度，若顺利放入，说明槽孔内小墙已经完全凿除，成槽孔型质量满足要求；若下放过程中出现卡阻情况，则说明槽孔在一定范围出现偏斜，存在未完全凿除的小墙，需进行定点钻凿，直至满足槽孔质量要求。

3.5 预埋管接头套筒箍接工艺

为保证预埋管的垂直度，解决传统焊接法造成预埋管容易脱落的问题，通过改进预埋管接头处理工艺，采用了预埋管接头套筒箍接技术，套筒内径略大于预埋管外径，长度为 20cm，从而提升了预埋管的成活率，确保了墙下帷幕施工质量。

4 综合质量控制研究

针对乌东德水电站大坝上、下游围堰深厚防渗墙工程，开展了专项施工质量控制攻关，主要研究项目包括 QC 小组、质量控制与改进措施。

4.1 QC 小组

本项目施工过程中共成立了提高围堰防渗墙造孔工效、提高破碎基岩先导孔取芯率、提高防渗墙造孔偏斜一检合格率、防渗墙槽孔陡坡嵌岩施工技术研究、提高围堰防渗墙接头孔拔管成孔率、提高防渗墙预埋管成活率，提高防渗墙陡坡基岩面高程鉴定效率等 7 个QC 小组，持续改进施工工艺，抓好质量节点控制，攻克质量难点、顽症。

通过 QC 活动的开展，不断提升了施工工艺，分别在防渗墙造孔工效（工效由 2.65m²/台日提升至 3.2m²/台日）、防渗墙接头孔拔管成孔率（成孔率由 70% 提升至 98%）、防渗墙预埋管成活率（成活率由 73.68% 提升至 100%）、防渗墙造孔偏斜一检合格率（一检合格率由 96.16% 提升至 100%）等方面取得了显著成果，其中 QC 成果《提高围堰防渗墙接头孔拔管成孔率》在中国电力建设协会上发布获得了"二等奖"的骄人成绩，保证了本项目施工质量目标的实现。

4.2 质量控制措施与要求

（1）建立并完善施工质量管理办法及措施，确保整个施工过程处于受控状态。

1）依据设计图纸、招标文件、施工规范和施工措施，编制"质量计划"，制订出各分部分项工程程序控制图及质量控制点，编制施工作业指导书、操作规程、管理细则和岗位责任制等，对施工质量进行全过程的管理控制，确保整个施工过程连续、稳定地处于受控状态。施工过程中，严格执行了施工复测、技术交底、竣工报告、材料检验、试验室抽样、隐蔽工程检查、工程负责人质量评定奖惩、工程自检互检及旁站和工程质量事故处理等方面的详细管控措施。

2）对关键和特殊工序制定详细的施工控制措施和操作细则，并对技术人员按部位分工负责，专业技术人员既是该部位技术负责人，又是该部位质量负责人。

3）严格执行内部质量"三检制"。各施工队施工过程坚持施工队初检、施工管理部复检、质量保证部终检制度，在"三检"合格的情况下由质量保证部将检验合格证递交监理工程师，并在监理工程师指定的时间里，质检员与监理工程师一起，对申请验收的部位进行检查验收，在联检合格后，监理工程师签发合格证后方可进行下道工序的施工。

4）建立隐蔽工程"专业联检制"。对于隐蔽工程，在覆盖前必须遵循严格的质量检查程序，施工中组织各专业的质量负责人对隐蔽工程进行联合检查验收。

（2）实行工程质量岗位责任制，严格执行质量奖惩。按科学化、标准化、程序化作业，实行定人、定点、定岗施工，各自负责其相应的责任。施工现场挂牌，写明施工区域、技术负责人、施工负责人，接受全方位、全过程的监督。做到奖优罚劣，确保一次达标。对不按施工程序和设计标准施工的班组及个人给予经济惩罚，并追究其责任。

（3）施工过程严控"四关、六不"规定的执行。"四关"规定是：

1）严把图纸关。首先组织技术人员对图纸进行认真复核，让所有技术人员掌握设计意图，其次严格按图纸和规范要求组织实施，并层层组织技术交底。

2）严把测量关。由取得国家测量甲级资质的集团公司测绘院测量人员，对整个工程的设计控制数据进行复核，工地测量人员根据复核成果，进行测量控制网的布设及施工放样。

3）严把材料质量及试验关。对每批进入施工现场的材料按规范要求进行质量检验，杜绝不合格的材料及半成品使用到工程中。

4）严把过程工序质量关。严格按照技术图纸、规范及技术措施进行。

"六不施工"规定是：①不进行技术交底不施工；②图纸和技术要求不清楚不施工；③测量和资料未经审核不施工；④材料无合格证或试验不合格不施工；⑤隐蔽工程未经联合签证不施工；⑥未经监理工程师认可或批准的工序不施工。

5）对施工过程中违反技术规范、规程的行为，质检人员有权当场制止并责令其限期整改。对不重视质量、粗制滥造、弄虚作假的人，质检人员有权要求行政领导给予严厉处理，并追究其相应的责任。施工过程中始终坚持质量一票否决制。

（4）开展质量教育，增强职工质量服务意识和服务水平。

1）在开工前和施工过程中，对职工进行质量责任教育和质量管理意识教育，牢固树立"百年大计、质量第一"的观念，并结合工程的实际，加强对各级人员的培训力度，使其具有保证各工序作业质量的技术能力和知识。

2）组织关键和特殊工序的作业人员进行技术学习和培训，严格贯彻执行制定的施工控制程序，以保证工程质量。

5 分析与比较

与国内同类防渗墙工程比较，乌东德水电站大坝围堰防渗墙施工技术具有以下特点：

（1）采用孔内定向爆破、钻孔爆破、重凿（锤）冲砸、钻头镶焊耐冲击高强合金刃块等措施，提高了施工工效和成槽质量。防渗墙造孔、成槽及接头处理过程中，针对墙深超过90m的槽段，根据所遇情况，精细施工工艺，改造钻具，采用个性化的施工工艺及设备，确保了混凝土接头部位结合质量，大大减少了混凝土浪费情况；针对岸坡陡坡部位槽段入岩难度大的问题，采用浅孔深钻、先导孔位旁靠、结合先导孔进行钻孔定位爆破的方法，确保有效嵌岩深度。

（2）研制的防渗墙槽型检测装置，能检测钻孔是否倾斜及小墙清理是否彻底，保证防渗墙槽孔施工质量。

（3）预埋管接头部位采用套筒箍接工艺，克服了传统的焊接法造成预埋管容易脱落或折断的问题，确保了预埋管的垂直度，埋管成活率显著提高，有利于确保墙下基岩帷幕灌浆质量。

（4）防渗墙接头管拔管工艺先进，在上游围堰防渗墙工程26号 I 期单元槽段，一次成功下设深度达97.25m，并成功拔出，打破了葛洲坝集团股份公司此前创造的防渗墙接头管下设86.3m的最深纪录。

（5）乌东德水电站河床围堰防渗墙工程共评定78个单元，78个单元全部合格，合格率100％，其中优良单元73个，优良率93.6％。本工程中未出现任何质量事故，其各工序施工质量均满足相应国家规程、规范，各项技术指标都达到了设计要求。

6 结语

乌东德水电站大坝上下游围堰防渗墙工程，为国内目前深度和厚度最大的围堰防渗墙，其地质条件复杂、施工难度大、强度高、任务重。通过采用先进的施工工艺及个性化过程控制，在保证防渗墙施工质量及施工安全的前提下，成功完成上下游围堰防渗墙汛前节点计划目标，大坝基坑挖到建基面高程718m时几无渗水，防渗效果良好。

胜利油田某水库原出库闸溃决段除险加固设计

宋智通[1] 刘 欣[2] 谢文鹏[3] 钱 龙[1]

(1.南京水利科学研究院 2.胜利石油管理局供水公司 3.山东省水利科学研究院)

【摘 要】 在水库施工期仍需较高运行水位的条件下，针对胜利油田某水库出库闸溃决段险情类型，提出采用固化灰浆与垂直铺塑复合防渗体的方案，以确证防渗体系的可靠性。

【关键词】 胜利油田 固化灰浆 垂直铺塑 防渗体系

1 工程概况

胜利油田某平原水库位于东营市河口区，设计库容 1785.7 万 m³，坝体高程 6.7m 以下为水力冲填坝，为一期工程建成；高程 6.70m 以上为碾压式均质土坝，为二期加高增容建设。因围坝渗漏严重，1992 年及 1997 年坝体内增设垂直铺塑防渗，铺塑顶高程至 7.6m，底高程至−1.0～−3.0m。

1988 年 4 月，位于东坝桩号 0+204.2 的原出库闸溃决失事沉毁，形成宽约 50 多米、深约 10 多米的冲坑，冲坑底高程最深约为−3.1m。堵复施工时未清理闸体、穿坝箱涵等沉埋物，直接在水中倒土沙回填；堵复后在水库内侧形成直径 88m 的半圆平台，平台顶高程 6.75m，混凝土板护面。物探显示，原出库闸溃决段坝基内存在非土体异物，坝内土体存在空洞、渗漏通道、裂缝、架空等诸多隐患。

2 工程地质

2.1 东坝段工程地质

根据 2004 年地质勘察资料，原出库闸处的东坝段地层共分为 7 层，其中①层（坝体）又分为 4 个亚层，以素填土、冲填土和填料为主；②层分为 2 个亚层，以粉土、粉质黏土、黏土为主。

2.2 原出库闸溃决段地质情况

(1) 调查及钻探结论。坝轴线位置钻孔至高程−1m 时，遇沉埋物无法钻进，表明堵复时未清理闸体、穿坝涵等沉埋物；高程 1.80m 以下，在冲坑处直接倒土倒沙回填；高程 1.80m 以上，以粉土回填，但碾压不够密实。

(2) 物探结论。原出库闸溃决段坝基内存在非土体异物，坝内土体存在空洞、渗漏通道、裂缝、架空等诸多隐患；原出库闸体、涵管等大体积砼块体很可能是整体沉埋于冲坑内，大致位置在桩号 0+195～0+215 范围，可能并未有大的位移，只是坝坡护面砼板等扁平物体可能有所飘移；复建工程对冲坑的回填采取水中倒沙填筑留下了隐患，在0+165～0+210范围坝基面附近普遍出现空洞，可能是因为回填时未碾压密实。

3 除险加固设计

3.1 防渗方案比选

本水库为平原水库，挡水水头低，对防渗墙的材质要求可以降低。因此对固化灰浆防渗墙、垂直铺塑、固化灰浆＋垂直铺塑方案进行比选（见表1）。

三个技术方案的防渗墙技术经济列于表1。

表1　　　　　　　　　　　防渗加固方案比较表

项目　　　方案	方案一：固化灰浆防渗墙	方案二：垂直铺塑	方案三：固化灰浆＋垂直铺塑
处理深度	一般20～30m，适用于本工程	一般小于8m，试验成功铺塑18m，但尚未应用工程，本工程谨慎使用	一般20～30m，适用于本工程
适用土层	各类土层、砂砾石层，适用于本工程	各类土层、砂砾石层，适用于本工程	各类土层、砂砾石层，适用于本工程
防渗效果	防渗效果较好，但0+169～0+239渗漏严重，质量不易保证	防渗效果较好，但未经实际工程应用考验	结合方案一、二优点，防渗效果最好
综合单价	次高，230元/m²	最低，190元/m²	最高，290元/m²
工程量/m²	4704.83	4704.83	4704.03
防渗墙造价/万元	108.2	89.4	136.4

上述三个方案在技术上均是可行的。方案一以水泥土浆液成墙，墙体质量容易保证，可靠度高；但在桩号0+169～0+239渗漏严重段，施工时墙体质量不易保证；方案二垂直铺塑，对于本工程最深18.1m的铺塑深度，虽试验成功，但尚未应用于工程实际；方案三结合方案一和方案二，先铺塑避免水泥细颗粒被渗漏水流带走，成墙质量最好，但造价高。

综上所述，尽管方案二造价最低，考虑到工艺虽试验成功，但无工程实际应用经验，故暂不考虑方案二。方案三虽成墙效果最好，但造价较高。因此，在桩号0+169～0+239渗漏严重段，推荐采用方案三；其余坝段采用方案一。

3.2 防渗墙设计

（1）防渗范围。现状出库闸中心位于桩号0+107.85，穿坝箱涵总宽6.2m，则南侧外墙桩号为0+110.95；防渗墙距离箱涵0.75m，则防渗墙起始位置为桩号0+111.7。本次截渗加固处理范围，北起出库闸，南至桩号0+350，桩号范围为0+111.7～0+350，防渗墙轴线长度281.3m。

（2）墙厚计算。防渗墙厚度按下列公式计算：

$$T = \Delta H / [J]$$

式中：T 为最小防渗墙厚度，m；ΔH 为最大上、下游水头差，m，上游设计蓄水位 7.50m、下游集渗沟底高程 1.0m，最大水头差 6.5m；$[J]$ 为允许水力坡降，固化灰浆防渗墙的允许水力坡降 $[J] \geq 40$，这里取 $[J] = 40$。

经计算，防渗墙厚度 $T = 0.16$m。考虑施工及墙体质量检测的需要，墙厚取为 0.25m。

（3）防渗墙深度。防渗墙顶高程略高于水库设计蓄水位定为 7.6m，圆弧平台段顶高程 6.55m，上设钢筋混凝土挡墙；墙底高程由地质条件确定，防渗墙底以进入⑤层粉质黏土层不小于 1.5m 控制。由此确定防渗墙深度为 15.6～18.1m。

3.3 主要设计指标

（1）固化灰浆。固化灰浆配合比应试验后确定。要求水泥强度等级 42.5R，水泥掺入量不小于 400kg/m³；土取用铣槽置换出的材料；水符合拌制混凝土用水，从水库中抽取。防渗墙主要技术指标如下：①抗压强度 $R_{28} \geq 1$MPa；②墙体渗透系数 $K \leq 5 \times 10^{-6}$cm/s；③垂直度：不大于 0.4%；④允许水力比降 $[J] \geq 40$。

（2）塑膜。采用两布一膜复合土工膜，膜为 PE 膜，厚度 0.5mm，要求渗透系数不大于 1×10^{-11}cm/s；土工布 300g/m²。

4 结语

在水库施工期仍需较高运行水位的条件下，针对胜利油田某水库出库闸溃决段险情类型，提出采用固化灰浆与垂直铺塑复合防渗体的方案，以确证防渗体系的可靠性，对同类除险加固工程具有一定的指导意义。

新疆石门水库钢筋混凝土防渗墙施工技术

高治宇　高小江

（中国水电基础局有限公司）

【摘　要】　在基础防渗墙工程中，混凝土直接浇筑成墙是最基本的工艺，随着工程的难度提高、标准提高，诸多具有新型的工艺和技术也随之出现。钢筋混凝土防渗墙是混凝土防渗墙中设置有钢筋笼的一种墙体，一般是在距离槽孔口一定的高程区域为了增强墙体的整体结构强度而设计的一种防渗墙工艺。混凝土防渗墙的主要目的是为了后期在墙体上实施的"基座""趾板"等建筑物的承重，从而需要增加墙体的承重能力和结构稳定的一种工艺。

【关键词】　钢筋混凝土　防渗墙　施工技术

1　钢筋混凝土防渗墙的作用及其目的

　　钢筋混凝土防渗墙是混凝土防渗墙中设置有钢筋笼的一种墙体，在一些有特殊要求的大坝基础工程被设计，其中在沥青芯墙和混凝土面板坝中的基础工程中经常出现的一种工艺，即在混凝土防渗墙中增加钢筋，使其构成一种组合材料与之共同工作来改善混凝土防渗墙的力学性质。混凝土防渗墙的作用就是使得墙体形成一个整体的力学结构，在承受抗压、抗拉等方面的性能有显著作用；混凝土防渗墙在大坝基础工程中除了防渗作用，也能为墙体以上的建筑起到承载、承重作用。

　　新疆石门水库大坝为沥青芯墙坝体，新疆阿尔塔什水利枢纽大坝为混凝土面板坝体，两个工程的共同特点是基础覆盖层深厚，基础防渗墙也超过100m或接近100m深；两个工程也均设计有钢筋混凝土防渗墙，及上部防渗墙部分需要下设钢筋笼，其目的是为后续的"芯墙""趾板"起到承重作用。

2　钢筋笼混凝土防渗墙的施工工艺

2.1　钢筋笼的制作、下设和定位

　　防渗墙内设计下设的钢筋笼顶高程均在导向槽底高程以下，河床开挖面以上，一般距离孔口有5～10m的距离，分为水平设计和一定坡比设计。按照防渗顶部承重要求，在槽孔内设置一定长度的悬挂式钢筋笼，其中心线与防渗墙轴线平行，并按照设计顶高程控制下设、固定；钢筋笼采用横担垂直固定在槽孔口，并用测量仪器复核每个吊点的高程，保证其水平，避免因孔口定位偏差，而造成钢筋笼在槽孔内发生偏移。钢筋笼的实施需要

包括以下几个重要环节：

（1）钢筋笼的制作。在防渗墙内下设的钢筋笼，全部是在槽孔外预先加工制作完成。首先，在防渗墙作业面附件平整好满足生产加工要求的钢筋笼加工场地；然后采用导轨和枕木按照所需加工钢筋笼的大小制作一个水平基座（高一般为10～15cm），主要是便于后期钢筋笼的焊接制作、起重吊装。

钢筋笼的制作，先熟悉图纸并按照设计参数进行主筋、配筋的下料，并根据设计间距进行布筋，一般先制作钢筋笼的两个侧面，然后再完成两端的凹（凸）弧制作（主要顺序是先下面、再上面、最后再两端）；其中在防渗墙的 I 期槽内，由于两端需要下设接头管，所以在加工凹面弧形部分的钢筋时，一定要处理好搭接处的接头，以免后期与接头管发生卡挂，而导致整个钢筋笼错位变形；另外在制作过程中需要及时的根据设计要求复核尺寸，保证钢筋笼制作的规范、合格。

（2）钢筋笼的吊装。钢筋笼在预制完成后，在浇筑前一般的施工工序是：清孔验收→预埋管下设→钢筋笼下设→接头管下设→浇筑导管下设。所以，钢筋笼的下设和定位至关重要，一旦发生错位或偏移，将直接影响到接头管和浇筑导管的下设与起拔。根据施工实践，由于钢筋笼的设计长度一般都超过10.0m，新疆石门水库工程钢筋笼设计长度最长超过16.0m；新疆阿尔塔什工程下设的长度为10.0m，重量一般在3.5～6.0t；所以如何保证在吊装的过程中钢筋笼不变形、不损坏，并且吊装、下设整个过程如何保证其安全（需要编制专项的吊装安全措施），也是该项工序施工的重中之重。通过石门水库和阿尔塔什两个工程项目的总结，小于10.0m（重量在3.5t左右）的钢筋笼一般采用两台装载机进行转移，转移至防渗墙槽孔口处，再用吊车或钢丝绳抓斗进行竖立，然后进行下设；超过10.0m或较长的钢筋笼，由于吊车起重高度的限制，一般采用吊车和钢丝绳抓斗进行竖立，由抓斗（使用抓斗的优点是移动起来方便）直接转移至槽孔口进行下设，所有的钢筋笼吊装必须根据重量加固吊点，并采用横担进行整体吊装，同时也要根据其重心和重量的分部进行竖立和转运。

钢筋笼的吊筋、吊环设计，分为上环、下环两部，上部卡环是在吊装的过程中 U 形环使用的，在钢筋笼进入槽孔固定后，便于拆卸；下部卡环是直接承担钢筋笼横担，整个吊环一定加工牢固，以免在吊装的过程发生意外，或是在浇筑的过程，因混凝土的下沉致使吊环断裂。这样设计的吊环，是可以重复使用的，在完成一个槽孔的浇筑后，将上部的吊环切割掉，再焊接在下一个钢筋笼的吊筋上使用。

钢筋笼的吊装部分全部设置在竖直的主筋上，并且通过钢筋笼的重量进行专门的加固。钢筋笼在下设的过程，要充分考虑其吊装设备的能力，通过计算选择适宜的吊装设备。

（3）钢筋笼的定位。在承重墙内下设的钢筋笼，定位是至关重要的一个工序，因为它将直接影响到接头管和浇筑导管的下设、起拔，并且也会导致钢筋笼在浇筑过程发生下沉或上浮，影响承重部分的质量和其他质量事故，尤其是斜坡段情况的钢筋笼定位更是非常关键，角度、水平度、吊筋的长度计算等。

钢筋笼在下设前，先计算好其吊筋的长度，并预制好，在钢筋笼入槽前焊接在固定的吊点上，入槽后横担穿过吊环，将其悬吊在槽孔内，为了保证两个横担，四个吊点保持统一水平状态，必须通过测量仪器进行复核、抄平，这样可以有效避免钢筋笼在槽孔内发生偏移；同时钢筋笼的位置也是通过测量预先标示好前后左右的控制点，严格按照其标示点来定位，有效的控制浇筑后混凝土保护层厚度，和整个轴线内所有钢筋笼顶高程的设计高程的落差（图1、图2）。

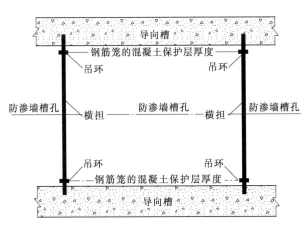

图1 钢筋笼在槽孔固定示意图

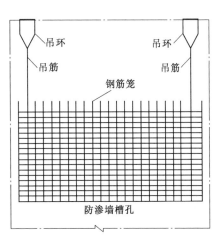

图2 钢筋笼在槽孔固定示意图

2.2 承重部分"钢筋混凝土"的浇筑

承重防渗墙在混凝土浇筑至钢筋笼底部时，根据两个工程项目的经验，一般要控制几个要点：

（1）混凝土浇筑的强度及混凝土面上升的速度。混凝土浇筑的强度将直接影响槽孔内钢筋笼的"上浮"或"下沉"。在防渗墙浇筑混凝土面的高程接近钢筋笼底部时，一定要求控制浇筑速度，及混凝土面上升的速度。尤其是深槽，由于浇筑过程时间较长，在混凝土面快到达钢筋笼底部时，混凝土表面已经具有了一定的强度，或是有部分凝结的可能，这样在混凝土面急速上升时很容易将钢筋笼一并顶起，致使钢筋笼上浮，并且钢筋笼一旦发生上浮，基本是无法控制的，这样导致整个槽孔的钢筋笼全部"顶出"槽孔，失去该段防渗墙"承重"的目的，并造成难以挽回的质量事故。

所以，在承重防渗墙的试验和实际施工过程中，我们总结出，在混凝土面快到达钢筋笼底部时，一定要及时、准确测量混凝土面及上升的速度；然后，降低混凝土的浇筑强度，根据经验，在混凝土面距钢筋笼1.0～2.0m时，将混凝土浇筑的强度降低至3m/h左右，进入钢筋笼2m后，可适当提升浇筑速度。由于混凝土在浇筑过程中会产生自身的挤密和干缩而下沉，会使得钢筋笼有下沉的现象，所以钢筋笼的吊筋一定要确保制作牢固。

（2）浇筑导管的埋深控制。浇筑导管的埋深，在混凝土面接近钢筋笼底部时，将导管在混凝土的埋深控制在1.0～1.5m为宜，目的是控制因混凝土浇筑速度过快导致向上的"顶"力，同时，也可以有效避免因导管埋深过大及浇筑过程混凝土的不均匀扩散，致使导管下部发生位移及钢筋笼发生"卡挂"现象，以至于混凝土导管难以拔出。因此，在混凝土面进入钢筋笼后，浇筑导管埋深不宜过大，控制在2.0～3.0m/h为宜。

（3）混凝土高程的控制。混凝土浇筑至钢筋笼顶高程时，由于浇筑时间长，尤其是在部分深槽孔中，上部的沉渣淤积往往很厚，再加上此时槽孔较浅，所以用测绳很难准确测出混凝土面，所以要采用钢筋插入法测量或更直观的测量方法，准确地掌握混凝土面深。为了保证承重部分的钢筋笼混凝土的质量，根据实践将混凝土面浇筑至钢筋笼顶高程 0.8～1.2 m 为宜，确保上部混凝土与淤积杂质的参合部分全部控制在承重墙体高程以外。

2.3 主要的控制项目

（1）清孔要彻底，减少沉渣厚度：沉渣过厚尤其块状黏土，在和混凝土一起上升的过程中，非常容易使钢筋笼上浮。

（2）要保证混凝土的稳定性：当混凝土坍落度偏小或和易性差时钢筋笼易上浮，应严格控制混凝土配制、坍落度，坚决禁止使用不合格的混凝土。

（3）尽可能减少浇注时间：在保证正常浇筑的情况下，减少浇注注时间，可以防止混凝土表面形成硬壳带动钢筋笼上浮。

（4）导管配置要好：导管的配置要使混凝土灌注到钢筋笼底部时满足合理的埋深度，并且在混凝土面进入钢筋后 1.0～1.5 m 时，能及时拆管。

（5）导管挂到钢筋笼时处理方法：混凝土导管在浇筑过程中容易发生偏移，造成挂笼现象。当导管提升有困难时，应缓慢旋转导管，使其脱离钢筋笼，坚决不可强提、硬拽，导致段管或是钢筋笼变形，从而造成更大的质量事故。

（5）钢筋笼的制作细节：①如果槽孔内设计有预埋灌浆管，那么将预埋灌浆管与钢筋笼预制为一体，这样在浇筑过程中预埋管可以起到稳固钢筋笼的作用；②在Ⅰ期槽孔中，钢筋笼与接头临近的两端，一定不能有横向钢筋头伸出，根据实践，可以将凹弧面两个端头位置的螺纹钢筋更换为同等强度的圆钢，这样可以有效避免接头管在下设或起拔过程中与钢筋笼发生"卡挂"现象。

3 效果分析及其结论

3.1 质量满足设计要求

钢筋混凝土的质量检查，除了检查混凝土的抗压、抗渗的基本检测外，重点要符合钢筋笼在埋设后的效果在开挖后进行检查，并根据设计要求的指标来进行逐项检测。针对钢筋混凝土防渗墙的质量检查，一般均是在开挖露出"墙头"后进行直观的检查。在新疆石门水库混凝土防渗墙工程中，在开挖后的质量检查全部满足设计要求（见表1）。

表 1　　　　　钢筋混凝土防渗墙主要控制项的质量检查统计表

序号	检查项目	设计指标	检查数量	实测最大误差	备注
1	钢筋笼与设计高程的误差	±20cm	25个槽	+6cm（上浮）	上浮或下沉
2	钢筋笼在水平轴线的误差	±10cm	25个槽	3cm	
3	Ⅰ、Ⅱ槽钢筋笼的连接误差	±10cm	25个槽	5cm	
4	钢筋笼的混凝土保护层厚度	10cm	25个槽	全面满足要求	
5	钢筋笼是否有变形	不能允许有明显变形	25个槽	无明显变形	

3.2 施工工艺合理可行

钢筋混凝土防渗墙主要的技术工艺通过理论分析和生产试验，以及在新疆的两个深厚覆盖层基础防渗墙工程累积 70 多个槽孔中的技术验证和经验累积，我们取得了完整的施工技术。在施工过程中遵循理论为指导，结合实际情况不断总结、优化施工工艺，以真实数据进行对比、分析；再通过开挖后的直观观察和质量检查，我们充分证明了工艺的合理性和可行性。当然随着工程实际情况不同，在设计上和具体要求上会有差异，本工艺的研究可以为类似工程提供借鉴，同时也有进一步改进和完善的地方，我们也将继续在以后的类似工程中加强对本技术和工艺的研究。

4 结语

钢筋混凝土防渗墙作为防渗墙的工序和工艺之一，是建立在防渗墙的基础上衍生的一个技术，目的是在兼顾防渗作用的同时，也能为墙体以上的建筑物起到承重作用。在承重型防渗墙工程中，其重要的工序之一就是钢筋混凝土防渗墙施工，它的成败直接影响着后期能否有效的承载、承重；无论是后序在钢筋混凝土防渗墙上衔接施工沥青芯墙，还是施工趾板，作为承重关键部分的混凝土防渗墙都是必须控制到位的环节。钢筋混凝土防渗墙的工艺主要应用在具有承重、承载的大坝基础工程中，它起着"承上启下"的作用，所以本课题的研究也是着眼于类似工程的技术拓展，希望在不断地改进与完善中能更加娴熟的在以后工程实践中得到应用和推广。

乌东德水电站大坝围堰防渗墙
施工关键技术研究与实践

常福远　张玉莉　周志远　周万贺

（中国葛洲坝集团基础工程有限公司）

【摘　要】　乌东德水电站大坝围堰防渗墙厚度 1.2m，最大深度 97.54m，地质条件复杂，有超大块漂石和大量陡岩存在，针对在覆盖层深厚、地质条件复杂的围堰上修建深且厚的防渗墙工程的困难，本文研究了适用于深覆盖层围堰防渗墙的造孔成槽工艺、陡坡嵌岩、基岩面判定及保证预埋管下设质量等技术，其成果已成功应用于乌东德水电站大坝围堰防渗墙工程，为保证施工安全、加快施工进度提供了重要的技术支持，可供同类工程参考。

【关键词】　乌东德水电站　围堰　防渗墙　关键技术　研究　实践

1　概述

1.1　研究背景

乌东德水电站河床围堰堰体采用"复合土工膜＋塑性混凝土防渗墙＋墙下帷幕灌浆"的防渗型式，上下游围堰防渗墙结构及布置图（图1、图2），基坑开挖深，最大深度 97m，超过三峡大坝基坑，是世界上最深的水电站基坑。围堰防渗墙承受最大水头达150m，混凝土防渗墙平均深度大于 60m，最大深度达 97.54m，是世界上承受水头最大、最深的围堰防渗墙。工程地层结构复杂，坝基覆盖层最大厚度达 90m 以上，地层中含厚度达 7.18m 的漂石体，属于强透水层，且堰基河床覆盖层下伏基岩及边坡岩石走向 80°～100°，倾角 75°～85°，相邻两孔（水平间距 1.5m）最大基岩面高差达23.6m，陡坡嵌岩成墙施工难度大。为了保证围堰防渗体系的安全，超深厚覆盖层、强透水地层防渗墙的成槽、防渗墙在陡岩条件下的深嵌岩、深厚覆盖层防渗墙基岩面判定、超深防渗墙墙体预埋管下设、深厚防渗墙槽段间的墙体连接等技术是本工程的关键技术。

1.2　国内外技术现状

在水利水电行业，我国现已建成数以万计常规深度的防渗墙工程，但是国内外目前已完成墙厚达 1.2m，孔深超过 90m 以上的围堰防渗墙不多，尤其是在含超大块石、漂石和大量陡岩存在的、孔深超过 90m 的围堰防渗墙。尽管国内外防渗墙工程在处理深度上已有一些达到 100m 以上的工程实例，比如成为世界最深防渗墙纪录的西藏旁多水电站坝基防渗墙，深度达 201m，但是它们都是坝基主体防渗墙，不是围堰防渗墙。围堰防渗墙地

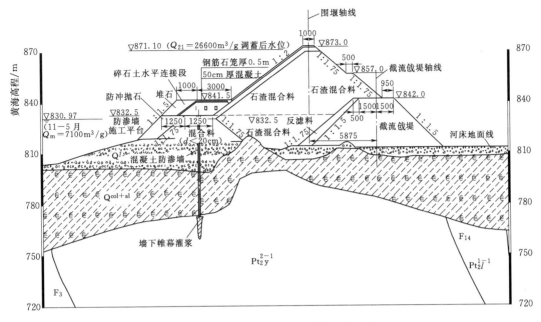

图 1　大坝上游围堰防渗墙结构及布置图

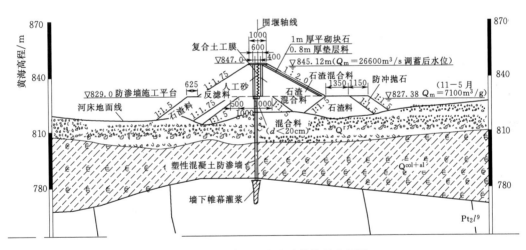

图 2　大坝下游围堰防渗墙结构及布置图

质条件复杂和深度的增加都使得施工难度增大，发生缺陷甚至事故的可能性大大增加。超过 90m 深度的超深围堰防渗墙的设计和施工大都依赖于以前一般防渗墙的工程经验，其施工尚无先例，迫切需要在进行理论分析的基础上，结合工程实际解决一系列关键技术问题。

1.3　意义

依托金沙江乌东德水电站大坝围堰防渗墙工程，进行乌东德水电站大坝围堰防渗墙施工关键技术研究，并将成果应用于工程实践中，为保证施工安全、加快施工进度提供重要的技术支持，对确保乌东德水电站大坝超深基坑的顺利开挖和确保基坑内土建的安全施工具有十分重要的意义。

2 工程特点与难点

2.1 地质条件复杂、施工难度大

本工程大坝围堰地质条件复杂，上、下游围堰上部覆盖层含有较多直径 1.5m 以上的大块径孤石，属强透水地层，地勘资料揭示最大漂石达 7.18m，限制了抓斗等高效率设备在施工中的应用和发挥，制约了防渗墙快速成槽施工。同时也降低了槽孔安全度，形成安全隐患。

2.2 地形复杂、墙体深、质量要求高

本工程施工区地形复杂，峡谷深切，大坝基坑开挖深，从高程 815m 到建基面高程 718m，深度 97m，属超深基坑。坝基覆盖层最大厚度达 90m 以上，下游围堰防渗墙最大深度分别为 97.54m 和 93.45m，属于超深混凝土防渗墙，为国内外同类工程之最。上、下游围堰防渗墙承受最大水头为 150m，围堰防渗显得尤为重要，不仅围堰防渗墙要真正嵌入基岩，而且还要确保混凝土防渗墙墙段连接的质量、保证墙下帷幕预埋管要下设成活率、保证墙下帷幕灌浆的顺利施工。

2.3 陡坡嵌岩施工难度大

下游围堰防渗墙左右两岸槽段均有倾角超过 80°的陡坡基岩存在，由于基岩面坡度较陡，基岩硬度较高，冲击钻钻进十分困难，保证防渗墙墙体嵌入基岩任一点均满足不小于 1.0m 的设计要求，施工难度大。

2.4 预埋管下设精度要求高

在平均深度大于 60m，最大深度达 97.54m 的防渗墙中下设预埋灌浆管，预埋管加工及下设过程中对孔斜的要求更高，否则会导致失败，并直接影响墙下帷幕灌浆施工质量和进度。

3 研究方法及技术路线

（1）针对地质条件，结合相关超深防渗墙施工经验，选取合适的造孔机具及施工方法，解决因接头孔孔斜不易控制而发生孔内事故问题，避免钻凿法对一期槽已浇筑墙体混凝土造成损伤或破坏。研制快速处理孔内事故的扩孔装置，保证成槽质量，提高施工工效。

（2）结合先导孔施工，研究准确基岩鉴定的方法，准确判定覆盖层与基岩面界线，确保防渗墙完全嵌入基岩，使其防渗效果达到最佳性能。

（3）研究陡坡嵌岩施工工艺，解决陡坡段混凝土防渗墙造孔成槽困难的技术难题，大幅提高陡坡段造孔成槽的施工工效。

（4）针对帷幕灌浆钻孔深度大的特点，研究预埋管接头连接方法，保证预埋管下设垂直度，提高预埋管成活率。

（5）针对乌东德水电站大坝围堰防渗墙其墙体深、厚度大、承受水头大的特点，采用先进的墙体连接施工工艺，保证墙体连接，从而保证质量，节约成本，保证工期。

（6）采用多种方法对超深混凝土防渗墙处理效果进行检测，对处理效果进行综合分

析，并进一步研究、改进、总结超深塑性防渗墙施工的方法和经验，达到期望的目标。

4 深厚覆盖层围堰防渗墙成槽工艺研究

为了解决在深厚覆盖层（孔深超90m）强透水地层造孔成孔难、进度慢的问题，我们研究了国内外现有工程深厚覆盖层防渗墙工程实践成果，利用冲击钻与抓斗配合施工，结在"两钻一抓法"的基础上，采用"两钻一抓循环钻进法"并结合"钻劈法""平打法"等传统成槽施工方法，对混凝土防渗墙成槽工艺进行研究。

4.1 槽段划分

对孔深小于60m且基岩缓坡段，一、二期槽均按7.2m划分，三主二副，副孔宽1.8m；对孔深大于60m或基岩陡坡段，一期槽按4.2m划分，一主二副，二期槽按7.2m划分，三主二副，副孔宽1.8m；槽段之间相互套接。典型槽段划分如图3、图4所示。按照此原则，上游围堰共划分50个槽段，下游围堰划分29个槽段。

图3 孔深小于60m且基岩缓坡段槽段划分示意图

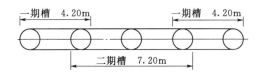

图4 孔深大于60m或基岩陡坡段槽段划分示意图

4.2 成槽施工

根据本工程的地质条件，防渗墙成槽施工主要采用"循环钻进两钻一抓法"，辅助"劈打法"和"平打法"进行。"两钻一抓循环钻进法"是在研究"两钻一抓"基础上发展而来。"循环钻进两钻一抓法"成槽施工方法是将深厚覆盖层防渗墙成槽施工划分为若干个循环、分段成槽施工。每10m槽深作为一个施工循环。各循环内成槽施工时，也划分为主孔、副孔，在泥浆固壁的条件下，先用冲击钻施工主孔，再抓挖副孔。主、副孔深度错开不小于5m。一个循环施工完毕后，再进行下一个循环施工，直至终孔。通过上述方法完成防渗墙成槽施工，每个循环的成槽深在10m以内，槽内主、副孔高差在孔深10m以内，相差较小，如果孔内发生卡钻、埋钻及漏浆、坍塌等事故，处理起来相对容易，不管是施工主孔还是副孔，如果槽孔发生漏浆，采取向孔内回填堵漏材料堵漏，只需向正在施工的孔及两侧的孔回填，向孔内充填泥浆，就可以堵死渗漏通道，由于主副孔高差不大，回填的堵漏材料较少，重复钻进的工程量较小。如遇有卡钻、埋钻等的情况，也可以很容易快速处理，从而提高施工工效。由于每一循环内的主、副孔及小墙施工完毕后才进行下一循环施工，也有效防止了波浪形小墙出现，保证了防渗墙施工质量。

当抓斗抓挖副孔时遇大块石时，采用冲击钻"劈打法"施工。副孔底部基岩采用冲击钻"平打法"施工。

5 陡坡嵌岩施工技术研究

在防渗墙一期槽施工阶段，针对陡坡嵌岩研究并采用了"四＋二爆破法"陡坡嵌岩施工工艺。"四＋二爆破法"即相邻三个一期槽的四个主孔与相邻两个二期槽的两个3号孔，采用冲击钻钻孔至基岩面后改用岩芯钻机进行基岩段钻进取芯至孔底，在基岩段装药爆破后，再采用冲击钻钻至终孔。爆破法施工后槽孔扩孔系数变化十分明显，爆破后的一期槽孔充盈系数大于没有采取爆破的槽孔。二期槽陡坡槽段因考虑爆破对一期槽墙体造成损伤或破坏，采用"平打法"施工，根据其相邻两边一期槽孔孔深，大致可以确定二期槽的两端孔孔深，由此也推算出该槽孔孔深落差，局部中间主孔或副孔存在的陡坡部分可采用先导孔具体勘探其深度，在槽孔深度未确定之前，由高到低逐渐推进施工，先施工较浅的主孔、副孔，接着逐级施工深孔。采用"四＋二爆破法"陡坡嵌岩施工工艺结合"平打法"施工，解决了陡坡段混凝土防渗墙造孔成槽困难的技术难题，陡坡嵌岩效果明显，大幅提高了陡坡段造孔成槽的施工工效。

6 深厚覆盖层防渗墙基岩面判定技术研究

为了准确判定覆盖层与基岩面界线，采用先导孔基岩鉴定结合声波检测与孔内电视的方法，以确保混凝土防渗墙完全嵌入基岩，满足设计要求，使其防渗效果达到最佳性能。

先导孔施工后，由设计、监理、施工三方地质工程师会同建设单位地质专家组成的围堰防渗墙基岩鉴定小组确定基岩面深度，并据此指导其他主孔和副孔的施工。对断层破碎带或全、强风化基岩较厚的槽孔的墙底入岩深度经基岩鉴定小组确定最终深度。对基岩面判定困难的先导孔，辅助超声波检测或孔内摄像，对个别槽孔两种方法结合应用进行基岩鉴定。

7 超深防渗墙墙体预埋管埋设技术研究

研发一种套筒箍焊进行预埋管接头的连接方式，采用套筒对上下节预埋管进行连接和加固（以往防渗墙下帷幕灌浆预埋管下设及加工时，2根预埋管对接或已加工好的预埋管下设过程中上下节预埋管连接采用钢筋帮焊预埋管直接对接连接）。确保预埋管管体下设的整体垂直度，同时有效控制了预埋管在浇筑时发生位移或上浮等现象，也避免了浇筑过程中混凝土和泥浆等进入管内，保证了预埋管下设质量及后期施工中的利用率。

经检查，上游围堰下设预埋管187根，共成活177根，成活率94.6%，下游围堰共下设预埋管116根，成活110根，成活率94.8%。

8 深厚防渗墙槽段间的墙体连接技术研究

防渗墙槽段之间的墙体连接是一个较大的难题，关系到施工成本、质量、工期。乌东德水电站大坝防渗墙厚度大，墙体强度高，采用"钻凿法"和"双反弧桩柱法"施工进度慢，套接厚度不易保证，且浪费混凝土，成本高。针对乌东德水电站大坝围堰防渗墙其墙体深、厚度大、承受水头大的特点，为了提高施工功效，减少接头孔混凝土用量，降低施工成本，本项目选用自主研制的 YGB400/1100 - 3 型液压拔管机，采用目前国内外防渗墙接头施工中较为先进的拔管法施工工艺。

槽段连接采取接头管法，即在清孔换浆结束后，在一期槽两端孔位置下设 ϕ110cm 钢制接头管，孔口固定，在混凝土浇筑过程中，根据混凝土初凝时间、混凝土面上升速度及上升高度起拔接头管。混凝土浇筑后接头管部位形成二期槽端孔，待混凝土龄期达到 24h 后对拔管后的二期槽端孔进行扩孔和扫孔，使二期槽端孔孔形、孔壁满足设计及规范施工要求，待相邻的一期槽施工完后再回头施工二期槽孔。防渗墙施工中接头墙的施工质量主要是二期槽接头孔的刷洗情况，接头孔的刷洗采用具有一定重量的圆形钢丝刷子，通过调整钢丝绳位置的方法使刷子对接头孔孔壁进行施压，在此过程中，利用钻机带动刷子自上而下分段刷洗，从而达到对一期槽混凝土孔壁进行清洗的目的。待二期成槽后，浇筑二期槽混凝土连接成墙。

上游拔管后成孔率 97.35%，下游拔管后成孔率 99.26%，总体平均成孔率 98.09%，节省了工时，节约了成本。保证了防渗墙的施工进度及接缝质量。

9 水下混凝土浇筑施工

9.1 混凝土墙体材料指标

混凝土主要物理性能指标：入槽坍落度 20～24cm，扩散度 34～40cm。坍落度保持 15cm 以上的时间不小于 1h；混凝土初凝时间不小于 6h，终凝时间不大于 24h；混凝土密度不小于 2100kg/m³。

9.2 水下混凝土灌注

混凝土灌注采用直升导管法。混凝土在清孔合格后 4h 内开始浇筑，并连续进行。若不能按时浇筑时，应重新按以上标准的规定进行检验，必要时按要求再次进行清孔换浆，检验合格后才能浇筑。

10 混凝土防渗墙墙体质量检查

上下游围堰防渗墙施工过程中和结束后进行了质量检查。

10.1 墙体混凝土试样检测

上游围堰防渗墙混凝土设计强度 4MPa，强度检测共计 131 组，平均值为 4.89MPa，满足规范要求；上游混凝土渗透系数共检测 11 组，其指标均小于 1×10^{-7}cm/s，满足设计要求；弹性模量共计检测 3 组，分别为 1121MPa、518MPa、830MPa，其指标满足设计要求 500～1500MPa。

下游围堰防渗墙混凝土设计强度 4MPa，强度检测共计 40 组，平均值为 5.18MPa，满足规范要求；上游混凝土渗透系数共检测 3 组，其指标均小于 1×10^{-7}cm/s，满足设计要求；弹性模量共计检测 2 组，分别为 1109MPa、607MPa，其指标满足设计要求 500～1500MPa。

10.2 墙体接缝孔取芯检查

为检查一、二期槽混凝土搭接情况及墙体质量，结合监理指令选取上游围堰 SF26～SF27 号槽进行墙体接缝取芯检查，钻进过程中孔内未见失水，取出芯样较完整，胶结体密实坚硬、较均匀。

10.3 墙体物探检查

防渗墙墙体物探检查采用超声波检测仪，利用墙体内的预埋灌浆管进行超声波透射检测；声波共检测 32 组，其中墙体检测 7 组，墙间接缝检测 25 组；弹性波 CT 两组，墙体检查孔声波 5 组，孔内摄像 4 组。检测结论：墙体无明显缺陷；墙体混凝土密实。

11　主要研究成果

本项目以乌东德大坝围堰混凝土防渗墙施工技术问题为研究对象，重点研究解决了以上关键技术难题，主要取得了以下成果：

（1）采用"两钻一抓循环钻进法"并结合"钻劈法""平打法"等传统成槽施工方法，节约了成本、保证了施工质量，同时加快了超深防渗墙成槽施工进度。

（2）采用"四＋二爆破法"陡坡嵌岩施工工艺结合"平打法"施工，解决陡坡段混凝土防渗墙造孔成槽困难的技术难题，陡坡嵌岩效果明显，大幅提高了陡坡段造孔成槽的施工工效。

（3）采用先导孔基岩鉴定结合声波检测与孔内电视的方法，精准判定超深防渗墙基岩面，确保混凝土防渗墙完全嵌入基岩，使防渗效果达到最佳性能。

（4）采用一种套筒箍焊进行预埋管接头的连接方式，对上下节预埋管进行连接和加固，保证预埋管下设垂直度，提高了超深防渗墙墙下帷幕预埋管成活率。

（5）采用目前国内外防渗墙接头施工中较为先进的拔管法施工工艺，解决了因接头孔孔斜不易控制而发生孔内事故问题，避免了钻凿法对一期槽已浇筑墙体混凝土造成损伤或破坏，节约了混凝土工程量和钻孔时间，节约了成本，缩短了工期。

12　结语

本项研究成果应用于乌东德水电站大坝围堰防渗墙工程，创造了国内墙厚 1.2m、深度 97.54m 的围堰防渗墙深度第一。采用"四＋二爆破法"陡坡嵌岩施工工艺，取得了较好的陡坡嵌岩效果。采用一种套筒箍焊进行预埋管接头的连接方式，保证预埋管下设垂直度，提高了超深防渗墙墙下帷幕预埋管成活率。采用自主研制的 YGB400/1100－3 型拔管机进行接头孔拔管法施工，在国内首次以此型号的拔管机实现 1.2m 厚、90m 以上的的围堰超深混凝土防渗墙接头孔的拔管法施工，节约了成本、保证了施工质量，同时加快了防渗墙成槽施工进度。在深厚覆盖层中建造超深混凝土防渗墙积累了有益的经验，对今后类似地层混凝土防渗墙施工具有一定参考作用。

射水造墙施工技术探讨和应用

杨　湖　常　亮　佟晓亮　洪岗辉　田雪梅

（中国水电基础局有限公司）

【摘　要】　射水造混凝土防渗墙经过这些年的发展，是一种较成熟的工法。本文主要探讨了射水造混凝土防渗墙施工过程中应当重点关注的几个施工环节：成孔过程的垂直度控制、槽段划分和合拢段的槽段划分、自拌混凝土配合比等。

【关键词】　射水造混凝土防渗墙　施工环节　垂直度　合拢段　配合比

射水造混凝土防渗墙（以下简称射水造墙）技术最早于 1982 年开始研究，在 1998 年特大洪水后，在长江、赣江、鄱阳湖等国内重要堤防加固工程中得到广泛采用。射水造墙与其他常规防渗墙（钻挖成槽防渗墙）的施工流程基本相同，水（泥浆）下混凝土浇筑作为一套成熟技术，不作为研究重点。本文只探讨射水造防渗墙与常见防渗墙的明显区别，或重点关注的几个环节：成孔过程的垂直度控制、槽段划分和合拢段的槽段划分、自拌混凝土配合比等。

1　工程概况

新干航电枢纽工程是一座以航运为主，兼顾发电等水资源综合利用的航电枢纽工程。本枢纽水库总库容约 5.0 亿 m³，正常蓄水位以下库容 1.97 亿 m³，电站装机容量 112MW。工程建设主要内容包括枢纽工程、库区防护工程、附属配套工程等。因库水位抬高，枢纽建设后库区堤内（防护区）新增浸没影响区，针对浸没区堤防进行垂直防渗、减压井和截渗沟（管）处理。

工程建设主要内容包括枢纽工程、库区防护工程、附属配套工程等。其中左岸库区防护 W5 标即本项目依托工程，由防浸没加固工程、库岸加固工程、电排站工程及抬田工程组成。其中防浸没加固工程由高喷防渗墙和射水造墙组成，射水造墙又由长排堤、三湖联圩及莒洲岛三部分组成，射水造墙轴线长度总长 11km。

2　成槽造孔过程的垂直度控制

成槽偏斜，很容易造成防渗墙出现"穿裤衩"的现象。

射水造防渗墙与常见混凝土防渗墙相比，墙段连接不利因素有：

（1）墙厚仅 0.22m，稍有偏斜，容易出现搭接面积少或者搭接不上。

（2）槽段划分长度短，接头多。射水造墙一般都是单孔成槽，而射水成槽机的钻具轴线长度基本都小于 3m，这样造成施工轴线同等长度下射水造墙和常见的混凝土防渗墙相比有更多的接头。

（3）段边接为平接，无接头管或接头板工序。搭接部位无接头装置，接头刷洗靠侧喷头冲洗和侧刷，这样的搭接方式在理论上没有问题，但如果两侧的一期槽的搭接面不规则的话，实际施工中是否能刷洗到位，值得商榷。

射水造墙与常见混凝土防渗墙相比，还是有有利因素的：射水成槽机的钻具和机身是硬连接，保证钻机垂直度，成槽垂直就能得到保证。

成槽垂直度控制是本工程的关键。导轨安装前对场地进行平整，整平后进行方木安放。铺设 3m 长方木，沿着垂直射水造强方向进行铺设，方木间距为 2m。铁轨用倒钉固定在方木上面，铁轨沿着射水造墙轴线方向布置，铁轨间距为 2.5m，铁轨铺设应平整稳固，前轨外侧面距防渗墙轴线 0.9m，孔位中心偏差不大于 3cm，轨面纵向坡度小于 2%，横向高差小于 1cm。

造孔机就位对中后，用水平尺检查机架的水平和垂直情况，并调整使机架保持水平和垂直。发现偏斜随时采用纠偏装置来纠偏。遇到严重不均匀的地层，或纠偏困难的地层时，应回填槽孔，然后重新挖掘。

接头刷洗的问题：一是控制侧喷头水压；二是调节侧喷头角度；三是增加清洗遍数。

3 槽段划分和合拢段的槽段划分

施工技术规范对槽段划分的规定："采用两期槽段施工，槽段连接采用平接法。槽段划分时，二期槽孔的长度应大于成型器长度 20～40mm。"

射水造墙是平接法，又是单孔成槽，为了方便管理，划分槽段时长度一般相同，即一、二期槽孔的长度一般都大于成型器长度 20～40mm。一期槽这样划分槽段，除了前边提到的原因之外，还考虑了实际施工影响，实际施工中，射水造墙在一期槽的成孔过程中，不可能做到恰好等于成型器的长度，所以大于成型器长度 20～40mm 是应有之义。

射水造墙的施工轴线动辄上千米，以本工程为例，总轴线 11km，前期规划即使极尽合理，在施工中也会遇到这样那样的问题，在最后合拢段的槽段很难保证与一、二期槽的槽段长度一致，常规做法有两种：第一种是剩下一个半或者半个槽孔。剩下一个半的，两次成孔，形成一个槽孔，一次浇筑；剩下半个槽孔的，一般是贴墙上游或下游做一个槽子。第二种是在即将合拢时调整成孔器大小。

第一种做法，两次成孔，一次浇筑，可以避免搭接问题，但槽段划长，要考虑下设两套导管；贴墙上游或下游做一个槽段，很难保证墙体之间的搭接闭合，接缝处应有灌浆等措施闭合。

所以，推荐采用第二种方法——即将合拢时调整成孔器大小，这样操作简单，理论闭合，更具优势。

4 混凝土孔口自拌

射水造墙机设计之初就自带搅拌系统，但有集中供灰条件的，不提倡这种自拌系统。

这种自拌系统在实际施工操作中的控制尤其是配合比和拌和时长的控制很难做到集中管理或便捷管理。

施工过程中，混凝土防渗墙配合比都采用的是重量比。常规搅拌罐的理论方量为 0.32m³，本工程要求一盘混凝土搅拌方量为 0.27m³。这样规定，主要是为了便于水泥的添加，根据本工程配合比计算，0.27m³ 刚好是 50kg 水泥（一袋），剩余添料还有粉煤灰、膨润土、石、砂、添加剂、水，都要分别对重量进行控制。本工程单个槽孔方量 15～32m³ 不等，意味着搅拌 56～119 次不等。若在施工过程中，每次都进行称量，考虑到浇筑时间、浇筑质量、人工机械等成本，显然是不适宜的。为了便于控制，首次称量后，除水泥外的添料转为体积称量，今后施工过程中用固定容器称量进行体积控制，当然，在施工过程中要不断抽查验证。

此外，由于孔口搅拌时长也是控制混凝土质量不可忽视的一环。首先确定工程要求是强制式搅拌机、自落式搅拌机。如果是强制式搅拌机，一般不低于一分钟，如果自落式应当适当延长时间。

总之，如果施工现场采用的是混凝土孔口自拌，一定要控制好孔口混凝土的生产质量，并做好原材检验和试块验证工作。

5　墙体质量检查

钻孔取芯、注水试验是常规防渗墙的墙体质量检查方法，其对薄塑性混凝土防渗墙而言不太适用，塑性混凝土不能保证取芯率，墙薄易破坏墙体。以本工程为例，墙厚 22cm，一般取芯钻头直径为 76 或 91mm，在 22cm 的墙体上钻如此大的孔洞，显然不太适合。

施工技术规范提到，"检查可采用钻孔取芯、注水试验或其他检测方法等方法"。所以，钻孔取芯、注水不适用的情况下，我们可以参考其他类似工程的检测方法。

随着时代和科技的发展，我们已经有了更先进的技术进行墙体无损检查，比如垂直反射法、瞬变电磁法、工程 CT 技术等方法，但可惜的是，在实际的检查和验收中，我们很少用到类似的技术。这样就导致了，一是从事这样行业的人员少，二是检验成果缺少认可性。对施工单位而言，检查结果不被认可，出于成本等考虑，很难有人会进行类似检测。笔者建议，规范编制机构应当在规范中提倡这样的检测方式，或经过专家论证后直接将检测流程编进规范。

6　结语

本文依托新干航电枢纽工程，结合施工技术规范和多年施工经验，对射水造墙在施工过程中应当注意的环节进行了阐述和探讨，可为今后类似工程借鉴。

塑性混凝土防渗墙施工技术
在水库除险加固中的应用

李　伟　　何建超

（中国水利水电第八工程局有限公司基础公司）

【摘　要】　在松散透水地基中连续造孔，以泥浆固壁，往孔内灌注混凝土而建成的墙形防渗建筑物。它是对闸坝等水工建筑物在松散透水地基中进行垂直防渗处理的主要措施之一。本文介绍了新田县杨家洞水库大坝采用塑性混凝土防渗墙的施工方法、质量控制和质量评价。

【关键词】　除险加固　塑性混凝土防渗墙　施工工艺　质量控制

1　水库基本情况

1.1　水库概况

杨家洞水库位于湘江水系舂陵水新田河的一条小支流上游的新田县枧头镇境内。水库原为小（1）型水库，于1958年兴建，坝高为17.0m，水库枢纽工程由主坝、副坝、前后库分隔大堤、溢洪道、放水设施、外引渠道等组成。库区由杨家洞洼地（前库）和百合观洼地（后库）组成。1976年水库进行扩建，坝高24.21m，正常蓄水位下库容为1227.4万 m^3；是一座以灌溉为主，兼顾防洪、养鱼等综合利用的中型水利枢纽工程。后因溢洪道、副坝等建筑物未建成，水库只能蓄水至溢洪道堰顶，其相应的库容为660.8万 m^3。

主坝位于杨家洞洼地（前库），基于原小（1）型水库大坝扩建加高而成，原坝高17.0m，为均质土坝，1976年水库扩建加高至 24.21m，坝顶宽 8.0m，坝顶轴线长 450.0m。

副坝位于百合观洼地（后库）北分水岭与东分水岭之间的垭口处，为均质土坝，原设计坝高13.0m，至加固前未完建，现坝顶高程为394.40m，坝顶宽34.1m，坝高3.09m，坝轴线长138m，大坝内外坡均未设平台，内坡坡比为1∶4.96，外坡坡比为1∶6.83，下游为自然黏土山体。

1.2　水库工程地质及存地的渗漏问题

主坝坝基工程地质条件比较简单，为灰黑色中厚层—厚层隐晶质灰岩夹泥灰岩及薄层泥质页岩。岩石力学强度较低，完整性好，属相对隔水层。作为土坝基础要求是适宜的。工程地质条件良好。但由于该层表面遇水易溶蚀风化，在接触面以下 4～6m，岩芯破碎，节理发育，形成了透水率大于10Lu值的中等透水性的岩段。在高库水位时，接触面及以下基岩产生库水渗漏，大坝左侧接触带渗水溢出，出现坝面湿润、土体滑移、变形现象，存在有安全隐患，需作防渗加固处理。

副坝属未完续建工程，坝基为残坡积层粉质黏土，属相对隔水层，作为土坝的基础是适应的，工程地质条件良好。现在主要工程地质问题是坝基岩溶深层渗漏处理没有根除，仍存在基础接触面及其以下部位散浸和右坝端基础岩溶管道的集中渗漏。

隔堤基础为临时隔水建筑物，基础未做任何处理，为土石料直接堆放在自然地貌而成。隔堤基础岩性与主坝基础一致，基础下部F_3断层及破碎带都被黏土铺盖，未产生渗漏。F_3断层从副坝的右岸第四系覆盖层下通过，顺断层破碎带宽度15m左右，影响带近20m，胶结良好的角砾岩和泥质充填，顺层面岩溶比较发育，形成了岩溶管道，是水库渗漏主要通道。

水库加固前，主要是坝基岩溶渗漏问题没有根除，仍存在散浸和集中管道渗漏。其中：

（1）主坝坝基接触面及以下厚4～6m岩石已强风化，压水试验得透水率在21.3～28.8Lu，超过规范值，已形成中等透水层。在坝后左岸坡接触已发现有渗水形成的湿润区，下游坝脚渗水，危及大坝正常运行。副坝基础渗漏部位主要集中在F_3断层影响破碎带和378m以上高程的库岸坡，这是水库除险加固阶段重点防渗处理之一。

（2）副坝坝基岩溶深层渗漏问题没有根除，仍存在基础接触面及其以下部位散浸和右坝端基础岩溶管道的集中渗漏。

2 水库病险处理方案

根据前期勘探的地质资料，基于水库的病险情况，制定除险治理方案：在主坝轴线上建造一塑性混凝土防渗墙，防渗墙厚度0.6m，共划分68个槽段，Ⅰ期和Ⅱ期槽段长度均为6.0m，轴线长度408m，平均槽深18.85m，浇筑混凝土方量4613.96m³。

混凝土防渗墙是对闸坝等水工建筑物在松散透水地基中进行垂直防渗处理的主要措施之一。塑性混凝土防渗墙与普通混凝土防渗墙相比，除了具有普通混凝土防渗墙的适应地质条件广泛、施工方法成熟、质量可靠、防渗效率高等特点外、还具有：低弹模、高抗渗性、和易性较好、减少水泥用量等优点，经济效益明显。本工程塑性混凝土的配合比为："水泥：膨润土（掺和料）：砂：石：水＝1：0.63：3.6：3.9：1.39。

3 混凝土防渗墙施工

3.1 造孔成槽

3.1.1 先导孔施工

墙底高程应达到设计要求的深度，为了掌握地层岩性及防渗墙墙底高程，应沿防渗墙轴线部设先导孔，钻取芯样进行鉴定，描述各层岩性及地层渗透特性，并给出地质剖面图指导施工。先导孔布置报监理工程师审批依据实际情况确定，一般间距20～50m。

3.1.2 槽段划分

槽孔分段长度应满足设计对墙体结构要求，根据槽孔布置条件、墙体厚度、混凝土浇筑能力、混凝土导管布置、施工部位、造孔方法、延续时间，并结合地层的工程地质和水文地质条件等综合分析确定。槽孔的段长划分应以确保槽孔孔壁稳定和混凝土浇筑能连续上升为前提条件。一般宜控制在4～7m，分两期施工。

本工程混凝土防渗墙沿轴线方向划分为Ⅰ、Ⅱ期槽段。单序号为Ⅰ期槽段，双序号为Ⅱ期槽段。槽段内分为2个主孔和1个副孔。Ⅰ期和Ⅱ期基本槽段长度为6.00m，主孔长度为2.50m，副孔长度1.00m。

3.1.3 成槽

根据本工程地质条件，在土层中采用冲击钻配合液压抓斗成槽，岩石层采用冲击钻成槽。

槽孔成槽采用"三抓法"。首先施工槽段两端2.50m的主孔施工，主孔完成后再抓中部1.00m的副孔。

施工前应准备好各种施工材料，如拌制泥浆的黏土或膨润土，必须符合有关规范要求，拌制泥浆应使用高速搅拌机，混凝土的拌和及运输能力，应不小于最大浇筑强度的1.5倍。

槽孔施工前，必须根据防渗墙的设计要求和槽孔长度的划分，作好槽孔的测量定位工作，并在此基础上设置导向槽。导向槽的净宽度略大于防渗墙的厚度，其允许偏差±1cm；导向槽顶面高程整体允许偏差±1cm，单幅允许偏差±0.5cm，其槽内净间距允许偏差±0.5cm。

槽孔孔壁应保持平整垂直，防止偏斜。孔位允许偏差±3cm。槽孔孔斜率不得大于4‰，含孤石、漂石地层以及基岩面倾斜度较大等特殊情况，孔斜率应控制在6‰以内。一、二期槽孔必须采取措施保证设计墙厚。槽孔中任意高程水平断面上不应有梅花孔、探头石和波浪形小墙等。

一期槽孔两端孔形质量应便于纠正孔斜，每个主孔应取岩土样由地质工程师鉴定，确定是否达到要求深度。验收主孔时分段检查孔斜。

在防渗墙与帷幕灌浆连接部位的造孔过程中，根据造孔及出渣情况，施工单位应会同现场地质人员进一步确定基岩与覆盖层的界线。防渗墙底部进入基岩的深度必须满足不小于1.0m的要求，遇断层或破碎带在现场另作处理。

在造孔过程中，如出现塌孔现象，应及时处理，对固壁泥浆配比及钻进手段进行调整，确保孔壁稳定。

在钻孔成槽过程中，应对固壁泥浆漏失量及泥浆净化回收量作详细测试和记录，当发生固壁泥浆漏失严重时，应及时堵漏和补浆，并查明原因，采取措施进行处理。根据实际施工情况，可在固壁泥浆性能指标基本满足要求的情况下，适当调整泥浆配比，并适当放缓钻进速度，待固壁泥浆漏失量正常后再恢复正常循环钻进方式。

造孔结束后，应对造孔质量进行全面的检查（包括孔位、孔深、孔径、孔斜），检查合格后方可进行清孔换浆工作。

在混凝土防渗墙施工中，如遇高强度、大体积的漂石（块石）、孤石等给造孔成槽带来困难，采用正常成槽方法难以快速成槽时，应采用其他合理的施工方法。在考虑孔壁安全的前提下，可用重锤法处理，也可采用水下裸露定向聚能爆破或水下小钻孔爆破进行解体，改善钻头的着力点，提高工效。当采用爆破解体时，应根据爆破设计来选定药量及爆破装置，严格控制爆破震动。

一期槽孔两端均应用超声波测井仪检测并记录其孔形情况，并以此来判断墙段连接情况。

主、副孔完工即该施工槽段成槽完工，经监理最终确定施工槽段成槽深度。

3.2 固壁泥浆

固壁泥浆应具有以下特性：良好的物理性能、流动性能、化学稳定性能，特别是较高的抗水泥污染能力。制备泥浆的土料采用膨润土或黏土料，宜优先采用膨润土。

拌制泥浆的黏土需满足：黏粒含量大于45%，塑性指数大于20，含砂量小于5%，二氧化硅与三氧化铝含量的比值等于3～4。

成品膨润土的质量标准可采用石油工业部颁布标准《钻进液用膨润土》（SY 5060—92）要求，所采用成品膨润土的等级应不低于二级。

配制泥浆用水应采用新鲜洁净的淡水，必要时需进行水质分析，避免对泥浆产生不利影响，判别标准可参照《水工混凝土施工规范》（DL/T 5144—2001）。

新制膨润土泥浆需经高速搅拌机搅拌存放24h，经充分水化溶胀后方能使用。储浆池内的泥浆应经常搅动，防止离析沉淀，保持性能指标之一。

对回收重复使用泥浆应进行净化处理，并每24h不少于进行两次性能检验，泥浆性能必须符合要求才能使用。槽孔内泥浆浆液应保持在槽口板顶面以下30～50cm的范围内。

3.3 清孔换浆及接头孔

槽段终孔验收合格后进行清孔。清孔换浆结束1h后，达到下列标准：

（1）孔底淤积厚度不大于10cm。

（2）泥浆参数为：槽内泥浆比重不大于$1.1g/cm^3$，黏度不大于35s，含砂量不大于3%。

清孔换浆工作即可结束。

为保证墙体的完整性，采用"接头管法"的槽段连接方式。将外径$\phi293$的无缝钢管在Ⅰ期槽段两端孔处下设固定，浇筑墙体混凝土过程中要适时活动接头管；浇筑完成一定时间后，拔出接头管形成接头孔。这样，减少了重凿接头混凝土，保证了墙体的整体性。

二期槽孔清孔孔换浆结束前，应清除接头混凝土孔壁上的泥皮。采用钢丝刷子钻头进行分段刷洗。刷洗的合格标准是：刷子钻头上基本不带泥屑，孔底淤积不再增加。在进行Ⅱ期槽内混凝土浇筑前再次用钢丝刷清洗至干净为止。

3.4 槽段混凝土灌筑

清孔验收合格后，下设混凝土灌筑导管，导管内径为$\phi209$。Ⅰ期和Ⅱ期6.0m长的槽段均下设两套导管，两侧导管距槽端1～1.5m。当槽底高差大于25cm时，导管底口距槽底应控制在20～25cm范围内。

灌筑前导管内置入可浮起的隔离塞球，灌筑时先注入水泥砂浆，将每套导管下料斗注满待储料槽内备足混凝土后，即可挤出塞球进行灌筑工作。灌筑过程中每30min测量一次混凝土面，每2h测量一次导管内混凝土面，根据混凝土面上升情况决定导管的提升长度，导管在混凝土内的埋深最小不得小于1.0m，最大不得大于6.0m，在保证埋深的前提下，随着混凝土面的上升，用吊车提升导管，并将顶部的部分导管拆除。开浇时导管口距孔底为15～25cm，当孔底高差大于25cm时，导管中心应置于该导管控制范围内的最低处。为保证导管质量，导管应定期进行密闭承压试验检测。

随着槽孔内混凝土面的上升，采用泥浆泵抽出浓浆，并提升导管，减小埋深，增加混凝土的冲击力，直至混凝土顶面超出设计墙顶标高0.5m，即可停止浇筑，拔出导管。至此，整个浇筑过程结束。

4 混凝土防渗墙质量检测

4.1 检测内容及成果

本工程为塑性混凝土防渗墙，其工程质量检测包括对其防渗性能和墙体混凝土强度、墙体的完整性能的检测。

采用钻孔注水法检测防渗墙的防渗性。为了减少对墙体的破坏，本工程利用预埋在墙体的帷幕灌浆管作为测管采用声波透射法检测防渗墙墙体的连续性和完整性。检测结果见表1，满足设计要求。

表1　　　　　　　　　塑性混凝土防渗墙声波透射法检测成果表

孔号	实测范围/m	平均声速/(m/s)	声速异常判定值/(m/s)	声速高散系数	墙体描述	墙体质量评价
01～02	0.25～12.0	3.163	2.9704	0.0308	5.5～6.75m有缺陷	Ⅱ
05～06	0.25～12.0	3.445	3.2598	0.0265	完整	Ⅰ
12	0.25～17.05	4.073	3.4810	0.0647	完整	Ⅰ
18～19	0.2～11.0	3.683	3.4557	0.0303	完整	Ⅰ
26	0.2～16.0	2.948	2.9000	0.1186	0.2～8.6m有缺陷	Ⅱ
27～28	0.2～15.0	2.771	2.6118	0.0271	3.8～4.6、11.2～12.2m有缺陷	Ⅱ
33	0.2～20.0	3.753	3.5325	0.0255	完整	Ⅰ
36～37	0.25～15.0	3.642	3.4537	0.0252	8.5～10.5m有缺陷	Ⅱ
53～54	0.05～8.05	3.497	3.2608	0.0345	完整	Ⅰ
63～64	0.2～3.0	3.479	3.0384	0.0767	完整	Ⅰ

4.2 检测结论

（1）混凝土防渗墙渗透系数检测。塑性混凝土防渗墙渗透系数检测成果中的数据符合设计指标的要求。

（2）防渗墙墙身连续性及完整性。防渗墙墙身连续性及完整性检测，依据10个断面声波透射法的检测结果，有6个槽段的检测断面可评为Ⅰ类，4个槽段的检测断面可评为Ⅱ类，均满足设计要求。

5　小结

塑性混凝土防渗墙技术在杨家洞水库除险加固工程防渗工程中得到了成功的应用，从水库运行 2 年多的情况分析，防渗效果良好。这充分说明，塑性混凝土防渗墙施工技术在除险加固工程中，能有效解决的水库大坝坝体、坝基渗漏问题，且这种技术具有施工速度快、防渗效果好、可靠性高等特点。这一施工技术将会给今后类似工程建设与管理提供施工方法、质量控制、科学管理等多方面的借鉴经验。

防渗支护一体化（RMG）施工法

王国富[1]　　石长礼[2]　　肖立生[3]

（1.济南轨道交通集团有限公司　2.上海市隧道工程轨道
交通设计研究院　3.山东省水利科学研究院）

【摘　要】 RMG 施工法是针对济南地铁建设中复杂的工程地质及水文地质条件而研发，体现出地层适应性、效率、经济性方面的优势，期望为济南地铁的建设做出贡献，也为同类工程提供借鉴。

【关键词】 防渗支护　一体化　复合防渗

1　RMG 施工法的提出

1.1　相关技术背景

（1）导杆式开槽机构筑地下连续墙技术。导杆式开槽机构筑地下连续墙技术是由山东省水利科学研究院研究开发的一种用于水利工程建造防渗墙的新型技术，技术特征是采用导杆定位给进，多轴竖向回转切削原理进行开槽，由动力头、导杆、成槽器、泥浆泵组成开槽系统。动力头通过内置于导杆内的钻杆提供扭矩给成槽器，带动无岩心钻头组转动；泥浆泵通过浆液管道、槽孔形成浆液循环，用于护壁和排除钻渣；导杆沿开槽机机架竖向运动，对成槽器进行定向、加压、提升，最终形成规则的槽孔。灌注不同的材料可形成不同类型的防渗帷幕，墙体无缝连接。目前该技术在水利行业已开始规模化推广应用，成熟度较高。若与 TRD 相比具有以下优点：施工高效、造价低，处理复杂地层的能力强，可独立解决大部分复杂地层的成槽防渗。导杆式开槽机设备构成简洁，配置合理，购置费较低。

（2）《垂直铺塑防渗技术》的深化研究。《垂直铺塑防渗技术研究》是山东省水利科学研究院于 20 世纪 90 年代的科研课题，通过垂直铺设塑料薄膜隔断透水层防渗，由于此技术具有施工速度快、机具简易、防渗效果好、造价低等优点，在浅深透水软基上构筑低水头挡水建筑物的垂直防渗体方面曾经得到较大规模的应用。但受当时技术工艺本身的限制，存在以下技术缺陷：

1）施工深度小，易塌槽。开槽设备采用往复式水冲锯割机和链条式循环刮刀机，由于受构件的刚度、重量、动力等条件的限制，开槽深度较小，统计结果表明，施工深度一般在 10m 以内；另外受开槽工艺的限制，新开出的槽孔易塌槽，尤其在山东滨州、东营一带含有粉细沙的地层，由于反循环排渣易造成流沙塌槽。

2）铺膜不易展开，接头有严重缺陷。薄膜是通过联动装置卷帘铺设，即将薄膜预先卷至一根棍轴上，棍轴在开好的槽内转动展开薄膜，由于棍轴转动的着力点位于顶部，底部若遇阻力就难以前行，薄膜难以展开；薄膜之间的连接采用搭接2m的方式，薄膜接头处易形成渗漏通道。

3）薄膜铺设过程中易损坏。薄膜没有保护层，在铺设过程中易受机械强力拖拽、尖锐器物的损伤。

为发挥复合土工膜在防渗效果及经济方面的巨大优势，山东省水利科学研究院开展了《超深复合土工膜（板）铺设技术研究》研究，并已实现开槽铺设复合土工膜深度18.5m，改变了铺设的方式，解决了复合土工膜密闭接头等关键技术。

1.2 济南地铁站建设需解决的问题

针对济南市复杂的水文地质及工程地质条件，以及建设过程中对交通及环境的影响，为达到工程建设的安全、高效，落实绿色地铁、节能、节材的理念，研究适合济南市轨道交通工程建设的基坑支护和防渗技术是急迫且十分必要的。需解决的主要问题如下：

（1）基坑防渗支护的可靠性。对于支护和防渗需两步完成的工法来讲，其低可靠度是不言而喻的，采用防渗与支护一体化施工可以使整个体系一次完成，墙体无接缝。

（2）复杂地层基坑防渗支护的适应性。通过设备、钻具、钻进工艺及辅助设施的研发，解决碎（卵）石层、胶结砾岩地层的防渗支护问题。

（3）工程的工期。对于交通繁忙的地段，利用防渗与支护一体化施工的高效，配套预制桩、早强防渗材料等措施，最大限度减少基坑开挖的等待时间。

（4）车站的永久防水。临时防渗帷幕中铺设复合土工膜，与地板防水结构封闭，解决车站的永久防水问题。

1.3 RMG工法的提出

基于导杆式开槽机构筑地下连续墙技术的优势，进行技术深度整合，研发防渗与支护一体化施工技术。遵循济南轨道集团绿色地铁的建设理念，研发异型槽施工设备及相关工艺，优化墙体材料配比，创新设计模型，固化理论体系，实现防渗支护一体化下的节能、节材、降低成本。要求工法具有以下优势：

（1）防渗支护一体化施工，基坑支护、防水合二为一，工程造价有明显优势。相比于传统的地下连续墙或灌注桩＋高喷帷幕而言，节省工程费用20％～30％以上。

（2）能够快速形成支护结构，围护结构的施工时间可以缩短至传统方案的30％～40％。

（3）采用复合防渗体系，防渗性能提高至小于10^{-9}cm/s量级，将临时止水帷幕的作用延长至车站全寿命周期，减少地铁运行管理期的排水费用。

2 RMG工法关键技术

2.1 基坑防渗支护一体化设计理论

（1）RMG工法水泥土固化墙承载变形特性研究。采用有限元数值分析软件，建立三维数值仿真模型，开展RMG工法固化墙承载变形特性的三维数值分析计算（图1）。研究复合不同刚性材料、不同桩断面、桩间距、防渗墙厚度条件下基坑的变形规律,通过对大量数值试验工况数据的统计归类与回归分析,揭示复合水泥土固化墙变形的规律及控制因素,为导杆式开槽机设备的研制和设计提供理论依据。

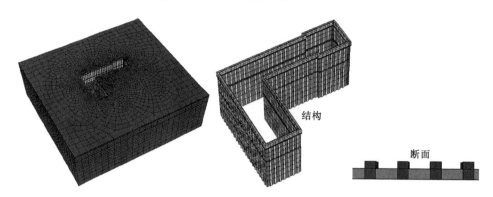

图 1　三维数值仿真模型

（2）RMG 工法水泥土固化墙室内模型试验和现场试验。通过室内相似模型试验,构建不同参数配比条件下的防渗墙试件,测试其基本物理指标和力学参数,分析防渗墙试件的受力特性及渗透性能,根据现场地质条件的差异,开展不同施工条件下的现场试验（图 2）,研究 RMG 工法水泥土固化在特殊地层中的支护和防渗效果,结合室内试验及数值仿真数据,给出 RMG 工法水泥土固化墙的力学和防渗性能,为设计应用提供依据。

图 2　现场试验

2.2　基坑防渗支护一体化关键技术

（1）支护防渗一体化技术。在目前现有导杆式开槽技术的基础上,开发一次成型的异形成槽器,槽中插入预制桩＋水泥土固化墙或下入钢筋笼灌注固化材料,形成支护防渗一体化的施工方案（图 3）。该方案可用于 2 层地铁站的主体结构和附属结构的基坑支护,调整刚性桩断面及插入间距也可用于出入线渐变基坑的支护,显著优点是在有效降低工程造价的同时可以快速形成支护结构,围护结构的施工的时间可以缩短至传统桩墙方案的 30％～40％,有着明显的经济和社会效益。

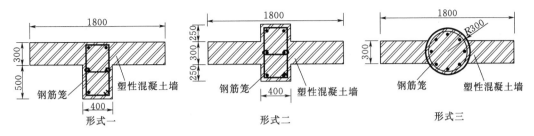

图 3 异形槽结构断面

（2）H 型钢＋固化灰浆防渗墙技术。该方法采用导杆式开槽技术形成墙体然后插入 H 型钢，搭接施工后形成劲性连续墙（图 4），可用于车站出入口、场段出入线工程，对于环境条件要求不高的场地也可以用于一层地下结构（附属结构）的基坑工程，类似于 TRD、SMW 的工法，但具有明显技术及经济优势；由于形成的是连续的无缝墙体，较 SMW 工法的防渗的可靠性也大为增加，较 TRD 工法价格大为降低。

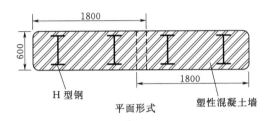

图 4　型钢＋固化灰浆结构断面

（3）土工膜＋固化灰浆复合防渗技术。依托已研制成功的复合土工膜的铺设技术，在开槽后首先垂直铺设土工膜，然后灌注固化灰浆，形成和土工膜＋固化灰浆复合防渗体，将防渗等级提高到 10^{-9} 量级，防水的可靠性及防渗等级显著提高，可以广泛用于地铁车站（2 层、3 层）及附属结构、场段出入线、中间风井等基坑的防水帷幕，对地下结构运行期的永久防水有着重要意义。

3　结语

对自有技术进行整合并进行深化研究，形成防渗支护一体化施工关键技术。本关键技术具备 TRD、SMW、高喷帷幕、预制桩支护等工法的优点，克服了其缺点，具有经济、可靠、高效、环保等优势，施工设备简洁实用、地层适用性强，在深基坑防渗支护中具有广阔的推广前景。遵循济南轨道集团绿色地铁的建设理念，研发异型槽施工设备及相关工艺，优化墙体材料配比，创新设计模型，固化理论体系，实现防渗支护一体化下的节能、节材、降低成本；强化废水、废浆的处理研究，执行标准化工艺流程，实现绿色环保。该工法对于济南轨道交通建设中的大量深基坑的防渗支护工程具有重要现实意义，在地铁及城建领域具有广阔的市场前景，能产生巨大的社会效益。

新型固化灰浆防渗墙在尚善水库中的应用

肖俊龙[1]　李明涛[2]

（1.河海大学　2.山东省水利科学研究院）

【摘　要】　新型固化灰浆与导杆式开槽机配合使用在本项目中经过了长达半年的试验，最终的技术标准和施工工艺取得了参建各方的意见统一。通过固化灰浆的改型配比和施工工艺的控制实现了墙体质量的稳定，为永久工程的应用打下了基础，其质量标准优于规范中的指标，对同类工程有借鉴意义。

【关键词】　新型固化灰浆　导杆式开槽机　指标

1　工程概况

南水北调枣庄市续建配套工程之尚善水库为新建平原水库，坝址以上控制流域面积131.37km²，通过新建水库、刁庄泵站、邢庄泵站及尚善水库北干线、尚善水库南干线等管道向用水户供水。枢纽工程由引水工程、输水工程、泵站工程、调蓄水库工程组成。工程等别为Ⅲ等，工程规模为中型，主要建筑物为3级，次要建筑物为4级，临时建筑物级别为5级。分上下库，上库总库容340.11万 m³，围坝全长3.289km，最大坝高4.8m；下库总库容560.09万 m³，围坝全长4.272km，最大坝高5.5m。本水库为下挖式水库，蓄水位与现状地面基本持平，最大挡水水头6m，围坝坝基存在强透水的砾质粗砂层，设计采用厚度25cm的固化灰浆防渗墙，防渗面积8.2万 m²。

2　坝基工程地质条件及评价

坝基自地面以下勘探深度内分为7层：

①₋₁层素填土具弱—中等透水性，其抗渗性差、力学强度较低。

①₋₂层耕植土渗透系数较大，其力学强度较低。

①₋₂层含砂壤土一般为弱透水性，其力学强度中等。

① 层壤土：标准贯入击数 $N_{63.5}$ 一般为 4.0～9.0 击，平均值为 6.6 击。呈可塑—硬塑状态，孔隙比 $e_0=0.698～0.877$，压缩系数 a_{1-2} 为 0.313～0.424 具有中等压缩性，该层土力学强度中等，具弱透水性，可作为天然坝基。

② 层黏土：标准贯入击数 $N_{63.5}$ 一般为 5.0～14.0 击，平均值为 8.4 击。呈可塑—硬塑状态，孔隙比 $e_0=0.645～0.988$，压缩系数 a_{1-2} 为 0.242～0.523 具有中等压缩性，局部具高压缩性。该层土力学强度中等，具弱透水性，可作为天然坝基。

②$_{-1}$层含砂黏土：标准贯入击数$N_{63.5}$一般为$5.0 \sim 15.0$击，平均值为8.0击。呈可塑—硬塑状态，孔隙比$e_0 = 0.678 \sim 0.772$，压缩系数a_{1-2}为$0.392 \sim 0.517$，具有中等压缩性，局部具高压缩性。该层土力学强度中等，具弱透水性，可做为天然坝基。

③$_{-1}$层中砂：呈稍密—中密状态，具中等—强透水性。该层土力学强度较高，但抗渗性能差，为主要的透水性，建议对其采取防渗处理措施。

③层粗砂：标准贯入击数$N_{63.5}$一般为$10.0 \sim 24.0$击，平均值为18.25击。呈稍密—中密状态，具中等—强透水性。该层土力学强度较高，但抗渗性能差，为主要的透水性，建议对其采取防渗处理措施。

④层砾砂：标准贯入击数$N_{63.5}$一般为$14.0 \sim 41.0$击，平均值为22.8击。呈稍密—密实状态，具中等透水性。该层土力学强度较高，但抗渗性能差，为主要的透水性，建议对其采取防渗处理措施。

⑤层泥岩、⑤$_{-1}$层砂岩、⑥$_{-1}$层砂岩学强度较高，具弱透水性，可作为天然坝基。

⑥层砂质泥岩力学强度较高，具弱—中等透水性，该层仅局部破碎带渗透系数稍高外，其他各项均符合要求，可作为天然坝基。

水库库区的渗漏主要为③层粗砂、④层砾砂透水层间的水平渗漏和垂直渗漏。透水层中的地下水，渗漏至水库下部的侏罗系沉积岩（相对隔水层）后，受其阻挡，转化为以水平渗漏为主。侏罗系沉积岩较稳定、连续、厚度大、渗透系数低，该层是较好的相对隔水层。

3 防渗墙设计

3.1 设计指标

根据地质勘查的结论，需重点对新开挖尚善水库库体特别是③层粗砂、④层砾砂进行水平防渗处理。经反复论证后，设计采用$25cm$厚的固化灰浆防渗墙方案进行防渗处理。成槽深度至库底基岩面以下$1m$，成槽完成后灌注固化灰浆，浆体凝固后形成垂直防渗墙体。设计指标如下：

（1）抗压强度$R_{28} = 2 \sim 3MPa$。

（2）墙体渗透系数$K \leqslant 5 \times 10^{-6} cm/s$。

（3）垂直度：不大于0.4%。

（4）水泥掺入量：不小于$100kg/m^2$。

3.2 新型固化灰浆配比设计

与传统的固化灰浆概念不同，新型固化灰浆从配制使用方式、材料组成、墙体指标都有了很大不同。根据防渗墙墙体设计指标的要求，经过系统的试验研究，首先提出了新型固化灰浆的室内配合比，又通过现场应用进行了微调，得到了施工配合比。经过试验性施工及质量检测，渗透系数$K = 3.6 \times 10^{-7} cm/s$，$R_{28} = 3.4MPa$，满足设计要求，浆液析水率小于$5\%$，浆液固结体的稳定性有保障。确定固化灰浆防渗墙正式施工配合比参见表1。

表 1 　　　　　　　　　　　　尚善水库固化灰浆防渗墙项目施工配合比

材料名称	水泥	当地土	膨润土	水
生产厂、牌、地名	P.C32.5R 东郭水泥	当地土	宁阳信通矿业	饮用水
材料用量/(kg/m³)	400	504	40	643

4 固化灰浆成墙施工

与混凝土防渗墙施工工艺类似，本次固化灰浆成墙施工也是采用成槽后灌注固化灰浆的方式，成槽质量、入岩、残渣厚度等均按照规范要求执行。所不同的有以下几点：成槽采用山东省水科院研制的导杆式开槽机铣槽，清孔完成后采用成槽机械自槽底开始灌注，且有搅拌功能，保证了墙体的均匀性，消除了泥皮，可以与周围土体实现更好的衔接。

4.1 施工工艺流程

工程开工前首先进行三通一平（通水、通电、通路以及场地平整），其后为固化灰浆以及泥浆的拌制、储备、运输修建与之配套的水泥与膨润土储备场、泥浆池、固化灰浆储备池等配套设施，并将运来的成槽设备进行组装、调试，确保其正常工作；一切准备就绪后放线定位、开挖导槽进行一期槽段的开挖，终孔验收后使用正循环法进行清孔，清孔结束后灌注固化灰浆浆液，并按规定进行补浆；待一期槽段内灰浆凝固后按同样方法进行二期槽段的开挖与灌注。固化灰浆防渗墙施工工艺流程如图 1 所示。

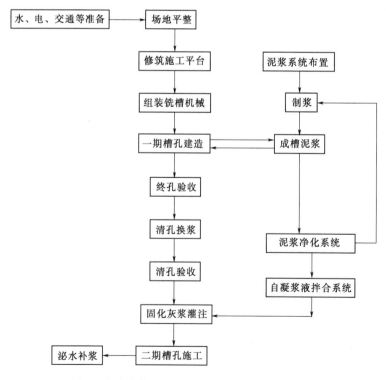

图 1 　尚善水库固化灰浆防渗墙施工工艺流程图

4.2　主要工序及技术要求

4.2.1　成槽

导杆式开槽机通过导杆钻具箱成槽器切削地层，并配合泥浆循环系统成槽，对粒径小于80mm的地层成槽效率高、成槽质量好，一次成墙长度可达3m，最深达25m，孔斜控制能力强且无需反复提钻对槽壁扰动较小。成槽机主要参数见表2。本次防渗墙施工采用分槽段施工和切削套打法搭接，根据墙体总长度，划分为Ⅰ期槽和Ⅱ期槽，其中Ⅰ期槽长度等于铣槽机钻具箱长度3m，Ⅱ期槽长度与一期槽搭接40cm。施工顺序：先开挖相邻一期槽，待一期槽内固化灰浆达到3d龄期后开挖其间二期槽，施工沿一个方向连续进行，成槽顺序如图2：①→③→⑤→②→⑦→④。

表2　　　　　　　　　　　　XQ10铣槽机主要性能表

项目名称	单位	参数
铣槽宽度	mm	250
单次铣槽长度	mm	3000
钻具箱尺寸（长×宽×高）	mm	3000×250×600
轴数	个	15
整机质量	t	35
主机尺寸（长×宽×高）	mm×mm×mm	8745×3300×3080

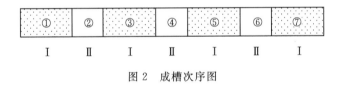

图2　成槽次序图

4.2.2　灰浆拌制与灌注

成槽过程中，将正循环排出的槽内泥浆首先收集于1号泥浆池初沉；然后用泥浆泵送入泥浆净化系统去除大粒径颗粒，并通过添加水或当地黏土调整其比重为1.15～1.25；处理达标的新鲜泥浆一部分作为成槽循环泥浆使用，一部分湿掺充分溶胀的膨润土作为拌制固化灰浆的原料泥浆，添加膨润土后的泥浆比重控制在1.25～1.35；定量膨润土掺加完毕、搅拌均匀并检测指标合格后泵送入灰浆搅拌站，按防渗墙每平方米不少于100kg水泥添加水泥，最终拌和均匀制成灌注用固化灰浆的比重控制在1.4～1.5，新型固化灰浆拌制流程如图3所示。

清孔验收合格后，将钻具箱下沉至槽孔最底部，然后通过钻具箱内的多个出浆喷嘴进行灰浆灌注。灌注时首先按照注浆流量的计算在槽底静喷一段时间，使灰浆漫过钻具箱，试验时约1min；然后按照计算提钻速度进行匀速提钻灌注，试验时速度为0.85m/min，同时利用灰浆与泥浆的密度差，将槽内泥浆置换出槽外。由于孔内灰浆会泌水沉降，因此利用黏土将孔口周围加高并进行超量灰浆灌注。待槽孔内固化灰浆经过泌水沉淀，并排出孔口泌水后，进行补浆。补充浆液拌制与固化灰浆拌制要求相同。补浆时间

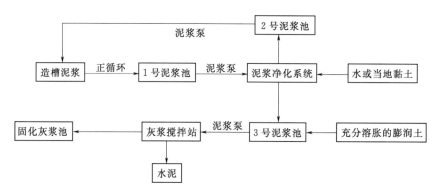

图 3　固化灰浆拌制流程图

间隔不宜小于 6h、不应大于 24h。补浆完成且待灰浆稍作凝结后须用 0.3m 厚湿土覆盖槽孔。

5　成墙质量评价

5.1　墙体防渗性

防渗墙的主要功能是截流防渗，现阶段评定防渗墙抗渗性能的最好方法是利用原位试验测定墙身的渗透系数。2016 年 9 月尚善水库防渗墙项目外检部在已达 28d 龄期的 0＋741.5～1＋048.7、1＋454.1～1＋647.7、3＋258.4～3＋349.6 段，按 50m 一组的间隔进行了原位测试，本次检测按照《水利水电工程注水试验规程》(SL 345—2007) 相关规定，采用钻孔常水头注水试验法检测 28 天龄期的固化灰浆防渗墙，试验方法如下：

在试验防渗墙轴线处钻孔并下入套管后，用量筒向套管内注入清水，将套管内水位维持于套管口，测量出套管口水位与地下水位的水头差 H。试验初期，每隔 5min 向套管注一次清水使管内水位维持于管口，并记录下注水量，连续进行 5 次注水测量；然后每隔 20min 注入 1 次清水并记录注水量，至少进行 6 次注水测量；当连续 2 次注入流量的差小于或等于最后一次注入流量的 10％时，视作渗流稳定，停止试验。当试验段在地下水位以下时，渗透系数按下式计算：

$$K = 16.67 \frac{Q}{AH}$$

式中：K 为试验段的渗透系数，cm/s；Q 为注入流量，L/min；H 为试验水头，cm；A 为形状系数，由钻孔和水流边界条件确定，cm。

当试验段在地下水位以上，且 $50 < H/r < 200$、$H \leqslant l$ 时（r 为钻孔内半径，cm；L 为试验段长度，cm），渗透系数为

$$K = 7.05 \frac{Q}{LH \lg \frac{2r}{L}}$$

试验完成后，按规程所列渗透系数公式计算得到墙体渗透系数范围为 $1.36 \times 10^{-6} \sim 9.0 \times 10^{-8}$ cm/s，且渗透系数较多集中在 10^{-7} 这一数量级，表明墙体不但完全满足设计防渗要求且具有较好的均一性。墙体检查见图 4、图 5。

图 4　开挖墙体的立面　　　　　　　　　　图 5　现场钻孔取样

5.2　墙体墙抗压强度和连续性

本次尚善水库下库防渗墙工程项目为提高墙体性能指标，项目技术人员进行了大量试验，配合比中大大提高了水泥用量，项目施工过程中每 50m 随机抽取一组抗压试件送外检部检测，所检试块均达到设计要求。项目外检部利用超高密度直流电法仪对已完工的防渗墙桩号 0＋745.6～1＋600、2＋034～2＋600 进行连续性检测，检测结果表明所有检测段防渗墙搭接处良好、整体连续性良好，完全符合项目设计要求。

6　结语

与传统固化灰浆相比，该新型固化灰浆的墙体指标有了显著提高，墙体均匀性好、防渗性能稳定、耐久性显著提高，可以用于低水头永久工程。以导杆式成槽机为基础的新型施工工法，在保证墙体质量的前提下大大提高了成槽效率、与混凝土防渗墙相比，价格降低了 50％以上，在建造低水头固化灰浆防渗墙方面有明显的优势。

华阳河水库除险加固工程防渗墙和帷幕灌浆施工

杨　锋[1]　鲁合庆[2]　常福远[3]

（1.鄂北地区水资源配置工程建设与管理局（筹）　2.湖北省枣阳市水利局
3.中国葛洲坝集团基础工程有限公司）

【摘　要】　华阳河水库大坝存在坝基渗漏和绕坝渗漏的问题，同时坝体浸润线抬升影响下游坝坡的稳定性，需要进行除险加固处理。坝体及坝基采用混凝土防渗墙结合帷幕灌浆防渗加固处理措施。施工结果表明防渗墙和帷幕灌浆施工工艺、施工措施符合实际，施工效果良好，满足设计要求，也为其他类似工程提供了借鉴。

【关键词】　除险加固　防渗墙　帷幕灌浆　华阳河水库

1　工程概况

1.1　工程简介

华阳河水库位于滚河水系华阳河支流上，水库总库容 1.07 亿 m^3，是一座以灌溉为主，兼有防洪、供水、养殖等综合效益的大（2）型水库，主要由大坝、正常溢洪道、非常溢洪道、副坝、灌溉输水隧洞等建筑物组成，主要建筑物为 2 级建筑物。

水库大坝为均质土坝，坝轴线长 554m，坝顶高程 147.9m，最大坝高 33.5m，坝顶宽度 6.0m，坝顶设 1.3m 高的浆砌石防浪墙。河床坡脚设置排水棱体，两岸坡脚设排水暗管。

1.2　工程地质条件

大坝坝基主要由元古界随县群的片麻岩和片岩，局部分布薄层第四系冲积堆积、上更新统冲积堆积及残积堆积。左河床坝段至左坝肩基岩为片麻岩，右河床坝段至右坝肩基岩为片岩。岩体以强、中等风化为主，强风化片麻岩岩体透水率达到 8.2Lu，中风化片麻岩、片岩岩体透水率一般为 0.4～3.7Lu，存在渗漏问题。坝体填筑土以深褐色、褐黄色及褐红色黏土为主，局部夹杂少量褐黄色片麻岩角砾，表层以灰黄色、褐黄色黏土质角砾、碎石土组成，填筑土渗透系数一般为 $6.5\times10^{-4}cm/s\sim2.7\times10^{-5}cm/s$，属于中等—弱透水。

地下水类型为松散介质孔隙水和基岩裂隙水两类，主要依靠库水和大气降水补给。

1.3　工程存在问题

水库于 1959 年建成运行，后经 1965 年扩建，大坝运行 50 年来，存在以下安全隐患：①上游坝坡砌石护坡风化、破损严重，混凝土护坡炭化、剥蚀，坝顶出现沉陷裂缝；②下游坝坡左岸坝山结合部存在局部散浸现象；③大坝部分坝基清基不彻底或建于中透水性基岩上而未进行防渗处理等；④坝体排水棱体破损严重，反滤层淤堵，导致下游坝坡钻孔初见水位（浸润线）较高，对下游坝坡稳定不利；⑤坝体填土密实度为94%～99%，局部不满足规范要求，坝体填筑不均一，坝体及坝基透水性偏大。经有关部门鉴定大坝为三类坝，需要对坝体进行除险加固处理。

2　加固设计方案

针对大坝渗漏的问题，采用坝体防渗墙及坝基帷幕灌浆相结合治理加固措施，以达到消除安全隐患的目的。具体方案为：混凝土防渗墙沿坝轴线布置，全长535.25m，墙体设计厚度0.6m，墙体深入基岩1.0m。墙下及两岸坝肩山体防渗采用帷幕灌浆，帷幕灌浆采用单排布孔，孔距2.0m，孔径76mm，分两序自上而下灌注施工，基岩防渗帷幕灌浆伸入相对不透水层（$q \leqslant 5Lu$）以下3m。形成一道封闭的防渗体系，以截断坝体和坝基渗流，降低坝体下游浸润线。

3　混凝土防渗墙工程施工

（1）防渗墙技术参数。防渗墙采用C15塑性混凝土，墙厚0.6m，墙体入岩1.0m，混凝土成墙后的抗压强度不小于3MPa，弹性模量不大于11000MPa，抗透系数小于$1 \times 10 cm^{-7}/s$。

（2）防渗墙主要施工程序如下：

1）测量放样。由设计提供的测量控制基准网（点），首先对测量控制基准网点进行复测，设定施工控制基准网（点），根据施工控制网（点）确定防渗墙的轴线位置，进行防渗墙槽位置的布置。

2）工作平台（导向槽）。将坝顶由高程148.0m挖至高程146.8m，形成防渗墙施工平台，施工平台采用碎石铺垫坚实、平坦。导向槽口板为┑、┌型，上部宽1.0m，厚0.6m，下部高0.9m，厚0.6m，C15钢筋混凝土，导向槽直立、稳固、位置准确。

3）先导孔钻孔与取样。按照设计布置，在防渗墙轴线每隔16m间距布设先导孔，先导孔深入中风化岩体以下5m。先导孔取岩芯进行鉴定，并在墙下基岩段按灌浆分段长作分段阻塞压水试验，压水试验压力为0.3MPa，根据岩芯情况及压水试验成果作柱状图、防渗墙地质剖面图，掌握地质岩情及确定防渗墙底线高程，有利于指导施工。

4）开挖槽段。依据施工平台及导向槽，各槽孔中心线位置在防渗墙轴线上、下游方向的误差不大于3cm，槽孔壁平整垂直。根据大坝长度及施工工艺要求，防渗墙共分为83个槽段，一期槽段长7m，二期槽段长6m。防渗墙槽孔开挖按照施工现场划分好的槽段进行，采用间隔分序法施工，即先施奇数的一期槽段，再施工偶数的二期槽段。开挖采用抓斗抓挖，每个槽段3抓成槽。坚硬基岩则采用冲击钻钻孔成槽。

5）清孔。槽孔终孔验收合格后，进行清孔换浆工作，清孔换浆结束1h后孔底淤积厚度小于10cm，泥浆密度小于1.10g/cm²，泥浆稠度小于30s，浆液砂率小于3%。

6）预埋灌浆管。预埋墙底基岩帷幕灌浆套管。依据槽段实际深度，在防渗墙轴线2m

间距安放一根铁皮套管至基岩，垂直放正，套管在槽口用钢筋条锁牢固定。

7）墙体浇筑。终孔和清孔完成并经参建四方验收合格后，即下放导管浇筑，混凝土开浇时，确保导管埋入混凝土中不小于1.0m。

采用直升式导管法进行泥浆下的砼浇筑，由于槽底高低不平，导管宜布置在最深处，并根据槽底形状和混凝土扩散半径等综合确定。保持槽孔内混凝土面均匀上升，上升速度不小于2m/h，每30min测定一次混凝土面的深度，保证混凝土面高差控制在0.5m范围内；浇筑混凝土时，孔口设盖板，以防杂物掉入槽孔内。

8）墙段连接。墙段连接采用接头管法（拔管法）施工。接头管采用液压拔管机起拔，分节制作，插销连接方式。接头管下设前一定要对接头孔进行严格检测，保证接头孔的垂直度，下放过程中不能强拉硬放，防止破坏孔壁。拔管施工过程中应及时、准确地填写能够全面反映混凝土浇筑、导管提升、接头管起拔过程的记录表。浇筑施工与拔管施工应紧密配合，浇筑速度不宜过快。当管底混凝土的龄期达到确定的脱管龄期后，按照混凝土的浇筑速度逐步起拔接头管。

（3）混凝土防渗墙墙体质量检查如下：

1）墙体混凝土试样检测。混凝土浇筑槽口取样，在施工方检测的基础上，按一定数量平行检测，检测混凝土抗压强度、弹模、渗透系数。防渗墙混凝土强度检测共计91组，最大值为7.4MPa，最小值为4.9MPa，平均值为4.89MPa，强度均高于设计指标4MPa，满足设计要求；混凝土渗透系数共检测19组，最大值6.92×10^{-8}cm/s，最小值1.58×10^{-8}cm/s，其指标均小于1×10^{-7}cm/s，满足设计要求；弹性模量共计检测8组，最大值为6300MPa，最小值4000MPa，其指标满足设计要求不大于11000MPa。

2）防渗墙钻孔取芯检查。防渗墙达到龄期后，业主委托第三方进行质量检测，对防渗墙施工进行了挖探坑、钻孔取芯取样等检测，检测结果见表1，均满足设计要求。

表1 混凝土防渗墙抽检结果一览表

桩号	芯样抗压强度/MPa		渗透系数/(cm/s)	弹性模量/MPa	备注
	单个值	平均值			
0+202	12.3	12.4	7.34×10^{-8}	9800	竖向
	13.2				
	11.6				
0+339	10.8	11.4	7.56×10^{-8}	9700	竖向
	12.1				
	11.4				
0+530	12.3	12.0	8.44×10^{-8}	9800	竖向
	12.0				
	11.8				
0+490	13.4	13.0	6.67×10^{-8}	9900	水平
	12.9				
	12.6				

4 帷幕灌浆施工

4.1 帷幕灌浆设计参数

帷幕灌浆为单排帷幕，灌浆孔孔径 76mm，孔距为 2.0m。采用孔口封闭，孔内循环，自上而下分段钻孔灌浆施工。分二序施工，灌浆压力见表 2，开灌水灰比 3：1。大坝帷幕灌浆设计防渗标准均为透水率 $q \leqslant 5Lu$。

表 2　　　　　　　　　　　灌浆分段及灌浆压力参照表

部位	名称	第一段	第二段	第三段	第四段及以后
	段长/m	2.0	3.0	5.0	5.0
防渗墙下灌浆	压力/MPa	0.3	0.5	0.8	1.0
两岸基岩段灌浆	压力/MPa	0.3	0.5	0.8	1.0

4.2 帷幕灌浆主要施工程序

（1）钻孔。钻孔采用 XY-2，金刚石钻头、合金钻头、复合片钻头清水钻进。先导孔、检查孔按钻取芯要求采集岩芯进行地质编录。钻孔测斜采用 KXP-1 测斜仪分段进行测斜，钻孔底偏差值符合表 3 要求。

表 3　　　　　　　　　　　　帷幕灌浆孔孔底偏差值

孔深/m	20	30	40	50	60
最大允许偏差值/m	0.25	0.50	0.80	1.15	1.5

（2）钻孔冲洗及裂隙冲洗。灌浆前进行裂隙冲洗，冲洗至回水澄清后 10min 结束。再做简易压水，压水结合裂隙冲洗进行，压力为灌浆压力的 80%，并不大于 1MPa，压水时间 20min，每 5min 测读一次压入流量。取最后的流量值作为计算流量。

灌浆在防渗墙与基岩接触灌浆时，遇到大漏浆量（吸浆量超过 50L/min）且较长时间（大于 3h）吸浆量未见减少且又未发现冒浆现象时，适当降低灌浆压力或在浆液中掺入速凝剂进行灌注。接触段灌浆待凝 24h。

（3）压水试验。压水试验在裂隙冲洗后进行，根据监理人指示，一般灌浆孔采用"简易压水"、先导孔和检查孔采用"单点法"进行压水试验。压入流量稳定标准：在稳定的压力下，每 3~5min 测读一次压入流量，连续 4 次读数中最大值与最小值之差小于最终值的 10%，或最大值与最小值之差小于 1L/min 时，本阶段试验即可结束，取最终值作为计算值。

（4）灌浆。灌浆使用 SGB6-10 灌浆泵，配备 JJS-2B 立式双层搅拌桶，GJY-Ⅳ型灌浆自动记录仪配套使用。浆液水灰比采用 3：1、2：1、1：1、0.8：1、0.6：1 五个比级。浆液比级由稀至浓，逐级变换。灌浆在防渗墙与基岩接触灌浆时，遇到大漏浆量（吸浆量超过 50L/min）且较长时间（大于 3h）吸浆量未见减少且又未发现冒浆现象时，适当降低灌浆压力或在浆液中掺入速凝剂进行灌注。接触段灌浆待凝 24h。灌浆过程中发现冒浆、漏浆时，根据具体情况采取嵌缝、表面封堵、低压、浓浆、间歇、待凝等方法进行处理，待凝后扫孔复灌。

（5）灌浆结束标准。帷幕灌浆在规定的压力下，当注入率不大于0.4L/min时，继续灌注60min；不大于1L/min时，继续灌注90min，结束灌浆。灌浆过程中如发现失水回浓，应改稀一级浆液新浆灌注，当效果不明显时则继续灌注90min结束。灌浆孔在达到设计孔深时，最后一段压水渗透大于5Lu时，则进行加深一段钻灌。

（6）封孔。在灌浆孔全孔灌浆结束、验收合格后进行。封孔采用置换和压力灌浆封孔法。灌浆压力采用该灌浆孔的最大灌浆压力。封孔使用新鲜的普通水泥浆液，水泥浆水灰比0.5∶1。待孔内水泥浆液凝固后，清除孔内污水、浮浆。

4.3 帷幕灌浆效果检查

帷幕灌浆结束后，质量检查采用布置检查孔取芯压水检查方法。采用单点法压水，帷幕防渗标准为$q \leqslant 5.0Lu$。共布置检查孔32个，达到已完成孔数的10％，从检查孔压水情况来看，孔段最大透水率q为4.28Lu，最小透水率为0.94Lu，灌后压水结果均符合设计防渗要求，检查孔灌浆单位注入量较灌前明显减小，说明灌浆效果明显。

5 结语

坝体防渗墙及坝基帷幕灌浆施工结束后，水库继续蓄水，水位达到设计高程，坝基、坝体防渗处理效果显著，由业主、监理、施工以及有关部门联合验收，加固后渗流状态较加固前有明显改善，大坝渗流处于安全状态；工程加固后提高了水库防洪安全系数，后累计向灌区提供农业用水近2000万m^3，保证了灌区农业丰收。同时，向兴隆、刘升和随阳农场等乡镇提供生活用水100万m^3。工程质量优良。

综上所述，华阳河水库坝体及坝基采用混凝土防渗墙结合帷幕灌浆防渗加固处理措施，施工工艺、施工措施符合实际，施工效果良好，满足设计要求，也为其他类似工程提供了借鉴。

"铣接法"地下连续墙施工技术措施研究

常利冬　王　辉

（中国水电基础局有限公司）

【摘　要】　"铣接法"地下连续墙施工质量关键在于二期槽段成槽施工，成槽施工时需铣削掉一期槽段两端的接头混凝土，如何确保二期槽段顺利成槽，是"铣接法"墙段连接的重难点。本文结合虎门二桥西锚碇基础地下连续墙施工工程实例，分析总结了"铣接法"地下连续墙施工过程中采取的有效技术措施，可供类似工程施工参考与借鉴。

【关键词】　铣接法　垂直度　限位装置　接头板

1　引言

"铣接法"墙段连接工艺由德国宝峨公司的施工部门率先应用于地下连续墙工程，采用液压铣槽机进行地下连续墙施工。液压铣槽机凭借地层适用广泛、成槽效率高、成槽垂直度精度高、清孔工艺简单、设备操作简单、自动化程度高及安全环保等特点，成为当前国内桥梁深基坑成槽施工设备的首选设备。经过多年施工实践证明"铣接法"墙段连接工艺质量可靠。铣削二期槽幅时，液压铣槽机套铣掉两侧一期槽段已硬化的混凝土，新鲜且粗糙的锯齿状混凝土面在浇筑二期槽幅时可形成水密性良好的混凝土套铣接头，成功的解决了采用接头板或型钢接头容易出现的墙段接缝夹泥情况。而且"铣接法"墙段连接施工中不需要接头板等配套设备，也可以减少传统接头板可能存在的风险，减少混凝土扰流产生的问题以及由此带来的后果，并可以节约大量钢材，降低工程整体成本，获得更好的经济效益。本文通过对虎门二桥西锚碇地下连续墙工程施工成果进行分析整理，期望着能为类似工程提供有益的参考与借鉴，从而更好地推动"铣接法"墙段连接工艺。

2　工程概况

虎门二桥起点位于广州市南沙区东涌镇，与珠江三角洲经济区环形公路南环段对接，沿线跨越珠江大沙水道、海鸥岛、珠江坭洲水道，终点位于东莞市沙田镇，与广深沿江高速公路连接，主线全线均为桥梁工程，总长度 12.891km。采用双向 8 车道的高速公路标准，设计时速 100km/h，桥梁宽度 40.5m，为特大型桥梁施工项目，S2 标西锚碇采用地下连续墙作为基坑开挖支护结构，地下连续墙采用外径为 82.0m，壁厚 1.5m 的圆形结构。

3 地连墙施工方案

虎门二桥 S2 标锚锭地下连续墙采用液压铣槽机进行成槽施工，采用"铣接法"进行墙段连接，根据"铣接法"施工工艺要求共划分为 54 个槽段，一期、二期槽段各 27 个，其中一期槽段长 7.07m，分三铣成槽，二期槽段长 2.8m，一铣成槽。二期槽段与一期槽段在地连墙轴线处搭接长度为 0.25m。槽段内下设钢筋笼，钢筋笼设计最大长度 45.35m，采用 C35 水下混凝土浇筑成墙。

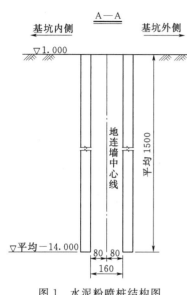

图 1 水泥粉喷桩结构图
（单位：cm）

3.1 水泥粉喷桩施工

地连墙施工前，在设计墙体两侧采用直径 50cm 水泥粉喷桩加固淤泥质土，桩间距为 40cm，加固深度为 15.0m（进入砂层不小于 2m）。水泥粉喷桩结构如图 1 所示，设计水泥用量 48kg/m，水泥强度等级 32.5，桩身强度不小于 800kPa。根据地质条件情况确定采用湿法水泥搅拌桩施工工艺，喷射水泥浆液水灰比控制在 $1.65\sim1.75\mathrm{g/cm^3}$，根据设计水泥用量 48kg/m，推算出单位灌入水泥浆液不少于 44L/m。本工程选用 PH-5A 型喷粉桩机进行施工，按照场地平整→施工放样→钻机定位→正循环钻进至设计深度→打开高压注浆泵→反循环提升喷浆搅拌→提出钻杆→移机的工艺流程进行施工。成桩 28d 后，采用钻芯取样的方法检查桩体完整性、搅拌均匀程度、桩体强度、桩体垂直度等。

3.2 导墙施工

导墙由两个 L 形钢筋混凝土墙组成，间距为 1.6m，墙高 1.8m，墙宽 1.8m，墙厚 0.5m，导墙剖面如图 2 所示。采用 C30 混凝土、组合木模施工，按照开挖线放样→导墙

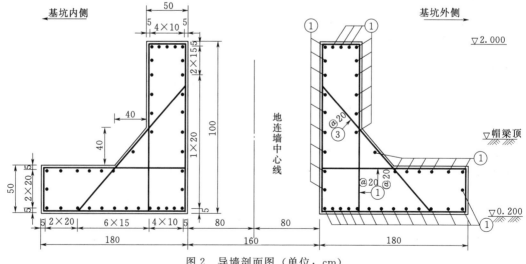

图 2 导墙剖面图（单位：cm）

开挖→垫层浇筑→钢筋制安→模板架设→混凝土浇筑→拆模与导墙支撑→填筑土方→混凝土养护的工艺流程进行施工。

3.3 成槽施工

本工程主要成槽施工设备为 BC40 型液压铣槽机,采用 SG60 型液压抓斗辅助。采用液压抓斗"纯抓法"和液压铣槽机"纯铣法"配合施工。一期槽段上部覆盖层和二期槽段开孔段 10m 采用液压抓斗"纯抓法"施工,基岩和二期槽段剩余覆盖层采用液压铣槽机"纯铣法"施工,成槽工艺流程如图 3 所示。

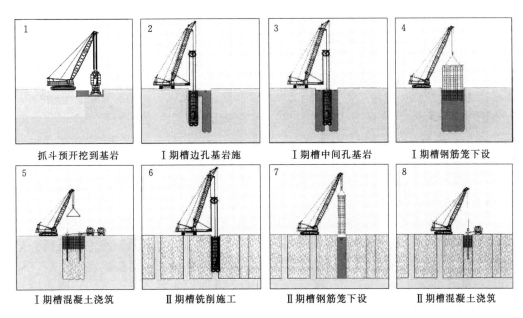

抓斗预开挖到基岩	Ⅰ期槽边孔基岩施	Ⅰ期槽中间孔基岩	Ⅰ期槽钢筋笼下设
Ⅰ期槽混凝土浇筑	Ⅱ期槽铣削施工	Ⅱ期槽钢筋笼下设	Ⅱ期槽混凝土浇筑

图 3　成槽工艺流程图

3.4 护壁泥浆

优质泥浆有利于成槽时的孔壁稳定和混凝土浇筑质量的控制。本工程采用优质膨润土泥浆进行护壁,膨润土泥浆具有良好的悬浮性、触变性、滤失量小、含沙量低、造浆率高、护壁性能好等优点。膨润土泥浆配合比见表 1。

表 1　　　　　　　　　　　　　　新制泥浆配合比 (1m³ 浆液)

膨润土品名	材料用量/kg				
	水	膨润土	CMC	Na_2CO_3	其他外加剂
钠基土	1000	60～80	0～0.6	0～4	适量

3.5 清孔换浆

采用液压铣槽机"泵吸法"清孔换浆。将铣削架逐渐下沉至槽底并保持铣轮旋转,铣削架底部的泥浆泵将槽底的泥浆输送至地面上的泥浆集中净化系统,由振动筛除去大颗粒钻渣后,进入旋流器分离泥浆中的细颗粒。经净化后的泥浆流回到槽孔内,如此循环往复,直至回浆达到清孔质量合格标准。在清孔过程中,可根据槽内浆面和泥浆性能状况,加入适当数量的新浆以补充和改善孔内泥浆性能。

3.6 槽段连接

本工程采用液压铣槽机"铣接法"进行槽段连接，即在两个一期槽段中间进行二期槽段铣削时，铣掉一期槽段端头的部分混凝土形成锯齿形搭接，本工程一期、二期槽段在地下连续墙轴线上的搭接长度为25cm。二期槽段清孔换浆施工前，采用自制钢丝刷子钻具自上而下刷洗一期槽段端头的混凝土孔壁。直至刷子钻具上基本不带泥屑，孔底淤积不再增加为止。

3.7 钢筋笼制安

本工程一期槽段钢筋笼分为两幅制作，单幅笼体轴线部位长度为2.925m，两幅笼体轴线处下设间距34cm，笼体轴线处距槽段端头44cm。二期槽段钢筋笼采用整体制作方案，笼体长度2.57m。钢筋笼笼体厚度均为1.316m。整个钢筋笼外形应符合槽孔形状，并将钢筋笼的底端0.5m做成向内以1:10收缩的形状。为保证保护层厚度，在钢筋笼两侧焊接凸型钢板作为保护层，单幅钢筋笼每侧设两列，每列纵向间距为4m。

本工程采用两台250t履带式起重机进行钢筋笼吊装作业。主吊设置6个吊点，基坑内侧笼体上设置4个，分2排2列布置，排间距10m，基坑外侧笼顶布置2个吊点；辅吊设置6个吊点，全部设置在基坑内侧笼体上，分3排2列布置，排间距10～12m。钢筋笼下设时，对准槽段中心轴线，吊直扶稳，缓缓下沉，避免碰撞槽壁。

3.8 混凝土浇筑

墙体混凝土采用C35水下混凝土，拌和站集中拌制，混凝土搅拌运输车运输至待浇筑的槽孔口处。采用混凝土浇筑架进行泥浆下直升导管法浇筑，导管开浇顺序为自低处至高处逐管开浇。一期槽段布置3套导管，二期槽段布置1套导管。在备足混凝土后，采用"压球满管法"开浇，即向导管内一次连续注入混凝土将隔离球压至导管底口岩面，此时混凝土注满整根导管，保持连续浇筑。各导管均匀下料，混凝土面高差不大于0.5m，导管埋深不小于2m，不超过6m。浇筑过程中每间隔30min测一次槽内混凝土面，测点设置在两导管间及槽孔两端头。每隔2h测量一次导管内的混凝土面，及时核对浇筑方量，分析浇筑中出现的问题，以此作为浇筑工作和拆卸导管的依据。

3.9 墙体质量检查

本工程采用声波透射法进行地下连续墙墙体混凝土质量检测。利用钢筋笼下设时预埋的声测管，作为超声发射和接收换能器的通道，检测墙体混凝土的完整性，并通过声波判断墙体接缝是否存在大的缺陷。本工程共检测一期槽段12个，二期槽段6个，检测结果显示平均声速极限值为4087～4598m/s，均达到设计混凝土等级对应的混凝土声速，经综合评判确定为17个Ⅰ类槽幅，1个Ⅱ类槽幅。墙体混凝土和墙段接缝施工质量良好，墙身完整，无缺陷。

4 "铣接法"技术保证措施

4.1 一期槽段垂直度控制

"铣接法"墙段连接工艺的优势重点在于确保接缝处能够铣削到新鲜混凝土，使新老混凝土有良好的结合面。而这个成功与否的关键因素取决于一期、二期槽段在铣槽时两侧接缝的垂直度能否得到控制。同时一期槽段垂直度是否满足设计要求，还决定了二期槽段能否顺利成槽，这不仅是对地下连续墙施工质量还是对施工本身都会产生重要的影响。

圆形地下连续墙槽段开槽位置是否准确，决定了墙段连接厚度是否满足设计要求。在成槽施工前，根据槽段划分图在导墙上精确放样槽段开孔位置，以确保一期槽段开孔位置准确。同时为预防因槽段上部淤泥层坍塌造成的槽段偏斜，本工程地下连续墙施工前，在设计墙体两侧采用直径 50cm 的水泥粉喷桩对淤泥层进行加固，加固深度 15.0m（进入砂层不小于 2m）。成槽设备开槽时要注意控制进尺速度，待成槽设备钻具完全进入槽内，有一个良好的导向时再加快进尺速度，避免因开槽导向不好造成槽孔偏斜。液压抓斗成槽机和液压铣槽机均配备有自动测斜仪及纠偏装置，成槽过程中可以随时检测槽孔偏斜情况，一旦出现偏斜情况，操作人员可通过纠偏装置控制导向板和纠偏板，调整成槽设备钻具姿态，对槽孔进行修正。终孔后采用中国科学院东海研究站制造的 UDM100 型超声波钻孔检测仪对地下连续墙槽段垂直度进行检测，超声波钻孔检测仪可同时测绘 X 轴和 Y 轴两个方向的槽段形状，快捷方便、精度高，并可打印出槽段形状，便于直观地掌握槽段垂直度情况。通过上述技术保证措施，27 个一期槽段垂直度均控制在 2‰ 以内（设计垂直度要求 2.5‰）。

4.2 一期槽段钢筋笼制安质量

本工程一期槽段钢筋笼分为两幅制作，两幅笼体在轴线部位间距为 34cm，笼体与槽段端头距离为 40cm，一期与二期槽段搭接长度为 25cm，一期槽段素混凝土宽度仅为 15cm。如果一期槽段钢筋笼下设出现倾斜，二期槽段铣削时极易铣削到一期槽段钢筋笼，不仅影响到一期槽段地下连续墙施工质量，同时还会引起液压铣槽机铣齿打坏、管路堵塞等问题。

因本工程地下连续墙为圆形结构，一期槽段也带有一定的弧度，因此钢筋笼制作胎架按槽段设计弧度做成弧形，在钢筋笼焊接前，利用主筋的自重将水平分布筋在胎架上压成弧形后再焊接成型。钢筋笼制作时，严格控制钢筋笼几何尺寸，钢筋笼顶部 4 根吊筋的长度必须根据导墙口 4 个搁置点实测高程来配料，焊接后进行复核。同时吊环底部的搁置面要保持平整，防止因不平产生标高误差，导致钢筋笼最后就位时产生倾斜。钢筋笼制作完成后，在槽段连接侧钢筋笼上焊接两列圆形限位装置，沿高度方向在接头板以下位置间隔 4m 布置一行。限位装置采用高 10cm，直径 40cm 的 PVC 管预制而成，中心预留焊接钢筋安装孔，采用与地下连续墙同等标号的混凝土预制。同时在一期槽段钢筋笼靠中间侧桁架筋上焊接导向限位措施筋，沿钢筋笼竖向通长焊接两根，措施筋选用 φ12 的钢筋，用凸型支架焊接于桁架筋上，支架高度 10cm。

根据设计图纸计算钢筋笼下设位置，在导墙上做好标记线，并用槽钢或者角钢作为限位。下设时，钢筋笼下设速度要缓慢，随时观测下设过程中钢筋笼限位距离，以保证钢筋笼平面定位准确。

4.3 二期槽段垂直度控制

为保证二期槽段开槽时成槽设备钻具导向准确，在一期槽段混凝土浇筑前，在槽段连接位置下设长 12m 的导向板，待墙体混凝土浇筑完毕一段时间后将导向板拔出，预留出二期槽段的准确位置，从而保证开槽时对成槽设备钻具起到良好的导向作用，同时为保证接头板位置槽段连接质量，导向板制作时在内侧间隔 50cm 焊接两列角铁，起拔完成后形成锯齿状接头。

5　结语

经过墙体接缝超声波透射法质量检测和后期基坑开挖施工实践证明，通过采取有效的技术保证措施，"铣接法"地下连续墙接缝施工质量良好，可以达到设计要求的止水效果。同时本工程的成功实施，对今后类似地下连续墙的设计和施工也可起到一定的参考作用，对"铣接法"地下连续墙施工工艺在新领域的应用及推广意义深远。

生石灰改性膨润土浆液在地下防渗墙造孔中的研究与应用

王　峰　　刘全超

（中国水电基础局有限公司）

【摘　要】 青海哇沿水库坝基防渗墙造孔施工，因当地没有合格的黏土制备造孔浆液，从而选用了膨润土制浆。把如何节省膨润土材料作为研究课题，通过生石灰改性膨润土浆液性能，达到良好的经济效果。本文介绍几种生石灰掺加量比选及掺加方法试验，取得了良好的成效。

【关键词】 冲击钻造孔　原材选择　膨润土浆液　生石灰改性　试验方案和效果对比

1　工程概述

青海省都兰县哇沿水库坝址位于柴达木盆地霍布逊湖水系察汗乌苏河出山口上游，水库主要任务是以灌溉和供水为主，兼顾改善河道内生态环境。水库总库容为3337.9万 m^3，属于Ⅲ等中型工程。坝顶高程3402.60m，最大坝高31.6m。

该工程采用坝基防渗墙全断面防渗，防渗墙施工轴线长460m，墙厚80cm，入下伏安山岩不小于1m，设计造孔面积28855m^2。

坝址基本地质条件，自上而下分为三层：0～30m左右为冲积砾石层；30～60m为全新统密实的砾石层，夹中粗砂夹层及透镜体，跟上层主要区别为颗粒较上层细，中粗砂层一般厚度20cm；60～84.4m为上更新统的冲积砾石层，颗粒较上层粗，卵石含量可达20％左右。设计最深造孔深度88m。

结合地层、工期、成槽机械综合分析，项目部决定采用"两钻一抓"成槽工艺。该工程地处高海拔、高寒地区，防渗墙超深造孔、砂砾石地层及断层导致的强漏失地层成槽处理成为本工程的施工难点。

2　课题研究目的

上部0～60m深的冲积砾石层具有强渗透性，且防渗墙最深处基岩存在地质断层，是主要的渗漏通道，造孔时泥浆会大量漏失，严重时会发生槽孔坍塌事故，且防渗墙施工时段大都处于寒冷季节，造孔浆液回收利用难以实现。

如何合理选用造孔护壁泥浆，确保成槽稳定，提高成槽效率，保证工期，降低工程成本，成为本项目研究课题之一。

3 造孔泥浆原材料的选择

根据本项目采取"两钻一抓"的工艺特点,适合施工的制浆原材主要选择为本地黏土和膨润土。

3.1 黏土

项目地处山区,土源主要为山坡风化后的壤土和河床淤泥土,表观无黏性、主要成分为粉细砂。经室内试验,与项目部确定的黏土指标为黏粒含量大于50%、塑性指数大于20、含砂量小于5%相去甚远,现场搅拌试验结果造浆率低、黏度小,沉积速度快、淤积厚度大、携渣能力低。所以该类型土无法作为制浆材料。

附近村镇的土源,项目部派人做了踏勘和采集,与上述土性能指标相近;再远的黏土料源,考虑出浆率、运距等成本因素不适宜选用。

因此,以黏土作为制浆材料在本项目不可取。

3.2 膨润土

项目部按照货比三家的原则,采取网上招标,并结合几家提供膨润土样品的室内试验数据,考虑造浆率、成品浆液质量、到场价格等综合因素,最终确定采用张家口的钠基膨润土。

4 生石灰改性钠质膨润土的必要性与研究

本工程槽段主孔采用冲击钻施工,由于该地层多为漂卵粒石层,造孔钻渣粒径较大,要求泥浆悬浮能力强,因此在造孔过程中,泥浆黏度越大越好、密度大于 $1.35g/cm^3$ 为宜。任何改性材料,以能提升浆液各项性能指标、达到提高携渣能力、降低出渣次数、节省泥浆,从而降低膨润土耗量、节省成本,成为研究的最终目的。

项目部附近有生石灰厂,考虑生石灰价钱低,便于运输,遇水形成胶溶体的特性,可增加膨润土的黏度。因此,项目部做了生石灰改性膨润土浆液的试验。

(1)采购张家口生产的钠基膨润土,为米黄色,其化学组成见表1。

表 1 膨润土的主要化学成分

化学成分	百分比	化学成分	百分比	化学成分	百分比
SiO_2	74.32	Na_2O	2.17	K_2O	0.19
Al_2O_3	11.61	MgO	1.95		
Fe_2O_3	1.74	CaO	0.31	其他	7.71

新制及膨化后的泥浆指标见表2。

表 2 新制膨润土浆液指标

项目	密度/(g/cm^3)	黏度/s	含砂量/%	pH值	造浆量/m^3
新制膨润土	1.03	44	0.6	10.5	25

(2)生石灰取自当地生产,对生石灰的化学成分进行分析检测,根据离子色谱法,分析结果为 CaO 含76.5%,MgO 含量7.4%,属于镁质石灰。

（3）掺生石灰改性膨润土的机理。膨润土的重要特性是强的阳离子吸附，交换能力和层间底面的水化能。由于生石灰粉强的胶凝活性，掺入至膨润土浆液后，在水的作用下立刻水化，水化产生大量的钙离子。膨胀矿物（蒙脱石等）吸水的同时，也把大量的钙离子和溶液中析出的氢氧化钙吸附到其颗粒周围。矿物颗粒晶格边缘破键产生的电荷吸附钙离子平衡电价。这些作用形成的石灰水化物在膨润土矿物表面聚集、凝结，这个过程与氢氧化钙硬化过程同时进行，黏结和聚集在膨润土矿物表面的氢氧化钙经凝结硬化结晶，形成一种防止膨润土颗粒内水外散和外水内亲的硬化层。固化过程产生的化学键力使膨润土的亲水性降低，增强膨润土的水稳定性，从而提高膨润土浆液在防渗墙槽孔内的稳定性，加强膨润土浆液携渣能力。

（4）试验方案及效果对比。

1）室内试验方案

采用自制设备（转速 100r/min）搅拌，向新制膨润土泥浆中掺入比例不同的生石灰（与膨润土重量比，下同），效果对比（见表3）。

表 3   生石灰不同掺加量数据表

生石灰掺量/%	密度/(g/cm³)	黏度/s	含砂量/%	pH 值	表观描述
2.5	1.23	49	0.65	9.5	流动性好
5	1.38	55	0.7	8	流动、较黏稠
7.5	1.41	64	0.75	7.5	黏稠

2）现场施工试验。生石灰添加方法：每次孔内清渣完毕、继续造孔下钻前，将生石灰装入编织袋中，用铅丝将编织袋固定于钻头底端，通过钻头送入槽孔底部。

试验条件相似性：选择相邻的一期槽孔3个F1、F3、F5，采用同样的造孔设备CZ-22型冲击钻机对F1-1、F1-5、F3-1 F3-5、F5-1五个主孔进行造孔试验。孔径80cm，每孔造孔进尺累计20延米时，对造孔清渣后用时、生石灰掺量、膨润土浆液耗量、槽孔造孔异常情况、清孔淤积（表4）和清孔前生石灰改性膨润土范围、效果（表5）进行了统计。

表 4   造孔累计进尺20延米时清孔后各项指标对比表

主孔编号	累计造孔进尺/延米	用时/h	生石灰掺量/%	膨润土浆液用量/m³	有无漏浆或塌孔现象	清孔后淤积/cm
F1-1	20	51	0	36	严重漏浆和塌孔	11
F1-5	20	48	2.5	29	稍有塌孔漏浆现象	4
F3-1	20	35	5	26	无异常	6
F3-5	20	37	7.5	28	无	5
F5-1	20	42	10	32	无	3

生石灰掺量/%	距孔底深度/m	泥浆黏度/s	泥浆密度/(g/cm³)	含渣量/%
	2	52	1.51	75
2.5	5	50	1.35	20
	7	49	1.27	8
	2	62	1.46	52
5	5	58	1.42	44
	7	56	1.39	12
	2	70	1.46	55
7	5	67	1.43	45
	7	66	1.42	13

表 5 　　　　　　　　　　　　清孔前改性泥浆范围和效果

注 　表 5 中数据用自制小量筒孔内取样，各项指标值采用细筛网过滤后测取、含渣量用小量杯测取。

3）统计分析。根据表 4 统计分析，在地层、设备、造孔累计进尺相同的条件下，生石灰添加量从 0、2.5%、5%、7.5%、10% 逐渐增加时，槽孔塌孔和漏浆情况减少。生石灰添加量从 0、2.5%、5% 变化时，膨润土浆液消耗量随之减少，造孔功效增加明显，说明泥浆改性后，悬浮钻渣能力增强，造孔有用功增加；但在生石灰添加量大于 5% 时，浆液消耗量反而增加，功效降低，说明随着改性浆液黏度、密度加大，钻头阻力增大，效果并不理想。从清孔后 1h 沉淀厚度测定看，沉淀量基本均在防渗墙规范沉淀厚度 10cm 之内，符合要求。

根据表 5 分析，主要看出造孔过程中，钻渣的悬浮范围在 5m 左右，所以以在距孔底 5m 左右的掺入生石灰为宜；掺入距孔底过高意义不大。

综上分析：生石灰改性膨润土造孔浆液在添加量为 5% 时为造孔效率最佳点，也是改性浆液的饱和临界点。

4）试验结果经济效益对比。根据表 4 及上述分析，统计计算出纯膨润土浆液条件下造孔和加入 5% 的生石灰改性浆液条件下造孔的施工成本，详见表 6。

表 6 　　　　　　纯浆液造孔和加入 5% 生石灰改性后的浆液造孔施工成本对比表

主孔编号	生石灰添加量/%	人工费/元	材料费/元	机械费 10%/元	电费/元	其他费用 5%/元	造孔成本合计/元
F1-1	0	1700	1872	357	2677	330	6936
F3-1	5	1168	1371	254	1837	232	4862

膨润土价格 1300 元/t（包括运费），生石灰的价格 350 元/t，人工按 6000 元/月，电费 0.7 元/(kW·h)，机械费 10%，其他费用 5%。

通过表 4 可以计算出纯浆液造孔的工作效率为：20/51＝39.2%，加入生石灰的工作效率为 20/35＝57.1%，通过加入生石灰改性膨润土浆液造孔的工作效率比纯浆液造孔的工作效率提高了 17.9%。

通过表 6 可以计算出纯膨润土浆液造成本为 6936/20＝346 元/m，加入 5% 的生石灰改性后造孔成本为 4862/20＝244 元/m。每延米造孔成本节省 102 元。

5 工程实施效果

哇沿水库坝基防渗墙设计造孔面积 28855m²，实际造孔 30380.38m²，最深造孔 94.3m。冲击钻造孔过程中，孔底 5m 范围内浆液，采用生石灰添加量 5％ 的措施改性，造孔和浇筑过程未出现大塌孔、大的漏浆现象。

在本工程中，防渗墙膨润土造孔浆液通过生石灰改性处理，施工效率明显提高，工程成本显著降低，在取得良好的经济效益的同时，为建设单位节省工期，赢得良好的社会效益，可为类似工程借鉴。

多头深层搅拌桩截渗墙工程质量检测实例

安学军　刘士进　高印军　董延鹏

（山东省水利科学研究院）

【摘　要】 近几年，多头深层搅拌桩截渗墙技术以其防渗效果好工效高、造价低等优点，在堤坝防渗工程中得到广泛应用。本文结合某工程检测实例，介绍了深层搅拌桩截渗墙的工程质量检测方法，为深层搅拌截渗墙的工程质量检测提供了借鉴。

【关键词】 截渗墙深层搅拌桩　工程检测

1　工程概况

山东省广饶县淄河蓄水防渗工程是广饶县淄河治理三期工程中的一部分，工程位于广饶县城东南部，南起杨庄溢流坝桥，北至梧村橡胶坝，涉及广饶街道办、李鹊镇及大王镇三个乡镇。淄河防渗线路总长 19.225km，其中左岸（沿河道水流方向）防渗线长 9.771km，右岸防渗线长 9.454km。本工程通过在淄河两岸布置防渗墙，以减少淄河蓄水侧向渗漏损失量，满足沿线工业及绿化景观工程的用水需要，从而充分利用雨洪资源缓解当地水资源的供需矛盾。截渗墙主要采用三头深层搅拌桩技术成墙，局部特殊地段（如遇公路、架空高压线路等深层搅拌桩无法施工的地段）采用高压旋喷桩连接。

搅拌桩桩径设计不小于 380mm，防渗墙最小厚度 205mm，桩体搭接 60mm，桩深 7.5～12.0m，水泥渗入量 12%。截渗墙主要设计指标为：防渗墙体抗压强度不小于 0.3MPa，渗透系数不大于 $1×10^{-6}$cm/s，渗透破坏比降不少于 200。

2　工程质量检测方法

本工程搅拌桩截渗板墙的质量检测主要包括原材料检测、钻孔检查、开挖检查及无损检测四个方面来综合评价其施工质量。

2.1　原材料检测

水泥质量检验是质量检测中的重要环节，水泥质量的优劣，直接影响搅拌桩施工质量的好坏，通常检测水泥的凝结时间、安定性和强度等三项常规指标即可。本工程选用 P.O42.5 级复合硅酸盐水泥，原材料检验首先查验水泥的出厂合格证及品质报告是否齐全，施工过程中对进场水泥抽取了 4 组试样进行室内检验，检验结果见表 1。

表1 水泥检测结果

试样组号	检测项目	凝结时间		安定性（试饼法）	强度/MPa			
		初凝/min	终凝/min		抗折		抗压	
					3d	28d	3d	28d
	标准要求	≥45	≤600	合格	≥3.5	≥6.5	≥15.0	≥42.5
1	检测结果	195	242	合格	5.8	10.2	25.1	52.0
2	检测结果	197	249	合格	4.6	10.0	19.4	51.0
3	检测结果	191	238	合格	4.5	9.5	18.0	48.9
4	检测结果	197	240	合格	5.0	9.1	21.0	46.8
结论		所检水泥的检测项目符合 GB 175—2007 P.C42.5 标准要求。						

2.2 钻孔检查

成墙后沿截渗墙体轴线布设检查钻孔，通过所取芯样对墙体均匀性、完整性、连续性进行评价，并对钻孔注水试验，检测桩体的渗透系数。本工程在 Z1+100、Y8+100 等 10 处板墙上钻检查孔 10 个，并对其中 3 个孔进行现场注水试验，从钻孔芯样来看，墙体较为均匀、连续，芯样的完整性较好，现场注水试验结果见表2，检测结果满足设计要求。

表2 钻孔注水试验结果

序号	桩号	试验水头/水头差/cm	钻孔直径/cm	搅拌桩直径/cm	单位时间注入量/(cm³/s)	渗透系数/(cm/s)	设计值/(cm/s)
1	Z1+100	400	13		0.11	6.2×10^{-7}	1×10^{-6}
2	Y2+400	580	13		0.33	9.5×10^{-7}	1×10^{-6}
3	Y8+100	298	13	39	0.033	5.2×10^{-7}	1×10^{-6}

注 Z1+100、Y2+400 注水孔渗透系数按 SL 345—2007 条文说明 5.3.3 中式（1）计算；Y8+100 注水孔渗透系数按达西定律计算。

2.3 开挖检查

本工程沿搅拌桩墙体轴线共开挖 10 处检查点，每处开挖长度 5～10m，深度 3.0～4.0m。经检查，墙体完整性和均匀性较好，桩体间连接紧密，无断开情况，墙体厚度满足设计要求。图1为桩号 Y2+950 处开挖情况。

图1 截渗墙开挖检查图

开挖后对墙体取样，其中抗压试件 10 组，渗透试验试件 9 组，检验墙体的抗压强度、渗透系数和允许渗透比降。试样室内试验结果见表 3，检测结果均满足设计要求。

表 3　　　　　　　　　　　墙 体 试 件 试 验 结 果

序号	试验组数	试验项目		试验结果	设计要求	合格率/%
1	10	室内试验	抗压强度/MPa	0.9～2.8	＞0.3	100
2	9		渗透系数/(cm/s)	$2.28 \sim 9.43 \times 10^{-7}$	$\leqslant 1 \times 10^{-6}$	100

2.4　无损检测

水泥深层搅拌截渗墙属于隐蔽性工程，墙体的连续性、完整性对整体截渗效果的影响至关重要，完工后必须对墙体整体性进行检查和分析，对墙体整体防渗效果作出客观评价。本工程无损检测采用探地雷达技术检测。

探地雷达是利用高频脉冲电磁波探测地下介质分布的地球物理探测技术，其工作原理是利用电磁波在地下介质中传播时遇到存在电性差异的分界面时发生反射，根据接收到的电磁波的波形、振幅强度和时间的变化等特征推断地下介质的空间位置、结构、形态和埋藏深度。本工程用探地雷达抽检了 40 段，共计 4828m。通过对该工程探地雷达检测的原始资料进行处理和分析，得到探地雷达检测剖面图，图中上部表示天线行走的距离及桩号，左侧表示雷达波在介质中的双程走时，右侧表示为雷达探测深度。

从抽检的情况来看，桩身水泥土较均匀、密实，桩体连续性较好，无断桩现象。图 2、图 3 为现场部分探地雷达检测图像。

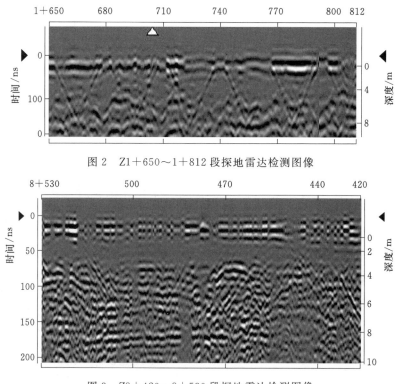

图 2　Z1＋650～1＋812 段探地雷达检测图像

图 3　Z8＋420～8＋530 段探地雷达检测图像

3 结语

广饶县淄河蓄水防渗工程通过采用多头深层搅拌桩技术在淄河治理段的两岸构筑截渗板墙，以减少淄河蓄水侧向渗漏损失量，达到充分利用雨洪资源来缓解当地水资源供需矛盾的目的。多头深层搅拌截渗墙工程质量检测通过原材料检测、钻孔检查、开挖检查及无损检测等四种方法，并且钻孔、开挖及探地雷达等方法相互验证、综合判断，从原材料质量及墙体的外观、均匀性、完整性、连续性、力学指标和抗渗指标等多方面客观反映了截渗墙的施工质量。根据项目交付使用后对截渗墙的质量跟踪调查结果，说明采用上述检测手段较为客观地反映截渗墙的工程质量，工程检测方法可靠，为多头深层搅拌截渗墙的工程检测提供了借鉴。

地下连续墙施工计算

耿云辉

（随州职业技术学院）

【摘　要】　地下连续墙作为一种成熟的施工工艺，有效地解决了许多大中型水电项目中坝体和坝基的渗漏问题以及市政工程中基础开挖的挡土承重等方面的问题。本文主要阐述混凝土地下连续墙的计算方法，并结合工程实例予以分析。

【关键词】　地下连续墙　套接厚度　成墙面积　平均孔宽

地下连续墙是施工深基坑开挖及坝体基础防渗、堤防病险水库处理经常用到的施工方法。本文数据来自四川观音岩水电站二期围堰地连墙工程施工，把地连墙基本工法和计算方法简单介绍，并总结出地连墙单元工程量的简便算法。

1　地下连续墙基本概念

地下连续墙：在地面上，利用一些特种挖槽机械，借助于泥浆的护壁作用，在地下挖出窄而深的基槽，并在其内浇注适当的材料而形成的一道具有防渗、挡土和承重功能的连续的地下墙体。

导墙是为地连墙施工建造的临时建筑物，作用是保证钻具的开孔垂直度、保护槽口和承重（钻机）。在本工程中导墙结构形式设计为矩形，导墙高 1.5m、宽 0.8m，两墙间距 1.0m。

导墙是在地连墙轴线放样后，在地面上沿轴线采用反铲进行槽体开挖，用钢模板立模并加固牢固，按图 1 所示浇筑混凝土。在开钻前，导墙之间回填土料，主要作用是稳住钻头、开钻容易，并能压实导墙以下土体，以便进一步钻进。

排浆沟：主要结构如图 1 所示，一般来讲排浆沟没有导墙尺寸要求严格，它主要为排放清孔置换出的废浆液，如图 1 设置 1% 的坡度供浆液自流至排浆沟，顺排浆沟排至沉淀池。

泥浆：是膨润土或黏土颗粒分散在水中所形成的悬浮液，在建造地连墙时起固壁、冷却钻具、悬浮及携带钻渣作用。本工程泥浆材料的选择：水选用自来水，土采用膨润土，分散剂为纯碱（Na_2CO_3），增黏剂为羧甲基纤维素钠（CMC）；配合比为（重量：kg）水：膨润土：碳酸钠：羧甲基纤维素钠＝1000：70：4.5：0.3。

2　地连墙单元工程量计算

本工程二期围堰地连墙一个槽段划为一个单元，一、二期槽槽长均为 6.4m。槽段之

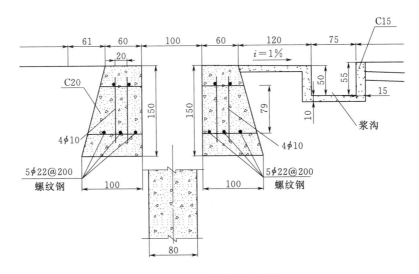

图 1 导墙和施工平台布置（单位：cm）

间采用套接，每个槽段内分 3 个主孔 2 个副孔（图 2）。

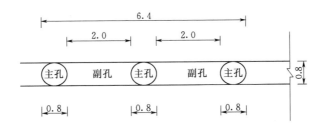

图 2 6.4m 槽段主副孔划分平面图（单位：m）

现以本工程二期围堰下游地连墙二期槽 XG－22 号为例来说明单元工程量的计算方法（表 1）。

表 1   **XG－22 号槽段孔深一览表**

孔号	1	2	3	4	5
相应孔深/m	14.5	14.1	13.3	13.0	12.5

2.1 单元工程量计算方法（一）

把每个孔的工程量计算出来分别相加即得单元工程量：

1 号孔工程量：$V_1 = 3.14 \times 0.4^2 \times 14.5 = 7.29$（m³）

2 号孔工程量：$V_2 = 2.0 \times 0.8 \times 14.1 = 22.56$（m³）

3 号孔工程量：$V_3 = 3.14 \times 0.4^2 \times 13.3 = 6.69$（m³）

4 号孔工程量：$V_4 = 2.0 \times 0.8 \times 13.0 = 20.80$（m³）

5 号孔工程量：$V_5 = 3.14 \times 0.4^2 \times 12.5 = 6.28$（m³）

单元工程量：$V=V_1+V_2+V_3+V_4+V_5=63.62$（$m^3$）

但此种算法未计算进去主、副孔间的部分小墙，如图3阴影部分所示。

2.2　单元工程量计算方法（二）

把主孔分为半圆和一个宽0.4m的矩形来计算，则6.4m的槽段总单元工程量分为7部分工程量之和（图4）为：

第一部分工程量：$V_1=3.14 \times 0.4^2 \times 0.5 \times 14.5=3.64$（$m^3$）

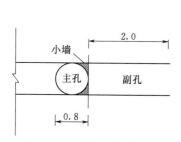

图3　主、副孔间的部分小
　　墙平面图（单位：m）

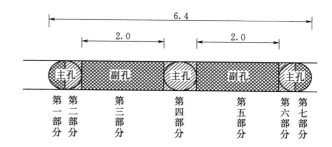

图4　单元工程量分部平面图（单位：m）

第二部分工程量：$V_2=0.4 \times 0.8 \times 14.5=4.64$（$m^3$）

第三部分工程量：$V_3=2.0 \times 0.8 \times 14.1=22.56$（$m^3$）

第四部分工程量：$V_4=0.8 \times 0.8 \times 13.3=8.51$（$m^3$）

第五部分工程量：$V_5=2.0 \times 0.8 \times 13.0=20.80$（$m^3$）

第六部分工程量：$V_6=0.4 \times 0.8 \times 12.5=4.0$（$m^3$）

第七部分工程量：$V_7=3.14 \times 0.4^2 \times 0.5 \times 12.5=3.14$（$m^3$）

单元工程量：$V=V_1+V_2+V_3+V_4+V_5+V_6+V_7=67.29$（$m^3$）

此种算法最符合理论方量，较算法（一）复杂、精确，在实际应用不多。为方便前方施工计算但又不失精确，总结出了单元工程量计算方法（三）。

2.3　单元工程量计算方法（三）

先引进平均孔深和加权平均孔深的计算方法。

平均孔深h的计算方法：

$$h=(14.5+14.1+13.3+13.0+12.5) \div 5=13.48（m）$$

加权平均孔深$\overline{h}$的计算方法：

$$\overline{h}=(14.5+14.1 \times 2.5+13.3+13.0 \times 2.5+12.5) \div 8=13.50(m)$$

式中系数2.5是副孔转换为主孔的系数，即$2.0 \div 0.8=2.5$；系数8是2号、4号副孔转换为主孔后所有的主孔数。

孔深的两种计算方法在实际中都有应用。副孔浇筑混凝土的量明显多，所以加权平均孔深更为合理；平均孔深计算简单、通俗易懂在实际中也有应用。

单元工程量计算方法（三）是按图5中阴影部分作为顶面积，把平均孔深或加权平均孔深作为高来计算。

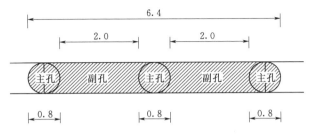

图 5　二期槽单元工程量方法（三）平面图（单位：m）

则顶面积：$A = 5.6 \times 0.8 + 3.14 \times 0.4^2 = 4.9826$（m²）

以平均孔深为高计算单元工程量：$V_a = Ah = 67.17$（m³）

以加权平均孔深为高计算单元工程量：$V_b = A\overline{h} = 67.27$（m³）

对比 V_a 与 V_b，可知此单元槽段的两者工程量相差甚微，并且 V_b 最接近理论方量 67.29m³。分析原因在于是浅孔，孔深不深，h 与 $\overline{h}$ 差值很小，所以 V_a 与 V_b 相差不大。

总结可得出：在浅孔槽段，主副孔深落差在1m内，用平均孔深和加权平均孔深计算单元工程量几乎相等；在孔深在20m左右，主副孔深差值在1m左右，用平均孔深和加权平均孔深计算单元工程量相差 $2 \sim 4$m³，而加权平均孔深计算得单元工程量最接近理论方量。

所以在实际施工时，浅槽段用平均孔深或加权平均孔深计算单元工程量均可；但在深槽段应用加权平均孔深计算单元工程量。

3　地连墙孔斜计算

孔斜计算是地连墙单元验收时的一个重要指标，仍以下游地连墙二期槽 XG-22 号为例来说明孔斜的计算方法。

如图 6 所示，顺水流方向规定为纵向，垂直水流方向为横向，那么纵向测量钢丝绳距导轨边线的垂直距离 L_1，横向测量钢丝绳距钢筋参照物的垂直距离 L_2，分别拿 L_1 与 0.95m 比较，L_2 与 0.20m 比较即可得出孔位偏差值。现将 XG-22 号的孔位偏差值见表2。

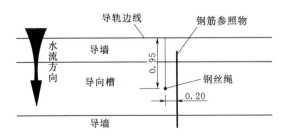

图 6　地连墙重锤法验收示意图（单位：m）

表 2			主 孔 位 偏 差 统 计 表			单位：m		
1 孔			3 孔			5 孔		
8m	横向测距	0.20	8m	横向测距	0.20	8m	横向测距	0.20
	纵向测距	0.97		纵向测距	0.96		纵向测距	0.97
10m	横向测距	0.23	10m	横向测距	0.20	10m	横向测距	0.20
	纵向测距	0.97		纵向测距	0.95		纵向测距	1.0
12m	横向测距	0.23	12m	横向测距	0.20	12m	横向测距	0.20
	纵向测距	0.97		纵向测距	0.96		纵向测距	0.99
14m	横向测距	0.22	14m	横向测距	0.20	14m	横向测距	0.20
	纵向测距	0.96		纵向测距	0.96		纵向测距	1.0

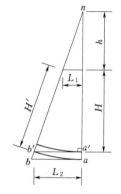

图 7　重锤法测孔斜示意图（单位：m）

h—桅杆高度；H'—实测深度；H—与 H' 相对应的孔深；L_1—槽口偏距；L_2—孔底偏距，即 $a'b'$

结合表 2 及图 7，在有偏斜 L_1 的情况下测的实际孔深 H' 为 14m，则对应的垂直孔深的 14m 位置在 a 点，与相应孔深 H 差 aa'，但在 $L1$ 仅几 cm 的情况，$a'b'$ 与 ab 差值非常小，所以可以简化为相似三角形求解 L_2。

以 XG‑22 的 1 号孔为例，在孔深 14m 处侧其孔口纵向测距为 0.96m，则 $L_1=0.01$m。

孔底偏距 $L_2=L_1(h+H)\div h=0.01\times(10+14)\div 10=0.024$（m）。

偏斜率 $=L_2\div H=0.024\div 14=0.00171=1.71‰$。

偏斜率为 $1.71‰$ 小于 $4‰$，符合规范要求，此孔偏斜率合格。

4　地连墙接头孔套接厚度的计算方法

如图 8 中三角形所示，则接头孔套接孔套接厚度 d 的计算应用勾股定理得下式：

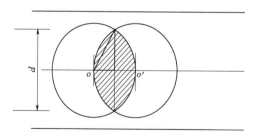

图 8　接头孔套接厚度示意图（单位：m）

$$d=2\sqrt{R^2+(L/2)^2} \tag{1}$$

式中：d 为套接厚度；R 为接头孔半径；L 为横向孔口偏心距，即 oo'；

5 地连墙成墙面积的计算方法

成墙面积是地连墙横剖面的面积（图9）。

理论成墙面积可由 AutoCAD 的查询-工具-面积，直接得出；

实际成墙面积的计算方法：

主孔深×主孔宽＋副孔深×副孔宽

结合 XG－22 加以说明：

成墙面积 $S＝14.5×0.8＋14.1×2＋13.3×0.8＋13×2＋12.5×0.8＝86.44$（m^2）

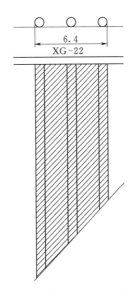

图9 成墙面积示意图（单位：m）

6 地连墙平均孔宽的计算方法

本工程实际孔宽 b 是 0.8m，计算平均孔宽前先引进充盈系数的概念：

充盈系数 $\xi＝$ 实际方量/理论方量

XG－22 理论方量前文已计算得出为 67.27m^3，实际浇筑方量为 87m^3，则充盈系数 $\xi＝1.29$；

平均孔宽 $\bar{b}＝b×\xi＝0.8×1.29＝1.032$（m）。

7 结语

地下连续墙作为一种成熟的施工工艺，经过国内外几十年来在该领域的不断探索和实践，混凝土地下连续墙施工技术有效地解决了许多大中型水电项目中坝体和坝基的渗漏问题以及市政工程中基础开挖的挡土承重等方面的问题，并形成了一整套完整的规范体系。

我们应针对混凝土地连墙施工的关键技术，展开攻关，总结经验以促进地连墙技术的不断发展。

灌浆工程

1　大伙房输水工程TBM1贯通　　2　锦屏二级水电站引水隧洞堵水灌浆

3　大岗山水电站拱坝　　4　坝基采用振冲处理的海南大隆水库大坝

北京振冲工程股份有限公司
简　介

北京振冲工程股份有限公司（简称北京振冲）是国家一级施工企业，是集工程施工及其新技术开发、应用和推广为一体的企业。

北京振冲现拥有水利水电工程施工总承包一级，以及地基基础工程、隧道工程、河湖整治工程、建筑装修装饰工程的专业承包一级，同时，拥有工程勘察甲级资质。公司业务主要涉及水利水电、石油、化工、港口、码头、市政、火电基础工程以及全断面隧道掘进机（TBM）等领域的技术应用及工程承包。

作为国内最早进行振冲技术研究和应用以及较早涉足 TBM 施工领域的企业之一，主持或参与了多项国家行业技术规范的编制与修订工作。自主研发了 45～180kW 电动振冲器、大功率液压振冲器、新型干法底部出料振冲集成设备，在国内和港澳地区仅振冲类专利近 40 项。

公司作为"中国建筑业领先企业"，先后参建了三峡工程、锦屏水电站工程、大岗山水电站、瀑布沟水电站、南水北调工程、大伙房输水工程、吉林引松供水工程、港珠澳大桥工程等大批国家、省、市重点工程，部分参建项目荣获了大禹奖、鲁班奖、国家优质工程金质奖等多项在行业内部具有重要影响力的奖项；连续多年被国家工商行政管理总局、北京市工商行政管理局评为"重合同，守信誉"单位；被中国质量协会授予"全国用户满意企业""全国用户满意服务"荣誉称号，是北京市纳税信用 A 级企业；获中国农业银行 AAA 信誉等。

岩溶地区灌浆技术探析

黄晓勇　刘加朴　赵明华

（中国水电基础局有限公司）

【摘　要】　随着我国水利水电工程的开发，岩溶地区修建水利水电工程越来越多，岩溶地区建坝，会遇到各种复杂问题，如何正确处理岩溶地质问题，往往是一个工程成败的关键。本文针对不同的岩溶类型提出不同的处理方案，与相关从业者探讨。

【关键词】　岩溶　灌浆　技术

1　概述

在岩溶地区修建水利水电工程，各种复杂岩溶问题归集起来，主要有库（坝）址渗漏、基础及边坡稳定、地下洞室涌水及稳定、岩溶塌陷、诱发地震等问题。其中，渗漏问题是岩溶地区水利水电工程建设中最为关键的问题。

岩溶地区防渗常遇的问题有：地下河、溶蚀大厅、溶洞、溶槽、溶沟、溶蚀带、落水洞、溶隙的防渗处理。而较大溶蚀空腔或通道，有的有充填物，有的没有充填物或半充填；充填物有的类似泥石流，有的是比较纯的粉细砂；有的有高流速、大流量的动水，有的在地下水位（蓄水前）以上。

在防渗漏处理时，均需具体问题具体分析，总结岩溶地区的防渗漏方法，可以概括地归纳成以下几种：

堵（堵塞漏水的洞穴、泉眼）、灌（在岩石内进行防渗帷幕灌浆）、铺（在渗漏地区做黏土或混凝土铺盖）、截（修筑截水墙）、围（将间歇泉、落水洞等围住，使与库水隔开）、导（将建筑物下面的泉水导出坝外）等。在实际工程中，多是以其中一、两项防渗措施为主，而加以其他辅助措施，而"灌"加其他辅助措施（例如"堵"）是有效且经济的解决方案。

1982年乌江渡电站深岩溶高压防渗帷幕灌浆和岩溶地区坝基处理技术，开创了一个成功先例，证明了岩溶地区工程地质问题都是可以认识的，在采取适宜的处理措施情况下，也是可以得到妥当解决的。

2　岩溶地区灌浆的特点

（1）地质条件复杂：岩溶地区地质条件往往非常复杂，溶腔类型、地下水状况、充填物状态、埋深等，不尽相同，其组合型式多种多样，可能的组合型式见表1。

表 1　　　　　　　　　　　岩溶地质条件表现型式

溶腔类型	地下水状况		充填物状态		埋深
线状	有		有		深
	无		无		浅
带状	有		有		深
	无		无		浅
大空腔	有	静水	有	砂	深
				黏土	
		动水		砾	
				混合	
	无		无		浅

（2）施工技术较为复杂：岩溶地区灌浆，相对普通地层灌浆复杂，勘探、试验、施工三者并行的特点更突出，处理前常常不可能将施工区的地质情况勘探得十分详尽，因而在施工过程中往往会发现各种地质异常，设计和施工就要及时变更调整。同时要求施工人员有丰富的经验，以便应对施工过程的突发问题。

（3）施工工艺复杂：岩溶地区灌浆施工工艺不是一成不变的，需要根据不同的边界条件采用不同的处理方案，在施工过程中遇到的新问题及时改变处理方案。

3　岩溶灌浆技术要点

3.1　帷幕结构型式及有关参数的确定

根据地质条件和设计要求，参考灌浆试验取得的成果，确定合理并有效的帷幕结构型式。

（1）关于帷幕孔的深度：帷幕深度以深入相对不透水层内 5～10m 为宜。岩溶发育严重地区，帷幕深度宜深至侵蚀基准面以下。

（2）关于帷幕灌浆孔的排数：经验认为在岩溶发育、透水性大的地段，重要部位的防渗帷幕以采用双排、三排乃至多排为妥。

3.2　灌注材料的选用

在岩溶发育、有大溶洞或大溶蚀裂隙的地段，所用灌注材料的品种很多，需根据灌注实际情况和效果而定。灌浆材料多种多样，浆液的组成和配比一般仍需通过室内浆材试验和灌浆试验获得，其所遵循的原则是有效、经济、施工方便。

为了节省水泥或改善浆液的性能，经常需要灌注混合浆液，即在水泥浆液中加入砂、矿渣、砾石、锯末、粉煤灰、膨润土、速凝剂和水玻璃等掺和材料，根据充填物和水流速的条件也可选用热沥青、化学材料单独作为灌浆材料。

3.3　查明岩溶情况

充分利用勘探孔、先导孔和灌浆孔资料将岩溶成因、发育规律、分布情况、岩溶类型以及大型溶洞的规模、尺寸了解清楚，只有情况明，方能措施对。

3.4 大空腔的处理

对已经揭露的溶洞，尽量清除充填物，回填混凝土，也可以回填毛石、块石或碎石，再做回填灌浆和固结灌浆。

3.5 Ⅰ序孔的灌注

即使在强岩溶地区，除了溶蚀裂隙、洞穴发育的地段以外，大部分完整或较完整的石灰岩透水性很弱。如以双排孔帷幕计，仅占工程量 1/8 的先灌排Ⅰ序孔所注入的水泥量通常为注入总量的 50％～80％，因此要重视先灌排Ⅰ序孔的灌注质量，且在施工初期要有足够的物资和技术储备。

3.6 灌浆压力的使用

在渗透通道畅通，注入率很大的孔段应避免使用过高的灌浆压力，防止浆液流失过远；当注入率降低到相当小以后，则必须尽早升高灌浆压力到设计最大灌浆压力。

3.7 裂隙冲洗

理论和实践研究表明，溶洞内充填物质在高压灌浆的挤压密实作用下，一般具有良好的渗透稳定性，可以和周围岩体构成防渗帷幕，因此一般不需要进行裂隙冲洗。

4 岩溶地区灌浆方法

岩溶类型的不同，灌浆的方法不尽相同，常见的处理措施见表 2。

表 2　　　　　　　　　　　　　　岩溶地层灌浆方法分类

岩溶状态		处理措施
大通道		浓浆、限流→限量和间歇灌注→掺入速凝剂→灌黏土水泥浆、粉煤灰水泥浆等→灌注膏状浆液、水泥砂浆
无充填或半充填		变大洞为小缝，最后灌浆固结防渗
充填型	溶洞中充填黏土	对出露地表或埋藏较浅的溶洞，尽量采用开挖、回填混凝土的方法处理，若溶洞埋藏较深，可以采用灌浆方法处理
	洞内充满了砾、砂、淤泥等	袖阀管法灌浆，含砂比例较大时，采用改性水玻璃浆液或化学灌浆
	溶洞埋藏较深，充填物为易液化的砂或砂卵（砾）石同时有地下水	先用"防渗墙"将溶洞截断，再进行墙下灌浆
通道中存在地下动水		灌注浆液、级配料灌浆、膜袋灌浆、热沥青灌浆
溶洞埋深大、过水断面大、地下水流速高		钢管格栅→模袋灌浆→级配料回填→预固结灌浆、灌注砂浆→帷幕灌浆

4.1 岩溶地区大渗漏通道的灌浆

岩溶地区经常有大的裂隙通道，灌浆时如不采取措施，浆液会流失的很远，造成不必要的浪费。下列措施有助于限制浆液过度扩散流失：

（1）当采用浓浆、限流措施达不到预期效果，可采取限量和间歇灌注措施。

（2）在水泥浆中掺入速凝剂，如水玻璃、氯化钙等。

（3）当发现裂隙通道很大时，视具体情况可以改灌黏土水泥浆、粉煤灰水泥浆等，灌注膏状浆液、水泥砂浆更为有效。

大渗漏通道帷幕灌浆如图1所示。

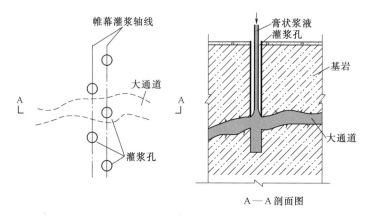

图1　大渗漏通道帷幕灌浆示意图

4.2　大型溶洞的灌浆

4.2.1　无充填或半充填溶洞的处理

防渗帷幕线上的无充填或半充填溶洞防渗处理与加固处理结合进行。原则是"变大洞为小缝，最后灌浆固结防渗"。

对于没有充填满的溶洞，一般说来必须要将它灌注充满，施工方案考虑如何采用相对廉价的灌浆材料和便于施工的措施。

（1）创造条件，例如利用已有钻孔或扩孔，或专门钻孔，向溶洞中灌筑流态混凝土，也可以先填入级配骨料，再灌入水泥砂浆或水泥浆。

（2）溶洞回填后，进行回填固结和帷幕灌浆施工。

无充填型溶洞灌浆如图2所示。

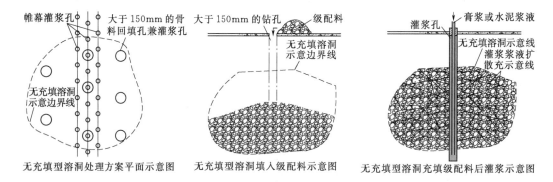

图2　无充填型溶洞灌浆示意图

4.2.2　充填型溶洞的灌浆

许多溶洞内充满了砾、砂、淤泥等充填物，根据充填物的不同，一般有以下几种情况：

（1）溶洞中充填黏土。对地表或埋藏较浅的溶洞，采用开挖、回填混凝土的方法处理。

若溶洞埋藏较深，可以采用灌浆方法。如充填物不密实、不稳定，可通过高压灌浆将其压密压实。若进行固结灌浆，则应尽量将黏土清除干净。

（2）许多溶洞埋藏较深，洞内充满了砾、砂、淤泥等，通过灌浆可以将这些松散软弱物质相对地固结起来，在其间形成一道帷幕。在这样的溶洞中灌浆就相当于在覆盖层中灌浆一样，根据充填物类型可选择不同的处理方法，如：①袖阀管法；②高压循环钻灌法；③高压旋喷灌浆；④化学灌浆等。

充填型溶洞灌浆如图3所示。

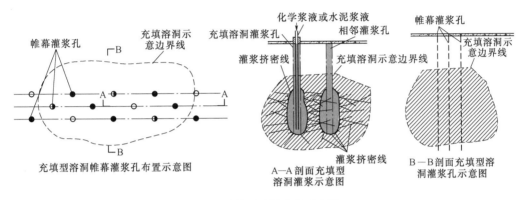

图 3　充填型溶洞灌浆示意图

（3）若溶洞埋藏较深，充填物为砂卵（砾）石或易液化的细砂、粉细砂，同时伴有地下水时，以上方案不能解决的情况下可用"混凝土防渗墙"将溶洞截断，再进行墙下灌浆。"混凝土防渗墙"处理溶洞如图4所示。

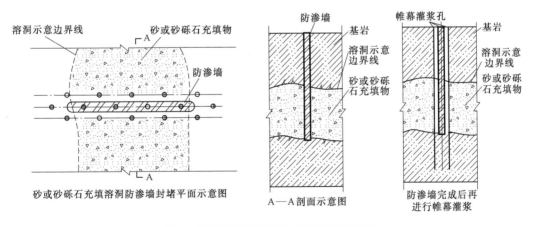

图 4　"混凝土防渗墙"法处理溶洞示意图

4.3　动水条件下的岩溶灌浆

4.3.1　各种浆液对动水流速的适应性

裂隙中有动水的灌浆，应根据地下水流速的大小，应当选用不同的浆液，各种浆液可适应的最大流速见表3。

浆液种类	灌浆工艺	可灌最大流速/(cm/s)
浓水泥浆	常规设备与工艺	<0.15
水泥黏土膏状浆液	混凝土拌和机搅浆，螺杆泵灌浆，纯压式	<12
级配料加黏土浆	水力充填级配料，而后灌注黏土浆	<12
级配料加速凝水泥浆	水力充填级配料，而后灌注双液速凝浆	动水下可瞬凝

表3 浆液与动水流速的适应性

4.3.2 级配料灌浆法

针对有动水的大裂缝、小溶洞等地质条件的处理：

（1）首先向溶洞或通道中填入级配料，根据地下水的流速所用级配料的粒径应当尽量大一些，使用水力冲填，级配料大小宜分开，先填大料，后填小料。

（2）填料完成以后，可进行浓浆或膏状浆液的灌浆。如灌浆困难，可改灌速凝浆液，包括双液浆液、改性水玻璃浆液、化学浆液和热沥青灌浆等。

4.3.3 膜袋灌浆法

"膜袋灌浆技术"是在流速较大、漏水量较大、溶洞较大等各种不利条件组合下进行帷幕灌浆施工的一种有效的方法。这一方法已在许多工程中成功使用。"膜袋灌浆技术"如图5所示。

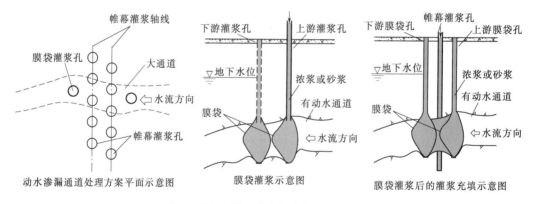

图5 动水渗漏通道膜袋灌浆施工示意图

4.3.4 溶洞埋深大、过水断面大、地下水流速高的处理方案

采用在溶洞下游部位设置钢管格栅桩并在上游回填灌浆模袋，然后在钢管格栅桩和灌浆模袋的上游回填级配料，辅助预固结灌浆、控制性灌浆及帷幕灌浆形成帷幕的综合封堵处理方案。处理方案如图6所示。

4.3.5 应用实例

国电红枫水力发电厂窄巷口电站位于乌江右岸一级支流猫跳河下游，处于深山峡谷及岩溶强烈发育区，1972年工程竣工。限于当时的历史条件和技术水平，造成电站建成后水库深岩溶严重渗漏，初期渗漏量约20m³/s，约占多年年平均流量的45%，虽经1972年和1980年两次库内渗漏堵洞，取得一定效果，但渗漏总量仍为17m³/s左右。实际上，主渗漏通道就是几个过流面大小不一的地下河，并且高流速、大流量，主要集中渗漏通道为

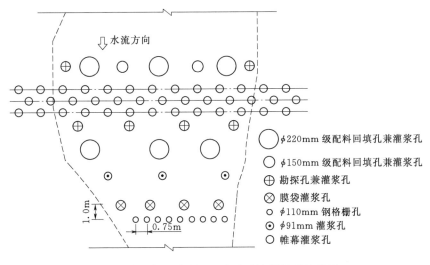

图6　大埋深、大断面、高流速溶洞处理示意图

左岸Ⅲ-3溶洞，其最大高度17m，最大宽度13m，其顶部距灌浆隧洞的埋深超过70m。主要渗漏通道的封堵是本工程的重点和难点，该溶洞埋深大、过水断面大、地下水流速高，国内外均无可借鉴的成功经验，被专家称为世界级堵漏难题。

要控制渗漏总量，必须首先封堵这些地下河。针对该溶洞特殊情况，综合应用钢管格栅、模袋灌浆、级配料回填、膏状浆液灌浆、帷幕灌浆等组合技术。其施工工艺流程为：补充勘探→钢管格栅→模袋灌浆→级配料回填→预固结灌浆、灌注砂浆→帷幕灌浆→质量检查。窄巷口水电站渗漏通道封堵后，渗漏总量减少90%以上，水库得以高水位正常运行，达到了预期堵漏防渗效果。

5　结语

随着灌浆技术的发展，灌浆手段、灌浆材料多种多样，新型材料不断研发应用，岩溶地区的渗漏问题得到了妥善的处理，在实际应用过程中，任何处理方案都不是万能的，也不是一成不变的，需要根据不同的岩溶类型制定不同的处理方案，并在实施过程中不断调整方案，方能达到预期的治理效果。

乌东德水电站坝基裸岩无盖重固结灌浆试验研究

丁　刚　施华堂

（长江勘测规划设计研究有限责任公司）

【摘　要】 乌东德水电站河谷狭窄、岸坡陡峻、坝段数量少，若采用有盖重固结灌浆，则与大坝混凝土浇筑、岸坡接触灌浆的矛盾十分突出。试验研究提出了效果良好的新型裂隙封闭材料与施工工艺，验证了"表面封闭、浅层加密、深部升压"的无盖重固结灌浆工艺的可行性，并明确了适合本工程的灌浆孔排距和孔向。研究成果对其他高拱坝坝基固结灌浆方案设计及无盖重固结灌浆技术的推广应用亦具有较好的参考作用。

【关键词】 乌东德水电站　无盖重　固结灌浆　裂隙封闭　工艺　试验

1　工程概况

乌东德水电站是金沙江下游河段（攀枝花市至宜宾市）四个水电梯级——乌东德、白鹤滩、溪洛渡、向家坝中的最上游梯级，电站开发任务以发电为主。电站正常蓄水位975m，水库总库容 74.08 亿 m^3，装机容量 10200MW，属一等大（1）型工程。枢纽工程主要由混凝土双曲拱坝、泄洪消能建筑物、左右岸引水发电系统及导流建筑物等组成。大坝坝顶高程988m、最大坝高270m。

大坝建基岩体主要为中元古界会理群落雪组 $Pt_2^{3-1}l$ 厚层及中厚层灰岩、厚层大理岩局部夹少量薄层及互层状灰岩；其次为 $Pt_2^{3-2}l$ 厚层白云岩、中厚层夹互层灰岩、中厚层石英岩。岩层产状走向一般 $75°\sim108°$、倾向 $165°\sim198°$、倾角 $65°\sim86°$，近横河向展布，陡倾下游偏右岸。大坝建基岩体强度高，岩体质量以 Ⅱ 级为主（占比约 91%），局部 Ⅲ 级，质量优良。

乌东德水电站河谷狭窄（宽高比 $0.9\sim1.1$）、岸坡十分陡峻（$60°\sim75°$）、坝段数量很少（15 个坝段），坝基固结灌浆存在以下关键技术问题：

（1）坝基若采用常规有盖重固结灌浆，则与混凝土浇筑、岸坡接触灌浆之间的矛盾十分突出。考虑到大坝建基岩体质量优良，若采用裸岩无盖重灌浆则不仅可以解决上述干扰，而且具有重大的工期与经济效益。因此，需通过试验研究与探索无盖重固结灌浆的可行性及工艺。

（2）裸岩无盖重灌浆时，浆液容易通过陡倾层面或裂隙串冒至地表，导致灌浆无法升压，影响灌浆效果。因此，裸岩裂隙封闭是无盖重固结灌浆能否成功的关键。鉴于现有的裂隙封闭材料及工艺效果较差，需通过试验进一步研究与探索。

（3）坝基岩层走向与金沙江流向大角度斜交，且岩层陡倾，左岸陡坡坝段及河床坝段固结灌浆孔若采用常规的垂直建基面布置，则灌浆孔与层面夹角过小（0°～22°），灌浆效果可能较差。因此，需探索不同灌浆孔角度的灌浆效果，确定斜孔灌浆的必要性与合适的灌浆孔角度。

（4）坝基固结灌浆工程量大，针对坝基实际开挖揭露的地质条件，进一步探索经济合理的孔排距布置，对保证坝基固结灌浆质量，节省工程投资具有重要意义。

2 试验方案及技术要求

2.1 试验方案

现场无盖重固结灌浆试验针对Ⅱ级岩体、Ⅲ₁级岩体及局部溶蚀发育或结构面性状较差的地质缺陷部位，共开展了3组试验。本文重点介绍Ⅱ级岩体部位试验方案及研究成果。

试验场地选择在左岸①坝段建基面高程910～935m斜坡段，岩性为Pt_{21}^{3-1}灰岩、大理岩，Ⅱ级岩体为主。试验区分为A1～A4四个子区。A1、A3区垂直建基面布孔，A2、A4区大角度斜孔布置（垂直建基面并向下游倾斜30°）；A1、A2区孔排距2.5m×2.5m，A3、A4区孔排距3m×3m，孔深13m；浅层3m灌浆孔加密布置，A1、A2区加密为2.5m×1.25m，A3、A4区加密为3m×1.5m。孔深3m的灌浆孔为Ⅰ、Ⅱ序孔，孔深13m的灌浆孔为Ⅲ、Ⅳ序孔，以A1区为例，试验区典型灌浆孔孔位布置见图1。各分区布置5个物探测试孔，孔深13m；1个抬动观测孔，孔深15m。

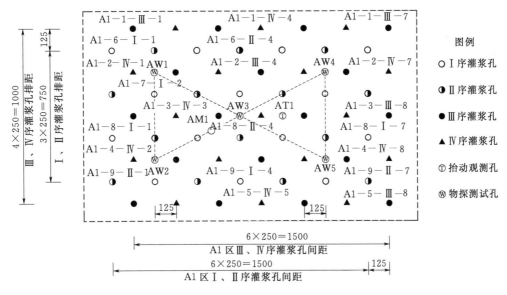

图1 试验区（A1区）典型孔位布置图

2.2 主要技术要求

无盖重固结灌浆试验施工按照"表面封闭、浅层加密、深部升压"的原则进行，总体施工程序为：灌前表面裂隙封闭→Ⅰ、Ⅱ序孔浅层3m基岩固结灌浆及检查→Ⅲ、Ⅳ序孔全孔基岩固结灌浆及检查。主要施工技术要求如下：

（1）灌浆材料：42.5级高抗硫酸盐水泥。

（2）钻孔孔径：固结灌浆孔、压水检查孔、物探测试孔和抬动观测孔的孔径均为 $\phi 76$。

（3）抬动变形监测：单段灌浆或压水时，抬动变形允许值按 $100\mu m$ 控制；抬动变形值与累计残余抬动变形值之和按 $200\mu m$ 控制。

（4）浆液水灰比：采用3：1、2：1、1：1、0.8：1、0.5：1 五个比级，开灌水灰比 3：1。

（5）灌浆方法与基岩段长划分：采用循环式、自上而下分段灌浆法灌注。基岩段长划分：第1段为3m，第2、3段为5m。第1段（孔口段）灌浆塞最大入岩深度 20～30cm，第2段、第3段灌浆塞阻塞在段顶以上50cm处。

（6）灌浆压力：第1段 0.7～1.0MPa，第2段 1.0～1.2MPa，第3段 2.0～2.5MPa。

（7）压水检查合格标准：基岩透水率 $q \leqslant 3Lu$。

（8）灌后波速合格标准：以单孔声波测试为主。0～3m：坝段灌后声波平均值 $V_p \geqslant$ 5200m/s，小于4500m/s 的测试值不超过5%，且不集中；3m～孔底：坝段灌后声波平均值 $V_p \geqslant 5500m/s$，小于4700m/s 的测试值不超过5%，且不集中。

3 裂隙封闭材料及工艺研究成果

3.1 裂隙封闭材料性能要求

对潜在的裂隙封闭材料进行系统调研，结合裸岩无盖重固结灌浆的裂隙封闭特点与要求，选择 CW 系列环氧胶泥材料和聚合物基快硬水泥材料进行系列室内材料试验和改性研究。

通过材料性能测试、裂隙封闭抗渗室内模拟、计算模拟分析等多种手段，对裂隙封闭材料的固化时间、力学性能和抗渗性能等方面进行了大量研究，并开展了材料性能优化研究，研制的新型快硬水泥和环氧胶泥性能指标要求见表1。

表 1   快硬水泥和环氧胶泥性能指标要求表

指标 \ 材料	快硬水泥	环氧胶泥
初凝（操作）时间/min	≤5	25～45
终凝（固化）时间/min	≤10	≤200
固结体抗压强度/MPa	≥17（3d）	≥65（7d）
固结体抗折强度/MPa	≥4.5（3d）	≥8（7d）
固结体劈拉强度/MPa	≥1.5（3d）	≥8.5（7d）
砂浆试件对粘抗拉强度/MPa	≥1.2（7d）	≥3.5（7d）
抗渗压力/MPa	≥1.5（试件）	≥1.5（涂层，厚度1mm）

3.2 裂隙封闭施工工艺

通过现场工艺试验，探索总结出的灌前裂隙封闭施工步骤为：建基面清理→裂隙素描→裂隙清理→批刮封闭材料→灌前预压水检查，具体要求如下：

（1）建基面清理：清除建基面的浮石、浮渣，并采用高压风（水）对建基面进行清理。

（2）裂隙素描：待建基面清理完成后，对建基面可见裂隙进行详细素描，记录参数包括裂隙长度、宽度和充填物性状等。

（3）裂隙清理：首先采用人工挖、凿等措施对裂隙充填物进行清除，清理深度不小于其宽度的 3 倍；然后采用高压水枪冲洗裂隙中的泥土、岩屑等杂物，高压水压力不小于 5MPa。

（4）批刮封闭材料：

1）重点针对张开裂隙、溶蚀裂隙及软弱破碎物充填裂隙批刮封闭材料。

2）批刮环氧胶泥前，应保持裂隙及基岩面干燥；批刮快硬水泥前，应保持裂隙及基岩面湿润。

3）批刮封闭材料时，应采用灰刀沿裂隙用力批刮，裂隙较大时应自内向外分层批刮，保证裂隙内的空隙填充密实。

4）裂隙表面应批刮平整，采用环氧胶泥时，裂隙两侧宽度应各不小于 3cm，厚度应不小于 1cm；采用快硬水泥时，裂隙两侧宽度应各不小于 4cm，厚度应不小于 3cm。典型裂缝（ZTf1）采用环氧胶泥封闭前后照片见图 2。

（a）封闭前　　　　　　　　　　　　（b）封闭后

图 2　典型裂缝采用环氧胶泥封闭前后照片

（5）灌前预压水检查：封闭材料达到养护时间（环氧胶泥养护 24h，快硬水泥养护 2h）后进行预压水，如发现有外漏应暂停压水，并及时采用快硬水泥对裂隙进行封闭，达到养护时间后再进行预压水，直至无外漏后，方可开始压水试验和灌浆施工。预压水过程中的外漏封闭不影响灌浆质量，且对保证压水、灌浆顺利进行十分重要。

3.3 裂隙封闭效果分析

现场灌浆试验过程中，A1、A4区采用环氧胶泥进行裂隙封闭，A2、A3区采用快硬水泥进行裂隙封闭，以对比不同材料的裂隙封闭效果。

（1）不同材料裂隙封闭效果分析。试验区灌前共封闭张开裂隙、溶蚀裂隙及软弱破碎物充填裂隙98条，灌浆过程中有23段次发生外漏，约占灌浆总段数的3.4％。外漏现象主要发生在第1段灌浆过程中，少量位于第2段、第3段灌浆过程中。外漏点约2/3位于试验区以内，其余位于试验区以外。所有外漏点均位于初期未封闭的裂隙处，未发现1段击穿封闭材料外漏的现象，说明环氧胶泥和快硬水泥均有良好的裂隙封闭效果。

（2）外漏处理措施及效果分析。

1）外漏点位于试验区排架以内时：先降压灌注，冲洗干净后对外漏处批刮快硬水泥，两侧宽度不小于5cm，厚度不小于3cm。待凝15min后再正常升压灌浆施工，均可正常灌浆至结束。快硬水泥对湿润岩面适应性好，具有早强性，用于灌浆过程中的外漏封堵时效果较好。

2）外漏点位于试验区排架以外时：由于无施工平台进行封堵，一般采取浓浆、待凝的处理措施，经过1~2次复灌后能达到结束标准。

4 浅层3m岩体灌浆成果分析

4.1 灌浆及压水成果分析

试验区浅层3m灌前平均透水率为7.1Lu，岩体透水性以微—弱透水为主。灌浆平均注入量为21.2kg/m，分析认为试验区岩体总体较为完整，仅表层爆破卸荷裂隙及局部溶蚀层面裂隙发育，岩体可灌性一般。试验区浅层3m岩体灌后检查压水成果统计见表2。

表2　　　　　　　　　　试验区浅层3m岩体灌后检查压水成果统计表

阶段		A1区（垂直孔）	A2区（斜孔）	A3区（垂直孔）	A4区（斜孔）
Ⅰ、Ⅱ序孔灌后	孔排距/m	2.5×2.5	2.5×2.5	3×3	3×3
	平均透水率/Lu	4.53	13.81	8.48	7.32
	最大透水率/Lu	15.61	40	25.4	29.27
	合格率/％	75	25	50	75
Ⅲ、Ⅳ序孔灌后	孔排距/m	2.5×1.25	2.5×1.25	3×1.5	3×1.5
	平均透水率/Lu	0.53	0.16	0.53	1.26
	最大透水率/Lu	2.11	0.58	1.3	2.74
	合格率/％	100	100	100	100

（1）Ⅰ、Ⅱ序孔灌后，各个分区压水检查均不满足设计合格标准 $q \leqslant 3Lu$，有必要实施Ⅲ、Ⅳ序灌浆孔进行加密灌浆。

（2）Ⅲ、Ⅳ序孔灌后，各个分区压水检查均满足设计合格标准 $q \leqslant 3Lu$。需要注意的是，检查过程中，有少量孔段压水沿裂隙外漏，对外漏裂隙进行封闭处理后，压水检查结果才能满足设计合格标准。分析认为，受裸岩无盖重固结灌浆工艺限制，第1段灌浆过程中，阻塞器阻塞深度范围内岩体部分裂隙存在漏灌可能，为确保表层岩体防渗性能，后期有必要采取引管灌浆等方式对表层岩体进行补强灌浆，岸坡部位引管补强灌浆可结合接触灌浆进行。

（3）不同孔排距和不同孔向的灌后压水检查结果差别不明显。

4.2　声波测试成果分析

试验区浅层 3m 岩体各阶段单孔声波测试成果统计见表 3。

表 3　　　　　　试验区浅层 3m 岩体各阶段单孔声波测试成果统计表

阶　　段		A1 区（垂直孔）	A2 区（斜孔）	A3 区（垂直孔）	A4 区（斜孔）
灌前	平均值/(m/s)	5317	5305	5537	5511
	<4500 测点比例/%	4.00	7.78	1.33	6.67
Ⅰ、Ⅱ序孔灌后	平均值/(m/s)	5491	5454	5705	5671
	提高率/%	3.30	2.80	3.00	2.90
	<4500 测点比例/%	0	1.14	0	3.33
Ⅲ、Ⅳ序孔灌后	平均值/(m/s)	5571	5553	5819	5743
	提高率/%	4.78	4.67	5.10	4.20
	<4500 测点比例/%	0	0	0	3.33

（1）试验区灌前波速平均值较高；Ⅲ、Ⅳ序孔灌后，各区波速平均值均大于 5500m/s，较灌前提高 4.2% 以上；灌后波速值小于 4500m/s 的测点比例均小于 3.33%，基本消除低波速区。灌后波速平均值及低波速区比例均满足设计标准，灌浆效果良好。

（2）不同孔排距和不同孔向的灌后声波测试结果差别不明显。

4.3　不同灌浆孔向灌浆效果分析

现场灌浆试验成果表明，不同灌浆孔向的灌浆效果差别不大。从地质角度分析，左岸有两组裂隙相对发育，一组为横河向陡倾角裂隙（层面为主）；另一组为顺河向中、陡倾角裂隙，不同孔向灌浆孔布置与左岸裂隙关系示意如图 3 所示。

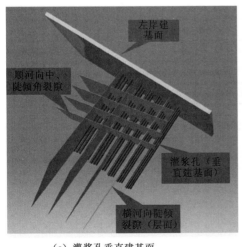
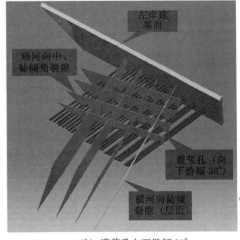

（a）灌浆孔垂直建基面　　　　　　　　（b）灌浆孔向下游倾 30°

图 3　不同孔向灌浆孔布置与左岸裂隙关系示意图

可以看出：①灌浆孔向下游倾30°时，灌浆孔与左岸两组裂隙均有较大的夹角，连通性较好；②灌浆孔垂直建基面时，灌浆孔与横河向层面裂隙夹角较小，但与顺河向裂隙大角度相交，由于顺河向裂隙与横河向裂隙连通性较好，灌浆孔通过顺河向裂隙与横河向裂隙连通，连通性也较好。因此，垂直孔与斜向孔的灌浆效果相差不大，深部3～13m岩体亦有类似情况。

5 深部3～13m岩体灌浆成果分析

5.1 灌浆及压水成果分析

试验区深部3～13m岩体灌前平均透水率为4.6Lu，岩体透水性以微—弱透水为主。灌浆平均注入量为23.1kg/m，岩体可灌性一般。灌后检查压水成果统计见表4。

表4　　　　　试验区深部3～13m岩体灌后检查压水成果统计表

分区	A1区（垂直孔）	A2区（斜孔）	A3区（垂直孔）	A4区（斜孔）
孔排距/m	2.5×1.25	2.5×1.25	3×1.5	3×1.5
平均透水率/Lu	0.16	0.45	0.57	0.56
最大透水率/Lu	1.22	1.78	2.61	2.78
合格率/%	100	100	100	100

（1）Ⅲ、Ⅳ序孔灌后，各个分区压水检查均满足设计合格标准 $q \leqslant 3$Lu，灌浆效果较好。

（2）不同孔排距和不同孔向的灌后压水检查结果差别不明显。

5.2 声波测试成果分析

试验区深部3～13m岩体各阶段单孔声波测试成果统计见表5。

表5　　　　试验区深部3～13m岩体各阶段单孔声波测试成果统计表

阶段		A1区（垂直孔）	A2区（斜孔）	A3区（垂直孔）	A4区（斜孔）
灌前	平均值/(m/s)	5585	5509	5737	5709
	＜4700测点比例/%	0.77	1.60	0	0.32
Ⅲ、Ⅳ序孔灌后	平均值/(m/s)	5718	5628	5890	5800
	提高率/%	2.38	2.16	2.67	1.59
	＜4700测点比例/%	0	0.97	0	0

（1）试验区深部岩体波速值普遍较高，灌前平均波速均已满足设计合格标准 $V_p \geqslant$ 5500m/s，小于4700m/s的测点比例均已小于5%，表明深部岩体完整性好；Ⅲ、Ⅳ序孔灌后，平均值提高较小，小于4700m/s的低波速区进一步降低。

（2）不同孔排距和不同孔向的灌后声波测试结果差别不明显。

6 结语

（1）坝基原位灌浆试验成果表明，"表面封闭、浅层加密、深部升压"的裸岩无盖重固结灌浆是可行的，灌后岩体透水率及完整性均可满足设计要求，灌浆效果良好。

（2）新型环氧胶泥和快硬水泥具有良好的裸岩裂隙封闭效果，能满足正常升压灌注的要求。实施过程中可以快硬水泥为主，局部宽大裂隙采用环氧胶泥进行裂隙封闭。推荐的裂隙封闭工艺为：建基面清理→裂隙素描→裂隙清理→批刮封闭材料→灌前预压水检查。

（3）坝基Ⅱ级岩体部位，采用 2.5m×2.5m 和 3m×3m 孔排距灌浆后，深部 3～13m 岩体灌后检查均可满足设计要求；浅层 3m 岩体灌后检查不能满足设计要求，浅层孔排距加密为 2.5m×1.25m 和 3m×1.5m，灌后检查均可满足设计要求。

（4）基于坝基岩体裂隙特征分析，固结灌浆孔采用垂直孔和斜孔布置的灌浆效果差别不大，均可满足设计要求。

乌东德水电站大坝建基岩体质量优良，拟全坝基采用裸岩无盖重固结灌浆为主的方案，以有效解决本工程固结灌浆与大坝混凝土浇筑、岸坡接触灌浆的突出矛盾，为实现"无缝大坝"的总体目标创造有利条件。

磁悬浮检波器结合膜袋膏浆灌浆技术在高压力大流量渗漏地层中的应用

谭 勇[1] 戴灵辉[2]

(1.湖南宏禹工程集团有限公司 2.湖南省水利厅)

【摘 要】 以渔米滩水电站大坝防渗加固工程为例，介绍针对河床坝基存在的强渗漏通道以及坝肩岩体裂隙密集发育且透水等复杂特殊地质情况，采用了磁悬浮检波器检测及膜袋膏浆灌浆处理高压力、大流量、强渗漏地层的关键技术，供类似工程参考。

【关键词】 磁悬浮检波器 膜袋 膏浆 高压力 大流量 强渗漏 灌浆技术

1 工程概况

渔米滩水电站水库坝址位于溆水一级支流二都河的上游，水库枢纽工程由非溢流坝、溢流坝、放水闸、引水隧洞等建筑物组成。最大坝高 25.5m，总库容 150 万 m^3，属于小 (1) 型水库。

该电站水库始建于 1990 年，于 1994 年投入运行。本工程运行多年，受当时施工条件限制，坝体、坝基施工质量较差，一直渗漏严重，2008 年大坝虽经过除险加固处理，渗漏量有所减少，但大坝存在的渗漏问题一直没有得到彻底解决，加之又经过近七年的渗流淘刷冲蚀，大坝坝体及坝基渗漏更为严重，一方面造成水库水资源浪费，发电经济效益受损；更为严重的是大坝病害加剧，大坝安全运行受到严重威胁。

2 工程地质条件

工程区总的地势为东南高，西北低，河谷狭窄，多呈"V"形。区内出露的地层有志留系周家群（S_{zh}）及加里东期花岗岩（γ_3）。两岸山坡、沟谷和河床则分布有第四系残坡积堆积及冲积堆积层。坝区位于雪峰山复背斜南西端，构造线方向 30°～40°。隶属新华夏系构造，岩石挤压变形，岩层产状变化较大，断裂以 NE 向 NNE 向为主。区域性大断裂在坝区西北部十几公里处通过，该断裂走向 NE 向，倾向 SE，倾角 50°～60°。破碎带宽 30～40m，挤压破碎严重，基本控制坝区西北部。但未见断裂有周期性活动。

本区岩体以表层风化为主，沿断层节理裂隙，破碎带风化，面状风化程度和深度随岩性不同而有所差异。其中含长石较多的花岗岩体风化强烈。两岸比河床风化强烈，岸坡风化深度一般 5～15m 不等。河床风化深度一般 2.0～15.0m。

3 勘探发现大坝存在的问题

（1）河床部位清基不彻底，桩号 0+028.0～0+065.0 范围内存在冲洪积堆积（砂卵石），最大厚度达到 12m，结构松散，填充物被渗透水流长期冲刷带走后形成很多连通性好的通道，部分位置空洞深度达到 4.8m，导致沿坝基接触面出现严重渗漏；坝基内岩体三组节理发育，顺河向节理呈张开状态，库水沿张开的节理裂隙形成渗漏通道，在库水的长期渗漏淘刷影响下，渗漏流量达到 2.0m³/s 以上，严重危及建筑物安全。

（2）由于坝肩两侧强—弱风化岩体节理裂隙发育，透水性较强，施工时未作防渗处理，以致存在绕坝渗漏，并且随库水位升高，渗漏量相应增加，渗漏量的变化与库水位具有较好的相关关系，应对裂隙较为发育的弱风化岩体进行帷幕灌浆处理。调查表明，坝下游右岸已发生一次岩体崩塌；左右坝肩岩体受三组节理裂隙控制，存在蠕变滑动的可能。

4 磁悬浮检波器探测渗漏通道

磁悬浮检波器是一种新型的高灵敏度宽频带检波器，可以单道单只检波器接收信号，具有灵敏度高、探测频带宽、稳定性好等特点，可以充当我们的"耳朵"，通过监听振动频率用于检测大流量渗漏通道。

用磁悬浮检波器探测渗漏通道方法：先将检波器放在需要探测渗漏点的地面上，将检波器沿可能出现渗漏通道的地方一路移动进行检测，检测仪信号最大反映数值最大的地方即最大渗漏通道。检测时，检测点布置的间距越小，检测渗漏点的位置精度越高。本工程就是通过沿坝轴线一步步进行检测，对渗漏通道进行预判，及时发现确认渗漏点，从而有针对性地进行防渗处理。

5 膜袋膏浆灌浆堵漏技术

针对渔米滩水电站大坝坝基及坝肩特殊的水文、工程地质条件，采用单一水泥浆液进行防渗处理，浆液需要一定的时间后才能凝固，面对 0.3MPa 以上的渗透压力，2.0m³/s 以上的渗漏流量，动水条件下浆材凝固前会被流水带走，浆材消耗多，不能形成理想幕体。为了阻止地下水流动使浆液在大孔隙内快速流失，并快速形成有效的防渗幕体，采用先在大渗漏通道内下入膜袋，然后在膜袋内灌注可控膏浆，最终通过由膜袋塑形的膏浆结石体堵塞水体渗漏途径，形成帷幕，使之达到既堵漏、又节省材料的目的[1,2]。施工工艺步骤如下：

（1）确定渗漏通道、找准渗漏点。要想快速、有效、经济的解决大坝坝基渗漏问题，找准渗漏通道和渗漏点是关键。渔米滩水电站施工时，先用磁悬浮检波器结合检测仪一起先对整个大坝轴线进行检测，检测渗漏点时，第一遍检测间距控制在 50～100cm，对数值反映较大的区域进行标识，然后重新进行第二遍检测，第二遍检测间距控制在 10～30cm，通过缩小检测间距，减小检测误差，提高检测精度，通过检测仪最终确定坝基渗漏通道，找到渗漏点，确定渗漏范围，以方便后续灌浆施工。

（2）降低渗透压力。渔米滩水电站渗漏通道是上游库内水体与下游河道直接连通，渗透压力大，为消除渗透压力对灌浆的影响，需要降低渗透压力，采用在帷幕线渗漏通道上游侧对应施工卸压孔，将上游渗透水直接引走至下游河道，从而降低渗透压力，减小渗漏水体对下游侧帷幕灌浆浆液的冲洗，促进帷幕线尽快形成，尽快封堵渗漏通道。

（3）膜袋膏浆灌浆。通过膜袋包裹浆液减小地下动水对浆液的冲刷，同时膏浆本身对水流冲刷的抵抗力相对较强，两者结合尽快在强渗漏通道内形成膜袋膏浆桩，通过多个桩体施工，从而截断渗漏通道。渔米滩水电站防渗堵漏施工时，针对每一个渗漏区域分两序进行施工，先施工Ⅰ序孔，再施工Ⅱ序孔。按照孔序在确认的渗漏点位置进行钻孔，钻孔完成后，将灌浆膜袋包在膏浆注浆管外面，通过膏浆注浆管将膜袋下到孔底，然后开始灌注膏浆。膏浆配比有多个比级，膏浆材料组成主要有细石、中砂、膨润土、水泥、水玻璃、固化剂、水等，根据渗漏通道大小确定膏浆材料的组成，灌注不同配比的膏浆。灌浆时，灌浆压力控制在 $0.5\sim1.0MPa$，灌注时，孔内在最小压力灌入最大的量或在最大压力灌入最小的量后，开始逐步上提膏浆注浆管，当孔内不再吸浆后结束灌浆，转换下一个孔继续施工，直到形成帷幕线。

（4）普通水泥或水泥-水玻璃浆液补强。先采用膏浆对卸压孔进行反灌，对卸压孔进行封堵，避免卸压孔出现渗漏。同时，为确保防渗帷幕完整形成，防止局部空隙或空洞未灌注密实，在膜袋膏浆灌注完成后，对原灌浆孔之间增加补强孔，补强孔根据压水试验透水率反映的渗漏情况，对渗漏较大的孔段采用水泥—水玻璃双液浆进行灌注，对渗漏小的孔段采用纯水泥浆液进行补强灌注。

6 灌浆效果分析

（1）通过坝基及坝肩灌浆孔及灌后检查孔所取岩芯的对比分析，灌浆孔中的岩芯较破碎，多呈短柱状或块状，钻进时孔壁严重掉块、垮塌、卡钻，施工时多数孔段钻进时都没有回水，成孔困难，施工速度较慢。灌后检查孔中的岩芯多呈长柱状，大部分裂隙均被水泥结石充填，胶结紧密。说明坝基及坝肩经过膜袋膏浆灌注后，坝基及坝肩空洞和裂隙基本已被浆液充填，坝基及坝肩岩层的完整性得到了有效改善，渗漏通道被有效封堵，灌浆封堵效果较好。

（2）灌浆施工前后，下游漏水情况对比如图1、图2所示，通过灌浆处理后，坝下游漏水基本消失，灌后检查孔透水率全均小于5Lu，全部满足设计要求，说明渗漏通道被有效封堵，灌浆效果好。

图 1　灌浆前大坝下游渗漏情况照片

图 2 灌浆后大坝下游渗漏情况照片

7 结语

（1）通过工程实践证明，在高压力、强透水、大渗漏、大空洞地层中，采用磁悬浮检波器结合膜袋膏浆灌浆方法为主的一整套灌浆堵漏方法和工艺技术是行之有效的。和常规灌浆方法相比，既具有有效控制浆液扩散范围，扩大有效充填半径，又具有减少灌浆材料损耗，降低成本，提高工效等优越性。

（2）膜袋膏浆合理选择配比是至关重要的。这也是已往许多工程未能推广开展膜袋膏浆的关键原因之一。事实证明，室内配比试验是十分必要的，但不顾具体地质情况，照搬室内试验最优配比，或只按一个设计配比实施，不一定能取得满意的效果。

（3）要保证膜袋膏浆灌注的实施效果，达到工程量少，成本低，又能实现有效控制的目的，必须仔细地分析地质情况，及时设计制定和采用各种有针对性的灌注工艺和措施，采用磁悬浮检波器对渗漏点和渗漏通道预判，是保证膜袋膏浆效果的关键。

参考文献

［1］ 彭春雷，宾斌，龚高武.导水布袋控制压密注浆桩技术在洞庭湖堤基加固中的试验研究［C］//中国水利学会地基与基础工程专业委员会第 12 次全国学术会议.2013.

［2］ 宾斌，蒋厚良，王雪龙，等.导水布袋复合压密注浆桩技术在软土质堤防加固处理中的应用研究［J］.水利与建筑工程学报，2015（4）：183－187.

溪洛渡水电站Ⅳ级破碎岩体固结灌浆技术

刘松富

（中国水电基础局有限公司）

【摘　要】　针对Ⅳ级破碎岩体开展可行性研究，研究在采用非常规冲洗工艺（高压喷射冲洗）、复合灌浆材料（普通水泥浆液＋化学浆材）灌注后，Ⅳ级岩体的整体性、刚度、防渗性等力学指标的提高幅度，并对其可利用程度进行评价，以期达到减少开挖置换的目的。

【关键词】　Ⅳ级　复合灌浆材料　力学指标　可利用程度

1　概述

金沙江溪洛渡水电站位于四川省雷波县和云南省永善县交界处的金沙江干流上，是金沙江下游梯级开发的第三级水电站。大坝为混凝土双曲拱坝，坝高 285.5m，水库总库容 126.7 亿 m³，正常蓄水位 600m，最大水头 230m。该水电站是以发电为主，兼有防洪、拦沙和改善下游航运条件等巨大的综合效益，具有不完全年调节能力的特大型水电站。

本次灌浆试验的主要内容及目的是针对Ⅳ级破碎岩体，进一步研究其在采用非常规冲洗工艺（高压喷射冲洗）、复合灌浆材料（普通水泥浆液＋化学浆材）灌注后，Ⅳ级岩体的整体性、刚度、防渗性等力学指标的提高幅度，并对其可利用程度进行评价，以期达到减少开挖置换的目的。

试验区布置于坝基下游边坡施工平台上，根据边坡风化、卸荷及灌前测试孔的岩芯资料，被灌岩体孔深 12m 范围内为 $P_2\beta12$ 层深灰色致密状玄武岩，弱上风化、强卸荷，柱状节理及短小裂隙极发育，岩芯极其破碎，钻孔取芯以 2～5cm 碎块为主，个别为 3～8cm 短柱状，裂面普遍严重锈染，属碎裂结构岩体。根据岩体质量分级标准，试区被灌岩体为Ⅳ级岩体。

2　钻孔布置

试验孔的钻孔布置如图 1 所示。

2.1　灌前测试孔

为了了解试区下伏岩体的原始地层性状，在灌前布置了 5 个测试孔。测试孔钻孔深度为 12m，钻孔方向为铅直向。

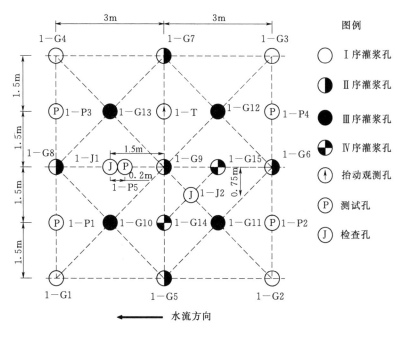

图 1　试验区钻孔平面布置图

2.2　灌浆孔

（1）布孔型式。采用方格型式，遵循分序逐渐加密的原则，Ⅰ序孔孔距为 6.0m，Ⅱ序孔孔距为 3.0m，Ⅲ序孔孔距为 2.1m，Ⅳ序孔孔距为 1.5m，共计布置 15 个灌浆孔。

G1～G9 孔的全部孔段及 G10～G15 孔的孔口段采用普通水泥灌注，G10～G15 孔的其余孔段采用化学浆液（改性环氧）灌注。

（2）钻孔方向及深度。灌浆孔钻孔方向为铅直向，钻孔深度均为 12.0m。

2.3　灌后检查孔

为了检查灌浆效果，在灌后布置 2 个检查孔，检查孔钻孔深度为 12.0m，钻孔方向同灌浆孔。

3　灌注材料及配合比

3.1　普通水泥浆液

水灰比越大，浆液流动性越好，但浆液稳定性及结石强度降低。综合考虑流动性、稳定性及结石强度等，普通水泥浆液水灰比使用 2∶1、1∶1、0.8∶1、0.5∶1（重量比）四个比级。

3.2　化学浆液

选用 JX 系列以环氧树脂为主剂的改性环氧浆液，为 A、B 双组份型，改性环氧浆液与普通水泥浆液相比，具有黏结强度高、渗透能力强等特点，施工时分三个配方进行灌注。改性环氧浆液主要性能指标见表 1。

表 1			JX 系列环氧浆材主要性能指标			
编号	密度 /(g/cm³)	黏度 /(mPa·s)	抗压强度/MPa		抗拉强度 /MPa·90d	黏结强度 /MPa·28d
			28d	90d		
1	1.052	8.5	43.8	50.8	7.7	4.32
2	1.055	9.1	48.8	54.4	8.0	4.48
3	1.057	9.8	53.6	60.8	8.4	4.78

4 固结灌浆施工

4.1 钻灌施工次序

灌浆孔均按分序加密的原则进行施工。为了保证上部混凝土盖板的阻浆效果，灌浆孔按分层方式对深度 5.0m 以上岩体进行灌浆加固。

4.2 施工工艺流程

在施工初期采用"孔口封闭、自上而下分段、孔内循环式灌浆工艺"。施工Ⅲ、Ⅳ序孔时，考虑到混凝土底板承压能力较差，为了使用较高的灌浆压力以保证灌浆效果，在孔形条件满足卡塞要求的前提下，Ⅲ、Ⅳ序孔调整为"段顶卡塞、自上而下分段的灌浆工艺"。灌浆孔的施工工艺流程如图 2 所示。

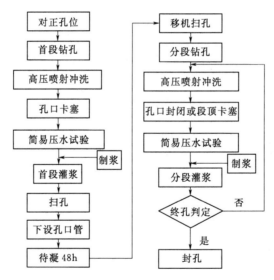

图 2　灌浆孔施工工艺流程

4.3 钻孔段长

一般来说，采用较短的分段长度能够及时发现地下存在的较大的地质缺陷，减少宽大裂隙及细微裂隙同时灌注的可能性，从而针对细微裂隙可以施于较高的灌浆压力及采用合适的浆液配比，以增加地层的可灌性。但过短的分段长度往往会使施工程序变的繁琐，延长施工工期及增加工程投入。

参照其他灌浆工程的经验，各次序灌浆孔钻孔段长划分见表 2。

表 2			钻 孔 段 长 划 分 表
段次（自上而下）	1	2	3 段及其以下各段
水泥灌浆段长/m	2	3	段长为5m，终孔段不大于7m
化学灌浆段长/m		段长为2m，终孔段不大于3m	

4.4　金刚石回转钻进参数

金刚石钻进要合理选择钻压、转速、泵压和泵量等技术参数，随时调整在不同条件下各参数之间的合理配合，以取得最优的技术经济指标。因此在调整参数时，不能单纯从提高效率考虑，而要同时兼顾质量、成本、安全等。结合试区岩体的物理力学性质及地层条件，经过现场对比试验，在钻孔施工中推荐采用的技术参数见表3。

表 3		试验孔选用的钻进技术参数表			
孕镶金刚钻头		钻压/kN	转速/(r/min)	泵量/(L/min)	泵压/MPa
粒度/(粒/克拉)	胎体硬度/HRC				
30	35～40	4～7	150～500	35－55	0.5～0.8

4.5　高压喷射冲洗

各灌浆孔段均采用高压喷射冲洗，利用高速射流直接冲击、切割、扰动破坏错动带内充填的碎块及风化岩屑，最终达到浆液置换的目的，冲洗压力不小于32MPa。

4.6　水泥灌浆

4.6.1　灌浆压力

以灌浆方式提高岩体力学指标的主要技术措施，一是应用较高的灌浆压力；二是增加小水灰比浆液的可灌性。灌浆压力的应用与浆液的流变特性、施工深度、岩体力学特性、岩体裂隙的宽度、倾角、分布和形状等有着密切关系。目前灌浆压力多参照经验确定，在地表抬动变形不大于$200\mu m$时，本次试验灌浆使用压力按表4执行。

表 4		各次序灌浆孔使用压力		
灌浆段次（自上而下）		1	2	3 段及以下
段长/m		2	3	5
Ⅰ、Ⅱ序孔灌浆压力/MPa	V<1000L	0.5	1.0	2.5
	V>1000L	0.3	0.8	2.0
Ⅲ、Ⅳ序孔灌浆压力/MPa		0.8	1.5	3.5

4.6.2　灌浆结束条件

在最大设计压力下，孔段注入率不大于1L/min时继续灌注30min，可结束灌浆。

4.7　化学灌浆

为了了解在水泥灌浆的基础上辅以改性环氧浆液对岩体变形模量及抗剪强度等力学指标的改善程度，在Ⅲ、Ⅳ序孔进行化学灌浆试验。

4.7.1　施灌条件

根据孔段的灌前压水试验成果，综合判定孔段采用水泥灌浆及化学灌浆的先后次序。

（1）当灌前透水率 $q \geqslant 10Lu$ 时，先采用普通水泥浆液灌注，水泥灌浆结束并待凝 8h 后，扫孔至原孔段深度，再进行化学灌浆。

（2）当灌前透水率 $q < 10Lu$ 时，先进行化学灌浆。

4.7.2 灌浆压力

在控制地表抬动变形不大于 $200\mu m$ 前提下，化学灌浆使用压力 0.5～1.5MPa。

4.7.3 灌浆结束条件

当灌浆满足下列条件之一时，即可结束灌浆。

（1）在最大设计压力下，注入率小于 0.05L/min，延续 30min。

（2）孔段累计注浆量已超过 80L/m 时，停止灌浆，改用水灰比为 0.5：1 的普通水泥浆液复灌直至结束。

5 结论

（1）经灌浆加固处理后的Ⅳ级岩体，其完整性、均一性、强度及不透水性均有不同程度的改善与提高。

1）通过灌浆处理，Ⅳ级岩体波速由灌前的 4253m/s 提高到灌后的 5010m/s，提高幅度达 17.8%；灌后小于 4000m/s 的声波速度所占比例由灌前的 37.7% 减少到 5.8%，表明岩体的完整性、均一性得到明显改善。

2）通过灌浆处理，Ⅳ级岩体孔内变模平均值由灌前的 1.7GPa 提高到灌后的 4.6GPa，提高幅度达 170.6%，灌后小于 3GPa 的孔内变模值所占比例由灌前的 90.9% 减少到 34.6%，表明岩体的完整性及抗变形能力得到明显改善。

3）灌后试区岩体原始渗透条件得到明显改善，试区岩体的平均透水率由灌前的 31.4Lu 降低到灌后的 0.7Lu，岩体透水性达到或接近相对不透水状态。

（2）由检查孔取芯观察可知，Ⅳ级岩石质量指标 RQD 值由灌前的 0.5% 提高到灌后的 35%，裂隙中水泥结石及环氧结石多呈致密充填，结石充填率高。灌后检查孔中部分水泥及环氧结石照片如图 3～图 5 所示。

图 3　水泥、环氧结石复合充填

（3）鉴于改性环氧浆液具有浸入及渗透能力强、黏结强度高等优点，针对于碎裂结构的Ⅳ级岩体、微细裂隙（包括隐裂隙）及层间、层内错动带，在普通水泥浆液灌注的基础上辅以改性环氧浆液复合灌注，能够更好地改善岩体的整体性、刚度等力学条件。

（4）针对Ⅳ级岩体，采用高压喷射冲洗工艺对于改善岩体的可灌条件的作用不明显。

图 4　错动带内岩屑及泥质被环氧浆液均匀充填及胶结

(a)灌前测试孔 1-P5 孔岩芯　　　　　　　(b)灌后检查孔 1-J1 孔岩芯

图 5　灌浆前后原位取芯对比（1-P5 与 1-J1 相距 0.2m）

GIN 灌浆法在厄瓜多尔美纳斯
项目帷幕灌浆中的应用

彭林峰

（中国水利水电第八工程局有限公司）

【摘　要】　本文详细介绍了 GIN 灌浆法的现场应用情况，并与传统灌浆工艺对比，分析了两种工艺的不同和各自优势，为今后帷幕灌浆工程提供了应用理论和实践方法。

【关键词】　帷幕灌浆　GIN 灌浆法　传统灌浆工艺　优缺点

1　引言

GIN 灌浆法是由瑞士灌浆专家隆巴迪博士（G Lombardi）于 1993 年首次提出的，近 20 多年间已在欧美地区被广泛应用，但是国内采用 GIN 灌浆法的项目少之又少。本文旨在介绍厄瓜多尔美纳斯项目中 GIN 灌浆法的应用情况以及施工过程中发现的问题，与传统灌浆工艺进行比较，希望能起到抛砖引玉的作用。

2　项目概况及地质概况

米纳斯-圣弗朗西斯科和拉乌尼昂水电项目位于厄瓜多尔南部，大坝为坝高 78m 的碾压混凝土重力坝，帷幕灌浆工作水头为 63.2m。大坝区域岩石主要为安山质凝灰岩和角砾凝灰岩。

左岸海拔为 900m（坝顶高程 795m），凝灰岩火山沉积序列，厚度约为 200m。其特点是含有分米到厘米的层状细凝灰岩、凝灰质砂岩、粉砂岩、砾岩和燧石。层理的主要方向是西南方向，倾斜 150。海拔 1000m 出现流纹熔岩，颜色为奶白色或粉白色，石英含量（5%～10%）。Jubones 河流域的较高部分，形成垂直的墙壁（海拔 1150m）出现斑状结构安山岩，含有细小的斜长石斑晶。侵入岩，Dique 型，花岗闪长岩组成（约 50m 厚）切断南北方向的安山质火山岩序列。崩积土存在于整个大坝区域，主要分布在 Jubones 河两岸，厚度为 10～15m，是由碎石和沙质淤泥组成。

3　灌浆帷幕设计

3.1　帷幕整体布置

整个大坝帷幕设计采用单排帷幕，1 号、2 号坝段帷幕孔在左岸坝顶施工，3～9 号坝段帷幕在廊道内施工，10号、11号坝段帷幕在右岸坝顶施工。

3.2 帷幕灌浆孔孔距

帷幕孔采用逐级加密方式布置，帷幕Ⅰ序孔间距12m，Ⅱ序孔施工完后孔距为6m，根据Ⅱ序孔吸浆量大小布设该孔两侧Ⅲ序孔（Ⅲ序孔与相邻孔孔距为3m），根据Ⅲ序孔吸浆量大小布设该孔两侧Ⅳ序孔（Ⅳ序孔与相邻孔孔距为1.5m），根据Ⅳ孔两侧序孔吸浆量大小布设Ⅴ序孔（Ⅴ序孔与相邻孔孔距为0.75m）。

3.3 加孔原则

Ⅱ序孔灌浆结束后通过分析灌浆量及灌浆曲线布设Ⅲ序孔及后续孔的施工：Ⅱ序孔任意一段灌浆每米吸浆量 $v \geqslant 25L/m$，在该孔两侧布置Ⅲ序孔，孔深为该灌浆段 $+5m$；Ⅲ序孔任意一段灌浆每米吸浆量不小于 $25L/m$，则在该孔两侧布置Ⅳ序孔，孔深为该灌浆段 $+5m$；Ⅳ序孔任意一段灌浆吸浆量不小于 $40L/m$，则在该孔两侧布置Ⅴ序孔，孔深为该灌浆段 $+5m$。一般情况下Ⅳ序孔施工完后可结束布孔，少数部位布置了Ⅴ序孔。

3.4 灌浆控制标准：灌浆曲线包络图

以每段的单耗 $v(L/m)$ 为横坐标，灌浆压力 $p(MPa)$ 为纵坐标，灌浆曲线包络图是由灌浆最大压力 p_{max}、灌浆最大单耗 v_{max} 以及灌浆时的即时压力 p 与当时的单耗 v 的乘积 pv（用 GIN 值表示）组成的图形，当灌浆 $p-v$ 曲线与该包络图相交时停止灌浆（图1）。

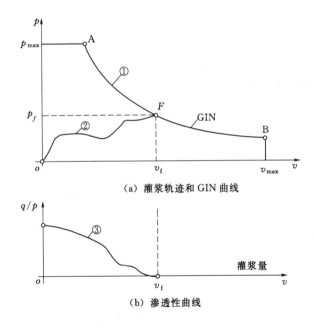

图1　灌浆曲线包络图

①—灌浆曲线包络图；②—灌浆实际轨迹 $p-v$ 曲线；

③—渗透性 (q/p)，$F=$ 灌浆终点；p_f 最终灌浆压力；v_f 实际灌浆量

通过对大坝基岩的分析确定：灌浆最大压力 $p_{max}=3MPa$，灌浆最大单耗 $v_{max}=250L/m$，GIN 值 $=150MPa \cdot L/m$。

3.5 灌浆浆液配合比

灌浆过程使用一种稳定的浆液：水灰比为 0.75，减水剂（Sikament - N - 100）为水泥重量的 1%，膨胀剂（Intraplast z）为水泥重量的 1.5%，浆液黏稠度 30″～34″，浆液密度 1590g/cm³，泌水 1h 不大于 5%。

3.6 灌浆检查标准

根据技术合同条款及现场的地质条件，设计了灌浆检查标准为：自上而下 5m 一段进行压水试验，透水率 $q<1Lu$。

4 帷幕灌浆施工

4.1 钻孔

根据设计要求，钻孔可以使用任何设备（旋转、冲击、旋转-冲击、潜孔钻等）进行钻孔，但是施工过程中必须严格控制钻孔偏斜，孔位偏差不得超过 10cm，钻孔的偏斜不得超过 2.5%，钻孔之后要使用高压水流对孔仔细地冲洗，避免钻屑堵塞裂缝而影响灌浆。

4.2 洗孔

待钻孔至设计孔深后，不起钻，立即增大注入孔内循环水流量，待孔口返水澄清 5min 后起钻，结束冲洗。

4.3 灌浆

除左右坝肩扇形布置帷幕孔外，所有帷幕灌浆均在有盖重的情况下进行。

（1）灌浆次序。帷幕灌浆按照孔序进行施工（即先施工Ⅰ序孔、后施工Ⅱ序孔）、再施工Ⅲ序孔……直至监理工程师分析灌浆资料后认为可停止布孔而停止），始终按照逐渐加密的原则进行施工。

（2）灌浆方法。采用全孔一次成孔，自下而上分段灌浆的方法，发现塌孔或大量涌水部位停止钻进，灌浆后再继续钻孔至设计孔深。

（3）灌浆段长。所有灌浆孔均自下而上每 5m 一段进行灌浆，提升至基岩接触面后混凝土内至孔口以下 5m 处作为一段进行灌浆，孔口至孔深 5m 处作为最后一段进行灌浆。

（4）灌浆压力。基岩接触面以下各段灌浆最大压力为 3MPa，基岩接触面以上至孔深 5m 处那一段最大灌浆压力为 1MPa，孔深 5m 至孔口段灌浆最大压力为 0.5MPa。

（5）灌浆方式。采用纯压式灌浆方式进行灌浆。

（6）灌浆材料。灌浆所使用水泥必须符合 EM 1110 - 2 - 3506 要求；灌浆使用的水不能含有悬浮性的有机物或者溶液、不能含有任何大于 $80\mu m$ 的颗粒、水温保持在 5～35℃；所使用的添加剂（减水剂、膨胀剂）符合 STM C - 494、AASHO M - 154 要求。

（7）灌浆过程控制及结束标准。整个灌浆过程采用 NW2013 灌浆监测软件进行实时监控，随着浆液泵送时间的推移，浆液逐渐渗入岩石裂隙，低恒速条件下（一般控制浆液注入速率维持在 15～20L/min）通常将出现以下几种情况：①灌浆部位岩石较完整，低压情况下浆液始终无法注入或者注入量小，此时压力逐步升高（如图 2 曲线③），当压力升高至最大压力值 P_{max} 时灌浆结束；②当灌浆部位裂隙发育适中时，浆液注入速率会随着泵送压力增大而增大，此时控制浆液注入速率在 15～20L/min 范围内缓慢往孔内进行灌浆（如图 2 曲线②），当曲线②与灌浆曲线包络线①相交至 F 点附近时，GIN 值达到 150，可停止灌浆；③当灌浆部位裂隙发育比较完全，在低压情况下浆液注入率仍比较大时（如图2曲线④），灌浆单耗达到允许最大值 V_{max} 时结束灌浆。

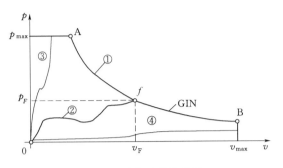

图 2　三种常见灌浆曲线

5　帷幕灌浆成果分析

灌浆过程中只有先导孔和检查孔进行压水试验，5～9 号坝段灌浆前后压水试验成果对比见表 1，灌浆成果见表 2。

表 1　　　　　　　　　　5～9 号坝段灌浆前后压水试验成果对比表

钻孔类型	压水段数	q 平均值/Lu	$q>1$	$0.5<q\leqslant1$	$q\leqslant0.5$	合格率/%
先导孔	35	2.83	15	13	7	57
检查孔	40	0.5	2	15	23	95

表 2　　　　　　　　　　　5～9 号坝段灌浆成果表

孔序	孔数/个	灌浆段长度/m	注入水泥量/kg	单耗/(kg/m)
Ⅰ	12	539.1	17882.8	33.2
Ⅱ	13	581.9	15086.2	25.9
Ⅲ	23	831	16154.3	19.4
Ⅳ	16	452	3714.7	8.21
Ⅴ	4	142	1220.3	8.5
检查孔	4	232	1869.5	8.1

从表 1 可以看出：灌浆前先导孔透水率平均值为 2.83Lu，灌浆后检查孔透水率平均值 0.5Lu，仅是先导孔的 17.6%；灌浆前先导孔透水率合格率（$q<1$Lu）占 57%，灌浆后检查孔合格率（$q<1$Lu）占 95%，由此说明灌浆效果显著。

从表 2 可以看出：随着钻孔次序的递增，单位耗灰量呈明显递减趋势，说明灌浆效果良好。

6　GIN 灌浆法与传统灌浆工艺比较

6.1　地层适用性的对比

GIN 灌浆法主要针对基岩的灌浆，不适用于土壤、岩溶发育地带。而传统灌浆法则适用于多种复杂地质条件。

6.2　灌浆效果对比

因 GIN 灌浆法在裂隙发育不同的情况下，采取的灌浆结束标准分别为 $p_{max}=3MPa$、$GIN=150$、$v_{max}=250L/m$，相当一部分孔灌浆结束时仍旧还有流量，因此在部分区域检查孔压水结果不能满足 $q \leqslant 1Lu$ 的防渗要求。而传统灌浆法所有灌浆孔结束灌浆时流量极小或无流量。而传统灌浆法的灌浆效果相比 GIN 灌浆法对要好。

6.3　浆液使用对比

传统灌浆工艺一般采用三个级级或者三级以上配比浆液进行灌浆，浆液浓度由稀变浓，首先用水灰比较大的稀浆填充宽度较小的裂隙，再逐级用水灰比较小的浓浆填充宽大裂隙，从而达到充分填充不同宽度裂隙的目的。但是 GIN 灌浆法认为渗入裂隙中的浆液量与水泥颗粒的直径和裂缝的大小有关，增大浆液的水灰比并不能增加浆液的渗透率，仅仅是水渗入到缝隙中，对于裂隙宽度细小裂隙，水泥并没有渗入其中。对水泥颗粒直径不变的水泥浆液来说，整个灌浆过程宜采用水灰比稳定的浆液（水灰比在 $(0.67 \sim 0.8):1$）和高塑性外加剂来增加浆液的渗透性能，同时尽量选择细水泥或者超细水泥来填充裂隙。因此 GIN 灌浆法通常需要在实验室中获得最佳的水灰比（如 Portland Normal 水泥的最佳水灰比是 $0.7:1$），并选择相应的外加剂和最佳使用量。

传统灌浆法施工，使用多级配比浆液，浆液浓度由稀逐级变浓，工序繁杂、费时费力；在施工过程中何时更换浆液浓度、更换至什么何种浓度浆液很难把握（现场很多操作人员无法达到要求）、因更换浆液浓度频繁会导致浆液的浪费；同时要求现场操作人员工作必须认真细致。而 GIN 灌浆法施工过程采用单一配比浆液，工序简单、省时省力；解放现场操作人员的双手和大脑；减少更换浆液浓度造成的不必要的浪费。因而两者相比，GIN 灌浆法有点则更为突出。

6.4　水泥利用率对比

传统灌浆工艺通常在帷幕线上布置三序孔，所有灌浆孔必须达到灌浆结束标准。而 GIN 灌浆法认为，对于吸浆量大的孔，大部分浆液流向帷幕轴线上下游方向而造成浪费，为避免水泥浆液的浪费，通常布置 Ⅰ 序孔和 Ⅱ 序孔，根据 Ⅱ 序孔吸浆量情况确定布置 Ⅲ、Ⅳ、Ⅴ 序孔的布置。在岩石完整部位，不再布置 Ⅲ 序孔，在岩石破碎部位，为减少水泥的消耗，通常 Ⅱ 序孔设置一个每米最大灌浆量，浆量达到这个值时停止灌浆，同时增加 Ⅲ 序孔（如有必要增加 Ⅳ 序孔、Ⅴ 序孔⋯⋯直至灌浆量小于临界值），通过增加钻孔数量、限制灌浆最大值而达到减少浆液流向上下游而造成水泥浪费的目的。因此，GIN 灌浆法水泥利用率高、浆液浪费较少；而传统灌浆法水泥利用率则不高，浪费较为严重。

6.5　工程量对比

在 5～9 号坝段内 Ⅰ 序孔灌浆总量为 539.16m，Ⅱ 序孔灌浆总量 581.95m，若是按照传统灌浆方式布置 Ⅲ 序孔预计灌浆总量为 1160m，共计 2281m。而 GIN 灌浆法施工结束后，5～9 号坝段总灌浆量为 2856.11m（传统布孔方式的 125%），耗灰 61.6t（单耗 21.5kg/m），与其他项目钻孔深度与单耗相比，GIN 灌浆法通常会小幅增加钻孔工程量，大大减小水泥单耗。

7 总结

通过对两种种灌浆方法的对比，可以看到传统灌浆法和 GIN 灌浆法各自都有的优点和缺点，而我们各个项目的情况又不相同，通过对现场地质情况、灌浆效果、经济效益等一系列因素的考量来选择采用合适的方式灌浆、或者两者相结合不失为一个好的选择。

CW512 灌浆材料在广州抽水蓄能电站中的应用

韩　炜[1,2,3,4]　杨秀林[1,2,3,4]　邵晓妹[1,2,3,4]　李　珍[1,2,3,4]　汪在芹[1,2,3,4]

（1.长江科学院　2.武汉长江科创科技发展有限公司　3.国家大坝安全工程技术研究中心　4.水利部水工程安全与病害防治工程技术研究中心）

【摘　要】　广州抽水蓄能电站引水隧洞系统中部分混凝土表面存在裂缝，通过注浆对缝隙充填，使化学灌浆材料与混凝土之间进行加固及黏结并封堵渗水通道，对引水隧洞起到很好的保护作用。

【关键词】　灌浆　施工工艺　裂缝　广州抽水蓄能电站

1　工程概况

广蓄电厂位于广州市从化境内，距广州市直线距离 90km，公路里程 120km。是我国第一座高水头、大容量的抽水蓄能电站，也是世界上最大的抽水蓄能电站，电站总装机容量 2400MW。工程分两期建设，一、二期电站装机容量均为 1200MW。一期工程 1 号机组在 1993 年 6 月并网运行，1994 年 3 月一期工程竣工；二期工程 4 台机组于 2000 年 2 月全部并网运行。

广蓄电厂 B 厂引水系统隧洞全长约 3800m，经隧洞排空检查发现混凝土衬砌表面普遍存在侵蚀及大量淡水壳菜附着，长期发展会导致引水系统隧洞结构受到破坏，对电厂机组安全运行构成威胁。因此，需要对 B 厂引水系统上游隧洞、上下游（尾水）调压井表面进行修补，并涂刷防护材料，同时对 B 厂下游（尾水）隧洞表面淡水壳菜进行清理，并根据隧洞渗漏情况对高压岔管及 1 号支洞渗水部位进行灌浆处理。

2　灌浆材料和制浆

2.1　灌浆材料

本次化学灌浆采用长江水利委员会长江科学院自主开发研制的 CW510 系化学灌浆材料，该灌浆材料是由新型的环氧树脂、活性稀释剂、表面活性剂等的双组分灌浆材料组成，它具有配制简单，可灌性好，力学强度高，在干燥及潮湿条件和水中都能很好地固化且无毒的特点主要性能见表 1。

CW512 环氧灌浆材料属于 CW510 环氧灌浆材料系列。从表 1 可以看出，CW512 环氧灌浆材料具有力学性能高，可操作时间长等特点，适合细微裂隙和泥化夹层的浸润和渗透。

表 1　CW 高性能化学灌浆材料主要性能指标

材料型号		CW512		
		6∶1	5∶1	4∶1
起始黏度/mPa·s		14	18	20
初凝时间/h		16	8.5	4
浆液密度/(g/cm³)		1.06	1.07	1.07
抗压强度/MPa		57	58	50
抗剪强度/MPa		8.5	10	6.8
抗拉强度/MPa		16	18	15
黏结强度/MPa	干黏结	4.5	4.5	3.9
	湿黏结	3.6	4.1	3.8

2.2　制浆

根据不同地质情况、压水试验数据和注入率大小，采取 CW512 化学灌浆材料进行灌浆。现场浆液配制应遵循"少量、多次"的原则。配比为 A 组分∶B 组分＝6∶1 或 5∶1，浆液配制流程是将称量好的 B 组分在搅拌下缓慢加入到称量好的 A 组分中，并且控制浆液温度在 30℃以下。

3　灌浆施工工艺

灌浆施工流程：施工准备→裂缝封堵→钻孔→孔内清洗、验孔→埋管或阻塞→化学灌浆→灌浆结束→材料待凝→质量检查。

本次采用纯压式全孔一次灌浆法，化学灌浆钻入孔深 5.0m，埋双铝管进行灌浆。靠近钢管的第一排灌浆压力均采用 2.0MPa，第二排灌浆压力均采用 3.0MPa，其他排灌浆压力均采用 6.0MPa。

3.1　表面清理

先用高压清洗机把混凝土表面淡水壳菜冲洗干净，冲洗后每个单元和每个结构块表面有无裂缝很明显，简单对裂缝描述（裂缝大概位置、长度和宽度等），裂缝的宽度一般用塞尺量测。

3.2　裂缝封堵

采用速凝材料对裂缝进行封堵，防止浆液串缝。

3.3　凿槽

冲洗干净后，以裂缝为中线凿"V"形槽，沿缝两端延长 10～20cm，槽型为"V"形槽深 3.0～5.0cm，槽宽 3.0～5.0cm。

3.4　钻孔施工

先对表面裂缝开槽水泥封堵，裂缝每间隔 50cm 用电锤钻 ϕ14mm，深 25cm 的小孔，并埋入一根铝管，铝管一端安装阀门便于引流和灌浆。化学灌浆孔钻孔：孔深 5.0m，按照布孔图纸的孔位采用 YT28 型手风钻和 ϕ37～42mm 的钻头一次性进行造孔。

3.5　钻孔冲洗和裂隙冲洗

灌浆孔钻孔结束后，采用大流量的清洁水或风对钻孔进行冲洗，冲净孔内岩粉、泥渣，孔底残渣不超过 20cm。

3.6　安装注浆嘴，埋管或阻塞

对准孔口，将注浆嘴压入钻孔内，采用环氧砂浆对注浆嘴进行固定。

采用埋管方式，用速凝材料埋设注浆管和排气管。埋入深度为 0.6m，安装化学灌浆孔口灌浆阀门。化灌施工前进行密闭、耐压、耐渗试验，确保灌浆管路安全密封性能。

3.7　化学灌浆

化学灌浆施工中采用高压化学灌浆泵，它耐化学腐蚀，排浆量能无极调节且能满足最大和最小注入率的要求，额定工作压力大于最大灌浆压力的 1.5 倍。在灌浆泵与灌浆孔口处都安设大量程压力表，其最大标值应为最大灌浆压力的 2.0～2.5 倍，工作压力在压力表最大标值的 1/4～3/4 之间，压力表与灌浆管路之间设有隔浆装置，确保灌浆压力的准确性。灌浆管路采用耐腐蚀高压灌浆阀门及钢丝编织高压灌浆管连接。所有化学灌浆设备都有备用量，而且经常维修保养，避免因设备故障造成化学灌浆施工中断。

化学灌浆正式开始前，先排出孔内积水，然后进行化学灌浆。化学灌浆过程以"逐级升压、缓慢浸润"为原则，每孔段灌浆压力根据设计压力值并结合现场实际情况确定，缓慢升压，初始压力不大于最大灌浆压力的 1/3。

3.8　化学灌浆结束

化学灌浆过程中，灌浆压力达到设计压力值后，化学灌浆注入率不大于 0.05L/(min·m)，再继续灌注 30min 或者达到胶凝时间，可进行闭浆。

3.9　封孔

化学灌浆每个孔施工完成后，及时按照设计技术要求和化学灌浆施工规范进行封孔，灌浆孔口采用环氧砂浆进行人工封孔，表面进行打磨，与原混凝土表面齐平。

3.10　特殊情况处理

（1）化学灌浆应连续进行，不得无故中断停灌，如因故中断时，应按下列原则进行处理：尽可能缩短中断时间，及早恢复化学灌浆；应在浆液胶凝以前且不影响灌浆质量时恢复灌浆，否则应进行冲洗和扫孔，再恢复灌浆。

（2）化学灌浆过程中发现冒浆、漏浆时，应根据具体情况采用低压、限流、调凝等方法进行处理。如果效果不明显，应停止灌浆，待浆液凝固后重新扫孔复灌。

（3）化学灌浆过程中发生串浆时，如串浆孔具备灌浆条件，宜一泵一孔同时并灌，但是并灌孔不宜多于 3 个，并应控制化学灌浆压力，防止混凝土或者岩体抬动。否则，应阻塞被串孔，待灌浆孔灌浆结束后，再对被串孔进行扫孔、冲洗，冲洗后继续进行化学灌浆。

（4）化学灌浆注入率大时，宜采取低压、限流、限量、改用速凝浆液等技术措施处理。

（5）钻孔内有涌水且为承压水时，可提高灌浆压力、缩短浆液胶凝时间、延长屏浆与闭浆时间、化学灌浆与化学浆液混合使用等措施。

（6）化学灌浆时，化学浆液容易从混凝土衬砌面施工冷缝及细小裂缝渗出，化灌施工前及化灌过程中对这些裂缝进行修补或封堵。

3.11　质量检查

灌浆孔待凝 28d 后进行表面检查并布置检查孔，采用钻孔取芯和压水试验进行化学灌浆质量检查，对芯样除进行外观检查外，还进行抗压强度和劈拉强度试验，其抗压强度大于 60MPa，劈拉强度大于 20MPa，合格标准为检查孔透水率小于 1Lu。

4 结语

对广州抽水蓄能电厂 B 厂上平洞、中平洞、下平洞、高压岔管及 1 号支洞渗水部位进行灌浆处理，达到了预期效果，保证了灌浆质量，也为今后类似水电站化学灌浆处理积累了经验。

参考文献

[1] 葛家良.化学灌浆技术的发展与展望 [J].岩石力学与工程报，2006（z2）：3385-3392.
[2] 魏涛，汪在芹，薛希亮，蒋硕忠.CW 系化学灌浆材料的研制 [J].长江科学院院报，2000，17（6）：29-31.
[3] 魏涛，张健，陈亮，肖承京，向家坝水电站挠曲核部破碎带水泥-环氧树脂复合灌浆试验研究 [J].长江科学院院报，2015（7）：105-108.
[4] 魏涛，汪在芹，韩炜，邹涛.环氧树脂灌浆材料的种类及其在工程中的应用 [J].长江科学院院报，2009（7）：69-72.
[5] 魏涛，张健.金沙江溪洛渡水电站 AGR1 灌浆平洞岩体渗水处理 [J].中国建筑防水，2013（20）：15-18.

桐柏抽水蓄能电站 1 号输水系统
平洞段渗水处理技术

徐军阳[1]　赵贤学[2]

（1.河海大学　2.华东桐柏抽水蓄能发电有限责任公司）

【摘　要】 桐柏抽水蓄能电站 1 号输水道下平段及尾水段衬砌混凝土裂缝渗水，原灌浆孔部分集中渗水，为了防止输水道防水系统发生渗漏突变，采用水溶性聚氨酯对输水道下平洞进行围岩固结灌浆，以及混凝土裂缝化学灌浆和表面弹性涂料修复处理；取得了良好的防渗堵漏效果。

【关键词】 水溶性聚氨酯　风动灌浆泵　输水道　渗水封堵

1　工程概况

桐柏抽水蓄能电站输水系统位于上下水库之间的山体内，按两洞四机布置，输水系统主要有上水库进/出水口、引水洞、钢筋混凝土岔管、高压支管、尾水隧洞及下水库进/出水口等。

输水系统自运行 9 年以来，观测数据表明输水系统渗水主要在 1 号引水洞。为保障 1 号输水道安全稳定运行，防止渗水产生突变，结合机组 A 修对输水道内压力最大的引水洞下平段渗水的裂缝、施工缝和渗水量集中的原固结灌浆孔进行化学固结灌浆和表面封堵处理，处理段长度225m。

2　防渗处理方案比选

输水道渗水处理是结合机组 A 级大修，给渗水处理时间仅 45d，而且进出通道受到约束，是一个直径为 0.615m 的进人孔，如采用水泥灌浆一是时间有限二是施工设备无法到达工作面，还会造成环境污染；采用化学灌浆施工设备简单，施工快捷，材料无污染而且固化快；比较后选定水溶性聚氨酯化学灌浆。

3　施工关键点

本次施工关键点是工期紧、任务重、材料转运困难，特别是输水道内潮湿又是封闭空间，禁止使用电动工具和常规照明等种种难题。

因施工人员、设备及材料进入上游输水道均从地下厂房高程 46.0m 蜗壳层 ϕ615 蜗壳进人孔进出，下游输水道从尾水管进人孔进出。根据实际情况，项目选择设备时采用轻便风动设备、手动设备照明采用 12V 直流电；输水道轴线长，处理面工作多，作业流程较多，空间大，根据实际情况，搭设了 5 座轴线长 6m 宽度 4m 高度 7.5m 可移动式脚手架，提供了合理的流水作业平台；因本次施工必须在机组 A 修时间内完成，工期非常紧且工作量大，实行两班作业施工。

4 缺陷处理施工

输水道缺陷检查、集中渗水处围岩灌浆、渗水裂缝缝面清理、钻孔、埋注浆嘴、灌浆、清理灌浆嘴及混凝土表面、刷涂 HK966 弹性涂料

4.1 缺陷检查

采用智能裂缝测量仪测量混凝土裂缝的宽度和深度，绘制缺陷分布图；本次施工处理主要针对缝宽 $\delta \geqslant 0.2$mm 渗水裂缝（包括贯穿性裂缝、有渗水的裂缝、施工缝等）和集中渗水通道进行处理。

4.2 灌浆材料及表面封堵材料

灌浆材料。水溶性聚氨酯材料具有黏度小、可灌性好、凝固时间可调、操作方便等优点，可以对混凝土结构中的细微裂缝、温度裂缝、施工缝、冷接缝、基础工程等作灌浆处理，以恢复结构的整体性和密实性。该材料在有水、潮湿和干燥的基面上均可进行施工；采用混合浆液 HW：LW＝8：2 可有效地控制浆液的凝结时间，确保浆液的扩散半径，又可提高浆液的抗拉、抗压强度，以弥补 HW 或 LW 单一浆液灌浆的不足，材料物理力学性能见表 1。

表面封堵材料。缺陷表面采用 HK966 弹性涂料封堵，性能指标见表 2。

表 1　　　　　　　　　　水溶性聚氨酯化灌材料的物理力学性能

材　　料	LW 水溶性聚氨酯	HW 水溶性聚氨酯
黏度/(25℃，mPa·s)	≤400	≤100
比重	1.05±0.05	1.10±0.05
凝胶时间	≤60s（浆液：水＝1：5）	≤30min（浆液：水＝100：3）
黏结强度/MPa	—	≥2.0
抗拉强度/MPa	≥1.8	≥5.0
抗压强度/MPa	—	≥20（破坏强度）
包水量	≥25	—
扯断伸长率/%	≥80	—
遇水膨胀率/%（28d）	≥100	—

表 2　　　　　　　　　　　　HK966 弹性涂料性能指标

项　　目		指　　标
外观	A 组分	浅黄色透明黏稠液体
	B 组分	灰或黑色膏状体
密度/(g/cm³)		1.40±0.10
失黏时间/h		≤4.0

项　　目		指　　标
拉伸强度/MPa		≥5.0
断裂伸长率/%		≥100
黏接强度/MPa	湿	≥1.5
	干	≥3.0或底材破坏

4.3　围岩化学灌浆

对渗水量集中的部位（点渗部位或面渗部位），对该部位围岩进行化学固结灌浆，其主要目的为补强防渗，封闭衬砌外围岩裂隙，孔距3m左右，孔深入岩2.0m。

（1）钻孔。灌浆孔布置呈梅花形，排间距3m，考虑到混凝土衬砌漏水部位与岩体中渗漏通道的不一致性，钻孔的范围在混凝土衬砌渗漏范围的基础上，向四周适当延伸，集中渗水点采取原孔钻进；采用风动凿岩机钻孔，孔向垂直于混凝土衬砌，孔径51mm，孔深入岩2.0m。

（2）洗孔。用压力水冲洗钻孔，清除孔内的粉尘残渣，直到回水清澈为止。

（3）安装灌浆管。洗孔完成后，在孔内安装四吋镀锌钢管作为灌浆管并安装压力表，进浆管距孔底50cm，外露长度30cm。

（4）压水试验。为检测灌浆孔的可灌性及灌浆孔之间的串通情况，进行压水试验，压力为0.4MPa。

（5）灌浆。依据压水试验的成果制定有针对性的灌浆方案，灌浆设计压力为0.5MPa；灌浆顺序为"先灌高程较低的孔，再灌高程较高的孔；先灌四周的灌浆孔，再灌中心部位的灌浆孔"；灌浆结束标准为：进浆率小于0.1kg/min，并持续灌注15min，既可结束灌浆。

4.4　渗水裂缝处理施工

本次主要针对Ⅱ类渗水裂缝进行灌浆再进行表面封闭处理。处理流程：缝面清理→钻灌浆孔、洗孔、埋设灌浆管→裂缝表面封闭→水溶性聚氨酯化学灌浆→表面涂刷HK966弹性涂料封闭处理。

（1）检查、钻孔。裂缝两边（各100mm×2mm）用角磨机磨去混凝土表面沉淀物、水泥浮浆等各种有害杂物，探明裂缝走向及缝长（如裂缝经清理后与清理前的缝长发生变化应补填《混凝土裂缝性状描述表》）并填写《混凝土裂缝清理检查表》一并交复监理工程师签字确认后进行下一道工序。

沿缝钻设与裂缝斜交的穿缝化学灌浆孔，间距30～50cm（视裂缝渗漏情况加密），孔径14mm，准确控制进孔方向，确保钻孔与裂缝面相交。斜穿孔的钻孔角度应为45°，与裂缝相交，钻孔必须穿过裂缝，确保切割裂缝。裂缝钻孔形成见图1。

（2）洗孔。采用高压清水加风对钻孔进行清理洗，要求清洗后干净无粉尘，以保证灌浆能顺畅进行。

（3）注浆嘴（和排气管）安装。吹干孔内的积水后，在灌浆孔内埋设灌浆嘴和排气管，并采用力顿快硬特种水泥对灌浆嘴以外的缝面和灌浆嘴周边进行封闭，以保证灌浆时

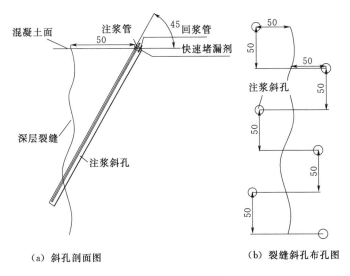

（a）斜孔剖面图　　　　　　　　　（b）裂缝斜孔布孔图

图1　裂缝布置图（单位：cm）

不漏浆。

（4）灌浆。采用高压灌浆泵向裂缝内灌注水溶性聚氨酯浆材，灌浆压力设定在0.3～0.5MPa；灌浆顺序为从下至上，或从缝一端至另一端。当进浆顺利时应降低灌浆压力；当排气孔出浆后关闭排气孔，继续灌浆；当邻孔出现纯浆后，暂停压浆，将注浆嘴移至邻孔继续灌浆，在规定的压力摒浆，直到灌浆结束；灌浆结束标准：在设计压力下，单缝最后一个孔持续5min不进浆即可结束。

（5）表面修复处理。用角向磨光机对裂缝两侧各10cm范围内混凝土基面进行打磨清理干净后涂刷两道HK-966弹性涂料，涂刷宽度为15～20cm，厚度不小于1mm。

4.5　特殊情况处理

（1）灌浆时发生冒浆、外漏时，应采取措施堵漏并根据具体情况采用低压、限流和调整配比灌注等措施进行处理。如效果不明显，应停止灌浆，待浆液胶凝后重新堵漏复灌。

（2）灌浆应连续进行，因故中断应尽快恢复灌浆，必要时可进行补灌。

（3）若灌浆达不到结束标准，或注入量突然减小或增大，分析原因及时采取补救措施。

（4）根据现场实际情况，进行灌浆抬动观测，混凝土衬砌最大抬动值不超过0.2mm。

5　围岩灌浆及裂缝处理成果

5.1　围岩灌浆

根据1号输水道裂缝及渗水检查情况，1号输水道渗水处理进行33处围岩化灌处理，布设灌浆孔106个，钻孔151.18m，灌入水溶性聚氨酯6462.96kg。

根据渗水点检查成果分布看，渗水点主要分布在洞顶120°角范围弧线内，轴线方向主要集中在1号引水下平段引1（0+473.700～0+600.3）段内。

钻孔发现砼衬砌存地脱空现象（1～3cm），与衬砌接触的围岩较为完整。在灌前进行压水试验，钻孔间串孔现象较多，说明混凝土衬砌与基础之间存在脱空现象。

围岩化学灌浆吸浆量大的主要集中三个部位：引1（0+562.5）灌入水溶性聚氨酯1636.8kg；引1（0+519.9）灌入水溶性聚氨酯1084.5kg；引1（0+501.7）灌入水溶性聚氨酯696.2kg。三个部位共设钻孔11个钻孔，灌入水溶性聚氨酯3417.5kg，占围岩化灌量的52.8%。

根据围岩化学灌浆检查孔不少于灌浆孔总数的5%要求，共布设6个灌浆质量检查孔，压水试验透水率均小于1Lu。

5.2 裂缝处理成果

本次1号输水道下平段共进行202条渗水裂缝化学灌浆处理，处理裂缝长度1287.5m。渗水裂缝水溶性聚氨酯灌浆365kg。

按每100m布置不少于3个检查孔；采用单点压水试验40点，压水检查压力0.4MPa，持续压水5min所有缝面均不渗水。

5.3 排水廊道量水堰渗水量对比分析

1号输水系统防渗处理前2014年月平均最大值为10.98L/s，处理后2015年月平均最大值为5.57L/s，同比减少率为39.7%～71%，表明灌浆效果非常显著，达到预期效果。

表3　　　　　　　　　　　　排水廊道量水堰渗水量对比表

月	2014年测值/(L/s)	2015年测值/(L/s)	减少率/%
1	9.32	5.35	42.6
2	10.6	5.57	47.5
3	10.98	5.51	49.8
4	8.5	4.64	45.4
5	6.78	2.19	67.7
6	5.51	1.89	65.7
7	5.23	1.66	68.3
8	4.73	1.50	68.3
9	4.8	1.39	71.0
10	4.49	1.85	58.8
11	0.26（检修）	1.55	—
12	3.85	2.32	39.7

6 结论

（1）采用水溶性聚氨酯（HW/LW）混合浆液可准确有效地控制浆液的凝结时间，确保浆液的扩散半径，浆液充填凝结后提高了修补混凝土体的抗拉、抗压强度。修复后的输水道可很快投入运行，设计采用水溶性聚氨酯处理输水道渗水缺陷是有效的、可行的。

（2）运行后抽水蓄能电站输水道系统内的混凝土渗漏缺陷处理，场地狭小、修补时间有限，本次施工对于长输水道平洞段使用可水平自动移动式灌浆装置，较大幅度提高了工作效率。

水泥黏土膏浆在强岩溶地区深孔
帷幕灌浆中的应用

陈冠军　赵铁军　宾　彬　赵　杰

（湖南宏禹工程集团有限公司）

【摘　要】　在强岩溶地区，深孔帷幕灌浆工程中，相对于纯水泥浆，水泥黏土膏浆应用于基础加固、防渗堵水，具有原材料成本更低、更易于获得、环保等优势，其形成的帷幕具有耐久性好、抗溶蚀等优点，在施工过程中制浆、灌浆操作方便，已成为注浆行业使用量最大、使用面最广的注浆材料，被广泛应用于水利水电、矿山、隧道、市政等多个领域的防渗和加固工程中。

【关键词】　强岩溶　深孔帷幕灌浆　水泥黏土膏浆

1　工程概况

大藤峡水利枢纽工程位于珠江流域西江水系黔江河段大藤峡峡谷出口处，是一座防洪、航运、发电、补水压咸、灌溉等综合利用的大型水利工程，水库正常蓄水位 61.0m，死水位 47.6m，调节库容 15 亿 m³，库容系数 1.1％，调节性能为日调节。大藤峡水利枢纽工程蓄水后，盘龙铅锌矿矿区的东侧黔江河段回水位将达到 61.50m，水库渗漏问题将影响盘龙铅锌矿大岭矿段生产安全。拟在大岭矿段矿区东侧 2 勘探线和西侧 48 勘探线附近各布置一道防渗帷幕，防止黔江河水抬升对矿山生产的影响。帷幕轴线北端与下泥盆统二塘组（D_1e）隔水层相接，南端与下泥盆统郁江组（D_1y）隔水层相接，东帷幕长度 1308m、西帷幕长度 1296m，帷幕底面高程为 −125m。帷幕孔深基本在 220m 左右。本次施工的试验段为东帷幕试验段。

2　岩溶发育情况

下泥盆统上伦组含水层为盘龙铅锌矿的大岭矿段的直接充水含水层，为本次防渗帷幕工程的帷幕防护地段。钻探揭露的岩溶主要发育在白云岩内，灰岩、泥质灰岩、泥灰岩中岩溶不发育，该岩组的钻孔遇溶洞率为 17.78％。溶洞主要分布在 −80m 标高以上，钻孔遇到的溶洞数占遇溶洞总数的 87.09％，岩溶发育，为强岩溶发育段；−80～−120m 标高段，钻孔遇到的溶洞数占遇岩溶总数的 9.68％，为中等岩溶发育段；−120m 标高以下钻孔揭露溶洞占总溶洞数的 3.23％，为弱等岩溶发育段。由钻孔揭露岩溶发育的平面分布还是垂向上的发育程度可知，岩溶发育都存在在差异性和不均一性，但总体在垂向上随着深度加深，岩溶发育亦随着减弱的规律还是很明显的。

3　工程布置

根据初步设计文件和勘察文件，东帷幕北部注浆试验段位于岩溶强烈发育区 ZK5 号钻孔位置，虑到未来帷幕设计存在优化的可能，将北部注浆试验段孔间距按成 4m、6m、8m 设置；试验段采用双排直线布孔，排间距为 3.0m，分南北两段，每个试验段布置注浆试验孔 14 个，自检检查孔 4 个，第三方检查孔 1 个。先施工靠矿区（西）侧的一排孔，后施工靠黔江侧的一排孔。各排分两序孔施工，先施工Ⅰ序，后施工Ⅱ序孔（图 1）。

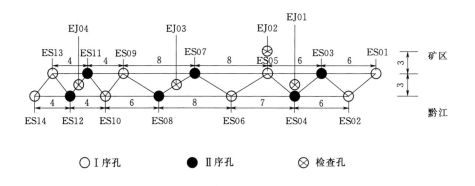

图 1　北部试验孔位布置图

4　注浆材料及浆液配比

本次注浆试验所采用的注浆材料主要为水、水泥、黏土及少量外加剂，所有注浆材料均达到了相应的技术要求。

（1）黏土：注浆用黏性土的塑性指数不小于 10，黏粒（粒径小于 0.005mm）含量不少于 15%，含砂量不大于 5%，有机物含量不大于 3%。黏土宜采用浆液的型式加入，并筛除大颗粒和杂物。

（2）外加剂：针对强透水、极强透水地层，本次试验在采用以黏土、水泥等为主要原材料，同时添加 3%～7%（水泥质量）促使浆液水下不分散、抗冲蚀、快凝的 HY-1 外加剂材料，进行注浆。

本次注浆试验主要采用纯水泥浆液，在处理耗浆量大的溶洞或大的裂隙时采用水泥黏土膏浆浆液。在大规模应用水泥黏土浆液前，各材料的掺入量均已通过试验确定。本文主要论述黏土水泥膏浆的应用。

对于钻孔回水减少或消失的，或强透水、极强透水的基岩段（$q \geqslant 15Lu$），采用水泥黏土浆、膏浆等浆材进行注浆、充填。实施时，以水泥黏土浆开灌（表 1 中 1 号或 2 号配比），按水泥黏土浆、膏浆的顺序，逐级变浓的原则进行。

表 1   强透水、极强透水地层注浆试验材料

配比序号	主要原材料/kg					流动度/mm	结石性能/MPa	备注
	黏土	水泥	河砂、石粉	水	HY-1/%			
1	150	100	—	300~350	—	250~300	1.0~3.0	基岩裂隙
2	100	100	—	200~250	—	230~270	1.5~3.5	
3	100	100	—	160~180	3	180~220	3~5.0	溶蚀裂隙或宽大裂隙、溶洞
4	100	100	—	160~180	5	120~160	3~5.0	
5	100	100	—	160~180	7	60~80	3~5.0	

5 施工工艺

5.1 注浆方法

特殊地段（溶洞、风化蚀变带等）采用了可控复合膏浆高压脉动灌浆，可控复合膏浆高压脉动灌浆技术是采用既具一定流动可灌性又具一定高塑性变形强度及时变性的特殊复合膏浆，利用浆液可控凝结及时变的特性，采用全液压无级调速高压脉动灌浆泵，借助脉动瞬间高压促使浆液通过特殊灌浆头灌注，能有效控制浆液的扩散范围，保证浆体在钻孔周围较均匀扩散充填透水孔隙，从而使松散强透水地层内快速形成防渗效果较好的连续帷幕体。

高压脉动灌浆的灌浆流程大致为：钻孔、灌浆准备→孔口处下套管→并安装灌浆器→灌浆段钻孔洗孔→灌浆段灌入封闭浆体→封闭浆体待凝→选择合适浆液灌浆→达到结束标准→自下而上小间隔提升灌注→本灌浆段灌浆结束→进行下一段灌浆。

5.2 注浆压力

各序孔的注浆压力见表2。

表 2   各序孔注浆压力参考值

孔序	Ⅰ序孔	Ⅱ序孔	备注
灌浆试验压力（以静水压力计）	2.0倍	2.5倍	覆盖层、断裂破碎带等宜采用较小的灌浆压力

5.3 浆液变换

在遇到溶洞、大裂隙，孔口无返水的孔段，根据压水试验结果，确定初始浓度的浆液开灌比，以水泥黏土浆开灌（表1中1号或2号配比），按水泥黏土浆的顺序，逐级变浓的原则进行。若注浆40min后仍不起压，则改用浓一级的浆液，或加速凝剂，当采用最浓浆液（水灰比0.5∶1）仍不起压时，则采用间歇注浆，间歇注浆一次注浆约50m³，间歇时间为浆液初凝以后，终凝以前。

5.4 注浆结束条件

注浆过程正常进行的前提下，依据以下三个条件结束注浆。

5.4.1 单次注浆结束条件

（1）一般情况下，注浆压力均匀持续上升达到设计最大压力，单位注浆量不大于1L/min，继续灌注30min，即达到本次注浆结束条件；岩溶发育地层在注浆压力达设计压力，

单位注浆量小于 2L/min 时，继续灌注 30min，也可结束本次注浆。

（2）单次未达到以上条件的注浆段次（如间歇注浆、设备故障引起的中断注浆），扫孔后可以不压水直接注浆，直到单次注浆达到上述条件。

5.4.2 注浆段结束条件

在达到"单次注浆结束条件"的前提下，进行扫孔冲洗，再进行压水试验，满足设计要求，即可认为达到本段结束标准。

5.4.3 注浆孔（整孔）结束条件

钻孔进入相对隔水层，各段达到结束条件，在灌注后扫孔，全孔压水试验达到结束条件时，透水率 $q<5Lu$ 时，即可认为达到终孔结束条件；若透水率大于 5Lu 则采用上行逐段进行压水试验，并对不合格段次进行复灌。

6 效果分析

6.1 注浆效果分析

根据检查孔施工情况看，EJ01、EJ03、EJ04 三个检查孔布置在帷幕体中间在钻进过程中冲洗液漏失量很小。结合表 3 统计成果综合分析，除 EJ3 检查孔在 91.6～106.0m 位置透水率为 5.78Lu（$q>5Lu$）外，其他各段压水试验结果均小于 5Lu，符合规范要求的大于 5Lu 的孔段未超出设计标准 150%（7.5Lu），且不合格试段不集中，各单元检查孔压水试验合格率均大于 90%。各孔距注浆效果均满足设计防渗要求。

表 3 　　　　　　　　各孔验证透水率及检查孔透水率统计成果表

试验段名称	孔距/m	钻孔名称	验证透水率/Lu	检查孔		备　注
				名称	透水率/Lu	
东部注浆试验段	4	ES10～ES14	1.98	EJ04	2.25	帷幕轴线外（靠矿区侧）3m 布置 EJ02 检查孔，透水率为 5.3Lu
	6	ES01～ES05	2.13	EJ01	1.17	
	8	ES05～ES09	2.34	EJ03	2.30	

6.2 注浆材料分析

根据本次试验并结合以往矿区有关的资料，本试验段白云岩含水层一般以裂隙为主（特殊情况除外），且部分区段存在溶洞（ES05、ES07 共探明 4 个溶洞），矿区排 Ⅰ 序孔共进行压水试验 45 次，透水率平均值为 26.17Lu，大于 15Lu 的段次为 31 段，占总段数的 75.6%，大于 5Lu 的段次为 40 段，占总段数的 88.9%。说明本试验区域总体透水量大，耗浆量大，通过本次注浆试验，在注前透水率小于 15Lu 的孔段采用纯水泥浆液灌注，在灌前透水率大于 15Lu 的孔段堵水帷幕采用了水泥黏土浆进行灌注，经 Ⅱ 序孔以及检查孔压水试验检验，证明水泥粘土浆能满足防渗效果要求。

故根据本次注浆试验，表明注浆材料采用以纯水泥浆为主，水泥黏土浆为辅是适宜的。

7 结语

相对于纯水泥浆，水泥黏土浆液用于基础加固、防渗堵水而言，具有原材料成本更低、更易于获得、环保等优势，其形成的帷幕具有耐久性好、抗溶蚀等优点，在施工过程中制浆、灌浆操作方便，已成为注浆行业使用量最大、使用面最广的注浆材料，被广泛应用于水利水电、矿山、隧道、市政等多个领域的防渗和加固工程中。

参考文献

[1] 张贵金，许毓才，陈安重，等.一种适合松软地层高效控制灌浆的新工法——自上而下、浆体封闭、高压脉动灌浆 [J].水利水电技术，2012，43 (3)：38-41.
[2] 李亚武.岩溶地基处理技术 [J].铁道工程学报，2002，12 (4)：44-49.
[3] 张景秀.坝基防渗与灌浆技术 [M].北京：中国水利水电出版社，2002.

水泥稳定性浆液在灌浆施工中应用探讨

蒋永生　　邓力雄

（中国水利水电第八工程局有限公司）

【摘　要】 本文介绍了在宗格鲁（Zungeru）水电站固结灌浆试验施工过程中，针对泥质千枚岩地层，采用稳定水泥浆液的灌浆方法，阐述了该施工工艺的主要技术特点、施工工艺流程以及灌浆成果与质量检查结果分析。根据分析成果，简要探讨了水泥稳定性浆液在灌浆施工中的应用。

【关键词】 稳定性浆液　灌浆试验　施工工艺

1　前言

稳定性浆液是 20 世纪 90 年代初瑞士专家隆巴迪等人在灌浆强度值法（简称 GIN 工法）中使用的灌浆浆液。稳定性浆液的主要性能指标是析水率和黏度，一般要求：2h 析水率不超过 5%，浆液黏度小于 35s（规格 4.8mm 的马氏漏斗），对固结灌浆一般还要求其 28d 龄期抗压强度不小于 10MPa。

根据国外的一些观点，稳定性浆液具有析水少、结石强度高、裂隙充填密实、节省浆材等特点，以及在灌浆过程中不用变换浆液配比，简化了施工工序，提高了施工效率等优点。宗格鲁项目固结灌浆工程按照合同要求采用美国标准，合同技术条款中推荐采用稳定性浆液，因此在大坝固结灌浆开始前，为试验稳定性浆液施工工艺流程和设备的合理与可靠性，以及确定稳定浆液的配合比和性能参数，在现场进行了稳定浆液的灌浆生产性试验。根据试验的压水检查结果，表明稳定浆液应用于该类地层是可行的，试验取得了成功。同时也通过本次试验，为以后遇到类似地层的基础处理推广该技术提供有关数据和经验。

2　概述

2.1　工程概述

宗格鲁水电站位于尼日利亚联邦共和国尼日尔州宗格鲁镇东北 17km 的卡杜纳河上，电站距首都阿布贾直线距离约 150km。该电站是一座兼有发电、防洪、灌溉、养殖、航运等多用途的水电工程，电站装机容量 700MW，最大坝高约 90m，工程总库容为 114.19 亿 m³，具有多年调节性能。电站枢纽由拦河大坝、坝后厂房、变电站等建筑物组成。拦河大坝由碾压混凝土重力坝段及左、右岸心墙堆石坝段构成，总长约 2360m。按设计要求在

RCC 坝基及左、右堆石坝坝基进行了固结灌浆处理。

2.2 地质条件

根据勘探和相关资料，坝址区地层岩性较为单一，均由含大量云母或绢云母矿物的泥质千枚岩组成，河床部位石英，绢云母等矿物呈平行排列组合。坝址区域地下水水位较低，岩体多呈微—弱透水，局部位置出现断层带、破碎带、节理密集带等，其透水性相应较大。

3 稳定性浆液配合比试验

3.1 灌浆材料

（1）灌浆水泥采用当地采购的 Lafarge 水泥，水泥强度等级为 42.5MPa。采用勃氏透气仪测定每克水泥 $3340cm^2$ 表面积，水泥颗粒通过 $80\mu m$ 方孔筛的筛余量为 0.46%。

（2）配置稳定性浆液采用 TG-2 缓凝高效减水剂，减水剂的各项性能指标见表 1。

表 1   TG-2 型缓凝高效减水剂

项目	指标	检测结果	项目	指标	检测结果
外观	棕褐色粉状物	棕褐色粉状物	pH 值	7～9	8.1
含水率/%	≤7	3.4	氯离子含量	无	无
细度/%	0.315mm 筛余≤10	4.7	减水率%	≥16	22

3.2 稳定浆液的室内试验

为了了解和分析国外使用稳定浆液的性能指标情况，现统计了已公布有稳定浆液性能指标的世界知名的四个大坝的稳定浆液使用情况（表 2）。

表 2   国外应用稳定性浆液情况

国家	工程名称	应用部位	水灰比	高效减水剂/%	膨润土/%	黏度/s	2h 析水率/%
墨西哥	阿瓜米尔帕坝	混凝土面板基础	0.9:1	1.6	—	28～32	4
巴西与巴拉圭	伊泰普大坝	坝基	1:1	—	1～2	38～40	5
阿根廷	阿里库拉大坝	坝基	1:1	—	2	32～38	3～5
			0.67:1	1			
新西兰	克来德大坝	坝基	1:1	—	5	32～34	＜2

从表 1 所列资料可以看出，添加膨润土时，其水灰比都比较大，均为 1:1；要配制较小水灰比，即 0.67:1～0.9:1 时，都用高效减水剂而不用膨润土。所使用的稳定浆液的黏度都在 40s 之内，其 2h 内的析水率都不大于 5%。

为配置满足现场施工所用稳定性浆液，本次室内进行了 0.7:1、1:1 等不同水灰比的稳定性浆液配比试验，试验内容包括浆液密度、黏度、凝聚时间、析水率，抗压强度。据各项综合指标推荐以 0.7:1 的稳定性浆液配合比为优。最终确定的配比为：水灰比 0.7:1 外掺 1% 的缓凝高效减水剂。浆液试验成果见表 3。

水灰比 W/C	减水剂掺量 /%	马氏漏斗黏度 /s	密度 /(g/cm³)	析水率/% 2h	凝结时间/(h：min) 初凝	凝结时间/(h：min) 终凝	抗压强度/MPa 14d	抗压强度/MPa 28d
1：1	—	27.5	1.522	27.6	6：40	10：00	11.3	16.0
0.7：1	—	34.7	1.667	7.2	6：30	9：30	16.7	21.6
1：1	0.5	27.3	1.552	31.7	11：00	13：00	17.8	25.1
1：1	1.5	27.1	1.528	18.9	18：00	21：00	24.3	29.5
0.7：1	0.5	31.4	1.671	14.8	10：30	12：30	19.1	24.5
0.7：1	0.8	30.3	1.673	8.5	12：30	15：00	25.5	30.1
0.7：1	1.0	29.8	1.675	4.3	17：30	20：30	29.2	36.7

表3   浆 液 试 验 成 果 表

根据表3中结果，缓凝高效减水剂对水泥浆液的影响如下：

（1）浆液黏度随减水剂含量的增加而减小，抗压强度随减水剂含量的增加而增大；

（2）浆液析水率随减水剂含量的增加先增大，然后减小。尤其是在减水剂的含量超过0.8%时，2h内的析水率下降的特别快，这是因为减水剂能使水泥浆体产生细密均匀的封闭气泡，从而降低析水性。

4 稳定性浆液现场试验

4.1 试验区选择

相关资料显示，稳定性浆液对岩溶发育地段和细小裂隙等岩体的灌浆效果较差。为验证所选浆液配合比对本工程地质情况的适应性，根据建基面验收资料，在地质条件较为单一、岩体波速测试结果较大的导流底孔坝段选取一个坝段为试验区A和在地质条件较为复杂、岩体波速测试结果较小的岸坡坝段选取一个坝段为试验区B进行固结灌浆生产性试验（试验区B存在一个地址破碎带，其透水率相对较大）。固结灌浆孔按孔排距均为3m，梅花形布置，孔深为入基岩5m。试验区A共200个灌浆孔，其中Ⅰ序孔96个，Ⅱ序孔104个，试验区B共139个灌浆孔，其中Ⅰ序孔66个，Ⅱ序孔73个。试验区布孔方式图如图1所示。

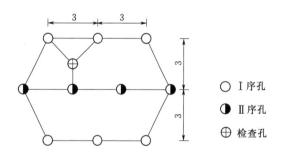

○ Ⅰ序孔
◗ Ⅱ序孔
⊕ 检查孔

图1   试验区布孔方式图（单位：m）

4.2 施工工艺

（1）施工顺序：抬动孔钻孔、埋设抬动→固结灌浆试验施工顺序为Ⅰ序孔钻孔、压水、灌浆及封孔→Ⅱ序孔钻孔、洗孔、灌浆及封孔→检查孔钻孔、压水、灌浆及封孔。

（2）钻孔：固结灌浆试验采用MDL-135D履带式钻机钻孔，采用20m³/min中风压柴油空压机供风，检查孔采用XY-2型地质钻机钻孔取芯。

（3）压水：固结灌浆Ⅰ序孔灌前应结合裂隙冲洗进行简易压水试验，压水压力为灌浆压力的 80％，固结灌浆的检查孔压水试验采用五点法，压水压力分别为灌浆压力的 24％、48％、80％、48％、24％。

（4）灌浆方法：本次固结灌试验将采用有盖重、孔内阻塞、全孔一次灌注、循环式灌浆方法。

（5）灌浆压力：固结灌浆Ⅰ序孔采用 0.2MPa 压力，Ⅱ序孔采用 0.4MPa 压力。如混凝土厚度超过 4m，则灌浆压力提升 0.1MPa。

（6）灌浆结束标准：在该灌浆段最大设计压力下，注入率不大于 1L/min 后，继续灌注 30min，结束灌浆。

（7）灌入量达到 300L/m 或灌浆开始 90min 后仍达不到闭浆条件，可结束本段灌浆。该段待凝 24h 后扫孔复灌。

4.3 质量控制

（1）固结灌浆试验采用稳定浆液，制浆材料必须称量，称量误差应小于 1％，水泥等固相材料应采用重量称量法。缓凝高效减水剂应采用水溶液的形式掺入。

（2）灌浆浆液每天检测不小于 2 次，检测内容为密度、黏度、温度、析水，检测标准见表 4。

表 4 浆 液 性 能 检 测

配合比 /(W/C)	浆液性能			
	密度/(g/cm³)	黏度/s	析水率/％	浓度
0.7∶1	1.60～1.70	<35	<5（2h）	<40℃

（3）因该稳定性浆液初凝和终凝时间较长，故在周边Ⅰ序孔施工完成 48h 后，方可进行Ⅱ序孔施工。

（4）灌浆时候应严格按照规定的灌浆程序和灌浆参数进行施工。

5 灌浆质量检查及成果分析

（1）单位注入量与孔序之间的关系分析。单位注入量与孔序关系分析如图 2 所示。

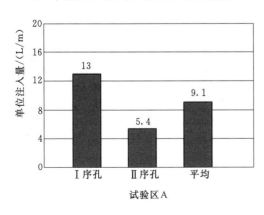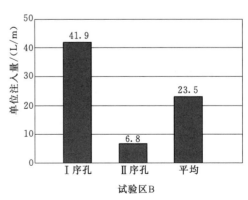

图 2 各孔序单位注入量直方图

由图 2 可以看出，随着灌浆孔序的不断加密，总的呈现出单位注入量明显减小的变化趋势，如试验区 B I 序孔平均单位注入量为 41.9kg/m，II 序孔的单位注入量为 6.8kg/m，II 序孔的单位注入量只占 I 序孔的 16.2%，且地质条件较差的试验区 B 的灌入量明显大于地质条件较好的试验区 A，符合基岩灌浆的一般规律，说明灌浆质量效果显著。

（2）检查孔压水试验成果资料分析。压水试验成果见表 5。

表 5   检查孔压水试验成果表

部位	灌前压水成果					灌后压水成果				
	孔数 /m	总段数 /段	最大透水率/Lu	最小透水率/Lu	平均透水率/Lu	孔数 /m	总段数 /段	最大透水率/Lu	最小透水率/Lu	平均透水率/Lu
试验区 A	66	66	43	0	4.7	10	10	1.5	0.00	0.66
试验区 B	96	96	无回水	0	21.58	7	7	2	0.44	1.16

从表 5 可以看出：试验区共布置了 17 个灌后检查孔，进行检查孔压水试验 17 段，透水率最大值 2.0Lu，最小值 0.0Lu，压水透水率均小于 3Lu，合格率 100%。说明试验区灌后检查孔透水率均满足设计要求，灌浆效果显著。将试验区 A 和试验区 B 的灌前、灌后压水结果对比，室内试验配置的稳定性浆液不管是针对地质条件较为单一、岩体波速测试结果较大的导流底孔坝段还是针对在地质条件较为复杂、岩体波速测试结果较小的岸坡坝段都有较好的灌浆效果。

6 结论和建议

根据试验区 A 和试验区 B 的灌浆资料综合分析和检查孔压水试验成果，验证了本工程选用的施工参数、施工方法、施工工艺和方法的可行性，通过室内的浆液性能试验，确定的灌浆材料和配合比具有良好的稳定性、可灌性，完全能满足规范及设计提出的各项质量指标要求。

（1）单一水灰比、较浓的稳定浆液在灌浆工作中，不但简化了操作工艺，也保证了灌浆质量，同时也控制了扩散半径，节约了材料，亦节省了内业资料整理时间。采用稳定浆液灌浆是目前灌浆技术发展的一个趋势。

（2）稳定性浆与传统多级配合比浆液相比，稳定性浆液更具有针对性，其灌浆效果跟所选的配合比有着更直接关系，建议大规模施工前应选取多块试验区进行对比试验，以保证所配置的稳定性浆液的配合比适用于复杂多变的地层。与之同时对设计者的灌浆经验和技术水平水平要求更高。这也体现了灌浆行业的专业性。

参考文献

[1] 饶香兰.稳定水泥浆的研究与应用.[D].湖南：中南大学，2000.
[2] 田华祥.小浪底大坝 GIN 法灌浆浆液的稳定性和流动性分析 [J].广西水利水电，2001（2）：33-35.

［3］ 买买江·木莎，李远林，李新锡，吐逊江·木沙.稳定性浆液在某水电站灌浆中的试验及应用 ［J］. 西部探矿工程，2008 （11）：16－18.

［4］ 熊丽娜，王娟，韩亚芳.稳定性浆液在基础灌浆工程中的研究应用 ［J］.内江科技，2012 （7）： 138－145.

［5］ 阮文军.灌浆扩散与浆液若干基本性能研究 ［J］.岩土工程学报，2005，27 （1）：69－73.

两河口水电站大坝灌浆施工中
盖板混凝土的抬动变形控制

张来全[1]　　王宏刚[1]　　陈淑敏[2]

(1.北京振冲工程股份有限公司　2.中国建筑第八工程局有限公司西南分公司)

【摘　要】　灌浆施工过程中由于各种原因产生的抬动变形对灌浆区域的盖板混凝土等造成不同程度的危害及破坏，因此如何有针对性地控制好抬动变形是灌浆施工的关键所在。本文对两河口水电站大坝灌浆施工过程中产生的抬动变形情况进行分析，总结得出了多种使抬动变形受控的实践性方法。

【关键词】　大坝 灌浆 抬动变形控制

1　工程简介

两河口水电站位于四川省甘孜州雅江县境内的雅砻江干流上，水库正常蓄水位高程2865.00m，水库总库容为107.67亿 m^3，电站装机容量3000MW。枢纽建筑物由砾石土心墙堆石坝、洞式溢洪道、深孔泄洪洞、放空洞、漩流竖井泄洪洞、地下发电厂房、引水及尾水建筑物等组成砾石土心墙堆石坝最大坝高295m。

大坝灌浆工程主要施工项目有：有盖重基础固结灌浆，预估灌浆工程量为11.83万m；灌浆平洞回填、固结、搭接帷幕及主帷幕灌浆，预估帷幕灌浆工程量26.69万m；AGR1～AGR5厂区搭接帷幕及主帷幕灌浆，预估帷幕灌浆工程量20.21万m等。

2　工程地质条件

河床坝基长约1.3km，其中心墙坝基140m。下伏基岩为两河口组中、下段（ T_3lh^2、 T_3lh^1 ）的变质砂岩及板岩。断层以顺层挤压为主，陡倾下游，断层破碎带宽度0.1～100cm，厚度变化大，以小于50cm为主，主要充填片状岩、方解石及石英脉、糜棱岩等，带内物质挤压紧密。河床岩体以弱风化及弱卸荷为主，据钻孔揭示弱风下化带深度3.66～42.1m，风化不均，以10～20m为主。河床部位覆盖层以下垂直埋深0～50m段基岩 $q \leqslant 15Lu$，垂直埋深50～150m段基岩 $q < 10Lu$；垂直埋深160～180m段基岩 $q \leqslant 3Lu$。

左岸岸坡出露地层岩性为三叠系上统两河口组中、下段（ T_3lh^1、 T_3lh^2 ）砂板岩，其中 T_3lh^1、 $T_3lh^{2(1)}$ 为变质砂岩、砂质板岩相间分布，分布于坝上游；堆石坝心墙部位主

要为 $T_3lh^{2(2)-①}$ 层变质粉砂岩，$T_3lh^{2(3)}$、$T_3lh^{2(4)}$ 层粉砂质板岩夹绢云母板岩及变质粉砂岩分布于坝下游。心墙部位边坡基岩大多裸露，坡面局部可见薄层坡残积物，上游坝壳区中下部崩坡积广泛分布。

右岸岸坡主要由三叠系上统两河口组下段（T_3lh^1）及中段（T_3lh^2）地层组成，其岩性以变质粉砂岩、粉砂质板岩向下游渐变为粉砂质板岩夹绢云母板岩及粉砂质板岩与绢云母板岩互层。岩层产状为 N60°～75°W/SW∠60°～75°，与河流近垂直相交。右坝肩边坡部位断层相对较发育，规模较大者主要有 f11、f12、f13、f4 等断层，多由片状岩、糜棱岩、角砾岩及不连续的石英脉组成，片状岩强烈炭化，结构较紧密。边坡裂隙总体较发育。

3 抬动变形观测

抬动观测每 10min 记录一次。裂隙冲洗、压水试验、检查孔压水时若抬动超过 $100\mu m$，则可根据实际情况，适当降低压力。若抬动仍不可控，则采取相应的防抬措施后再进行裂隙冲洗或压水试验。在灌浆过程中安排专人严密监视抬动装置千分表的变化情况，在抬动值小于 $100\mu m$ 时，灌浆压力的升压过程按灌浆压力与注入率的协调控制；在 $100\mu m \leqslant$ 抬动值 $< 200\mu m$ 时，灌浆升压过程严格控制注入率小于 10L/min，如果抬动值不再上升，逐级升压，否则停止灌浆，研究具体措施。

4 抬动变形统计分析

4.1 固结灌浆抬动统计分析

大坝基础固结灌浆共有 18 个单元出现了局部抬动变形，其中河床盖板 9 个，左岸盖板 6 个，右岸盖板 3 个，最大抬动变形值为 $330\mu m$，抬动情况及频率见表 1，抬动分布位置如图 1 所示。

表 1　　　　　　　　　　抬动值频率统计表

部位	抬动单元/个	抬动段数/段	频数（段）/频率/%				最大值/μm	最小值/μm	平均值/μm
			≤50	50～100	100～200	>200			
高程 2600m 以下									
河床盖板	9	61	33/54.1	12/19.7	14/23.0	2/3.2	330	5	67
大坝左岸	4	11	1/9.1	3/27.3	7/63.6	0/0	129	46	96
大坝右岸	2	4	1/25.0	0/0.0	3/75.0	0/0	168	38	110
高程 2600～2620m									
大坝左岸	2	2	2/100.0	0/0	0/0	0/0	10	10	10
大坝右岸	1	3	1/33.3	1/33.3	0/0	1/33.3	210	35	108

（1）高程 2600m 以下固结灌浆。施工过程中有 76 段出现了抬动变形，洗孔及压水出现 43 段，灌浆及封孔出现 20 段，压水及灌浆出现 13 段，具体见表 2。说明大部分抬动变形都出现在裂隙冲洗和灌前压水工序。

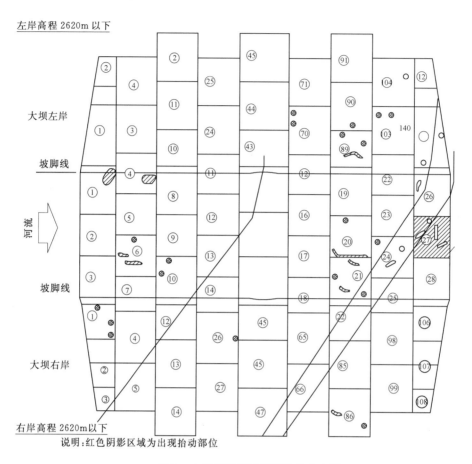

左岸高程 2620m 以下

大坝左岸

坡脚线

河流

坡脚线

大坝右岸

右岸高程 2620m 以下

说明：红色阴影区域为出现抬动部位

图 1 大坝基础固结灌浆抬动分布图

表 2　　　　　　　　　　　高程 2600m 以下抬动值频率统计表

施工工序	总段数 /段	最大变形 /μm	抬动值<50μm		50~100μm		抬动值>100μm	
			段数	频率/%	段数	频率/%	段数	频率/%
洗孔及压水	43	330	20	44.2	7	18.6	16	37.2
灌浆及封孔	20	168	10	50.0	4	20.0	6	30.0
压水及灌浆	13	157	5	38.5	4	30.8	4	30.8

有 6 个固结灌浆单元由于抬动变形超过设计允许值（200μm）或出现较大抬动、变形值短时间快速增加等原因，结合现场实际情况布置了一定数量的随机抗抬锚杆；其余单元变形值整体可控，采取了加强观测、延长待凝时间、采取泵头分流、分级缓慢升压、限流、限压等措施进行控制。

（2）高程 2600～2620m 范围固结灌浆。高程 2600～2620m 段固结灌浆施工过程中共有 5 个孔段出现了抬动变形，其中 2 个孔段出现在裂隙冲洗中，3 个孔段出现在灌浆过程中，最大抬动变形值为 210μm，最小抬动变形值为 10μm。具体抬动变形情况见表 3。

表 3			高程 2600～2620m 抬动值频率统计表					
工序	总段数/段	最大变形/μm	抬动值<50μm		50～100μm		抬动值>100μm	
			段数	频率/%	段数	频率/%	段数	频率/%
洗孔	2	10	2	100	0	0	0	0
灌浆	3	210	1	33.3	1	33.3	1	33.3

右岸 86 号混凝土盖板有 3 段出现较大抬动变形，最大抬动变形值为 210μm，在抬动部位距上游施工缝 50cm 处布置了 5 根抗抬锚杆，并结合待凝、限流、限压、单孔单段依次灌注等措施进行控制，其余 2 个单元采用分级缓慢升压、限流、限压等措施处理，抬动可控。

4.2 帷幕灌浆抬动统计分析

左岸三角区帷幕灌浆施工过程中，1～5 号、1～6 号孔第 1 段灌浆时出现抬动，最大变形值 160μm，并有继续升高趋势，现场紧急采取待凝措施。后期决定降低帷幕灌浆孔口段压水和灌浆压力，并在该混凝土盖板周围（距施工缝 50cm）布置一圈抗抬锚杆，将剩余帷幕灌浆孔的孔口管加深至 3.0m 等措施。灌浆结束后，在帷幕区布置 26 个浅层加固孔进行加强灌浆处理。抬动情况见表 4。

表 4					左岸三角区帷幕灌浆抬动情况及处理措施统计表	
单元编号	板块编号	孔号	段次	施工工序	抬动值/μm	处 理 措 施
A117120001	左岸 43 号、齿槽岸坡混凝土块	ZS1W01－01－05	1	灌浆	160	降低孔口段压水和灌浆压力；围绕 43 号盖板在距混凝土分缝 50cm 处布置 24 根抗抬锚杆；剩余灌浆孔的孔口管加深至 3.0m；在上、下游帷幕两侧及 43 号盖板与左岸齿槽交接处共布置 26 个浅层加强灌浆孔
		ZS1W01－01－06	1	灌浆	140	

由于左岸三角区帷幕 1 单元出现较大抬动，为保证灌浆质量并检验灌浆完成后盖板混凝土与基岩面的结合情况，在左岸三角区帷幕灌浆单元（43 号混凝土盖板）布置 3 个接触面孔内电视检查孔。经查盖板混凝土与基岩接触段均有水泥结石填充，且结合紧密，说明接触段灌浆质量满足要求。其孔内电视检查图像如图 2 所示。

4.3 混凝土盖板抬动原因剖析

综上分析，可能引起混凝土盖板抬动的原因有以下几点：

（1）大坝基础基岩固结灌浆。

1）与岩层裂隙发育有关。根据坝区地质条件，该区域岩层陡倾角裂隙及顺坡向卸荷裂隙发育，灌浆时浆液在压力作用下沿顺层裂隙及顺坡向卸荷裂隙串流至浅层区域，并直接作用在混凝土盖板上，当局部裂隙发育较密时就容易引起混凝土盖板抬动。

2）与断层破碎带发育有关。由图 1 可知，部分抬动紧邻断层破碎带，而断层破碎带属于地质缺陷，在压水和灌浆时容易引起抬动。

3）与现场交叉施工有关。河床 6 号、20 号、21 号、27 号等混凝土盖板的固结灌浆施工与混凝土浇筑交叉作业，灌浆期间虽对灌浆管路采取了防护措施，但有时重型混凝土罐

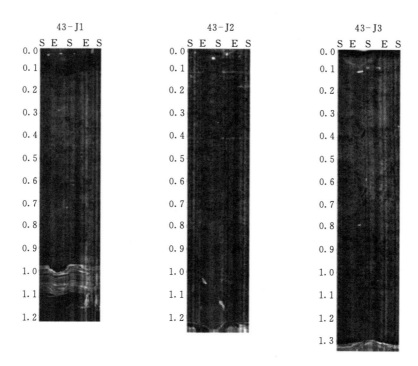

图 2   左岸三角区帷幕灌浆单元接触面检查图像

车在错车时不可避免会碾压到回浆管路，导致孔内浆液无法及时返回而瞬间引起抬动。

4）与现场操作和设备性能有关。灌浆施工过程中，由于操作人员不熟练或设备维修不及时可能造成灌浆压力波动较大并引起抬动。

（2）坝肩三角区帷幕灌浆。

1）与三角区帷幕的孔口管埋设深度有关。岸坡开挖时，围岩的卸荷深度大多在 2～5m，而三角区帷幕的孔口管埋设深度为入岩 2.0m，在卸荷深度范围内。采用孔口封闭灌浆法时，灌浆压力可能经孔口管底端传递到浅层卸荷区及盖板混凝土而引起抬动。

2）与三角区帷幕浅表段灌浆压力偏高有关。岸坡三角区帷幕灌浆施工期间，区域内的基础固结灌浆已施工完成并检查合格，但由于帷幕灌浆浅表段的压力大于固结灌浆（0～2m 固结灌浆为 0.3～0.5MPa，帷幕灌浆为 0.6～2.0MPa；2～8m 固结灌浆为 0.7MPa，帷幕灌浆为 3.0～5.0MPa），孔口段采用混凝土内卡塞灌浆法时容易击穿基岩与盖板混凝土之间的结合面出现抬动。

5　结论

（1）前期施工经验表明，大部分抬动都具有瞬发性，故只要出现较明显抬动（抬动值不小于 $50\mu m$）就要及时采取限流、限压、待凝等措施，直至抬动值不再增大为止。出现抬动的单元，其检查孔压水压力应取单元最低灌浆压力，防止压水过程中出现二次抬动。

（2）加深三角区帷幕灌浆的孔口管埋设深度可以有效降低浅表段抬动发生的风险，高程 2600m 以上三角区帷幕的孔口管埋设深度全部从入岩 3m 加深至 5m；并适当降低浅表层的压水和灌浆压力，延长浅表段（0～5m）的待凝时间等，进一步提高浆液凝结的强度，防止深孔段高压灌浆击穿浅层陡倾角裂隙引起抬动变形。

（3）灌浆阶段出现超过设计及规范允许的变形值时（灌前压水抬动值超过 $100\mu m$，灌浆抬动值超过 $200\mu m$），根据施工实践应增加布置 $\phi28$，入岩深度 5.5m、孔口外直弯 0.30m 的随机抗抬锚杆，且单元内灌浆孔采取单孔单泵依次施灌。

（4）为了减少灌浆过程中出现较大压力波动且难以控制，灌浆泵需要安装稳压器并进行泵头分流，限制入孔流量以稳定压力。

高水头下复杂岩体防渗补强技术研究与应用

汪在芹[1,2,3]　廖灵敏[1,2,3]　魏涛[1,2,3]　陈亮[1,2,3]　肖承京[1,2,3]

(1.长江科学院　2.水利部水工程安全与病害防治工程技术研究中心
3.国家大坝安全工程技术研究中心)

【摘　要】　本文详细介绍了高水头下复杂岩体防渗补强成套技术，包括CW系高性能环氧树脂灌浆材料的研发，新型化学灌浆泵、静态真空混合器等配套灌浆设备系统的研制，以及针对不同工况的水泥-化学复合灌浆精细控制方法的建立。该技术可有效解决200m以上水头下复杂深部岩体的防渗补强技术难题，已成功应用于溪洛渡、向家坝、广东清蓄等重点水利水电工程，也可推广应用到交通、矿山等行业，具有广阔的应用前景。

【关键词】　环氧树脂灌浆材料　高水头　层间层内错动带　挤压破碎带　蚀变带　防渗补强

1　引言

我国西部地区水能资源丰富，目前水利水电工程仍处于建设高峰期，且多为高坝大库。工程多处高山峡谷，地质条件复杂，常遭遇层间层内错动带、挤压破碎带、蚀变岩等不良地质体。如，层间层内错动带在溪洛渡、白鹤滩和官地等水电站均存在，这类不良地质体多为含屑角砾型，具有缓倾角、延伸长、微裂隙密集无规律，嵌合紧密以及透水性较强、抗渗能力较差等特性，高水头下易形成渗水通道。挤压破碎带同样存在于我国向家坝、景洪等大型水电工程中，也是坝基岩体常见的一种不良地质体，其物理力学特性主要包括三个方面：①岩屑夹泥型、泥夹岩屑型，细粒物质含量高，强度低；②泥质含量高，渗透系数小（一般小于 10^{-5} cm/s）；③遇水呈可塑状至流塑状。以花岗岩岩性为主的围岩中一般存在蚀变带，如广蓄、深蓄和清蓄等抽水蓄能电站的高压水工隧洞围岩中。这类不良地质体含蒙脱石、高岭土、伊利石等亲水矿物，遇水膨胀失水崩解，岩体强度低，围岩变形大，岩体渗透系数极低。大坝蓄水后，这些复杂的水工岩体将面临200m以上高水头的长期作用，存在较大渗透破坏风险，对水工建筑物的稳定和长期安全提出严峻挑战。

针对这些抗渗能力差、细粒含量高、渗透系数低、埋深大的碎裂岩体和裂隙岩体的处理，采用常规的普通水泥、湿磨细水泥灌浆往往难以达到设计要求，化学灌浆是更为适用的技术手段。然而，在如此高的水头下，对复杂岩体的防渗补强处理技术难度大幅增加，传统化学灌浆技术难以完全满足其处理需求，主要存在以下技术瓶颈：高压动水条件下灌浆材料难以胶结，扩散范围难以控制，对低渗性不良地质体浸润渗透能力差以及缺少与之配套的施工技术等，亟待开发更为高效的高水头下复杂岩体防渗补强材料及配套技术。

针对上述难题，长江水利委员会长江科学院紧密围绕国家重大水利水电工程建设需求，自 2005 年起，依托水利部"948"计划、国家自然科学基金、溪洛渡工程等国家重点水利水电工程项目，以自主研发的 CW 系新型高性能灌浆材料、成套灌浆设备系统和灌浆控制新工艺为核心技术基础，形成了高水头下复杂岩体防渗补强成套技术和系统解决方案，并在多个重点水利水电工程中得到成功应用。本文全面阐述了高水头下复杂岩体防渗补强化学灌浆材料的研发制备和优化，配套灌浆工艺研究以及该技术在水利水电工程领域的总体应用情况。

2　高水头下复杂岩体化学灌浆材料研发

2.1　材料设计

环氧树脂灌浆材料具有粘接强度高、耐热性好、机械强度大、稳定性优异及在常温下固化后收缩小等特点，是目前使用最多的防渗补强灌浆材料，主要包括环氧树脂主剂、固化剂、稀释剂以及各种助剂等组分。因此，高水头下复杂岩体化学灌浆材料的研发以环氧树脂类材料为主。针对处理水头高、破坏梯度大、处理对象细粒含量高、渗透系数小、微细裂缝密集、性状差异大等技术难点，环氧灌浆材料性能的关键在于以下方面：①固结体应具有较高的力学强度，可抵抗水压等荷载作用；②浆液需具有良好可灌性和浸润渗透性；③固结体应具有较高的黏结强度，不会在高水头下发生挤出破坏等失效现象；④材料需环保健康。以此为出发点进行浆材研究和配方设计。

2.2　CW 系高性能环氧树脂灌浆材料制备研究

（1）环氧树脂主剂的改性。以往用作灌浆材料的环氧树脂类型为 E－44 型，它的主要优点是黏结力强、收缩性小、稳定性高。主要缺点是低温条件下黏度很大，需加热才能从容器中倒出，操作不方便。因此，将传统的环氧树脂进行改性，改性后的双酚 A 型环氧树脂结构如图 1 所示，它除了能保持 E－44 环氧树脂的优点外，还具有低温条件下黏度相对较低、操作简便的特点。

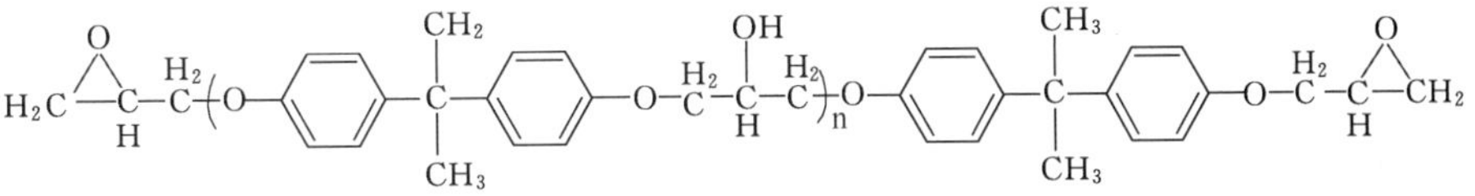

图 1　改性后的双酚 A 型环氧树脂结构

（2）固化剂的改性。环氧树脂的固化剂种类很多，如脂肪族胺类、芳香族胺类和各种胺改性物、有机酸及其酸酐、树脂类固化剂等，化学灌浆主要要求固化剂能在室温、低温、干燥、潮湿和水下等条件下固化。过去多采用乙二胺、多乙烯多胺、半酮亚胺等小分子固化剂，其主要缺点是刺激性气味太浓，环保性差，且在有水条件下固化反应难于进行。为此，制备了具有长脂肪链的改性高分子胺以替代小分子多元胺[1]，使其能在低温和水中固化，并利用取代基 R'改变氨基的活性和数量，调控环氧浆液的可操作时间，使其能在 2h 到 106h 精确可调，同时兼顾浆液的可灌性以及固化产物与混凝土的黏结强度，解决了以往材料在有水、动水条件下难以有效固化的难题。

（3）新型活性稀释剂的研制。由于环氧树脂本身黏度较大，直接用于灌浆可灌性不好，因此需要加稀释剂来降低环氧树脂的黏度。不同于目前常用的糠醛-丙酮稀释剂体系，研发了无毒的醛 R 活性稀释剂作为糠醛代用品[2]，有效提高了材料的环保性能，糠醛与糠醛代用品 R 的性能比较见表1。

表 1　　　　　　　　　　　　糠醛与糠醛代用品 R 的性能比较

项目	熔点/℃	沸点/℃	相对密度	大鼠口服 LD_{50}/(mg/kg)
糠醛	−36.5	162	1.160	50～60
糠醛代用品 R	−26	179	1.04	1300

（4）表面活性剂等助剂的优选。要使化学灌浆材料能够在高水头下灌入到低渗性不良地质体中，在浆液配方设计中要考虑根据不同的处理对象，最大限度地提高浆液对岩体的浸润渗透性和黏结性。为此，通过材料配方优化，加入改性的表面活性剂、偶联剂等，在反应初期起到降低浆液黏度和表面张力的作用，使浆液具有优异的浸润性，有利于无机物表面和浆材形成化学键，从而有效地提高界面黏接强度和水解稳定性，在反应后期又参与反应，与环氧树脂交联在一起，不引起聚合物耐水性的下降，从而改善了传统材料在有水、动水条件下可灌性差、抗挤出破坏能力低的不足[1]。

2.3　CW 系高性能环氧树脂灌浆材料的性能

CW 系高性能环氧树脂灌浆材料的主要性能指标见表 2，该材料在黏度、浸润渗透能力、可操作时间范围、力学性能、环保性能等方面都表现优异。尤其是经中国建材检验认证集团股份有限公司和中国医学科学院检测，材料有害物质含量符合国家建材行业标准 JC1066 规定的各项有害物质限量指标，LD_{50}>5000mg/kg，实际无毒。

表 2　　　　　　　　　　CW 系高性能环氧树脂灌浆材料的主要性能指标

项目	指标
浆液密度/(g/cm³)	1.02～1.06
初始黏度/(mPa·s)	6～20
接触角/(°，玄武岩)	0
界面张力/(20℃，mN/m)	35
可操作时间/h	10～90
抗压强度/(30d，MPa)	60～80
抗拉强度/(30d，MPa)	8～20
黏结强度（干）/(30d，MPa)	>3.0
黏结强度（湿）/(30d，MPa)	>3.0
LD_{50}/(mg/kg)	>5000，实际无毒

3　高水头下复杂岩体灌浆工艺研究

针对细微裂隙发育、可灌性较差的复杂岩体，水泥灌浆法一般难以满足要求，水泥-

化学复合灌浆法更为适用。高水头下进行复杂岩体水泥-化学复合灌浆时，被处理的岩体处在一定水压力作用下，灌浆工艺受到一定影响，涉及灌浆压力、灌浆开灌条件、结束标准等参数设置，以及浆液的扩散范围和浆液在动水条件下的凝固性能，这些条件都影响到水泥-化学复合灌浆对复杂岩体的加固效果，故高水头下复杂岩体的水泥-化学复合工艺的控制需要针对被灌体岩性特征、水头压力、动水情况及浆液特性进行研究，寻找适用于不同复杂岩体和灌浆工况下的灌浆工艺参数，为工程应用提供针对性强的复合灌浆技术方案。

通过室内模型模拟和现场生产性试验相互验证的方式，开发出不同工况下的配套灌浆工艺。针对高水头下帷幕错动带透水性强、裂隙挤压镶嵌紧密的特性，采用深孔同孔复合灌浆工艺，形成了开灌标准为2Lu，"逐级快速升压"的浆液黏度、可操作时间、灌浆压力等多参数精细控制方法。针对帷幕低渗性砂岩破碎带岩体特性，采用同孔复合、孔内阻塞、自上而下分段灌注工艺，形成了"低压慢灌，缓慢逐级升压"的压力、注入率、灌浆时间三参数动态控制方法。针对高压水工隧洞花岗岩蚀变带围岩特性、应力环境和水道系统要求，提出了异孔水泥-化学复合灌浆工艺，建立了全孔一次性高压化学灌浆方法，按照灌浆分序原则和顺序进行施工，一般为从低处往高处灌注，环内从底孔至孔顶灌注，采用环间分序、环内加密的原则。

同时，为了更有效地发挥浆材作用、提高灌浆效率，在灌浆设备上也进行了一系列的创新发明。如，针对已有化学灌浆泵存在的不足，开发了以步进电机为驱动的具有压力、时间、流量三参数控制功能的新型高压化学灌浆泵，可实现化学浆材快速、均匀混合的静态真空混合器，以及可满足7MPa高压灌浆要求的高压灌浆气压（水压）阻塞器等系列新型复合灌浆设备。它们与已有配套设备构成了一套可实现过程精确控制的复合灌浆设备系统。通过这些设备和工艺的配合使用，实现了环氧材料灌浆处理过程的实时动态控制。

4 高水头下复杂岩体防渗补强技术的工程应用

4.1 溪洛渡水电站层间层内错动带防渗处理

溪洛渡水电站坝基存在玄武岩层间层内错动带，裂隙密集，嵌合紧密，硬性结构面延伸长，部分长度大于100m，整体透水性较强，渗透破坏比降低（约为15）。在2013年5月4日下闸蓄水之前对帷幕进行了压水试验，当压力小于和等于1MPa时，检查合格，但随着水库水位上升，渗水量逐渐增大，右岸三条不同高程廊道普遍出现了线状流水。为了防止渗流量随水位上升继续加大，影响坝基长期渗透稳定性和大坝安全，建设单位委托长江科学院对帷幕进行化学灌浆防渗补强。此时库水位已经达到560m（静水头为240余m）。采用CW系高性能环氧树脂灌浆材料和配套工艺进行了处理，灌浆过程从2012年12月开始，2013年8月结束，共处理近4000m。灌后平均透水率小于0.5Lu，较灌前减小明显；检查芯样获取率大于规范规定的85%要求；灌后声波测试较灌前整体有所提高；灌后芯样填充密实。检查结果满足设计要求，工程质量等级评定为优良，提高了坝基渗透稳定性和帷幕耐久性，确保了电站按期蓄水发电。

4.2 向家坝水电站坝基砂岩破碎带防渗补强处理

向家坝水电站坝址区地质条件复杂，坝基自左非坝段至泄洪坝段不同程度分布有以挤压破碎带和挠曲核部破碎带为代表的不良地质体，主要是含泥碎块结构和碎屑结构，原位条件下含水率低（4%左右）、密实度高（2.3g/cm³）；强度低，渗透系数小（10^{-5}cm/s）；埋深大（70余m），遇水易塌孔，可灌性差。虽经深大齿槽开挖置换，但坝基以下仍有残余，其渗透稳定问题尤为突出，单纯采用水泥灌浆或湿磨细水泥灌浆进行多次处理都难以到达设计要求。长江科学院自2010年采用CW系高性能环氧灌浆材料开展了右岸257m平台挠曲核部破碎带和左非9坝段挤压破碎带化学灌浆试验，验证了材料及配套工艺的可行性，经建设单位组织评审验收被推荐为向家坝不良地质体基本处理方案。2012年4—10月进行了左岸挤压带和孔口接触段化学灌浆施工，保证了向家坝水电站按期蓄水发电。2012年12月，建设单位在成都工程建设管理中心组织召开了向家坝水电站初期运行期监测资料分析及工程补强处理方案专题报告审查会。本次会议纪要指出，泄8~13坝段帷幕灌浆灌后检查发现，在核部破碎带上、下分支及其影响带附近不合格孔段分布较为集中，且检查孔涌水量和涌水压力均较大。应建设单位委托，采用CW系高性能环氧灌浆材料及高水头下配套灌浆工艺进行了处理，处理过程中蓄水位从353m逐渐抬高至高程370m、379.7m，化学灌浆工作区水头高达220m以上。灌前由于无法成孔，声波无法测试，灌后声波波速提高16.8%，特别是低波速段的改善明显，水力破坏比降达到260，比灌前提高了11.5倍，钻孔取芯率RQD达到76%，固结效果良好，优于设计指标。

4.3 广东清远抽水蓄能电站花岗岩蚀变带V类围岩防渗补强处理

广东清远抽水蓄能电站最大静水头500多m，其中中平洞最大静水头300多m，中平洞花岗岩断层蚀变带开挖过程中岩体崩解塌方严重，围岩的完整性、均匀性和防渗性差，强度低，衬砌与围岩难以协同作用共同承载。有关单位进行系统水泥灌浆和局部加强加深水泥灌浆后，仍难满足衬砌与围岩协同作用的基本要求，设计要求进行化学灌浆处理。针对这些问题，采用CW系高性能环氧树脂灌浆材料和配套工艺进行了处理，克服了涌水、涌砂、涌泥、塌孔等技术难题。灌后检查发现，环氧浆液对花岗岩断层蚀变带V类围岩充填密实，胶结良好，围岩变形模量得到有效提高，满足设计要求，确保了清蓄充水一次性成功，这种情况在大中型抽水蓄能电站中为国内首例，得到建设单位、设计单位和监理单位的一致好评。

5 结语

针对水利水电工程中层间层内错动带、挤压破碎带等不良地质体在高水头作用下的防渗补强技术难题，研发出高强度、高浸润渗透性、高黏结性、可操作时间精确可调和环保性能优良的高性能环氧树脂灌浆材料，建立了基于材料黏度、可操作时间和灌浆压力等多参数联合控制的水泥-化学复合灌浆施工方法，形成了高水头下复杂岩体防渗补强成套技术和系统解决方案。

该成果经已分别在溪洛渡、向家坝、广东清蓄等国家重点水利工程中得到广泛应用，成功解决了200m以上水头作用下复杂深部岩体的防渗补强处理问题。不仅适用于西南地区复杂岩体的处理，同时也可推广应用到交通、矿山等行业，具有广阔的应用前景。

参考文献

[1] 汪在芹，魏涛，李珍，等.CW 系环氧树脂化学灌浆材料的研究及应用 [J].长江科学院院报，2011，28 (10)：167-170.

[2] 魏涛，李珍，邵晓妹，等.新型低黏度无糠醛化学灌浆材料的研制 [C]//中国水利学会化学灌浆分会第十三次全国化学灌浆学术交流会.北京：中国水利水电出版社，2010.

[3] 肖承京，魏涛，陈亮，等.向家坝水电站挤压破碎带水泥—化学复合灌浆试验研究 [C]//中国水利学会化学灌浆分会第十四次全国化学灌浆学术交流会.北京：中国电力出版社，2012.

[4] 魏涛，张健，陈亮，等.向家坝水电站挠曲核部破碎带水泥-环氧树脂复合灌浆试验研究 [J].长江科学院院报，2015，32 (7)：105-108.

新疆哈密八大石水库断层破碎带固结化学灌浆处理

陈　亮[1]　张　达[1]　汪在芹[2]　魏　涛[1]　李　珍[3]

（1.长江科学院材料与结构研究所　2.长江科学院　3.长江科创科技发展有限公司）

【摘　要】　水利工程坝基断层破碎带对水工建筑物基础应力传递和坝基渗流稳定性极为不利，严重影响了工程建设与运行安全，其有效处理是水利工程建设面临的工程技术难题之一。本文结合新疆哈密地区八大石水库坝基断层破碎带处理问题，介绍了断层破碎带岩体特性试验研究，提出断层接触段固结化学灌浆处理方案，并讨论了固结化学灌浆施工工艺，对灌浆试验结果进行了分析。

【关键词】　断层破碎带　固结灌浆　化学灌浆　浸润渗透

1　前言

新疆生产建设兵团十三师八大石水库工程位于新疆哈密庙尔沟河出山口，行政区划属于新疆生产建设兵团第十三师黄田农场，是庙尔沟河上的控制性水利枢纽，水库总库容990 万 m^3，为Ⅳ等小（1）型工程。大坝为碾压式沥青混凝土心墙砂砾石坝，坝长311.93m，最大坝高115.7m，大坝为 3 级建筑物。

大坝心墙基础建基于基岩弱风化层上部，基岩上设 1m 厚强度等级为 C30 混凝土基座，基座底宽 5.5～10.5m。混凝土基座下部设固结灌浆四道，灌浆深度 5m，孔距 3.0m；设帷幕灌浆两道，灌浆孔排距 1.5m，孔距 2m，帷幕灌浆深度按深入 $q\leqslant3Lu$ 线以下 5m 控制。断层段位于河床水平段及右岸岸坡，$0+181.31\sim0+247.07$ 段挖除表层破碎层至设计高程后，回填 3.0m 厚混凝土盖板，盖板宽度 10.5m，布置 6 排固结灌浆孔，固结灌浆深度 7m。其中，中间两排为主帷幕，主帷幕上、下游两侧各设一排副帷幕孔，灌浆深度为为主帷幕深度的 2/3。河床下伏基岩为闪长黑云母二长花岗岩，块状构造，岩体强风化层厚度 2.0～4.0m。该段基岩发育两条较大断层，分别为 f_{10} 及 f_{11}。断层两侧影响带10m 内岩体普遍破碎，岩体透水性相对其他地段明显偏大。前期固结灌浆表明，对于断层带水泥浆液可灌性差，且灌浆过程极易产生抬动；同时由于断层带承压能力较差，湿磨细水泥灌浆在相对较低的压力下（固结灌浆 0.5MPa 以下），无法进入破碎带岩体内部，且易于造成盖板抬动。由于受客观因素影响，无法采用其他方法处理，相关方在充分调研的前提下决定采用水泥-化学复合灌浆试验，其目的在于：优化水泥-化学复合灌浆设计参数，推荐合适的水泥-化学复合灌浆施工方法、钻灌设备和施工工艺，推荐合适的抬动超限坝块的处理措施等。

2 断层破碎带岩体特性研究

八大石水库坝基全貌如图 1 所示，水平段坝基宽度为 70m，施工里程桩号为：0+154.22～0+224.02。河床下伏基岩为闪长黑云母二长花岗岩，块状构造，岩体强风化层厚度 2.0～4.0m。该段基岩发育两条较大断层，分别为 f_{10} 及 f_{11}。断层 f_{11} 位于 0+185 处，产状 357°SW∠87°，断层破碎带宽约 8.5m，碎裂岩为主，夹少量断层泥，岩体透水性相对其他地段明显偏大；断层 f_{10} 沿右岸坡脚平行于河谷走向发育且倾岸里，产状 15°～20°NW∠45°～66°，压扭性，破碎带宽 7.0～15.0m，破碎带以碎裂岩为主，夹少量断层泥。断层两侧影响带 10m 内岩体普遍破碎，岩体透水性相对其他地段明显偏大，严重影响大坝的基础稳定性。

图 1　新疆哈密八大石水库坝址全貌

2.1　断层带岩体渗透特性

现场取样后，对扰动样进行重塑，试样较均匀，渗透系数成果离散程度不大。f_{11}、f_{10} 断层渗透系数范围分别为（4.93～5.16）×10^{-3}cm/s 和（3.81～6.11）×10^{-3}cm/s。原状样渗透性比较大，泥化夹泥渗透性为 9.14×10^{-4}cm/s，f_{10} 块石渗透性为 1.65×10^{-4}cm/s。两条断层均很破碎，断层泥化带具有块状结构，易碎，裂缝发育，渗透性大，易发生渗透变形。

2.2　断层带岩体力学特性

在八大石水库 f_{10} 断层带采用刚性承压板法开展了现场变形试验研究，刚性承压板直径 50.5cm、面积 2000cm²。最大试验荷载 0.8MPa，分 5 级采用逐级一次循环法加压，采用对称布置在承压板上的 4 只千分表测量岩体变形，加载后立即测读变形值，以后每隔 10min 测读一次，当承压板上四个测表相邻两次读数差与同级压力下第一次变形读数和前一级压力下最后一次变形读数差之比小于 5% 时，认为变形稳定，加（卸）下一级荷载。

试验结果表明，f_{10} 断层变形模量为 24.5～29.2MPa，平均值为 27.0MPa；弹性模量为 72.4～103.3MPa，平均值为 86.3MPa。f_{10} 断层影响带变形模量为 52.8～84.3MPa，平均值为 68.6MPa；弹性模量为 92.4～169.1MPa，平均值为 130.8MPa。

3 断层破碎带化学灌浆处理

采用水泥-化学复合灌浆工艺，水泥灌浆采用孔内阻塞自上而下分段循环式灌浆，化学灌浆采用孔内阻塞纯压式灌浆。根据现场情况混凝土盖板以下 7m 范围以内已进行了普通水泥灌浆，本次试验对此范围直接进行化学灌浆，化学灌浆后埋设孔口管。对 7m 以下每段先采用湿磨细水泥灌浆，待凝 12h 后再扩孔进行化学灌浆；试验区内帷幕灌浆施工顺序为"先副帷幕后主帷幕、先下游排后上游排，各排灌浆孔均分序进行施工。经过前期试验，发现无法灌注水泥浆液，断层带盖板抬动，且普通水泥浆液和湿磨细水泥浆液无法进入断层带岩体内部，经各方讨论后取消水泥灌浆，开展化学灌浆处理。

（1）孔位布置。水泥-化学综合灌浆试验灌区内共四排灌浆孔，两边排为辅助帷幕，中间排为主帷幕。坝 0+191.31～坝 0+201.31 坝段（固结 18 单元，试验Ⅰ区）孔距均为 1.5m，坝 0+211.31～坝 0+224.13 坝段（固结 20 单元，试验Ⅱ区）孔距均为 1m，排距按设计图纸要求执行，如图 2 所示，固结 18 单元和固结 20 单元各布置一个抬动观测孔和一个物探孔。

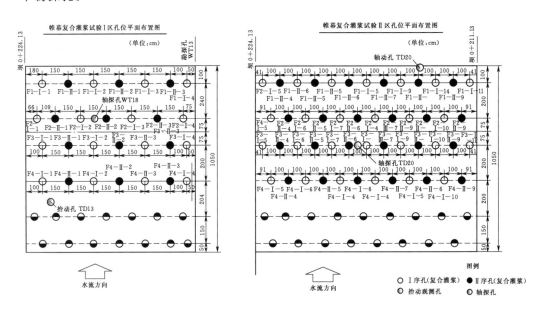

图 2　八大石水库坝基水泥-化学综合灌浆试验灌区孔位布置图

（2）段长及灌浆压力。复合灌浆试验分段长度按设计要求执行。第 1 段长 0.5m，第 2 段长 2.5m，第 3 段及以下各段长不大于 5m，本次复合灌浆试验各孔孔深按设计图纸深度执行。灌浆压力以不产生抬动为原则。根据断层段现场灌浆试验，建议灌浆压力为：根据设计技术要求盖板以下 7m 深度内灌浆压力不宜超过 0.5MPa，7～15m 灌浆压力不宜超过

1.0MPa，15～20m 灌浆压力不宜超过 1.5MPa，20～30m 灌浆压力不宜超过 2.0MPa，采用分级升压法。

（3）灌浆材料。化学灌浆材料采用长江科学院研发的 CW510 系改性环氧树脂化学灌浆材料。

4 断层破碎带化学灌浆结果分析

4.1 取芯结果分析

灌浆结束后对 18 单元和 20 单元进行了检查孔取芯检查和压水试验。图 3 和图 4 分别为 18 单元主帷幕和 20 单元副帷幕固结灌浆 7m 灌后取芯的芯样照片。从检查孔芯样照片可以看出，断层破碎带经过环氧树脂浆液的渗透浸润，充填浸润固化物后结为一体，充填饱满，固结良好，整体强度较高。比起灌浆前，断层带内无法取出芯样，取芯效果得到明显改善。

图 3　18 单元主帷幕固结灌浆后芯样　　　　图 4　20 单元副帷幕固结灌浆后芯样

4.2 压水试验结果分析

固结化学灌浆结束后，开展了压水试验，简易压水结果表明，检查孔透水率均低于 1Lu。为进一步了解和研究固结灌浆后的渗透特性和帷幕耐久性，需开展疲劳压水和破坏压水试验，该工作正在进行中。

4.3 岩体力学试验结果分析

固结化学灌浆结束后，钻孔对破碎带灌浆处理后开展变形测试试验，结果表明：灌浆后破碎带变形模量平均值为 2.18GPa，弹性模量平均值为 4.43GPa，均较处理前破碎带的模量有了大幅的提高，是处理前的数十倍，力学性能提升明显。对现场取的芯样开展室内试验显示，固结灌浆后检查孔芯样平均单轴抗压强度、变形模量和弹性模量分别达到 18.2MPa、3.72GPa 和 3.85GPa。

新疆哈密八大石水库为沥青混凝土心墙坝，根据设计单位提出的心墙基座分缝方案及坝体结构设计方案，进行了三维静力有限元计算分析，模拟了大坝的填筑与蓄水过程，研究了断层破碎带处理前后坝体、沥青混凝土心墙、混凝土基座等结构在各种工况下的应力、应变情况。坝体变形计算结果显示：断层破碎带处理之前，坝体最大沉降为 0.32m，约占坝高的 0.28%，位于坝体中部高程位置。竣工时，坝体向上游水平位移最大值为 0.11m，向下游水平位移最大值为 0.13m，基本呈对称分布。蓄水后，坝体向上游水平变形的区域和数值有所减小，其最大值减小至 0.10m；向下游水平变形的区域和数值有所增加，其最大值增加至 0.16m。三维有限元静力计算得到的大坝变形量值和分布规律符合土石坝变形的一般规律。

5　结语

　　新疆哈密地区八大石水库基础断层破碎带岩性复杂，渗透系数低，前期通过水泥灌浆及超细水泥灌浆后发现，断层破碎带吸水不吸浆，浆液难以渗透，同时混凝土盖板较轻，灌浆压力超过 0.5MPa 即出现盖板抬动现象。针对这一坝基复杂地质体及处理过程面临的技术难题，长江科学院采用自主开发的 CW510 系列高渗透性化学灌浆材料及配套的水泥化学复合灌浆工艺，可有效提高坝基固结灌浆和帷幕灌浆质量，透水率降至 1Lu 以下，灌浆后破碎带变形模量平均值达到 2.18GPa，弹性模量平均值达到 4.43GPa，破碎带渗透系数显著降低，岩体力学性能显著提高。本工程的实施也为新疆地区类似工程处理积累经验，为其他地区复杂地质体缺陷的处理提供有效借鉴。

参考文献

[1]　魏涛，邵晓妹，张健，等.水利行业化学灌浆技术最新研究及应用 [J].长江科学院院报，2014，31（2）：77－81.
[2]　范光华.化学灌浆技术在锦屏一级电站工程中的试验研究 [J].广西水利水电，2008（3）：8－11.
[3]　周维垣，杨若琼，刘公瑞.二滩拱坝坝基弱风化岩体灌浆加固效果研究 [J].岩石力学与工程学报，1993，12（2）：18－150.
[4]　陈昊，董建军，谭日升.湿磨细水泥-化学复合灌浆在三峡工程基础处理中的应用研究 [J].长江科学院报，2006，23（4）：64－66.

武汉地铁隧道穿越区岩溶处理措施探讨

肖承京　张　达　陈　亮　张　健　魏　涛　汪在芹

（长江水利委员会长江科学院）

【摘　要】　针对武汉地区岩溶地质发育特征，结合地铁隧道施工工艺及过程，开展地铁隧道穿越区岩溶塌陷处理技术措施探讨，以地铁 6 号线某区间岩溶处理为例，根据不同岩溶地质特征，设计了两侧盾构影响范围内进行岩溶注浆处理，局部岩溶注浆宽度不够位置采用钻孔桩加旋喷桩进行隔断，成功解决了地铁隧道穿越区间岩溶处理难题。

【关键词】　地铁隧道　岩溶　处理措施　注浆

1　前言

　　武汉地区总体地貌形态由剥蚀堆积垄岗区（长江Ⅲ级阶地）过渡为冲洪积区（长江Ⅰ级阶地），城区内自北向南分布有多条可溶岩条带。三叠系灰岩一般构成向斜、背斜的核部，石炭系和二叠系灰岩构成褶皱的翼部，其间分布在二叠系上统的非可溶岩。灰岩条带多埋藏于第四系之下，某些地段兼有碎屑岩覆埋，岩溶类型为覆盖或埋藏型，岩溶发育类型主要有溶隙和溶洞，发育方向和强度受层面和构造控制，多沿陡立层面垂向呈溶隙形态发育，水平向连续性较差，历史上曾发生多起地表塌陷的地质灾害，危害极其严重。

　　武汉岩溶地区分布广，拟建的武汉地铁 2 号（延长）、3 号、6 号、7 号、8 号、21 号、27 号及机场等线路穿越以上三个石灰岩区域，溶隙、溶洞发育，局部灰岩表面溶沟和溶槽较发育，岩溶发育在灰岩上部，岩溶水与上部砂层孔隙承压水就有一定的水力联系，地铁隧道施工及周边生活极易对岩溶水产生影响，造成地下水潜蚀及真空作用，砂层加入溶洞形成塌陷。其中尤以武汉地铁 6 号线汉阳段前进村—马鹦路区间地质条件最为复杂，其分布三叠、二叠系及石炭系可溶性灰岩，岩溶分布广，溶洞、溶槽及溶隙发育且密集，内被软-硬塑状的黏土充填，根据该区域车站岩溶注浆情况看，溶洞发育且存在多溶洞连通现象。如果不对地铁隧道区域岩溶加以处理，地铁盾构施工中极易引发地表塌陷、隧基不均匀沉降、突水突泥等工程地质问题，对施工过程中及运行期将产生灾难性的后果。

　　本文介绍了地铁隧道穿越区岩溶分布特征及规律，根据地铁隧道设计及施工的特征分析了可能造成岩溶坍塌的原因，通过借鉴相似地质情况溶岩塌陷处理的经验，进行岩溶处理施工技术研究，形成成熟的岩溶处理施工工艺，对指导地铁穿越岩溶区风险评估及地层加固处理具有指导意义。

2　岩溶发育规律

岩溶形成的基本条件为：具有可溶性的岩石、具有溶蚀能力的水、具有良好的水循环交替条件，其中水循环交替条件是最活跃的因素。根据岩溶形成的基本条件可以得出影响岩溶发育的因素包含以下四点：地层岩性、地下水作用、地形地貌和地质构造。由于研究区所在场地地貌单元属长江一级阶地，地形较为平坦，最大高差1.5m，因此地形地貌对研究区岩溶的形成发育基本没有影响。

该地区岩溶发育类型主要有溶隙和溶洞，局部灰岩表面溶沟和溶槽较发育。可见溶洞（隙）是场地区最主要、且最重要的溶蚀现象。据钻探揭示，根据埋藏条件，本场地岩溶属覆盖型岩溶。岩溶主要发育在灰岩的上部，发育方向和强度受层面和裂隙控制，多沿陡立灰岩层面垂向呈溶隙形态发育，水平向连续性较差。

3　隧道穿越区岩溶综合处理措施

3.1　Ⅰ类岩溶发育区段。

采用基岩岩溶注浆处理，辅以部位区段的砂层旋喷桩及灌注桩帷幕。如地面施工条件允许，在岩溶塌陷影响范围设定处理边界，如图1所示，在边界处进行帷幕注浆，边界间满铺注浆处理。处理边界处帷幕注浆，深入基岩面下15m（根据统计，武汉地区岩溶发育主要在岩面以下15m），采取单排布置，孔间距2m；帷幕间满铺注浆间距3m×3m梅花形布置，注浆管深度伸入基岩面下10m；注浆如遇溶洞，注浆管应深入溶洞底部以下1.0m

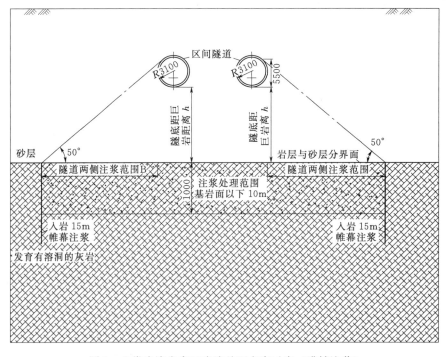

图1　Ⅰ类岩溶发育区岩溶处理方案示意（满铺注浆）

进行注浆。隧道两侧横向注浆范围计算：$B=(h+5.5)\times\cot 50°$（h 为隧道底距岩面深度）。在Ⅰ类岩溶较发育区段帷幕见满铺注浆的间距为 5m×5m 梅花形布置，其他要求不变。

如地面条件限制无法进行满铺注浆施工，则在隧道外侧设置一排隔离桩，桩下设置帷幕注浆，隔离桩采用 φ800@1300 灌注桩＋灌注桩间 φ800@600 旋喷桩，旋喷桩与灌注桩咬合 300mm，旋喷桩间咬合 200mm，灌注桩嵌入基岩 0.5m，旋喷桩与灌注桩咬合地面施工至基岩面，在施工过程中采取有效措施保证桩间咬合深度，桩下帷幕注浆深度为基岩面以下 15m，孔间距 2m；帷幕注浆区间内满铺注浆，注浆深度为基岩面以下 10m，注浆孔间距在Ⅰ类岩溶发育区按 3m×3m 梅花形布置，在Ⅰ类岩溶较发育区段按 5m×5m 梅花形布置，如图 2 所示。隔离桩高度按 $h'=(h+5.5)-\cot 50°\times a+2$（$h$ 为隧道底距基岩面深度，a 为隔离桩与隧道的净距，单位为 m）。隔离桩布置断面示意如图 3 所示。在钻孔桩无法实施的位置，采取使用三排旋喷桩替代的方式，三排桩布置方式为 φ800@600，桩搭接 200mm，排之间相互搭接 300mm。

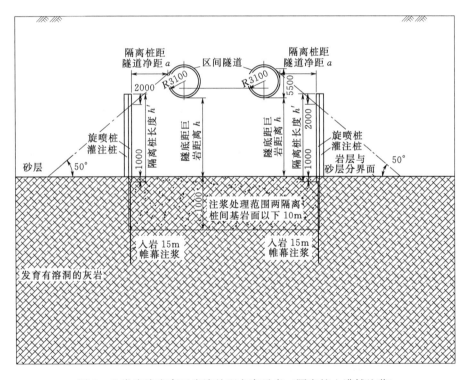

图 2　Ⅰ类岩溶发育区岩溶处理方案示意（隔离桩＋满铺注浆）

3.2　Ⅱ类地质岩溶

只对已探出的溶洞和物探异常区进行钻孔探边及充填处理。根据溶洞洞径大小及洞内是否有填充物等条件，将溶洞进行分类，对不同类型的溶洞，制定针对性的注浆处理方案。对洞径大于 2m 且无填充溶洞和半填充溶洞，可采用灌注水泥浆，若出现久不返浆现象可配合双液浆间歇灌注。可考虑先投碎石（5~10mm 非岩洛性碎石）或砂，后采用注浆加固的方法。投碎石处理时在原钻孔附近（约 0.6m）补钻两个投石孔，两投石孔中心

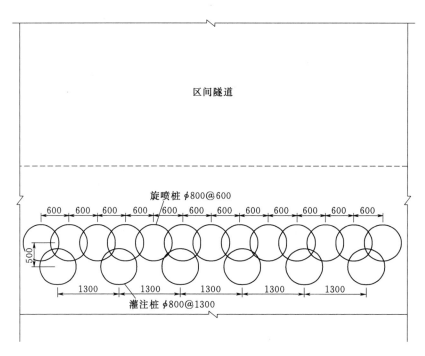

图 3　隔离桩布置断面示意图

与原钻孔中心需在同一连线上，两投石孔可相互作为出气孔。投石后，再进行注浆加固。投砂石时应根据堆积体形成规律，计算填砂量，用压风机将干砂压入，为防止洞内高压阻止灌砂，可利用其他孔作为减压孔。待达到计算的填充体积，压力稳定时，即可停止。投石管采用 $\phi200$ 钢套管，必要时投料振动钢管，以防堵塞。对小于 2m 的无填充溶洞和半填充溶洞，采用纯水泥浆进行静压注浆。在 I 类岩溶发育区及较发育区遇到的规模较大溶洞也可采用此种抛石（砂）注浆方法进行处理。

3.3　岩溶注浆处理施工注意事项

（1）对岩溶区进行岩面铺盖注浆，采用跟管钻机施工，保证钻孔时不会出现塌孔，且岩面上覆盖砂层会漏失。在砂层中埋设 PVC 套管，避免套管被埋后，对后期盾构施工造成不利影响。

（2）采用孔内阻塞式注浆，对钻探出来的溶洞间岩层小于 2m 的，直接下止浆塞在岩层厚度超过 2m 的部位进行全孔一次灌浆，对于大于 2m 的溶洞，采用分段式灌浆，将止浆塞沿着钻孔位置下入最底部溶洞上方约 2m 进行溶洞灌浆。

（3）注浆施工过程中采用设备仪器进行注浆监控，以保障施工质量。

4　结语

本文针对武汉地区岩溶地质发育特征，结合地铁隧道施工工艺及过程，设计了两侧盾构影响范围内进行岩溶注浆处理，局部岩溶注浆宽度不够位置采用钻孔桩加旋喷桩进行隔断的处理方案，并区分不同岩溶地质特征，确定了不同的岩溶注浆布孔密度；对于岩溶塌陷风险较低的区域则只针对探得岩溶注浆。本研究成果为地铁隧道在岩溶地区设计、施工提供技术和理论支撑。

参考文献

［1］ 陆平，陈亮.地铁盾构区间穿越砂层覆盖型岩溶处理措施研究［J］.人民长江，2016，47（10）：65－67.

［2］ 廖景.地铁盾构区间岩溶处理［J］.广东土木与建筑，2011（11）：25－28.

［3］ 施政.某地铁区间隧道岩溶处理技术探索［J］.地下工程与隧道，2010（2）：26－29.

某水电站导流洞大漏量涌水灌浆
技术研究与应用

赵卫全[1]　周胜成[2]　杨晓东[1]　韦兵生[2]

（1. 中国水利水电科学研究院　2. 中国能源建设集团广西
水电工程局有限公司基础工程公司）

【摘　要】 某水电站下闸蓄水后，导流洞内出现了严重渗漏，且随着库水位升高，涌水量迅速增加，最大漏量达到了 13m³/s，洞内较窄断面流速达到了 1m/s，极大增加了导流洞的封堵施工难度和安全风险，亟须进行处理。根据现场情况，设计采用了"洞内引排结合洞外抛填和灌浆"的封堵处理方案。针对本工程灌浆加固中出现的"深斜孔、短渗径、高流速"等防渗堵漏难题，采用高压风钻快速成孔和速凝膏浆堵漏技术，有效控制了导流洞内的渗漏量，防止了导流洞围岩进一步发生渗透破坏，为洞内封堵创造了良好条件，保证了洞内临时堵头的顺利实施，可供类似工程参考。

【关键词】 导流洞　大漏量涌水　高流速　风钻钻孔　速凝膏浆　灌浆加固

1　工程概况

某水电站工程位于滇东高原，属高原河谷深沟地形地貌。坝址河道狭窄、坡陡流急、河谷深切，地势极其险峻。两岸多为基岩裸露，第四系松散层覆盖层厚 3～5m，两岸坡度 50°～70°，局部形成陡崖岩。电站共安装 2 台 90MW 水轮发电机组，正常蓄水位 1450.0m，水库总库容约 2.7 亿 m³，大坝为碾压混凝土双曲拱坝，最大坝高 167.5m，坝址控制流域面积 4685km²，多年平均流量 73.8m³/s。

电站导流洞位于左岸，导流方式为一次断流，断面尺寸 4.5m×6.0m，城门洞形。进出口均位于河边，进口位于坝轴线上游 282m，出口位于坝轴线下游 606m，进口底高程 1300.10m，出口底高程 1297.10m。导流洞堵头位于洞身中前部，桩号为导 0＋386.5～导 0＋408.5，长 22m，堵头段围岩为 Ⅱ 类围岩。

导流洞进口段（桩号导 0＋000～导 0＋015）和出口段（桩号导 0＋909～导 0＋948）洞顶围岩厚度小于 3 倍洞径，采用明挖。从桩号导 0＋040～导 0＋880 为弱风化中厚层—厚层灰岩、白云岩，岩层走向与洞轴线夹角 60°～85°，主要发育 NWW 向层面溶蚀裂隙、NE 向卸荷裂隙及 NW 向张性裂隙，层面溶蚀裂隙多为泥质充填，厚 0.1～1.0cm（图 1）。洞身段围岩完整性总体较好，但局部沿裂隙交汇处发育溶隙及溶洞，黏土夹碎石充填，稳定性差，采用系统锚杆加钢筋网素喷混凝土支护。

图 1　导流洞上游段顶部裂隙分布情况

2　导流洞漏水情况

导流洞下闸后，洞内的渗水量约在 $0.5m^3/s$ 以下，但在上游库水位上升到 1323.5m（即过了上游围堰顶）以上时，洞内的渗水量开始加大，并随着库水位的不断上升，渗流量迅速增大（上游库水位上升至 1361.78m 时渗漏量达到了 $7.5m^3/s$，水位蓄到中孔底高程 1365.0m 时才具备过流条件；水位每上升 1.0m，渗流量增大 $0.1\sim0.2m^3/s$）。在洞内流量达到 $3.8m^3/s$ 时进洞检查了 3 次，发现在桩号 $85.5\sim120.0m$ 有 4 处较大的漏水，一股水从洞底板上涌，另 3 股水从洞壁及洞顶下泄。随着洞内流量和流速增加，考虑到人员安全，未能再到漏水点附近查看。

根据导流洞内涌水量监测，洞内最大涌水量达到了 $13m^3/s$，导流洞出口涌水情况如图 2 所示。由于大坝坝身导流底孔已封堵，导流洞下闸后百年一遇度汛水位 1429.47m，而导流洞闸门设计挡水位 1371.11m，导流洞闸门挡水及过流安全风险极大，因此导流洞封堵施工必须在汛前完成，以确保整个工程的安全。

图 2　导流洞出口涌水情况

设计封堵方案为：在洞内堵头段采用工字钢叠梁门及 8 根 ϕ800 的排水钢管引排，浇筑混凝土临时堵头，待临时堵头强度满足要求后关闭排水钢管上阀门，再浇筑永久堵头。而有效控制洞内渗漏量是实施洞内封堵的前提条件和安全保障，基于库内入渗点范围已初步查明，需尽快对上游渗漏通道进行处理。

由于库前水位已超过 60m，且库岸地势陡峭，受抛投量的限制，封堵效果有限。因此灌浆对上游通道的封堵至关重要，灌浆的目的一方面是堵漏，减少洞内渗漏量，为临时堵头施工创造条件；另一方面是加固地层，提高地层承载能力和稳定性，为洞内施工人员的安全提供保障。

3 灌浆处理方案

由于导流洞为临时性工程，很多工程未予足够重视，下闸蓄水后，往往出现漏水、塌顶等现象，严重影响到洞内堵头的施工及导流洞的自身安全，处理难度增加很大[1-4]。而本工程在上游洞顶进行灌浆堵漏加固也存在诸多难题。

3.1 工程特点及难点

根据现场地形、地质情况和有关资料分析，本工程灌浆堵漏加固存在以下难点：

（1）成孔难度大。由于水库蓄水深度已超过 60m，原通向基坑的部分马道被水淹没，现场上游仅有 1384.8 高程马道及高程 1367m 平台具有钻孔灌浆条件，钻孔孔深大（部分孔深超过了 100m），且需要钻斜孔，才能保证灌浆孔的底部在导流洞右侧，对成孔精度要求高，成孔难度极大。

（2）浆液要求高。因灌浆孔下部距导流洞距离仅 2~3m，而库水位与导流洞的连通性好，导致灌浆时渗径短、流速大，对于灌浆材料的可灌性和可控性要求较高，需要根据地层钻孔情况选用合适的灌浆材料。

同时，本工程除进行堵漏外，还需对岩层进行加固处理，增强围岩的稳定性性和抗渗流破坏能力，防止导流洞内漏量进一步增大及出现坍塌等事故，因此需要浆液尽可能沿裂隙扩散较远的距离。

（3）灌浆效果保证率要求高，工程量大、工期紧。根据现场封堵方案，上游地表堵漏加固灌浆只有 15d 左右时间，设计堵漏灌浆孔 28 个，约，工程量大、工期紧。因此需选择有针对性的灌浆材料及施工工艺，以满足高效、可靠的要求。

3.2 堵漏加固方案

为了确保导流洞的安全封堵，满足安全蓄水要求，需要对存在的大漏水通道进行封堵和加固。经过现场查勘和地质分析，导流洞基岩为灰岩，岩层倾向上游，基岩溶槽、溶蚀夹泥层较发育，溶槽、溶蚀夹泥层附近发育隐藏的裂缝或溶蚀通道。施工资料显示导流洞仅在导 0+015.50~导 0+045.50 及少部地方进行混凝土衬砌并进行回填、固结灌浆，导 0+80~导 0+125 区间未进行衬砌及回填灌浆，仅进行了锚喷支护，且在导流洞过水期间出现洞内水流向围堰基坑现象。因此，初步认为在导流洞进口下游侧导 0+80~导 0+125 区间边坡岩体中可能存在着较大的漏水通道。设计从 1384.8m 高程马道及 1367m 高程坝轴线搭设 4 个钻孔平台进行钻孔、勘查漏水通道并进行抢险堵漏施工。灌浆布孔平面布置示意图见图 3，典型剖面示意图如图 4 所

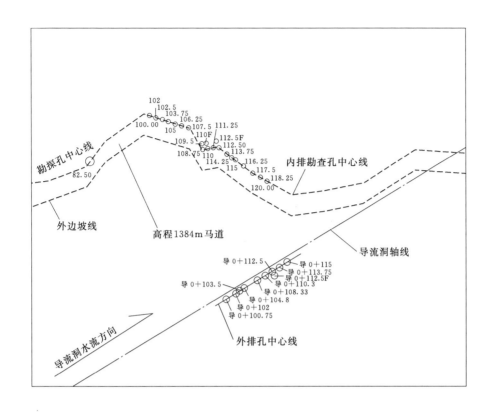

图 3 现场灌浆施工钻孔平面布置示意图

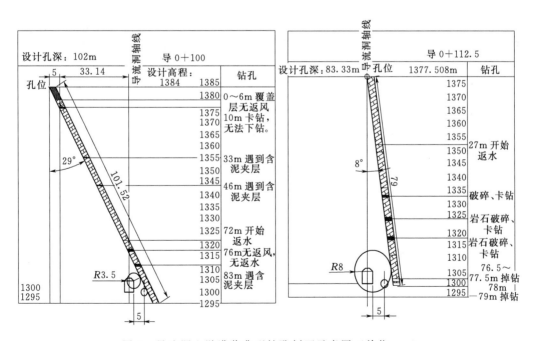

图 4 导流洞上游灌浆典型钻孔剖面示意图（单位：m）

示。灌浆孔共布置 2 排，外排孔靠近库区，内排孔靠近导流洞，排距约 2m，孔深深入导流洞底板高程 5m。

4 灌浆施工

（1）钻孔设备选择。考虑到本工程钻孔工程量大、工期短，采用常规地质钻机根本无法完成，经比较论证，钻孔采用 3 台风动钻机成孔（1 台 MD‑50 型钻机、1 台 MD‑70 型钻机和 1 台 MDL‑120 型钻机），钻孔孔径 130mm。钻孔时通过测斜仪及时调整钻孔斜度，保证钻孔精度。风动钻机钻进速度快，成孔效率高，特别是 MDL‑120 型履带钻机平均工效可达 10m/h，比常规地质钻机提高了 10 倍以上。

（2）灌浆浆液。根据现场钻孔情况，本工程堵漏加固灌浆主要采用水泥膏浆，通过掺入快硬水泥来调整浆液的凝结时间。现场使用的浆液配比及浆液性能见表 1。

表 1　　　　　　　　　　　　现场灌浆浆液配比及性能

编号	普硅水泥 /kg	快硬水泥 /kg	膏浆外加剂 /kg	水 /L	可灌时间	初凝时间	抗压强度/MPa	
							1d	3d
1	1000	0	3	500	40min	1h 30min	3.5	13.5
2	1000	100	2	540	20min	50min	5.2	13.0
3	1000	300	3	585	10min	16min	10.0	12.4

注　表中数据均为现场实测值。

（3）灌注工艺。本次灌浆目的主要是对导流洞进行堵漏和加固处理，因工期紧张，仅对灌浆孔底部 20m 进行灌浆处理，采用"孔口封闭、纯压式"灌浆。其工艺流程为：孔位放样→风动钻机就位并调整好角度→钻进至设计孔深→拔出钻杆→埋设灌浆管（距孔底 20m，速凝浆液封孔）→达到封孔强度后开始灌浆→达到结束标准后，结束灌浆→灌下一孔。

钻孔时遇到卡钻和塌孔等情况时，采取先灌浆再扫孔的处理措施，以确保孔深满足设计要求。

（4）灌浆次序。因抢险任务重，内外排灌浆同时进行，在同一排中，先灌注Ⅰ序孔，再灌注Ⅱ序孔。分序的目的是根据压力灌浆的逐渐加密原则，以保证灌浆的效果。

（5）灌浆压力。初步设计Ⅰ序孔灌浆压力为 0.1～0.2MPa，Ⅱ序孔的灌浆压力为 0.2～0.3MPa，实际灌浆施工中根据耗浆量和浆液浓度情况可适当调整。

（6）浆液变换标准。连续灌注 20min，孔口不起压，变换一次浆液。

（7）结束标准。达到设计压力后继续灌注 10min 结束。

（8）特殊情况处理：①灌浆时若出现串浆情况，采取两孔同时灌注；②灌浆时库区或洞内漏浆严重，采取在浆液内添加短纤维、粗砂和待凝等措施。

5 灌浆效果分析及评价

5.1 灌浆效果分析

导流洞导 0＋80～导 0＋125 共布置灌浆孔 27 个，其中外排孔 9 个，孔斜 7.0°～

$10.5°$，孔深$76\sim84m$；内排孔18个，孔斜$16.4°\sim30.2°$，孔深$88.5\sim103m$。部分孔段在钻进过程中遇到了岩层破碎、掉钻、脱空、返水和夹泥等情况，各孔灌浆统计见表2。

表2 导流洞洞外灌浆统计

孔序	孔数/个	孔深/m	灌浆长度/m	膏浆耗量/m³	外加剂用量/t	单位耗浆量/(L/m)
外排Ⅰ序	5	402	100	78.4	3.5	784
外排Ⅱ序	4	318.5	80	33.9	1.0	423.8
内排Ⅰ序	9	875.4	180	188.8	9.1	104.9
内排Ⅱ序	9	860.4	180	138	5.4	766.7
合计	27	2456.3	540	439.1	19.0	813.1

由表2可以看出，该灌浆堵漏加固工程耗浆量较大，总耗浆量近$440m³$，平均单位耗灰量达到了$800L/m$以上。经一序孔灌注后，所灌范围内的主要渗漏通道和破碎带得到了较好的充填和加固。总体看内排孔的单位耗灰量较外排孔大，因内排孔距导流洞近，孔内流速相对大，浆液被冲走部分多，符合现场实际情况。

5.2 导流洞内漏水量分析

灌浆施工时，库内水位一直在不断上升和变化，导致导流洞出口水位和流量也在不断变化。上游库水位、导流洞出口水位及洞内漏水量实测值见表3。

表3 上游库水位、导流洞出口水位及洞内涌水量统计

日期	上游库水位/m	导流洞出口水位/m	洞内涌水量/(m³/s)	备注
3月1日	1360.84	1299.85	10.60	
3月2日	1361.34	1299.89	11.70	
3月3日	1362.62	1299.90	12.48	
3月4日	1364.13	1299.81	12.70	导流洞出口清淤
3月5日	1365.33	1299.82	13.00	
3月6日	1365.96	1299.85	—	
3月7日	1365.33	1299.84	—	
3月8日	1364.50	1299.82	—	
3月9日	1364.02	1299.81	—	
3月10日	1364.77	1299.81	—	
3月11日	1365.51	1299.82	—	
3月12日	1365.70	1299.84	—	
3月13日	1365.20	1299.78	10.58	
3月14日	1365.32	1299.79	10.52	
3月15日	1365.00	1299.80	10.47	

由表3可以看出，前期随着上游库水位的增加，导流洞出口水位和漏水量也相应增加，在3月5日上游库水位达到$1365.33m$时，洞内漏水量达到了$13m³/s$。但随着灌浆进行，导流洞出口水位增加幅度变小，在3月14日上游库水位再次达到$1365.32m$时，导流

洞漏水量为 $10.58\text{m}^3/\text{s}$，漏水量减少了约 20%，灌浆效果比较明显（因上游灌浆范围较短，各个孔的钻孔角度不同，灌浆很难形成整体防渗帷幕）。且现场钻孔显示，在钻进 II 序孔时，塌孔、卡钻及孔口返水较 I 序孔明显减少，表明通过灌浆对原地层起到了很好的加固效果。

5.3 灌浆效果评价

经过半个月的紧张施工，导流洞洞外灌浆取得了较好的处理效果。从现场钻孔施工过程、不同序次灌浆的单位耗浆量、导流洞出口水位和洞内漏水量随上游库水位的变化情况综合分析，该导流洞处理部位岩体经灌浆后，原层面溶蚀裂隙、黄泥夹层及破碎带等得到了充分充填、挤密和胶结，导流洞漏水量得到了有效控制，围岩得到了有效加固，其整体稳定性和抗渗透破坏能力得到了较大提高。所采用的灌浆材料和灌浆工艺合适，灌浆质量可靠，达到了预期处理的目的。

6 结语

（1）本工程导流洞涌水因漏量大、流速高，封堵施工难度国内罕见，采用"洞外灌浆堵漏加固＋洞内引排临时堵头"的封堵方案是合适的，封堵施工周期短、效果可靠，可供类似工程参考。

（2）通过洞外灌浆处理，导流洞漏水得到了有效控制，漏水段围岩得到了充分加固，为洞内引排和封堵施工创造了条件，保障了洞内的施工安全。实践表明，本工程采取洞外灌浆堵漏加固处理是十分必要的。

（3）采用履带式风动钻机中高风压钻进，结合孔内测斜仪纠偏，可实现快速、高效钻孔，并保证钻孔的精度。对于深孔和斜孔，钻孔工效优势明显，可在快速抢险灌浆、大坝固结灌浆及临时帷幕灌浆工程中推广应用。

（4）速凝膏浆具有良好的水下不分散性和整体抗冲性，在动水堵漏防渗时可大幅减少浆液的浪费，节省灌浆材料和灌浆时间，工期和成本优势明显，是动水堵漏的一种有效灌浆材料。但实际应用时需根据空隙的大小、水流流速、孔深及制浆能力等调整合适的浆液配比。

参考文献

[1] 郭金婷，李桂林，等.大岗山水电站导流隧洞下闸后渗漏处理 [J].水力发电，2015，41（7）：52-55.

[2] 郑治，吴正新，等.导流洞工程事故分析与防治 [J].贵州水力发电，2011，25（4）：6-13.

[3] 刘宝平，马斌强.渗漏量大的导流洞封堵施工技术 [J].西北水电，2013（3）：42-45.

[4] 张任远，倪红强，等.天花板水电站导流洞漏水处理及堵头施工 [J].云南水力发电，2011，27（5）：79-81.

阿尔塔什水电站厂房围堰减渗体设计与施工

郭国华

（中国水利水电第八工程局有限公司）

【摘　要】　阿尔塔什水电站厂房围堰覆盖层厚度最大深达百米，渗透系数 $K = 5.0 \times 10^{-2} \sim$ 5.0cm/s，属强透水地层，且存在随覆盖层位置越往深部渗透系数越大趋势。为相对节约投资，降低施工难度，基坑导流采用"围堰垂直减渗体＋基坑集水井强排"方案，原设计采用悬挂式高喷防渗墙减渗体，实施过程中优化减渗方案为顶部深 0～18m 高喷防渗墙加底部深 18～36m 可控灌浆帷幕，实施后取得了相对较优的效果。

【关键词】　深厚覆盖层　强透水地层　胶结　现场试验　减渗体　高喷防渗墙　可控灌浆帷幕

1　工程概况

　　阿尔塔什水利枢纽是塔里木河主要源流之一的叶尔羌河流域内最大的控制性山区水库工程，位于喀什地区莎车县霍什排甫乡和克孜勒苏柯尔克孜自治州阿克陶县的库斯拉甫乡交界处。工程任务为在保证向塔里木河干流生态供水的前提下，以防洪、灌溉为主，兼顾发电等综合利用。水库总库容 22.49 亿 m³，正常蓄水位 1820m，最大坝高 164.8m，采用引水隧洞发电，电站装机容量 755MW。电站厂房处于河岸山谷地区，采用纵向围堰，利用束窄河床导流。围堰防渗轴线长 415m，其中在陆地段长度为 212m，在河床段长度为 203m。围堰最高挡水水位高程 1614.4m，基坑最低开挖高程为 1581.9m，围堰挡水最大水头高差为 32.5m，主要利用原覆盖层经防渗处理后挡水。围堰及挡水防渗设计如图 1 所示。

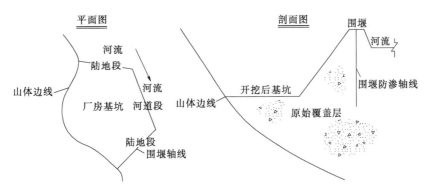

图 1　围堰及挡水防渗设计示意图

2 围堰工程水文地质条件

围堰陆地段地质条件情况：①层：全新统崩坡积碎石土、含土碎块石，厚度5～10m；②层：中更新统洪坡积含土碎块石，泥质弱胶结至半胶结，厚度15～25m，渗透系数 $K=5.0×10^{-2}$cm/s，为强透水层；③层：泥质砂岩夹砂质泥岩，厚层至互层状，岩层倾向坡内，该层上部脉状石膏分布。

围堰河床段地质条件情况：地表多出露全新统冲积漂卵砾石层，结构密实，厚度10～15m，渗透系数 $K=3.0×10^{-1}$cm/s，属强透水层；下部为中更新统冲积漂卵砾石层，微弱胶结，结构密实，局部具有架空结构，渗透系数 $K=5.0$cm/s，为强透水层，厚度大于30m。全新统砂卵砾石层允许渗透比降取0.1，上更新统砂卵砾石层允许渗透比降取0.1。

3 围堰防渗设计方案及调整

3.1 原设计方案

最可靠的围堰防渗方案就是设计成封闭式防渗墙，但由于覆盖层深厚且地层条件相当复杂，要形成封闭式防渗墙造价昂贵且施工难度极大，不予考虑。为相对节约投资，降低施工难度，基坑导流采用"围堰垂直减渗体＋基坑集水井强排"方案，原设计采用悬挂式高喷防渗墙减渗体，孔底高程为1582m（低于厂房基坑底部高程1.5～2.0m）。围堰填筑至高程1612.5m作为高喷施工平台，最大灌浆深度32m。沿高喷轴线布置单排孔，孔距为0.8m，按两个次序施工，采取旋喷灌浆，高压喷射灌浆范围下界为孔底，上界为超过覆盖层进入相对不透水的人工填筑黏土层内1～2m。

高喷灌浆浆液采用纯水泥浆液，掺加5%左右膨润土作为浆液稳定和润滑剂。水泥浆液比重控制在1.50～1.70g/cm³。

高喷灌浆设计参数见表1。

表1 高喷灌浆参数表

参数及条件		数值	参数及条件		数值
水	压力/MPa	35～40	气	压力/MPa	0.6～0.8
	流量/(L/min)	70～80		流量/(m³/min)	0.8～1.2
	喷嘴数量/个	2		气嘴数量/个	2
	喷嘴直径/mm	1.7～1.90		环状间隙/mm	1.0～1.5
浆	压力/MPa	0.2～1.0	提升速度 V /(cm/min)	粉土层	10～12
	流量/(L/min)	60～80		碎石土层	8～10
	密度/(g/cm³)	1.5～1.7		砾石层	6～8
	喷嘴数量/个	2	旋转速度/(r/min)		$(0.8～1.0)v$
	喷嘴直径/mm	6～12			
	回浆密度/(g/cm³)	≥1.2			

3.2 原方案存在主要问题

（1）悬挂式高喷防渗墙在强透水地层防渗效果有限。按照此方案施工，即使在高喷防渗墙完整连续，墙体渗透系数亦能达到相对不透水的情况下，因围堰位置地层（特别是高喷防渗墙体底部贯入层）渗透系数极大，开挖基坑时，渗流绕过高喷墙底部的渗水量极可能会较大，经有限元模拟计算基坑渗流量大于 $3600\text{m}^3/\text{h}$。

（2）高喷灌浆在含丰富大块径漂石、块石地层中施工难度大、效果差，通过现场高喷灌浆试验，孔深超过 18m，高喷灌浆存在严重卡管现象，基本无法完成施工。高喷灌浆在含丰富大块径漂石、块石地层中扩散范围有限，成墙效果差。

3.3 设计方案调整

经分析设计地层地质资料，结合高喷灌浆试验钻孔与灌浆揭示的地层地质特点，悬挂式防渗墙底部贯入的中更新统冲积漂卵砾石层，虽渗透系数 $K=5.0\text{cm/s}$，为强透水层，但主要渗漏通道应该集中在局部架空结构部位，其微弱胶结层由于结构密实成为相对隔水层，要想将分布不是很规律的局部架空结构渗漏通道进行有效封堵，高喷防渗墙作用不如可控灌浆帷幕。

根据现场合高喷灌浆试验和可控灌浆试验成果，围堰悬挂式减渗体施工采用"顶部高喷灌浆＋底部可控灌浆"相结合的方案，高喷灌浆孔深 18m，可控灌浆底部高程低于厂房基坑底部高程 5.0～6.0m，至高程 1576.5m 左右。河床段围堰填筑至 1612.5m 作为防渗施工平台，可控灌浆孔最大深度 36m，陆地段根据实际地形现场确定施工平台。

高喷灌浆孔采用单排布置，孔距 1.0m，按两个次序施工。沿高喷轴线布置单排孔，采取旋喷灌浆，高压喷射灌浆范围下界为孔底，上界为超过覆盖层进入相对不透水的人工填筑粉土层内不小于 2m。

可控灌浆采用单排孔布置，孔距为 2.0m，采用预埋花管灌浆管分段高压灌浆，最大灌浆压力 2.0MPa，按照三个次序施工。与高喷轴线重合，具体布置如图 2 和图 3 所示。

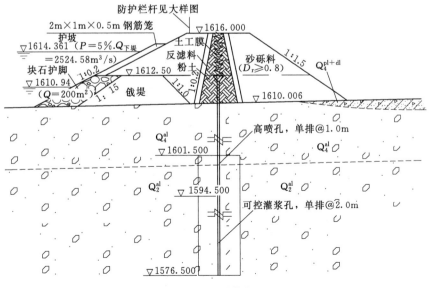

图 2　围堰减渗体剖面图

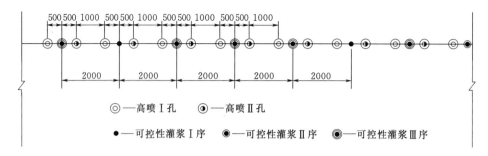

图 3　围堰减渗体典型平面布孔图

4　减渗体施工

4.1　灌浆材料

高压喷射灌浆水泥采用天山水泥厂生产的强度等级为 42.5MPa 的普通硅酸盐水泥。使用的水泥新鲜，出厂至使用完成一般少于 5d。灌浆用水直接抽取江水使用。使用的膨润土为新疆托克逊厂生产的膨润土，掺量控制在 10% 左右。

4.2　高压旋喷灌浆施工

4.2.1　施工工艺流程

施工工艺流程为：测量放样→钻机就位、校准角度→跟进套管钻至设计孔深→测量孔深、孔偏斜率、孔径→下入薄壁性脆的护壁 PVC 管→钻机移位、喷射灌浆台车就位→试喷→下入喷管→静喷至孔口返浆→旋转提升至进入填筑黏土层内 2m→压浆回填孔至浆液不再下降→高压喷射灌浆台车移位。

4.2.2　施工参数

按照设计参数施工。

4.2.3　造孔

采用 KR804 全液压冲击回转履带钻机双管冲击回转造孔，孔深 18m，孔径 ϕ146。钻孔验收完成后下入薄壁性脆的护壁 PVC 管，接头套接后用封口胶带密封。拔出套管并保护好孔口，防止异物掉入孔内。钻孔次序与喷浆次序一致。

4.2.4　高压喷射灌浆

灌浆设备为 ZB1-100 型注浆泵（额定压力最大 8MPa；注浆流量为四挡，分别为 51L/min、68L/min、80L/min、100L/min），实际注浆压力为 0.2~1.0MPa，注浆流量 68L/min。采用 V-6/7 型空气压缩机（额定流量 6m³/min，压力 0.7MPa）送风，实际风压为 0.6MPa 左右。高压喷水采用 3GB-S 口三柱塞高压泵（额定压力 53MPa，流量 80L/min），实际水压为 38MPa 左右。采用山东莱州市瑞良水利机械厂生产的第一代高喷灌浆台车，旋喷次数 0~55r/min 可调，提升速度 0~55cm/min 可调，台车最大提升高度 21m，最大输出扭矩为 3000N·m。

4.2.5　特殊情况处理

由于地质原因，先期施工时高喷出现卡管现象严重，后改用掺加 10% 左右膨润土后卡管现象基本消除。

4.3 可控灌浆施工

4.3.1 施工参数

采用自下而上预埋花管分段灌浆，分段长度为5.0m，分三序施工，孔距为2.0m。

河床段单个灌浆孔共埋设5根灌浆花管，陆地段灌浆孔埋设6根灌浆花管，自孔底自上各灌浆管错开距离为5m。埋管管径25mm，最大耐受压力为不低于2.5MPa。花管孔直径12mm，环间距20cm、每环2孔、梅花形布置，钻管长度不小于1m。

最大灌浆压力为2.0MPa，灌浆孔钻孔方式与高喷钻孔相同，拔出套管前下入灌浆管，拔出套管后采用"土工织物＋水泥砂浆"封堵至孔深10m左右位置，待凝5h以上采用自上而下低压逐管注入"水泥∶膨润土∶水＝1∶1∶1.5的膏浆"。

4.3.2 施工工艺流程

可控灌浆施工工艺流程为：孔位放样→跟钻钻进→终孔验收→下入5根PPR灌浆管→拔套管→孔口10m水泥砂浆封孔→待凝大于5h后注入膏浆封填孔内→自下而上分段灌浆至结束。

4.3.3 造孔

（1）根据设计桩位布置及现场控制点，由技术人员现场放出具体孔位并明确标识，孔位中心偏差不大于5cm。

（2）将钻机移至设计孔位，垫平稳固后用水平尺和吊铅锤的办法检查钻机垂直度后方可开孔。

（3）采用跟管钻进造孔，孔深36~43m，孔径 ϕ146。

（4）钻孔完成后由质检人员进行工序验收，检测孔深达到设计要求后验收签证。

（5）钻孔验收完成后下入PPR灌浆管，接头采用专业工具焊接。拔出套管并保护好孔口，防止异物掉入孔内。钻孔次序与灌浆次序一致。

4.3.4 灌浆

（1）浆液水灰比及变化标准。采用3∶1、2∶1、1∶1、0.8∶1、0.5∶1五级水灰比水泥浆液，实际施工水灰比根据现场情况工程师确定，浆液中掺加不少于水泥重量5%的膨润土。

浆液变化标准为：当在某一灌浆压力下灌入量大于1000L，而流量未减小和压力未升高等灌浆情况未发生明显改变情况下，可变浓一级水灰比灌注，当无压无回情况下可越级变至最浓一级水灰比灌注。

（3）灌浆压力。最大灌浆进浆压力2.0MPa。

（4）灌浆结束标准。在最大灌浆压力下，注入率不大于2L/min，持续灌注20min结束。

4.3.5 特殊情况处理

灌浆过程中出现耗浆量大情况普遍，考虑到地质条件复杂性，采用不限量、适宜浆液浓度连续灌注至达到设计要求后结束灌浆。

5 围堰灌浆成果及效果检查

5.1 高喷灌浆成果

单排高压旋喷灌浆孔深18m，主要处理河床段漂卵砾石层，孔距为1.0m。共施工高喷灌浆孔 255 个，高喷灌浆 4593m。高喷灌浆单耗 524kg/m。高喷灌浆存在主要问题是卡管严重，主要原因是河床地质条件复杂，集中大块石夹漂卵砾石层普遍。高喷灌浆孔口返浆正常，单耗基本正常。

5.2　可控灌浆成果

从成果资料分析，可控灌浆平均单耗 523kg/m，其中围堰下游河床段单耗为平均 759kg/m，上游陆地段单耗为 223kg/m。各部位各次序灌浆孔随着灌浆次序递增灌浆单耗有明显减少趋势，除下游河床段递减不明显外，其余部位递减均在 22.7%～49.5%，灌浆效果十分显著。下游河床段围堰桩号 0+109～0+215 区间地层条件最为复杂，Ⅲ序孔吸浆量仍然较大，平均为 726kg/m。

5.3　检查孔效果检查

围堰共布置检查孔 4 个，分别位于上游陆地段、上游河床段、下游河床段和下游陆地段，检查孔采用冲击回转跟管钻进，利用钻孔套管作为隔水套管进行注水试验，钻孔底部为高程 1579m。试验测得地层渗透系数为 $1.3 \times 10^{-3} \sim i \times 10^{-6}$ cm/s。其中上游陆地段渗透系数为 $1.4 \times 10^{-4} \sim 2.88 \times 10^{-5}$ cm/s；河床段渗透系数 $1.3 \times 10^{-3} \sim 1.2 \times 10^{-4}$ cm/s，下游陆地段渗透系数为 $i \times 10^{-6}$ cm/s。通过灌浆后，地层渗透系数有明显减小，灌浆效果明显，渗透系数 $1.3 \times 10^{-3} \sim i \times 10^{-6}$ cm/s。

5.4　开挖效果检查

从厂房基坑开挖过程中及开挖后基坑渗流量小于 500m³/h。

6　结论及建议

6.1　结论

（1）充分利用地层地质中特殊有利条件，强透水性的复杂地质条件的深厚覆盖层河床基坑导流采用"围堰垂直减渗体＋基坑集水井强排"方案也是可行的，既能降低施工难度又能节约投资。

（2）该地层普遍存在较大块石集中与坡积粉土、冲积漂卵砾石层互层地质情况，通过高喷试验证明该地层不宜采用深孔高喷灌浆方案。通过可控灌浆成果分析，各部位各次序灌浆孔随着灌浆次序递增灌浆单耗有明显减少趋势，除下游河床段递减不明显外，其余部位递减均在 22.7%～49.5%，灌浆效果十分显著。该工程减渗体方案优化十分合理。

6.2　建议

（1）无论是高喷灌浆还是可控灌浆，为了确保灌浆效果，一般布置至少双排灌浆孔。

（2）河床围护基坑采用"围堰垂直减渗体＋基坑集水井强排"导流方案时，视基坑开挖渗漏情况，需在适当位置与高程及时采取补充减渗灌浆等有效减渗措施。

高生水电站围堰覆盖层防渗帷幕灌浆施工技术

郭国华

（中国水利水电第八工程局有限公司）

【摘　要】　传统的覆盖层防渗帷幕灌浆施工工艺具有施工设备小巧、地层适应性强、施工组织灵活等优点，曾在水工围堰防渗处理中得到广泛应用，但由于其施工工效及可控性较差等不足，最近 20 年有被防渗墙施工技术逐步取代的趋势。随着跟管钻孔技术、新材料、新设备及新工艺的发展，灌浆技术水平在最近也得到了较大提高。本文介绍帷幕灌浆技术在高生水电站两岸覆盖层防渗处理施工中一些做法和改进的成功实践经验，可作为类似工程参考。

【关键词】　强透水覆盖层　防渗帷幕　双液灌浆　埋管

1　工程概况

高生水电站工程位于贵州省务川县洪渡河干流上，是洪渡河规划的第 7 级梯级电站，装机容量 106MW，多年平均发电量 3.798 亿 kW·h，电站装机年利用小时 3583h，工程规模属大（2）型，工程等别为 Ⅱ 等。高生水电站大坝坝址河床两岸山体陡峻，河水湍急，河床覆盖层主要成分为冲洪积砂、卵、砾石层及部分崩塌堆积灰岩块石，覆盖层最大厚度超过 20m，渗透系数大于 10^{-2}cm/s，属强透水层，其中下游围堰右堰肩块石堆积体厚度达 17m，宽度 15m，渗透系数大于 1cm/s，属极强透水层。

大坝上、下游围堰覆盖层防渗原处理方案为塑性混凝土防渗墙。实施过程中，综合考虑施工难度、施工工期、施工平台布置以及道路等影响，优化为围堰中间段采用塑性混凝土防渗墙加两岸段帷幕灌浆防渗处理的实施方案，其中下游围堰右堰肩块石堆积体集中区域采用了水泥-水玻璃双液灌浆防渗处理，其余部位两岸覆盖层采用水泥-膨润土稳定浆液灌浆防渗处理，通过灌浆处理后的围堰覆盖层形成了渗透系数小于 10^{-5}cm/s防渗帷幕。

2　帷幕灌浆设计

2.1　灌浆孔布置

帷幕灌浆孔设计为双排孔，梅花形布置，排距为 1.0m，孔距为 2.0m；先施工迎水面排孔，再施工背水面排孔，排内分两序孔施工，钻孔深度为嵌入基岩内不小于 4.0m。如图 1 所示。

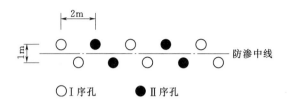

图 1　防渗帷幕灌浆孔典型布置图

2.2　灌浆工艺

下游围堰右岸由于块石堆积体集中，采用了"预埋花管水泥-水玻璃双液注浆法"；其余区域采用"水泥-膨润土稳定浆液套管注浆法"。

"预埋管水泥-水玻璃双液注浆法"施工工艺流程为：测量定孔位→钻机就位并调正钻孔角度→全孔成孔→预埋灌浆花管→拔出套管→孔口封堵→自下而上逐管回填膨润土浆液→自上而下分组逐管灌注水泥和水玻璃浆液直至全孔灌浆结束。

"水泥-膨润土稳定浆液套管注浆法"施工工艺流程为：测量定孔位→钻机就位并调正钻孔角度→全孔成孔→利用套管和封堵盖头进行孔底基岩段灌浆→向上每拔出一根套管（套管长度1.5m）后分段灌浆直至全孔灌浆结束。

2.3　成孔工艺设计

覆盖层钻孔采用冲击偏心钻跟管钻进，套管直径为146，成孔直径110；钻至入较硬基岩1.0m后改用 $\phi110$ 冲击直锤直接成孔，孔径110。

2.4　预埋灌浆花管设计

预埋灌浆花管采用 $\phi25$ 的PPR管，最大承受压力不小于2.0MPa。管路连接采用直接头热熔器焊接。根据孔深每4m孔长布置1根管路，每根管路底端2m长范围内钻设 $\phi8\sim10$ 小孔，小孔间距不大于20cm。管路底部采用堵头封闭，布置孔眼段采用塑料宽胶带缠绕封闭。将所有管路采用塑料宽胶带捆成一团后放入孔内。确保成捆管路顶端露出管口不少于0.5m。加工成捆的预埋花管示意如图2所示。

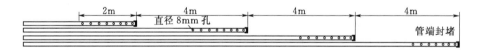

图 2　预埋花管加工示意图

2.5　双液浆液配合比

水玻璃模数 $M=2.8\sim3.1$，水玻璃溶液浓度 $Be'=35\sim40$，水泥浆液水灰比 $W/C=0.7:1\sim1.0:1$（重量比）。双液浆液配合比可通过现场试验适当调整，以确保浆液凝结时间满足水泥-水玻璃浆液在地层中混合后不至于被动水带走。

2.6　稳定浆液配合比

稳定浆液采用水泥—膨润土浆液，水泥浆液水灰比 $W/C=0.7:1\sim0.8:1$（重量比），掺入膨润土占水泥重量的 $10\%\sim20\%$。稳定浆液配合比可通过现场试验适当调整，以确保浆液在地层中可灌性。

2.7 灌浆压力

预埋管水泥-水玻璃双液注浆法最终灌浆压力控制在 $0.5\sim1.5$MPa。水泥—膨润土稳定浆液套管注浆法最终灌浆压力控制在 $0.5\sim1.0$MPa。

2.8 灌浆结束标准

围堰覆盖层灌浆结束标准控制对于围堰灌后防渗效果至关重要，过高的灌浆结束标准不仅浪费大量资源而且容易产生负面影响，过低的灌浆结束标准会导致因对原覆盖层充填或者挤密效果不好形成渗漏通道。本工程结束标准一般采用三个参数（灌注干灰总量，灌浆压力，注入率）组合按照以下原则控制：

（1）当灌浆压力大于 0.5MPa，应控制注入率不大于 20L/min。

（2）当灌浆段吸浆量较大时，注入干灰总量已经大于 1.0t/m，灌浆压力达到设计最终灌浆压力，可结束本段灌浆（非最终排灌浆可选用此标准）。

（3）满足设计最终灌浆压力，注入率不大于 2.0L/min，已经持续灌注 20min，可结束本段灌浆（最终排灌浆可采用此标准）。

3 帷幕灌浆施工

3.1 施工设备

灌注水玻璃采用 QL 380 型高压清洗机，并进行适当改装。将清洗机管路改成适合灌浆用的高压胶管与 PPR 管路带丝接头可靠连接即可。灌浆泵采用 3SNS 型灌浆泵，最大排浆量不小于 60L/min。制浆机采用 GJ 800 型高速搅拌机。钻孔设备为 MGY 80 锚固钻机，配套拔管机使用。

3.2 灌浆材料

（1）水泥：采用不低于 42.5MPa 的普通硅酸盐水泥，水泥细度要求通过 $80\mu m$ 方孔筛的筛余量不超过 5%，其质量须符合设计技术标准，不使用受潮结块水泥。

（2）膨润土：液限大于 400%，小于 0.08mm 的颗粒含量大于 80%。

（3）水玻璃：模数为 $2.8\sim3.5$，其浓度采用 $30\sim38$ 波美度。

（4）水：灌浆拌浆用水的温度不得高于 40℃。

3.3 双液灌浆法操作要点

（1）预埋花管长度需根据钻孔深度确定，加工灌浆花管最大长度应确保管上端露出孔口不少于 0.5m。

（2）预埋花管在套管拔起前放入，拔管过程中需注意保护，不得将花管带起。

（3）拔管后立即封堵灌浆孔口，封堵段长度不小于 2m。

（4）为了使管孔在灌浆过程中不至于很快被灌注双液堵塞，一般需采用浓膨润土浆液逐管进行预充填，采用浓膨润土浆液预充填管孔自下而上逐管进行，灌注量根据孔深和管长大致确定，灌注量理论上能充填满全孔即可。

（5）为确保水泥-水玻璃双液在地层中有效混合，既要求浆液在地层中有一定扩散范围又要确保水泥浆液和水玻璃能够相互参透，一般采用"自上而下逐管灌注"，其中靠近上部灌浆花管灌注水玻璃浆液，下部相邻的灌浆花管灌注水泥浆液，先灌注水泥浆液，当灌注水泥浆液达到一定量（一般为干水泥耗量大于 3t 左右）后才开始灌注水玻璃，水玻璃和水泥浆液的灌浆进浆压力保持基本一致。

（6）采用双液灌注长时间达不到结束标准时，可反复交替改由下部灌浆花管灌注水玻璃，上部灌浆花管灌注水泥浆液。

（7）当采用双液灌注短时间内即能达到结束标准时，停止灌注水玻璃，适当增大水泥浆液灌浆压力继续灌注。

3.4 套管灌浆法操作要点

（1）采用自下而上分段灌浆，灌浆段长不宜大于2.0m，一般灌注单一水灰比的稳定浆液。

（2）套管灌浆必须安装灌浆泵分浆管和孔口回浆管，便于控制灌浆压力和确保施工安全。

（3）遇细流沙等塌孔严重孔段位置，上拔套管前可在套管内置入灌浆花管，灌浆花管直径与套管内径相匹配，花管出浆孔每隔30～50cm钻设一环，孔径8～15mm，每环2～5个孔。

（4）采用与套管直径相匹配的拔管机拔套管，拔管必须平顺进行，不得敲打套管，防止因拔管不当造成孔壁与套管之间封闭效果不好。

（5）当遇大通道或大吸浆量等很难达到结束标准时，改用双液灌浆法，也可采用大排量的螺杆泵灌注膏状浆液或快凝膏状浆液，浆液中可掺入稻草、海带、锯木等纤维材料，以控制浆液扩散范围。

（6）采用套管注浆法部位，灌浆孔顶端应深入黏土心墙不少于1.5m，或者将防渗轴线范围宽不小于2.0m、深不小于1.5m范围覆盖层置换成黏土心墙防渗。

3.5 灌浆过程中特殊情况处理

3.5.1 地表冒浆处理

在围堰覆盖层灌浆过程中，地表出现冒浆是经常会出现，一般出现地表冒浆后灌浆压力剧降或无压力，需立即观测地表冒浆位置，如果出现地表冒浆位置距离灌浆孔位置超过孔间距，可结束本段灌浆。如果出现地表冒浆位置距离灌浆孔位置很近，需停止灌浆后重新对孔位位置采用快凝水泥砂浆进行封填后恢复灌浆。

3.5.2 灌浆花管堵塞处理

采用水泥—水玻璃灌浆发现灌浆花管堵管后立即提高压力改用泵送水进行冲洗。

3.5.3 地层漏灌处理

覆盖层采用水泥—水玻璃双液灌浆后，及时分析灌浆过程和资料，对可能出现漏灌地层布置检查孔进行检查，发现漏灌后采取补救措施，一般需增加1排灌浆孔，采用常规灌浆工艺进行补灌。常规做法一般是先施工的单排孔进行水泥-水玻璃双液灌浆，后序排孔改为稳定浆液灌浆。本次灌浆采用在原设计2排孔中间增加1排灌浆孔。

4 帷幕灌浆成果及效果

4.1 灌浆成果

上、下游围堰左、右两岸覆盖层防渗面积约为482m²，其中采用稳定浆液灌浆处理防渗面积约为227m²，采用双液灌浆处理防渗面积约为255m²。灌浆孔709m，灌入水泥总量 539t（含膨润土 18t），水玻璃 2200L。

4.2 检查孔检查结果

上、下游围堰堰肩覆盖层防渗灌浆根据灌浆过程及资料分析，布置检查孔 4 个，注水试验结果渗透系数均小于 $n \times 10^{-5}$ cm/s 的标准。

4.3 基坑开挖检查

上、下游围堰堰肩覆盖层防渗处理完成后，基坑及时进行初期排水，基坑排水十分顺利见底，基坑渗流量满足开挖和设计要求。

5 结论

（1）高生水电站大坝围堰覆盖层未处理前属于强透水层，通过防渗帷幕灌浆处理后满足围堰防渗及基坑开挖要求。

（2）本工程针对围堰覆盖层不同部位地层条件和透水性，应用了稳定浆液套管注浆法和预埋花管水泥-水玻璃双液灌浆法，简化了围堰覆盖层灌浆施工工艺，既满足设计要求，又能节约施工工期和成本，其一些做法和改进的成功实践经验，可作为类似工程参考。

黏土水泥膏浆在酸水环境下的防渗应用

赵　杰　宾　斌　赵铁军　陈冠军

（湖南宏禹工程集团有限公司）

【摘　要】 在矿山污水防渗堵漏工程中，由于一般注浆材料在酸性环境下不具备凝固条件或达不到预期强度，很难达到堵水效果。经研究及实践发现，采用改性黏土水泥膏浆对库坝进行防渗处理是一种经济适用、效果可靠的方法。

【关键词】 改性　黏土水泥膏浆　酸性水环境　坝体　防渗

1　引言

为了防止污染，保护生态环境，大部分矿山对污水进行了建坝集中处理。经调查发现，由于不少矿山开采已久，其污水库坝存在不同程度的渗漏，矿山污水由于含 SO_4^{2-} 较多，大都呈酸性，若污水向外渗漏，将对周围环境造成严重污染，改性黏土水泥膏浆的凝固时间以及强度不受酸水影响，能够在各种矿山污水池坝基防渗处理应用中发挥很好的效果。

2　案例分析

通过对马钢（集团）控股有限公司南山矿业公司酸水库调查发现，其库内酸水 pH 值为 2.7～3.0，酸性较强。存在以下几个方面危害：

（1）对金属腐蚀。酸性水使水泵、水管等排水设备和铁轨等金属制品遭受严重损害。

（2）对环境的污染。酸性水中所含的大量酸和硫酸盐，直接污染了矿区地下水和地表下水，引起土壤酸化和盐渍化；积累在土壤中的某些元素被植物吸收富集到一定程度，可损害农作物的根系功能，妨碍其发育生长，影响产量。

（3）对人体健康的影响。人体摄入某些元素过多或不足，都将引起人体组织的病变；具有生物毒性的元素，在水土中化学性质稳定，难为微生物所降解，易在底泥、土壤及作物中富集，通过食物链进入人体，可在某些器官蓄积造成危害。

由于酸水库坝体年限较久，且酸水对金属腐蚀严重，该坝体内涵洞出水口金属管道甚至闸门已经严重腐蚀，且出现了酸水外涌现象，对该地生态环境影响较大。湖南宏禹公司应马钢（集团）控股有限公司南山矿业公司请求，对其酸水库末端渗漏进行应急抢险处理。由于其特殊条件，存在以下困难：

（1）纯水泥浆不能够在酸性条件下凝固，且前面已有专业注浆队伍采用纯水泥浆、尿醛树脂化学浆液对其进行过注浆堵漏处理，但不见效。因此不能使用常规的注浆材料。

（2）该酸水库水位较深，涌水点距库区水位存在 21m 水头，水压较大，浆液容易在动水条件被冲跑，导致大量浆材的损失甚至出现无效灌浆。

（3）坝底巷道高 1.8m，宽 1.5m，长 150m，且漏水口涌水量较大，小泵量的注浆设备难以短时间在巷道内形成有效堵体。

（4）该酸水库由于建成已久，巷道底部沉积了 40cm 左右的硬化淤泥，低浓度注浆材料、小压力注浆工艺无法挤压、排开底部淤泥，将对封堵效果造成很大影响。

针对以上难点，决定在低坍落度、抗动水、抗水下分散的改性黏土水泥膏浆内加细河砂搅拌成特质砂浆，作为主要注浆材料。并通过实验论证，该注浆材料确实不受酸水影响，且在同等酸性条件下，能达到预期强度（图 1）。

图 1　低坍落度、水下抗分散的黏土水泥砂石浆

3　施工方案

由于巷道体积较大，横截面积为 2.7m²，且巷道内部存在高水头动水。决定在坝顶靠近库区一侧沿巷道轴线等距布置多个投料孔，首先减小涵洞内水流速度，在涵洞内形成初步堵体，阻止灌浆时浆材的流失，减小材料损耗。然后在投料孔中间等距布置灌浆孔，灌浆采用先用浓浆充填后用稀浆密实的原则，采用高压脉冲法充填巷道后再用孔内阻塞孔内循环法进行密实，巩固灌浆效果，形成密实封堵体。

3.1　孔位布置

如图 2 所示，T1～T6 为投料孔，G1～G6 为灌浆孔。

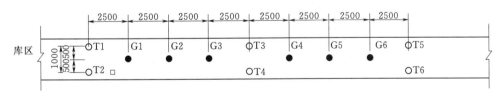

图 2　孔位布置图

3.2　施工流程

场地平整→施工测量→施工准备→放样定孔位→钻机固定安装→钻投料孔→投放材料→钻灌浆孔→黏土水泥砂石浆、双液浆灌浆。

3.3 投料孔施工

投料孔孔径 150mm，采用套管跟进至涵洞顶板，成孔后先往孔内投碎石至巷道内，投入一定量后下钻具振捣，再投料再振捣，逐步堆积至涵洞顶部，降低涵洞内水流速度，为后面注浆提供有利条件。

3.4 灌浆孔施工

（1）灌浆孔孔径 110mm，先用低坍落度、水下抗分散的黏土水泥砂石浆、高压脉动灌浆法对巷道进行充填，使浆液在投料孔之间注满巷道，完成初步堵体。黏土水泥砂石浆坍落度控制在 3～7cm，灌注泵压为 8～10MPa 或以上。低坍落度、水下抗分散的膨润土水泥砂石浆是以膨润土、砂、石为主，外加 HY - 1 号添加剂的注浆材料，其具有水下抗分散功能，酸性水仅能接触浆体的表面，不能渗入到浆体内部，浆体在固化后，可对涵洞进行有效封堵。

（2）采用黏土水泥砂石浆对巷道完成初步封堵后，待凝 24h，使浆料初步凝固达到一定强度。

（3）对巷道进行初步封堵且浆料固化之后进行加密灌浆，加密灌浆采用纯水泥浆外加抗酸添加剂水玻璃，水泥浆水灰比为 1：1。下止水栓塞至距涵洞顶板，在止水栓塞顶部接射浆管至距巷道底板少于 50cm 处，采用孔内阻塞、孔内循环式灌浆工艺对涵洞进行密实灌浆。

4 注浆效果

通过对巷道内投入碎石降低水流，高压灌注黏土水泥砂石浆充填巷道，灌注双液浆密实之后，完成对各涌水点的封堵，达到了完全止水的效果。图 3 为各涌水点处理前后对比。

（a）施工前   （b）施工后

图 3（一） 注浆效果图

（c）施工中　　　　　　　　　　　（d）施工后

图 3（二）　注浆效果图

5　结论

实践证明，黏土水泥膏浆不仅能够在高压、大流量的动水条件下完成堵漏作用，还能在矿山酸性污水库的防渗堵漏应用中，解决酸性环境下普通注浆材料不能达到的堵水效果，对我国其他矿山污水库的治理具有重大的借鉴意义。

参考文献

[1]　郭方，余虹.酸性矿坑水的水文地质化学成因和其对水质污染的防治方法［J］.湖南科技大学学报（自然科学版），1991（1）：51-56.

[2]　肖有权.试谈酸性矿坑水的污染与防治［J］.水文地质工程地质，1982（3）：11-13.

冲击回转钻进＋自下而上灌浆法快速施工
技术在恰央水库帷幕灌浆中的应用

夏修文

（中国水电基础局有限公司）

【摘　要】　恰央水库大坝基础帷幕灌浆工程施工作业面最大海拔高度超过 4700m，高寒缺氧，自然环境恶劣。该工程帷幕灌浆工程量大，工期紧。其主要施工地层石英砂岩强度高，岩性破碎，可钻性差。采用传统孔口封闭灌浆法时，钻进困难，施工工效很低，耗材高，水泥浆液损耗多，工期和成本压力大，针对石英砂岩地层，本工程创新性的大范围采用地质钻机配合冲击器冲击回转钻进，自下而上卡塞灌浆法，大大提高了施工效率，取得较好的效益。

【关键词】　冲击回转钻进　自下而上灌浆法　恰央水库　帷幕灌浆

1　概况

1.1　工程概况

恰央水库枢纽工程主要由碾压式沥青混凝土心墙坝、泄洪兼灌溉洞及溢洪道组成，是以灌溉为主，并有一定防洪作用的水利工程。水库总库容 2945 万 m³。灌溉面积 9.33 万亩。恰央水库主体大坝坝顶高程 4688.60m，坝顶总长 625.3m，最大坝高 36.60m。坝基采用"混凝土防渗墙＋墙下灌浆帷幕"进行防渗处理。

1.2　主要地质条件

坝址区出露地层主要为侏罗系下中统田巴组含结核页岩、石英砂岩和第四系全新统地层。

石英砂岩：主要出露于左右两岸山包部位，在河床底部下伏于第四系之下，呈条带状顺河床分布，肉红色，中层状，产状与含结核页岩基本一致，岩性坚硬致密，岩体内节理裂隙发育，岩性较破碎，透水性较强。表层风化强烈，强风化深度大。

2　工程设计技术指标

帷幕灌浆质量以检查孔压水试验成果为主，并结合对施工记录、成果资料和检验测试资料的分析，进行综合评定。检查孔的数量为主排孔数的 10% 左右。一个单元内，至少布置一个检查孔。检查孔自上而下分段卡塞进行压水试验，压水试验采用单点法，要求帷幕灌浆灌后检查孔透水率 $q \leqslant 3Lu$。

3 帷幕灌浆

3.1 孔位布置

沿帷幕灌浆轴线布置2排帷幕灌浆孔，桩号为$0-152.000\sim0+746.300$，帷幕灌浆孔孔距2m，排距1.5m，梅花形布置。帷幕灌浆先导孔在Ⅰ序孔中选取，间距为24m左右。帷幕灌浆最大孔深约75m。钻孔孔径为76mm。

3.2 施工工艺

（1）孔口封闭灌浆法。根据钻孔实际情况，对于岩性较破碎的地层，帷幕灌浆采用孔口封闭灌浆法。孔口封闭灌浆法能可靠地进行高压灌浆，不存在绕塞返浆问题，事故率低，且能够对已灌段进行多次复灌，对地层的适应性强，灌浆质量好，施工操作简便，工效较高，但每段均为全孔灌浆，全孔受压，近地表岩体抬动危险大，且孔内占浆量大，浆液损耗多，灌后扫孔工作量大，有时易发生铸灌浆管事故。

实际施工中，帷幕灌浆先导孔采用"回转钻进＋孔口封闭灌浆法"，下游排其他Ⅰ序孔大多采用"冲击回转钻进＋孔口封闭灌浆法"，为后序孔采用自下而上分段灌浆法创造条件。采用传统"回转钻进＋孔口封闭灌浆法"时，石英砂岩地层施工工效为5～6m/（台·日）。

（2）自下而上分段卡塞灌浆法。根据钻孔实际情况，对较完整的或缓倾角裂隙的地层，帷幕灌浆采用自下而上分段卡塞灌浆法。自下而上灌浆法就是将钻孔一次钻到设计孔深，然后自下而上逐段安装灌浆塞进行纯压式灌浆的方法。灌浆塞在预定的位置塞不住，其调整的方法是适当上移或下移，直至找到可以塞住的位置。采用自下而上分段卡塞灌浆法时，钻孔、灌浆作业连续，工效较高，但当岩层陡倾角裂隙发育时，易发生绕塞返浆，且不便于分段进行裂隙冲洗。

实际施工中，上游排孔大多采用"冲击回转钻进＋自下而上分段卡塞灌浆法"。采用"冲击回转钻进＋自下而上分段卡塞灌浆法"时，石英砂岩地层施工工效为15～20m/（台·日）。

（3）综合灌浆法。综合灌浆法是在钻孔的某些段采用自上而下灌浆，另一些段采用自下而上灌浆的方法。这种方法通常在钻孔较深、地层中间夹有不良地质段的情况下采用。

实际施工中，下游排Ⅱ序孔大多采用"冲击回转钻进＋综合灌浆法"。"冲击回转钻进＋综合灌浆法"施工工效介于孔口封闭灌浆法和自下而上分段卡塞灌浆法之间。

3.3 钻灌施工次序

帷幕灌浆要求先施工下游排，再施工上游排。按逐序加密的原则分两序进行施工。先施工先导孔，再施工Ⅰ序孔，最后施工Ⅱ序孔。灌浆结束14d后，施工灌后检查孔。

3.4 钻孔及冲洗

（1）采用自下而上分段卡塞灌浆法进行灌浆时，钻孔采用XY-2地质钻机，22m³空压机供风，利用压缩空气作动力，压缩气体依次经过高压灌浆管、钻机水龙头、钻杆进入冲击器，而后从钻头排出，驱动孔底SPM76型冲击器进行冲击钻进，排出的废气被用来排碴。SPM76潜孔冲击器属于有阀式中心排气冲击器，排出岩粉效果好，减少了岩渣的重复破碎，降低了钻头的磨损，提高了钻进效率，广泛适用岩土工程中穿凿各种中硬、高硬等可钻性差的坚韧性岩石。

采用孔口封闭灌浆法进行灌浆时，钻孔采用 XY-2 地质钻机、金钢石钻头、清水钻进。

（2）采用自下而上分段卡塞灌浆法进行灌浆时，一次性钻至设计孔深；采用孔口封闭灌浆法进行灌浆时，钻孔按灌浆段长分段钻进。

（3）灌浆段钻进结束后采用大流量水流冲洗。

（4）钻孔过程中，遇有掉块或塌孔难以钻进时，可先进行灌浆处理，再行钻进。

（5）钻孔段长划分：灌浆孔段长划分见表 1，特殊情况下可适当缩短或加长，但不宜大于 7m。

表 1 钻 孔 段 长 划 分 表

段　　次	第 1 段	第 2 段	第 3 段及以下	备　　注
帷幕灌浆孔/m	2	3	5	末段不超过 7

3.5 裂隙冲洗和压水试验

（1）裂隙冲洗。采用自下而上分段灌浆法时，各灌浆孔在灌浆前全孔进行一次裂隙冲洗。

采用孔口封闭灌浆法进行帷幕灌浆时，各灌浆段在灌浆前采用压力水进行裂隙冲洗。冲洗压力为灌浆压力的 80%，并不大于 1MPa，冲洗时间至回水清净时止并不大于 20min。

（2）简易压水试验。采用自下而上分段灌浆法时，灌浆前进行一次全孔简易压水试验和孔底段简易压水试验。

采用孔口封闭灌浆法进行帷幕灌浆时，各灌浆段在灌浆前进行简易压水试验。简易压水试验与裂隙冲洗结合进行。

3.6 灌浆浆液

（1）灌浆材料。灌浆水泥采用 P.C32.5 级复合硅酸盐水泥。水泥浆液一般使用纯水泥浆液，在渗透性强，吃浆量大的部位，在灌浆过程中可在水泥浆液中掺砂等掺和料。砂采用质地坚硬的天然砂。在渗透性很强，吃浆量很大的部位，根据灌浆需要，在水泥浆液中可掺入水玻璃。

（2）浆液配比。帷幕灌浆采用水灰比为 5∶1、2∶1、1∶1 和 0.5∶1（重量比）四个比级的纯水泥浆液，开灌水灰比为 5∶1。根据现场实际情况，必要时水灰比可进行适当调整。

3.7 灌浆压力

帷幕灌浆各孔段灌浆压力见表 2。

表 2 各 灌 浆 孔 压 力

段　　次	第 1 段	第 2 段	第 3 段及以下	备　　注
帷幕灌浆压力/MPa	0.3	1.0	2.0	

3.8 自下而上分段卡塞帷幕灌浆施工步骤

（1）设备安装。当全孔裂隙冲洗完成后，将灌浆塞放入孔内分段顶部位置，使用高压灌浆管接好灌浆泵、灌浆自动记录仪和液压灌浆塞进回浆管路系统，打开水压泵，让灌浆塞慢慢膨胀。

（2）灌浆。塞好膨胀灌浆塞后即可进行压水和灌浆施工。待回浆口有大量浆液溢出时，再分级缓慢升压至设计灌浆压力，灌浆时还应经常检查水压泵减压阀压力表的压力，如减少则应及时加压。

（3）提升灌浆塞。灌浆结束后，必须先卸掉灌浆压力，再卸掉水压泵压力，将灌浆塞上提至下一段灌浆分段顶部位置，灌注下一段。

3.9 灌浆结束条件和封孔

（1）在最大设计压力下，注入率不大于1L/min后，继续灌注30min结束灌浆。

（2）灌浆孔灌浆结束后，采用全孔灌浆法封孔。

3.10 特殊情况处理

（1）灌浆过程中如发现冒浆、漏浆时，应视具体情况采取嵌缝、表面封堵、低压、浓浆、限流、限量、间歇、待凝、复灌等方法进行处理。

（2）灌浆过程中发生串浆时，应阻塞串浆孔，待灌浆孔灌浆结束后，再对串浆孔进行扫孔、冲洗、灌浆。如注入率不大，且串浆孔具备灌浆条件，也可一泵一孔同时灌浆。

（3）当采用循环式灌浆时，在灌浆过程中，为避免射浆管被水泥浆凝铸在钻孔中，可选用以下措施进行处理：

1）灌浆过程中应经常转动和上下活动灌浆管，回浆管宜有15L/min以上的回浆量，防止灌浆管在孔内被水泥浆凝住。

2）如灌浆已进入结束条件的持续阶段，可改用水灰比为2或1的较稀浆液灌注。

3）条件允许时，改为纯压式灌浆。

4）如射浆管已出现被凝住的征兆，应立即放开回浆阀门，强力冲洗钻孔，并尽快提升钻杆。

4 工程进度及完成工程量

恰央水库帷幕灌浆于2015年5月11日开工，2015年11月7日完工，累计完成帷幕灌浆钻孔46623.29m，灌浆42364.36m，灌入水泥6994.05t，单耗165.09kg/m，2015年11月13日完成灌后检查孔的施工。

5 灌浆效果检测及分析

（1）Ⅰ序孔灌前平均透水率为14.94Lu，Ⅱ序孔灌前平均透水率为5.28Lu。从透水率分布情况看透水率随灌序总体上遵循逐序递减的规律。

（2）下游排Ⅰ序孔平均单耗为275kg/m，Ⅱ序孔平均单耗为174kg/m，Ⅱ序孔比Ⅰ序孔递减36.7%；上游排Ⅰ序孔平均单耗为128kg/m，Ⅱ序孔平均单耗为76kg/m，Ⅱ序孔比Ⅰ序孔递减40.6%；下游排平均单耗为229.43kg/m，上游排平均单耗为105.49kg/m，上游排比下游排递减54.0%。帷幕灌浆单位注入量随灌序和排序的增进明显递减，符合灌浆的一般规律，也进一步证明了灌浆过程所采用的工艺技术、灌注材料、浆液配比具有合理性。

（3）帷幕灌浆灌后检查孔每个孔均分段做"单点法"压水试验。从帷幕灌浆灌后检查孔压水数据反映：37 个帷幕灌浆检查孔孔段透水率最大值为 2.69Lu，最小值为 0Lu，平均透水率为 1.67Lu，各孔段透水率均小于 3Lu，满足设计要求；灌后检查孔封孔单耗为 5.36～8.83kg/m，表明帷幕灌浆区基岩通过灌浆处理后，地层的防渗性得到了很大的改善。

（4）恰央水库帷幕灌浆各单元灌后均布置了取芯检查孔。检查孔岩芯较完整，取芯率为 89.5%～94.4%。岩芯裂隙中多处可见水泥结石充填，与岩石胶结良好，表明帷幕灌浆效果良好。

6 结语

（1）通过深入研究各种钻孔工艺和现场实施情况，优选出了适合于本项目的钻孔设备和施工方法，针对石英砂岩地层采用气动冲击回转钻进工艺，钻孔工效大幅提高，有效解决了硬岩地层中钻孔效率低的难题。

（2）通过研究和生产实践，充分发挥了自下而上分段卡塞灌浆法施工方法的优越性，自下而上分段卡塞灌浆既保证了施工质量，也提高了灌浆工效，同时也充分发挥了气动冲击回转钻进工艺钻孔效率高的优势，减少了水泥损耗，减轻了废水处理压力。

（3）针对石英砂岩地层，采用"回转钻进＋孔口封闭灌浆法"时，施工工效为 5～6m/(台·日)；采用"冲击回转钻进＋自下而上分段卡塞灌浆法"时，施工工效为 15～20m/(台·日)。"冲击回转钻进＋自下而上分段卡塞灌浆法"综合施工工效是传统"回转钻进＋孔口封闭灌浆法"的 3～4 倍，大大提高了施工效率，施工质量也满足设计要求，有效解决了硬岩地层帷幕灌浆工程量大，工期紧的难题，取得了较好的社会效益和经济效益，为以后其他类似工程提供了有益的借鉴。

高拱坝衔接帷幕灌浆技术研究

易　明　梅运生　郑　伟

（葛洲坝集团基础工程有限公司）

【摘　要】　溪洛渡水电站衔接帷幕灌浆施工是确保地下厂房干燥施工及后期运行重要项目之一，根据施工条件在确定钻孔设备选型后，选择适当的施工程序及采用有效的灌浆阻塞，是确保施工总体进度和满足施工质量的关键。通过已完项目的质量检查及汛期验证，衔接帷幕施工达到了设计防渗标准要求，其研究成果可供类似工程参考。

【关键词】　高拱坝　衔接帷幕　灌浆技术

1　工程概况

随着我国西部大开发战略的实施，水电能源西部（特别是西南地区）开发得到了更加地重视。根据西南地区的地域条件，许多坝址适合修建高拱坝。近年来我国修建的高拱坝不断升级，如澜沧江小湾拱坝（坝高292m）、金沙江溪洛渡拱坝（坝高285.5m）、锦屏拱坝（坝高300m）等，其坝高都将超过目前世界上最高的拱坝——格鲁吉亚的英古里拱坝（坝高272m）。拱坝的防渗，特别是拱坝左、右岸上、下层廊道衔接帷幕的施工，这给我们在高拱坝的防渗灌浆技术提出一系列的技术研究问题。

溪洛渡水电站枢纽防渗帷幕体由大坝基础帷幕、左右岸主厂房前帷幕及二道坝帷幕共三部分组成。左岸地下厂区防渗排水系统由主厂房前防渗帷幕、厂区三层排水廊道、厂内排水体系共三部分组成，其中主厂房防渗帷幕与厂房轴线平行，折向大坝与导流洞堵头、大坝基础防渗排水帷幕系统相连，防渗帷幕在立面上，从高程600.0m至高程324.00m，总深度约276.0m，设5层灌浆廊道，廊道断面为（宽×高）3m×3.5m。廊道高程（编号）自上而下分别为600.0m（PGL6）、545.0m（PGL5）、485.0m（PGL4）、425.0m（PGL3）、385.0m（PGL2），廊道总长5953.2m。帷幕灌浆工程总量约39.88万m。其中衔接帷幕灌浆9.8万m，每层廊道约2.4万m。

2　工程地质

溪洛渡水电站左右岸地下厂房灌排廊道由二叠系上统峨眉山玄武岩（$P_2\beta$）组成，左岸灌排廊道在$P_2\beta_3 \sim P_2\beta_{12}$之间。

岩流层下部由玄武质熔岩（简称玄武岩）组成，岩性主要为致密状玄武岩、含斑玄武岩、斑状玄武岩；上部为玄武质角砾（集块）熔岩及凝灰质角砾熔岩，上下岩性渐变过渡。地层产状呈"陡—缓—陡"的平缓褶曲，左岸为 N20°～40°W/NE∠4°～7°。

2.1 层间错动

层间错动带总体产状与岩流层近于一致，左岸以 N20°～40°W/NE∠4°～7°为主，错动带局部产状变化较大，呈平缓波状起伏。破碎带一般厚 5～10cm，上下影响带多为破裂岩，最宽可达 0.4～0.6m，错动带物质大多为 0.5～3cm 大小的玄武岩角砾、碎块，夹少量岩屑，极少含泥。结构面类型属岩块岩屑型。

2.2 层内错动

层内错动带倾角平缓稳定，走向变化较大，经统计分析，并结合区域构造背景和成因机制分析，其优势产状主要有以下 4 组：

（1）N30°～70°E/SE∠10°～25°。

（2）N10°～50°W/NE∠10°～25°。

（3）N50°～90°E/NW∠10°～25°。

（4）N30°～70°W/SW∠10°～25°。

层内错动带发育间距一般约 5m，错动带长度以 20～50m 为主，厚度变化较大，常常呈透镜状分布，微新岩体内 LC 厚度一般 2～5cm，局部可达 10～20cm。结构面类型属岩块岩屑型，细分为含屑角砾型和裂隙岩块型，少量岩屑角砾型。

3 工程施工特点及解决的难点

左岸衔接帷幕灌浆总量高达 9.8 万 m，高程 435.0m 以下所有防渗帷幕灌浆需在 2008 年 4 月 30 日之前完成。施工特性主要为工程规模大，工程量大、强度高，需要做好工序的统筹安排。

（1）廊道断面为 3.00m×3.50m，由于衔接帷幕灌浆在狭窄廊道断面布孔型式的特性（图 1），根据高强度的施工进度及廊道断面尺寸选择适宜的钻孔机械设备至关重要。

（2）廊道开挖形成后，根据地质情况，结合工期及工程造价等方面的原因，仅在廊道底板浇筑 20cm 厚的凿平混凝土（防渗帷幕穿导流洞、泄洪洞段廊道为全断面进行砼衬砌），衔接帷幕除第一排（底板孔）孔有 20cm 厚的盖重灌浆外，第二、三、四排孔均在廊道上游侧边墙，边墙施工属裸露岩体灌浆。

（3）为了确保地下电站厂房防渗幕体的整体性，衔接帷幕孔在上游侧成扇形布设，水平夹角分别为 15°、25°、50°、65°，边墙孔距底板高度分别为 70cm、140cm、200cm。

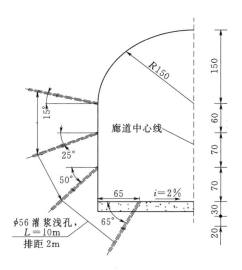

图 1 衔接帷幕孔典型布置图（单位：cm）

4 衔接帷幕灌浆程序的确定

地厂灌排廊道衔接帷幕总体上在上层廊道主帷幕施工前完成该层廊道衔接帷幕施工。

4.1 施工程序

（1）第一排（F1）→第二排（F2）→第三排（F3）→第四排（F4），且同一排孔在相邻Ⅰ序孔灌浆结束后方可开始Ⅱ序孔钻孔施工。

根据衔接帷幕布置型式，衔接帷幕分四排孔。为了便于狭窄廊道不同角度的钻孔施工，调整施工程序，先施工底板的第一排孔，再由侧墙最低处一排向侧墙最高处一排推进。这样一来既遵循了灌浆由低向高推进的原则，又打破了常规洞室按环向分序加密施工的规律，在确保施工质量的前提下提高了施工进度。衔接帷幕按照排序施工（每个单元按40个孔计）可减少2倍的调整设备角度的工作量。例如：按环间分序，环内加密的原则要进行8次调整设备钻孔角度，按排序施工调整设备角度要4次调整理设备钻孔角度。

（2）衔接帷幕孔按分序加密自上而下孔内循环法，分序、分段施工。

4.2 施工方法

衔接帷幕孔采取一次性成孔，自下而上，孔内循环，分段阻塞式灌浆法。在岩层破碎带等地质条件复杂地段主要采用"自上而下，分段灌浆"法进行灌浆施工。

5 钻孔及灌浆设备的选型

5.1 钻孔设备选型

根据灌排廊道断面尺寸（宽×高＝3.00m×3.50m），衔接帷幕布孔形式通过对三种型号的钻机（地质钻机、锚固钻机、潜孔钻）进行对比分析：

（1）地质钻机灵活性差，第三、四排孔施工需搭设不同高度钻机平台才能施钻；钻进速度相对较慢。

（2）锚固钻机体形较大，不便于在狭窄的廊道内施工；针对施工中的水化除尘，电机损坏频率高。

（3）潜孔钻体形小，搭设简易机架能够覆盖衔接帷幕四个角度的钻孔，钻进速度相对地质钻较快。详见表1。

综合各方面条件因素衔接帷幕布造孔选择DQ－100B型潜孔钻机钻进。

表1 各种型号钻机及参数

钻机型号参数	XY－2	YG－30	YQ－100B
钻孔深度/m	380	50	30
钻孔倾角/（°）	0～90	0～360	0～360
外形尺寸（长×宽×高）/（mm×mm×mm）	2150×900×1690	2700×1150×1400	2700×40×50
钻机重量/kg	1200	550	265
功率（耗气量）	22kW	15kW	7～12（m³/min）

5.2 钻孔及孔径

灌浆开孔位置与设计孔位偏差控制在 10cm 以内，其辐射角偏差不应大于 2.5°，孔深不得低于设计孔深 10.0m。

钻孔孔径：所有钻孔孔径不小于 76mm。

5.3 灌浆设备

采用 TTB120/20 型高压灌浆泵、XPB-10 或 SGB6-10 三缸泵进行灌浆，其允许工作压力应大于 7.5MPa，排量宜大于 70L/min。灌浆泵应配有空气室，确保三缸泵应运行平稳，其反映在压力表上的变化幅度不超过灌浆压力的 20%。

6 灌浆阻塞

6.1 裸岩灌浆解决的问题

（1）液、气压式灌浆阻塞器对潜孔钻造孔阻塞困难的问题。

（2）遇到层间、层内错动带的位置，灌浆过程中发生串绕塞的问题。

（3）常规阻塞器难以承受 3.5MPa 高压力灌浆的问题。

6.2 解决阻塞问题

根据衔接帷幕造孔手段的确定（潜孔钻），结合衔接帷幕灌浆压力（最大压力 3.5MPa），我公司在总结现阶段国内各种类型的灌浆阻塞器基础上，研发实用新型的灌浆阻塞器，使其进浆管路及射浆管与阻塞体相互独立，且要使阻塞胶球能得到充分压缩后承受 4.5MPa 高的灌浆压力，使用 φ50mm 钢管代替 φ40mm 钢管压缩胶球，使阻塞胶球充分压缩（图 2）。该阻塞装置通过在 PGL2 廊道、PGL3 廊道、PGL4 廊道衔接帷幕灌浆使用情况来看，起塞、下塞和阻塞比较容易。

7 衔接帷幕灌浆施工

7.1 钻孔冲洗及裂隙冲洗

钻孔冲洗采用单孔冲洗。根据地质情况结合现场灌浆试验成果和监理人的指示，采用压水冲洗、压力脉动冲洗或风水联合冲洗。

（1）冲洗压力：冲洗水压采用 80% 的灌浆压力，压力超过 1MPa 时，采用 1MPa；冲洗风压采用 50% 灌浆压力，压力超过 0.5MPa，采用 0.5MPa。

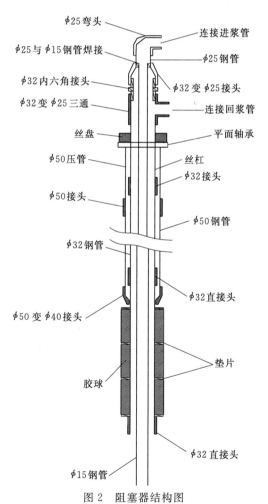

图 2 阻塞器结构图

（2）裂隙冲洗冲至回水澄清后 10min 结束，且总的时间要求，单孔不少于 30min，串通孔不少于 2h。对回水达不到澄清要求的孔段，继续进行冲洗，孔内残存的沉积物厚度不得超过 20cm。

（3）当邻近有正在灌浆的孔或邻近灌浆孔结束不足 24h 时，不得进行裂隙冲洗。

（4）灌浆孔（段）裂隙冲洗后，该孔（段）立即连续进行灌浆作业，因故中断时间间隔超过 24h 者，在灌浆前重新进行裂隙冲洗。

7.2 压水试验

（1）压水试验在裂隙中冲洗后再进行。浅孔帷幕的各灌浆孔段进行"简易压水"。

（2）压水试验压力为灌浆压力的 80%，该值若大于 1MPa 时，采用 1MPa。每 5min 测读一次压入流量，连续四次读数，以最终值作为该孔段的透水率，单位以吕荣值表示。

7.3 灌浆分段压力

7.3.1 灌浆段长

F1：第一段 2.0m，第二段 3.0m，第三段 5.0m。

F2～F4：第一段 5.0m，第二段 5.0m。

7.3.2 灌浆压力

（1）衔接帷幕灌浆压力详见表 2。

表 2 衔接帷幕灌浆压力参数表

施工部位	施工排序	施工孔序	第一段灌浆压力/MPa	第二段灌浆压力/MPa	第三段灌浆压力/MPa
PGL2、PGL3	F1	Ⅰ	1.0	2.0	2.5
		Ⅱ	1.5	2.5	3.5
	F2～F4	Ⅰ	1.0	2.5	
		Ⅱ	1.5	3.5	
PGL4、PGL5	F1	Ⅰ	1.0	1.5	2.5
		Ⅱ	1.5	2.5	3.5
	F2～F4	Ⅰ	1.0	1.5	
		Ⅱ	1.5	2.5	

（2）衔接帷幕灌浆压力控制。灌浆时应尽快达到设计压力，但灌浆过程中注入率较大时，可采用分级升压或间歇升压法灌注，其压力按表 3 控制，当注入率超过 10L/min 时，灌浆压力不得超过本段的最大灌浆压力，以防抬动破坏。

表 3 分级升压时，压力与注入率的关系表

最大灌浆压力/MPa	0.5	0.5～1	1～2	3～4	设计压力
注入率/（L/min）	>50	>30～50	20～30	10～20	<10

7.4 水灰比及浆液比级变化

7.4.1 水灰比比级

水灰比采用 2∶1、1∶1、0.8∶1、和 0.6∶1 四个比级，以 2∶1 开灌。

7.4.2 浆液比级

浆液比级由稀至浓，逐级变换。具体原则如下：

（1）在灌浆压力保持不变，注入率持续减小时，或当注入率不变压力持续升高时，不得改变水灰比。

（2）当某一比级浆液的注入量达 300L 以上或灌注时间达 30min，而灌浆压力和注入率均无改变或改变不显著时，改浓一级。

（3）当注入率大于 30L/min 时，可根据情况越级变浓。

7.4.3 灌浆结束条件

灌浆段在该段最大设计灌浆压力下，当注入率不大于 1L/min 时，继续灌注 30min，可结束灌浆。

7.4.4 封孔

（1）衔接帷幕灌浆封孔采用"全孔压力灌浆封孔法"。即全孔灌浆结束后，先用射浆管将孔内稀浆置换成 0.5∶1 的浓浆，而后将灌浆塞阻塞在孔口，继续用 0.5∶1 浓浆进行纯压式封孔灌浆。

（2）封孔压力采用该孔口段最大灌浆压力。

（3）仰孔封孔结束后必须闭浆 8h；在钻孔过程中遇渗水或涌水的灌浆孔必须进行涌水量及涌水压力的测定，并反应在原始记录上。对于渗水及涌水的灌浆孔，在待压封孔结束后必须闭浆，闭浆时间为 12h。

（4）灌浆封孔后，待孔内水泥浆液凝固后，灌浆孔上部空余部分，大于 3m 时，应采用机械压浆法继续封孔；小于 3m 时，可使用更浓的水泥浆或砂浆人工封填密实。

8 灌浆效果分析

8.1 灌前透水率的递减规律及频率分布

PGL2、PGL3、PGL4 廊道衔接帷幕灌前各次序孔透水率统计见表 4。

表 4 　　　　溪洛渡水电站左岸灌排廊道衔接帷幕灌前平均透水率分序统计表

施工部位	孔序	孔数	钻孔深度 /m	平均透水率 /Lu	透水率频率（区间段数/频率%）					
					总段数	<1	1～3	3～10	10～30	30～100	>100
PGL2 廊道	I	892	9034.3	6.5	1778	8	66	1367	316	8	13
						0.4	3.7	76.9	17.8	0.4	0.7
	II	892	9030.2	4.6	1731	5	266	1300	160	0	0
						0.3	15.4	75.1	9.2	0.0	0.0
PGL3 廊道	I	1169	11916.5	2.9	1155	0	46	1050	57	2	0
						0.0	4.0	90.9	4.9	0.2	0.0
	II	1162	11855.2	2.3	1158	2	221	906	28	0	1
						0.2	19.1	78.2	2.4	0.0	0.1
PGL4 廊道	I	1187	12074.8	3.7	1487	536	64	882	2	1	2
						36.0	4.3	59.3	0.1	0.1	0.1

施工部位	孔序	孔数	钻孔深度/m	平均透水率/Lu	透水率频率（区间段数/频率%）						
					总段数	<1	1~3	3~10	10~30	30~100	>100
PGL4 廊道	II	1187	12066.0	2.4	1487	586	297	604	0	0	0
						39.4	20.0	40.6	0.0	0.0	0.0
PGL2~PGL4 廊道	I	3248	33025.6	3.9	4420	544	176	3299	375	11	15
						12.3	4.0	74.6	8.5	0.2	0.3
	II	3241	32951.4	3.0	4376	593	784	2810	188	0	1
						13.6	17.9	64.2	4.3	0.0	0.0

各层廊道灌前透水率小于 3Lu 的：PGL2 廊道 I 序孔占 4.1%，II 序孔占 15.7%；PGL3 廊道 I 序孔占 4.0%，II 序孔占 19.3%；PGL4 廊道 I 序孔占 40.3%，II 序孔占 59.4%。

各层廊道灌前透水率大于 30Lu 的：PGL2 廊道 I 序孔占 1.1%，II 序孔占 0.0%；PGL3 廊道 I 序孔占 0.2%，II 序孔占 0.1%；PGL4 廊道 I 序孔占 0.2%，II 序孔占 0.0%。

从表 4 中看出，灌前 I 序孔平均透水率为 3.89Lu，II 序孔为 2.96Lu，后序孔较前序孔递减率分别为 23.9%，随着灌浆次序的递增，岩层裂隙逐渐被水泥浆液充填，地层的透水性随着灌浆孔序的增大逐步得到改善。

8.2 单位注入量的递减规律及频率分布

PGL2、PGL3、PGL4 廊道衔接帷幕各次序孔水泥浆单位注入量统计见表 5。

表 5　　　　　　溪洛渡水电站左岸灌排廊道衔接帷幕灌浆分序统计表

施工部位	孔序	孔数	钻孔深度/m		水泥注入量/kg	平均单位注入量/(kg/m)	单位注灰量频率（区间段数/频率%）				
			基岩	合计			总段数	<10	10~50	50~100	100~1000	>1000
PGL2 廊道	I	892	8923.2	9034.3	1374156.8	154.0	2027	5	86	292	1640	4
								0.2	4.2	14.4	80.9	0.2
	II	892	8920.3	9030.2	952915.4	106.8	2020	6	274	563	1177	0
								0.3	13.6	27.9	58.3	0
PGL3 廊道	I	1169	11764.5	11916.5	1181977.2	100.5	2604	3	49	1478	1073	1
								0.1	1.9	56.8	41.2	0
	II	1162	11706.2	11855.2	880380.9	75.2	2594	4	236	1692	662	0
								0.2	9.1	65.2	25.5	0
PGL4 廊道	I	1187	11488.7	12074.8	713438.9	62.1	2671	479	465	1698	29	0
								17.9	17.4	63.6	1.1	0
	II	1187	11434.3	12066.0	518156.4	45.32	2669	614	616	1435	4	0
								23.0	23.1	53.8	0.1	0

施工部位	孔序	孔数	钻孔深度/m		水泥注入量/kg	平均单位注入量/(kg/m)	单位注灰量频率（区间段数/频率%）				
			基岩	合计			总段数	<10	10~50	50~100	100~1000	>1000
PGL2~PGL4廊道	Ⅰ	3248	32176.4	33025.6	3269572.9	101.6	7302	487	600	3468	2742	5
								6.7	8.2	47.5	79.1	0.1
	Ⅱ	3241	32060.8	32951.4	2351452.7	73.3	7283	624	1126	3690	1843	0
								8.6	15.5	50.7	25.3	0

各层廊道各序孔单位注入量小于10kg/m的孔段：PGL2廊道Ⅰ序孔占0.2%，Ⅱ序孔占0.3%；PGL3廊道Ⅰ序孔占0.1%，Ⅱ序孔占0.2%；PGL4廊道Ⅰ序孔占17.9%，Ⅱ序孔占23.0%。

各层廊道各序孔单位注入量大于100kg/m的孔段：PGL2廊道Ⅰ序孔占81.1%，Ⅱ序孔占58.3%；PGL3廊道Ⅰ序孔占41.2%，Ⅱ序孔占25.5%；PGL4廊道Ⅰ序孔占1.1%，Ⅱ序孔占0.1%。

从表5中看出，衔接帷幕Ⅰ序孔单位注入量平均值为101.61kg/m，Ⅱ序孔单位注入量平均值为73.34kg/m，经Ⅰ序孔灌注后，Ⅱ序孔单位注入量明显减少，符合"随灌浆排序的加密，单位注入率减少"的灌浆规律，灌浆效果明显。

8.3 灌后检查孔压水

衔接帷幕灌浆成果资料

通过对PGL2、PGL3、PGL4廊道衔接帷幕灌后检查压水检查，通过灌浆将围岩的裂隙充分填充，说明灌浆效果良好详见表6。

表6　　　　　　　　左岸灌排廊道衔接帷幕灌后检查孔压水统计表

施工部位	孔数	透水率 [Lu] 区间				设计防渗标准	备　注
		<1		1~3			
		段数	频率%	段数	频率%		
PGL2	237	426	100				透水率：010~0.96Lu
PGL3	147	319	100			<1Lu	透水率：0.01~0.95Lu
PGL4	124	248	100				透水率：0.06~0.93Lu

综上所述，说明衔接帷幕按照处底板向边墙高处施工的程序合理，钻孔机械设备及新型阻塞器的使用满足设计要求。

9　结语

通过溪洛渡左岸PGL2、PGL3、PGL4廊道衔接帷幕裸岩灌浆施工，采用革新的施工程序，选择了潜孔钻造孔，使用了新研发的阻塞器。为左岸衔接帷幕施工带来了极大的便利，解决了衔接帷幕灌浆及高压灌浆阻塞的问题，为西部开发高拱坝类型的有盖重及无盖重（裸岩）灌浆施工提供了参考。

实践表明所采用施工技术为今后类似工程提供了有益的经验。

不良地质洞段加固超前预灌浆技术

刘松富

（中国水电基础局有限公司）

【摘　要】 水工洞室不良地质洞段内高压力、大流量渗流的处理以及粉细流砂体的固结一直是工程处理的难点。掌鸠河引水工程上公山隧洞在采用 TBM 工法掘进过程中，由于高压动水作用及大量涌砂的存在，使得开挖工作受阻达半年之久，结合该工程特点，利用该工程适宜的地质条件开展超前预灌浆技术研究。

【关键词】 不良地质洞段　粉细流砂体　超前预灌浆

1　概述

水工洞室不良地质洞段内高压力、大流量渗流的处理以及粉细流砂体的固结一直是工程处理的难点，对于处理的方式目前多采用灌浆技术，但采用常规的灌浆工艺及普通的水泥浆材，不仅材料耗量大、工效低、不经济，并且灌浆效果往往难于满足要求。目前在进行洞室开挖时往往因为出现上述问题，使得开挖工作无法正常进行，造成工期无限期的延误。因此研究不良地质段辅助洞室开挖的超前预灌浆技术，是解决这个难点的关键。

掌鸠河引水工程上公山隧洞在采用 TBM 工法掘进过程中，由于高压动水作用及大量涌砂的存在，使得开挖工作受阻达半年之久，清理出的流沙量达几千立方米，先后有意大利 CMC 公司及中铁十四局等多家施工单位进行封堵处理，灌注了近七八千万元的进口化学灌浆材料，仍使开挖无法向前推进。

结合该工程实际情况，利用该工程适宜的地质条件开展超前预灌浆技术研究，其研究的主要内容包括先进、科学、经济的超前灌浆布孔型式，高压力、大流量涌水的封堵工艺，高强度水玻璃浆材的研究，流沙体可靠的固结技术。

2　超前预灌浆堵水及固结的机理

首先采用双液灌浆技术，使得浆液注入涌水裂隙通道一定范围内，极速凝结，形成一定强度的固结体。并通过环状布孔形式，在开挖洞径以外一定范围内形成截水帷幕。

然后对环状帷幕体内、外侧一定范围内的流沙体进行固结。由于粉细砂具有高透水性、低可灌性的特点，并且在水作用下极易液化及坍塌。利用化学浆液渗透性强的特点，在外水封闭的环境下通过化学灌浆技术，对砂体进行渗透固结及挤密排水，改变砂体内部颗粒间的抗剪强度，增加其自稳性。

最后在环状帷幕体内下入管棚，进一步提高环状固结体整体强度，满足洞室开挖时围岩体的自稳要求。

3 钻孔布置

单循环段灌浆孔按两排孔进行布置，分为 A、B 排，为了提高施工工效，钻孔采用双圆心布孔形式，即满足两台地质钻机按一前一后的位置摆放同步施工。两台钻机同时钻灌 A 排、B 排的同一半环（左半环或右半环），钻孔孔向沿洞轴线方向呈放射状。其中 A 排（内环）布置 16 个灌浆孔，B 排（外环）布置 15 个灌浆孔。单循环段钻孔布置如图 1、图 2 所示。

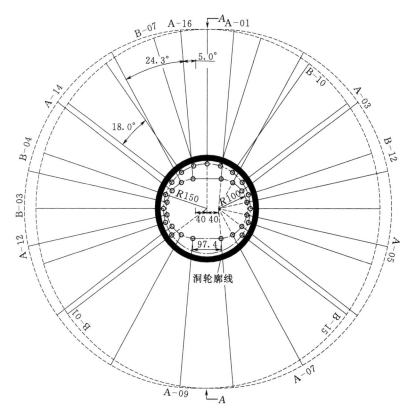

图 1 单循环段钻孔平面布置图

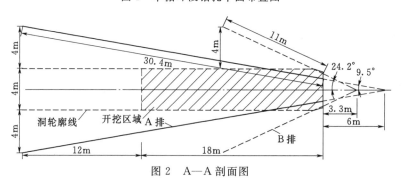

图 2 A—A 剖面图

4 灌注材料及配合比

超前灌浆采用多种浆液灌注，分别针对不同的地质条件和出水情况选用一种浆液或几种浆液联合使用。

4.1 普通水泥浆液

普通水泥浆液采用2：1、1：1、0.8：1、0.5：1四个比级。

4.2 水泥-水玻璃浆液（双液灌注）

水泥-水玻璃浆液的水灰比采用0.5：1，水玻璃浓度为35波美度，水泥浆与水玻璃体积比为0～50％。

4.3 化学浆液

结合固砂的需求，采用高强度的溶液型硅酸盐浆液，其胶结强度可达5MPa以上。

5 超前预灌浆施工

5.1 钻孔对位

保证钻孔位置及钻孔角度的准确性，是形成可靠的防渗固结拱体的关键，在施工时主要采用两点一线法来对正孔位。

（1）用钢卷尺、角度尺等工具确定待钻的孔位点。

（2）用作图法或几何计算法找出钻孔轨迹延长线交点位置坐标参数。然后用钢卷尺在现场进行量测及定位。

（3）调整钻机位置、高度使钻机回转器中心点与钻孔轨迹延长线交点重合。

（4）安装钻杆及开孔钻具，并调整钻机竖机方向，使钻头准确定位到待钻孔位点，固定钻机。

5.2 段长划分

各排灌浆孔钻灌段次划分见表1。钻灌段长仅为参考值，现场施工过程中根据钻孔时孔内的塌孔、埋钻、涌水等具体情况来确定实际钻孔段长。

钻孔过程中遇见大流量涌水，则立即停止钻进，然后测量涌水压力和涌水量，安装孔口装置立即进行灌浆，直到达到结束标准。

表 1	钻灌段次划分		单位：m
排序 \ 深度	0～15	>15	
A排Ⅰ序	2～3	2～3	
A排Ⅱ序	3～4	2～3	
B排	4～5	3～4	

注 首段基于镶管的需要，均采用2～3m的段长。

5.3 水泥灌浆

5.3.1 灌浆压力

各排灌浆孔灌浆压力的选用见表2。

表 2			各排灌浆孔灌浆压力的选用	
排序	灌浆段次	1	2	3 及以下各段
A 排Ⅰ序孔灌浆压力/MPa		0.5	1.5	3.0
A 排Ⅱ序孔、B 排孔灌浆压力/MPa		0.8	2.0	3.5

表 2 中的压力值在现场施工时仅供参考，因为灌浆压力的使用与孔深、注灰量、吸浆率、洞壁安全相关联。在控制洞壁不发生较大开裂及破坏的前提下，灌浆压力（不含涌水压力）可按表 2 执行。

5.3.2 闭浆

对于腰线以上的灌浆孔及有涌水的灌浆段灌浆结束后，为了防止浆液回流，在停止灌浆泵的同时，应迅速关闭孔口处的阀门。在闭浆一定时间后轻开阀门没有浆液流出时，方可进入下道工序。

5.3.3 灌浆结束条件

在最大设计压力下，当吸浆量小于 1L/min 时，继续灌注 30min 结束该段灌浆。

5.3.4 钻孔过程中出现大流量涌水时的处理措施

在富水地段，灌浆孔钻进过程中出现了大流量的涌水，这是灌浆堵水工作的重点。遇有这种情况，我们立即停止了钻进，通过专用孔口封闭装置直接灌注水泥-水玻璃浆液进行封堵。

（1）灌注水泥-水玻璃双液灌浆的控制：当进浆量很大、泵压长时间不变，凝胶时间取 1～2min 或更短一些；当进浆量较小、泵压升高很快时，凝胶时间取 3～5min。

（2）灌浆结束标准：吸浆率在 1L/min 以下，达到设计压力后继续注浆 10min。

（3）灌浆结束待凝 4～8h 后，扫孔至原孔深，如仍然涌水，则继续采用水泥-水玻璃双液进行复灌，如涌水停止，则改用纯水泥浆液进行复灌。

5.4 化学灌浆

从钻孔揭露的混凝土堵头后端的地质情况看，流体地层多以细砂层为主。钻孔过程中塌孔严重，水泥灌浆的均匀扩散性很差，为了保证细砂层的固结效果，增加了化学灌浆手段。选取 A 排孔孔号为偶数的 8 个孔进行化学灌浆。

5.4.1 灌浆方法

采用孔口封闭、自外而内分段纯压式灌浆，要求射浆管一定要下设到孔底。

对于塌孔严重的孔段，孔内射浆管要求采用花管，花管长度不小于 100cm，管端用锥形头封闭。当钻孔内有砂沉淀时，为防细砂堵塞灌浆管，边冲水边下设射浆管至孔底，然后直接灌注化学浆液。

5.4.2 灌浆压力

每个孔段的化学灌浆压力为 0.5～1.0MPa。

5.4.3 灌浆结束标准

化学浆液灌注量已达 300L/m，或在设计压力下，注入率小于 2L/min 并延续 10min，即可结束该段灌浆。

5.5 管棚支护

混凝土堵头腰线及腰线以上的灌浆孔在封孔前，均下入了 $\phi 65$ 的钢管，然后进行压力灌浆封孔，以形成可靠的管棚支护。

6 结论

从后期隧洞实际开挖情况看，经过灌浆处理后，开挖区段内隧洞周围松散岩体及流砂体得到了有效的填充、挤密及固结，岩体的完整性及均一性均有明显的改善。

隧洞开挖过程中现场拍摄的部分水泥结石照片如图3、图4所示。

灌后岩体的自稳性在辅以适当钢性支护后，能够较好的满足隧洞安全开挖要求，最终采用常规钻爆法开挖手段顺利通过该洞段。

图 3　顶拱部位开挖洞深约 2m 处的结石照片　　　图 4　腰线以上洞深 7.5m 处的结石照片

上尖坡水电站帷幕灌浆工程岩溶地层的处理

曾　政　赵永磊

（中国水利水电第八工程局有限公司基础公司）

【摘　要】　上尖坡水电站帷幕岩石岩性主要为硅质石灰岩，局部地段岩溶发育，在流水的冲蚀、潜蚀作用下引起塌陷，使局部地段受到连续性的破坏，导致帷幕防渗可靠性降低。先导孔取芯情况、物探测试及孔内摄像表明岩层破碎、泥夹石、夹黄泥、部分孔段无岩芯。通过双液灌浆、灌注水泥砂浆、回填混凝土、限流等措施，增强防渗效果，确保工程质量，并降低了成本。

【关键词】　岩溶　帷幕灌浆　双液　砂浆　混凝土　防渗

1　前言

上尖坡水电站位于蒙江的左源支流涟江下游贵州省黔南布依族、苗族自治州罗甸县境内，是涟江第4级开发的水电工程，涟江是蒙江的左岸一级支流，河道长142km，流域面积2464km^2。坝址控制流域面积2341km^2，多年平均流量47.1m^3/s，年径流量14.85亿m^3。上尖坡水电站混凝土重力坝最大坝高82.80m，总库容1600万m^3，电站装机容量60MW。

本工程帷幕灌浆线全长1694.15m，分为两岸上层灌浆平洞洞内灌浆、两岸明灌段坝顶灌浆、左岸中层灌浆平洞及坝体廊道内灌浆四个部分。右岸灌浆平洞全长546.25m，桩号0+000～0+546.25；左岸上层灌浆平洞全长835.42m，桩号0+858.73～0+1694.15；左岸中层灌浆廊道布置在高程626.5m，全长49m。在开挖过程中，根据所揭露的地层及地下水水位情况，对0+000～0+100、1+390～1+649.15洞段进行优化，实际帷幕灌浆线长1290m，同时对右岸中层灌浆廊道进行了优化，取消了该洞段的开挖，因此183～202号孔上段向下延伸至帷幕底线，203～218号孔由地表进行造孔施工。帷幕底线设计为悬挂式，防渗标准为q≤3Lu。帷幕灌浆孔为单排布置，孔距均为3m，分为三序施工。帷幕灌浆过程中，桩号0+114～0+138、0+564～0+579、0+990～1+059遇较大岩溶，主要异常情况为黄泥夹层、掉钻和溶蚀裂隙。为了帷幕防渗达到预期效果，前后采用了限流灌浆、双液灌浆、灌注砂浆、加密灌浆等方法，使各孔段逐渐起压、流量减小，最终达到设计结束标准，防渗效果较为明显。

2　施工概况

在左右岸平洞帷幕灌浆施工过程中，均遇到不同深度、不同类型的不良地质段，通过组织相关专业队伍进行孔内摄像，不良地质情况统计见表1。

表1　　　　　　　　　　　　　　本工程主要岩溶统计表

序号	桩　　号	孔号	深度/m	缺　陷　类　型	备注
1	0+990～0+1026	330～342	6～25	宽度为3～10cm的岩溶管道	
2	0+1029～0+1059	343～353	25～35	宽度为2～3cm的裂缝	
3	0+138～0+114	46～48	12～18	溶洞（掉钻3.8m）	
4	0+564～0+567	188～189	21～27	溶洞（掉钻6.4m）	

这些不良地质段主要处于右岸洞内、右岸坝肩及左岸洞内。其异常情况变现为：无岩芯或岩芯破碎、失水、掉钻、卡钻、吸浆量大。根据不同类型的不良地质情况采取不同的处理方法：

（1）对于岩溶裂隙较小，不能灌注砂浆，但正常灌浆复灌5次仍然达不到灌浆结束要求的孔段，采用添加水玻璃灌注，堵漏灌注待凝一段时间后再扫孔，若扫孔正常灌浆后仍不能达到结束标准，按该方式重复施工，直至灌浆完成。

（2）对于岩溶裂隙较大，采用灌注水泥砂浆（0.5∶1∶1，水∶水泥∶砂），直至孔口返浆，若扫孔后仍不返水，通过孔内观察设备观察裂隙情况后，选择"方案（1）"或"继续灌注砂浆"的施工方式进行施工。

（3）对右岸洞口段存在溶洞范围，在孔口上下游2m位置各增加一个探孔，勘探溶洞的发育及连通情况。探孔及灌浆孔均采用一级配混凝土回填，混凝土填完后，重新进行钻孔灌浆，当吸浆量较大时，按方案（1）、（2）进行处理。

（4）灌浆结束后，对检查不合格部位进行加密灌浆处理，直至合格。

3　灌浆孔的布置

岩溶发育带原设计帷幕轴线上设置1排灌浆孔，后再增加1排加密孔，均为铅直孔，孔距均为3m，灌浆压力1.5MPa。

4　帷幕灌浆施工

4.1　双液灌浆

双液灌浆采用水泥、水玻璃作为灌注材料，使得浆液的胶凝时间可以调整，从而有效的控制浆液在地层中的扩散速度和距离，确保在地下有大通道或地下水流的情况下，迅速堵住通道，减少工程投资。

4.1.1　施工设备

XY-2地质钻机、输送泵、两套浆液输送管路（Y形连接）。

4.1.2　浆液配比

按相关要求初步选定浆液初凝时间在2～5min之内的浆液配比，选取不同重量比的水泥浆液和水玻璃液，在实验室内进行试验，记录各配比双液凝结时间，最终得出表2中的配合比。

表 2					双 液 灌 浆 配 合 比	
序号	水泥浆		水玻璃液		水泥浆液：水波璃液	凝结时间
	水/kg	水泥/kg	水/kg	水玻璃/kg		
1	75	75	100	100	3：4	3min
2	200	200	200	200	1：1	5min 30s
3	100	100	75	75	4：3	2min
4	100	100	50	50	2：1	1min 30s
5	100	100	25	25	4：1	7min

采用水泥型号为 P.C 32.5R，水玻璃型号为中模。从成本和凝结时间考虑采用 4 号试验配比（水玻璃：水泥：水＝1：2：3）作为施工配比，并根据现场实际施工情况进行调整。

4.1.3 施工过程简述

（1）遇复灌超过 5 次且无法灌注砂浆的孔，扫孔至失水位置。

（2）配制水灰比为 1：1 的水泥浆液；同时将水玻璃加水稀释，加水比例也为 1：1。

（3）通过控制灌浆泵和水玻璃泵的排量，确保水泥浆液：水波璃液配比为 2：1。

（4）在孔口处安装"Y"形连接器，使得水泥浆液和水玻璃浆液充分混合。

（5）在灌浆的过程中，直至孔口返出为止，然后立即清洗管路。

（6）灌注 12h 后扫孔至原失水段，若不再失水，则采用浓浆灌注至结束；若仍然失水，则继续进行双液灌浆，直至失水段不再失水。

4.2 灌注砂浆

在处理岩溶裂缝宽度较大的孔段时，采用孔口加砂的效果不明显，采用细石混凝土泵直接灌注拌制好的砂浆。

考虑到砂浆的流动性，配合比采用现场拌制并试验确定。为防止堵塞堵管，对砂进行了人工筛余。最终现场确定采用配合比 0.5：1：1（水：水泥：砂）水泥砂浆进行灌注。

4.2.1 施工顺序

采用三次序施工，即采用间隔式跳孔分批注浆方式，先施工Ⅰ序孔注浆，Ⅰ序孔基本完成，注入的砂浆强度达到一定值后，在进行Ⅱ序孔施工，最后施工Ⅲ序孔，以防止相互扰动，浆液窜孔，同时Ⅱ、Ⅲ序孔压浆也在一定程度上填充Ⅰ序孔未填实部分。

4.2.2 砂浆灌注

为便于砂浆灌注，在原帷幕孔旁钻新孔（孔径 91mm）。注浆管采用 ϕ80 无缝钢管并通过法兰盘连接，通过输送泵将砂浆送入岩溶发育区域。一般情况下待岩溶填满，孔口有砂浆返出时可结束施工。

4.3 回填混凝土

根据现场实际情况，存在较大溶洞位置主要为右岸洞内及右岸洞口段，其中洞内 47

号孔在钻孔过程中掉钻 3.8m，洞外 189 号孔钻孔过程中掉钻 7m。因洞内混凝土罐车无法进入，采用人工拌制砂浆进行回填处理。洞外段掉钻深度较大孔采用人工辅助罐车回填 C20 混凝土。

（1）根据监理批准的 C20 一级配混凝土或砂浆配合比，拌制回填料。

（2）利用地质钻机对遇溶洞孔进行扩孔，孔径 130mm。

（3）洞外交通便利部分，通过人工配合搅拌车进行回填施工，回填 C20 混凝土。

（4）当孔口有混凝土或砂浆返出后结束，再进行其他方式施工。

4.4 局部位置帷幕灌浆加密

以上单元帷幕灌浆施工完毕后，布置了检查孔，通过压水试验，存在局部不合格的情况，采用加密灌浆处理。

4.4.1 主要原因分析

帷幕灌浆在遇到溶蚀带被黄泥、碎石及砂软弱体等充填时浆液扩散半径沿轴线方向不够，所形成的帷幕强度不够，软弱夹层渗水率大于设计防渗要求。同时帷幕灌浆孔为单排布置，且孔距为 3m，从而导致幕体搭接强度及防渗标准达不到设计要求。

4.4.2 加密孔施工

结合地层走向与帷幕线大角度相交的特点，认为浆液沿上下游扩散距离满足要求，而软弱地层状况下幕体搭接不够，形成的幕体不牢靠，鉴于以上单元均位于两岸坝肩位置，因此确定以下处理方案进行施工：

（1）大坝左、右岸均采用孔间加密方式补强处理，灌浆技术参数按原设计技术参数执行，即最大灌浆压力为 2.0MPa。

（2）右岸帷幕灌浆补强孔孔深均定为 75m，涵盖所揭露的软弱地层，从 174～198 号之间分别于两孔之间增加一个加密孔，共计 22 个孔。

（3）左岸帷幕灌浆补强孔孔深定为 35～15m，从 301～318 号孔之间分别增加一个加密孔，共计 15 个孔。

（4）检查孔已经全段进行压力封孔，5 个检查孔所在位置不再进行加密处理。

4.4.3 加密灌浆检查

经加密补强处理后，左右岸加密检查孔的最大透水率分别为 1.94Lu 和 2.22Lu，均小于 3Lu，满足设计要求。

5 结语

通过对岩溶发育带加密灌浆施工情况的回顾及检查孔资料综合分析后，得出以下结论：

（1）遇不同岩溶型式，采取相应的灌浆方法，在确保灌浆效果的前提下节省成本和投资。

（2）上尖坡水电站帷幕灌浆孔距均为 3m，孔距较大，压力偏小（最大灌浆压力仅 1.5MPa），且采用细度较大 P.C 32.5R 水泥进行灌注，局部出现不合格现象，属正常现象。

（3）遇裂隙宽度较小岩溶地带，对不起压无回浆孔段采用输送泵灌注砂浆与双液灌浆相结合的方式，加密孔增大灌浆压力，最终达到设计结束标准，防渗帷幕封闭效果较为明显。

（4）右岸掉钻孔段较多，但掉钻深度不大，且黄泥部分充填明显，无法灌注混凝土，采取细砂现场搅拌水泥砂浆灌注，效果明显，因溶洞发育范围情况复杂，进度较慢，灌注量较大，水泥砂浆无法灌注时，采用双液灌注效果十分明显。

武汉地铁 27 号线盾构隧道密集
岩溶处理施工技术

欧阳红星　吴志平　刘　星

（中国葛洲坝集团基础工程有限公司）

【摘　要】　武汉地铁 27 号线，在盾构隧道下穿 1.2km 的汤逊湖后，将通过约 2.6km 的高风险地下"马蜂窝"——岩溶和软流塑红黏土地层，约 1000 余个溶洞，附加团状软流塑红黏土，星罗棋布，纵横交错，广泛分布在区间地下双线隧道区域；勘察揭露的最大溶洞净高 31.9m，多数溶洞处于半充填和全充填状态。盾构机穿越密集岩溶和软流塑红黏土之前，需对岩溶进行灌浆固结处理，对软流塑红黏土进行置换和加固处理，同时要控制浆液扩散范围。本文结合武汉地铁 27 号线Ⅰ标总包工程，对文化大道金樱街至谭鑫培公园约 2.6km 的密集岩溶和软流塑红黏土的处理施工进行技术研究和探讨，形成一套较为完善的岩溶和软流塑红黏土处理施工技术，有效地解决了盾构机穿越密集岩溶和软流塑红黏土等不良地质缺陷地段的地面沉降和施工安全及后期地铁运营稳定问题，对类似工程具有参考价值。

【关键词】　盾构区间　密集岩溶　软流塑红黏土　地基处理　施工技术

1　岩溶和软流塑红黏土分布

武汉地铁 27 号线Ⅰ标金樱街至谭鑫培公园沿线广泛分布可溶性二叠系及三叠系灰岩，岩溶发育密集、发育规模大。岩溶主要发育形态为溶洞，其中以三叠系灰岩钻孔见洞率最高，见洞率 70.30%，且部分钻孔揭露为多层串珠状溶洞，溶洞发育最大洞高 31.9m。溶洞顶板高程大多分布在 12～−20m 高程段，其余高程段溶洞分布较少，表明本线路溶洞位于武汉浅部岩溶发育带内。

本线路灰岩区岩面起伏大，灰岩层表面多覆盖红黏土。其中（13-2-1）硬塑红黏土沿线普遍分布，层厚 1.2～6.7m；（13-2-2）可塑红黏土沿线大部分区域均有分布，局部缺失，层厚 0.8～6.8m；（13-2-3）软流塑红黏土多分布于灰岩表面溶沟溶槽内，厚度 0.6～6.0m，分布不连续，主要集中在大花岭街站至江夏客厅站区间内。

2　岩溶和软流塑红黏土处理原则

2.1　岩溶的处理原则

岩溶处理目的是为了确保盾构施工质量及施工安全，并为后期地铁运营提供保障。在溶洞处理中，不片面追求溶洞处理全覆盖，而是对盾构施工及地铁运营影响范围进行分析，对影响范围内的溶洞进行处理；对特大型溶洞安全稳定性进行分析、评价，根据评价结果仅对影响盾构隧道基础稳定性的特大型溶洞进行处理。根据以上原则进行处理既保证了溶洞处理范围和质量，还控制了工程造价。

（1）溶洞处理范围界定。地铁隧道底板以下6m（约1倍洞泾）范围，隧道结构外轮廓两侧3m（约0.5倍洞泾）范围之内的溶洞，以及存在软流塑红黏土凹槽下的顶板厚度小于2m的溶洞（不在6m范围线内），对盾构施工安全及后期地铁运营存在影响，均需要进行处理。

（2）特大型溶洞安全稳定性评价。特大型溶洞由于溶洞高度大，发育范围广，洞体稳定性差，仅根据影响范围确定是否需要处理是不合理的。影响溶洞安全稳定性的主要因素是溶洞顶板的完整度、洞顶形态（成拱状况）及顶板厚度和隧道跨越溶洞的长度。以未成拱的水平顶板受力最为不利。当成拱顶板完整时，取水平顶板的厚度 h 与跨长 L 之比作为评价溶洞安全稳定性的参考值。国内不同研究资料对安全厚跨比提出了不同的经验值，结合本工程实际情况，安全厚跨比临界值取0.6，大于此值时，溶洞评价是安全稳定的，可不考虑溶洞对隧道基础稳定的影响，此类溶洞可不处理，其余溶洞均需采取有效措施进行处理。

2.2 软流塑红黏土的处理原则

当隧道底板位于红黏土地层或隧道底板下部存在红黏土深槽时，红黏土强度低、不均匀性易导致盾构机栽头、地层塌陷等风险，后期地铁运营过程中软流塑状红黏土受周边环境影响易流失造成隧道产生水平位移和沉降。因此，需要对隧道底部及两侧隧道结构外轮廓两侧3m（约0.5倍洞泾）范围的软流塑红黏土进行加固处理。

3 处理方法

3.1 岩溶处理方法

溶洞处理主要采取钻孔灌浆的方式对溶洞进行充填加固。根据溶洞大小及充填情况，选用不同注浆方式及注浆材料。

（1）对于钻孔揭示岩溶洞穴高度不大于1m且无充填溶洞或半充填溶洞，以及所有全充填溶洞（充填物强度较低的）均直接采用纯水泥浆进行静压式灌浆。

（2）对于钻孔揭示岩溶洞穴高度1~3m且无填充溶洞和半填充溶洞，灌浆一般采用间歇式静压灌浆。第一次灌浆采用水泥砂浆，灌浆时间控制在30min，间歇3h后再灌第二次，第二次灌浆采用浓浆，若在30min内仍不起压，停止灌浆，间歇3h后再灌第三次，依次类推，直到终孔为止。必要时，可在水泥砂浆或水泥浆中适当添加速凝剂。

（3）对于溶洞高度3~6m无填充溶洞和半填充溶洞，先投碎石（5~10mm），后采用注浆加固的方法。投碎石处理时在原钻孔附近（约0.6m）补钻四个投石孔（或根据现场情况调整投石孔数量），投石孔可相互作为排气孔。投石后，采用纯水泥浆进行静压式灌浆。

（4）对于洞高大于6m的全充填溶洞直接采用纯水泥浆静压式分段灌浆。

（5）对于洞高大于6m的无充填或半充填溶洞采用先投碎石后采用纯水泥浆进行静压式灌浆。

（6）对于单个溶洞投石或灌浆量大于75m³ 时应停止投石或灌浆。暂停后恢复灌浆采用双液浆进行灌注，双液浆体积比1：1（水泥浆：水玻璃），其中水泥浆水灰比为0.8：1。

（7）当灌浆施工过程中发现严重串孔、冒浆、漏浆不起压等情况，根据具体情况采取低压、浓浆、间歇灌浆、灌水泥水玻璃双液浆等方法进行处理。

3.2 红黏土处理方法

软流塑状红黏土处理采用高压旋喷桩＋素混凝土隔离桩的方式进行地层加固。红黏土和岩溶处理按先岩溶处理后红黏土处理的顺序进行。

高压旋喷桩桩径0.8m，间距0.6m，排距1.0m。高压旋喷桩处理深度由基岩面至软流塑红黏土层顶，处理范围为隧道外轮廓两侧3m。隔离桩采用直径1.0m素混凝土桩，桩间距1.0m，布置于高喷加固区两侧。桩底进入基岩面1.0m，桩顶与隧道中心线平齐，起到隔离和封闭加固的作用。软流塑状红黏土处理如图1所示。

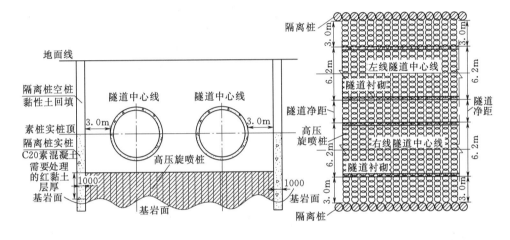

图1 软流塑状红黏土加固处理示意图

4 岩溶处理

4.1 岩溶探界

4.1.1 探（钻）孔布置

一般以揭示到溶洞的钻孔为基准点，沿溶洞四周布置钻孔、边钻边灌边探边界，以基本找到溶洞洞体边界为止。边界探孔围绕揭露溶洞的钻孔四周进行布置，间距2m×2m，梅花形布置，探孔揭露溶洞则继续向外侧布孔，直至探明溶洞四个方向边界。探孔布置如图2所示。

4.1.2 探（钻）孔深度及孔径

岩溶灌浆孔应伸入溶洞底板以下0.5m，投石孔应伸入溶洞顶板以下空洞内不小于1.0m。当终孔段遇性状较差、规模较大的岩

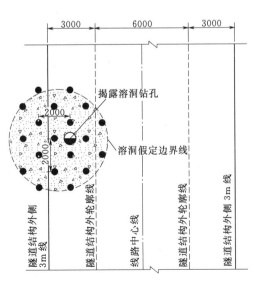

图2 溶洞边界探孔布置示意图

溶或裂隙密集发育带等地质缺陷时，应加深钻孔，伸入下部完整岩体内 0.5m。

土层中钻孔孔径 110mm，岩层钻孔孔径不小于 76mm。投石孔钻孔孔径不小于 200mm，以确保投石效果。

4.1.3 钻探设备选择

土层钻孔可选用各式适宜钻机，但盾构区间岩溶钻孔施工范围广、施工战线长，钻孔过程中钻机移机距离长、移动频繁，因此根据工程特点选取合适的钻孔设备能有效提高岩溶处理效率。

溶洞处理灌浆孔钻孔设备主要采用 XY－2 型地质钻机，XY－2 型地质钻机属于中浅孔系列，机械传动、液压给进的立轴式岩芯钻机，满足土层及岩层钻孔需求。根据盾构区间岩溶施工范围广，战线长的特点，在钻机基座下配置轮胎式或履带式行走底盘，增强钻机机动性能，满足钻机长距离移动需求，提高岩溶钻孔效率。

投石孔孔径 200mm，孔径大，采用地质钻机钻进速度慢，需选用效率更高的钻进设备。风动潜孔锤采用高频冲击孔底钻进，较液动冲击回转钻进效率提高了 3～10 倍，且由于钻具钻速低，对孔壁碰撞少，降低了孔壁坍塌风险，在大直径孔钻进中，优势明显。投石孔选用风动潜孔钻成孔，效率高、成孔质量好。

4.2 溶洞灌浆

4.2.1 灌浆工艺

溶洞灌浆采用袖阀管灌浆。袖阀管采用 $\phi50$mm PVC 管，壁厚 4mm，耐压值不小于 7.5MPa，溶洞段管壁上钻 $\phi8@300$ 花眼，花眼外包裹橡胶圈。注浆内管采用直径 25mm 钢管，内管下部连接灌浆头，灌浆头由上下双层止浆塞及灌浆芯组成。

灌浆时，浆液在注浆泵压力下由于止浆塞的作用压力不断增大，压力达到一定程度后冲开袖阀管花眼外包裹橡胶圈，进入周围地层中。停止注浆后，橡胶圈回缩，封闭袖阀管花眼，避免外部浆液回流进入袖阀管内。灌浆过程中通过上下移动注浆内管，以达到分段灌浆的目的。必要时，可采用花管灌浆，花管长度 1～2m，花孔直径 8mm，间距为 10cm。

4.2.2 灌浆压力

灌浆压力采用 0.8～1.0MPa，封孔压力采用 1.0MPa。注浆压力由低压逐渐升高，最大压力不超过 1.0MPa。灌浆过程中根据现场实际情况可适当进行调整。

4.2.3 灌浆材料

灌浆浆液以普通纯水泥浆液、水泥砂浆为主，必要时，可以在浆液中加入外加剂或采用水泥水玻璃双液浆。

普通纯水泥浆液水灰比（重量比）采用 1：1、0.8：1、0.5：1 等 3 个比级，开灌水灰比采用 1：1。根据情况进行浆液比级变换。

水泥砂浆灌浆浆液配比采用 0.4：1：1（水：水泥：砂）。

双液浆体积配比为 1：1（水泥浆：水玻璃），其中水泥浆水灰比为 0.8：1，水玻璃浓度需根据浆材试验确定。一般工业水玻璃浓度为 35～40Be′，与水灰比 0.8：1 水泥浆配置的双液浆凝结时间仅 10s 左右，凝结速度过快，浆液扩散达不到一定的扩散半径就凝固了，影响注浆充填质量，且现场施工中极易发生堵管现象。经过多次浆材试验，将水玻璃

稀释至 $10\sim15Be'$ 时，双液浆凝结时间在 $90s$ 左右，可保证浆液达到一定扩散范围，且满足现场施工要求。

4.2.4 浆液比级变换

灌浆过程中，需要根据情况及时调整浆液比级，确保溶洞溶隙充填密实，同时有效控制浆液扩散范围，降低工程投资。如灌浆压力保持不变，注入率持续减少，或当注入率不变而压力持续升高时，不得改变浆液水灰比。

当满足下述条件之一时，可变浓一级水灰比灌注：

（1）注入量大于 $300L$，且压力和注入率变化不大。

（2）灌注时间大于 $1h$，且压力和注入率变化不大。

4.2.5 制灌浆设备选择

根据地铁工程岩溶处理施工范围广战线长的特点，制浆系统采用 XG-HZJ-80 型卧式散装水泥罐集成一体式自动制浆系统。XG-HZJ-80 型制浆系统配置一个 $80t$ 卧式散装水泥罐，一套高速制浆系统，一套低速搅拌及储浆系统，主要技术参数见表 1。该系统与常规立式散装水泥罐制浆系统相比，系统集成度高，全自动控制，具有设计合理、安全环保、操作简单、制浆能力强、计量准确、拆装方便的特点，施工功效提高 30% 以上，施工成本可降低 25% 左右。

表 1　　　　　XG-HZJ-80 卧式自动制浆系统技术参数表

项　　目	参数
最大储灰量/t	80
总功率/kW	35
制浆能力/（L/h）	9000
整机重量/t	8.5

灌浆采用双缸或多缸活塞式灌浆泵。灌浆泵的允许工作压力大于最大设计灌浆压力的 1.5 倍，压力摆动范围不大于设计灌浆压力的 20%，并有足够的排浆量和稳定的工作性能。

灌浆施工使用灌浆自动记录仪进行灌浆数据记录。灌浆自动记录仪能自动、准确地测记灌浆压力、注入率、浆液水灰比等灌浆参数，能够保证记录成果的真实性和准确性。

5　软流塑红黏土处理

5.1　素混凝土桩隔离

素混凝土桩主要起隔离、封闭作用，通过密排素混凝土桩在隧道两侧形成完整止浆墙和隔离体，防止软流塑状红黏土流失和浆液扩散过远。素混凝土隔离桩需要在高压旋喷桩施工前完成，以确保隔离和封闭效果。

素混凝土桩施工采用旋挖钻机成孔，导管法浇筑混凝土。地层条件好的区域尽量采用干孔法成孔，减少用水量可避免施工用水进入红黏土地层，致使硬塑红黏土遇水软化，性能变差；同时还有效防止成孔过程中护壁泥浆对地铁沿线环境的污染，满足市政工程高环保要求。

由于素混凝土桩直径 1.0m，桩间距 1.0m，相邻桩间无间隙，施工中需注意跳桩成孔，避免相邻孔位施工形成塌孔。钻进成孔过程中及时测量钻进深度，同时根据旋挖钻机钻进出土情况，分析和确定红黏土层准确埋深及层厚，为后续高压旋喷桩加固厚度提供数据。

素桩混凝土浇筑至隧道中心线标高，上部为空桩，由于长度较长，采用普通黏性土回填压实度无法满足要求。可采用 5%～8% 掺量的水泥土或低强度等级混凝土进行空桩回填，既可确保空桩回填质量满足要求，又可有效节省资源。

5.2 高压旋喷桩加固

软流塑红黏土地层加固采用三管法高压旋喷桩施工，三管法高压水流和高压气流同轴喷射冲切黏土层，可形成较大空隙，在喷嘴旋转和提升作用下，水泥浆液与红黏土充分混合，形成较大直径固结体，用于软黏土层加固效果较双管法或单管法效果好。

高压旋喷桩加固由基岩面至软流塑红黏土层顶，根据勘察资料并结合素混凝土桩施工情况可确定各加固区域高压旋喷桩喷射长度，上部为空桩，采用高喷浆液回灌填实。高喷正式施工前，通过现场生产性试验，检查成桩直径及加固土体强度，确定高压旋喷施工参数（见表 2），用于指导正式施工。

表 2　　　　　　　　　　　　高压旋喷桩施工参数表

项　　目		技术参数	备注
压缩空气	气压/MPa	0.5～0.7	
	气量/(m³/min)	1.5～3	
水	压力/MPa	35	
	流量/(L/min)	60	
	喷嘴个数/个	2	
水泥浆	压力/MPa	0.3～1.0	
	流量/(L/min)	60～80	
	喷嘴个数/个	2	
水灰比		1：1	
提升速度/(cm/min)		15	
旋转速度/(r/min)		12	

6 结语

武汉市轨道交通 27 号线区间盾构隧道沿线岩溶发育密集，发育规模大，且区间沿线存在软流塑红黏土稳定性差，易流失，溶洞及红黏土处理效果和质量对区间盾构施工及后期地铁运营存在很大影响。

通过确定合理的溶洞处理范围，对特大型溶洞安全稳定性进行评价，然后确定溶洞处理数量，并根据探测溶洞大小及充填情况选用不同的溶洞处理方式，既确保了溶洞处理的效果和质量，又避免了片面追求溶洞处理全覆盖带来的资源浪费，有效节约了施工资源，降低了工程造价。

软流塑红黏土采用高压旋喷桩＋素混凝土隔离桩的处理方式，通过施工完成后取芯检查及盾构掘进反馈情况，该方式有效提高了软流塑红黏土的稳定性，加固后的红黏土地层可满足大型盾构施工对基础的承载力要求。通过素混凝土隔离桩，解决了红黏土软化后流失的问题，降低了盾构隧道的变形和沉降风险，为地铁后期运营安全提供了保障，并为同类工程提供了重要参考。

参考文献

[1] 陈建.地铁隧道穿越溶洞的施工处理技术探讨［C］//大直径隧道与城市轨道交通工程技术——2005上海国际隧道工程研讨会.上海：2005.

[2] 武卫星，朱敏，郭晓刚.地铁工程穿越岩溶地区处理技术研究［J］.人民长江，2011，42（1），47-49.

[3] 张三定，陶文涛.武汉地铁工程勘察中对红黏土特性的认识［J］.长江工程职业技术学院学报，2012，29（2），4-6.

[4] 武汉地质工程勘察院.武汉市轨道交通27号线（纸坊线）工程岩溶专项勘察［R］.武汉：武汉地质工程勘测院，2016.8.

两河口水电站深孔帷幕灌浆地下
涌水灌浆处理措施

王宏刚[1]　张来全[1]　陈淑敏[2]

（1.北京振冲工程股份有限公司　2.中国建筑第八工程局有限公司西南分公司）

【摘　要】　本文以两河口水电站底层灌浆平洞深孔帷幕灌浆钻孔揭示涌水处理为例，介绍了深孔帷幕灌浆施工过程中地下涌水封堵处理采取的措施及取得的工程效果。

【关键词】　深孔　帷幕　涌水　灌浆　处理措施

1　工程概况

两河口水电站位于四川省甘孜州雅江县境内的雅砻江干流上，水库正常蓄水位高程2865.00m，电站装机容量3000MW。枢纽建筑物由砾石土心墙堆石坝、洞式溢洪道、深孔泄洪洞、放空洞、漩流竖井泄洪洞、地下发电厂房、引水及尾水建筑物等组成，砾石土心墙堆石坝最大坝高295m。

大坝帷幕灌浆施工主要包括：左右坝肩三角区帷幕灌浆，河床廊道及左右岸高程2575m、2640m、2700m、2760m、2820m、2875m灌浆平洞内搭接帷幕及基础防渗帷幕灌浆，右岸AGR1～AGR5厂区搭接帷幕及基础防渗帷幕灌浆，预估搭接及基础防渗帷幕灌浆工程量约为50万m，基础防渗帷幕灌浆的最大基岩钻孔深度为165m，设计防渗帷幕标准为不超过1Lu。

2　工程地质条件

河床坝基长约1.3km，其中心墙坝基140m。据河床钻孔揭示覆盖层厚0～12.4m，平均厚度约3.3m，为冲积漂卵砾石夹砂层，结构单一，分布不均。下伏基岩为两河口组中、下段（T_3lh^2、T_3lh^1）的变质砂岩及板岩。从上游到下游出露地层依次为T_3lh^1（2）层变质粉砂岩夹板岩、T_3lh^1（3）厚—巨厚层变质粉砂岩夹板岩、T_3lh^1（4）层变质粉砂岩与板岩不等厚互层、T_3lh^1（5）-①层变质细砂岩、T_3lh^2（2）-②层薄层状变质砂岩与板岩互层、T_3lh^2（3）层粉砂质板岩、T_3lh^2（4）层粉砂质板岩夹绢云母板岩。从上游到下游出露断层依次为f_6、f_1、f_3、f_{25}、f_9、f_{10}、f_{11}、f_4、f_{12}、f_{13}、f_{14}、f_{27}，断层以顺层挤压为主，陡倾下游，断层破碎带宽度0.1～100cm，厚度变化大，以小于50cm为主，主要充填片状岩、方解石及石英脉、糜棱岩等，带内物质挤压紧密。河床岩体以弱风化及弱卸荷为主，据钻孔揭示弱风化带深度 $3.66 \sim 42.1m$，风化不均，以 $10 \sim 20m$ 为主。

河床压水试验表明，漂卵砾石夹砂层的覆盖层透水性强，河床基岩弱下风化岩体以中等透水为主，新鲜岩体以弱～微透水。河床部位覆盖层以下垂直埋深 $0 \sim 50m$ 段基岩 $q \leqslant 15Lu$，垂直埋深 $50 \sim 150m$ 段基岩 $q < 10Lu$；垂直埋深 $160 \sim 180m$ 段基岩 $q \leqslant 3Lu$。

3 主要施工方法及参数

为尽快确定底层灌浆平洞（高程 2575m）深孔帷幕灌浆的参数及工艺方法，便于为河床廊道及 ZGJ6、YGJ6 平洞深孔帷幕灌浆的大规模生产提供技术指导，本次试验选择在高程 2575m YGJ6 平洞（纵）0+398.6～（纵）0+425.6 共 27m 洞段内实施。

试区设计为两排帷幕灌浆孔，排距 1.5m，孔距 2.0m，孔向铅垂，最大孔深 165m，分三序梅花形布置，各孔均采用"孔口封闭、自上而下分段"灌浆法，先施工下游排，后施工上游排，排内先施工Ⅰ序孔，再施工Ⅱ序孔，最后施工Ⅲ序孔。钻孔采用 XY-2 地质钻机回转钻进，至入岩 5m 后镶铸 $L=5.6$ 的孔口管（基岩 5m，混凝土 50cm，外露 10cm）并待凝 72h 后再继续钻进；灌浆采用 3SNS 高压灌浆泵，灌浆分段方式为 2m、3m、5m、5m…，灌浆采用 P.O 42.5 普通硅酸盐水泥，起始浆液水灰比为 5∶1，并遵循逐级变浆原则。设计灌浆压力见表 1。

表 1　　　　　　　YGJ6 平洞深孔帷幕灌浆生产性试验设计灌浆压力表

入岩孔深/m	$0 \sim 2$	$2 \sim 5$	$5 \sim 10$	$10 \sim 20$	>20
Ⅰ序灌浆压力/MPa	$0.6 \sim 1.0$	$1.0 \sim 2.0$	$2.0 \sim 3.0$	$3.0 \sim 4.0$	4.5
Ⅱ序灌浆压力/MPa	$0.8 \sim 1.5$	$1.5 \sim 2.5$	$2.5 \sim 3.5$	$3.5 \sim 4.5$	5.0
Ⅲ序灌浆压力/MPa	$1.5 \sim 2.0$	$2.0 \sim 3.0$	$3.0 \sim 4.0$	$4.0 \sim 5.0$	$5.5 \sim 6.0$

4 地下涌水统计及水文地质分析

根据 YGJ6 灌浆平洞内深孔帷幕灌浆钻孔揭示的地下涌水情况统计，主要在入岩 $0 \sim 5m$ 浅表段及 $69 \sim 128m$ 深孔段存在不同程度的地下涌水，单段最大涌水量 87L/min，孔口处最大涌水压力 0.18MPa，实测水温 $14 \sim 18℃$，单元累计涌水量为 187.4L/min。各孔段涌水情况见表 2，出水孔段照片如图 1、图 2 所示。

表 2　　　　　　　　YGJ6 平洞深孔帷幕试验地下涌水情况统计表

序号	孔号	揭露深度/m	涌水量/(L/min)	涌水压力/MPa	涌水温度/℃	处理效果	备注
1		71.5	37.5	0.18	16.0	灌后无渗水	已封堵
2	1～2 号	103.5	87.0	0.16	18.0	灌后无渗水	已封堵
3	先导孔	109.2	1.5	—	14.0	灌后无渗水	已封堵
4		128.1	20	0.14	15.0	灌后无渗水	已封堵
5	1～6 号	3.3	3.5	—	18.0	灌后无渗水	已封堵
6	灌浆孔	76.9	1.0	—	17.0	灌后无渗水	已封堵

序号	孔号	揭露深度/m	涌水量/(L/min)	涌水压力/MPa	涌水温度/℃	处理效果	备注
7	1～10号 先导孔	0.6	2.0	—	18.5	灌后无渗水	已封堵
8		3.1	3.0	—	18.5	灌后无渗水	已封堵
9		69.8	3.6	0.14	10.0	灌后无渗水	已封堵
10		99.3	9.8	0.15	14.0	灌后无渗水	已封堵
11		111.2	11	0.16	14.0	灌后无渗水	已封堵
12	1～13号 灌浆孔	0.7	1.0	—	17.5	灌后无渗水	已封堵
13	1～14号 灌浆孔	0.6	1.5	—	17.5	灌后无渗水	已封堵
14		14.1	1.0	—	12.0	灌后无渗水	已封堵
15		37.8	1.0	—	17.0	灌后无渗水	已封堵
16		69.7	3.0	—	14.0	灌后无渗水	已封堵
合计涌水量			187.4				

图1　1～2号先导孔103.5m处揭示涌水　　　　图2　1～10号先导孔99.3m处揭示涌水

根据钻孔揭露的地质情况推测：地下涌水在空间上主要分布在入岩0～5m、69～72m及99～128m，其具有裂隙张开度较小（单段最大灌注水泥6342.17kg，涌水量最大的1～2号先导孔在入岩103.5m处仅发育有一条张开裂隙）、涌水流量小（单段最大涌水流量为1.45L/s）、水源补给稳定（长时间自流排放未发现流量衰减迹象）、涌水压力低（孔口处未超过0.2MPa）、水温基本保持恒定（14～18℃）等特征。

结合底层平洞（EL.2575）YGJ6和ZGJ6顶部固结灌浆、搭接帷幕灌浆及混凝土未衬砌洞段的裸岩渗涌水情况分析，推测高程2575m灌浆平洞内地下水整体较发育，尤其在69～72m和99～128m深度范围的地下水相对富集，在后续深孔帷幕灌浆施工过程中可能仍会频繁钻遇地下涌水。

5　地下涌水处理措施

钻孔遇地下涌水的孔段，应在灌浆前测量孔口处的涌水流量、涌水压力及水温，并进行详细记录。

5.1 浅表段涌水孔处理措施

通过浅表段钻孔揭露的出水情况分析，其出水深度主要集中在0.6~3.3m以内，为浅层裂隙渗水，最大渗水量3.5L/min。为预防抬动并保证帷幕灌浆质量，底层平洞深孔帷幕灌浆的孔口管埋设深度为入岩5m。浅表段钻遇地下水后，使用卡塞法进行孔内循环式灌浆，设计压水压力和灌浆压力均采用"设计压力＋涌水压力"，灌浆起始浆液水灰比为5:1，并采取逐级变浆和分级升压（见表3）措施。若涌水量不大于5L/min，则注入率不大于1L/min时继续灌注60min即可结束灌浆；若涌水量大于5L/min，则注入率不大于1L/min时继续灌注60min，并视情况闭浆待凝不少于24h。扫孔时若无渗水，则直接钻进至下一段；若仍有渗水，则需进行复灌并至完全封堵地下水。

表3   注入率与压力控制关系表

注入率/(L/min)	50~30	30~15	<15	备　　注
灌浆压力/MPa	0.4p	0.7p	1.0p	p 为对应孔段的设计压力

5.2 深孔段涌水处理措施

通过目前中间层和深层钻孔揭示的出水情况分析，其出水深度主要集中在69~128m范围内，属于稳定补给的地下水，由于孔口处涌水压力在0.2MPa以内，故推测水源点与出露点之间的高差不大，其单段最大涌水量约为87L/min。

根据设计要求，深孔帷幕在孔口管（5m）以下灌浆段使用孔口封闭、孔内循环式灌浆法。为保证涌水灌浆封堵效果并防止长时间屏浆和待凝导致射浆管（钻杆）在孔内铸死，现场采取了以下处理措施：

（1）钻孔遇较大涌水（$Q \geqslant 5$L/min）时继续钻进50cm左右停钻，并将其作为独立的一个灌段进行处理。

（2）涌水孔段灌浆起始水灰比为5:1，采取逐级变浆（当涌水流量$Q \geqslant 50$L/min或涌水压力大于0.15MPa时，可视情况进行越级变浆）和采取分级升压（见表3）措施进行灌注。

（3）设计压水压力和灌浆压力均采用"设计压力＋涌水压力"。

（4）若涌水流量不大于5L/min，或压力不大于0.10MPa，注入率不大于1L/min时，继续灌注不少于60min即可结束灌浆；若5L/min小于涌水流量不大于15L/min，或0.10MPa小于涌水压力不大于0.15MPa，则继续灌注不少于60min并闭浆待凝不少于24h；若涌水流量大于15L/min，或涌水压力大于0.15MPa，继续灌注不少于90min并闭浆待凝不少于24h。

（5）灌浆结束并待水泥浆液达到初凝状态（4~5h）以后，扫孔至灌浆段以上10~15m位置处继续进行待凝，时间不少于24h。

（6）涌水孔段遇长时间大吸浆时，为防止铸管事故，建议上提钻杆5~10m继续进行灌注，待闭浆待凝时间满足要求后再扫孔至灌浆段底进行压水试验，若透水率不大于1Lu则进行下一段的钻孔和灌浆，若透水率大于1Lu则继续进行复灌，直至透水率不大于1Lu为止。

（7）涌水孔段灌浆遇大吸浆时，为防止铸管事故，在注入率小于1L/min且压力达到设计规定时，可以连续灌注30min后调整浆液水灰比至1∶1或2∶1并继续灌注至结束条件。

6 地下涌水处理效果

两河口水电站YGJ6平洞深孔帷幕灌浆生产性试验钻孔揭示地下涌水的孔段，在采取以上措施灌浆处理之后，渗涌水裂隙被水泥浆液全部封堵，后续扫孔钻进时没有再出现渗水现象。表明采取的措施有较强的针对性和适应性，封堵效果良好，能够在本工程帷幕灌浆大规模生产中进行推广应用，并可供类似工程借鉴。

厚层饱水软弱致密岩体化学灌浆技术研究

周运东　　舒王强　　范　明　　陈安重

（中南勘测设计研究院有限公司）

【摘　要】　软弱致密岩体力学强度低，结构密实，孔隙微细，渗透性小，化学灌浆加固处理浆液渗流机理复杂。本文结合某水电站大坝左岸挤压带厚层软弱致密岩体化学灌浆试验研究成果，针对软弱致密岩体存在的低渗非达西渗流特性，对常规的化学灌浆"浸润"机理有限性，以及影响软弱致密岩体化学灌浆渗流特性的主要工艺因素分别进行了分析与研究。

【关键词】　软弱致密　碎屑结构　孔隙喉道　压敏效应　贾敏效应　非达西渗流

1　引言

断层软弱带（夹层）、风化蚀变带等软弱致密岩体，由于其力学强度与变形模量较低，是水电站大坝基础需要重点研究与处理的对象。所谓软弱致密岩体，其典型结构多为碎屑、砂粒或泥质结构，通常情况下孔隙微细，渗透性小，力学强度低。对于这类软弱致密岩体加固处理，目前国内外多采用化学浆液灌浆技术进行。然而，由于软弱致密岩体为微细颗粒多孔介质结构，孔隙喉道细小，渗流网络连通性差，液固表面分子作用强烈，灌浆渗流同时存在压敏与贾敏效应。受渗流启动压力差异影响，化学浆液很难透过低渗网路或闭塞孔道，导致可能形成许多灌浆盲区，往往难以达到理想的灌浆补强处理效果，特别是对于有压饱水条件下厚层软弱致密岩体的补强。

本文结合某水电站左岸厚层致密挤压带软弱岩体化学灌浆现场试验研究工作，借助低渗非达西渗流特性，进行浆液性能、灌浆压力、注入率等化学灌浆主要技术参数优化研究与探讨，旨在针对饱水致密厚层软弱致密岩体寻求一种适用的化学灌浆补强技术。

2　化学灌浆渗流理论分析

2.1　"浸润"灌浆机理浅析

目前对于软弱致密岩体实施化学灌浆加固处理，其"浸润"灌浆机理一直为大家所认同。

所谓"浸润"，就是液体能湿润某种固体或附着在固体表面的现象。化学灌浆"浸润"机理，就是借助浆液的浸润性能，通过"毛细管现象"来实现（图1）。根据毛细管现象原理分析，通常情况下毛细管浸润高度取决于液体的表面张力与接触角（图2），可根据能量平衡基本方程公式求得。

毛细管现象公式：
$$h = 2\sigma\cos\theta/(\Delta\rho g r) \tag{1}$$

式中：σ 为表面张力系数；θ 为接触角；$\Delta\rho$ 为液、气密度差；g 为重力加速度；r 为毛细管半径。

图 1　毛细管现象

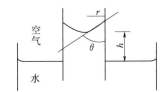

图 2　毛细管浸润高度

利用毛细管现象，对于节理裂隙型破碎岩体或较薄软弱夹层等地质缺陷，借助化学灌浆充填后"浸润"机理进行灌浆补强是非常有效的。然而，有关研究表明，当岩体孔隙小于 0.1mm，无论是在液体质点间，还是液体和孔隙壁间均处于分子引力的作用之下，即使存在毛细管现象，液体也不能自由流动。而当岩体孔隙小于 0.1μm 时，分子间的引力很大，要使液体在孔隙中移动需要非常高的压力梯度。由此看来仅仅依靠化学浆液进行极为有限的毛细管"浸润"灌注，难以对厚层、饱水软弱致密岩体达到理想的处理效果。

2.2　低渗透非达西渗流特性

通常情况下认为，软弱致密岩体类似于黏土性状应具备达西渗流条件。其实不然，由于其软弱致密岩体孔隙孔道细小，多数孔道半径为微米级别，受毛管力及其液、固界面间分子引力强烈作用，化学灌浆时浆水两相会在孔隙孔道中形成相间排列的浆水段塞而形成贾敏效应，造成较大的浆液渗透阻力，从而导致软弱致密岩体化学灌浆其渗流特征偏离达西线性规律，呈现出低渗非达西渗流现象，并存在较大的灌浆渗流启动压力。岩体透水率越小，非达西渗流现象越明显。典型的软弱致密岩体化学灌浆 P-Q 曲线见图 3，其主要特性如下：

（1）P-Q 曲线 AD 段呈非线性，流量与压力呈指数关系，P_A 为灌注最小启动压力。过渡点 D 所对应的压力为临界压力 P_C。

（2）P-Q 曲线 DE 段呈拟线性，拟线性段的反向延长线不通过坐标原点，而与灌浆压力轴有一正直交点 B，所对应的压力即为拟启动压力 P_B。

（3）P-Q 曲线 EG 段为灌浆劈裂曲线段，E 点为灌浆劈裂拐点，对应劈裂启动压力 P_F。

3　现场试验研究

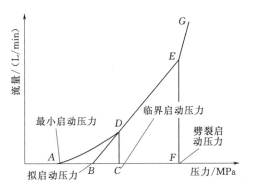

图 3　典型低渗非达西渗流特性曲线

3.1　试验区岩性

根据钻孔取样，试验区挤压带埋深 40～60m，典型芯样岩体结构多为碎屑状（图 4），

干密度大于 $2.1g/cm^3$，孔隙比小于 0.25，渗透系数 $10^{-5} \sim 10^{-6} cm/s$，波速小于 2500m/s，整体性状密实而强度较低，用手轻捏即呈散沙状，遇水后即崩解分散。另外，由于电站已经蓄水运行，试验区岩体完全饱水，孔口约有 0.3MPa 左右的渗压。

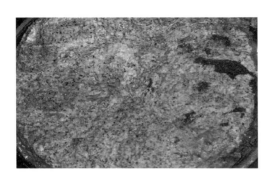

图 4　碎屑结构软弱岩体芯样断面

3.2　化学浆材改性

岩土加固化学灌浆的实质是采用化学浆液驱赶孔隙喉道水渗润固结的过程。软弱致密岩体孔隙喉道细小，孔隙喉道直径与饱水吸附滞留层厚度在一个数量级，甚至更细小，故此饱水吸附滞留层应是造成低渗非达西渗流启动压力存在的根本原因。有关研究表明，化学浆液中添加表面活性剂可降低浆水界面张力，增加浆液对孔隙介质表面的湿润角，减小吸附滞留层厚度。故此，对于饱水厚层软弱致密岩体进行化学灌浆加固处理，通常情况下需对化学浆液适量添加表面活性剂来改善浆液黏度、表面张力及其接触角。

传统的表面活性剂分子由于其结构的局限性，在降低浆水界面表面张力、复配以及增溶等方面的能力有限；双分子表面活性剂因其特殊的结构，在很低的浓度下就有很高的表面活性，能使浆水界面张力降至超低且具有很好的增溶及复配能力。本次化学灌浆试验前，首先开展了环氧浆液改性研究工作，改性后的环氧浆液主要技术性能见表 1。

表 1　　　　MS－1086E（A∶B＝5∶1）水下高渗环氧灌浆材料主要性能指标

序号	项　　目		单位	指标
1	浆液密度		g/cm^3	＞1.0
2	初始黏度		mPa·s	＜10
3	胶凝时间		h	＞15
4	28d 抗压强度		MPa	＞55.0
5	28d 抗剪强度		MPa	＞6.5
6	28d 抗拉强度		MPa	＞15
7	28d 黏结强度	干黏结	MPa	＞3.5
		湿黏结	MPa	＞3.0
8	28d 抗渗等级			＞P12

3.3　化灌工艺改进

目前，国内外对于致密软弱岩体进行化学灌浆加固或防渗处理，多按照设计灌浆压力值来调控注入率进行灌浆控制。由于致密软弱岩体强度很低对灌浆压力极为敏感，一般存在小应力面灌浆劈裂局部跑浆现象，不仅影响浆液扩散的均匀性，同时因劈裂跑浆无效灌注而造成化学浆液极大浪费。

为解决上述问题，结合致密软弱岩体孔隙喉道多数细小至微米或纳米级别，部分孔道为泥质胶结近于孤立盲道等技术特征，本次试验研究推出了一种微控渗润化学灌浆新工艺，完全依据致密软弱岩体结构性状及其渗流特性，采用一种微小的单位注入率进行恒稳控制性灌注，以期达到对致密软弱岩体的均匀、有效的渗润固结，其工艺技术思路完全不同于常规的化学灌浆工艺。常规的化学灌浆工艺要求控制灌浆压力稳定，并通过调控灌浆注入率来实现，其单位注入率为变量；而微控渗润化学灌浆工艺确要求单位注入率稳定，并通过调控压力来实现，其灌浆压力为变量，如图5所示。微控渗润化学灌浆工艺，充分考虑化学灌浆对细微孔隙喉道非达西渗流启动压力条件，采用一种接近岩体自身综合渗透能力大小的微小单位注入率恒稳微渗控制性灌注，随着已经渗入岩体部分孔隙喉道的化学浆液逐渐凝胶，微渗调控压力将历时呈正比例线性自然上升，其最终灌浆压力足以满足致密软弱岩体所有不同孔隙喉道渗流启动压力而依次进行充分、有效、均匀渗润固结。

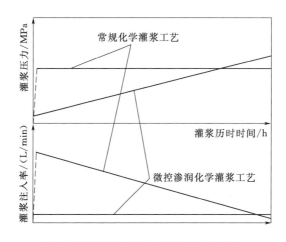

图 5 灌浆压力与注入率历时曲线对比

3.4 水泥复合灌浆

化学灌浆前，进行水泥复合灌浆作是非常必要的。其主要目的是充填软弱致密岩体及其周边影响带较大的孔隙与裂隙，改善软弱致密岩体均一性，同时也可形成较完整的化学灌浆孔段，为灌浆下塞封闭提供必要的条件，水泥复合灌浆后，岩体整体透水率为 0.5～1.0Lu。

3.5 灌浆压力取值

软弱致密岩体化学灌浆所具有的低渗非达西渗流特性，主要表现在灌浆渗流具有较大的启动压力。由低渗非达西渗流特性曲线可见，拟启动压力 P_B 反映附加渗流阻力，在非线性段随浆液渗流孔数增多附加阻力增大，也就是说，化学灌浆时在非线性段随灌浆压力增大，参入浆液渗流的孔隙喉道数量也会相应增多，而达到临界压力后拟线性段，附加渗流阻力基本为定值，此时参入浆液渗流的孔隙吼道数量也基本成为定数。理论上分析对于软弱致密岩体化学灌浆有效灌浆压力必须大于临界启动压力 P_C，且较大的灌浆压力可充分涵盖更多的细小孔隙喉道渗流启动压力，但过大的灌浆压力有可能产生小应力面劈裂，或产生压敏效应致使局部孔隙喉道闭合，反而影响灌浆整体效果。故此，对化学灌浆压力取值，原则上应在拟线性段所对应的 P_C 与 P_F 之间进行优选。

为求得不同孔序孔段化学灌浆典型低渗非达西渗流特性曲线，现场试验过程中各个试验段灌浆前专门进行了简易升压试验。升压试验按照注入率 0L/min→0.2L/min→0.4L/min→0.6L/min 分三级进行。初步测定并分析得出 P-Q 曲线临界压力 P_C 为 2.0～3.5MPa 不等。

3.6 注入率控制

根据图 6 化学灌浆各灌浆段升压试验 P-Q 曲线分析可见，各孔段之间灌浆启动压力存在较大的差异，各序孔之间随着分序加密化学灌浆后启动压力也呈明显上升趋势，而且在拟线性段所对应的 P_C 与 P_F 之间单位注入率相差也较大。为确保化学浆液在孔隙喉道中充分的渗润时间，同时配合浆液凝胶时间实施同一孔段不同孔隙喉道分级固结升压渗润，确保化学灌浆渗润的整体均一性。依据软弱致密岩体低渗非达西渗流特性，化学灌浆注入率控制应以满足各孔序灌浆段灌浆压力大于临界启动压力 P_C 条件下，尽可能采用恒稳而微小的单位注入率进行灌浆压力控制。对此，根据升压试验 P-Q 成果分析后确定，挤压带饱水厚层软弱致密岩体化学灌浆现场试验浆液注入率、灌浆压力基本按照表 2 进行控制。

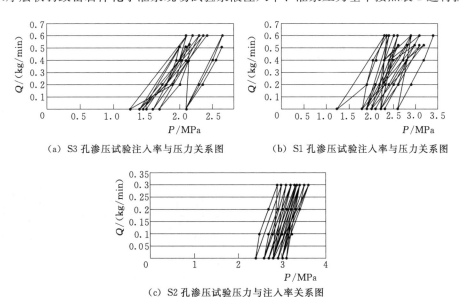

（a）S3 孔渗压试验注入率与压力关系图　　（b）S1 孔渗压试验注入率与压力关系图

（c）S2 孔渗压试验压力与注入率关系图

图 6　化学灌浆压力取值简易升压试验 P-Q 曲线图

表 2　　　　　　　　　　挤压带化学灌浆试验注入率、压力与灌入量控制表

灌浆分段/m	单位注入率/(L/min)		灌浆压力/MPa
	Ⅰ序孔	Ⅱ序孔	
0.5	≤0.2	≤0.15	通过恒稳微小单位注入率进行调控，P_{min}>2MPa，P_{max}<5MPa

4 成果分析与质量检查

4.1 试验过程压力变化分析

挤压带化学灌浆试验分Ⅱ序进行，施工顺序为 S3→S1→S2。试验各孔序（顺序）灌浆压力递增直方图（图7）显示，随着试验灌浆孔序（顺序）变化，稳恒等值注入率相对应的控制压力呈明显上升趋势，特别是 S2Ⅱ序孔，在降低注入率控制值情况下，相对应的控制压力仍然较前一试验孔提高近 30%。由此可见，软弱致密岩体通过化学灌浆，随着化学灌浆分序对岩体渗透性的改善，其灌浆启动压力明显增加。

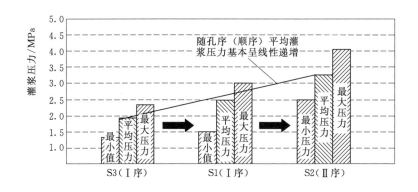

图7　各孔序（顺序）灌浆压力递增直方图

4.2 钻孔取样检查

挤压带化学灌浆试验完成后，共布置了J1、J2两个检查孔，检查孔取出的芯样完全成型，芯样层面、裂隙、孔隙明显见环氧胶结，挤压带结构基本改性为脉状或斑状环氧渗润复合体，如图8、图9所示。

图8　检查孔孔内录像展示

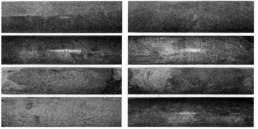

图9　试验后挤压带检查孔钻孔取

4.3 钻孔压水试验

J1、J2两个检查孔压水试验成果显示，采用2MPa水压进行试验压水，透水率均为0。为进一步验证环氧浆材灌浆试验帷幕体抗渗强度，两个检查孔专门进行了历时72h对穿疲劳压水试验，试验压力2.0MPa，压水流量始终稳定为0Lu。

5 问题与探讨

某水电站左岸挤压带饱水厚层软弱致密岩体化学灌浆试验，依据低渗非达西渗流特性，现场结合升压试验 P-Q 曲线，合理选取灌浆压力取值范围，在满足各孔序灌浆段灌浆压力大于临界启动压力 P_C 条件下，采用一种恒稳微小浆液单位注入率进行灌浆压力控制，同时配合浆液凝胶时间实施同一孔段不同孔隙喉道分级固结升压渗润，确保化学灌浆渗润的整体均一性，取得了较常规化学灌浆控制方法更好的灌浆效果。试验成果显示，挤压带经过化学灌浆后，检查孔取出的芯样完全成型，芯样层面、裂隙、孔隙明显见环氧胶结，挤压带结构基本改性为脉状或斑状环氧渗润复合结构体，检查孔压水试验透水率与对穿孔疲劳压水试验渗流量均为 0Lu。

尽管如此，仔细观测发现，取出的芯样仍有极少部分挤压带软弱致密碎屑结构芯样固结强度偏低，如图 10 所示。初步分析其原因，可能是由于挤压带碎屑结构岩体过于致密，改性后的水下高渗环氧浆液即使借助比水更好的渗透性能压渗进入细微孔隙，然而，在高水头全封闭渗流条件下，挤压带孔隙水依托岩体固体颗粒表面分子吸附作用，环氧浆液很难对孔隙水进行干净置换，从而形成环氧浆液与残留水分子混合体，一定程度上会影响到环氧浆液固化性能。对此，有必要进一步对影响低渗非达西渗流特性的浆液流体性能、灌浆压力、灌浆注入率等灌浆技术参数进行研究与优化，特别是针对高水头全封闭渗流条件下，在实施化学灌浆过程中如何辅以有效的孔隙排水、排气措施，降低细小孔隙吼道渗流启动压力，确保化学浆液渗流充分涵盖更多的细小孔隙吼道，尽可能减少孔隙残留水占位而影响饱水软弱致密岩体化学灌浆整体灌浆效果。

少部分致密均质挤压带碎屑
结构芯样环氧固结强度偏低

图 10 局部软弱固结体

黏土心墙堆石（渣）坝墙下补强灌浆施工技术

刘加朴　季海元　盖广刚　唐　静

（中国水电基础局有限公司）

【摘　要】　广东清远抽水蓄能电站上库主坝为黏土心墙堆石（渣）坝，上水库蓄水后，发现上库主坝坝基渗水量较原设计值偏大，需进行防渗补强处理，正确的黏土心墙内钻孔方式、适宜的灌浆材料和灌浆技术参数是补强灌浆成果达到设计要求的前提与保证。

【关键词】　黏土心墙　补强灌浆　施工技术

1　工程概况

广东清远抽水蓄能电站位于广东省清远市的清新县太平镇境内，电站装机容量 $4\times320MW$。上水库总库容 1179.8 万 m^3，设计正常蓄水位 612.5m，死水位 587.0m。

上库主坝为黏土心墙堆石（渣）坝，最大坝高 52.5m。上库主坝上游区基础基本上开挖至全风化石英砂岩硬塑土，冲沟附近坝基开挖至强风化石英砂岩，下游区基础置于强风化基岩上，黏土心墙基础置于强风化基岩上。大坝防渗系统由黏土心墙、混凝土垫层、断层混凝土塞、基础固结灌浆结合帷幕灌浆的型式组成。黏土心墙以坝顶中心线为中心对称布置，心墙顶部宽度 3.0m，上下游坡度均为 1：0.2。黏土心墙与基岩之间设混凝土垫层，厚度为 1.0m，宽度 5m，每隔 15m 分结构缝，设止水铜片，缝间填聚乙烯闭孔泡沫板。

上水库于 2009 年 12 月 17 日开工，2012 年 9 月 1 日主坝填筑完成，2013 年 4 月 16 日上水库蓄水。

上水库蓄水后，发现上库主坝坝基渗水量较原设计值偏大，需进行防渗补强处理。经物探和钻探检测以及多次专家咨询会意见，认为渗水部位主要在心墙混凝土垫层下强风化带和弱风化上带浅层基岩范围。因此，对上库主坝的心墙混凝土垫层以下强风化带和弱风化上带浅层基岩范围采用帷幕灌浆进行补强处理。

2　工程地质

坝址位于上水库库盆东南面的冲沟沟口处，冲沟呈北西—南东向，两岸地形不太对称，左岸山体较雄厚，山脊高程 680～747m，右岸山体较低矮单薄，山顶高程约 629m，正常蓄水位 612.5m 对应的沟谷宽度约 166m，沟底高程约 565m，从剖面上看呈较开阔的"V"字形。主坝左岸下游有两条冲沟，冲沟内的泉水和地表水均汇聚到坝下游沟内，沟水流经骆坑汇入滨江。

主坝地层岩性为寒武系八村群第三亚群石英砂岩、粉砂岩，其产状为 N40°～50°E/SE∠50°～60°，产状相对稳定，呈单斜构造，中—厚层状，裂隙发育，岩体较破碎。在前期勘探时，河床钻孔揭露有花岗岩脉。

根据钻探和声波测试成果结合有关规程规范，将坝址区所揭露的岩体自上而下划分为全风化带（Ⅴ）、强风化带（Ⅳ）、弱风化带（Ⅲ）和微风化带（Ⅱ）。

（1）全风化带（Ⅴ）：褐红色，为含砾粉质黏土状，黏性较好，风化不均匀，局部夹强风化岩块，可—硬塑，渗透系数 $k=6.52\times10^{-6}\sim3.31\times10^{-3}$ cm/s，平均 7.60×10^{-4} cm/s，属中等—弱透水层。

（2）强风化带（Ⅳ）：灰白—灰黄色石英砂岩，裂隙发育，裂面多为铁锰质渲染、夹泥，岩质较坚硬，岩芯多呈碎块状、块状，风化不均，局部夹全风化和弱风化岩块。渗透系数 $k=8.46\times10^{-3}\sim1.84\times10^{-5}$ cm/s，平均 1.63×10^{-3} cm/s，属强—中等透水层。

（3）弱风化带（Ⅲ）：灰—深灰色石英砂岩，岩质坚硬，局部夹强风化层，岩芯呈柱状和碎块状，裂隙较发育，裂面多充填泥质、钙质、绿泥石和石英脉等。根据岩芯完整性，裂隙发育情况，裂面充填及强—全风化夹层情况等分为弱风化上带（Ⅲ2）和弱风化下带（Ⅲ1），分述如下：

1）弱风化上带（Ⅲ2）：岩芯以碎块状、块状为主，少数短柱状、柱状，局部夹强—全风化岩，裂隙发育，多为张开，充填泥质、钙质、铁锰质渲染。渗透系数 $k=4.11\times10^{-5}\sim3.72\times10^{-3}$ cm/s，平均 4.86×10^{-4} cm/s，属中等透水层。

2）弱风化下带（Ⅲ1）：岩芯以短柱状、柱状、中长柱状为主，少数块状，裂隙发育一般，多为闭合—微张，裂面充填绿泥石、钙质薄膜，少数铁锰质渲染。透水率为 $q=0.1\sim14$ Lu，平均为 1.5Lu，为弱—微透水层。

（4）微风化带（Ⅱ）：深灰色石英砂岩，岩质坚硬，岩体较完整，岩芯呈柱状和短柱状，裂隙稍发育，且多为闭合裂隙。

3 防渗补强方案

（1）轴线布置：补强灌浆孔轴线布置于主帷幕线上游 0.5m。
（2）灌浆孔布置：采用 1.0m、1.2m 两种孔距，采用垂直灌浆孔。
（3）灌浆压力：0.3～1.5MPa。
（4）灌后渗流量要求小于 13.5L/s。

4 灌浆施工

4.1 施工工艺流程

（1）布孔原则：先施工先导孔、Ⅰ序孔，然后再布置Ⅱ序孔，根据透水率及耗浆量情况布置Ⅲ序孔。

（2）黏土心墙段钻孔灌浆施工流程。钻路面混凝土及水稳层→泥浆润滑钻具钻进黏土心墙至垫层顶部→下设 $\phi110$ 套管→泥浆护壁钻进垫层混凝土→下设 $\phi91$ 套管进入混凝土垫层→抽取孔内泥浆→填入水泥球→镶筑 $\phi91$ 套管→取出 $\phi110$ 套管→待凝48h→扫孔至套管底部→清水钻进剩余垫层混凝土→清水钻进基岩 0.5m→垫层混凝土与基岩接触段灌浆→待凝 12h→下部基岩自上而下分段钻进和灌浆→基岩及垫层混凝土封孔→取出心墙内套管→水泥膨润土浆置换孔内积水并封孔→路面段回填砂浆封堵。

4.2 黏土心墙钻孔

黏土心墙内钻孔采用定量膨润土泥浆润滑钻具小压力、低转速、小冲洗量钻进，钻孔孔径 $\phi 110mm$。

4.3 混凝土垫层钻孔和镶管方法

（1）垫层钻孔。混凝土垫层钻孔采用膨润土泥浆护壁，$\phi 91$ 金刚石钻头小压力、低转速钻进。钻孔进入混凝土 $0.4\sim0.5m$ 后，镶筑 $\phi 89$ 套管。

（2）套管镶筑。套管镶筑方法采用水泥球镶管法。镶筑完成后，进行注水密闭试验，确认套管内无外漏后，方可进行下一步施工。

4.4 基岩钻孔与压水试验方法

基岩采用 XY-2 地质钻机金刚石钻头清水钻进。

先导孔采用五点法进行压水试验，其他孔段采用分段卡塞、单点法进行压水试验。压水试验水压采用 80% 的灌浆压力，超过 1MPa 时采用 1MPa，单点法压水时间为压入流量稳定 20min。

本工程因为水位变化频繁，压水试验时以库水位高程 600m 作为地下水位进行透水率的计算。

4.5 灌浆方法

4.5.1 灌浆方法及段长

采用自上而下分段、段顶卡塞灌浆方法，卡塞位置为灌浆套管下部混凝土垫层或者段顶基岩。

灌浆段长划分如下，混凝土与基岩接触段长为 0.5m，卡塞在混凝土垫层内，灌浆后待凝 $8\sim12h$；如第一段压水注入率小于 $5L/min$，则将接触段和第 2 段合并灌注。接触段以下第 2 段长 2m，第 3 段长为 3m，第 4 段长 5m，第 5 段及以下各段长 5m，特殊情况下可适当缩短或加长，但最大段长不得大于 7m。

4.5.2 灌浆压力

根据前期灌浆试验成果，采用的灌浆压力见表 1。

表 1　　　　　　　　　　　　　灌　浆　压　力　表

段　　次	第 1 段（接触段）	第 2 段	第 3 段	第 4 段	第 5 段	第 6 段及以下各段
灌浆压力/MPa	0.3	0.3	0.5	0.8	1.2	1.5

灌浆压力的控制：首先采用浆液自重压力进行灌注，然后根据注入量情况逐步提升灌浆压力至设计压力，接触段最大灌浆压力（全压力）不得超过 0.3MPa。在Ⅱ序孔和Ⅲ序孔中，对吃浆量小的地段适当提高 $0.1\sim0.2MPa$，以达到加密效果。

4.5.3 灌浆浆液

（1）水泥膨润土浆液。在一般情况下，灌浆浆液优先采用掺加水泥质量 50% 膨润土的水泥-膨润土浆液进行灌注，水灰比采用8∶1、5∶1、3∶1、2∶1、1∶1。

根据主坝右坝肩灌浆试验成果，本工程优先采用较稀的水泥膨润土浆液进行灌浆。

（2）普通水泥浆液。采用 P.O 42.5 级普通硅酸盐水泥浆液，采用5∶1、3∶1、2∶1、1∶1、0.8∶1五级水灰比，开灌水灰比为5∶1，灌注时浆液由稀至浓逐级变换，灌浆最浓级水灰比一般宜采用0.8∶1，必要时才可使用0.5∶1的浆液，可根据实际情况作相应调整。

根据现场情况，必要时采用普通水泥浆进行灌注。

（3）接触段灌浆浆液。接触段灌浆采用纯水泥浆液，灌前进行压水试验，当注入率大于5L/min时，为防止抬动采用低压慢灌的方式；当注入率小于5L/min时，采用纯水泥浆液开灌，按照变浆原则进行灌注。

4.5.4　灌浆浆液变浆控制

浆液变换根据主坝右坝肩已经取得的灌浆试验成果进行，变浆原则如下：

（1）在开灌注入率较小时，应尽快升高压力，保持注入率30L/min左右，浆液水灰比以8∶1～5∶1进行灌注为宜，不宜进一步变浓。

（2）当注入率持续在30L/min以上时，在压力、流量没明显变化的情况下，应改浓一级浆液灌注。

（3）灌浆浆液变换，遵循由稀到浓逐级变换原则，不得越级变浆；如果变浆后，流量显著减小，则返回上一级浆液继续灌注。

（4）在注入率较大，压力、流量变化趋势不明显的情况下，灌注量达到300L时，可改浓一级浆液进行灌注；在设计压力下，对注入率较小、持续时间较长的孔段，要将浆液逐渐变浓进行灌注。

（5）灌浆过程中，灌浆压力或注入率突然改变较大时，应及时通报监理，并查明原因，采取相应的处理措施。

4.5.5　抬动变形观测

在灌浆穿越黏土心墙的试验孔附近设置1套抬动变形观测系统，设专人观测，当抬动达到设计允许值上限时，应立即停止灌注，才采取相应的处理措施。

4.5.6　灌浆结束标准

在该灌浆段最大设计压力下，当注入率不大于1L/min时，继续灌注30min，在注入量较大情况下，适当增加灌注时间至60min，灌浆即可结束。

4.5.7　封孔

（1）基岩段和混凝土垫层封孔。基岩和混凝土垫层孔段的封孔采用全孔灌浆封孔法，封孔浆液采用0.5∶1普通水泥浆液置换孔内稀浆和积水，封孔压力采用第1段灌浆压力，封孔时间为60min。或者采用0.5∶1普通水泥浆液置换孔内稀浆和积水，利用浆柱自重压力待凝进行封孔，以免对垫层混凝土造成抬动等不利影响。

（2）黏土心墙段封孔。黏土心墙孔段的封孔采用水泥膨润土浆液封孔。首先下入钻杆，采用水泥黏土浆置换孔内积水，然后起拔套管，起拔套管时向孔内添加水泥膨润土浆液。拟采用的水泥膨润土浆液配比为水固比为1∶0.8或1∶0.7，灰土比为2∶8或3∶7。

（3）路面段封孔。路面孔口段封孔采用水泥砂浆进行回填捣实。

5 灌浆成果分析

5.1 单位注入量分析

左坝肩Ⅰ、Ⅱ、Ⅲ序孔单位注入量分别为 136.44kg/m、38.89kg/m、17.72kg/m，右坝肩Ⅰ、Ⅱ、Ⅲ序孔单位注入量分别为 199.36kg/m、94.03kg/m、83.19kg/m，由此可见，随着灌浆逐次加密，各灌浆孔段灌前的单位注入量将会随着灌浆次序的增进，呈现递减的趋势，具体表现为：

Ⅱ序孔的单位注入量小于Ⅰ序孔，Ⅲ序孔的单位注入量小于Ⅱ序孔；Ⅱ序孔为Ⅰ序孔单位注入量的 40%，Ⅲ序孔为Ⅱ序孔单位注入量的 76%，递减显著，随着孔序的增加，地层被灌注密实。

在不同大小的单位注入量出现的段数和频率方面：单位注入量大的段数和频数在先序孔最大，随着灌浆次序增加逐渐减小。

5.2 透水率分析

本工程因为上水库水位变化频繁，压水试验时以库水位 600m 作为地下水位进行透水率的计算。从灌浆量来看，存在部分孔段的透水率较大，但注入量较小的孔段。因为本次灌浆压水试验采用的压水压力较小，地下水位的取值对透水率计算结果影响较大，导致实际压水试验压力超过计算压力，实际的透水率可能会偏小。

左坝肩Ⅰ、Ⅱ、Ⅲ序孔平均透水率分别为 23.51Lu、14.35Lu、8.24Lu，左坝肩Ⅰ、Ⅱ、Ⅲ序孔平均透水率分别为 20.47Lu、16.14Lu、13.10Lu，通过透水率频率变化可看出，随着灌浆分序逐次加密，各灌浆孔段灌前的透水率呈现递减趋势：Ⅱ序孔灌前的透水率小于Ⅰ序孔灌前透水率，Ⅲ序孔灌前的透水率小于Ⅱ序孔灌前透水率。随着灌浆的进行，透水率大的孔段越来越少，出现的频率越来越低；透水率小的孔段越来越多，出现的频率越来越高。

从透水率的变化规律与单位注入量的变化规律结合起来分析研究，总体来说二者的变化规律是一致的，均出现了逐序递减的变化趋势。

5.3 单位注灰量和透水率的关系

根据灌浆成果，不考虑分序的影响，各区间透水率与单位注灰量的统计关系见表2、表3。

表 2 　　　　　　　　　　左坝肩透水率与单位注灰量的统计

序号	透水率区间 /Lu	段数	段长 /m	平均透水率 /Lu	注灰量 /kg	单位注灰量 /(kg/m)
1	0～3	131	604.5	1.54	2011.16	3.33
2	3～10	174	733.5	5.81	15007.95	20.46
3	10～30	183	557.7	17.74	37308.55	66.89
4	30～50	51	105.0	35.43	13773.35	131.17
5	50～100	52	92.8	69.26	29626.00	319.24
6	>100	29	23.5	181.11	15403.64	655.47

表 3　　　　　　　　　　　右坝肩透水率与单位注灰量的统计

序号	透水率区间 /Lu	段数	段长 /m	平均透水率 /Lu	注灰量 /kg	单位注灰量 /(kg/m)
1	0～3	131	556.83	1.53	15626.29	28.06
2	3～10	195	779.4	6.12	29832.42	38.27
3	10～30	187	541.97	17.85	59953.16	110.62
4	30～50	61	126.2	37.34	32656.24	258.80
5	50～100	40	64.2	62.54	24109.03	375.53
6	＞100	24	16.8	231.00	17426.88	1037.31

从表 2、表 3 中可看出，本工程中各段的主要透水率区间在 0～30Lu 之间，且单位注灰量与秀水率成正比关系。

5.4　终灌水灰比统计分析

灌浆孔各段次钻孔灌浆的试验施工，采用了水泥膨润土浆液或纯水泥浆液进行灌浆，终灌采用的水灰比（或水固比）统计情况见表 4、表 5。

表 4　　　　　　　　　　左坝肩灌浆终灌水灰比统计

终灌水灰比	8∶1	5∶1	3∶1	2∶1	1∶1	0.8∶1	0.5∶1	备注
采用次数	423	59	106	21	7	2	97	
所占百分比	59.2	8.3	14.8	2.9	1.0	0.3	13.5	
	82.3			17.7				

表 5　　　　　　　　　　右坝肩灌浆终灌水灰比统计

终灌水灰比	8∶1	5∶1	3∶1	2∶1	1∶1	0.8∶1	0.5∶1	备注
采用次数	143	250	68	50	41	9	114	
所占百分比	21.2	37.0	10.1	7.4	6.1	1.3	16.9	
	68.3			31.7				

从表中可知，左岸、右岸各灌浆孔终灌浆液的水灰比为 8∶1～3∶1 的浆液占全部孔段的 82.36%、68.3%，均占了较大的比重，说明该地层使用较稀的浆液即可达到灌浆结束的标准，稀浆对该地层具有较好的可灌性。

6　防渗效果评价

（1）从量水堰手工测量观测的记录数据来看，随着灌浆的进行，下游量水堰流量呈逐渐降低趋势，在高水位下（水位 611.0m 左右），最大流量仅为 19.1L/s，较处理前高水位的流量 85L/s 降低了 65.9L/s，降低率约为 78%，且此渗漏量包括了蓄水之前主坝渗流量。扣除蓄水前渗流量 14L/s，另外还受降雨影响，实际高水位下的坝基渗漏量可能不超过 6L/s，这个渗漏量是非常小，达到设计要求，处理效果是极其显著的。

（2）2015 年 10 月库水位 611.01m 时，左 3 号孔、右 3 号绕渗观测孔水位分别为 592.88m 和 579.10m；补强灌浆后 2016 年 9 月库水位 611.32m 时，左 3 号孔、右 3 号孔水位分别降为 590.51m 和 573.30m，右 3 号孔水位降低更为明显。补强灌浆后，左、右岸绕渗观测孔水位受库水位变化影响程度明显减弱。

（3）坝基及心墙内渗压计测值在补强灌浆实施前后变化不大，下游堆石体内渗压测值略有降低，补强灌浆施工对防渗心墙基本无影响，也说明补强后绕坝渗漏量有所减少。

7 结论与建议

7.1 结论

（1）通过本次补强灌浆的处理，坝后量水堰流量显著减小，满足设计渗流指标 13.5L/s 的防渗标准，取得了极其明显的效果，取得了超出预期的结果。

（2）最终防渗效果证明，本工程采用的压力、流量、段长等施工参数均是合理的，在灌浆过程中对参数的控制是有效的，采用的黏土心墙内钻孔方法是可靠的。

（3）通过几种浆液对比，水泥膨润土浆液更适合本工程变质石英砂岩中微细裂隙渗漏处理。

（4）本项目补强灌浆处理施工经验，可以为类似地层的灌浆防渗处理提供借鉴。

7.2 建议

（1）建议根据风化岩体特性、灌后压水检查成果、渗透稳定分析、上水库渗漏量控制要求等复核防渗帷幕的设计控制标准。

（2）鉴于补强处理后监测时段较短，建议继续加强主坝渗流监测与资料分析工作。

风水联合钻孔裂隙冲洗法在官地水电站
大坝帷幕灌浆中的应用

宋玉国　张来全

（北京振冲工程股份有限公司）

【摘　要】　针对官地水电站大坝帷幕灌浆中坝基 7～10 号坝段存在错动带、夹泥等薄弱地质情况，通过试验研究采用单一压水冲洗和风水联合冲洗法对钻孔裂隙进行冲洗，并根据后续的灌浆和压水检查来对比分析两种冲洗方式的灌注范围、注入量及浆液置换、充填裂隙的效果，确保冲洗后的灌浆质量满足设计要求，为以后类似工程地质条件的施工提供一定参考。

【关键词】　薄弱地质　裂隙冲洗　压力冲洗　风水联合冲洗　效果

1　前言

裂隙冲洗（简称洗缝）是指采用水或压缩空气等介质对钻孔周围的岩体的裂隙或孔隙进行的冲洗。其目的如下：

（1）希望将缝隙重点软弱充填物冲出孔口外或推移至灌浆区域的一定范围之外。

（2）使被灌裂隙变得畅通，以扩大灌注范围和注入量。

（3）使被灌裂隙变得干净，以利于浆液注入后与裂隙两面的岩石黏结紧密，增强灌浆效果。由于本工程地质条件为不遇水易软化，故此可采用裂隙冲洗。

裂隙冲洗的方法是压力冲洗，有特殊要求时应采取强力冲洗，即高压压水冲洗、脉动冲洗、风水联合冲洗或高压喷射冲洗。本文针对官地水电站某坝段不良地质情况，通过对压力冲洗和风水联合冲洗两种方法进行了比较，阐述了风水联合冲洗法在本地质条件下的处理优势。

2　工程概况

雅砻江官地水电站位于四川省凉山彝族自治州西昌市和盐源县交界的打罗村境内，上游与锦屏二级水电站尾水衔接，下游接二滩水电站，电站主要任务是发电，水库正常蓄水位 1330.00m，死水位 1328.00m，总库容 7.6 亿 m³，装机容量 2400MW。

大坝帷幕灌浆共布置有两层灌浆洞，向大坝两岸延伸至山体深部，并向坝基与坝基灌浆廊道帷幕接为一体，形成大坝的整体防渗屏障。河床坝基基岩为 $P_2\beta_1^{5-2}$ 角砾集块熔岩；岩体完整性差，风化裂隙发育，一般均强烈锈染，岩体较松弛，为Ⅳ类岩体；弱风化下段岩体中仅长大裂面具中等—强烈锈染，一般轻微—中等锈染，仅偶见次生泥膜，岩体中等一较完整，为Ⅲ1类岩体；新鲜—微风化为Ⅱ类岩体。大坝坝基7～10号坝段根据开挖揭露的地质条件在高程1186～1175m存在多条宽度5～20cm，局部可达30cm的错动带，带内主要物质为青灰色断层泥、岩块、岩屑及少量糜棱岩及次生泥，部分段内分布有黄色次生泥，断层泥及次生泥处于饱水状态，具有隔水作用，沿错动带顶面局部有地下水渗出，错动带类型为泥夹岩屑型。

3 两种裂隙冲洗法对比试验过程

官地水电站大坝坝基7～10号坝段共设计3排帷幕灌浆孔，分别为主帷幕、副帷幕和辅助帷幕，孔距为2.0m，采用孔口封闭自上而下循环灌浆法施工，施工严格遵循灌浆程序，分排分序分段进行。即：抬动观测孔→下游排先导孔→下游排Ⅰ序孔→下游排Ⅱ序孔→上游排Ⅰ序孔→上游排Ⅱ序孔→中间游排Ⅰ序孔→中间游排Ⅱ序孔→检查孔。

3.1 压水冲洗与风水联合冲洗试验布置

为了便于施工，找到适合该种地质条件的裂隙冲洗方法，在坝基第8号、9号坝段选择LDX－Ⅰ－60、LDX－Ⅰ－66两个先导孔，在钻至高程1186～1175m之间（即含有夹泥和岩屑的错动带部位），分别采用压水冲洗和风水联合冲洗方法进行裂隙冲洗。试验区布置如图1所示。

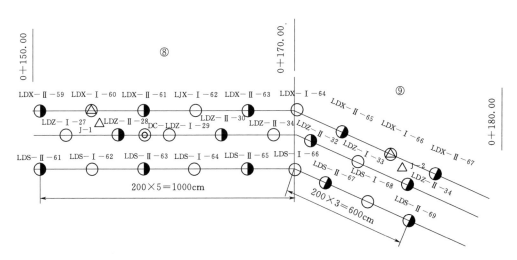

图例：◎ 抬动孔　△ 先导孔　○ Ⅰ序孔　◑ Ⅱ序孔　△ 检查孔　⑧ 8号坝段

图1　试验孔位平面布置图

3.2 压水冲洗与风水联合冲洗试验方法

（1）针对坝基第8号坝段先导孔LDX－Ⅰ－60，在该孔钻至34.52～45.52m之间（共3段）进行压水冲洗，方法为每5m安装灌浆塞隔离被灌浆孔段，使用灌浆泵向孔段内压入循环水流，压水压力由回水管阀门调节，采用灌浆压力的80%，至返出的水洁净，持续10min后为止。

（2）针对坝基第9号坝段先导孔LDX－Ⅰ－66，在该孔钻至16.73～27.73m之间（共3段）进行风水联合冲洗，方法为：

1）钻孔完毕后，采用大功率空压机并将 4 分铁管作为送风管下至距孔底 50cm 处。

2）冲洗时，先打开水管向孔底注水几分钟后，再打开风管送风进行风水联合冲洗。

3）风水联合冲洗至孔内回水返清后，延续 10min 结束。如总冲洗时间小于 30min，则关闭风管继续采用压力水进行冲洗，如冲洗时间大于 30min，则结束冲洗。

4）风压以能把孔内水吹出孔外为准。

（3）由于 LDX-Ⅰ-60、LDX-Ⅰ-66 分别为两个坝段的先导孔，两孔施工过程中均钻取芯样并将芯样按取芯次序统一编号，填牌装箱，绘制钻孔柱状图和进行岩芯描述、拍彩照。在钻孔过程中，对钻孔冲洗水的颜色和水压、钻孔压力、芯样长度、回水情况及其他能充分反映岩土或混凝土特性的因素进行详细的监测和记录。

4 两种裂隙冲洗法灌浆前、后效果分析

4.1 灌浆前分析

（1）灌前冲洗情况：坝基第 8 号坝段先导孔 LDX-Ⅰ-60 在钻至 34.52～45.52m 之间共分 3 段进行冲洗，其中 2 段冲洗 20min 后返水仍呈混浊黄色，另 1 段冲洗 20min 后返水洁净；坝基第 9 号坝段先导孔 LDX-Ⅰ-66 在钻至该孔 16.73～27.73m 之间也分 3 段进行冲洗，各段次冲洗 20min 后均返水洁净。这反映出采用风水联合冲洗较常规的压水冲洗在洗孔质量方面更为适合。

（2）灌前压水试验情况：坝基第 8 号坝段先导孔 LDX-Ⅰ-60 在钻至 34.52～45.52m 之间、坝基第 9 号坝段先导孔 LDX-Ⅰ-66 在钻至该孔 16.73～27.73m 之间均采用五点压水法进行压水试验（压水压力分别为 0.3-0.6-1.0-0.6-0.30MPa）。其中 LDX-Ⅰ-60 区间内 3 段的灌前透水率分别为 14.77Lu、11.56Lu、11.47Lu，LDX-Ⅰ-66 区间内 3 段的灌前透水率分别为 19.24Lu、18.35Lu、17.84Lu。这反映了，采用风水联合冲洗较常规压水冲洗更能使灌浆通道顺畅，更能将孔内杂物清洗彻底。

4.2 灌浆后分析

两个坝段所有灌浆孔施工结束 14d 后，在先导孔 LDX-Ⅰ-60、LDX-Ⅰ-66 旁边分别布置检查孔 J-1、J-2（图 1），以检查两孔灌浆效果。

（1）检查孔 J-1 取芯表明，在 34.52～45.52m 间有水泥状充填物，但仍存在较细微裂隙未能充填完全，个别位置还有部分黄色的夹泥样存在；检查孔 J-2 所取芯样在 16.73～27.73m 间有两块明显的水泥结石，细微裂隙也被充填完全，芯样整体比较完整。这反映出在同样相似的地质条件下，采用风水联合冲洗较常规的压水冲洗在灌浆效果上有显著提高。

（2）坝基第 8 号坝段先导孔 LDX-Ⅰ-60 地质薄弱区间灌浆单位注入量为 384.76kg/m，坝基第 9 号坝段先导孔 LDX-Ⅰ-66 地质薄弱区间灌浆单位注入量为 506.48kg/m。这反映出采用风水联合冲洗较常规的压水冲洗法吸浆更为充分，浆液充填性更好。

（3）检查孔 J-1 对应的地质薄弱区间各段透水率分别为 4.25Lu、2.87Lu、3.10Lu，其中有两段不符合透水率小于 3Lu 的质量标准；检查孔 J-2 对应地质薄弱区间各段透水率分别为 1.25Lu、1.67Lu、1.44Lu，全部满足透水率小于 3Lu 的质量标准。这反映出采用风水联合冲洗较常规的压水冲洗在灌浆质量上更能得到有效地保证。

5　结论

（1）无论是灌浆前通过表观察看回水颜色还是灌浆后进行灌浆效果检查，均反映了采用风水联合冲洗法更能适合该种地质条件的裂隙冲洗。

（2）通过两种压水方式的比较分析可以得出，采用风水联合冲洗法能将压缩空气的能量在孔内释放，形成紊动、震荡水流，并持续对裂隙中的充填物质起到松动、剥离和抽吸的作用，洗孔质量比常规的压水洗孔有明显的改善，并进一步增强了后续的灌浆效果和质量，在类似的地质条件可优先选用。

黏土水泥砂浆在砂质覆盖层灌浆工程中的应用

杨东升　赵铁军

（湖南宏禹工程集团有限公司）

【摘　要】 作为大坝填筑材料，砂质填土由于其天然渗透系数相对较大，加之多年来的沉积，已经变得较为密实，传统纯水泥浆液较稀，扩散轨迹不规则，在灌浆压力作用下易将坝体劈裂导致漏浆等无效灌注的情况。本文以榆林市榆阳区香水水库除险加固工程为例，阐述黏土水泥砂浆在砂质覆盖层压密灌浆工程中的应用，以供类似工程参考。

【关键词】 黏土水泥砂浆　砂质　覆盖层　压密注浆

1　引言

在我国西北地区，水资源较紧缺，20世纪末在沙漠地区修筑拦水坝，存在较多砂质坝体。由于地质的特殊性，大坝普遍存在渗水问题。筑坝时通常都有穿坝的刚性建筑物，比如输水隧道、涵洞等，在接触部位极易引起渗漏，渗水带砂，存在较大的安全隐患。针对大坝渗漏问题，目前采用较多的办法是灌浆，主要为纯水泥浆灌注，然而砂层由于多年来的沉积（渗水会夯实砂土），已经变得较为密实。由于浆液较稀，扩散轨迹不规则，容易将坝体劈裂导致漏浆等无效灌注的情况[1-4]。黏土水泥砂浆压密注浆在榆林市榆阳区香水水库除险加固工程中取得了较好的效果，本文以该工程为例介绍黏土水泥砂浆在砂质覆盖层压密灌浆中的应用。

2　施工区域地质简介

香水水库地处陕北黄土高原北部，毛乌素沙漠南缘，地势西北高，东南低，东南部为黄土梁峁，沟壑，丘陵地貌，西北部为沙漠地貌。

库区主要位于沙漠草滩区，回水长度680m左右，属河谷型水库，支沟发育，库区两岸植被覆盖差，库岸坡自然坡角25°～35°。两岸分布风积沙丘，台面高程1157～1166m。河谷呈"V"字形发育，库盆主要由中更新统（Q_2^{eol+pl}）黄土、中更新统（Q_2l）湖积粉土质砂、及库尾侏罗系中统延安组（J_2y）烧变岩、零星出露侏罗系中统（J_2y）泥岩砂岩互层组成，微向南西倾斜2°～5°。本工程相关水工建筑物的地基位于泥岩、砂岩中，明渠基础置于冲积细砂层中，砂层深度10～30m不等。

大坝施工时，坝基存在清基不到位，透水层未采用截渗槽完全截断，并且在放水洞下部采用了振冲桩基础，其上部铺设0.6m厚的碎石垫层，形成了人工透水通道。水库建成运行以来，虽然坝前淤积层厚度已达 6～8m，淤物层为细砂，渗透系数 $K=2.1\times10^{-3}$cm/s，属中等透水层，对坝基渗漏有所缓解，但渗漏问题未得到彻底根除。

3 灌浆方案设计

3.1 总体处理方案

根据香水水库坝基地质条件及截渗目的，结合类似工程处理成功案例，香水水库坝体及坝基防渗加固处理选择可控压密注浆与水泥膨润土稳定浆液注浆相结合的帷幕灌浆方案。采用压密注浆方法对较松散的坝体填筑的粉土质砂层进行挤压密实，同时对存在的集中渗漏通道进行充填灌浆；对于下部砾质土、烧变岩、烧变岩与泥岩或砂岩接触面的渗漏通道采用水泥膨润土稳定浆液进行灌浆处理，使坝体、坝基土体达到挤压密实，形成有效的防渗帷幕。

帷幕中心线与坝顶中心轴线一致。沿帷幕线加固孔在放水洞中心线左、右侧各 30m 范围内按双排孔布置，其他部位按单排孔布置，孔间距为 1.5m，排距 1.5m，梅花形布孔。

可控压密注浆施工在坝轴线长度计 173m，注浆量按成桩直径 0.5m 的注浆量 0.20m³/m 进行控制。考虑到压密注浆时，浆液对上部 0.5～1.0m 范围内的粉土质砂也具有压密作用，因此设定桩顶标高为 1124.0m，较正常蓄水位稍高；桩底为粉土质砂与砾石土交界面，底高程为 1108.3～1115.0m。

为减少绕坝渗漏、坝基渗漏对坝体安全的影响，采用水泥膨润土稳定浆液对下部砾质土、烧变岩、烧变岩与泥岩或砂岩接触面的渗漏通道进行帷幕注浆处理。帷幕注浆左侧进入山体 30m，右侧进入山体 10m，坝体防渗长度 143m，共计 183m。防渗深度进入相对不透水层即泥岩层或砂岩中 2.0m。帷幕注浆顶高程为 1108.3～1125.0m，底高程为 1095.5～1118.0m。

3.2 灌浆材料

采用自下而上分段进行压密注浆，主要对疏松区、空洞区进行充填、压密。

可控压密注浆材料参数如下：

水泥采用普通硅酸盐水泥，强度等级为 P.O 42.5；膨润土采用青铜峡牌；砂子：粒径不大于 1.5mm 的坚硬河砂；石屑：粒径为 0.3～0.5cm，质地坚硬的石灰石碎屑。

外加剂：采用本公司专有的一种添加剂，添加少量的 HY-1 外加剂，以提高水泥黏土砂浆的性能，实现浆材基本不发生析水；在动水条件下，浆液具有不分散、不易被水冲释的性能。

经过室内试验研究以及结合现场试验，本工程黏土水泥砂浆配比以及性能指标见表 1。

表 1　　　　　　　　　　注浆材料配合比及性能指标

序号	水泥 /kg	砂 /kg	石屑 /kg	膨润土 /kg	水 /kg	外加剂 /kg	坍落度 /cm	抗压强度 /MPa
1	100	150	250	30～35	58～67	0.3	3～7	4～8

3.3 压密注浆控制技术

3.3.1 压密注浆原理

通过高压力泵送设备将坍落度 3～7cm 以下的黏土水泥细石砂浆塑性浆材灌入地基粉

细砂层介质中，黏土水泥细石砂浆塑性浆材在压力作用下，对地基粉细砂层强制挤压，排出地基周边粉细砂层空隙中的水和空气，压缩压密周边地基，降低地基内粉细砂层的孔隙率，形成圆柱状固结体，提高粉细砂层的承载力。

3.3.2 压密注浆工艺

（1）本工程压密灌浆部分主要是对粉细砂层的压密注浆，在施工过程中采取边灌边拔管。

（2）注浆量与注浆压力控制。

自下而上压密注浆时，注浆量按成桩直径0.5m的注浆量0.20m³/m进行控制；注浆压力控制1～5MPa之间。

（3）注浆段长：注浆段长为0.3m/段。

（4）结束标准：达到注入量200L/m时或者灌浆压力达到4MPa并不进浆时，可以上提一段。

（5）特殊情况处理：施工过程中对灌浆附近部位地面进行抬动观测，当抬动达到100um时，按注浆量100L/m进行控制；当抬动达到200um时，可以停止注浆。

4 灌浆效果分析

在砂质覆盖层灌浆工程中，黏土水泥砂浆可以较大提高地基密度，减小渗透系数，有效地进行堵水，减小渗漏。

4.1 试验布置

在分析该工程现有地质条件的基础上，试验段选择在粉土质砂层中相对密度较低，坝体可能存在空洞，同时地层具有较好的代表性。钻孔布置如图1所示。

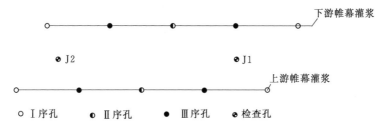

图1 灌浆孔布置图

4.2 灌浆前后砂层相对密度对比

在灌浆前对地层砂样相对密度进行检测，灌浆后在同孔附近75cm距离进行同段砂样相对密度检测，检测结果见表2。

表2 灌浆前后砂样相对密度测试

孔号　　　　　段长/m	8.5～14	14～19.5	19.5～24.5
（灌前）先导孔	1.62	1.54	1.52
（灌后）J1	1.78	1.84	1.72
（灌后）J2	1.79	1.84	1.83

从表 2 的灌浆前后砂样相对密度检测结果可以看出，灌浆处理前后砂样的相对密度产生了较大的变化，灌浆前 8.5～14m 处砂样的干密度为 1.62g/cm³，灌浆后同段位的干密度为 1.78g/cm³，灌浆前 14.0～19.5m 处砂样的干密度为 1.54g/cm³，灌浆后同段位的干密度为 1.84g/cm³，灌浆前 19.5～24.5m 处砂样的干密度为 1.54g/cm³，灌浆后同段位的干密度为 1.84g/cm³，说明压密注浆对地层的压密效果明显，较大提高了地层的密实度。

4.3 注水试验结果对比

灌浆前后注水/压水结果对比见表 3。

表 3　　　　　　　　　　　　　灌浆前后注水/压水结果对比表

孔号	段序	深度分布/m	试验地层	渗透系数/(cm/s)或透水率/Lu	备注
先导孔	第一段	1～6	粉细砂	7.94×10^{-4}	
	第二段	6～11	粉细砂	5.69×10^{-4}	
	第三段	11～17	粉细砂	4.90×10^{-4}	
	第四段	17～22.5	粉细砂	1.11×10^{-4}	
	第五段	22.5～27.5	粉细砂	1.03×10^{-4}	
	第六段	27.5～30	粉细砂，夹杂少量碎石，28.4～30 为砂岩	1.19×10^{-4}	
	第七段	30～34.5	砂岩	9.63×10^{-5}	
检查孔 J-1	第一段	2～8.0	粉细砂	9.12×10^{-6}	压密灌浆
	第二段	8.0～14.0	粉细砂	7.41×10^{-6}	
	第三段	14.0～19.5	粉细砂	9.02×10^{-6}	
	第四段	19.5～25.0	粉细砂	9.49×10^{-6}	
	第五段	25.0～28.0	粉细砂层，含少量砾石	8.17×10^{-6}	
	第六段	28.0～31.5	基岩（砂岩）	0.69Lu	帷幕灌浆
检查孔 J-2	第一段	3.0～8.5	粉细砂	7.96×10^{-6}	压密灌浆
	第二段	8.5～14	粉细砂	8.57×10^{-6}	
	第三段	14～19.5	粉细砂	8.97×10^{-6}	
	第四段	19.5～25	粉细砂	9.02×10^{-6}	
	第五段	25～28	粉细砂，夹杂少量碎石	8.21×10^{-6}	
	第六段	28～31	基岩（砂岩）	0.67Lu	帷幕灌浆

注　本试验计算公式采用《水利水电工程注水试验规程》（SL 345—2007），钻孔常水头注水试验；压水试验采用《水工建筑物水泥灌浆施工技术规范》（SL 62—2014），简易压水试验。

从表 3 可以看出，灌浆施工前，粉细砂层的常水头注水试验最小渗透系数值为 1.03×10^{-4} cm/s；经灌浆施工后，经常水头注水试验测定，地层最大渗透系数减小到 9.40×10^{-6} cm/s，较大程度地减小了地层的渗透性，渗透系数小于 1.0×10^{-5} cm/s，灌浆可有效降低地层渗透性。

5 结语

（1）黏土水泥砂浆造价便宜，环保可靠，强度可以满足一般防渗要求。

（2）黏土水泥砂浆黏度大，流动度较小，浆材颗粒不易分散，在松散砂土体中充填空隙以及挤密周围砂土体的密实性，降低地层的透水性，提高地基承载力。

（3）黏土水泥砂浆黏度大，浆液不易分散，难以进入细小的孔隙，在高灌浆压力作用可能会抬动地层，施工过程中，应加强对注入量的合理控制，在保证不破坏坝体以及在可灌情况下，应尽量多的增加注入量。

参考文献

[1] 任臻，刘万兴.灌浆的机理与分类 [J].工程勘察，1992（2）：11-14.

[2] 程鉴基.灌浆技术在软土地基处理中的综合应用 [J].岩土工程学报，1994，5（9）：89-93.

[3] 郑成波，张利生.水岩作用在软土地基及防渗加固处理中的应用与展望 [J].岩土工程界，2005，8（8）：35-37.

[4] 张顺金.砂砾地层渗透注浆的可注性及应用研究 [D].长沙，中南大学，2007.

[5] 张贵金，杨东升，梁经纬，张聪，潘烨.黏土水泥复合浆材强度研究 [J].水利水电技术.2015，46（1）：20-24.

观音岩水电站右岸大坝帷幕灌浆施工技术研究

刘松富　黄晓勇　王世东

（中国水电基础局有限公司）

【摘　要】　观音岩水电站溶蚀砂化条带发育范围较广，坝基岩性主要为砂岩、粉砂岩、泥质粉砂岩等。受地层岩性和结构、构造面等因素的共同影响，溶蚀岩体和裂隙分布广泛。本文从灌浆理论、灌浆材料、灌浆工艺，研究了右岸大坝坝基溶蚀砂化地层帷幕灌浆施工技术，并对截水堵漏帷幕灌浆施工方法进行进一步改进，针对不同的灌浆条件，研究使用普通水泥浆液、超细水泥浆液、水泥-水玻璃双液、稳定浆液等灌浆材料。施工完成后检验的灌浆效果明显，提高了是施工效率，可供其他工程参考。

【关键词】　观音岩　右岸大坝　溶蚀砂化　帷幕灌浆　施工技术

1　工程概况

观音岩水电站为一等大（1）型工程，以发电为主，兼有防洪、灌溉、旅游等综合利用功能。挡河大坝由左岸、河中碾压混凝土重力坝和右岸黏土心墙堆石坝组成为混合坝。水电站蓄水之后，部分坝段基础排水孔渗水量相对较大，为减少电站运营期抽排水压力，降低工程运行费用，建设各方研究坝基地质条件、灌浆及检查成果、渗控监测资料后，决定进行截水堵漏灌浆措施。

根据设计布置的截水帷幕方案，帷幕灌浆孔口高程为985m，与坝前蓄水位存在137m的水头差，水头净高产生的压力超过1MPa，且截水帷幕灌浆孔深为166m。高水头、超深孔、复杂地层条件下进行灌浆成幕，施工难度大。为了保证工程渗控安全和减少渗水排水量，解决高水头条件下溶蚀砂化岩层帷幕灌浆技术是非常必要的。因此，通过研究观音岩水电站右岸大坝帷幕灌浆的施工难点和技术特点，探求了经济有效的灌浆方式和快速的施工工艺，解决溶蚀砂化岩层在高水头条件下灌浆的核心技术问题，为同类工程设计和施工有意义的借鉴及应用实例。

2　地质条件

坝址枢纽区出露的地层主要为侏罗系中统蛇店组（J_2s），岩性主要为钙质细砂岩、砾岩夹粉砂岩和泥质粉砂岩组成，砂岩地层中存在溶蚀现象，形成大大小小的溶蚀孔隙和空洞，据现场地质勘察，枢纽区蛇店组中砾岩层厚一般0.3～5.3m，局部夹有薄层透镜体，砾岩层占坝址区坝基段地层的8.2%左右；砂岩（包括粉砂岩）厚度一般0.4m，最厚可达 20.93m，占坝址区坝基段地层的 75.2%，泥质岩层一般 0.1～5.8m，占坝址区坝基段地层的 16.6%。坝址区 J_2s^2 和 J_2s^3 上部钙质砾岩、钙质含砾砂岩、钙质砂岩中，由于地下水的作用，沿层理方向或陡倾角裂隙产生溶蚀现象，局部形成小型溶洞，勘探揭露最大直径约 3m 左右，强溶蚀发育最大深度约 120m。由于地下水淋漓作用，砂岩中的钙质沿层面或陡倾角节理面流失，形成砂土状的透镜体或岩石强度明显降低，其对坝基稳定产生不利影响，钙质砂岩钙质流失现象在坝址的勘探点大部分都有揭露。

3　右岸截水堵漏帷幕设计

观音岩水电站右岸大坝截水堵漏帷幕由上游防渗帷幕和下游防渗帷幕组成，是对原悬挂式防渗帷幕进行加深。

上游防渗帷幕布置于坝基上游纵向灌浆廊道内和大坝坝肩山体内 EL.985m 灌浆平洞，帷幕体底部深入相对不透水层（透水率 $q<3.0Lu$）3.0～5.0m，孔位按三排梅花形布置，排距为 1.5m，孔距为 2.0m，上游帷幕在深度上最大入岩孔深为 176.0m。

下游防渗帷幕布置于坝基下游纵向灌浆廊道内，孔深为下游最大水头的 0.5～1.0 倍，孔位按两排梅花形布置，排距为 1.5m，孔距为 2.0m，下游帷幕在深度上最大入岩孔深为 143.0m。

4　溶蚀砂化地层帷幕灌浆的特点

溶蚀砂化地质条件下，其防渗帷幕灌浆一般有以下的特点：

（1）灌注的材料较多。溶蚀砂化地区的溶蚀裂隙多，岩体的透水性大，所以灌注材料的耗用量较非溶蚀砂化地层要大很多。

（2）防渗帷幕深。溶蚀砂化地区的帷幕深度往往比一般岩石地区的帷幕要深，有的大坝的坝基帷幕深度达到坝高的 2～3 倍。

（3）防渗帷幕轴线长。由于溶蚀砂化地区的渗漏量大，在坝基、坝肩及水库周边都设计防渗帷幕。

（4）帷幕灌浆工程量大。由于溶蚀砂化地层的防渗帷幕一般深度大，帷幕轴线长，且有的部位帷幕灌浆的排数、孔数多，所以帷幕灌浆的工程量大。

（5）施工复杂。溶蚀砂化地区的地质条件复杂多变，施工过程中要根据钻孔遇到的岩层情况，采用与之相适应的灌浆施工方法，才能达到经济而有效地达到防渗目的。

5　溶蚀砂化地层帷幕灌浆技术

5.1　施工准备

为了保证灌浆的效果达到最终的目的，施工前应通过帷幕灌浆先导孔的取芯、压水试验、孔内电视等方式，详细了解了灌区的地质条件，对所灌地层的可灌性、溶蚀裂隙的发育程度、溶蚀砂化部位和深度有充分的认识。施工过程中应密切关注溶蚀砂化条带的分布，钻孔涌水、涌砂的情况以及压水试验无压无回段次的分布等，以便灌后通过对比，从而正确评价整体的灌浆效果。

5.2 钻孔

钻孔采用金刚石钻头回转钻进，钻孔记录内容包括混凝土厚度、涌水、漏水、断层、洞穴、破碎、塌孔、换层位置等。钻孔遇到溶蚀砂化岩层时，单独做一段，进行灌浆处理，然后再继续钻进。

5.3 钻孔冲洗及压水试验

为提高灌浆质量，取得良好的灌浆效果，钻孔结束后，要将残留在孔底和附着在孔壁的岩粉、碎屑等杂物冲出孔外，以免堵塞裂隙，影响浆液的灌入。对于岩石较为破碎，裂隙发育程度较高，溶蚀砂化比例较高等部位，可采用群孔脉动裂隙冲洗，冲洗压力宜通过现场确定。

通过压水试验，进一步了解地质条件，岩石分布和在设计压力下的岩层吸浆情况，并通过压水试验测定的透水率，绘制岩石的透水率渗透剖面图，可据此核对或修改设计参数修正灌浆技术要求等。帷幕灌浆先导孔采用"五点法"压水试验，灌浆孔采用单点法压水试验，压力为灌浆压力的80%，若大于1MPa时，最大采用1MPa。当压水孔段有涌水情况时，应当测定涌水压力和涌水流量。

5.4 灌浆方法及工艺

（1）灌浆施工次序。灌浆施工次序的设置原则是逐序缩小孔距，及钻孔逐步加密。其优点是：灌入的浆液逐步挤压密实，可以促进帷幕的连续性和完整性；随着灌浆次序的增加，灌浆压力逐渐提高，有利于灌入浆液的扩散和提高浆液解释的密实性；根据对各次序孔的单位注入量和透水率的分析，可起到反映灌浆情况和灌浆质量的作用，为灌浆钻孔数目和孔深提供依据，更有利于施工。

（2）灌浆方法。由于观音岩水电站右岸大坝坝基地质条件复杂，溶蚀砂化条带和裂隙发育较强，渗漏情况严重，导致岩石破碎，孔壁不稳定，所以不适合自下而上进行卡塞灌浆的方法，最终选用"孔口封闭灌浆法"，该方法有如下的特点：不会发生绕塞返浆的情况，灌浆压力随灌浆位置的加深而逐渐加大，压水试验的成果准确，计算灌入的材料量准确，灌浆质量较好。但灌浆与钻孔施工过程交替进行，费时较多。

（3）灌浆材料选择：

1）截水帷幕灌浆施工针对岩层比较破碎、溶蚀砂化条带或零星分布的囊状溶洞比较发育孔段，选用普通硅酸盐水泥（P.O42.5）浆液灌浆，水泥细度通过80um方孔筛筛余量不大于5%。质量符合GB175标准的规定，按国家和行业的有关规定，对每批次水泥进行取样检测，经过检验合格方使用。浆液水灰比使用2:1、1:1、0.8:1、0.6:1四级比级。

2）截水堵漏帷幕灌浆针对裂隙发育较少、溶蚀较轻微的孔段，则宜选择湿磨细水泥浆液灌浆，浆液水灰比使用3:1。用的磨细水泥使用42.5级普通硅酸盐水泥磨细，采用湿磨法，磨细水泥浆液采用湿磨机在灌浆部位用普通水泥浆液现磨现灌。磨细水泥要求比表面积大于7500cm²/g，$D_{50} < 5 \sim 8 \mu m$，$D_{max} < 30 \mu m$。

3）遇涌水涌砂段为了防止浆液被稀释挤出，或遇到较大溶缝为限制浆液扩散过远，可直接使用水泥-水玻璃双液进行灌注，作为无机材料，水泥具有结石体强度高，不污染环境等优点，但是它渗透性差，加入水玻璃后使其胶凝时间可调，提高了可灌性。水泥浆液与水玻璃比按照水灰比进行配置，具体配比及性能见表1。

表1　　　　　　　　　　　　　　水泥浆液配比及物理性能检测表

水灰比	减水剂掺量/%	浆液的物理性质					浆液的力学性质	
		密度/(kg/m³)	凝结时间		马氏黏度/s	2h析水率/%	7d抗压强度/MPa	28d抗压强度/MPa
			初凝/min	终凝/h				
2:1	—	1.26	769	14.15	27	47.0	7.5	14.0
1:1	—	1.49	766	14	28.2	18.0	9.5	14.8
0.8:1	0.6	1.57	1366	27	30	20.0	17.2	26.2
0.6:1	0.8	1.69	—	—	43			
	1.0	1.69	1514	30.7	36.8	16.5	20.9	30.5
0.5:1	0.8	1.80	—	—	59			
	1.0	1.80	780	27.92	55	10.0	25.7	36.8

4）当灌浆施工超过100m后，受上下游高压水头作用，以及地质条件的限制，灌浆难度普遍增大，为防止纯水泥浆液灌注时发生铸钻事故，提高施工效率，当压水透水率 $q \geqslant 5Lu$ 时，采用单一水灰比的稳定浆液进行灌浆。与普通水泥浆液相比，稳定浆液进行灌浆结构密实、耐久，力学强度高，较为稳定，在宽大、有动水裂隙中有较好的可控性。其配合比性能检测表见表2。

表2　　　　　　　　　　　　　　稳定浆液配合比及性能检测表

水灰比W/C	膨润土掺量/%	减水剂掺量/%	密度/(g/m³)	马氏黏度/s	抗剪强度/MPa	2h析水率/%
0.75:1	0.8	0.8	1.64	33.0	0.51	2.0

（3）灌浆工艺：

1）灌浆浆液的浓度应由稀到浓，逐级变换。水灰比采用2:1、1:1、0.8:1、0.6:1四个比级，以Ⅰ、Ⅱ序孔采用2:1浆液开灌，Ⅲ序孔采用3:1浆液开灌。

2）帷幕灌浆接触段采用卡塞灌浆，然后镶铸孔口管并待凝72h。其余各段灌浆结束后一般不待凝，但在灌前涌水、灌浆后返浆时遇地质条件复杂情况，则需待凝，待凝时间应根据设计要求和工程地层具体情况来确定。

3）所有接触段、坝基灌浆廊道先灌排Ⅰ序孔2～10m灌浆段和其他注入率大于30L/min的孔段应采用分级升压方式逐级升压至设计压力，升压速度宜控制在0.5MPa/10min以内，分级升压时每级压力的纯灌时间不少于15min。其他孔段的灌浆压力应尽快达到设计值。

4）当某一比级浆液注入量已达300L以上，或灌注时间已达30min，而灌浆压力和注入率均无显著改变时，应换浓一级水灰比浆液灌注。当注入率大于30L/min时，根据施工具体情况，可越级变浓。

5）在规定压力下，当注入率不大于1L/min时，继续灌注30min，灌浆即可结束。当长期达不到结束标准时，应进行冲孔重灌。

6）每个帷幕灌浆孔全孔钻孔灌浆结束后，进行验收，验收合格的灌浆孔使用0.5：1普通水泥浆液，采用孔口封闭灌浆法时封孔应采用全孔灌浆封孔法封孔。封孔压力采用全孔最大灌浆压力，封孔时间60min。

（4）特殊情况处理：

1）钻孔穿过断裂构造发育带、溶蚀条带，发生塌孔、掉块或集中渗漏时，立即停钻，查明原因，一般情况下，可压缩段长进行灌浆处理后再进行下一段的钻灌作业。

2）钻灌过程中如发现灌浆孔串通时，应查明串通量和串通孔数、范围，若串浆孔具备灌浆条件时，应一泵一孔同时进行灌浆。否则，应堵塞串浆孔，待灌浆孔灌浆结束后，再对灌浆孔进行扫孔、冲洗，而后继续钻孔灌浆。

3）因故中断应尽快恢复灌浆，恢复灌浆时使用开灌水灰比的浆液灌注，如注入率与中断前相近可改用中断前水灰比的浆液灌注，如恢复灌浆后，注入较中断前减少较多，且在短时间内停止吸浆，应报告监理人研究相应的处理措施。

4）有涌水的孔段，灌前应测计涌水压力和涌水量，根据涌水情况，可按以下相应措施进行综合处理：①缩短分段长度；②提高灌浆压力；③进行纯压式灌浆（防止射浆管被浓浆凝固）；④灌注浓浆；⑤灌注速凝浆液；⑥屏浆（按规定标准结束后再维持原浆浓度和压力，继续灌注一定时间，保证有效充填，有利于灌入裂隙的浆液泌水初凝，能更有效的防止水泥被涌水顶出）；⑦闭浆（灌浆或屏浆结束后，立即关闭进回浆阀，使孔内的浆液仍处于受压状态，待浆液初凝压力消失后卸除孔口装置）；⑧待凝（待凝时间应视涌水、浆液以及灌浆压力等情况确定，一般可按36～48h控制）；⑨灌浆结束后，及时继续灌浆封孔，有利于封闭涌水通道。

5）如遇注入率大、灌浆难以正常结束的孔段时，应暂停灌浆作业，对灌浆影响范围内的地下洞井、岸坡、结构分缝、冷却水管等进行彻底检查，如有串通，应采取措施后再恢复灌浆，灌浆时可采用低压、浓浆、限流、限量、间歇灌浆法灌注，必要时亦可掺加适量速凝剂灌注，该段经处理后应待凝24h，再重新扫孔、补灌。其灌浆资料应及时报送监理，以便根据灌浆情况及该部位的地质条件，分析、研究是否需进行补充钻灌处理。

6）灌浆过程中，如发现回浆变浓，应改用回浓前的水灰比新浆进行灌注，若继续回浓，延续灌注30min后可结束灌浆作业。

6 结语

观音岩水电站右岸大坝溶蚀砂化条件下的帷幕灌浆，通过试验严格控制帷幕灌浆的施工工序和施工参数，针对不同的灌浆条件，选用不同的灌浆材料，解决了溶蚀砂化岩层可灌性差的难题，对如何在确保质量的基础上快速的施工，减少施工时间和人力物力资源的投入有着较好的实际意义，其应用前景广阔。

帷幕灌浆中三序变两序施工的
工效及成果比较

宋玉国　张来全　肖　普

（北京振冲工程股份有限公司）

【摘　要】　结合官地水电站提前发电、工期大幅压缩的实际情况，将大坝帷幕灌浆三序变为两序施工，在孔序减少的情况下，增加一定数量的施工设备，使同时施工的钻孔数量增加，进而提高施工进度和效率。在选定的试验区内同时分两序和三序进行施工，以确定帷幕灌浆分两序施工的合理性，并与分三序施工进行工效及成果对比。

【关键词】　帷幕灌浆　三序变两序　工效　对比

1　工程概述

官地水电站位于雅砻江干流下游，四川省凉山彝族自治州西昌市和盐源县交界的打罗村境内，系雅砻江卡拉至江口河段水电规划五级开发方式的第三个梯级电站。电站主要任务是发电，水库正常蓄水位 1330.00m，总库容 7.6 亿 m^3，装机容量2400MW。

根据业主提前发电的总体要求，大坝坝体浇筑及相关工序的工期都相应提前，帷幕灌浆因与坝体浇筑交叉施工，工期影响相对更为突出，因此赶工任务紧迫，在和各方沟通的基础上，我们提出将大坝帷幕灌浆由三序变为两序施工，同等时间条件下，通过增加施工设备，提高施工效率，进而缩短工期。为此，选定试验区进行相应的试验，以验证方案对工期和质量的可靠性。

2　施工布置

灌浆试验区混凝土厚 4.0m，共布置灌浆试验孔 3 排，下游排和中间排的排距为 1.0m，中间排和上游排的排距为 1.2m，孔距为 2.0m，呈梅花形布置。灌浆试验孔为铅直孔，共布置灌浆试验孔 21 个，每排 7 个。在试验区布置抬动观测孔 1 个，检查孔 2 个。灌浆试验孔位布置如图 1 所示，孔深见表 1。

表 1　　　　　　　　试 验 区 孔 深 特 性 表

序号	项目	孔数	钻孔/m		
			混凝土	基岩	小计
1	两序生产孔	9	36.00	974.48	1010.48

序号	项目	孔数	钻孔/m		
			混凝土	基岩	小计
2	三序生产孔	12	48.54	1246.12	1294.66
3	检查孔	2	18.80	224.70	243.50
4	抬动孔	1	10.40	30.00	40.40

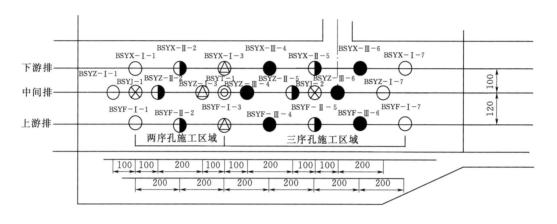

图 1　灌浆试验孔位布置图（单位：cm）

3　资源配置

钻孔采用 XY-2 型回转式钻机，灌浆采用 3SNS 型高压灌浆泵，施工全过程采用长江科学院生产的 GJY6 型灌浆自动记录仪进行记录。所有钻灌浆备、仪器、仪表保证其正常工作状态，满足设计和规范的要求。

4　钻孔

抬动观测孔孔径为 $\phi76$；先导孔孔口管段孔径为 $\phi91$，其余段次孔径为 $\phi76$；灌浆孔孔口管段孔径为 $\phi91$，其余段次孔径为 $\phi76$；检查孔孔径为 $\phi76$。钻进中严格控制开孔偏差和钻孔孔斜。

5　灌浆

采用孔口封闭、自上而下分段、循环灌浆法。

5.1　分段及压力

灌浆分段及压力详见表 2。

表 2　　　　　　　　　　各序孔灌浆压力及段长划分

段次	孔深/m	灌浆压力/MPa		
		Ⅰ序孔	Ⅱ序孔	Ⅲ序孔
1	0～2	0.35	0.39～0.40	0.42～0.47
2	2～4	0.70	0.77～0.81	0.85～0.93
3	4～7	1.00	1.10～1.15	1.21～1.33
4	7～12	1.35	1.49～1.55	1.63～1.79
5	12～17	1.70	1.87～1.96	2.06～2.26
6	17～22	2.00	2.20～2.30	2.42～2.66
7	22～27	2.50	2.75～2.88	3.03～3.32
8	27～32	3.00	3.30～3.45	3.50
以下各段	>32	3.50	3.50	3.50

本试验区灌浆施工中，两序孔施工区域Ⅰ序孔按Ⅱ序孔灌浆压力标准进行，Ⅱ序孔按Ⅲ序孔的灌浆压力标准进行。三序孔施工区域仍按原标准进行。

5.2　灌浆结束条件

（1）在该灌浆段最大设计压力下，注入率不大于 1L/min 后，继续灌注 60min，结束灌浆。

（2）如果灌浆结束后，孔口仍出现返浆现象，则必须重新处理，以达到要求。

6　进度及工效分析

两个试验区均从 2010 年 11 月 1 日开始施工，2011 年 1 月 10 日完成全部施工任务，共耗时 71d，扣除非施工因素的时间，实际正常钻灌时间为 60d。投入钻灌设备 2.5 台套，共钻灌 2305.14m，平均钻灌综合工效为 15.36m/（天·台套）。其中两序施工区域钻灌 1010.48m，投入 1 台套钻灌设备，平均钻灌工效 16.85m/（天·台套）；三序施工区域钻灌 1294.66m，投入 1.5 台套钻灌设备，平均钻灌工效 14.38m/（天·台套）。从上述钻灌工效上分析，采用两序孔施工比采用三序孔能提高施工工效约 15%，若大规模采用这种施工方式，对于提前发电的工期目标是有保证的。

7　成果分析

（1）各次序孔灌前透水率与孔排序关系图如图 2、图 3 所示。

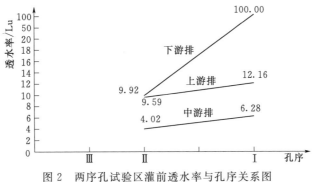

图 2　两序孔试验区灌前透水率与孔序关系图

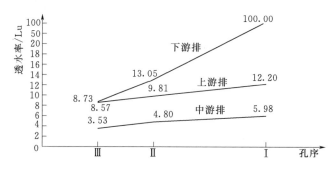

图 3　三序孔试验区灌前透水率与孔序关系图

从图 2、图 3 可以看出：

1）两序孔试验区的透水率随着孔序的增加，灌前透水率有逐渐降低的趋势。

2）两序孔试验区和三序孔试验区的下游排平均透水率大于上游排平均透水率大于中游排平均透水率，反映出随着排序的增加灌前透水率有逐渐降低的趋势。

3）总体来看，不论是在两序孔试验区，还是在三序孔试验区，在灌浆孔逐步加密的过程中，后灌孔和后灌排的渗透通道逐渐减少，灌前透水率随之减小，大透水率区间所占段数减少，小透水率区间所占段数增多，各次序和排序之间灌前透水率的递减符合灌浆的一般递减规律。

（2）各次序孔单位注入量与孔排序关系图如图 4、图 5 所示。

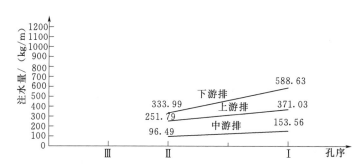

图 4　两序孔试验区水泥单位注入量与孔序关系图

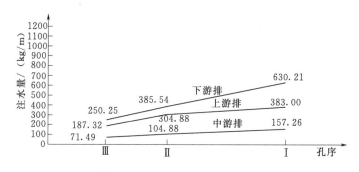

图 5　三序孔试验区水泥单位注入量与孔序关系图

从图 4、图 5 可以看出：

1）两序孔试验区随着孔序的增加，水泥注入量有逐渐降低的趋势，符合灌浆的递减规律。

2）两序孔试验区和三序孔试验区随着排序的增加水泥单位注入量有逐渐降低的趋势，符合灌浆的递减规律。

3）两序孔试验区平均单位注入量为 324.9kg/m，三序孔试验区平均单位注入量为 277.76kg/m，两序孔试验区比三序孔试验区平均单耗大，主要原因为：两序孔试验区 Ⅰ 序孔与 Ⅱ 序孔的比例为 2:1，Ⅰ 序孔占总孔数的 67%，Ⅱ 序孔占总孔数的 33%；三序孔试验区 Ⅰ 序孔、Ⅱ 序孔与 Ⅲ 序孔的比例为 2:1:2，Ⅰ 序孔占总孔数的 40%，Ⅱ 序孔占总孔数的 20%，Ⅲ 序孔占总孔数的 40%。故两序孔试验区比三序孔试验区平均单耗大。

4）总体来看，不论是在两序孔试验区，还是在三序孔试验区，在先灌孔和先灌排逐步加密灌浆后，基岩中的裂隙、渗浆通道逐步的被水泥浆液充填，裂隙中的充填物得到了挤密，基岩的可灌性逐步降低，这使得后灌孔和后灌排的灌浆通道逐步减少，后灌孔和后灌排的水泥注入量相应减少，各孔序和排序之间的注入量频率区间递减符合灌浆的一般递减规律，在一定程度上反映了灌浆的效果良好。

8 质量检查

两序孔试验区 BSYJ-1 号检查孔共压水 24 段，其中有 1 段压水值大于 1Lu；三序孔试验区 BSYJ-2 号检查孔共压水 24 段，未出现压水值大于 1Lu 的孔段。BSYJ-1 号检查孔平均透水率 0.81Lu，BSYJ-2 号检查孔平均透水率 0.77Lu，总体评价两序孔试验区和三序孔试验区压水质量检查均符合设计标准。

9 结论

（1）根据施工情况、过程资料分析及检查结果，本工程试验区采用的施工方法和施工工艺是合理的。

（2）从检查孔压水成果分析看，两序孔试验区和三序孔试验区灌后岩体透水率均满足设计要求，表明两序孔施工工艺是可行的，对于工程质量是有保证的。

（3）三序孔试验区平均钻灌工效 14.38m/（天·台套），两序孔试验区平均钻灌工效 16.85m/（天·台套），表明灌浆次序采用两序孔比三序孔能够提高施工工效约 15%。

（4）根据上述试验数据并结合施工的实际需要，在后续的施工组织安排上，可以大规模地采用两序孔方式进行施工，在技术和组织上可以有效地保证提前发电目标的实现。

参考文献

[1] 孙钊.大坝基础灌浆［M］.北京：中国水利水电出版社，2004.

[2] 夏可风，等.水利水电工程施工手册（地基与基础施工分册）［M］.北京：中国电力出版社，2004.

[3] 杨月林，朱俊超.水工建筑物水泥灌浆施工技术［M］.武汉：长江出版社，2004.

聚氨酯灌浆在伸缩节室紫铜止水失效情况下的应用

谢 灿

（湖南宏禹工程集团有限公司）

【摘 要】 通过对某水利枢纽大坝 13 号厂房坝段伸缩节室伸缩缝处检查，发现有顶部伸缩缝处出现渗漏现象，可能存在紫铜止水失效，根据设计要求，需要对检查不合格的伸缩缝进行化学灌浆处理。本文对渗漏处理方案及处理施工过程进行了阐述。

【关键词】 紫铜止水失效 LW 水溶性聚氨酯 HW 水溶性聚氨酯 灌浆处理

1 概述

某水利枢纽于 2004 年 2 月主体工程开工，于 2007 年投产发电，该大坝 13 号厂房坝段伸缩节室底部高程为 66.9m，伸缩节室顶部高程为 75.8m，伸缩节室上部高程 80.0～90.0m 为石渣回填区，该石渣回填区出现严重积水，石渣回填区与伸缩节室中间为后浇块，伸缩节室伸缩缝采用环型紫铜止水片达到止水效果。2012 年在检查大坝 13 号厂房坝段伸缩节室伸缩缝时，发现有顶部伸缩缝处出现渗漏现象，分析原因可能存在紫铜止水失效，导致渗漏现象。

2 渗漏检查

13 号厂房坝段伸缩节室顶部伸缩缝出现明显渗水，对伸缩缝进行封缝并预留排水孔处理，检查排水孔流量，在汛期由于温度高，伸缩缝开度大，出现大量渗水，最大流量 57.3L/min 在施工期（2 月）进行检查，平均流量 11.4L/min。

3 处理方案

根据渗漏检查结果和处理原则，决定在冬季低温及枯水季节，在 13 号厂房坝段伸缩节室顶部离漏水处伸缩缝水平距离 1.0m 处向上打斜孔，斜孔角度 45°，共 18 孔。孔深 1.42m，孔径 32mm，孔距 0.5m。钻孔应严格控制角度及方向，以免打坏紫铜止水片，钻孔冲洗完毕后进行化学灌浆处理，材料选用聚氨酯灌浆材料快速止漏，灌浆应先灌两侧孔，后灌中间孔。灌浆材料使用 LW 水溶性聚氨酯和 HW 水溶性聚氨酯，按 LW：HW＝3：1 的比例进行灌浆处理。

4 化学灌浆施工

化学灌浆施工工艺：施工准备→钻孔放样→钻孔→冲洗→埋灌浆管→灌浆→拆嘴、扫尾。

（1）钻孔放样。在13号厂房坝段伸缩节室长8.6m宽3.0m，布置一排灌浆孔，孔距0.5m，共18孔。

（2）钻孔。钻孔采用台式水钻在顶部伸缩缝处打上斜孔，避免打坏紫铜止水片，严格控制角度及方向，开孔位置离漏水处伸缩缝水平距离1.0m，斜孔角度45°，孔径32mm，孔深不小于1.42m。

（3）冲洗。钻孔后用自动化灌泵对灌浆孔进行冲洗，冲洗至回水澄清10min后结束。

（4）埋灌浆管。灌浆嘴采用$\phi 8mm$铜管，埋入孔内20cm；通气管采用1根$\phi 8mm$铜管伸入孔底，采用"堵漏王"胶泥封堵和固定周边。

（5）压水检查。在灌浆管埋设完成后，需用自动化灌泵对灌浆孔进行压水检查，压力为零或压力不明显，且泵内有流量进入孔内，则确定钻孔已进入结构缝；若有明显压力且泵无流量，则需重新冲洗或钻进，确保钻孔已进入结构缝。

（6）灌浆。灌浆在灌浆管埋设后进行，灌浆采用自动化灌泵，灌浆应先灌两侧孔，后灌中间孔。

1）灌浆压力：开灌后进浆压力0.1～0.3MPa。

2）灌浆材料：采用LW聚氨酯灌浆材料和HW聚氨酯灌浆材料。LW聚氨酯灌浆材料及HW聚氨酯灌浆材料的性能指标见表1、表2。

表1　　　　　　　　　　　　LW聚氨酯灌浆材料性能指标

项　目	单位	指标
浆液黏度	mPa·s	150～400
浆液密度	g/cm³	1.05±0.05
包水量	倍	≥25
膨胀率	%	≥100
拉伸强度	MPa	≥1.8
断裂伸长率	%	≥80

表2　　　　　　　　　　　　HW聚氨酯灌浆材料性能指标

项　目	单位	指标
浆液黏度	mPa·s	40～70
浆液密度	g/cm³	1.10±0.05
潮湿面黏结强度	MPa	≥2.0
抗压破坏强度	MPa	≥20

3）灌浆结束条件。当出现下列情况之一时结束灌浆：相邻灌浆孔冒浆灌浆压力达到0.3MPa且进浆不明显。

5 灌浆效果

灌浆结束后对缝口采用双组分聚硫密封胶进行了嵌缝处理及表面处理。灌浆过程中对各道工序进行了严格控制，确保灌浆质量。横缝缝面灌浆总面积 45m²，灌注总量 104.8L，平均单位耗浆量为 23/m²。

通过采用聚氨酯灌浆材料对伸缩缝进行灌浆处理后，伸缩缝不再渗漏，达到了预期的效果。

6 结语

1）根据施工过程中分析，伸缩缝渗漏的原因，主要是伸缩节室环型紫铜止水片局部破损，导致止水失效，加强对止水片的埋设质量及浇筑期间的保护是防止渗漏的重要措施。

2）利用 LW 水溶性聚氨酯具有遇水膨胀系数大、HW 水溶性聚氨酯具有遇水膨胀速度快的特点，根据一定的配比，形成一种良好的弹性胶凝体，能够快速有效地处理类似缝面渗漏问题。

3）若仅采用 LW 水溶性聚氨酯灌浆材料，其遇水膨胀系数大，强度低，膨胀过程中容易产生空腔，在水压情况下，经过一段时间的运行后重新产生渗漏通道；若仅采用 HW 水溶性聚氨酯灌浆材料，其包水量低，但强度高，灌注量远大于 LW 水溶性聚氨酯灌浆材料，灌注时间长，可能造成灌浆管道的阻塞，形成假象灌浆结束压力。

高水头条件下不良地质体灌浆技术研究与应用

周运东　　舒王强　　朱华州　　陈安重

（中南勘测设计研究院有限公司）

【摘　要】　针对向家坝水电站泄水坝段坝基存在的挠曲核部破碎带不良地质体结构性状，以及大坝蓄水后坝基钻孔灌浆存在的承压渗流不利的工况，创新提出了一种承压渗流条件下不良地质体先"固孔止水"后"高压冲挤"组合灌浆新技术，有效地解决了渗流条件下不良地质体防渗补强灌浆多种技术难题。本文对固孔止水与高压冲挤组合灌浆技术进行了全面的分析与介绍，以便该项创新技术成果在类似工程借鉴应用。

【关键词】　挠曲核部破碎带　固孔止水　高压冲挤　小段长　强压挤劈　高水头

1　前言

金沙江向家坝水电站大坝坝基存在构造挤压破碎带等不良地质体，关系到坝基应力变形和渗透稳定，是向家坝水电站工程关键技术问题。工程建设期间，先后进行了常规的和加密加深的水泥帷幕灌浆，部分坝段进行了水泥与环氧复合灌浆处理，但第三方检查发现泄水坝段坝基挠曲核部破碎带防渗帷幕透水率在1～5Lu，超过了1Lu防渗标准，需要进行防渗帷幕补强灌浆。

泄水坝段坝基挠曲核部破碎带结构致密、分布深厚，帷幕补强采用常规的钻孔灌浆工艺普遍存在钻孔成孔困难、孔内承压涌水、灌浆劈裂抬动、质量效果一般等技术问题。对此，针对挠曲核部破碎带为碎屑状粉粒结构的地质特征，以及大坝蓄水后坝基钻孔灌浆存在的承压水涌水不利（蓄水位380m，基础廊道底板高程245m，水头差135m，钻孔实测最大涌水压力0.8MPa）的工况，经深入研究后创新提出了一种固孔止水与高压冲挤组合灌浆新技术，并于泄⑩坝段开展了补强灌浆生产性试验研究。试验研究成果表明，采用组合灌浆新技术对挤压破碎带进行补强灌浆，可有效地解决挠曲核部破碎带的技术问题，灌浆质量提高显著。此后，采用组合灌浆技术，对向家坝水电站泄水坝段坝基挠曲核部破碎带进行了全面补强灌浆施工，并取得了十分理想的补强灌浆效果。

2　组合灌浆新技术

2.1　固孔止水灌浆

固孔止水灌浆采用一种"钻灌一体，分段冲挤"新技术。该技术把钻孔、平压、灌浆、护壁合为一体，钻灌过程中采用一种脉冲高压灌浆泵向孔内泵入一种水泥稳定浆液作为冲洗液，即可借助浆水比重差屏蔽孔内涌水，又可通过冲挤钻具局部封阻作用，配合调控脉冲浆量与频率而产生的瞬间冲挤高压，自上而下、随钻随灌，护灌结合，并且每间隔0.5～1.0m后上提冲挤钻具，进行孔口封闭辅助升压，通过控制回浆压力进一步提升进浆压力，对间隔段按照规定的技术参数进行高压冲挤灌浆。其灌浆系统组成如图1所示。

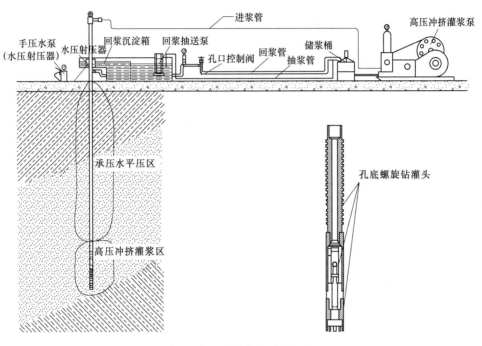

图1　高压冲挤灌浆系统组成

2.2　高压冲挤灌浆技术

高压冲挤灌浆采用一种"双塞小段，强压挤劈"控制性灌浆新技术。所谓"双塞小段，强压挤劈"，就是对固孔止水灌浆所形成的完整灌浆孔段，下入一种液压栓塞，按照小段长自下而上依次进行灌浆分段封闭，采用一种脉冲高压灌浆泵对封闭段脉冲泵入要求的水泥稳定浆液，依次自下而上对灌浆孔进行小段长、小脉冲、强挤劈控制性强压挤密劈渗灌注，原理示意如图2所示。"双塞小段，强压挤劈"控制性灌浆新技术主要特点如下：

（1）小段长原位灌注。灌浆封闭段长为0.5～1.0m，可避免大段长产生小应力面局部劈裂跑浆无效灌注，确保全孔段灌浆有效性与均一性。

（2）小泵量脉冲灌注：脉冲灌浆泵脉冲量不大于0.5L/冲次，可确保对松软岩体灌浆的可控性与有效性。

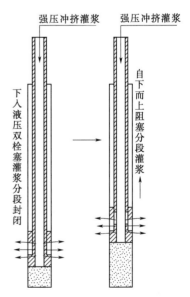

图2　高压冲挤灌浆原理示意

（3）强制性挤劈灌注：对灌浆封闭段按照设定的脉冲量与脉冲频率无回浆调控强制性高压冲挤灌注，可确保对松软岩体强压挤劈灌入设定的灌入量，并达到设定的灌浆强度。

3 生产性试验研究

3.1 试验布置与地质条件

试验区布置在挠曲核部破碎带分布较厚的泄⑩段，现场试验共布置2排10孔（试验区布置如图3所示），试验分为普通水泥与超细水泥两个试验区。试验区先导孔（抬动观测孔）钻孔取芯揭示，孔深53～72m之间岩体破碎，呈碎块、碎屑结构，透水率1～5Lu。

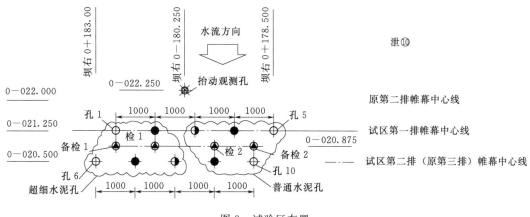

图3 试验区布置

3.2 灌浆试验材料

现场生产性试验分两区进行灌浆试验效果对比，分别采用普通高抗硫酸盐水泥与超细高抗硫酸盐水泥。普通高抗硫酸盐水泥选用普通高抗硫酸盐水泥，强度等级为42.5MPa；定制的超细高抗硫酸盐水泥 $D_{50} \leqslant 10 \mu m$，表面积不小于700m²/kg，28d抗压强度不小于58MPa。

灌浆浆液均采用稳定浆液，外加剂采用高效减水剂（缓凝型），其浆液配比及其性能见表1。

表1　　　　　　　　　　稳 定 浆 液 性 能 表

分组	浆液配比/kg			浆液性能		
	水	水泥	减水剂	漏斗黏度/s	失水量/%	密度/(g/cm³)
普通	0.8～0.9	1	0.008～0.01	<25	<5	1.55～1.60
超细	0.9～1.0	1	0.008～0.01	<25	<5	1.50～1.55

采用"钻灌一体，分段冲挤"灌浆工艺时，浆液孔口进行沉淀处理后回收循环使用，浆液接近初凝后进行弃浆处理，普通水泥弃浆时间不超过4h；超细水泥弃浆时间不超过2h。

3.3 设备和机具

固孔止水与高压冲挤组合灌浆新技术所使用的设备与常规灌浆设备基本相同，其中高压脉冲灌浆泵可采用无稳压装置的普通高压单缸往复泵，也可采用无稳压装置的普通的三缸往复灌浆泵卸除两缸后改型为单缸脉冲泵；固孔止水阶段钻灌机具主要由高强地质钻杆连接长螺旋或长圆管钻具组成；高压冲挤阶段所用灌浆栓塞宜采用高强液压栓塞。

3.4 灌浆试验

3.4.1 固孔止水阶段"钻灌一体，分段冲挤"钻灌

（1）"钻灌一体"严格控制钻灌速度，一般钻灌速度不大于5cm/min为宜。

（2）"分段灌浆"灌浆前，需先上提孔底高压冲挤钻灌机具至本灌段起始孔深，确保上下灌浆段灌浆搭接连续。

（3）"钻灌一体，分段冲挤"钻灌分段段长与灌浆压力按表2。

表2　　　　　　　　钻灌一体，间隔冲挤"钻灌分段与压力控制表

排序	灌浆段长/m	注入率/(L/min)	控制压力/MPa					
			Ⅰ序孔		Ⅱ序孔		Ⅲ序孔	
			进浆	回浆	进浆	回浆	进浆	回浆
1	0.5~1.0	<5	>3.0	<2.5	>3.5	<2.5	>4.0	<2.5
2	0.5~1.0	<3	>4.5	<2.5	>5.0	<2.5	>5.5	<2.5

（4）"分段冲挤"灌浆控制标准如下：

1）灌浆注入率严格按表2执行。

2）灌段原位灌注，当冲挤灌浆压力达到设计冲挤灌浆压力时，注入率小于1.0L/min，且灌注时间大于60min，可进行下一个段钻灌，以此类推，直至全灌浆段钻灌结束。

3.4.2 高压冲挤阶段"双塞小段长、高压冲挤"灌浆工艺灌浆控制

（1）"双塞小段长、高压冲挤"灌浆工艺，其灌浆压力按进浆管路上最大冲挤灌浆压力值进行控制。灌浆分段、最大压力与最大灌注量控制参照表3进行。

表3　　　　　　　"双塞小段长、高压冲挤"灌浆工艺参数控制表

排　序	1				2			
灌浆分段/m	0.5~1.0				0.5~1.0			
脉冲量/(L/冲次)	<0.2							
控制参数	P_{min}	V_{max}	P_{max}	V_{min}	P_{min}	V_{max}	P_{max}	V_{min}
Ⅰ序孔	5.0	400	7.0	300	6.0	400	8.0	200
Ⅱ序孔	5.5	350	7.5	250	6.5	350	8.5	150
Ⅲ序孔	6.0	300	8.0	200	7.0	300	9.0	100

（2）"自下而上、双塞小段长、高压冲挤"灌浆工艺其灌浆结束标准控制如下：

1）当单位灌入量达到设定最大单位灌入量、且灌浆压力大于设定最小灌浆压力时，或当灌入量达到设定最大灌入量的150%、但灌浆压力仍小于设定最小灌浆压力时，则停止强压冲挤灌浆，并带压闭浆10min后结束本段灌浆。

2）当灌浆压力达到设定最大灌浆压力、且灌入量大于设定最小灌入量时，或当灌浆压力超过设计最大灌浆压力的20%、但灌入量仍小于设定最小灌入量时，则停止强压冲挤

灌浆，并带压闭浆 10min 后，结束本段灌浆。

3.4.3 灌浆抬动变形控制

向家坝水电站大坝为重力坝，蓄水运行后随着坝基应力分布的改变，给坝基灌浆抬动提出了更严格的要求。为准确监测灌浆过程中坝基抬动变形情况，钻孔安装了一种滑套式结构抬动观测装置，其结构内外管之间密封可靠，确保高压灌浆长期抬动观测的可靠性。灌浆过程中，全过程专人专职进行抬动监测，并按照 0 抬动进行灌浆抬动控制。

4 试验成果分析

4.1 单位注入量分析

根据现场生产性试验钻灌单位注入量统计结果，固孔止水阶段平均单位注入量为 102.2kg/m，高压冲挤灌浆阶段平均单位注入量为 225.5kg/m，累计平均单位注入量为 327.7kg/m。可见，尽管试验区之前已进行了多排帷幕灌浆，第一阶段固孔止水采用了"钻灌一体，分段冲挤"新工艺，其孔底受灌段灌浆压力要高于常规的的孔口封闭灌浆压力，从而在较大压力条件下，地层仍然具有一定的可灌性、劈裂和挤密性；第二阶段"钻灌一体，分段冲挤"灌浆采用了无回浆调控强制性高压冲挤灌注方式，进一步挤密碎屑岩体，试验灌浆灌入量完全依据试验方案制定的最小灌浆压力与最大灌入量或最大灌浆压力与最小灌入量进行控制。

4.2 灌浆压力分析

（1）第一阶段采用"钻灌一体，分段冲挤"工艺进行固孔止水灌浆，其平均冲挤灌浆压力均达到和超过了 5.0MPa（包括约 1.0MPa 管损压力）。

（2）第二阶段采用"钻灌一体，分段冲挤"工艺进行高压冲挤灌浆，平均冲挤灌浆压力均达到和超过 8.0MPa（包括约 1.0MPa 管损压力），如此超高冲挤灌浆压力，对挠曲核部破碎带实施高压挤密、劈楔与压渗灌浆提供了必要的灌浆能量。

4.3 抬动观测分析

高压冲挤灌浆技术特征为小脉冲（约 0.2L/冲次）或小注入率（3～5L/min）、小灌浆段（0.5～1.0m）控制性灌注，灌浆过程中产生的应力扩散范围有限，理论上分析其灌浆应力不会影响到上部大坝主体结构。但鉴于本次"高压冲挤"灌浆试验采用灌浆压力较大，抬动变形监测仍作为本次试验的一项重要工作，试验灌浆过程中，特别是第二阶段超高压冲挤灌浆试验过程中，进行了全程灌浆抬动观测，观测结果表明，仅有 S3 号试验孔（与抬动观测孔间隔约 1.0m）在进行第一阶段固孔止水试验灌浆时（孔口回浆压力 2.5MPa），孔底段 71.1～71.6m 段出现了抬动异常外，其余孔段灌浆过程中均没有出现抬动迹象。

4.4 钻孔取样检查

两个试验区通过高压冲挤灌浆后，检查孔取芯明显见水泥结石，破碎带碎屑结构体基本改性为高压冲挤灌浆复合结构体，取出的芯样基本成型，密实性与完整性较灌浆前显著提高（图4）。但从两个检查孔芯样整体性与完整性来看，超细水泥试验区同普通水泥试验无明显区别，说明采用组合灌浆技术，其灌浆机理与浆液颗粒细度关系不大。

图 4 破碎带灌浆后复合体芯样

4.5 钻孔压水试验检查

透水率为防渗工程的重要评判指标，现场试验前压水试验透水率为 1～5Lu，灌浆试验后压水试验检查成果表明，两个检查孔全检查孔段透水率均小于 0.1Lu。由此可见，采用"高压冲挤"灌浆后形成的复合结构体原结构发生了明显改变，整体密实性和防渗性明显提高。

4.6 声波对比测试

普通水泥试验区，灌浆试验前，试验孔段平均波速为 3316m/s，灌浆后的平均波速为 3652m/s，提高了 10.13%，其中，挠曲核部破碎带（低波速区）试验灌浆前平均波速为 2641m/s，灌浆后平均波速为 3087m/s，较前提高了 16.90%；超细水泥试验区，试验前的平均波速为 3316m/s，灌浆后平均波速为 3703m/s，较前提高了 11.67%，其中，挠曲核部破碎带（低波速区）试验灌浆前平均波速为 2641m/s，试验灌浆后，平均波速为 3217m/s，较前提高了 21.82%。

4.7 水力坡降与耐久性试验分析

为进一步论证向家坝坝基挠曲核部破碎带碎屑结构岩体采用组合灌浆技术形成的防渗体渗流水力坡降与耐久性，对 J1、J2 两孔进行了全裸孔对穿疲劳压水试验，试验时 J2 为压水孔，J1 为观测孔，试验水压 2.0MPa。历时 10d 疲劳压水成果显示，J2 全孔压水试验透水率一直稳定在 0～0.07Lu，未发现击穿现象。按照 J1 与 J2 两个试验孔 1.5m 间隔，J2 有效试验压力 2.0MPa 理论计算分析，挠曲核部破碎带组合灌浆技术补强灌浆后形成的复合结构体水力破坏坡降 i 远大于 100，其水力坡降与耐久性完全满足坝基渗流稳定要求。

5 成果应用

为确保挠曲核部破碎带碎屑状岩体高水头条件下长期渗流稳定，组合灌浆技术现场生产性试验完成后，针对泄水坝段挠曲核部破碎带帷幕进行了补强灌浆。补强灌浆范围主要为泄（6）至泄（13）坝段，各坝段补强灌浆处理范围主要为挠曲核部破碎带上下分支及其影响带，按双排孔布置，排距 0.7m，孔间距 1.0m；其中，泄（6）坝段有基岩防渗墙部位，补强灌浆按单排布置，孔间距 0.8m。补强灌浆孔最大孔深约 165m，设计补强灌浆工程量 48000m，补强灌浆防渗标准为不大于 0.5Lu，渗透破坏比降大于 100，全部采用固孔止水与高压冲挤组合灌浆技术进行。补强灌浆工程完工后经检查孔取芯与压水试验检查，取出的芯样基本成型完整，所有检查孔全孔段透水率平均值为 0.2Lu，最小为 0，最大为 0.45Lu，完全满足设计要求。

6 结语

向家坝坝基挠曲核部破碎带高水头运行条件下的帷幕补强灌浆，创新采用了固孔止水与高压冲挤组合灌浆新技术，有效地解决了常规灌浆工艺存在钻孔成孔困难、孔内承压涌水、灌浆劈裂抬动、质量效果一般等诸多技术问题。对于高水头渗流条件，固孔止水与高压冲挤组合灌浆工艺的组合应用，固孔止水是基础，小段长＋高压冲挤是关键技术，高压冲挤灌浆技术内涵打破了传统的稳压灌浆技术理念，借助一种脉冲式瞬间高压冲挤技术，对不良地质体实施一种强压冲挤、劈楔、压渗灌注，从而使得不良地质体结构性质发生改变，所形成劈楔、压渗灌浆复合结构体，其抗渗性能与力学性能，大大超过常规水泥灌浆工艺。

向家坝水电站国内首次在坝基不良地质体中成功应用固孔止水与高压冲挤组合灌浆技术，可为水电灌浆工程领域开拓一种新技术思维，也可为类似工程提供技术借鉴。尤其是随着对"高压冲挤"灌浆新技术研究的不断深入与工程实践，以及对不同性状的不良地质体实施强压冲挤、劈楔与压渗灌浆机理的系统研究，对"高压冲挤"灌浆所形成的复合结构体水泥固化机理的探讨与认识，"高压冲挤"灌浆新技术也可成为一套新型、经济、环保的灌浆工法为工程所用。

船闸基坑开挖岩溶涌水应急
抢险封堵处理措施

雍旺雷[1]　王雪龙[2]

（1.中国葛洲坝集团第一工程有限公司　2.湖南宏禹工程集团有限公司）

【摘　要】 船闸基坑已开挖接近建基面，基坑内岩溶涌水量呈不断增加趋势，基坑左岸坡脚出现3股较大情况的涌水，右岸坡脚出现一股较大涌水，水量约3800m³/h，存在灾难性岩溶涌水风险。为避免基坑发生灾难性岩溶涌水，造成基坑淹没，保证工程施工安全，须对基坑岩溶涌水进行应急抢险封堵，对岩溶渗水进行补强灌浆处理。

【关键词】 船闸　基坑　涌水　封堵　处理

1　工程概述

　　船闸主体部位桩号范围为航上0+26～航下0+359m，全长385m。其中，航上0+26～航下0+53.8m段开挖至−7～6m；航下0+53.8～航下0+183.8m段大面开挖至高程−2m；航下0+183.8～航下0+359m段大面开挖至高程−1.45m；底部左、右侧各布置有一输泄水廊道，输泄水廊道底宽11m，两侧开挖边坡坡比1∶0.3，设计底高程−6.46～−14.25m，左、右侧输泄水廊道各布置有两个集水井，设计底高程−22.0m，开挖最大深度20m。目前，船闸基坑已开挖接近建基面，基坑内岩溶涌水量呈不断增加趋势，基坑左岸坡脚出现3股较大情况的涌水，右岸坡脚出现一股较大涌水，水量约3800m³/h，出现基坑排水量大，抽水费用高，存在灾难性岩溶涌水风险。为避免基坑发生灾难性岩溶涌水，造成基坑淹没，保证工程施工安全，须对基坑岩溶涌水进行应急抢险封堵，对岩溶渗水进行补强灌浆处理。

2　地质条件

　　船闸主体部位原地形整体较平坦，地面高程一般42～45m。上闸首部位发育一条冲沟，切割深度约5m，冲沟两侧边坡25°～30°，沟顶宽约20m，常年有流水。基坑已开挖至建基面附近，两侧土质边坡坡比为1∶2，岩质边坡坡比1∶05～1∶1。

　　船闸主体部位上部为第四系覆盖层，自上而下分为三层，厚度20～30m，溶沟溶槽处可达40m。第一层为上部冲洪积的次生红黏土，厚度一般10～15m；第二层为卵石混合土，分布不连续，厚度一般5～12m；第三层为下部的溶塌溶余混合土碎（块）石，厚度不均，溶沟溶槽较深。

基岩为郁江阶下段和中段的第 D_1y^{1-3} 层、第 D_1y^2 层灰岩、白云岩，岩层走向 NE，倾向 SE，倾角 $20°\sim22°$，以互层状为主，少量厚层状和薄层状。

船闸主体部位地下水类型主要有孔隙潜水和岩溶水两种，埋深一般 $12\sim15m$。孔隙潜水赋存于第四系覆盖层中，岩溶水分布于岩溶管道和岩溶裂隙中。岩溶主要发育在郁江阶的灰岩、白云岩中，属溶原宽谷型，为埋藏型岩溶。覆盖层下面埋藏第三系前古岩溶，岩溶发育多表现为溶沟、溶槽、溶洞等岩溶形态，基岩面起伏较大。

基坑施工过程中，开挖揭露较大涌水点 10 余处，其中下闸首部位较为集中，涌水点大多位于边坡坡脚。近期，随基坑下挖施工，上覆压重减小，分别于右岸下闸首附近及左岸航下 $0+116m$ 处各新增揭露一涌水点，其中右岸涌水点初步判定与江水连通，左岸涌水点与渣场积水区域连通，基坑涌水量增加，且存在灾难性涌水风险。

地下岩溶管道由左右两侧向基坑涌水。左侧补给源为地表积水及地下水，右侧补给源主要为右岸积水或外江水。

3 船闸基坑涌水处理前情况

船闸基坑已开挖接近建基面，但基坑内沿岩溶裂隙涌水量有呈不断增加的趋势。首先沿基坑左岸坡脚高程岩溶裂隙出现三股较大流量的涌水，随后于 2016 年 9 月 4 日晚沿右岸坡脚又出现一股较大的涌水，基坑内岩溶涌水量累计达到 $4200m^3/h$ 以上，造成基坑抽排水量大，施工费用高，同时由于涌水带有大量的溶洞充填物，随时存在灾难性岩溶突水，造成基坑被淹的风险。为避免基坑发生灾难性岩溶突水，造成淹没基坑，为保证工程施工安全，须对船闸基坑岩溶涌水进行应急抢险综合治理。

4 基坑岩溶应急抢险涌水封堵

4.1 堵漏材料

堵漏材料包括导流水管、M7.5 水泥砂浆、水泥浆、外加剂、反滤料等。

导流水管：可以根据渗漏水量大小选择管径，选择 DN100mm、DN250mm 钢管，导流管长度根据渗漏空间情况选择。M7.5 水泥砂浆坍落度控制在 $180\sim200mm$ 之间。

外加剂：包括水玻璃、抗分散剂等。

反滤料：卵石及细砂等。

4.2 堵漏施工工艺

涌水点清理→导流（注浆）管制作、安装及反滤料抛填→混凝土压重浇筑→封堵漏水裂隙→灌浆封堵。

（1）涌水点清理。采用反铲清除各涌水点部位松散浮渣及淤泥，尽量露出岩溶涌水通道口或岩溶裂隙，清除范围根据各涌水点实际情况现场确定。

（2）导流（注浆）管制作、安装及反滤料抛填。涌水点清理完毕后，沿清挖范围边线人工配合反铲码砌沙袋，然后采用反铲在清挖范围内依次抛填级配碎石及砂作为反滤料。底部反滤料抛填完成后，采用人工配合反铲将导流（注浆）插入涌水点通道内，导流（注浆）管根据通道大小采用 DN250 或 DN114 钢管，钢管长度 $6\sim12m$ 之间，以适应不同涌水点埋设深度。钢管埋入段外包两层 $400g/m^2$ 无纺土工布，并用棉纱、布料、棉被、土工布、海带等扎紧管壁与溶洞洞壁间间隙，最大限度将水导入管内引出，钢管外露出口处安装闸阀。

导流（注浆）管安装完成后，在涌水点发育侧壁采用反铲依次抛填级配碎石及砂作为反滤料。

（3）速凝混凝土压重浇筑。

压重混凝土采用 C25 二级配混凝土拌和系统拌制，混凝土搅拌车运输至作业面，反铲入仓进行浇筑。考虑水下浇筑，为减少浆液流失，混凝土拌和时可加入速凝剂，具体掺入量由试验室根据现场实际情况确定。

混凝土浇筑前，沿清挖边线采用人工配合反铲码砌砂袋作为模板。浇筑时需保持导流管畅通，并将导流管固定在压重混凝土中，压重混凝土厚度不小于 1.5m。具体如图 1 所示岩溶涌水点反滤料及混凝土压重布置示意图。

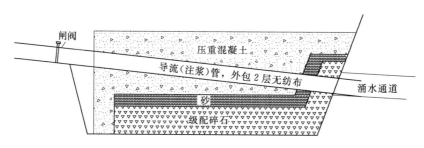

图 1　岩溶涌水点反滤料及混凝土压重布置示意图

（4）灌浆封堵。在 C25 混凝土浇筑 1d 后，若有水从混凝土边、角和底部渗出，则可将无缝钢管制作成花管，强插入渗水部位，用海带和土工布、棉纱头等对管壁外侧的水逼入花管导引出，然后人工清除周边废渣，再浇筑 C25 的混凝土，将花管固定。混凝土初凝后，采用双液浆对花管进行灌浆处理，将导流管与混凝土及底部反滤料局连成整体，实施过程中控制注浆压力和注入量，防止对导水管产生影响。

开灌采用水灰比为 0.5:1 的水泥浆液，用水泥浆为后续砂浆灌浆打开通道，防止砂浆灌注时封堵压力太大，导致封盖混凝土抬动。

在灌注水泥浆液的过程中，若有大量水泥浆液从漏水点周边的反滤体、岩体裂缝中冒出，则改灌 M7.5 水泥砂浆。若仅仅少量水泥浆渗漏，大量水泥浆能够灌入溶洞地层，灌注 20t 水泥后改为水泥砂浆继续进行灌注，直至砂浆灌注达到 1.0MPa，再根据现场实际情况采用双液浆或聚氨酯进行小渗水点封闭灌浆处理。

5　船闸左岸防渗补强帷幕灌浆

5.1　灌浆材料

灌浆材料主要包括 M7.5 砂浆、P.O 42.5 普通硅酸盐水泥、黏土、膨润土、水玻璃、外加剂和改性剂等材料。

5.2　施工工艺

船闸左岸岩溶防渗补强灌浆处理范围为 XK1＋930.00～XK2＋320.00 段，灌浆孔采用单排布置，孔距为 2.0m，布置于原封闭帷幕两孔之间，对原帷幕加深加密进行处理。

先导孔为部分 I 序孔，间距 16m，钻孔底高程按-20m 控制。

帷幕灌浆施工前，先进行生产性灌浆试验，试验采用膏浆浆材及相应工艺实施，通过试验确定灌浆参数后，优先进行 XK1＋990.00～XK2＋050.00、XK2＋120.00～XK2＋195.00、XK2＋240.00～XK2＋300.00 段施工。

帷幕灌浆孔分三序进行布置，施工时按分序加密的原则进行。根据现场实际情况，选取部分先导孔进行生产性试验，先施工试验孔，并根据试验效果确定最终施工工艺，再施工剩余 I、Ⅱ序孔，最后施工Ⅲ序孔。

因基坑抽排水造成了地下水位失衡，基坑内水位高度远低于基坑帷幕外水位高度，这种情况就直接导致了止水帷幕的薄弱点成为了内外连通的渗水通道，且帷幕灌浆过程中基坑需同时进行爆破开挖施工，爆破边界离帷幕线水平距离仅 60m 左右，对灌浆施工造成了一定的干扰影响。在帷幕灌浆处理过程中通过调整施工区域顺序，并对灌浆浆材配比进行优化，最终左岸帷幕达到较理想效果，保障了工程正常施工安全。

2016 年 10 月 2 日基坑左侧 2 号渗水点得到有效控制，基本无渗水情况；2016 年 10 月 24 日基坑左侧 1 号渗水点处得到有效控制，渗水点水量减少 80％以上。截至 2016 年 12 月 7 日，左岸帷幕灌浆已基本完成，3 号渗水点处涌水量无显著减少，且帷幕灌浆过程中仅 177 号孔灌浆过程中 3 号渗水点处有浑水情况，其他孔位灌浆过程中 3 号渗水点处无冒浆情况发生。

现基坑总渗水量在 1400m³/h 左右，主要集中在 3 号渗水点处。左岸帷幕灌浆施工主体已完成，检查孔透水率达设计要求。

6 结语

在本次船闸基坑岩溶涌水抢险封堵施工过程中，投入了大量人力、物力，在原封闭防渗帷幕未起到应有止水作用的情况下对基坑岩溶突发性涌水进行了有效的封堵，保证工程施工安全，降低了基坑淹没风险。

由此工程得出的经验是：深基坑开挖过程中遇到的突发性涌水需对引起基坑渗漏的内、外部条件做出正确评估，如地下水水量、防渗帷幕的施工状况、地质条件、外部环境等。对其开挖中遇到的渗漏范围、水量大小等情况做一个安全评判，采用多种方式综合处理，以达到安全施工的目的。在此过程中还得每天对各类基坑监测数据进行实时分析，确保工程安全施工进行。

坝基两阶段固结灌浆研究与应用

邓 强

（中国水电第七工程局成都水电建设有限公司）

【摘 要】 为缓解乌弄龙水电站坝基固结灌浆与坝体碾压混凝土快速浇筑的矛盾，拟在坝基进行两阶段固结灌浆，并在施工前进行了两阶段固结灌浆试验。本文介绍了这种新型的固结灌浆试验过程及灌浆效果，对其工艺特点、存在的缺陷及适用范围进行了探讨。指出该灌浆工艺优缺点，为类似工程提供参考。

【关键词】 坝基 两阶段 固结灌浆

1 坝基固结灌浆施工存在的问题及解决方案

1.1 存在的问题

乌弄龙水电站拦河大坝为混凝土重力坝，最大坝高 137.5m。坝址区河谷为斜向谷，两岸山势陡峻，河谷深切，呈不对称的"V"字形。左岸岸坡陡峻，一般为 40°～45°；右岸高程 1910m 以下为基岩陡壁，坡度 60°～80°，以上地形较缓，坡度为 40°～45°，局部可见崩坡积覆盖层。坝址区分布的地层为二叠系下统、上统下段以及第四系。坝址两岸岸坡基岩露头较好，第四系覆盖层面积较小。二叠系下统为灰—青灰色薄层状砂质板岩、泥质板岩夹变质石英砂岩。以砂质、泥质板岩为主，约占 60%，其余为变质石英砂岩。二叠系上统下段为灰色、灰黑色薄层状砂质板岩、泥质板岩夹中厚层变质石英砂岩及少量英安质凝灰岩。据地质测绘、钻孔及平硐揭露统计，坝址区地层中岩性以板岩为主，约占 67%左右，变质石英砂岩约占 30%，英安质凝灰岩约占 3%。

坝基固结灌浆施工与坝体碾压混凝土快速浇筑的矛盾很突出。一方面，工程施工进度要求快，大坝碾压混凝土浇筑过程中没有安排坝基固结灌浆的直线工期；另一方面，由于碾压混凝土的允许间歇时间比常态混凝土短，在浇筑过程中一般不允许长间歇进行坝基有盖重固结灌浆，以免影响混凝土的施工质量。因此，乌弄龙水电站坝基固结灌浆无法进行常规的有盖重固结灌浆，必须研究其他灌浆方式。

1.2 解决方案

目前，基岩无盖重固结灌浆包括下列几种施工方式：①在填塘封闭混凝土或找平混凝土表面进行的表面封闭式无盖重固结灌浆；②在垫层混凝土或薄盖板（趾板）上进行的薄盖板式无盖重固结灌浆；③在裸岩面上直接进行的裸岩固结灌浆。其中采用表面封闭式或薄盖板式无盖重固结灌浆的方式相对较多，已有成功的工程实例和经验可借鉴，而裸岩固结灌浆施工目前在大型水电工程主体工程施工中还没有发现完全成功的工程实例和经验。经参建四方讨论，大坝固结灌浆拟采用两阶段固结灌浆，即第一阶段灌注 2.0m 以下岩石；(待混凝土浇筑 3.0m 及以上时，形成有效盖重后，再进行第二阶段灌浆 (预留引管灌浆)，引管材料为聚乙烯管 (ϕ25mm)，混凝土与基岩接触位置可利用大坝接触灌浆进行补偿灌注，大坝边坡固结灌浆 2.0m 以下各段按照相关技术要求进行正常灌浆施工 (第一阶段灌浆)。

为保证固结灌浆的质量，在左右岸 4 号、10 号坝段具有代表性地层各选一个部位进行两阶段固结灌浆试验，各部位分两个小试验区进行两种排距的对比试验，试验两阶段灌浆是否满足乌弄龙水电站坝基工况，选取最优方案。

2 两阶段固结灌浆试验

2.1 试验区选址

试验一区选择在 4 号坝段，高程 1819.5m 以上未施工固结灌浆孔范围，分为两个对比试验区原设计蓝图孔位布置区为 3m×3m，加密区将原设计孔间排距调整为 2.5m×2.5m，试验二区选择在 10 号坝段高程：1797~1810m 固结灌浆孔范围，分为两个对比试验区原设计蓝图孔位布置区 2m×3m，加密区将原设计孔间排距调整为 2.0m×2.0m。

2.2 两阶段工艺流程

灌浆施工次序按照"先周边后中间、先外部后内部、次序加密"的原则进行；固结灌浆分二序孔施工。本次两阶段固结灌浆试验孔深为 8.0m、10.0m，选用自上而下灌浆法施工，射浆管距孔底应不大于 50cm，接触段在岩石中的长度不得大于 2.0m，以下各段段长不得大于 6.0m (图 1)。

固结灌浆采用分段灌浆，第 1 段为 2.0m，以下各段为 5.0m、3.0m (6.0m)，最大段长不超过 6.0m。对于边坡固结引管灌浆，先进行第一阶段灌浆，即 2.0m 以下灌浆，待 2.0m 以下灌浆完成后，再对 2.0m 以上进行引管，引管长度根据混凝土浇筑分层厚度来确定。进、回浆主 (引) 管为聚乙烯管，其中孔内引管预埋 1.5m，即距第 1 段孔底 0.5m，作为进浆管，另一根预埋引管距孔口 0.2m，作为回浆管，孔口加铁垫片用砂浆封填密实，并做好相应标识及保护措施。引管长度原则以混凝土分层厚度来确定，局部因混凝土浇筑连续，超 3.0m 的，则将引管采用绑扎固定连接的方式，顺坡面引出混凝土仓外，待已浇混凝土达到一定强度后，即可开始引管灌浆 (图 2)。

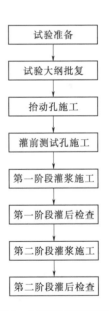

图 1 试验工艺流程图

固结灌浆压力拟按表 1、表 2 执行，灌浆泵、进浆管路和灌浆孔口回浆管处均应安装压力表。灌浆开始后，压力尽快提升以达到设计值；对于接触段和注入率大的孔段，进行分段升压。

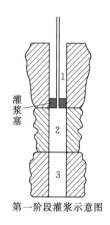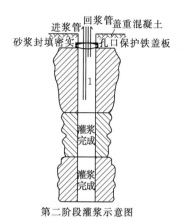

第一阶段灌浆示意图　　　　　第二阶段灌浆示意图

图 2　两阶段固结灌浆生产性试验示意图

表 1　　　　　　　　　　　　　试验一区固结灌浆压力

孔深/m	压力/MPa	
	Ⅰ序孔	Ⅱ序孔
0～2（引管段）第二阶段	0.4～0.6	0.5～0.7
2～8（第二段）第一阶段	1.0～1.2	1.2～1.5

表 2　　　　　　　　　　　　　试验二区固结灌浆压力

孔深/m	压力/MPa	
	Ⅰ序孔	Ⅱ序孔
0～2（引管段）第二阶段	0.4～0.6	0.5～0.7
2～7（第二段）第一阶段	1.0～1.2	1.2～1.5
7～10（第三段）第一阶段	1.5	1.5

　　固结浆液水灰比采用2：1、1：1、0.8：1、0.5：1（重量比）四个比级。当灌前压水试验（或简易压水）：渗水率大于100Lu时，可直接采用0.5：1浓浆开灌；当灌前漏水率达到50～100Lu时，可采用1：1浆液开灌。以上两种情况，在开灌10min内，若吸浆量小于20L/min，且吸浆量减小幅度较大时，应变稀一级继续灌注。在规定压力下，当注入率不大于1.0L/min，继续灌注30min，灌浆即可结束；当长期达不到结束标准时，报请监理人共同研究处理措施。

　　第一阶段灌浆采用"全孔灌浆封孔"法，即2m以下全部孔段灌浆结束后，利用水灰比为0.5：1的浓浆置换掉孔内稀浆，再采用最大灌浆压力进行灌浆封孔，屏浆60min。灌浆封孔结束后，待孔内水泥浆液凝固后，对析出段采用干硬性水泥砂浆人工封填捣实后再做引管处理。第二阶段引管灌浆结束后，采用水灰比为0.5：1的浓浆置换掉孔内稀浆，再采用最大灌浆压力进行灌浆封孔，屏浆60min后将管口封闭，闭浆24h，并将管路采用手持式切割机切除与混凝土面平齐，孔口用砂浆抹平。

3 两阶段固结灌浆试验成果

3.1 压水试验成果

一试区原设计区及加密区灌前压水孔及灌前测试孔各布置 1 个，共 4 个；压水 4 段，平均透水率 31.18Lu，透水率最大值为 45.36Lu，最小值 19.31Lu。灌后检查孔共布置 2 个，压水 2 段，透水率平均值 3.50Lu，最大值 4.14Lu，最小值 2.85Lu。较灌前压水透水率平均值 31.18Lu，最大值 45.36Lu，最小值 19.31Lu 分别减少了 88.8%、91%、85.2%。

二试区原设计区及加密区灌前压水孔各布置 1 个，灌前测试孔各布置 2 个，共 6 个；压水 12 段，平均透水率 34.23Lu，透水率最大值为 53.16Lu，最小值 8.97Lu，其中灌前 5~10Lu、50~100Lu 的透水率各 1 段，均占透水频率的 8.3%，其余灌前压水试验透水率均集中在 10~50Lu 范围，达到透水频率的 83%。灌后检查孔共布置 2 个，压水 4 段，透水率平均值 3.58Lu，最大值 7.28Lu，最小值 0.96Lu。较灌前压水透水率平均值 34.23Lu，最大值 53.16Lu，最小值 8.97Lu 分别减少了 90%、86.3%、89.2%。

试验二区加密区灌后检查孔共布置 1 个，压水 2 段，002 段压水吕荣为 7.28，003 段灌后压水吕荣为 0.96，未满足设计合格标准 85% 以上试段的透水率 $q \leqslant 5Lu$ 的要求。

不合格原因分析：试验二区原设计区灌后检查孔布置灌浆孔 SY2-07 号周边，SY2-07 号孔 002 段，在灌浆过程中发现岩面漏浆，即采取堵漏，间歇等措施无效后采取待凝处理，扫孔复灌注入量为仅为 130.7kg。

综合分析：SY2-07 号孔 002 段在灌浆过程中受地质因素影响从而出现岩面冒漏浆，所采取的间歇措施极有可能堵塞部分细小裂隙及灌浆通道，待凝则更可能堵塞较大裂隙及灌浆通道，从而影响灌浆质量，导致该部位灌后检查孔 002 段不符合设计要求。对加密区按照该部位设计参数，重新布设一个灌后检查孔进行施工，压水透水率 002 段为 3.12Lu，003 段为 2.7Lu。该部位灌后检查孔压水吕荣满足合格标准：85% 以上试段的透水率 $q \leqslant 5Lu$，其余孔段的透水率值不大于 7.5Lu，且分布不得集中的设计要求。

3.2 声波测试成果

试验一区灌前共完成 6 测试孔，灌后共完成 3 个孔的声波测试，波速最大值为 5291m/s，最小值为 2917m/s，主要分布在 3500~5000m/s 之间，平均值为 4302m/s，比灌前声波波速平均值提高 15.47%，灌后大于 3200m/s 波速测点所占比例为 96.35%，小于设计标准 85% 的波速测点所占比例为 0%；2m 以下孔段波速平均值为 4373m/s，平均提高率为 14.10%，根据评定标准判定，固结灌浆后波速值满足设计要求。

试验二区灌前共完成 4 个测试孔，灌后共完成 3 个孔的声波测试，波速最大值为 5291m/s，最小值为 2809m/s，主要分布在 3500~5200m/s 之间，平均值为 4093m/s，比灌前声波波速平均值提高 10.46%，灌后大于 3200m/s 波速测点所占比例为 96.45%，小于设计标准 85% 的波速测点所占比例为 0%；2m 以下孔段波速平均值为 4231m/s，平均提高率为 8.51%，根据评定标准判定，固结灌浆后波速值满足设计要求。

4 两阶段固结灌浆的优缺点分析

4.1 两阶段灌浆优点分析

两阶段固结灌浆施工，第一阶段固结灌浆为裸岩灌浆，以 0～2m 段岩层为盖重进行固结灌浆施工，可与有盖重灌浆相比，不用等混凝土施工，减少施工交叉，不用占直线工期。两阶段灌浆采用引管灌浆，等混凝土盖重及强度足够后进行施工，对灌浆质量有保证，且节约了钻孔工期。

4.2 两阶段灌浆的缺点分析

两阶段灌浆需要在脚手架上施工，增加了脚手架搭设施工任务。钻孔机型应适合排架上施工局限，施工难度增大，钻孔工效较低。第一阶段灌浆受地层情况影响容易出现漏（冒）浆、绕塞情况，灌浆时采用低压慢灌、封堵等处理措施，且很难堵住漏浆部位，因此部分孔采用了待凝处理措施，质量风险大，同时增加人员处理漏浆部位，绕塞后处理起来也非常困难，灌浆工效降低。第二阶段对引管要求较高，否则容易出现灌浆通道堵死的情况，且容易串孔，串孔并灌可能引起混凝土抬动。

5 结语

两阶段固结灌浆缓解了乌弄龙水电站坝基固结灌浆与坝体碾压混凝土快速浇筑的矛盾，并避免了裸岩灌浆的重大质量隐患点，但存在脚手架施工、脚手架上钻机搬迁难度增加，串冒漏特殊情况概率大，引管要求高的特点，施工成本有所提高，可为类似工程提供参考。

新疆米兰河电站大透水率破碎基岩地层
帷幕灌浆施工技术研究

李春鹏　李津生　孔祥生　陈　航

（中国水电基础局有限公司）

【摘　要】　米兰河山口水利枢纽水库大坝左岸临谷段断层发育交汇，共有大小 10 条断层伏于
该段，地质条件复杂，在施工过程中出现了大量钻孔不返水、压水灌浆无压无回以及部分孔
段回浆失水变浓等情况。施工中采用了纯水泥浆液、化学浆液、膏状浆液等多种灌浆材料进
行灌浆处理，取得了较好的效果，对复杂地质条件下截渗处理工程有借鉴意义。

【关键词】　米兰河　大透水率　帷幕灌浆　施工技术

1　概述

1.1　工程概况

　　米兰河山口水利枢纽是一座承担着向工业和农业灌溉供水，同时结合工业水量发电的
综合利用工程。工程位于米兰河出山口上游，距下游第一引水枢纽 4km，距 36 团团场
34km。工程为中型Ⅲ等工程，主要由挡水坝、导流兼泄洪排沙洞、溢洪道、发电引水系
统及电站厂房等组成。水库总库容 4128 万 m^3，正常蓄水位相应库容 3818 万 m^3。

1.2　地形与地质条件

　　米兰河水库坝址区河谷断面呈"U"形，两岸不对称分布Ⅱ级堆积、基座阶地。米兰
河水库坝址区地层岩性：右岸二云母石英片岩，左岸为二云母石英片岩及大理岩，左岸山
梁主要为大理岩，在山梁西北侧边坡底部过渡为二云母石英片岩。总体而言，左岸山体单
薄，岩石较破碎，地质条件比右岸差。

1.3　基础防渗设计

　　米兰河山口水利枢纽基础防渗处理的总体方案是：左岸临谷段、左坝肩、右坝肩采用
帷幕灌浆，左坝肩、右坝肩基岩与心墙混凝土盖板之间由固结灌浆补强处理；河床段采用
"上墙下幕"的处理方案，上部覆盖层利用混凝土防渗墙防渗，通过防渗墙内预埋灌浆管
下接帷幕灌浆。帷幕灌浆灌后透水率均不大于 3Lu。

2　灌浆试验

　　临谷段帷幕灌浆试验分两期进行。首期试验于 2012 年完成，单排布置，共设置 5 个
灌浆孔，孔距 2.0m；经检查孔压水试验，有 52.6％段次透水率不能达到设计防渗标准，

表明原单排孔、孔间距 2m 的设计方案不能满足防渗要求。

2013 年进行了二期试验，分为单排、双排两个试区，遵循按排分序、逐级加密的原则布置灌浆孔，试验孔位布置如图 1 所示。

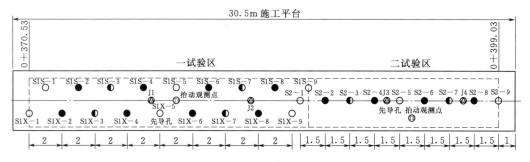

图 1　临谷段二期帷幕灌浆试验孔位布置图（单位：m）

二期试验单排孔试区、双排孔试区的水泥单位注入率频率曲线及透水率频率曲线如图 2、图 3 所示。从两个试区试验成果数据的统计数据来看，各次序孔透水率、单位注入量递减规律明显，两个试区可灌性均较好，表明采用的试验参数合理可行。但是在检查孔压水数据上，单排帷幕检查孔压水数据有 50％未达到不大于 3Lu 的设计要求，双排帷幕检查孔则仅有 2.5％（1 段，且其透水率不大于设计值的 100％）未达到要求，说明双排孔灌浆效果明显好于单排孔。

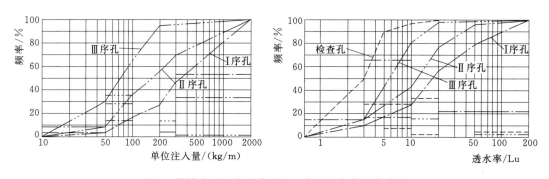

图 2　单排孔试区水泥单位注入率及透水率频率曲线

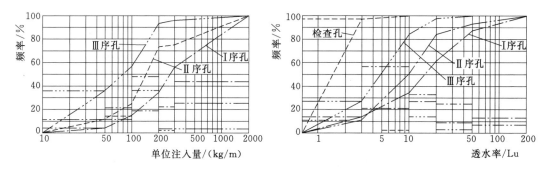

图 3　双排孔试区水泥单位注入率及透水率频率曲线

根据两期灌浆试验，最终确定临谷段帷幕灌浆主体施工方案及灌浆施工参数：灌浆帷幕双排孔布置，排距1.5m、孔距2m，灌浆孔呈梅花形布置，桩号为左0+000～左0+560，帷幕深度为87～92m。

3 左岸临谷段大透水率地层

米兰河水库大坝左岸临谷段山体较单薄，底宽170～300m，正常蓄水位处宽60～90m。该段山梁岩性主要为大理岩，在山梁北西侧边坡底部过渡为二云母石英片岩，岩层褶曲，强风化层厚0～3.3m，弱风化层厚7.5～22.3m，岩体较破碎，完整性较差，微新岩体较完整。该段山梁构造形迹主要为断层和节理。断层有F_{17}、F_{24}、f_7、f_8、f_9、f_{10}、f_{11}、f_{12}、f_{13}、f_{14}，F_{17}和F_{24}断层对该段山梁影响较大。该段山梁节理发育，节理面起伏粗糙，除强风化、弱风化层上部和断层影响带内的岩体中节理多张开外，弱风化中下部及微新岩体内节理均闭合，无软弱夹层，节理面多分布有灰白—铁锈色钙质薄膜。

左岸临谷段帷幕灌浆主体工程施工阶段遇到大透水地层，主要出现在下述两个区域：一是临谷段帷幕灌浆L_1～L_2单元，横跨宽度约20m的1号冲沟，沟内为深度达8～12m回填覆盖层，成孔困难，严重漏水漏浆；二是在接近设计终孔段出现了大量钻孔不返水、压水灌浆无压无回情况，该种情况主要集中在左岸临谷段L_{11}～L_{14}单元（桩号左0+400～左0+560）。

根据L_{11}～L_{14}单元灌浆孔不返水及孔内录像资料分析，该大透水地层不存在溶洞脱空情况，出现大透水率现象主要是受到断层影响所致。为保证防渗效果满足设计要求，对该范围内灌浆孔采取加密、加深处理，最大灌浆深度达到159.8m。

4 主要施工方法

米兰河水利枢纽基础处理帷幕灌浆采用孔口封闭灌浆法，按分排、分序加密的原则进行施工，灌浆结束后采用"压力封孔法"封孔。帷幕灌浆使用纯水泥浆液，水泥浆液配比为5:1、3:1、2:1、1:1、0.8:1、0.5:1六种比级。大坝段（包括左坝肩、右坝肩、河床段）与临谷段帷幕灌浆段长划分及灌浆压力见表1、表2。左岸临谷段山体较薄，加之断层发育交汇，结合灌浆试验成果，减小了灌浆段长及灌浆压力递增幅度。

表1　　　　　　　　　　大坝段帷幕灌浆段长及压力参数表

灌浆段次	1	2	3	4	5	6	7	8及以下
钻孔灌浆段长/m	2.0	5.0	5.0	5.0	5.0	5.0	5.0	5.0，终孔段≤8
灌浆压力/MPa	0.5	1.5	2.0	2.0	2.5	2.5	2.5	3.0

表2　　　　　　　　　　临谷段帷幕灌浆段长及压力参数表

灌浆段次		Jc	1	2	3	4	5	6	7	8	9	10及以下
钻孔灌浆段长/m		/	2.0	2.0	3.0	3.0	5.0	5.0	5.0	5.0	5.0	5.0
灌浆压力/MPa	Ⅰ、Ⅱ序孔	0.5	0.5	1.0	1.0	1.5	1.5	1.5	1.5	2.0	2.0	2.5
	Ⅲ序孔	0.5	0.5	1.0	1.5	2.0	2.0	2.0	2.0	2.5	2.5	3.0

为保证帷幕底线进入相对不透水层，灌浆孔孔深按如下要求执行：先导孔满足连续两段透水率不大于3Lu方可终孔；其他帷幕灌浆孔满足最后一段透水率不大于3Lu，否则加深一段（5m），直至满足要求。

5 技术措施

5.1 灌注膏状浆液

针对左岸临谷段出现的大透水地层特殊情况，采取了如下施工措施：

（1）为确保浆液在孔段内能够有一定的扩散范围及强度，首先采用低压、浓浆、限流、限量、间歇灌浆等方法灌注纯水泥浆液，灌注水泥干料达到2t/m后进行待凝复灌，直至达到正常结束标准。

（2）经待凝复灌后仍不能达到正常结束标准的，采用膏状浆液。水泥与膨润土的掺和比不超过1∶0.2，浆液由稀至浓，主要目的是为了让膏状浆液具有一定的流动度，保证浆液扩散范围，避免因膏状浆液过浓造成灌注通道被封死而影响成幕质量。

经膏状浆液处理后，大透水地层得到了有效封堵。在保证灌浆质量的前提下，提高灌浆效率，节约灌浆材料，降低了工程成本。

5.2 灌注化学浆液

本工程基础处理施工中，还采用了化学浆液对部分特殊区段进行了灌浆。化学浆液为真溶液，流动性及可灌性俱佳，可以灌入0.1mm以下的微小裂隙。

河床段墙下帷幕桩号坝0+190.7～坝0+214.4段以及临谷段L_{11}～L_{14}单元范围内，在压水试验、灌浆时，不同程度的出现了吃水不吃浆、回浆变浓等特殊情况，水泥浆液难以灌入岩层，因此在这两个部位改灌、加灌了化学浆液。化学浆液采用"纯压法"灌注，灌浆段长、灌浆压力等参数在水泥灌浆施工参数基础上作适当调整，灌后效果明显。

5.3 补强灌浆

河床段墙下帷幕灌浆施工过程中，桩号坝0+131.4～坝0+181.4范围内灌浆孔出现不同程度的钻孔不返水、压水灌浆无压无回、复灌等情况；坝0+190.7～坝0+214.4范围内灌浆孔岩芯出现西域砾岩中夹有砾石、夹砂情况，透水率普遍较大。结合灌浆过程记录及检查结果，进行补强灌浆：在坝0+131.4～坝0+188.3段的原帷幕轴线上游侧1.2m处补加1排灌浆孔，与原帷幕轴线孔位成梅花形交错布置，孔距2m；在坝0+190.7～坝0+214.4段补加3排灌浆孔，排距1.5m，孔距2m，中间排补灌化学浆液。

6 灌浆质量检查

河床段墙下帷幕灌浆及左右岸帷幕灌浆共计布置46个检查孔，透水率为0.53～2.6Lu，均满足不大于3Lu的设计要求。

临谷段帷幕灌浆共14个单元，布置70个检查孔，通过采取膏状浆液、化学浆液、加深灌浆等措施处理后，检查孔水泥结石多且胶结坚固、密实，透水率介于0.41～5.36Lu之间，检查结果符合施工技术规范要求。

7 结语

（1）米兰河水库完成基础处理后，于2015年底通过阶段验收并开始下闸蓄水，目前已经过一个完整洪水期的试运行，渗流量等观测数据均在可控范围内，蓄水和运行状况正常，开始发挥工程效用。

（2）米兰河山口水利枢纽坝址区断层发育交汇，地质条件差异性大，大坝基础及临谷段防渗处理施工标准高，作业面地形复杂，主体施工前有针对性的进行生产性试验，得到了翔实完整的试验资料，为主体工程施工选择适宜的施工方案、施工工艺和施工参数提供了基础，同时在施工中根据具体情况变化及时调整施工方案、优化技术措施，这些都是大坝基础及临谷段防渗处理施工顺利进行的前提条件。

（3）选择适宜的灌浆材料是本工程的关键技术。根据地层性质、透水率、注入率等因素选择纯水泥浆液、膏状浆液、化学浆液等灌浆材料，针对不同地层条件分别施灌，兼顾了工程的技术可行性、经济合理性，对今后类似工程施工有借鉴意义。

裂隙封闭材料在陡倾岩体无盖重固结灌浆中的应用

黄　伟　段海波

（中国三峡建设管理有限公司乌东德工程建设部）

【摘　要】　乌东德水电站坝基岩体结构面陡倾，浅层爆破裂隙、卸荷裂隙较为发育，为减少固结灌浆对大坝混凝土浇筑和岸坡接触灌浆的影响，对裸岩裂隙进行封闭后施工无盖重固结灌浆。灌后检查效果表明：裸岩裂隙封闭有效缓解了无盖重固结灌浆的浆液串冒问题，减少了对基岩面的污染，有利于无盖重固结灌浆效果的提高，灌后岩体声波检测全部达到合格标准，岩体完整性提高显著。

【关键词】　无盖重灌浆　陡倾岩体　裂隙封闭　环氧胶泥　快硬水泥

1　引言

大坝坝基固结灌浆一般采用有混凝土盖重固结灌浆，即在大坝混凝土浇筑到一定高度，且其强度值达到 12MPa 以上，在混凝土仓面上进行钻孔和固结灌浆，此种方法需要在较短的混凝土浇筑间歇期内完成，一般需要一个间歇期方可完成，并且灌浆钻孔打断冷却水管、造成混凝土裂缝的风险极大，并对岸坡接触灌浆系统造成破坏的可能性也加大。采用无盖重固结灌浆方式可以解除固结灌浆与混凝土浇筑、岸坡接触灌浆之间的干扰问题，对浇筑无缝大坝意义巨大。

无盖重灌浆时，浆液容易通过岩层结构面或裂隙串冒至地表，灌浆压力难以升高，浆液扩散范围小，灌浆效果差。根据国家要求，乌东德水电站要建成"十三五水电示范工程"，为此，对全坝采用无盖重灌浆进行了有效探索，河床坝段混凝土浇筑前，在左右岸坡部位选择Ⅱ级和Ⅲ₁级岩体分别进行了三个试区的裸岩裂隙封闭＋无盖重固结灌浆试验，完成工程量 4643m，并将试验成果全面应用到河床坝段（6～9 号坝段），目前已顺利完成，取得良好效果。

2　工程概况

乌东德水电站河谷狭窄、岸坡陡峻，大坝共分为 15 个坝段，其中 1～5 号、10～15 号坝段为岸坡坝段，6～9 号坝段为河床坝段。大坝建基岩体总体质量较好，主要为 $Pt_2^{3-1}l$ 厚层及中厚层灰岩、大理岩，Ⅱ类岩体，占 85.2%；其次为 $Pt_2^{3-2}l$ 中厚层夹互层灰岩、中厚层石英岩，Ⅲ₁ 类岩体，占 8.5%；少量为 Pt₂³⁻³l 薄层夹互层状灰岩，Ⅲ₂ 类岩体，占 0.1%。河床部位岩层产状走向一般 75°～108°、倾向 165°～198°、倾角 65°～86°，即坝基岩体结构面陡倾。受开挖和爆破影响，建基面岩体浅表层部位裂隙发育，浅层 1m 范围内岩体条件较差。

河床（6～9 号坝段）坝基固结灌浆工程量为 19935m，固结灌浆范围为全坝基及坝基轮廓线上游外扩 5m、下游外扩 10m，孔向一般垂直于建基面。坝基固结灌浆孔深一般为 13m，孔排距为 2.5m×2.5m，浅层 0～3m 加密一排，加密孔和一般孔各分为两序，设计采用"自上而下分段灌浆法"，河床坝段大部分采用"自下而上分段灌浆法"。主要施工程序为：裸岩裂隙封闭→灌前物探测试孔→抬动变形观测孔→表层（建基面以下 3m）分序钻孔、灌浆、封孔→全孔（建基面以下 13m）分序分段钻孔、灌浆、封孔→质量检查孔→灌后物探测试孔→抬动观测孔封孔。

固结灌浆压力为：第一段 0.6～0.8MPa，第二段 1.0～1.5MPa，第三段 2.0～2.5MPa。固结灌浆浆液水灰比采用 3∶1、2∶1、1∶1、0.8∶1、0.5∶1 五个比级，开灌水灰比为 3∶1，按由稀到浓逐级变换的原则进行变浆。灌浆段在最大设计压力下，注入率不大于 1.0L/min 后，继续灌注 30min 结束灌浆。

3　裂隙封闭工艺

河床建基岩体地质条件较好，但受爆破影响浅表层裂隙十分发育，一般松弛深度 0.6～1.0m，最大 2.8m；结构裂隙总体陡倾，倾角 68°～82°。为了减少固结灌浆的地表冒浆问题，保证灌浆压力达到设计压力，增强灌浆效果，提高坝基岩体质量，有必要在无盖重固结灌浆前，对岩体表面出露的陡倾结构面裂隙和爆破松弛裂隙，采用裸岩裂隙封闭工艺进行表层处理。裂隙封闭工艺流程为：建基面清理→裂隙素描→裂隙清理→涂刷封闭材料→封闭层养护 2h→预压水检查封堵裂隙→灌浆时封堵裂隙。

3.1　封闭材料

裂隙封闭材料选用的一般原则为：凝结速度可控，与基岩黏结力强，操作方便。本次选用的 CW 聚合物基快硬水泥和 CW 环氧胶泥两种裂隙封闭材料，均具有凝结时间快、早期强度高、与混凝土及岩石黏结性能好等特点，快硬水泥、环氧胶泥与基岩的 3d 龄期黏结强度分别能够达到 1.29MPa、2.60MPa；环氧胶泥的抗拉强度、抗压强度、抗折强度等力学性能更优，而快硬水泥固化时间极短，可在有水条件下作业，施工工艺简单，应急堵漏效果显著。根据二者性能的差异和特点，裂隙预封闭时，无水条件下二者均可用；岩面有集中水以及压水、灌浆过程中的外漏一般需用快硬水泥材料封堵，待凝 30min 后继续压水或灌浆。

由于环氧胶泥价格相较于快硬水泥要高很多，综合考虑材料封闭性能和材料成本，对于宽度不大于 2mm 的裂隙采用快硬水泥封闭，厚度 30mm 左右；对于宽度不小于 2mm 的裂隙采用环氧胶泥进行预封闭，厚度 10mm；对于宽度在 20～30mm 的宽大裂隙，采用环氧胶泥则不经济，一般改用快硬水泥封闭，厚度不小于 30mm。

裂隙封闭材料按表 1 中所列配比现场配制，环氧胶泥使用机械搅拌均匀，快硬水泥可手动拌制均匀。裂隙封闭材料须在初凝前使用，超过初凝时间的材料应弃至监理工程师指定地点。裂隙封闭材料批刮完成后应保持干燥，并养护至规定时间。

表 1   不同裂隙封闭材料配合比、初凝和养护时间表

序号	材料类型	配比（A：B）	环境温度/℃	初凝时间/min	养护时间/h
1	环氧胶泥	10：5	<25	约20	3
		10：5	25～35	约12	3
		10：5	>35	约8	3
2	快硬水泥	10：4（灰：水）	>5	约5	2

3.2 灌前裂隙预封闭

灌前裂隙预封闭前，需对灌浆区域及周边范围内的张开裂隙、溶蚀裂隙及软弱破碎物（泥质或碎屑）充填裂隙等全部清洗干净，而后方可批刮封闭材料。其工艺流程为：岩面清理→裂隙素描→裂隙清理或置换（大面清理→高压风清理→钢丝刷洗→毛刷清净）→封闭材料按配比拌制→批刮封闭材料。

采用环氧胶泥封闭时，需保持基岩面及裂隙干燥，并按要求的厚度、宽度要求刮涂环氧胶泥。为提高裂隙封闭质量，需做到以下几点：①应用刮刀沿裂隙用力批刮，使环氧材料尽可能嵌入裂隙内部；②刮涂环氧胶泥的厚度10mm，宽度向裂隙两侧各延伸30mm，过少强度不足，过多则浪费材料；③岩面体型不规则时，先把凹陷填平，再把裂隙表面稍刮平整；④应沿裂隙走向依次刮涂，不漏刮、不虚搭，保证无气泡、针孔等。用环氧胶泥封闭后的效果如图1所示。

采用快硬水泥封闭时，宜保持裂隙及周边岩面润湿但无积水，必要时可采用毛刷蘸水涂刷，使裂隙及基岩面充分湿润。快硬水泥反应速度快，应在裂隙处理部位按设计水灰比配制均匀，用泥刀或其他工具涂抹于裂隙面，封闭层厚度不小于30mm，宽度沿裂隙两侧延伸不小于40mm。裂隙宽度较大的部位，先填充裂隙内部，然后刮涂外封闭层，表面刮涂平整。用快硬水泥封闭后的效果如图2所示。

图 1　环氧胶泥裂隙封闭

图 2　快硬水泥裂隙封闭

3.3　预压水过程中裂隙封闭

灌前裂隙预封闭完成并达到养护时间后，开始进行孔口段预压水作业，压力从 0 逐级提升至设计压水压力，升压过程中密切观察灌浆孔附近有无外漏情况。注入量明显增大时应排查外漏点，发现漏水点应暂停压水，一般冒水采用快硬水泥直接封堵，稍大冒水点用棉纱嵌填后再用快硬水泥封堵，用快硬水泥封堵不理想的宽大裂隙待干燥后采用环氧胶泥进行封闭，达到养护时间后再进行压水试验和检查，直至无外漏后开始灌浆。

3.4　灌浆过程中裂隙封闭

一般情况下，通过灌前裂隙封闭和预压水检查再封闭裂隙后，岩体表面外漏情况会得到极大改善，但在灌浆过程中仍会出现一些冒浆、串浆现象，出现此种情况，一般不必待凝，可先降压循环，采用清水将外漏处的浆液清洗干净，对外漏处及其两侧 50mm 范围批刮快硬水泥，用灰刀沿外漏处用力批刮，批刮厚度应不小于 30mm，批刮完后待凝 15min，即可正常升压灌浆施工。

对于坝肩固结灌浆，漏浆点位于排架范围外且流量较大，无条件进行封堵时，可采用 0.5∶1 浓浆灌注，控制注入率不大于 30L/min 的条件下，尽量提高灌浆压力，灌注 10min 后停止灌浆并冲洗灌浆孔，待凝 24h 后扫孔复灌；灌浆过程中，对基岩面冒浆应及时清洗，减少对建基面的污染。

4　裂隙封闭效果检查

裂隙封闭效果可通过灌浆过程中渗漏情况、封闭层承压破坏情况、检查孔取芯、孔内电视、压水试验成果及物探声波测试成果等综合评价。固灌试验实施效果验证，压水及灌浆过程中裂隙预封闭层的封闭效果较好，未出现明显击穿和破坏情况，发生外漏的部位主要为未封或漏封的微裂隙以及灌浆孔之间串通裂隙，表面微裂隙用快硬水泥及时封堵后，未出现击穿或反复渗漏现象；灌浆孔之间串联裂隙采用"自下而上、两孔同灌"方式处理后，未出现串浆现象。

固结灌浆完成 3d 后，按 5％比例布置检查孔。取芯和孔内电视摄像均发现岩石裂隙中水泥结实充填密实，如图 3 和图 4 所示，河床坝段平均单位注入量 11kg/m，85％检查孔中均取出水泥芯样，多者有 5～6 个。

灌后压水检查成果如图 5、图 6 所示。可以看出：6 号、7 号、9 号坝段第 2、3 段（3～13m）灌后压水检查全部合格，平均透水率均在 3Lu 以下；8 号坝段因检查孔压水前清撬了表面裂隙封闭层，压水检查过程中冒水严重，第 2 段（3～8m）压水检查平均透水率较大，合格率只有 30％。河床坝段由于地势平缓，采用了履带式液压钻机进行钻孔，机械转孔频繁碾压造成表面裂隙封闭材料的重复损伤和新增裂隙，是表层 0～0.6m 段压水检查不合格的主要原因，如将栓塞下置到 0.6m 后则基本达到设计要求。浅层 3m 压水检查不合格孔段，采用引管法补灌处理。

灌浆结束 14d 后，对 6～9 号坝段 48 个物探孔进行了声波检测，主要采用单孔声波测试，合格标准及灌前、灌后声波波速统计情况见表 2。

图 3　检查孔取芯典型水泥结石

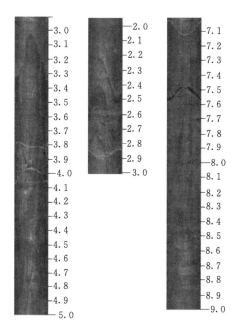

图 4　J-11孔第 2 段孔内电视摄像

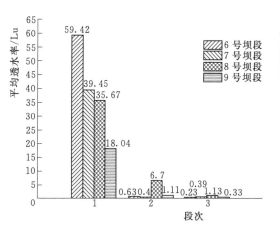

图 5　6～9 号坝段灌后压水检查平均透水率

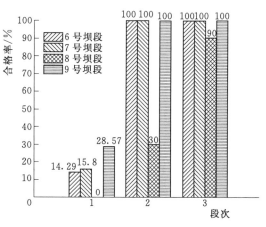

图 6　6～9 号坝段灌后压水检查合格率

表 2　　　　　　　　　　　　　　　灌前、灌后声波波速统计表

测试深度 /m	检测项目	合格标准	6 号坝段		7 号坝段		8 号坝段		9 号坝段	
			灌前	灌后	灌前	灌后	灌前	灌后	灌前	灌后
0.6～3	平均值	≤5200m/s	4623	5297	4518	5352	4665	5318	4997	5361
	<4500m/s 占比/%	≤5	33.5	2.8	39.3	3.4	38.8	4.7	26.2	2.8
3～13	平均值	≥5500m/s	5688	5891	5543	5837	5638	5830	5590	5878
	<4700m/s 占比/%	≥5	2.3	0.0	11.7	0.8	9.2	0.2	6.4	0.8

按表 2 统计结果，采取裸岩裂隙封闭无盖重固结灌浆后，6～9 号坝段浅层 0.6～3m 岩体波速明显提升，波速平均值分别提高了 14.6％、18.5％、14.0％、7.3％，且均大于合格标准 5200m/s；波速小于 4500m/s 的测点占比由灌前的 26.2％～39.3％，均降低到了 5％以内，达到合格标准。6～9 号坝段深部 3～13m 岩体质量本身较好，灌前波速平均值已满足合格标准 5500m/s，灌后波速平均值分别提高了 3.6％、5.3％、4.1％、4.4％；波速小于 4700m/s 的测点占比由灌前的 2.3％～11.7％，降低到 1％以内。因此，裸岩裂隙封闭无盖重灌浆后，特别是浅层岩体波速值有较大幅度的提升，低波速区得到了明显改善，灌后岩体声波检测均满足设计要求，岩体完整性显著提高。

5　结语

（1）灌前裂隙预封闭处理后，由于机械行走碾压以及清洗建基面过程中清撬破坏了裂隙预封闭材料，灌浆和灌后压水检查时仍有外漏情况，需要进行临时封堵。钻灌施工过程中应采取有效措施保护好裂隙封闭层，避免受到损伤，降低其封闭效果。

（2）裸岩裂隙封闭可以缓解无盖重固结灌浆表面冒浆问题，减少对基岩面的污染，但是表层 0～1m 岩体为卡塞漏灌段，仍需进行补灌处理，采用引管法灌浆即可，也可采用钻孔法补灌。

（3）浅层岩体裂隙发育，连通性好，表面裂隙封闭方法可以较好地解决无盖重灌浆升压冒浆问题，有利于提高了灌浆效果。本工程灌后岩体声波检测全部达到合格标准，裸岩裂隙封闭无盖重固结灌浆将全拱坝基础使用，也为同类工程的施工提供了参考案例。

西藏甲玛沟尾矿库深厚基岩帷幕灌浆关键技术研究与实践

苏李刚　　刘典忠　　潘文国　　杨永强　　潘金伟

（中国水电基础局有限公司）

【摘　要】 西藏巨龙铜业有限公司驱龙铜多金属矿甲玛沟尾矿库基坝基截渗工程采用"上墙下幕"的防渗结构型式，塑性混凝土防渗墙最大孔深 119.0m，墙下帷幕灌浆最大孔深 168.1m。通过采用"管箍法"帷幕灌浆管搭接技术，使预埋管成活率达到 96％以上，通过墙下深厚基岩金刚石复合片钻头钻孔技术，钻孔工效提高 50％以上。通过上述措施，保证了工程质量，降低了工程成本，获得了良好的经济效益和社会效益。

【关键词】 甲玛沟尾矿库　基础截渗　深厚基岩　帷幕灌浆　施工技术

1　概述

西藏巨龙铜业有限公司驱龙铜多金属矿甲玛沟尾矿库基坝基截渗工程海拔 4100m，轴线长度 1100m，防渗墙最大孔深 119.0m，墙下帷幕灌浆最大孔深 168.10m，预埋管下设 65000m，帷幕灌浆量为 51500m，有效工期 90d。工程难度大、工期紧。

2　工程主要面对的技术难题

经详细分析认为，本工程主要需要解决两个技术难题：一是深墙内预埋灌浆管精准定位、快速下设；二是大幅度提升深厚硬岩钻孔工效。

3　主要技术措施

3.1　预埋管桁架及搭接新工艺

3.1.1　施工设备和机具的合理选用

预埋管必须有足够的稳定性和刚度，这样才能保证在混凝土浇筑过程中，在流态混凝土的冲击、流动、浮托作用下，不至于产生移动、偏斜、抬动等位移，以及不能产生过大的弯曲变形。

为了达到最佳的定位、稳定效果，项目部经过一系列的计算、改进，最终设计出了一套适合于深墙下设的预埋管定位架，其刚度及稳定性均满足施工的需要，如图 1 所示的定位架立面框架示意图和图 2 所示的定位架平面示意图。

采用 $\phi22mm$ 钢筋制作双层（层高 0.8m）定位架。预埋管与钢筋架通过焊接连接为

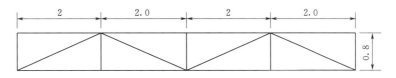

图 1 定位架立面框架示意图（单位：m）

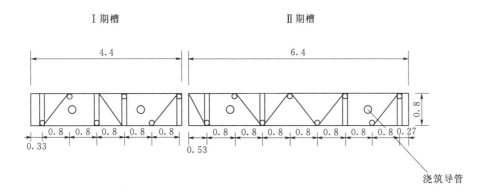

图 2 定位架平面示意图（单位：m）

一整体桁架。钢桁架在预先做好的加工平台上进行。定位架在垂直方向的间距为 12m。每段桁架高度应据槽孔孔深分节制作。

为避免起吊时桁架变形，一方面要计算好起吊位置；另一方面，在灌浆管部位加设槽钢、钢管等刚性体，以增加灌浆管桁架的整体起吊刚度。

3.1.2 预埋管接头形式的研究

帷幕灌浆预埋管安装所用时间如果过长，会影响槽孔的稳定性，增加槽孔塌孔的可能性，会引起槽底的沉渣厚度增大。因此，安装预埋管所需的时间，要求尽量短，不能大于规定要求。

预埋管的垂直度必须符合规定要求，偏斜率不能大于规定要求，以保证坝基帷幕灌浆孔施工时，钻具能正常放入和提升，以及保证坝基帷幕灌浆孔的偏斜率。

影响预埋管偏斜率的因素包括钢管的焊接连接、吊装安装过程中引起的偏差及混凝土浇筑过程中对预埋管影响，帷幕灌浆钻孔及预埋管的偏斜率要求不大于 2%。

基于以上几点对预埋管搭接速度、搭接垂直度的要求，项目部在预埋管接头型式进行了反复改进，最终研究出一种新型的"箍式接头法"，有效地解决了搭接速度慢、垂直度不易控制、刚度差的难题。

钢管的焊接连接要在水平台座上进行，以保证钢管的焊接连接平直；水平固定支架的焊接要精准，分层预埋管的吊装要平稳、垂直，各层之间要垂直对准、焊接连接要平直。预埋管整体安装、固定后，就类似于一个一端固定于槽口导向槽的悬臂深梁，各点只能产生弹性变形。在槽轴线方向，预埋管整体的刚度大，在混凝土浇筑过程中，流态混凝土冲击及流推作用下产生的位移微小，不会影响预埋管轴向的偏斜率。防渗墙槽孔施工中，槽孔的偏斜率是很小的，规范要求不大于 0.4%，实际施工中槽孔的偏斜率一般为 0～

0.2%，可以认为槽壁是基本垂直的。预埋管横向上的偏斜率，可以通过槽壁对水平固定支架在横向上的约束来控制；横向上水平固定支架与槽壁的间距，是可以通过设定支架的横向宽度来实现；水平固定支架的横向宽度，以不影响分层预埋管放入槽孔为前提；横向上水平固定支架的边框与槽壁的间距一般小于5cm，以保证偏斜率符合要求。

3.1.3 改进后效果对比

据统计，超百米深墙预理管下设成功率一般都在75%以下，而采用本方法后，西藏甲玛项目预埋管下设成功率达到了96%，成功率提高了21%，同时现场对接、下设速度也提高了约20%，最大下设深度为119m，取得了非常好的效果。

3.2 大深度基岩钻孔钻头比选

西藏甲玛地下岩层主要为糜棱岩，强度中等，为了选型最适合该底层的钻头，项目部选取三个实验区，同时进行生产性试验，对金刚石钻头、牙轮钻头和复合片钻头进行了钻进工效试验，经对比分析，项目部最终选择以复合片为主力钻头，其他两种作为辅助钻头使用。

在施工中，利用金刚石复合片钻头进行完整基岩钻孔，钻孔功效比单纯使用金刚石钻头提高一倍。

3.3 深厚基岩灌浆施工工艺研究

常用的帷幕灌浆方式有纯压式和循环式，本项目灌浆采用纯压式灌浆方式。

常用的灌浆方法有以下几种：

（1）自上而下分段灌浆法。自上而下分段灌浆法是从上向下逐段进行钻孔，逐段安装灌浆塞进行灌浆，直至孔底的灌浆方法。该灌浆方法适用于孔深较浅的情况，不受底层条件限制，适用面较广，但西藏甲玛项目的灌浆是从120m深的墙下开始的，反复钻孔、下灌浆塞要耗费大量的工时，经济效果不佳。

（2）自下而上分段灌浆法。自下而上分段灌浆法是将灌浆孔一次钻进到设计深度，然后自孔底开始往上逐段安装灌浆塞进行灌浆，直至孔口的灌浆方法。该灌浆方法的优点是施工功效高，但是对岩层条件要求较高。如果岩层破碎，一是一次成孔难，二是卡塞效果不好，易铸塞，直接影响灌浆质量。由于西藏甲玛项目的岩层条件非常复杂，单纯用这种方法也不可行。

（3）孔口封闭灌浆法。孔口封闭灌浆法是在钻孔的孔口安装孔口管，自上而下分段钻孔和灌浆，各段灌浆时都在孔口安装孔口封闭器进行灌浆的方法。这种施工方法的优点是施工操作方便快捷，其缺点是反复灌、扫孔浪费灌浆材料。西藏甲玛防渗墙最深119.0m，累计灌浆预埋管44000m，累计灌浆进尺53000m，灌浆段次11000段。按平均80.0m孔深计，每灌一段就要浪费$0.73m^3$浆液，整个施工完成累计浪费浆液$8030m^3$，故不可行。

（4）综合灌浆法。综合灌浆法是在钻孔的某些部位采用自上而下分段灌浆，另一些部位采用自下而上分段灌浆的方法。根据西藏甲玛项目的地层条件，在墙下接触段和岩层破碎区段采用自上而下灌浆法，其余区段则采用自下而上的灌浆方法，这种综合灌浆法即保证了灌浆施工质量，又有效地提高了施工效率，适合于本项目施工，并且取得了良好的施工效果。

5 结语

从工程实践中，作者认为本工程针对普通金刚石钻头深厚基岩工效低、孔故多的特点，通过实践，成功运用了金刚石复合片钻头，大大提高了钻孔功效。针对超百米深墙内预埋管下设工效低、成功率低的现象，研制了新型接头方法，并对定位架、吊具进行优化设计，设计了相应辅助机具，有效地解决了预埋管深孔施工工效低、成功率低的难题。针对传统分段钻孔灌浆工效低、孔口封闭浪费浆材等问题，进一步探讨并成功运用了"综合灌浆法"，提高了有效钻孔功效，节约了施工成本，创造了良好的经济和社会效益。

软岩互层条件下灌浆压力和各次序孔施工工艺选择

任　博　王建生

（中国水电基础局有限公司）

【摘　要】 河南省淇河盘石头水库渗水处理工程地质条件复杂，施工难度较高，灌浆质量要求高。灌浆孔深 90～139m，地层岩性为页岩灰岩互层，互层多达 15 层，断层多达 19 条。通过对多互层、软岩条件下灌浆压力调整和对各次序孔施工工艺的合理选择，提高了工效，并成功解决了软岩互层每段灌浆结束时浆液回流等技术难题。

【关键词】 盘石头水库　防渗帷幕　软岩互层　施工工艺选择　灌浆压力

1　概况

1.1　工程概况

盘石头水库位于鹤壁市西南约 15km 的卫河支流淇河中游盘石头村附近。总库容为 6.08 亿 m³。水库下闸蓄水 8 年多，根据水库初蓄期安全状态分析，现状坝前帷幕灌浆、混凝土面板和输水洞衬砌灌浆的防渗效果良好，但来自右岸的坝后渗漏量较大，存在明显的右岸单薄山体绕坝渗漏问题。据蓄水后观测，2012 年 3 月 9 日库水位为 239.03m 时，水库地表渗流量达到 0.403m³/s，考虑地下潜流后及临谷渗流等因素，水库总渗流量可达 0.806m³/s，水库年渗漏量为 2541.8 万 m³；当库水位达到设计正常蓄水位 254m 时估算水库年渗漏量 3216.67 万 m³，水库达到中等渗漏程度。

鸡冠山防渗帷幕设计为前后两排，排距 1.5m，断层带及渗漏严重地段加强灌浆，帷幕加密至三排。本标段帷幕灌浆轴线长度 550m，钻孔工程量约 105000m，灌浆工程量约 92000m，设计防渗标准 $q \leqslant 3Lu$。

1.2　工程地质条件

鸡冠山山体单薄，三面临河，呈北西向展布，底宽 360～520m，山顶高程 431～482m，高出现代河床 250～300m，高程约 300m 以上由寒武系中统（$\in_2$）鲕状灰岩和豹皮灰岩，形成的高达 90～160m 的悬崖绝壁；以下为寒武系下统（$\in_1$）灰、页岩互层，形成缓坡，南岸坡角 25°～35°。沟谷发育，一般每条间隔约 40～60m。右岸多被坡、崩积物所覆盖。

区内构造形态以断裂为主，一般为 NE 向高倾角正断层，发育间距最密处 5～10m/条，一般 40～200m/条，鸡冠山单薄山体范围内共统计 19 条断层。岩层产状平缓，受构造等因素影响，各处岩层产状局部有所起伏变化。

2 鸡冠山单薄分水岭渗漏处理设计

右岸鸡冠山单薄分水岭渗漏处理采用封闭式防渗帷幕，幕底伸入基岩相对隔水层，以截断渗流通道。帷幕起点桩号为 0＋000，位于盘石头水库右坝头，大坝桩号 0＋633.53，起点和右岸岸幕相接；为加强新老帷幕连接，确保岸幕防渗效果，本次帷幕起点沿右岸岸幕大坝方向延伸幕线，增加布置双排帷幕，共计 15 个灌浆孔，幕底深度按本次设计伸入相对隔水层。

鸡冠山防渗帷幕设计为前后两排，排距 1.5m，设计深度 75～139m，断层带及渗漏严重地段加强灌浆，帷幕加密至三排。

3 帷幕灌浆施工

3.1 钻灌方法

防渗帷幕灌浆孔钻孔采用 XY-2 型地质钻机钻进，防渗帷幕灌浆采用 3SNS 灌浆泵灌浆。

鸡冠山渗水处理项目防渗帷幕顶高程为 260～265m，帷幕灌浆孔在帷幕顶 260～265m 高程以上采用镶注孔口管，外露地面 5cm。注浆待凝 72h 以上后方可进行扫孔、钻灌施工。

3.2 施工程序和施工工艺

（1）双排帷幕先施工下游排，再施工上游排，每排分三序施工。

（2）由三排孔组成的帷幕，先灌注下游排孔，再灌注上游排孔，后灌注中间排孔，每排孔分为三序。

（3）防渗帷幕灌浆孔Ⅰ序孔采用"孔口封闭、孔内循环、自上而下分段灌浆法"，根据实际施工情况，Ⅱ序孔和Ⅲ序孔采用"综合灌浆法"或"自下而上、分段卡塞灌浆法"。

3.3 灌浆段长及压力

防渗帷幕灌浆段长及压力控制见表 1。

表 1　　　　　　　　　防渗帷幕灌浆段长及压力控制表

段　　次	1	2	3	4	5	6	7	8	9 及以下
段长/m	5	5	5	5	5	5	5	5	段长 5m
Ⅰ序孔灌浆压力/MPa	0.3	0.6	1	1.5	2	2.5	3	3	3
Ⅱ序孔灌浆压力/MPa	0.5	0.8	1.2	1.7	2	2.5	3	3	3
Ⅲ序孔灌浆压力/MPa	0.6	0.8	1.2	1.8	2.5	3	3	3	3
先导孔压水压力/MPa	0.4	0.56	0.88	1	1	1	1	1	1
检查孔压水压力/MPa	0.48	0.64	0.96	1	1	1	1	1	1

注　1. 表中的灌浆压力为考虑浆柱压力的全压力；

　　2. 表中的压水压力为考虑水柱压力的全压力。

3.4 浆液水灰比

浆液水灰比采用 5:1、3:1、2:1、1:1、0.7:1、0.5:1 六个比级。开灌水灰比为 5:1，若钻孔时孔口无返水或压水时无回水的孔段，开灌水灰比可采用 0.5:1；灌前压水透水率吕容值大于 50Lu 时，开灌水灰比可采用 1:1。

4 多互层软岩条件下深孔灌浆问题及处理措施

本工程地质条件为页岩灰岩互层，由于页岩抗剪强度较低，一般在工程地质上可视为软岩，在较大的灌浆压力下极易产生水平向劈裂，从而在灌浆过程中，易出现以下两种现象：①压力提升至一定值时流量突变，压力返回后，流量迅速减小，恢复到升压前流量的现象；②当在透水率相对较小的页岩层使用设计压力（3MP）正常灌浆结束后，撤去灌浆压力出现浆液由孔口管溢出（浆液回流）现象。针对上述两种情况，如果不能研究出有效的解决方案将严重制约工程进度，影响灌浆质量。

试验区灌浆实施初期 a41 第 16 段（78.77～83.77m）、b49 第 15 段（73.74～78.74m）、b49 第 16 段（78.74～83.74m）出现压力提升至一定范围流量突增，压力返回后，流量迅速减小，3～5min 后，恢复到升压前的流量现象。具体表现为压力由 1.2MPa 增至 1.8MPa 过程中，平均流量为 7L/min，压力增至 2MPa，流量突变为 71.82L/min，且 b49 第 16 段（78.74～83.74m）出现上述情况后，在灌浆平台近库区临空面距孔口 11m 处出现明显的漏浆点。

在本工程灌浆过程中出现压力升高至一定值流量突增和浆液回流问题后，经建管、监理、设计、地质、施工等单位共同研究决定采取以下问题进行解决：

（1）调整在不破坏原地层情况下，保证后续灌浆工作顺利进行，原设计灌浆压力（3.0MPa）采用考虑浆柱压力的全压力，即灌浆压力由表压力和浆柱压力组成（不考虑浆液在流经全部的管路过程中的压力损失）。深孔灌浆浆液自重压力成为灌浆全压力的重要组成部分，特别在软岩地层中灌浆应充分考虑浆液自重压力。

（2）增加孔口管镶注深度，以增加岩石压重。本工程Ⅰ序孔采用"孔口封闭、孔内循环"灌浆法，上部灌浆压力较小，随着灌浆深度的加深逐渐达到设计最大压力值（3MP）。"孔口封闭、孔内循环"灌浆法的特点是全孔承压，即当达到最大设计压力之后，原来上部灌浆压力较小的范围也将承受相同压力。在这种情况下，上部岩石盖重不能承受最大设计压力时会发生抬动破坏，且本工程灌浆轴线位置距离临空面较近，因此上述情况成为边坡漏浆的重要因素。增加孔口管镶铸深度等于增加上部岩石盖重，可以有效解决因发生抬动导致边坡漏浆的问题。本工程通过将孔口管镶注深度由最初的 3.5m 增加至 13.5m 有效地解决了上述问题。

5 各次序孔施工工效分析

在施工过程中，先灌排和后灌排的Ⅰ序孔采用"孔口封闭、自上而下分段、孔内循环灌浆法"施工工艺，先灌排的Ⅱ序孔采用"综合灌浆法"施工工艺，先灌排的Ⅲ序孔和后灌排Ⅱ、Ⅲ序孔采用"自下而上分段卡塞灌浆法"施工工艺。

通过工效分析，"综合灌浆法"比"孔口封闭、自上而下分段、孔内循环灌浆法"施工工效提高了 13.85％；"自下而上分段卡塞灌浆法"比"综合灌浆法"施工工效提高了 19.64％；"自下而上分段卡塞灌浆法"比"孔口封闭、自上而下分段、孔内循环灌浆法"施工工效提高了 30.77％。

6 泄洪洞渗漏情况分析

通过对 1 号、2 号泄洪洞渗流量的分析，1 号泄洪洞总渗流量由最大 102.141L/s 减少至目前的 13.245L/s，减少了 87.03％；2 号泄洪洞总渗流量由最大 64.154L/s 减少至目前的 15.841L/s，减少了 75.31％，说明防渗处理效果良好。

7 结论

（1）多互层软岩条件下深孔灌浆压力的调整和增加孔口管镶筑深度的措施，较好地解决了浆液回流及因盖重不够导致边坡漏浆的问题，提高了施工工效，保证了整体灌浆质量。

（2）多互层条件下各次序施工工艺的合理选择，提高了施工工效，降低了水泥损耗，产生了显著的经济、社会效益，具有较高的推广价值。

杨房沟水电站导流隧洞进口无盖重固结灌浆施工应用

刘 涛

（中国水利水电第七工程局有限公司）

【摘 要】 杨房沟水电站导流隧洞工程工期紧、任务重、施工干扰大，为削减固结灌浆施工高峰强度，在导流隧洞内选择有代表性的围岩段进行了无盖重固结灌浆试验，验证了无盖重固结灌浆施工工艺的可行性，论证了试验参数的合理性，并在关键线路的关键位仓号得到了成功应用，为杨房沟水电站导流隧洞节点工期的顺利实现奠定了坚实的基础。

【关键词】 导流隧洞 无盖重 固结灌浆

1 引言

隧洞围岩固结灌浆一般都采用有混凝土盖重的灌浆方式，即在隧洞混凝土浇筑后，在其强度达到设计值的50%以上时再进行固结灌浆。有盖重固结灌浆是成熟的灌浆工艺，也是各水电工程固结灌浆优先采用、确保施工质量的手段。但是，该工艺在工程进度较紧张的情况下，固结灌浆的施工工期将会对工程总工期造成影响。因此，关键部位采用无盖重固结灌浆的优势就得到了充分体现，很多工程都将此工艺作为削减高峰强度的重要手段。

2 工程概述

2.1 工程简介

杨房沟水电站位于四川省凉山彝族自治州木里县境内的雅砻江中游河段麦地龙乡上游约6km处，是雅砻江中游河段一库七级开发的第六级，上距孟底沟水电站37km，下距卡拉水电站33km。1号导流隧洞全长716.04m，2号导流隧洞全长831.56m。导流隧洞灌浆工程量为回填灌浆28958m²，固结灌浆37050m，帷幕灌浆1680m，闸室段接触灌浆1986m²。

2.2 工程地质

导流隧洞进口为弱风化下段—微风化变质粉砂岩，洞室围岩稳定性较差；导流隧洞出口为弱风化下段花岗闪长岩，洞室围岩稳定性较好。两条导流隧洞的围岩分类如下：1号导流隧洞进口段0+0～1号导0+007.60段变质粉砂岩为Ⅳ类围岩，1号导0+007.60～1号导0+278.51段变质粉砂岩以Ⅲ类、Ⅳ类为主，Ⅲ类约占70%，Ⅳ类约占30%；1号导0+278.51～1号导0+296.55岩性接触带附近为Ⅳ类围岩；1号导0+296.55m至出口段花岗闪长岩以Ⅱ类、Ⅲ类为主，Ⅱ类约占60%，Ⅲ类约占35%，其余少量为Ⅳ类。2号导流隧洞进口段0+0m～2号导0+014.97m段的变质粉砂岩为Ⅳ类围岩，2号导0+014.97～2号导0+374.94m段变质粉砂岩以Ⅲ类、Ⅳ类为主，Ⅲ类约占65%，Ⅳ类约占30%，其余少量为Ⅳ类；2号导0+374.94m～2号导0+394.67m岩性接触带为Ⅳ类围岩；2号导0+394.67m至出口段花岗闪长岩以Ⅱ类、Ⅲ类为主，Ⅱ类约占60%，Ⅲ类约占35%，其余少量为Ⅳ类。

2.3　无盖重固结灌浆实施背景及方案概述

导流洞进口渐变段岩性复杂，地质条件差，开挖中采用了锚喷、钢支撑、大管棚等支护措施，二衬混凝土施工后，将形成"两道缝"（即二衬混凝土与喷护混凝土之间、喷护混凝土与围岩接触段之间），需分别进行接触灌浆。根据导流隧洞工程年度控制性节点目标，留给灌浆作业的时间仅有4个月时间。

鉴于上述原因，为保证导流隧洞节点目标实现，需提前对部分洞段进行无盖重固结灌浆施工，以削减固结灌浆施工的高峰强度。本次灌浆试验总体思路及方案概括为：①二衬混凝土浇筑前，首先采用"无盖重固结灌浆方案"对围岩2～6m段区域进行灌浆，即将灌浆栓塞卡至入岩2m位置对2～6m段长进行全孔一次性灌浆；②二衬混凝土浇筑后，灌浆盖重已形成，再在混凝土内卡塞对围岩0～2m段区域、"两道缝"进行灌浆。

3　无盖重固结灌浆试验

3.1　灌浆试验目的及内容

（1）试验目的。本次试验的目的主要为寻求无盖重固结灌浆的方法和技术参数的可行性，论证无盖重固结灌浆能否达到设计指标，为导流隧洞灌后声波检查的岩体弹性波波速评定标准提供参考性数据。通过本次试验，主要应达到以下试验目的：

1）通过现场工艺试验，论证灌浆压力、灌浆孔间距、浆液配比、浆液变换及结束条件等灌浆技术参数。

2）推荐合理、合适的施工方法、施工程序和施工参数，为无盖重固结灌浆的实施提供依据。

3）收集固结灌浆灌前、灌后的声波检测数据，通过对比，确定固结灌浆声波检测的质量合格标准。

4）研究分析施工方案对工程进度和工程造价的影响关系。

（2）试验内容包括：

1）普通水泥灌浆试验：包括灌浆方法、灌浆机具选择、开灌水灰比选择、灌浆过程出现特殊情况时的处理方法等。

2）抬动观测：包括抬动观测装置的安装、灌浆过程中的抬动观测，研究各次序灌浆孔抬动变形的基本规律，综合确定灌浆压力和注入率。

3）灌浆质量与效果的检查：固结灌浆质量检查采用灌浆孔成果资料及检查孔压水试验相结合的方法进行综合评定，质量检查孔为灌浆孔孔数的5%，检查孔孔位由现场监理工程师确定，检查孔在灌浆孔全部结束后3d开始压水试验检查。

4）进行灌前、灌后声波值检测，为后续洞内灌浆声波质量检查提供参考性数据，声波孔灌后检测时间为灌浆完成 14d 后。

3.2 试验区选址及试验孔布置

（1）本次试验所选试验区的地质条件与导流隧洞混凝土浇筑关键仓号一致，具有代表性；经各方现场勘察、比较，最终确定 1 号导 0＋36.0～1 号导 0＋48.0 顶拱 120°区域为无盖重固结灌浆试验区。

（2）试验区固结灌浆孔布置按照洞身段设计图纸要求，孔深入岩 6.0m，孔距 3.0m，排距 3.0m，梅花形布置。无盖重固结灌浆试验以 6.0m 段长为试验段，仅进行 2～6m 段长固结灌浆试验。

3.3 试验方案

试验区固结灌浆施工方法采用"全孔一次性灌浆法"，灌浆方式采用"三参数、小循环"灌浆。施工程序为：固结灌浆钻孔 6.0m→卡塞至孔口内 2.0m 处→2.0～6.0m 固结灌浆→0.0～6.0m 封孔灌浆→质量检查。

（1）灌浆孔分二段灌浆：第一段 2.0～6.0m，第二段 0.0～2.0m（二衬混凝土浇筑后施工）；先灌注 2.0～6.0m 段，然后进行全孔 0.0～6.0m 灌浆封孔；0.0～2.0m 段固结灌浆在二衬混凝土浇筑后结合缝面接触灌浆施工。

（2）结合导流隧洞洞身段固结灌浆压力要求，采用表 1 固结灌浆压力参数表，根据现场情况合理调整灌浆压力，以喷护混凝土不抬动为原则。

表 1　　　　　　　　　　　　　固结灌浆压力参数表

孔深/m	段长/m	压力/MPa	备　　注
2.0～6.0	4.0	0.8～1.0	
0.0～2.0	2.0	0.5	二衬混凝土浇筑后施工

（3）采用水灰比为 2：1、1：1、0.8：1、0.5：1 的水泥浆液，开灌水灰比为 2：1，如注入率偏小，可根据现场实际的注入率情况调整至 3：1。

（4）在该灌浆段最大设计压力下，注入率不大于 1L/min，继续灌注 30min，可结束灌浆。

3.4　试验成果

3.4.1　各次序孔透水率值变化情况分析

为了解地层透水率随孔序的变化情况，试区灌前各段均进行简易压水试验，压水压力为灌浆压力的 80%，若该值大于 1.0MPa，则采用 1.0MPa。根据试验资料，灌前透水率情况为：

（1）Ⅰ序孔平均透水率为 5.22Lu，Ⅱ序孔平均透水率为 3.71Lu，各次序孔透水率平均值为 4.52Lu；比较各次序孔平均透水率，Ⅰ序孔＞Ⅱ序孔，Ⅱ序孔与Ⅰ序孔比较，递减率为 28.93%。

（2）透水率 $q \leqslant 3Lu$ 的孔段，Ⅰ序孔占 0%，Ⅱ序孔占 30%；透水率 $q \geqslant 10Lu$ 的孔段，Ⅰ序孔占 50%，Ⅱ序孔占 17%。

从上述统计数据可以看出：灌浆孔段的透水率随孔序的递增表现为依次递减的变化规

律，符合正常的透水率递减规律，说明灌浆效果较好。灌浆孔段的透水率及分布情况见表2和图1。

表2 各次序透水率区间段和频率表

孔序	平均透水率/Lu	孔数	透水率频率（区间段数/频率%）				
			总段数	<1Lu	$1<q\leqslant3$Lu	$3<q\leqslant10$Lu	$q\geqslant10$Lu
Ⅰ	5.22	14	14	0	0	7/50	7/50
Ⅱ	3.71	12	12	0	3/25	7/58.33	2/16.67
总计	4.52	26	26	0	3/11.54	14/53.85	9/34.61

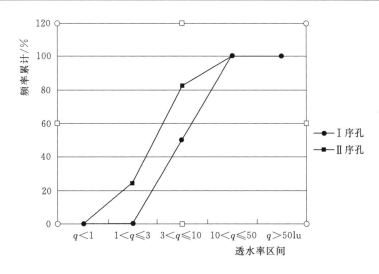

图1 透水率值频率累计曲线图

3.4.2 各次序孔单位注入量统计分析

本次试验完成试验26个孔，共计灌浆104m，灌注水泥6.95t，Ⅰ序孔单位注灰量为87.49kg/m，Ⅱ序孔单位注灰量42.82kg/m，各次序孔平均单位注入量66.87kg/m。其中各次序孔单位注灰量最大值122.15kg/m，最小值14.15kg/m。

从上述成果数据可以看出：水泥单位注入量均表现为随孔序的递增依次递减的变化规律，符合正常的灌浆变化规律，说明采用无盖重灌浆的施工方法是适宜的，施工中灌浆操作是合理的，灌浆效果较好。各次序孔水泥单位注入量统计及频率分布情况见表3和图2。

表3 各次序单位注入量区间段和频率表

灌浆次序	孔数	灌浆长度/m	注灰量/kg	单位注灰量/(kg/m)	单位注灰量频率（区间段数/频率%）				
					总段数	单位注灰量/(kg/m)			
						<10	$10\sim50$	$50\sim100$	$100\sim300$	>300
Ⅰ	14	56	4899.4	87.49	14	0	5/35.71	4/28.58	5/35.71	0
Ⅱ	12	48	2055.5	42.82	12	0	8/66.67	4/33.33	0	0
合计	26	104	6954.9	66.87	26	0	13/50	8/30.77	5/19.23	0

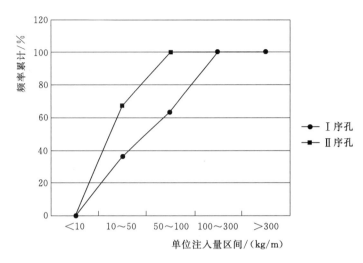

图 2 单位注灰量频率累计曲线图

3.4.3 水泥单位注入量与地层透水率的关系

试验区灌浆孔段水泥单位注入量与透水率的区间分布对应关系详见表 4。

表 4   试区单位注入量与透水率关系表

透水率 /Lu	单位注入量/(kg/m)						合计 （试段）
	<10	10~50	50~100	100~400	400~1000	>1000	
1~5		11	1				12
5~10		2	2	1			5
10~50			5	4			9
50~100							
>100							
合计（试段）		13	8	5			26

从表 4 可以看出：试区灌浆孔段透水率 1~5Lu 占试区总段数的 46.15%，透水率 5~10Lu 占试区总段数的 19.23%，透水率 10~50Lu 占试区总段数的 34.62%；单位注入量 10~50kg/m 占试区总段数的 50%，单位注入量 50~100kg/m 占试区总段数的 30.77%，单位注入量 100~400kg/m 占试区总段数的 19.23%。这说明试区灌浆孔段灌前透水率与水泥单位注入量之间总体上表现呈正比关系，符合正常灌浆规律，试验区在压力灌浆作用下使岩层裂隙得到有效灌注。

3.4.4 灌浆效果检验

（1）灌后检查孔压水试验情况。固结灌浆质量检查采用压水试验为主，并结合岩体弹性波波速、有关灌浆施工资料等综合评定。灌后检查孔压水试验情况见表 5。

表 5   灌后检查孔压水试验成果统计表

孔　　号	段号	压水压力/MPa	压水流量/(L/min)	透水率/Lu	备注
GJ1-5-JC-1	第一段	0.82	0.4	0.12	
GJ1-5-JC-2	第一段	0.84	0.1	0.03	

检查孔压水试验合格标准：①固结灌浆压水试验合格标准为透水率小于3Lu；②85%以上检查孔透水率不大于3Lu，其余试段的透水率不超过设计规定值的150%，且分布不集中，灌浆质量可认为合格。

本试验灌后检查孔共2孔（2段），试段透水率均小于3Lu，符合设计标准。

（2）灌前灌后声波检测情况。本次试验共布置一个声波检测孔，灌前灌后声波波速见下表6。

表6　　　　　　　　灌浆前后声波波速对比分析表（单孔）　　　　　　　单位：m/s

施 工 部 位	孔号	灌前波速		灌后波速		平均波速			
		最小值	最大值	最小值	最大值	灌前	灌后	增加值	提高率/%
无盖重固结灌浆试验区	GJ-SB1	1430	2470	1400	2860	1915	2034	119	6.21%

由表6可得出：GJ-SB1孔灌前波速最小波速1430m/s，最大波速2470m/s，平均波速1915m/s；GJ-SB1孔灌后波速最小波速1400m/s，最大波速2860m/s，平均波速2034m/s，灌后平均波速比灌前平均波速提高6.21%。

根据声波测试结果表明，经过灌浆处理后，该部位岩体波速有明显提高，灌浆效果显著。

（3）结论。本工程在无盖重固结灌浆条件下，采用此试验方案设计的布孔方式、灌浆压力以及施工工艺可满足本工程要求。

4　无盖重固结灌浆的实施

4.1　应用范围

根据试验结果，结合杨房沟水电站导流隧洞开挖所揭露的实际地质条件，对以下混凝土浇筑时间靠后的仓号先进行无盖重固结灌浆：1号导0+0.0～0+36.0、1号导0+48.0～0+72.0、2号导0+0.0～0+72.0。

4.2　施工工艺及参数

无盖重固结灌浆采用"全孔一次性灌浆法"，灌浆方式采用"三参数、小循环"灌浆。施工程序为：固结灌浆钻孔6.0m→卡塞至孔口内2.0m处→2.0～6.0m固结灌浆→0.0～6.0m封孔灌浆→质量检查。

杨房沟水电站导流隧洞无盖重固结灌浆部位所采用的灌浆施工参数如下：

（1）布孔型式：Ⅰ、Ⅱ序孔间排距为3.0m×3.0m，梅花形布置。

（2）灌浆压力：2.0～6.0m采用0.8～1.0MPa，0.0～2.0m采用0.5MPa。

（3）水灰比：灌浆浆液采用的水灰比为2:1、1:1、0.8:1、0.5:1四个比级，开灌水灰比为2:1，按由稀到浓逐级变换的原则进行浆液变换。

（4）灌浆结束标准与封孔：在该灌浆段最大设计压力下，注入率不大于1L/min，继续灌注30min，可结束灌浆。均采用"全孔灌浆封孔法"封孔。

4.3　工艺流程控制

（1）围岩面有明显渗漏裂隙，先在表面涂抹一层防渗材料，达到灌前表面围岩封闭的效果，以确保无盖重固结灌浆施工时能够起压，达到固结灌浆的目的。

（2）灌浆过程中发生冒浆、漏浆时，根据具体情况采用降压、嵌缝、表面封堵、浓浆、限流、限量、间歇、待凝等方法进行处理。

（3）灌浆过程中发生串浆时，如具备条件，可一泵一孔同时进行灌注（也可群孔并联灌浆，但孔数不得多于 3 个）。串浆后不能同时进行灌注时，用栓塞塞住串浆孔，待灌浆孔灌浆结束后，再对串浆孔进行扫孔、冲洗和灌浆。

4.4 灌后成果检查

无盖重固结灌浆结束后，由业主、设计、监理及施工单位各方协商选定检查孔位置，对灌浆质量及效果进行检查。检查孔数量为总灌浆孔数量的 5%，分别采用取芯、声波测试和压水试验法，从灌后压水检查、灌浆前后基岩声波测试结果看，采用无盖重固结灌浆的部位，灌浆质量满足设计要求。

（1）无盖重固结灌浆各单元检查孔透水率均小于 3Lu，灌浆后压水检查的合格率达到 100%；无盖重固结灌浆单位注灰量总体随Ⅰ、Ⅱ序孔分序递减的规律明显。

（2）无盖重固结灌浆前后基岩声波提高率在 6.3%～12.6%。

综上所述，杨房沟水电站导流隧洞无盖重固结灌浆效果良好，灌浆后岩体质量能满足设计要求。

5 结语

（1）无盖重固结灌浆减少了混凝土中的钻孔量，先于混凝土浇筑施工，控制好分段灌浆压力、水灰比等参数，灌浆质量是有保证的。实践证明在杨房沟水电站导流隧洞无盖重固结灌浆所选定的灌浆压力、水灰比是合理的，灌浆所用的材料、设备工艺满足设计要求，灌浆效果良好。

（2）杨房沟水电站导流隧洞施工工期紧，运用无盖重固结灌浆技术有效地解决了固结灌浆与混凝土浇筑施工的相互干扰，充分利用了混凝土未浇筑施工的工作面空白时间，加快了施工进度，也有效避免灌浆钻孔过程中对混凝土表面、内部构件等的破坏。

（3）无盖重固结灌浆在杨房沟水电站导流隧洞取得了良好的效果，为杨房沟水电站导流隧洞洞身的后续灌浆，提供了合理的参考；为同类工程提供了十分有益的借鉴。

浅谈塔贝拉四期扩建项目无混凝土盖重固结灌浆施工方法应用

张 杰　郭 宇

（中国水利水电第七工程局有限公司）

【摘　要】　塔贝拉厂房尾水段基岩固结灌浆基岩面裂缝渗水量大，无法进行混凝土浇筑，故采用无混凝土盖重灌浆工艺。施工采用 0.70∶1 及 0.5∶1 的稳定浆液，GIN 灌浆法。针对灌浆中出现的串浆冒浆现象，采用了一系列简便易行的快速堵漏办法。经联合检验，灌浆效果优良。

【关键词】　无混凝土盖重固结灌浆　找平混凝土　稳定浆液　GIN 灌浆

1　工程概况

塔贝拉水电站工程位于巴基斯坦首都伊斯兰堡西北方开伯尔-普赫图赫瓦省境内，距伊斯兰堡约 113km。

塔贝拉水电站主要功能有灌溉、发电、防洪等。主要包括主坝、副坝、主辅溢洪道、灌溉隧洞、发电引水隧洞以及水电站等，最大坝高 143m，工程于 1968 开工，1976 年正式蓄水发电。4 条隧洞布置在右岸，1 号、2 号、3 号隧洞洞径 13.3m，4 号洞径 11～13m，洞长 660～770m。原设计 1 号、2 号隧洞用于发电，3 号、4 号隧洞用于灌溉。水电站位于大坝下游右岸，现装机共 14 台，总装机为 3478MW（10×175MW＋4×432MW）；其中 1～10 号单机 175MW（1～4 号机组由 1 号隧洞供水，5～10 号机组由 2 号隧洞供水），11～14 号单机为 432MW（三期扩建，由 3 号隧洞供水）。4 期扩建扩容为 15～17 号机组，总扩容 3×470MW，即扩容 1410MW。

2　固结灌浆设计

塔贝拉厂房区基岩为前寒武系的 Salkhala 组地层，岩性主要为碳质片岩、灰岩、辉绿岩和石英岩，微细裂隙发育，浅层段基岩由于受开挖放炮的影响，爆破裂隙发育。这些地质缺陷的存在对厂房的安全运行有较大影响，设计在厂房及压力钢管处均布置有固结灌浆。但因厂房 17 号机组尾水段岩石裂缝渗水量较大，不能够进行混凝土浇筑。因此采用无混凝土盖重灌浆，浆液在岩石表面的漏浆点较多，降低施工进度。灌浆孔距及排距均为4m，梅花形布置，主要灌浆参数见表 1。

表 1		灌 浆 参 数	
参数	GIN 值/(bar·kg/m)	最大限制压力 P_{max}/bar	最大限制单耗 V_{max}/(kg/m)
12m 灌浆孔	1000	12	500

3 无混凝土盖重灌浆工艺

3.1 无混凝土盖重灌浆施工的条件

无混凝土盖重灌浆是在建基面开挖到设计高程后，按设计要求浇筑一层找平混凝土后开始施工的，浇筑找平混凝土的目的主要是防止灌浆过程中浆液串冒，保证灌浆质量。找平混凝土浇筑厚度按设计开挖建基面高程控制，一般为 $30 \sim 40cm$，部分混凝土厚度为 10cm，岩石突出部位则无找平混凝土，找平混凝土强度等级为 200 号，二级配，待找平混凝土浇筑达到 50% 设计强度后，进行下一步的钻孔、灌浆工作。

3.2 钻孔及灌前施工

钻孔采用潜孔钻机施工，钻孔孔径 $\phi76$，钻孔严格按分序加密的原则进行。钻孔至终孔后，用大流量清水对孔底进行终孔冲洗，终孔冲洗结束后进行灌前裂隙冲洗，裂隙冲洗压力为 80% 的灌浆压力，直到孔口反出清水为止。

3.3 灌浆

3.3.1 灌浆材料及设备

灌浆采用强度等级为 42.5 的普通硅酸盐水泥，其细度的比表面积为 $3500cm^2/g$，灌浆浆液以 0.7∶1 的稳定浆液，见表 2。

表 2　　　　　　0.70∶1(W/C) 稳定浆液配合比　（1m³）

体积 /1m³	总水量 /kg	加水量 /kg	水泥和矿渣			外加剂					密度 /(g/cm³)
			矿渣 /kg	水泥 /kg	总计 /kg	减水剂 (1.3%) /kg	膨胀剂 (1.0%) /kg	膨润土			
								比例 /%	膨化前 量/kg	膨化后 量/kg	
1.0	666.9	428.7	238.2	714.5	952.7	12.4	9.5	2.5	23.8	262.0	1.67

当灌浆孔的漏水量大于 10L/min，以及采用稳定浆液连续灌注 10min，注入率仍大于 30L/min 时，可以灌注 0.5∶1 的稳定浆液并在孔口处持续加入水玻璃，达到结束标准停止灌浆，并做好封孔工作。灌浆记录采用 HT-Ⅳ 型自动记录仪为主，施工设备见表 3。

表 3　　　　　　施 工 主 要 设 备 表

设备名称	规格型号	单位	数量
潜孔钻机	XY-10A	台	6
地质钻机	XY-2	台	3
高速制浆机	ZJ-400	台	2
自动记录仪	HT-Ⅳ	台	2

设备名称	规格型号	单位	数量
中压灌浆泵	3SNS	台	6
空压机	Atlas	台	1
单级离心泵	IS65－50－125T	台	4
双层搅拌机	JJS－2B	台	8

3.3.2 灌浆压力

无混凝土盖重灌浆时，由于基岩直接受压，为避免基岩形成抬动破坏，采用了较小的灌浆压力，并加强抬动监测，在布置有抬动观测孔的部位，周围 10m 以内的灌浆孔进行灌浆施工时，进行抬动监测，按最大允许抬动值为 $100\mu m$ 控制。

3.3.3 灌浆方法及阻塞

灌浆采用"自下而上，分段阻塞，纯压式"的灌浆方法，第 1 段阻塞位置在混凝土与基岩面分界处，对找平混凝土厚度较薄及裸露基岩部位的孔段，自基岩面以下 20cm 处开始阻塞，如阻塞不住时，渐渐下移阻塞器。

3.3.4 特殊情况及处理

由于找平混凝土较薄，部分孔段是裸岩灌浆，在灌浆中对灌浆孔附近观察时，发现沿找平混凝土表面分缝处、找平混凝土与基岩接触面、基岩排水沟等部位漏水，在前期施工中待漏水部位有浆液冒出，采用了间隙灌浆、二次三次复灌等措施处理，效果均不理想，后采取如下措施收到了事半功倍的效果：

（1）先进行裂隙冲洗，找到漏水部位，并将裂隙内的杂物冲洗干净。

（2）在有明显渗水点处进行钻孔灌浆或沿漏水部位人工扣槽，槽宽 20cm，深 10～15cm，扣槽完毕后，用清水冲洗后，回填水玻璃—水泥砂浆，其配比为（水泥：水玻璃：砂：水)1：1：1：0.6。

（3）在灌浆过程中，如从岩石表面裂隙漏浆处，用水玻璃-水泥浆液中加棉纱进行堵漏。

（4）对于一些涌水量大于 10L/min 的孔，利用小型灌浆机在孔口处通过"T 形管"在浆液中加入水玻璃的方式进行灌浆。

（5）通过现场联合检验堵漏效果，对效果不好的部位重新进行钻孔灌浆。

3.4 质量检查

质量检查采用对最后添加孔进行灌浆，如其每段灌浆量小于 180L 即可结束该区域的灌浆（根据批复的施工方案）。灌浆结束后，联合业主、监理、施工方三方进行现场检查及灌浆成果研究，现场无渗水情况，灌浆成果合理，得到了业主、监理的好评。

4 无混凝土盖重灌浆成果及工艺分析

4.1 灌浆成果分析

单位耗灰量成果统计见表 4。

表4　　　　　　　　　　　　　　　　　　　　单位耗灰量成果统计

孔序	孔数	灌浆/m	注灰量/kg	平均单耗/(kg/m)
Ⅰ	37	444	44703.7	100.68
Ⅱ	44	528	30778.6	58.29
检查孔	51	612	16973.6	27.73

从表4看出，随着灌浆次序的增加，单位耗灰量逐渐降低，单位耗灰量递减率见表5。

表5　　　　　　　　　　　　　　　　　　　　单位耗灰量递减率

孔　序	Ⅰ	Ⅱ	检查孔
单位耗灰量/(kg/m)	100.68	58.29	27.73
递减率/%		42.1	52.4

从表5看出，Ⅱ序孔较Ⅰ序孔递减42.1%，检查孔较Ⅱ序孔递减52.4%，递减幅度明显，固结灌浆成果符合一般灌浆规律。灌浆质量优良。

4.2　无混凝土盖重灌浆工艺分析

塔贝拉17号尾水基础常规固结灌浆采用无砼盖重灌浆工艺在实际施工中由于找平混凝土厚度较薄，部分基岩裸露，在灌浆压力作用下，浆液多沿基岩排水沟、混凝土分缝处、基岩临空面及裸露部分漏浆，浆液沿找平混凝土与基岩接触面相互串浆，在发生串、冒浆液后，采用间隙灌浆、浓浆、待凝等方法均不理想，即影响灌浆质量，又耽误工期，后在施工中采取"嵌缝→抹水玻璃→水泥砂浆"的嵌缝堵漏办法效果好。待凝时间短，后在施工中加以推广。无混凝土盖重灌浆由于找平混凝土较薄，灌浆栓塞长60～70cm，阻塞位置受到影响，特别是在浅层阻塞不住时，下移灌浆塞，使灌浆栓塞以上的浅层段形成漏灌，浅层段灌浆效果不如有混凝土盖重灌浆时阻塞在混凝土内效果好，对个别基岩裸露的部位影响较明显，对基岩与混凝土的接触面灌浆效果也不如有混凝土盖重灌浆，在后期采用预埋灌浆管进行接触灌浆，则可以弥补这一缺陷。

5　结语

综上所述，无混凝土盖重固结灌浆施工具有如下特点：

（1）设计孔、排距合理，灌浆压力适宜，能达到设计要求的合格标准；

（2）无混凝土盖重灌浆减少了砼钻孔量，缩短了工期，且很好的解决了因渗水量大而无法进行混凝土浇筑；

（3）施工中采用的嵌缝、堵漏措施具有效果好、简便可靠的特点。由于受阻塞位置的影响，浅层段灌浆效果会受到一定的影响，可采用预埋接触灌浆管的办法解决。

岩土锚固与支护

1	2
3	4

1 锦屏一级水电站左岸锚索施工　　2 成都地铁4号线二期工程

3 南广铁路白沙江特大桥　　　　　4 武汉市轨道交通21号线车辆段首跨钢梁吊装

中国水利水电第七工程局成都水电
建设工程有限公司
简　介

中国水利水电第七工程局成都水电建设工程有限公司（以下简称公司）为国有控股企业，注册资本3亿元，资产总额超过20亿元，总部位于四川省成都市温江区。

公司现有职工900余人，其中，大学专科以上学历570余人，具备高、中级专业技术人员180余人。公司拥有旋挖钻机、多功能岩土钻机、推土机、挖掘机等各类大、中型施工设备1200余台（套）。公司拥有水利水电工程施工总承包一级、地基与基础工程专业承包二级、河湖整治工程专业承包二级资质。

公司参建了三峡、溪洛渡、向家坝、锦屏、糯扎渡及苏丹麦洛维、罗赛雷斯、马来西亚巴贡、胡鲁、巴基斯坦高摩赞等国内外水电站，参与了京沪高路、南广铁路、南水北调、穿黄工程、成都地铁4号线、武汉地铁21号线、锦屏公路、贵毕公路等工程建设。经过多年的发展和技术积累，目前已形成了一整套较为完整的基础处理工程施工体系，品牌效应逐步体现，在行业内具有较高知名度和影响力。公司坚持"转型升级"发展战略，在不断夯实基础处理品牌的同时，积极向土建工程、市政工程、铁路、公路等领域进军，积累了有益的经验，业务范围逐步从单一转向综合发展。

长期以来，公司坚持创新驱动发展战略，稳步推进技术研发工作，积累了一大批以"复杂地质条件基础处理"为特色的核心技术成果：《龙滩水电站细微裂隙岩体和断层灌浆处理关键技术研究》《软弱低渗透地层补强加固水泥化学复合灌浆处理技术研究》等数十个科研项目获得省部级奖项，《复杂地质边坡大孔径深孔锚索钻孔施工工法》等多项工法被评为国家级、省级工法，获得了数十项国家发明和实用新型专利。

老挝南塔河水电站溢洪道边坡强风化
岩体预应力锚索施工

李 卫 吉子为 张 瑜

（中国水利水电第八工程局有限公司基础公司）

【摘 要】 老挝南塔河1号水电站溢洪道边坡在开挖过程中，马道喷混凝土表面出现多条纵、横向裂缝，且通过马道监测数据显示，边坡位移较大。针对边坡复杂的地质条件，对传统岩锚施工工艺进行改进，既大大缩短了溢洪道边坡处理的时间，同时也在保证每根锚索质量的情况下，节约了成本。

【关键词】 预应力锚索 边坡 南塔河水电站

1 工程概况

老挝南塔河1号水电站工程位于老挝北部的博乔省湄公河左岸支流南塔河上，距与湄公河汇合处约62km，是一座以发电为主的枢纽工程，电站正常蓄水位455.00m，相应库容为17.55亿 m³，可能最大洪水位458.97m，相应库容为19.6753亿 m³，最大坝高93.65m，水电站装机容量为168MW。属Ⅰ等工程。

南塔河1号水电站所在坝址属中低山峡谷地形，河流总体流向为北西向，河谷形态呈较开阔的"V"字形，河底高程为373～377m，枯水期河水位高程为378.5m时，河水面宽度45～55m，河水深约1.5～5.5m。两岸峰顶为灰岩山，山脉走向受岩层走向控制，为70°～80°。左岸峰顶高程为510～610m，地形坡度为35°～45°，基岩基本裸露，受岩层面控制，近峰顶形成高达10～45m陡崖，陡崖面即为岩层面。右岸峰顶高程为600～640m，山体较左岸雄厚，地形坡度35°～45°，岸坡上部基岩基本裸露，中、下部土层覆盖。

2 边坡变形体处理

2.1 边坡变形体的形成及发展

在溢洪道开挖过程中，高程470m马道以上（桩号：溢下 0＋140.00～溢下 0＋200.00）边坡喷混凝土表面出现多处纵、横向裂缝，监测数据显示，边坡位移较大，达108mm。随后变形呈加剧趋势，在两天内累计位移达到298mm；距离开口线20～30m处出现宽度为10～40cm的张裂缝。至裂缝出现第四天，变形体继续发展，并形成上下贯通的下斜裂缝。溢洪道变形体顶部张裂缝出现扩大发展趋势，如图1所示。

图 1　溢洪道边坡裂缝

2.2　边坡变形体处理方案

针对边坡变形体，为了保证溢洪道开挖进度，确保电站发电工期，采取了消坡减载＋锚固相结合的原则进行处理，即对发生变形区域内的强烈挤压破碎岩体按照稳定坡比自上至下进行清除；对下游区域依然存在强烈挤压破碎岩体的开挖边坡采用预应力锚索进行加固；对变形体上、下游侧、悬崖体下部同样采用预应力锚索进行加固。

2.3　锚索设计

根据溢洪道边坡地质条件，设计采用 1150kN 级锚索，锚索长度分别为 15m，25m，30m，35m，40m，50m。其中 15m 和 25m 长度的锚索内锚固段长 6m，其余长度锚索的内锚固段长 7m，分布在变形体上、下游侧及悬崖体下部的各级马道上。

3　锚索施工

3.1　施工工艺流程

预应力锚索传统施工工艺的流程：钻孔→锚索加工→锚索安装→锚索注浆→外锚墩混凝土浇筑→张拉锁定→外锚头保护。

但由于变形体边坡地质条件较差，内部裂隙较为发育，锚索孔成孔困难，钻孔中常出现返风困难、卡钻等现象，为保证锚索孔顺利成孔，当钻进过程中出现了塌孔、不返风（或返风很小）、卡钻等异常现象时，进行固壁灌浆，扫孔后继续钻进。当锚索孔达到设计深度后，对锚固段单独进行简易压水，通过透水率的大小可准确判断锚固段岩层的完整性，保证了后续锚索张拉时能够达到设计要求的吨位。简易压水合格后，对全孔段进行水＋风结合的形式进行锚索孔冲洗，锚索孔冲洗干净后进行锚索安装和锚索注浆。

3.2　钻孔

边坡预应力锚索钻孔根据设计孔深采用 QZJ－100D 和 SKMG40 两种锚固钻机配备中风压冲击器钻进。在强风化带部位钻孔极易因塌孔而难以成孔，钻孔时，可采取如下措施：

（1）采取浓浆低压注浆固壁法造孔，以提高在强风化岩体内造孔孔壁的稳定性。

（2）当遇到断层破碎带出现塌孔、掉块、跑气等情况时，立即停止钻进，采取固结灌浆等措施处理。

（3）在钻孔过程中，当遇到宽大断层、张裂缝、宽大卸荷裂隙而严重漏风时，立即停止钻进，往孔内投入干硬性水泥球并加以捣实，待凝 4h 之后再行钻进。仍不能解决时，采用灌注水泥砂浆或灌注混凝土。

（4）当钻孔深度达到锚固段深度后，出现断层、裂缝、掉钻、无返风，严重塌孔等现象时，根据现场实际情况，加深锚索孔深，确保锚固段岩层的完整性。

3.3 锚固段压水试验

钻孔达到设计孔深后，对锚固段进行单独简易压水试验。采用水压塞，卡塞至锚固段上方 1m 处，压水压力为 0.3MPa（孔口压力表），压水时间 20min，每 5min 测读一次压入流量，取最后的流量值作为计算流量，其成果以透水率表示。

3.4 锚索的制作与安装

3.4.1 锚索材料

本工程采用无黏结预应力锚索。单根锚索由 7 根 ϕ15.2 钢绞线组成，钢绞线标准强度 1860MPa，其直径、强度、延伸率均满足设计规定要求。

3.4.2 锚索制作

（1）锚索编制在各锚索孔所在马道高程位置进行编制成束。集中编制好的锚索挂牌标示，当天编制好的锚索孔应及时下入孔内，不能及时下入孔内的锚索应做好临时防护。

（2）切割下料。设计图纸预应力钢绞线下料长度为理论长度，钢绞线下料前应逐个测量锚孔孔深并结合施工张拉设备情况，确定实际下料长度。采用砂轮片切割机对钢绞线切割下料，实际切割下料长度等于有效钻孔深度加外锚墩结构预留长度加张拉机具所需预留长度之和。

锚索下料长度计算公式为：下料总长（L）＝孔深（L_1）＋锚具长度（L_2）＋外锚墩预留长度（L_3）＋张拉千斤顶长度（L_4）＋必要的安全外露长度（L_5）。

（3）无黏结锚索内锚固段钢绞线的去皮、清洗在锚索制作场地上进行，钢绞线下料后将钢绞线摊开理直，采用电工刀锯口，人工拉拔去掉内锚固段钢绞线 PE 塑料管。洗油前先将钢绞线各股松开，用清洗剂逐股清洗，干净棉丝擦干，保证钢丝上无油膜存留。在内锚固段与自由张拉段相连部位，PE 塑料管端部均应用胶带缠封，以免灌浆时浆液浸入。

（4）内锚头组装成枣核状，灌浆管与锚索绑扎牢靠，与锚索一同安装。

3.4.3 锚索安装

锚索运输过程中防止发生损伤。经检验合格后的锚索方可下入孔内，锚索一般采用人工下入。锚索下入孔内后的外露长度必须满足锚墩浇筑和张拉的需求，检查管路畅通后，准备灌浆。

3.4.4 全孔灌浆

（1）采用纯水泥浆灌注。水泥浆液水灰比采用 0.45∶1，水泥采用新鲜 52.5R 普通硅酸盐水泥（使用统购水泥），浆液中可适当掺入一定数量的减水剂，并由实验室提供配比，结石强度不低于 35MPa。

（2）灌浆。锚索灌浆前先通过灌浆管送入压缩空气，将钻孔孔道的积水排干。灌浆压力 0.3MPa（孔口），当排浆比重与灌浆比重相同，且灌浆量大于理论吸浆量，孔内不再吸浆时结束。若灌浆量远大于理论吸浆量，应报告现场监理工程师，现场商定对策。

3.4.5　锚垫板安装及混凝土浇筑

（1）无黏结式锚索在锚索下入孔内并灌浆后即可进行垫座混凝土浇筑施工。

（2）按设计图纸要求的结构尺寸制作垫座。锚垫板与孔口导向管、配筋在施工现场焊接制作成整体，待钻孔完成锚索下入孔内后，将垫座孔口导向管插入孔内，支模浇筑垫座混凝土。

3.5　锚索张拉

3.5.1　张拉

（1）待混凝土外锚墩和内锚固段灌浆体抗压强度均达到设计强度后，方可对预应力锚索进行张拉。

（2）锚索张拉程序：张拉前准备→张拉机具安装→锚索单根预张拉→锚索整体分级张拉→预应力锁定→资料签证。

（3）张拉机具安装。张拉机具安装前，检查钢绞线、锚板的锥孔和牙形夹片是否清扫干净，不得有油污、铁屑、泥渣等杂物。先安装工作锚板、夹片，工作锚板的孔位应与锚束钢绞线的排列一致，夹片应安装平整，可用相应尺寸的钢管套入钢绞线后轻敲夹片调平。限位板、工具锚板应与工作锚板的孔位一致，保证钢绞线顺直，在千斤顶内不出现相互扭结的现象。

（4）锚索张拉。

1）预紧张拉。在锚索正式张拉前，对钢绞线进行多次逐根对称张拉，张拉力为 30kN，每根钢绞线以稳压 2min 前后伸长差值不超过 2mm 为限。

2）锚索张拉过程：预紧（210kN）→ 287.5kN → 575kN → 862.5kN → 1150kN → 1265kN。共分五级，每级张拉荷载应持荷 5min，最后一级 10min。

3）张拉过程控制：采用张拉力控制为主，伸长值校核的双控操作方法，张拉各级稳压前后，均量测钢绞线的伸长值，若实测值与理论值相差超过 10％或小于 5％时，立即停止张拉，查明原因并采取措施后，才能重新张拉。

保持各级荷载 5min，并测量此段时间内锚索的徐变位移量，若徐变值不超过 1mm，则认为锚索合格，否则需要查明原因。

张拉加载和卸载应缓慢平稳，加载速率每分钟不超过 110kN，卸载速率每分钟不超过 230kN。

预应力锚索张拉过程中若出现边坡开裂，压力表的读数上不去的情况，应停止张拉并及时通知监理工程师。

（5）张拉力根据千斤顶出力与压力表压力值的率定曲线关系计算，伸长值则按下式进行计算：

$$\Delta L = PL/nAE$$

式中：ΔL 为伸长值，mm；L 为钢绞线张拉长度，mm；n 为钢绞线根数；A 为钢绞线面积，mm^2；E 为钢绞线弹性模量，MPa。

实际伸长值按下式计算：

$$\Delta L = \Delta L_1 + \Delta L_2$$

式中：ΔL 为实际总伸长值，mm；ΔL_1 为初应力至终应力之间的实测伸长值，mm；ΔL_2 为初应力下的推测伸长值，mm。

3.5.2 补浆及外锚头保护

张拉完成后，对锚索孔进行补浆封孔。封孔结束后，切去锚具预留 10cm 以外的多余钢绞线，并及时浇筑保护混凝土，保护混凝土浇筑时，将外露钢绞线、钢垫板清擦干净。

3.6 锚索质量检查

所有锚索不仅张拉锁定力满足设计吨位，并且其各级实际伸长值均在规范要求的范围内。

根据设计要求，变形体锚索共布置 15 根监测锚索，通过测力计观测，锚索拉力的锁定损失在 8%～10%，锁定后第一周的损失一般在 1.2%～1.8%，一周后锁定力基本稳定。

4 结语

（1）针对本工程岩体破碎锚索孔成孔困难的特殊情况，采取的对钻孔进行固壁灌浆、简易压水检查、风水联合冲洗等措施是正确的，保证了锚索施工的顺利进行。

（2）边坡锚索施工以后，通过边坡上多点位移计监测数据显示，边坡不稳定现场逐渐被控制，溢洪道后续开挖和混凝土浇筑正常进行，这说明南塔河溢洪道边坡锚索采用该施工工艺是可行的、成功的。

城市建筑垃圾松散渗水边坡应急
治理施工技术应用

陈红超　杨淑仙

（中国水电基础局有限公司）

【摘　要】　为实现城市建筑垃圾回填边坡隐患应急治理，作者建立了试验模型并进行了力学分析，通过动量和能量微分方程计算，得出气动潜孔锤击锤截面参数 γ 与速度关系；分别在冲量、冲击能一定的情况下，分析 Δm 与 Δv 的变化关系，为机具选择改进提供了依据。本文以深圳某依山小区垃圾回填边坡治理为例，通过应用高压无阀气动潜孔锤，实现了快速钻孔；应用偏心钻跟管组合钻具，实现了孔内支护和二次破壁作用，成功破解了在垃圾填筑边坡钻孔过程中因地层架空严重、破碎性强而无法有效钻进的难题，取得了很好的社会经济效益，同时作者对钻机设备改进做了进一步展望。

【关键词】　城市建筑垃圾　松散边坡　应急治理

1　引言

2015 年 12 月 20 日广东省深圳市光明新区凤凰社区恒泰裕工业园发生人工回填渣土山体滑塌，造成了大量人员和建筑被掩埋，后果十分严重。随着城市建设步伐加快，渣土边坡成为了城市隐患，对周边环境形成了潜在危险，城市边坡支护问题也逐步凸显，回填边坡支护施工技术应用需进一步研究。

对于松散边坡治理方面，赵建军等[1]人对松散堆积体工程边坡变形机理及支护对策进行了分析研究，认为边坡体由第四系全新坡洪积层、泥石流和碎块石堆积而成，提出了综合防护措施。Shimada K 等[2]对日本 Tsukuba 山堆积体进行了现场调查，提出表层失稳、内部失稳两种模型，并指出土的蠕滑决定了堆积体边坡失稳模式、规模和频率。郭红霞[3]对松散堆积体边坡防排水技术进行了研究。李林欣、周富华[5]利用潜孔冲击偏心跟管成孔技术解决了龙虎关滑坡体治理中锚索成孔问题，但指出钻具磨损严重；楼日新[6]在偏心钻具方面进行了改进，以上研究主要针对自然形成的松散边坡体研究。

针对城市建筑垃圾回填松散边坡加固方面研究较少，采用传统潜孔钻机，出现钻进困难，经常缩孔、卡钻埋钻现象，以及无法实施有效锚固，无法有效控制松散边坡垮塌风险的状况。为此，钱国平、王润厚[4]对青岛崂山区人工回填边坡加固方案进行了研究，对松散边坡体进行了整体垂直注浆、采用自钻式锚杆微型桩工艺，但超过 20m 锚固深度不利于控制方向。本文以深圳市依山小区边坡治理为例，对城市建筑垃圾松散回填渗水边坡锚固施工技术应用进一步研究。

2 潜孔冲击模型分析与计算

2.1 潜孔冲击试验模型

为研究潜孔锤的冲击能，本文建立了一个试验模型，如图 1 所示。将风动锤击器及钻头作为系统研究，质量为 M，其受钻压 $F_{钻}$，固定输入空气压缩频率 f，岩面视为刚性体。

（1）根据国际标准 ISO 2787 应用应变计测量法试验求得潜孔锤冲击能计算公式[7]：

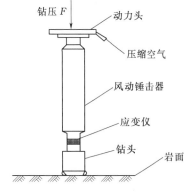

图 1 潜孔锤锤击模型

$$e = \frac{ac}{E} \sum_j R_j^2 \Delta t \qquad (1)$$

式中：e 为冲击能，J；a 为应变计测量杆截面积，m^2；c 为穿越钻具声速，m/s；E 为杨氏弹性模量，N/m^2；t 为时间，s；R 为应力，N/m^2。

其中：

$$R = \rho c \frac{v}{1 + \gamma} \qquad (2)$$

式中：ρ 为钻具密度，kg/m^3；v 为钻具在冲击点的速度，m/s；γ 为钻具与活塞截面比例参数。

（2）根据动量守恒定律和能量守恒定律，得出

$$M\mathrm{d}v + v\mathrm{d}M = 0 \qquad (3)$$
$$-2M\mathrm{d}v + M\mathrm{d}v^2 + v^2\mathrm{d}M = 0 \qquad (4)$$

式中：M 为研究系统的质量，kg。

当冲量 I 一定时，可得 M 与 v 的关系：

$$\frac{\mathrm{d}M}{\mathrm{d}v} = -\frac{I}{v^2} \qquad (5)$$

如图 2 所示，随着速度 v 增大，质量的变化率越来越小，即减少钻具少量质量，可增加较大速度。

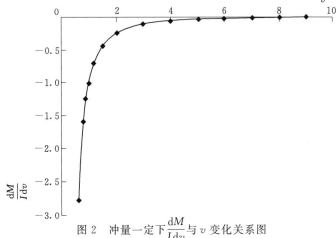

图 2 冲量一定下 $\dfrac{\mathrm{d}M}{I\mathrm{d}v}$ 与 v 变化关系图

当冲击能 e 一定时，由式（3）、式（4）可得 M 与 v 的关系，如下：

$$\frac{\mathrm{d}M}{\mathrm{d}v} = \frac{4e(1-v)}{v^4} \tag{6}$$

如图 3 所示，在 $1\mathrm{m/s} < v < 1.5\mathrm{m/s}$ 时，随着速度 v 增加，质量减少率不断提高，到达 $v = 1.5\mathrm{m/s}$ 时，质量减少率最大，随后随着速度增加，质量减少率逐渐降低。

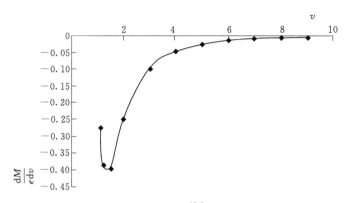

图 3　冲击能一定下，$\dfrac{\mathrm{d}M}{e\mathrm{d}v}$ 与 v 的关系图

（3）系统以 v 撞击岩面，受到岩面反向作用，使得系统的能量转化为系统的弹性应变能、系统动能。

$$\frac{Mv^2}{2} = \int \frac{ac}{E} R^2 \mathrm{d}t = W_1 + W_2 \tag{7}$$

式中：W_1 为弹性应变能，J；W_2 为系统动能，J。

$$W_1 = \frac{R^2 V_{体积}}{2E} \tag{8}$$

$$W_2 = \frac{1}{2} M v_{反}^2 \tag{9}$$

式中：$v_{反}$ 为系统受到岩面作用后反向速度，m/s；$V_{体积}$ 为系统体积，m³；其他符号同上。

（4）根据声波法测量弹性模量法，可知：

$$E = \rho c^2 \tag{10}$$

结合式（2）、式（7）、式（8）、式（9）计算得出：

$$v = \frac{1+\gamma}{\sqrt{(1+\gamma)^2 - 1}} v_{反} \tag{11}$$

$v / v_{反}$ 与 γ 关系，详见图 4 所示

由图可知，γ 越小，$v / v_{反}$ 值越高，钻头对岩石输出能量越大，但 γ 过小，生产难度加大，同时容易造成折断。对于气动潜孔钻具截面须满足活塞套管通过孔洞需要，所以截面大于活塞，$\gamma > 1$，但应尽可能接近 1。因此在冲击器选择方面，相比传统冲击器，高压无阀气动潜孔冲击器活塞截面大，传递冲击能高，在实践应用中效果较好。

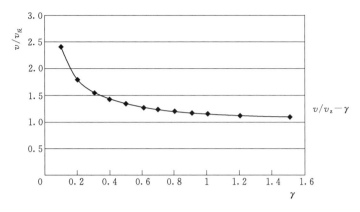

图 4　$v/v_{反}$ 与 γ 关系图

2.2　结合实际建立力学模型

根据施工实际，以套管、风动冲击器、钻头为研究对象，建立系统力学分析模型。如图 5 所示。

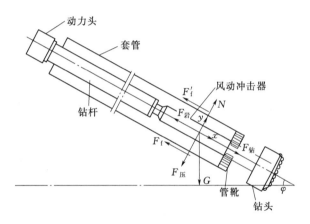

图 5　受力分析模型

建立以研究本体中心为原点，孔轴线方向为 x，法向为 y 的坐标轴。由图 5 可知，研究本体受到重力 G，钻压力 $F_{钻}$，岩面对本体的作用力 $F_{岩}$，地层对本体的阻力 F_f，地层对本体支撑 N，地层对本体压力 $F_{压}$，孔轴线与水平线夹角 φ。钻压以常压推进，在未考虑活塞冲击能情况下，研究本体受力如下：

X 轴方向
$$G\sin\varphi + F_{钻} + F_f = -F_{岩} \tag{12}$$

Y 轴方向
$$N = -F_{压} - G\cos\varphi \tag{13}$$

$$F_f = -\mu\pi rl P_N - \mu\pi rl P'_N \tag{14}$$

式中：μ 为动摩擦因数，无量纲；r 为套管外半径，m；P_N 为套管受下孔壁支撑平均压强，N/m²；P'_N 为套管受上孔壁挤压平均压强，N/m²；l 为套管长度，m。

当摩擦阻力 $F_f = -G\sin\varphi - F_{钻}$，由式（12）可知，潜孔钻对岩面作用力$-F_{岩}$ 为 0N，即可得最大套管跟进长度：

$$l = \frac{G\sin\varphi + F_{钻}}{\mu\pi r(P_N + P'_N)} \tag{15}$$

当摩擦阻力 $F_f > -G\sin\varphi - F_钻$ 时

$$G\sin\varphi + F_钻 + F_f = F_\chi \qquad (16)$$

式中，F_χ 为上述三力沿 x 方向合力。

当考虑活塞做冲击功时，根据能量守恒定律和岩石破碎理论，得出：

$$F_\chi t v + e_塞 = \frac{Mv^2}{2} = a\frac{\pi D^2}{4}v_岩 \qquad (17)$$

式中：v 为钻头在冲击点的速度，m/s；$e_塞$ 为活塞对钻头做的冲击能，J；t 为钻具冲击岩面时间，s；a 为岩石破碎比功，Nm/m³；D 为破岩断面直径，m；$v_岩$ 为岩面破碎速度，m/s。

由式（17）推出：

$$v\left(v - \frac{2F_\chi t}{M}\right) = \frac{e_塞}{M} \qquad (18)$$

当 $e_塞$ 一定时，研究本体的质量 M 一定时，随着套管的延长，接触面积增加，摩擦力就会加大，F_χ 就会增加，推进速度就会降低。所以降低摩擦阻力是非常必要的。

3 项目概况

小区依山而建，南侧边坡为人工回填边坡，总长度约 311m，西南—东北走向，平均高度约 10m。经勘察，边坡内部充填大量建筑垃圾，存在架空层，填土密实度差，已造成了坡顶地面沉降。地面沉降导致了地下污水管、雨水管开裂漏水，挡土墙泄水孔常年流水。污水管长期漏水又导致填土沉降速度加快并发生挡土墙变形过大，如此恶性循环，不仅对小区紧临边坡的居民及建筑造成了影响，还危及到边坡下方的多个小区居民生命财产安全。现小区居民已入住多年，雨季来临，若将墙后填土重新按要求碾压回填并重新铺设管线已十分困难，所以加固方案采用无黏性锚索格构梁进一步增加挡土墙的安全系数，同时通过锚索注浆加固墙后填土。

该边坡处理主要存在以下特点：①建筑垃圾回填，架空严重；②为保护边坡稳定，仅能干法钻孔；③管线破裂，常年渗水，地面下沉；④边坡紧邻高层建筑；⑤工地处于亚热带海洋性季风气候，雨季应急施工；⑥涉及边坡上下周边多个小区安危，后果严重。

4 场地工程地质

据钻探深度内揭露，边坡场地内地层按成因可分为人工填土层（Q^{ml}）、第四系残积层（Q^{el}）及混合花岗岩带。

人工填土层（Q^{ml}）：黄色，杂色，主要为碎块石、砖头以及钢筋混凝土块，结构松散，性状不均匀，钻进困难，表面 30cm 厚混凝土。场区普遍分布，厚度 1.70～18.50m，平均 9.94m；层顶标高 59.55～71.04m。标准贯入试验 8 次，标贯锤击数 5～27 击，平均锤击数为 8.6 击。

第四系残积层（Q^{el}）：砂质黏性土：黄色、黄褐夹，湿，可—硬塑，可塑为主，原岩结构尚可辨，由上而下逐渐密实，土质较均匀，一般含砂 15%～25%，夹少量黏性土团块。场区普遍分布，该层仅局部揭穿，厚度 1.30～15.50m，平均 6.05m；层顶标高

43.35～69.34m。标准贯入试验 53 次，标贯锤击数 14～28 击，平均锤击数为 20.7 击。

震旦系混合岩（Z），场地内下伏基岩为震旦系混合花岗岩，本次勘察在钻探深度内揭露有全风化、强风化及中风化岩带。

5 设计方案

设计采用预应力锚索、格构柱方案预防边坡进一步变形。锚杆锚筋采用 3 股 7ϕ5 高强度低松弛钢绞线，钢绞线标准强度为 1860MPa；预应力锚杆成孔直径为 ϕ150mm，钻孔深度应超过锚杆设计深度 0.5m。边坡支护方案如图 6 所示，预应力锚索大样如图 7 所示。

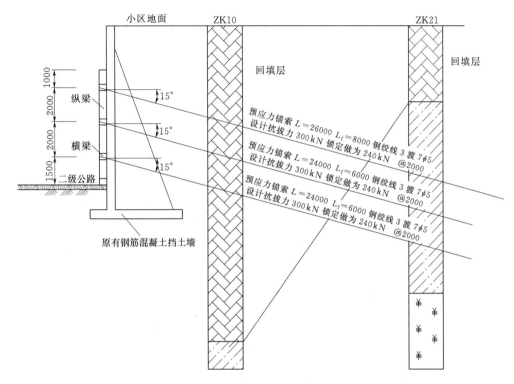

图 6　边坡支护方案

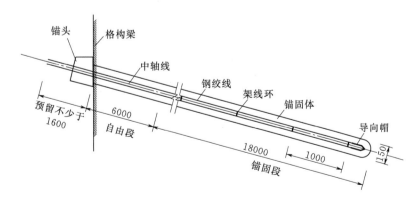

图 7　预应力锚索大样

353

6 施工难点

此边坡回填体中建筑垃圾组成多为碎石砖块、钢筋混凝土废弃物等，架空层严重。

在实践过程中，项目采用常规潜孔钻机，动力小，钻孔进尺缓慢，工效仅为 2～3m/d，并伴有卡钻埋钻现象；容易发生缩孔、塌孔，给下设锚索和注浆管带来困难。在青岛动漫基地创意中心垃圾回填边坡也出现了类似情况[4]，严重影响了应急抢险工程的质量进度，大大增加了工程成本。

7 施工措施

为克服建筑垃圾的松散性，加快工程进度，本工程综合考虑了 γ 因素和动力输出有效性，采取了高压无阀气动潜孔冲击器，其结构如图8所示。该冲击器相比有阀冲击器，活塞质量大，冲击截面大，能量传递高，穿孔速度快，耗气量小等特点，适合在松散地层中快速钻进。

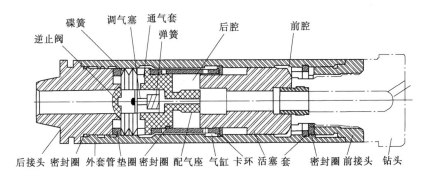

图 8 高压无阀气动潜孔冲击器结构示意图

为了减少套管阻力，本工程配备了偏心钻具，其结构示意图如图9所示[6]。

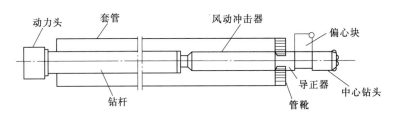

图 9 偏心钻头跟管钻具结构示意图

偏心式跟管钻具由钻杆、风动潜孔冲击器、偏心钻头、套管和套管靴组成。钻具采用两级破碎岩石，中心钻头破碎底部岩石，实现钻进；偏心钻头跟进扩孔为套管的跟进提供空间。套管的跟进是通过偏心钻具上的冲击力推动管靴传递力量，向孔内跟进。钻出的岩屑则通过套管与钻杆之间的环隙由空气上返至孔外，达到既保持钻孔内清洁又保护已钻出的钻孔目的。在松散、破碎地层施工完毕后，偏心钻头可通过反转回缩，并从套管内孔中提出内钻具，然后再用小一号冲击钻头在锚固段钻进，待锚索安装完毕后，再把套管从钻孔中拔出。由于采用了中心钻头的结构形式，中心钻头与冲击器以及套管的中心重合，减少孔斜偏差，保障了质量和进度，有效的解决了技术难题。

8 工艺流程及机具配置

8.1 工艺流程

锚索施工工艺流程如图 10 所示。

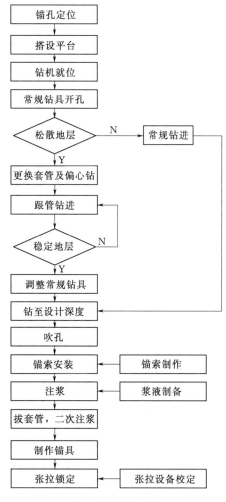

图 10 锚索施工流程

8.2 机具选型与配置

本项目施工主要机具设备见表 1。

表 1   主要机具配置表

序号	机具名称	型 号	设 备 特 性
1	锚固钻机	MD80A	全液压控制，操作灵活，钻机动力头扭矩大，行程长，钻进效率高

序号	机具名称	型　号	设　备　特　性
2	潜孔冲击器	DHD 360	相比有阀冲击器，活塞质量大，冲击截面大，能量传递高，穿孔速度快，耗气量小等特点，适合在松散地层中快速钻进
3	空压机	GR200 - 13	
4	拔管机	YB - 80	
5	偏心钻头		
6	套管	$\phi168\times6\sim10mm$	
7	钻杆	$\phi89$	

8.3　工程实践结果

按照传统方式钻进，工效 $2\sim3m/d$，甚至因为卡钻埋钻，锚孔废弃；根据本项目实践采用新工艺机具，钻进工效可以提高到 $6\sim7m/h$，同时避免了塌孔、卡钻埋钻问题，大大保障了工程进度和质量。

按照常规钻具钻进，套管磨损度较高，在小湾水电站平均十几米钻进就要报废一套跟管钻具，成本很高[6]。根据本项目实践采用带中心钻的偏心钻等，从工艺上质量上得以改进，磨损度大大降低，套管钻具平均 4 个孔报废一套，约穿越松散地层 96m。从而证明了该方法适合垃圾填筑的城市边坡处理。

9　结论与展望

城市垃圾填筑松散边坡是城市安全隐患，本文通过实践对比证明，借用全液压锚固单驱动钻机，配套新型钻具成孔快，套管寿命长，成功解决了垃圾回填边坡锚固钻孔问题，保障了钻孔施工质量和工程进度，降低了施工成本，并在松散边坡应急抢险施工中发挥了重要作用。

在未来设备机具革新中，锚固钻机在驱动、起拔套管钻具功能方面须更加集约化、自动化，在地层掘进过程中实现智能化、可视化。研究开发材料性能，提高钻具抗磨损能力。

参考文献

[1]　赵建军，巨能攀，等.松散堆积体工程边坡变形机理分析及支护对策研究 [J].工程地质学报，2008（5）：37 - 41.

[2]　Shimada K，Fujii H，Nishimura S，et al. Stability analysis of unsaturated slopes considering changes of matric suction [J]. Unsaturated Soils，1995 (1).

[3]　郭红霞.松散堆积体边坡防排水技术研究 [J].中外公路，2010 (5)：63 - 66.

[4]　钱国平，王润厚.城市垃圾回填高边坡的加固措施及施工方案的探讨 [J].岩土锚固工程，2008 (1)，16 - 18.

[5]　李林欣，周富华.土石混合体松散地层锚固工程成孔技术探讨 [J].西部探矿工程，2008 (7)：62 - 64.

[6]　楼日新.复杂地层潜孔锤跟管钻进技术研究 [D].成都：成都理工大学，2007.

地铁深基坑围护桩工程跳桩施工方案研究

龚小双[1]　欧阳红星[2]　张楚俊[3]

(1.中国葛洲坝集团基础工程有限公司　2.中国葛洲坝集团基础工程有限公司
3.华中科技大学附属中学)

【摘　要】　地铁施工由于位于城市中心区域，管线复杂，迁改难度大，导致深基坑开挖的维护桩不能正常施工，严重影响工程进度。本文结合武汉某地铁车站施工，对围护结构跳（漏）桩处理施工进行探讨。该施工方法有效地解决了管线影响问题，避免了工程进度滞后，对类似工程具有参考价值。

【关键词】　深基坑　管线　围护桩　跳桩

1　工程概况

武汉某地铁线车站全长 284.30m，为地下二层岛式站台车站，站台宽度为 13m。车站采用明挖顺做法进行施工，主体结构采用双层钢筋混凝土结构，车站主体基坑面积约 6444.3m²，基坑深度为 17.5～19.7m，基坑宽度为 22.3～26.0m。

车站主体围护结构采用 ϕ1200@1500mm 钻孔灌注桩加内支撑方案，竖向设三道支撑。其中桩顶冠梁断面 1600mm×1000mm，标准段第一道支撑采用 800mm×800mm 混凝土支撑；第二、三道支撑采用 ϕ609mm，壁厚 16mm 的钢管支撑，盾构井段第一道支撑采用 800mm×800mm 混凝土支撑，第二、三道支撑采用 1000mm×1000mm 混凝土支撑，标准段第一道支撑间距为 9m，第二、三道支撑间距为 3m，盾构井段第一、二、三道支撑间距均为 4.2m。车站基坑临时立柱基础采用 ϕ900 钻孔灌注桩，上部为 400mm×400mm 钢格构柱。淤泥较深地段桩间采用 ϕ800@1500 旋喷桩加固止水，旋喷桩深入地表以下 8m。桩间开挖面采用采 C20 早强网喷混凝土找平，喷混凝土厚度 100mm，ϕ8 钢筋网，间排距 150mm。

工程地质条件：车站主体结构基坑上部土层主要为近代人工填土（Qᵐˡ）、淤泥质黏土（Qᵃˡ）、粉质黏土、红黏土及粉质黏土夹碎石。

水文地质条件：拟建场地地下水可分为上层滞水、基岩裂隙水和岩溶裂隙水。上层滞水、赋存于人工填土层中或浅部暗埋原沟、塘处，主要接受地表排水与大气降水的补给，勘察期间测得上层滞水水位埋深 1.00～3.15m，高程为 17.64～20.54m。基岩裂隙水赋存于白垩-下第三系东湖群（K-E）粉砂质泥岩裂隙中，水位随地形起伏而变化，勘察期间测得基岩裂隙水水位埋深 1.50～3.10m，高程为 17.95～19.16m，属于承压水。岩溶裂隙水。主要赋存于三叠系灰岩裂隙或溶洞中，水位埋深随溶洞和灰岩裂隙位置而变化，一般没有统一而连续的水位线或自由水面，勘察期间钻孔测得岩溶裂隙水的水位埋深一般为2.05～3.30m，高程为17.95～19.66m。

周边管线情况：车站周边存在雨水、污水、燃气、电力、给水等管线横穿或者纵穿车站主体结构，除一条受过街电力管线影响，车站西侧南端有一根桩无法施工，为保证车站基坑开挖施工安全，确保车站整体施工工期，对受管线影响的一根无法施工的围护桩在开挖施工过程中作相应的处理。

2 施工方案

考虑到工程实际情况，结合国内外现有施工方法与经验，本工程提出一种新型的施工措施。

根据该车站岩土工程详细勘察报告，车站南端跳桩部位上部土层为杂填土、素填土、粉质黏土，土层厚度11.2m，下部岩层为粉砂质泥岩；车站北端跳桩部位上部土层为杂填土、素填土、粉质黏土、粉质黏土夹碎石、红黏土，土层厚度19m，下部岩层为中风化灰岩。跳桩部位为多为粉质黏土及岩层，无软弱地层，土层及岩层含水率低且透水性弱，对基坑施工安全影响小。拟在基坑开挖施工中，根据开挖进度对跳桩部位基坑壁进行加强处理。

（1）在围护桩跳桩的部位，网喷混凝土钢筋网加强至 $\phi10@200\times200$ 钢筋网，网喷混凝土厚度增加至20cm。钢筋网内侧竖向间距1.5m设置两道 $\phi25$ 环形螺纹钢骨架，与两侧灌注桩主筋牢固焊接。根据开挖揭示地质情况合理调整钢骨架布置间距，地层情况差的部位钢骨架进行加密。

（2）防止跳桩部位墙体由于坑外土体含水过多，土体压力过大而受影响，在跳桩部位，从冠梁底至基坑底部竖向间隔每2m预埋一根直径为50mm，长700mm的PVC泄水管，排出坑外土体过多的水量，保持跳桩部位墙体受力平衡。在坑底设置排水沟及集水井，及时抽排积水。

（3）为增加跳桩部位基坑壁稳定性，在跳桩部位基坑壁布置 $\phi25$ 螺纹钢锚杆，长度3m，外露0.5m，横向间距1.2m，竖向间距1.5m。如图1和图2所示。

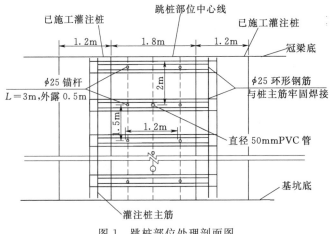

图 1 跳桩部位处理剖面图

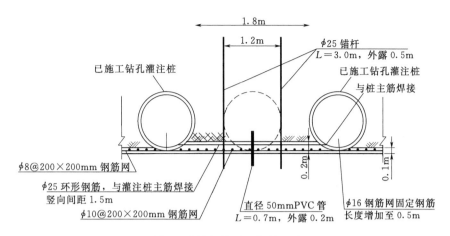

図2 跳桩部位处理横断面图

3 施工方法

3.1 网喷混凝土施工

（1）施工准备：

1）喷射前应对受喷面进行处理，可用高压水或高压风吹净桩体。

2）设置控制喷射混凝土厚度的标志，一般采用埋设钢筋头做标志，亦可在喷射时插入长度比设计厚度大 5cm 的铁丝，每 1~2m 设一根，作为施工控制用。

3）检查机具设备和风、水、电等管线路，湿喷机就位，并试运转。

（2）施工工艺流程：喷射混凝土采用罐式喷射机湿喷工艺，减少回弹及粉尘，创造良好施工条件。混凝土在场外拌合，由基坑下料管下到运料车运至喷射工作面，速凝剂在作业面随拌随用。混凝土配合比由现场试验室根据试验确定。喷射混凝土施工工艺如图 3 所示。

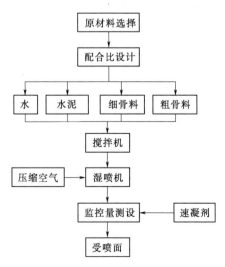

图3 喷射混凝土施工工艺流程图

（3）施工方法：

1）施工前，要检查水泥、砂、石、速凝剂、水的质量，满足规范要求；喷射机、混凝土搅拌机等使用前均应检修完好，就位前要进行试运转；并埋设好测量喷射混凝土厚度的标志。

2）检查开挖断面，欠挖处要补凿够，敲帮打顶、清除浮石。用高压水或高压气清除附着在受喷面的泥污、灰尘和细渣。

3）及时安装钢筋网，内侧钢筋骨架安装前采用人工配风镐进行两侧灌注桩混凝土凿除，外露灌注桩主筋，内侧钢筋骨架与灌注桩主筋牢固焊接。外侧钢筋网采用 $\phi16$ 螺纹钢作为钢筋网固定钢筋，竖向间距由设计要求 1.6m 减小至 1.0m，梅花形布置。固定钢筋采用植筋的方式锚入灌注桩内，锚入桩内长度由设计要求 0.3m 增加至 0.5m，钢筋网与固定钢筋牢固焊接。

4）喷射混凝土骨料用强制式拌和机分次投料拌和。开始喷射时，应减少喷头至受喷面的距离，并调整喷射角度，钢筋保护层厚度不得小于 2cm。

5）喷射作业时，喷嘴应垂直于围护桩或边坡面；适宜的一次喷射厚度在不错裂、不脱落的情况下达到的最大厚度；喷射作业使围岩的凹凸面完全被覆盖。

6）有涌水量较小，可以增加水泥用量和速凝剂掺量，变更配合比后喷射；涌水量较大的地方，可先采用集中排水措施后，再进行混凝土喷射。

7）喷射混凝土分段、分片由下而上顺序进行，一次喷射厚度控制在 6cm 以下。新喷射的混凝土按规定洒水养护。

8）喷射混凝土回弹物不得重新用作喷射混凝土材料。

3.2 网喷混凝土施工控制要点

（1）密实度控制。严格控制混凝土施工配合比，配合比经试验确定，混凝土各项指标都必须满足设计及规范要求，混凝土拌合用料称量精度必须符合规范要求。严格控制原材料的质量，原材料各项指标都必须满足要求。喷射混凝土施工中确定合理的风压，保证喷料均匀、连续。同时加强对设备的保养，保证其工作性能。喷射作业由有经验、熟练的喷射手操作，保证喷射混凝土各层之间衔接紧密。

渗漏水地段的处理：当围岩渗水无成线涌水时，在喷射混凝土前用高压风吹扫，开始喷射混凝土时，喷射混凝土由远而近，临时加大速凝剂掺量，缩短初凝、终凝时间，逐渐合拢喷射混凝土，有成线涌水时，斜向甯打深孔将涌水集中，再设软式橡胶管将水引排，再喷射混凝土，最后从橡胶管中注浆加以封闭。止住后采用正常配合比喷射混凝土封闭。

喷射混凝土喷水养护，以减少因水化热引起的开裂，发现裂纹用红油漆作标记，进行观察和监测，确定其是否继续发展，若在继续发展，找出原因并作处理，对可能掉下的喷射混凝土撬下重新喷射。

坚决实行喷射混凝土工序不完，掌子面不前进，喷射混凝土厚度不够不前进，混凝土喷射后发现问题未解决不前进，监测结构表明不安全不前进。

（2）厚度控制。严格控制土方开挖，严格执行喷射前尽可能多的选点检查开挖尺寸。

（3）强度控制。

1）水泥：采用普通硅酸盐水泥，使用前做强度复查试验，其性能符合现行的标准；

2）细骨料：采用硬质、洁净的中砂或粗砂，细度模数大于 2.5；

3）粗骨料：采用坚硬耐久的碎石，级配良好。使用碱性速凝剂时，不得使用含有活性二氧化硅的石料；

4）水：采用不含有影响水泥正常凝结与硬化有害杂质的自来水；

5）速凝剂：使用前与水泥做相容性试验及水泥凝结效果试验，其初凝时间不得大于5min，终凝时间不得大于 10min。掺量根据初凝、终凝试验确定，一般为水泥用量的 5％左右。

3.3 泄水管施工

为防止跳桩部位墙体由于坑外土体含水过多，土体压力过大而受影响，在跳桩部位中心线沿冠梁底至基坑底部竖向间隔每 2m 预埋一根直径为 50mm 的 PVC 泄水管。PVC 管长 0.7m，深入土体 0.5m，外露 0.2m，用于排出坑外土体过多的水量，保持跳桩部位墙体受力平衡。PVC 管端头用土工布包裹，泄水管安装时出口向下倾斜 5°，确保排水效果。

4 结语

（1）随着城市的规划发展，地铁工程成为城市现代化的必然趋势。在地铁施工过程中，不可避免地由于各种原因而导致围护桩不能形成封闭，影响深基坑开挖施工。该施工措施能够有效地解决该问题。

（2）根据本工程实际情况，采用该方法处理后，围护结构满足设计要求。监测数据显示，基坑在开挖过程中位移和变形满足设计要求，未出现安全隐患，有效地解决了因管线无法改迁导致的一系列问题，避免了因无法开挖造成工程进度滞后或者窝工的情况。

综合围护方案在深基坑围护工程中的应用

张联洲[1]　安凯军[1]　门天扬[2]　樊　冰[1]　孙雪琦[1]

（1.山东省水利科学研究院　2.济南城建集团有限公司）

【摘　要】 基于深基坑开挖过程中，基坑围护技术日益成熟，根据不同工程地质条件、不同基坑开挖深度、施工现场条件等因素，本着经济合理、因地制宜、安全、方便施工原则，选择相应围护型式亦为重要。本文介绍了灌注桩支护结构、拉森钢板桩支护结构、土钉墙支护结构在深基坑维护工程中的综合应用，包括维护结构设计、降水系统设计及基坑监测等，可供类似工程参考。

【关键词】 基坑维护　降水　监测

1　工程概况

济南市工业北路快速路建设工程西起张马河西侧，东至坝王路东侧，起止桩号为 K4＋847.5～K8＋684.5，长约 3837m，其中 K6＋360～K6＋580 段综合管廊共采用 8.2m×4.85m、8.4m×5.05m、8.6m×5.25m 等三种双舱型式，综合管廊基坑挖深 7.95～15.77m。如图 1 所示。

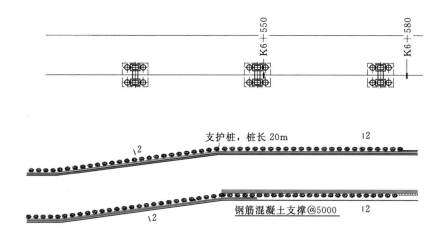

图 1（一）　工程平面布置示意图

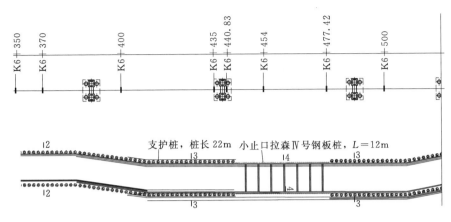

图1（二） 工程平面布置示意图

2 工程水文地质条件

2.1 工程地质条件

场地内第四系地层上部主要由山前冲洪积成因的黄土、黏性土组成，下部为山前冲洪积成因的黏性土及卵石土组成，下伏奥陶系石灰岩、白垩系大理岩及燕山期辉长岩侵入体。管廊支护深度范围内可分为7层，自上而下分述如下：

① 填土（Q_4^{2ml}）：由杂填土、素填土及卵石素填土组成，层底深度0.5～3.7m；

② 黄土（Q_4^{al+pl}）：褐黄色，硬塑，局部可塑，稍湿，刀切面稍有光泽，含铁锰氧化物、钙质条纹，少量姜石，层底深度：4.50～5.80m；

③ 粉质黏土（Q_4^{al+pl}）：褐黄色，可塑，局部软塑，稍湿，刀切面稍有光泽，含铁锰氧化物，少量姜石，层底深度6.2～7.5m；

④ 粉质黏土、黏土、卵石（Q_4^{al+pl}）：黄灰-灰黄色，可塑，湿，刀切面较光滑，含铁锰氧化物，少量姜石。卵石母岩成分为灰岩，亚圆形，粒径2～8cm，含量约60%～70%，层底深度：12.7～15.8m；

⑤ 卵石、粉质黏土、黏土、胶结砾岩（Q_3^{al+pl}）：棕黄色，可-硬塑，湿，刀切面较光滑，含铁锰氧化物，含辉长岩风化碎屑，局部呈半胶结状态；卵石母岩成分为灰岩，亚圆形，粒径2～12cm，含量约60%～75%，混棕黄色黏性土，局部胶结呈砾岩，层底深度：13.40～21.70m。

2.2 地下水

场地沿线地下水类型分布有第四系空隙潜水、岩溶裂隙水和岩浆岩裂隙水等，地下水静止水位埋深在4.0m左右。

3 场地周边环境及特点

（1）基坑较深，作业空间有限（图2）。管廊最大挖深约15.77m，基坑较深，受两侧管线及交通影响，两侧预留1m工作面，作业空间有限，安全要求较高。

（2）周边管线分布较多，综合管廊施工影响范围内现状管线分布较多，附近存在

D400 污水干管、中压燃气管线等。

（3）工序繁琐，施工周期较长。地下水埋深约在 4m 左右，管廊施工需经历导流、降水、支护、开挖、主体结构、回填等工序，工序繁琐，施工周期较长。

图 2　场地周边环境示意图

4　基坑围护体系设计

综合管廊基坑位于开源路一侧，基坑深度 7.95～15.77m。考虑周边交通要求，不能封路施工，因此基坑安全对本身及周边环境影响较为严重，根据《建筑基坑支护技术规程》（JGJ 120—2012）的规定，确定本工程基坑安全等级为一级。按照施工计划安排，基坑使用时限为 60d。

根据"经济、安全、方便施工、缩短工期"的原则，针对场区工程地质及水文条件、基坑开挖深度和周围环境条件，K6+360～K6+580 综合管廊基坑分别采用灌注桩、拉森钢板桩和土钉墙支护等三种支护型式。

4.1　灌注桩支护结构

K6+370～K6+443.87 和 K6+477.42～K6+580 段周边有平行于综合管廊的电信综合沟，且有一条 D150 输油管道垂直跨越综合管廊，采用灌注桩＋锚索＋挂网喷射混凝土支护方案（图 3），灌注桩直径 1200mm，管廊及支撑混凝土用 C30，水平间距 1800mm。

4.2　拉森钢板桩支护结构

K6+440.83～K6+477.42 采用拉森钢板桩支护，设置 12m 长拉森钢板桩进行土体支护；竖向设置 2 道围檩，纵向每隔 5m 设置一道横撑。采用拉森Ⅳ号钢板桩＋钢支撑的基坑支护方案，地下水控制采用管井降水结合明排。内支撑采用双拼 H400×200×8×13 型钢；钢围檩采用双拼 H400×200×8×13 型钢（图 4）；钢支撑及钢围檩焊缝高度均为 8mm，满焊。

4.3　土钉墙支护结构

K6+360～K6+370 段场地宽阔，周围没有较大建筑物，故采用放坡开挖，土钉墙进行围护。

土钉墙边坡分为四级，坡度为 1：0.2，平台宽度 0.5m，共设置 8 排土钉，长度 8～12m，倾角 15°。土钉墙面层采用 100mm 厚 C20 喷射混凝土，内配钢筋网 $\phi 6@200$mm×200mm。

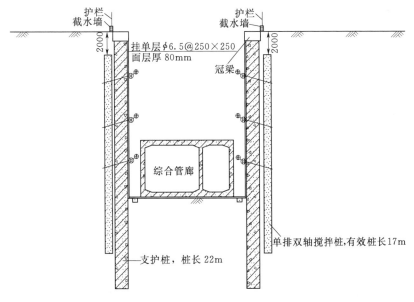

图 3　灌注桩支护结构示意图

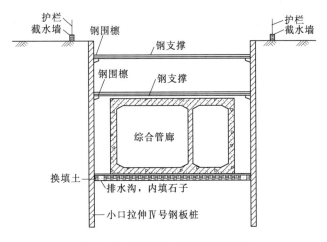

图 4　拉森钢板桩支护结构示意图

5　基坑降水

由于本工程地下水埋深较浅，且本工程战线长、开挖深度大，因此降水在基坑安全开挖过程中起着举足轻重的作用。本次施工采用大口井降水，降水井依据现场状况布设在基坑底支护结构与综合管廊之间。降水井布设间距为 25m，基坑两侧交叉设置，降水井深度为 17m。如图 5 所示。

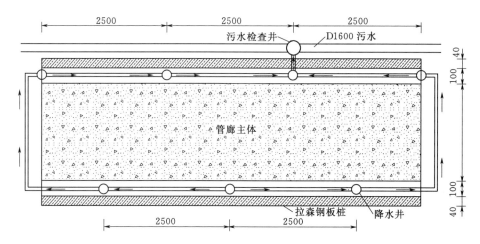

图 5　管廊基坑降水平面示意图

同时基坑内或外设置明沟、集水坑进行明排。基坑内降水如图 6 所示。

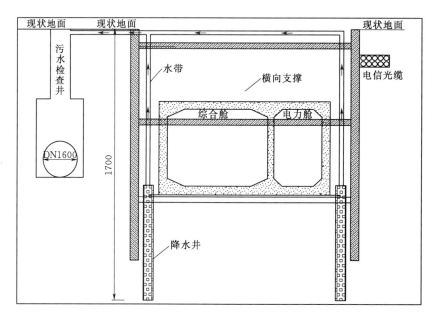

图 6　基坑内降水横断面示意图

6　基坑施工及检测

6.1　基坑开挖要求

（1）当支护结构构件安装完成，达到开挖阶段设计要求，方可向下开挖。

（2）应按支护结构设计规定的施工顺序和开挖深度分层开挖。

（3）当基坑采用降水时，地下水位以下的土方应在降水后开挖。

（4）当开挖揭露的实际土层性状或地下水情况与设计依据的勘察资料明显不符，或出现异常现象、不明物体时，应停止挖土，在采取相应处理措施后方可继续挖土。

（5）挖至坑底时，应避免扰动基底持力土层的原状结构。

6.2　基坑监测

（1）基坑支护设计应根据支护结构类型和地下水控制方法，按下表选择基坑监测项目，并应根据支护结构构件、基坑周边环境的重要性及地质条件的复杂性确定监测点部位及数量。选用的监测项目及其监测部位应能够反映支护结构的安全状态和基坑周边环境受影响的程度。

（2）本项目基坑安全等级确定为一级，其支护结构在基坑开挖过程与支护结构使用期内，必须进行支护结构的水平位移监测和基坑开挖影响范围内建（构）筑物、地面的沉降监测。

（3）支挡式结构顶部水平位移监测点的间距不宜大于20m，水平位移监测点的间距不宜大于15m，且基坑各边的监测点不应少于3个。基坑周边有建筑物的部位、基坑各边中部及地质条件较差的部位应设置监测点。

（4）道路沉降监测点的间距不宜大于30m，且每条道路的监测点不应少于3个。必要时，沿道路方向可布设多排测点。

（5）对坑边地面沉降、支护结构深部水平位移、支撑轴力、立柱沉降、支护结构沉降、挡土构件内力、地下水位、土压力、孔隙水压力进行监测时，监测点应布设在邻近建筑物、基坑各边中部及地质条件较差的部位，监测点或监测面不宜少于3个。

6.3　应急措施

在基坑开挖过程中，如出现边坡水平位移超过警戒值，可采用加长、加密土钉或放慢挖土速度的方法处理。

如周围建筑物或地下管线沉降较大，可采用注浆加固建筑物地基或回灌地下水等方法处理。

如基坑降水困难，可采用增设轻型井点降水或深井等方法处理。

7　结语

通过本工程的工程实践证明：

（1）根据工程的具体特点，以及工程的周围具体环境条件，选用不同的围护体系，是经济合理的方案选择。可以大大加快施工速度，节约施工工期，并大大节约了工程造价。

（2）基坑开挖成功与否的关键在于降水，在土方开挖过程中应控制每次土方开挖深度必须在地下水位以上。在降水到位的前提下，加强基坑维护体系的变形。经监测，本工程基坑围护结构的变形基本在3.5cm左右。

（3）应确保切实保证井点降水的质量，防止地基土颗粒流失。同时应加强观测对出现异常情况，及时分析原因，及时补救。本工程基坑开挖前，对降水井进行水质化验，颗粒含量超标的降水井重新更换滤水材料或进行重新打井，确保抽水水质颗粒含量在规范要求范围内。经监测，本工程基坑周围土体最大沉降量在5cm以内。

乌东德水电工程大型岩溶斜井治理

向　鹏　黄灿新　李　昀

（中国三峡建设管理有限公司乌东德工程建设部）

【摘　要】　本文分析了乌东德水电站 K25 岩溶斜井工程治理难度与风险，并从地质勘探、设计模式、工程地质问题处理措施、施工控制与安全监测等方面，重点阐述和总结了 K25 岩溶斜井的治理思路、原则与措施，为类似工程提供参考。

【关键词】　K25 岩溶斜井　地质勘探　动态设计　施工控制　安全监测　治理措施

1　概述

1.1　工程概况

K25 岩溶斜井在地表呈溶蚀洼地状，出露高程约 1090m，在地下至高程 864m 附近总体上呈斜井状，在高程 864m 以下尖灭为溶蚀裂隙，此斜井基本上顺层发育，平切面上呈椭圆状，长轴与岩层走向近于一致，短轴与岩层倾向近于一致；自上而下具向坡外发育和规模逐渐减小的趋势；高程 866m 以上规模较大（26.5m×16m～62m×30m），高程 866～864m 规模明显变小（12m×6m），如图 1 所示。岩溶斜井总体积约 36.9 万 m^3，其中高程 988m 以下约 18.2 万 m^3。

K25 岩溶发育规模较大、充填物性状较差，位于右岸拱端推力影响范围之内，对拱座变形稳定有一定削弱；同时，岩溶斜井上游边界距防渗帷幕线较近，对上游帷幕存在不利影响。为降低或基本消除 K25 对拱坝整体安全性及防渗帷幕的不利影响，有必要对 K25 岩溶采取工程措施进行处理。

K25 岩溶斜井处理工程采用"坝高范围内岩溶斜井全部进行混凝土置换处理方案，并增加固灌措施以增强洞周溶蚀岩体的完整性"的设计方案，高程 988m 以上岩溶不影响工程安全，不进行开挖与回填。

1.2　地质条件

K25 岩溶斜井发育在 $Pt_2^{3-3-1}l$ 灰岩地层中且靠近 $Pt_2^{3-2-6}l$ 白云岩顶面，其中 $Pt_2^{3-2-6}l$ 厚层泥晶—粉晶白云岩厚 32.4m，$Pt_2^{3-3-1}l$ 厚层—巨厚层中细晶—泥晶灰岩厚 65.6m。K25 岩溶斜井就在 $Pt_2^{3-3-1}l$ 这一岩性较纯的灰岩地层所处范围内发育，如图 2 所示。该层岩质坚硬，总体上裂隙不发育，完整性较好。

该岩溶斜井基本为全充填，充填物主要为块、碎石夹少量粉质粘土或砂，未见明显的地下水活动迹象，为已停止发育的死亡型岩溶洞穴，K25 岩溶斜井规模及其特征如图 3

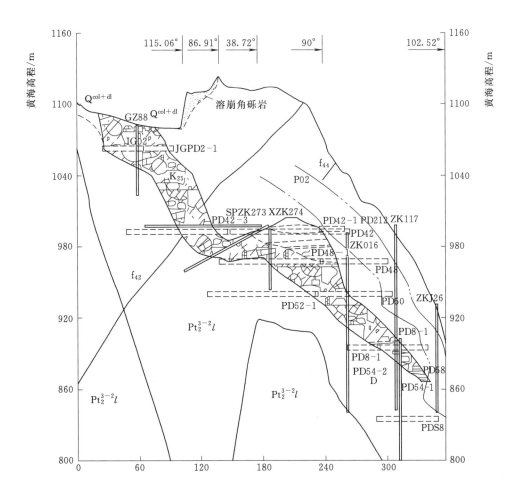

图 1　K25 岩溶斜井工程地质剖面图

所示。

根据勘探平洞地质编录成果结合平洞地震波和声波测试成果，K25 洞壁周边分布了较多的溶蚀风化带，结构面充泥厚 1～2mm，声波波速较低。高程 990～910m，溶蚀风化带在平面上分布厚 6～14m；高程 910～870m，溶蚀风化带不明显，局部分布厚 1～9m、充填泥膜的微弱溶蚀风化岩体；高程 870m 以下，基本没有溶蚀风化影响带。

1.3　治理难点与风险分析

K25 岩溶为自上而下向坡外发育和规模逐渐减小的死亡性大型岩溶斜井，其充填物性状较差，且岩溶斜井井壁周边分布了溶蚀影响带。如此规模巨大的岩溶斜井与复杂的地质条件大大增加了工程治理难度和风险。具体表现为：

（1）K25 岩溶斜井地质条件具有复杂性和不确定性。由于 K25 岩溶为天然发育的大型岩溶洞穴，其发育边界和斜井井壁周边溶蚀影响区范围具有不规则性与不确定性，地质勘探准确性和深度需要随着开挖而不断调整，这给设计工作和施工组织管理带来了一定影响。

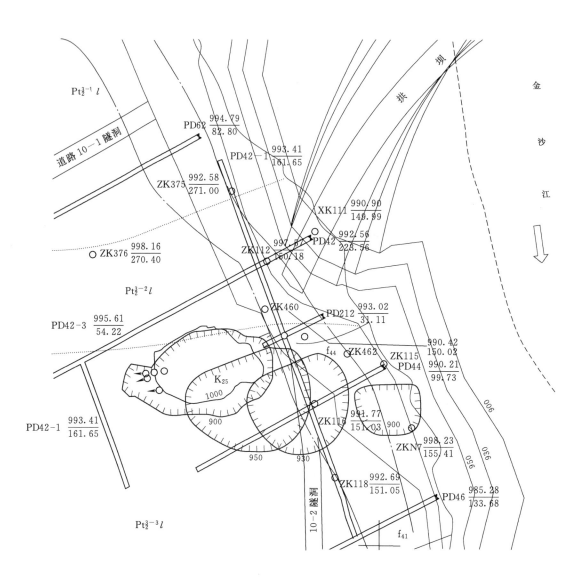

图 2　K25 岩溶斜井余拱坝位置关系图

（2）K25 岩溶斜井穹顶和洞周边墙局部稳定性问题较为突出。岩溶斜井井壁周边存在的溶蚀影响带与岩层层面及结构裂隙切割易形成不稳定块体，这种局部稳定性问题增加了工程治理难度及施工安全风险。

（3）施工安全风险大。由于 K25 岩溶斜井穹顶和洞周边墙局部稳定性问题较为突出，加上斜井工作区域狭窄，高差较大，使得斜井内面临较大的施工安全风险与工程安全风险。

（4）施工组织、工期及投资风险较大。由于地质条件的复杂性及边界的不确定性，造成设计方案的动态调整，这增大了现场施工组织管理难度，以及工期和投资风险。

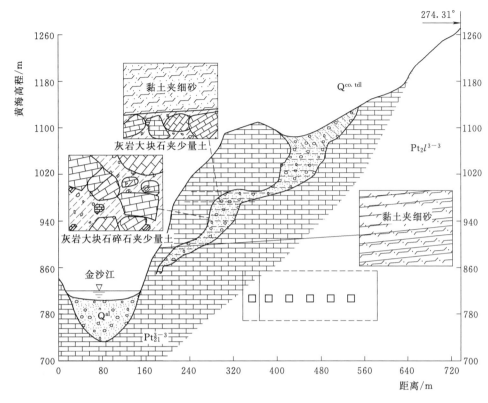

图 3　K25 岩溶斜井地质成分剖面图

2　治理原则与措施

2.1　治理思路与原则

（1）加强地质勘探的准确性与深度，重视地质预判工作。由于 K25 岩溶斜井地质条件的复杂性及边界的不确定性，一方面增加了地质勘探工作的难度和要求，另一方面也给设计与施工组织带来了一定不利影响。因此，在治理过程中，要不断加强对 K25 岩溶斜井地质情况勘探的准确性和深度，并增强地质预判工作，以给设计和施工提供充分的依据和指导。

（2）遵循"基本设计方案＋局部调整"的动态设计模式。在前期地质勘探和施工过程的基础上，形成 K25 岩溶斜井治理的系统设计方案，以减少动态设计对施工进度和组织的干扰；同时对于开挖揭露后局部地质变化部位的设计方案现场确认调整，提高设计方案的有效性与针对性。

（3）岩溶斜井开挖原则为：挖除斜井内松散充填物、洞周已松动岩块、溶蚀风化严重围岩和洞壁凸出岩块。斜井采用自上而下分层分区开挖的施工程序，分层高度 3～5 m。

（4）岩溶斜井支护原则为：分层分区块进行及时支护和快速支护。根据开挖分层分区规划，做到开挖一块，支护一块，确保岩溶斜井穹顶及井壁的稳定安全。

2.2 主要工程地质问题与措施

2.2.1 穹顶局部稳定问题及措施

（1）穹顶局部稳定问题。K25 岩溶斜井在 990m 高程左右形成宽约 30mm、长约600m、高约 15m 的空腔；穹顶岩体为 Pt_2l^{3-3} 灰色中厚层—厚层灰岩，至缆机平台的上覆岩体厚度为 336.3～50.0m。K25 岩溶斜井穹顶岩体发育三组中、缓倾角裂隙，且裂隙多位于穹顶卸荷松弛带内，沿裂隙多见溶蚀充泥现象。综上所述，K25 岩溶斜井穹顶整体基本稳定，但其溶蚀卸荷松弛带内围岩稳定性差，且 K25 穹顶与缆机平台边坡之间局部区域存在塑性变形问题。

（2）处理措施。采取的处理措施主要为：穹顶整形、锚喷加强和深层加固。支护措施如图 4 所示。

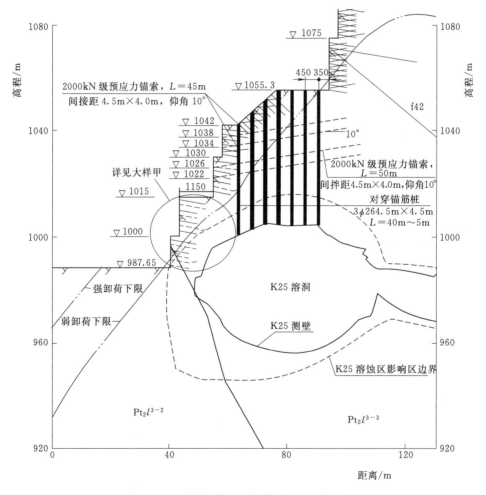

图 4　K25 岩溶斜井穹顶与缆机边坡支护图

1）对 K25 溶洞穹顶溶蚀层进行剥离，并适当修整穹顶轮廓。剥离、修整原则是：剥离溶蚀、破碎松动岩体，削除下垂凸体，将穹顶修整为大体平顺圆滑的倒凹曲面，不同断面间应平顺连接，圆心轨迹线也应光滑平顺。

2）加强浅层锚喷支护措施。增加锚杆长度和直径，普通砂浆锚杆调整为张拉锚杆，锚杆采用 $L=9$m 与 $L=12$m@1.5m×1.5m 相间布置张拉锚杆支护；并增设 $\phi18$@1.5m×1.5m 连接钢筋。

3）在 K25 穿顶与右岸缆机平台之间增设对穿锚筋桩，在右岸缆机边坡增设 4 排预应力锚索。

2.2.2　上、下游边墙稳定问题及措施

（1）上游边墙顺层滑移及下游边墙倾倒变形稳定问题。K25 岩溶斜井总体顺层发育，上、下游壁与层面夹角较小，上游壁岩层倾向洞内，可能产生顺层滑移；下游壁岩层倾向下游，由于洞壁形态不规则，可能产生顺层倾倒或冒落。

（2）处理措施。采取的处理措施主要为加强锚喷支护，并增加深层支护。

1）浅层支护采用 $L=9$m 与 $L=12$m@1.5m×1.5m 相间布置张拉锚杆（或带垫板砂浆锚杆）；钢筋网 $\phi6.5$@20cm×20cm，喷 15cm 厚 C20 混凝土；增设 $\phi18$@150cm×150cm 连接钢筋。

2）在上、下游岩壁不同高程处增设预应力锚索和锚筋桩。

2.2.3　块体稳定问题及措施

（1）揭露块体。对于 K25 岩溶斜井开挖揭露的块体，根据其方量大小、埋深和稳定性状进行分类，为其处理提供工程地质依据。

（2）块体处理。对揭露的块体进行锚固，系统预应力锚杆或锚筋桩加密。对于方量或者埋深较大的块体采用深层锚索支护。

2.3　施工控制措施

为了降低 K25 岩溶斜井施工期安全风险，同时便于施工组织管理，结合 K25 岩溶斜井的特点，从施工程序、施工方法和施工期安全监测等方面明确了相应的施工控制措施。

2.3.1　施工程序

首先对 K25 穿顶进行开挖修型，待顶部开挖支护完成后，通过各层施工支洞采用"自上而下、分层分区"程序进行开挖支护。其中，每层开挖分层高度限定在 3～5m，并控制开挖区域的长度。每层先进行上游侧开挖支护，最后进行下游倒悬部位的开挖支护，以最大限度的保证施工安全。

洞壁的支护应在分层开挖过程中逐层进行，上层的支护应保证下一层的开挖安全顺利进行。未完成上一层的支护，严禁进行下一层的开挖。

2.3.2　施工方法

充填物为小块石、土和砂时直接采用反铲挖装，20t 自卸汽车运输。开挖过程中遇到反铲无法挖除的大块石或按设计要求需修整的洞壁，根据现场实际情况，采用手风钻钻孔进行解爆或者液压破碎锤破碎修型，反铲配合 20t 自卸汽车进行挖装。高程 890m 以下溶洞断面狭小，采用长臂反铲开挖，或正井法开挖。

2.3.3　施工期安全监测

为确保施工期安全，按照施工期临时安全监测方案，明确每 4m 高度布设临时安全收敛监测点，对 K25 洞周围岩进行施工期收敛变形监测。定期对已埋设的临时变形监测点进行变形监控量测，及时了解掌握围岩变形情况，包括量测穿顶下沉以及净空水平收敛。

3 治理效果评价

K25 岩溶斜井工程穹顶已埋设 4 套多点位移计、2 支锚杆应力计。监测数据显示，穹顶及边墙部位变形及应力很小，无异常。多点位移计孔口累计位移－1.13～0.32mm；锚杆应力－2.55～4.70MPa。

4 结语

K25 溶洞为发育规模巨大、地质条件复杂、局部工程地质问题突出的大型岩溶斜井，其工程治理规模、施工难度及安全风险等均为国内外同类工程所罕见。本文以乌东德水电站 K25 岩溶斜井处理工程为依托，通过从地质勘探、设计方案、施工措施及治理效果等方面的重点分析，总结了 K25 大型岩溶斜井工程的治理措施，具体内容如下：

（1）K25 岩溶斜井地质条件具有复杂性及边界的不确定性，通过不断加强对大型岩溶斜井地质情况勘探的准确性和深度，增强地质预判工作，为设计和施工提供了充分的依据和指导。采取"基本设计方案＋局部调整"的动态设计模式，有利于现场施工组织。

（2）K25 岩溶斜井主要工程地质问题为穹顶局部稳定、上游边墙顺层滑移及下游边墙倾倒变形稳定问题。对于穹顶局部稳定问题，采取的主要措施是穹顶整形、锚喷加强和深层加固等；对于上游边墙顺层滑移及下游边墙倾倒变形稳定问题，采取的主要措施是加强浅层支护，并增加深层支护。

（3）采用"自上而下、分层分区"的施工程序进行开挖支护。要控制好开挖分层高度和分区长度，洞壁的支护应在分层开挖过程中逐层进行，上层的支护应保证下一层的开挖安全顺利进行。未完成上一层的支护，严禁进行下一层的开挖。

（4）开挖方法上，尽量采用机械开挖，减少爆破对围岩的扰动。充填物为小块石、土和砂时直接采用反铲挖装。开挖过程中遇到反铲无法挖除的大块石或按设计要求需修整的洞壁，采用解爆或液压破碎锤破碎修型。

（5）重视和加强安全监测。将永久安全监测和施工期安全监测设施结合，综合判断岩溶斜井穹顶及井壁边墙变形稳定情况，提前研判与应对，确保施工安全与工程安全。

吉林引松供水工程浅埋坡积碎石地层
进洞施工技术

丁　庭　苏臁藋　毛延平

（北京振冲工程股份有限公司）

【摘　要】　洞口是隧洞唯一的外露部分，因而也是隧洞工程的重要标志。由于隧洞选线的需要，洞口段难免会存在浅埋、松散和偏压问题。处于浅埋、松散、偏压的洞口段，既要保持仰坡、边坡的稳定，更要承受浅埋、偏压荷载的作用。针对隧洞进洞施工，特别是修建于浅埋松散堆积体中的隧道，由于围岩呈散体结构，成分复杂，稳定性及力学性能更差，受开挖扰动的影响也更为明显，施工中会产生更大的松散压力和沉降，施工方案稍有不当就会引起大面积拱顶塌方，严重影响隧道施工安全。因此，充分进行开挖工法比选，合理确定松散堆积体围岩隧道的施工方案就显得尤为重要，这是该类型隧洞修建过程中所必须解决的关键技术问题。吉林省中部城市引松供水工程总干线5号支洞正符合这类隧洞的特点。

【关键词】　隧洞　洞口　浅埋偏压　碎石地层

1　隧洞概况

支洞洞口位于吉林市永吉县大岔屯，与主洞夹角40°，与主洞交点桩号36＋481，支洞长1049.8m，支洞进口底高程304.0m，支洞与主洞交点洞底衬砌后高程223.2m，坡度9.0%。

支洞为丘陵及沟谷地貌，沟谷中有季节性流水，洞口位于倾斜台地上，台面坡度15°左右，台地前缘较陡27°～40°，山体坡度34°左右，植被较发育。洞线穿越两条与洞线大角度相交宽缓沟谷。

表层为碎块石含黏性土，黄褐色，稍湿，松散，碎块石约占90%，块径大小混杂，一般5～20cm，大者30～40cm，棱角状，基岩为花岗岩，中粒—细粒结构，块状构造，矿物成分以长石、石英为主，含有少量黑云母，岩石坚硬。

地表测绘支洞无大的构造形迹，岩石卸荷节理裂隙较发育，陡倾角为主，节理面平直粗糙，多见锈染。物探解译有一条低阻异常带，F5Z-1影响带宽度10～30m。支洞进口坡较缓，表层为厚度8.7m碎块石含黏性土，碎块石次棱角状，稍密实。支洞进口洞身为弱风化花岗岩，围岩厚度薄，成洞困难，围岩为V类。洞口开挖边坡15.5m，碎块石含黏性土层开挖边坡1:1.5，弱风化岩石开挖边坡1:0.5。

支洞岩性为花岗岩，节理裂隙较发育，洞口位置处于缓坡，地下水埋深4.5m，地下水补给来源为大气降水。根据地形地貌、岩性、风化程度等推测，支洞开挖局部会出现滴水-线状流水，水量随降水而变化。

支洞洞身：支洞洞身围岩以Ⅱ类为主，在Ⅱ、Ⅲ类围岩中如遇到节理裂隙密集带、节理不利组合及断层，围岩按Ⅳ类考虑，推测Ⅱ类围岩中不稳定洞段长度按 5% 考虑。5 号支洞洞脸围岩情况如图 1 所示。

图 1　5 号支洞洞脸围岩情况

2　进洞方案

根据该支洞地质特点和洞脸布置情况，参考类似工程特点，5 号支洞进洞方案首先考虑浅埋暗挖法施工工艺。结合现场实际，支洞进洞施工方案主要包括以下几个内容：

（1）开挖过程中，洞脸边坡开挖均采用分层、分区、循环渐进的方式；开挖自上而下共分 3 个区域，分别为Ⅰ区、Ⅱ区、Ⅲ区。

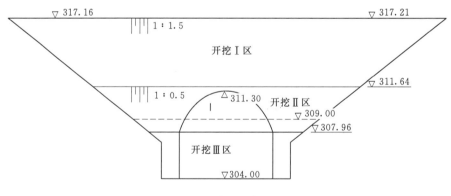

图 2　洞脸开挖分区图

（2）开挖前，做好开挖线外的危石清理、削坡加固和排水工作，并在洞脸开挖边界 3m 处设置拦水坎。坎顶宽 0.4m，采用 M10 砂浆抹面厚 8cm，拦水坎内铺设防水土工布，以防止坡面积水流至洞脸，对洞脸造成冲刷破坏。

（3）对洞口区域进行固结灌浆施工，固结洞脸位置，为开挖洞口提供保障。灌浆范围包括开挖的三个区域，灌浆采用 4mϕ50 花管，螺旋钻成孔。

（4）洞脸边坡采用 $\phi 8@200mm \times 200mm$ 钢筋网支护，喷射 10mm 厚混凝土。钢筋网片与灌浆花管焊接连接。边坡喷护前每 2 米设一道排水管。

（5）采用明拱进洞方案，采用拱架解决隧洞偏压受力。从桩号 −020 位置开始，沿隧洞开挖线设置钢格栅拱架，钢格栅拱架间距 0.5m，两榀拱架之间采用 $\phi 22$ 钢筋连接，环间距 0.5m。钢格栅拱架在拱肩处设左右两侧各设两根锚杆，$\phi 22$，$L=2.5m$，锚杆呈外八字形，向上倾角为 15°，外露 20cm 与格栅拱架主筋焊接；同时在拱脚部位左右两侧也各设两根锚杆，$\phi 22$，$L=2.5m$，锚杆呈外八字形，水平钻孔，外露 20cm 与钢格栅焊接，以增强钢格栅的稳定性。钢格栅之间布设 $\phi 8@200mm \times 200mm$ 双层钢筋网，并与钢格栅、锚杆焊接固定。支洞明拱施工如图 3 所示。

图 3　支洞明拱施工

（6）采用管棚超前支护。桩号 0−020～0−009 段，进行超前管棚支护。管棚钢管采用 $\phi 50$ 壁厚 3.5mm 的无缝钢管，管棚环向间距 300mm，每排 36 根，排距 1.5m，单排管棚长度 4.0m，与钻孔角度与水平面成 5°夹角。管棚施工完成后，注浆加固，加强土岩结合力。注浆压力不小于 1.5MPa。

3　管棚施工

（1）搭建钻机平台及钻机安装。钻机平台由上向下，由两边向中间，根据孔位依次搭建，钻机平台搭建牢固，利于安装固定钻机，防止施工时钻机下沉、摆动、移位、倾斜而影响钻孔质量，钻机距工作面的距离保持不小于 3.0m。

钻机定位：架立钻机时，用罗盘测量钻杆角度，确保钻杆轴线与开孔角度一致。

（2）钻孔。钻孔方式为空压机带动 YT‑28 型手风钻钻机成孔。

钻孔角度与水平面成 5°夹角，钻孔深度为 4.0m。

（3）安装管棚钢管。管棚钢管采用壁厚 3.5mm 的无缝钢管，安装前用气焊在前端加工成锥形，以便安装。管棚按设计位置施工，顺序由拱脚至拱顶。管棚钢管上打眼为注浆做准备，管棚施工时钻机立轴方向必须准确控制，以保证孔口的孔向正确。每钻完一孔便顶进一节钢管，钻进中应经常用测斜仪量测钢管的偏斜度，发现偏斜及时纠正。

（4）注浆。管棚施工完成后喷射混凝土，之后注浆加固超前段。注浆压力不小于 1.0MPa。管棚注浆顺序原则上遵循着"先两侧后中间""跳孔注浆""由稀到浓"的原则。注浆施工由两端管棚钢管开始注浆，跳孔进行注浆施工，向隧洞拱顶钢管方向推进，开始时注浆的浆液浓度要低一些，逐渐加浓至设计浓度。这样做法有利于注浆的浆液向拱顶方向扩散，而且促进浆液的致密程度，利于防渗的要求。

注浆施工过程中如发现掌子面漏浆，及时用麻布进行封堵。进浆量小于 20～25L/min；注浆压力逐步升高，达到设计终压后稳定 10min 以上；注浆结束后采用 1∶1 水泥砂浆填充无缝钢管。完成长管棚注浆施工后，在管棚支护的保护下，按设计的施工步骤进行开挖。

4　洞内施工

由于采用明拱提前进洞，并结合超前管棚支护手段，5 号支洞直接采取全断面开挖方式掘进。但是由于洞口段部位岩体破碎，洞脸、翼墙和端墙均为临空面，因此在洞口处采用弱爆破开挖。洞口 10m 段围岩特别破碎、浅埋、偏压问题极为突出，是洞段施工的最大难点，因此开挖时先进行周边格栅部位的岩体开挖，预留核心土，待格栅施工 1.0m 后再进行中间核心土的开挖，以此循环开挖。安装钢格栅遇岩石时，通过钻孔装药，小药量起爆，使岩石松动，经挖机清理后，进行钢格栅安装。

由于洞轴线与开挖面呈 54°夹角，管棚施工时按照平行洞轴线施工，为了保证管棚的搭接长度，从第 5 榀钢格栅开始，需要每安装 4 榀钢格栅，同步自进洞的右手侧施工相应的管棚 10 根，抵消偏压压力。对于浅埋、偏压出口洞段的施工，为控制围岩变形失稳，必须加强支护措施，尤其初期支护必须紧跟掌子面。初期支护措施包括：

（1）在开挖轮廓线拱部 120°范围内纵向布设 ϕ50mm，L＝4.0m 超前小导管，环向间距 0.5m。

（2）沿洞轴线 0.5m 间距安装钢格栅拱架，打锁脚锚杆锁定在洞壁上，钢架分段处通过钢板和螺栓连接。

（3）布设 ϕ22，L＝3m 系统锚杆，间距 1m。

（4）挂 ϕ8@150mm×150mm 钢筋网。

（5）喷射混凝土，使喷层厚度达到 200mm。

5　冒顶塌方的处理

5.1　发生原因

洞内开挖掘进至 0－006 处时，钻爆过程中发生了冒顶塌方。塌方情况如图 4 所示，通过现场分析，冒顶发生的原因主要如下：

（1）对土岩结合部预判不准确，支护措施不到位。按照设计要求，桩号 0－020～0－009 段采用超前管棚支护，之后根据地质条件确定支护措施。5 号支洞施工到 0－009 后，未继续施工超前管棚，但是洞挖段未完全通过坡积碎石段，导致开挖过程中出现冒顶。

图 4　洞内冒顶塌方情况

（2）施工过程中观测不及时。进洞施工应按照"管超前、严注浆、短进尺、强支护、早封闭、勤量测"的方针，及时观测洞内围岩特点，发现问题及时反馈，关键时候应先采取支护措施之后与施工各方协商的方式进行施工，避免危险情况的发生。

（3）地质条件复杂。洞口段地质复杂是造成塌方冒顶的主要原因，特别是土岩结合部，由于土岩互层，顶部浅埋部分岩层中会出现塌腔和溶腔，掘进揭露后由于支护不足会出现冒顶。

5.2　处理措施

（1）采用喷射混凝土封闭。发现塌方事故后，首先采用喷射混凝土封闭掌子面和塌方区，防止塌方区恶化和发生连锁反应。混凝土喷射厚度以 50～80mm 为宜。

（2）喷混支护完成后，在塌腔处采用脚手架管结合网片临时支撑，防止顶部掉块伤人。

（3）临时支撑完成后，在确保安全的条件下，抢立钢格栅拱架。拱架间距宜适当加密，拱架打锁脚锚杆和锁腰锚杆锁定在洞壁上，钢架分段处通过钢板和螺栓连接。锚杆施工困难的地方，采用 I14 型钢将拱架与后方拱架连接牢固。

（4）布设 $\phi 22$，$L=3m$ 系统锚杆，间距 1m，拱架间挂 $\phi 8@150mm \times 150mm$ 双层钢筋钢筋网（图 5）。

图 5　塌腔处理措施

（5）格栅拱架完成后，在塌腔中充填苯板，减少再次塌方对拱架的冲击伤害。苯板充填应尽可能密实，同时预留注浆管。注浆管采用普通脚手架管。

（6）喷混封闭。苯板充填完成后，立即喷射混凝土封闭。喷射设备采用手持式混凝土喷射机施工。喷射混凝土施工分段分片、自下而上、先凹后凸依次进行。第一层喷射厚度以喷层不产生坠落和滑移为原则，后一次喷射在前一层混凝土初凝后进行，一次喷射厚度不宜超过80mm。施喷时，喷嘴与受喷面尽量保持垂直，距离在0.6~1.2m之间。混凝土料的坍落度控制在120~140mm之间。

（7）注浆加固。喷混封闭后，等掘进通过后对该段注浆加固。

6 结论

总结该隧道洞口段的施工，隧道进洞采用管棚系统有以下特点：一是对地表扰动小，减少了对生态环境的破坏，符合人们对环保的要求；二是有效控制拱顶覆盖层下沉，保障了施工安全，在浅埋地质条件差的围岩施工中体现其优越性。

隧洞进洞开挖是地质条件、开挖方式和支护方式等综合因素的结果，无论忽视哪一个环节或因素都会带来灾难性后果。施工前应充分了解地质条件和环境情况，施工过程中加强地质条件和变形的观测，通过分析结果不断调整设计参数，达到优化设计施工方案，并确保开挖施工的顺利进行。

通过工程实践证明，无论使用哪种施工工艺，在支洞进洞施工过程中要注意以下几点：

（1）"先护坡、后进洞"首先要处理好洞脸仰坡土体，防止土体失稳。

（2）"短开挖，弱爆破"尽可能小的降低对周围围岩的扰动。

（3）采取加强支护，提高初期支护强度。

（4）对埋深浅、围岩破碎洞段，及时采用超前小导管注浆措施。

参考文献

[1] 李建军.陡峭地形条件山岭隧道免刷坡绿色洞口修建技术 [J].现代隧道技术，2013（4）：158-163.

[2] 孙韶峰.古迹坪隧道进口浅埋黄土层进洞施工技术 [J].现代隧道技术，2012（4）：83-88.

[3] 季军.深覆土输水隧洞与进洞井接头防水设计与施工技术 [J].现代隧道技术，2011（4）：126-130.

[4] 徐强.礼嘉车站大断面小净距隧道进洞施工技术 [J].现代隧道技术，2011（6）：146-150.

[5] 姜同虎，霍三胜，叶飞，等.浅埋软弱破碎围岩隧道进洞施工技术研究 [J].现代隧道技术，2011（03）：117-122.

[6] 刘玉清，蒋俊峰.新寨隧道进口浅埋偏压隧道施工技术 [J].现代隧道技术，2011（2）：87-93.

[7] 王雪霁，尹冬梅.严重偏压地形下隧道半明半暗进洞技术探讨 [J].隧道建设，2010（3）：246-250.

[8] 马烨.偏压隧道半明半暗进洞施工技术 [J].隧道建设，2009（2）：199-201.

[9] 刘会.偏压浅埋隧道洞口施工技术 [J].现代隧道技术，2008（4）：44-47.

[10] 陈小勇，陈绪文，刘旸，等.浅埋偏压隧道进洞施工技术 [J].现代隧道技术，2009（3）：89-92

[11] 苏奕文，吴安和，巩南，等.大伙房水库输水工程浅埋偏压隧洞的进洞方案与施工技术 [J].水利水电技术，2006，37（4）：44-45.

[12] 李国东.隧洞支洞进口开挖设计与施工 [J].东北水利水电，2014（1）.

[13] 宋志荣.公路隧道穿越浅埋偏压大范围松散堆积体进洞施工技术 [J].铁道建筑技术，2015（2）：

38 - 41.

[14] 温自明,薛兴祖.浅埋暗挖法在吉林省中部城市供水工程中的应用 [J].水利规划与设计,2014 (4):71 - 75.

[15] 张利君.浅埋隧道进口段采用双层大管棚进洞工艺 [J].铁道建筑技术,2014 (增1):136 - 137.

[16] 颜志强,李峰,刘康平.浅埋大断面饱和土隧洞进洞技术研究 [J].河南水利与南水北调,2015 (15):46 - 58.

重载铁路隧道穿越填充型岩溶处治技术研究与探讨

肖海涛

（中国水利水电第七工程局有限公司成水公司）

【摘　要】 本文针对蒙华重载铁路红土岭隧道穿越填充型岩溶特殊地质情况进行分析，对岩溶范围、形态进行探测，分析岩溶对开挖施工安全的影响，研究、探讨填充型岩溶处理措施及实施效果，为同类隧道填充型岩溶处治施工提供借鉴。

【关键词】 填充　岩溶　分析　探测　安全　处治

1　引言

岩溶是地表水和地下水对可溶岩层经过化学作用和机械破坏作用而形成的各种地表和地下溶蚀现象的总称。隧道工程穿越填充型岩溶地质地段具有危害大、预防难的特点，是隧道施工中还未很好解决的难题。施工中冒然揭露岩溶时，可能产生大量突水突泥、塌方，造成安全事故。因此在隧道施工时采用有效的超前地质预报技术，探明隧道掌子面前方隐伏岩溶的位置、规模大小、充填性，有针对性地制定处治方案，不仅可以避免塌方、突水突泥等灾害的发生，还可加快隧道施工进度。

红土岭隧道出口下伏为白云岩、泥质灰岩，地表溶蚀发育，为碳酸盐类岩石，溶沟溶槽现象明显，局部表面为刀砍状，具备岩溶发育基本条件。因此，开挖施工时按"物探先行、钻探验证，有掘必探、先探后掘"原则组织施工，将超前地质预报纳入工序管理。采用超前地质预报技术，探明隧道掌子面前方岩溶情况，有针对性制定岩溶处治方案，对保证红土岭隧道岩溶段开挖施工安全具有重要意义。

2　工程概况

红土岭隧道位于河南省南阳市内乡县湍东镇、师岗境内。隧道进口里程 DK911＋785，出口里程 DK914＋780，全长 2995m，其中Ⅲ级围岩 2310m、Ⅳ级围岩 470m、Ⅴ级围岩 215m（含 70m 明洞段和 145m 洞身段）。隧道采用单洞双线形式，内设人字坡，其中DK911＋785～DK914＋750 坡度为 5.1‰，DK914＋750～DK914＋780 坡度为－3‰，隧道全段均处于直线上。

隧道位于豫西西峡盆地南侧剥蚀丘陵区，隧道洞身多岩溶发育带，地表多发育有溶沟、溶槽、落石洞，且地势起伏，局部较为陡峭。隧道最大埋深 204m，最小埋深 3.93m，大部分基岩裸露，局部地段有残破积土层分布。隧道穿越填充型溶洞范围为 DK914＋200～

＋183，原设计围岩级别为Ⅲ级，衬砌类型为Ⅲa。

3 岩溶段超前地质预报探测情况

3.1 TSP 地质雷达探测情况

在 DK914＋297 处做 TSP 探测，探测前方不良地质为：围岩较破碎，岩溶溶蚀发育 2 处，为 DK914＋265～242 和 DK914＋202～190。在 DK914＋200 处做地质雷达探测，探测异常段为 DK914＋199～180，岩溶发育，围岩多较破碎（图 1、图 2）。

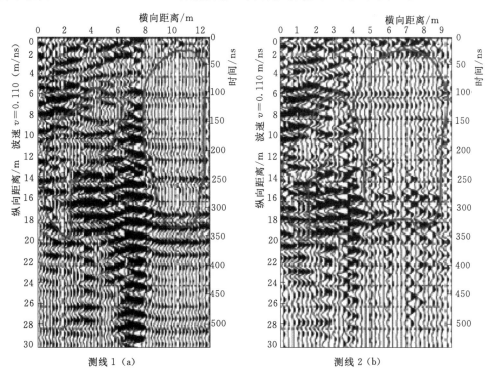

测线 1（a）　　　　　　测线 2（b）

图 1　红土岭隧道出口掌子面（DK914＋200）地质雷达成果剖面图

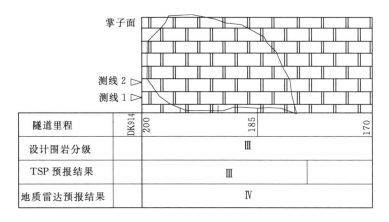

图 2　红土岭隧道出口掌子面（DK914＋200）地质雷达预报结果示意图

3.2 钻孔探测情况

开挖至 DK914+198 时发现掌子面右侧中部为岩溶,溶腔内填充物为软塑黏土,自稳能力差,拱顶局部掉块。为确保施工安全,采用洞碴反压中下部掌子面,上部喷 10cm 厚混凝土封闭掌子面,暂停掌子面开挖掘进。为了制定切实可行的岩溶处治施工方案,需精确探测溶腔的大小、规模、充填性以及与隧道的关系,探测采取钻孔取芯法,结合 TSP、地质雷达探测结果布置探孔,具体探孔布置如图 3 所示,钻孔探测情况见表 1。

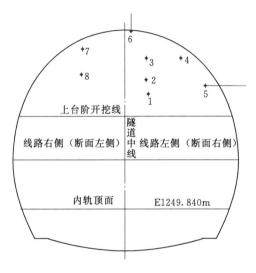

图 3　红土岭隧道出口掌子面钻孔布置示意图

表 1　　钻孔探测情况一览表

点号	里程	偏距	高程	孔深/m	填充物长度/m	备注
1	DK914+198.507	0.933	255.063	12.5	10.1	
2	DK914+197.884	0.998	255.698	14.0	9.6	
3	DK914+196.913	1.025	256.651	11.5	8.9	
4	DK914+196.908	−0.603	256.656	11.5	9.6	
5	DK914+199.017	−1.721	255.425	9.5	2	径向钻孔
6	DK914+197.778	1.723	257.871	6.0	6	拱顶钻孔
7	DK914+195.535	3.970	257.072	7.5	0	
8	DK914+197.330	4.017	255.916	11.5	0	

根据钻孔探测资料分析,隧道穿越的溶洞位于掌子面右侧,长度 11.6～12.7m,顶部钻 6m 探孔未钻至硬岩,拱顶溶腔高度大于 6m,右侧溶腔边线为设计开挖线外 2m;通过后期开挖揭示隧底溶腔深度大于 4m,溶腔内填充物为软塑状黏土,自稳能力较差。岩溶区具体形态如图 4、图 5 所示。

图 4　岩芯照片

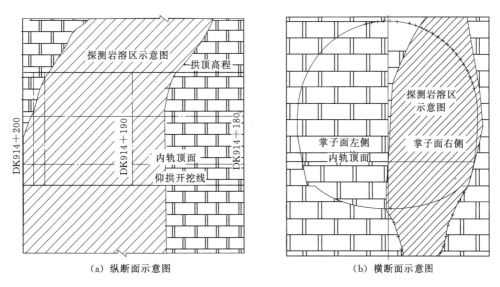

（a）纵断面示意图　　　　　　　　（b）横断面示意图

图 5　岩溶区断面示意图

4　岩溶处治技术方案

4.1　岩溶处治程序

隧道施工通过岩溶地质段、物探异常区采用超前地质预报、钻孔探测，依据预报、探测成果针对性地制定处理方案，岩溶处治程序严格按岩溶处治动态施工程序图执行（图 6）。

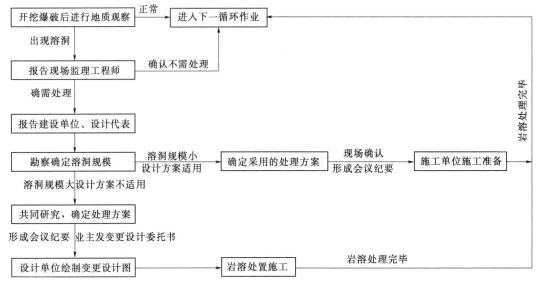

图 6 岩溶处治动态程序图

4.2 岩溶处治方案

（1）套拱临时加固：为确保溶洞临近洞段安全，在 DK914＋210～＋206 段增设 H180 格栅钢架加强支护、间距 1m，封闭成环；DK914＋206～＋200 段增设 6 榀 I18 工字钢套拱，封闭成环。

（2）管棚超前支护：在 DK914＋200～＋183 段洞顶掌子面隧道中线左侧 15°、右侧 75°范围设置 ϕ108mm 洞身管棚 2 环超前支护，L＝10m，搭接长度 4m，环向间距 40cm，外插角 10°～15°；第一环设在溶洞后 2m 硬岩处（DK914＋202），第二环设在 DK914＋196，第二环管棚孔底入硬岩深度不小于 3m（图 7）。

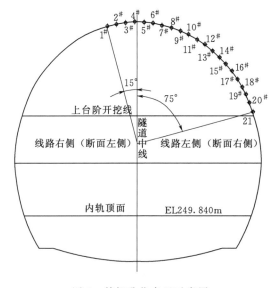

图 7 管棚孔位布置示意图

（3）空腔裂隙处理：顶拱空腔采用 C25 混凝土回填密实，对溶腔中填充黏土中的裂隙注浆固结，空腔回填密实后方可进行下一步掌子面开挖掘进施工。

（4）工法调整：DK914＋200～＋183 段施工工法采用三台阶临时横撑法，在下部仰拱初支封闭成环后方可拆除临时横撑。

（5）加强初支、衬砌措施：DK914＋200～＋183 段衬砌类型原设计Ⅲ级，衬砌类型为Ⅲa，围岩级别调整为 V 级，衬砌调整为 Vc 型，C35 钢筋混凝土，拱墙厚 50cm，仰拱厚 60cm。初支采用 H230 格栅钢架支护，仰拱每榀封闭成环，喷混凝土厚度 0.3m，拱墙增设系统锚杆 ϕ22、L＝4.0m、纵向间距 0.6m、环向间距 1m，与格栅钢架焊接成整体；每榀钢架增设 12 根 ϕ50 锁脚锚管 L＝5m，壁厚 5mm。

（6）隧底换填处理：DK914＋200～＋188 段隧底设计开挖线以下 4m 的溶腔填充物挖除，用 C20 混凝土回填。

（7）加强监控量测：施工过程中在 DK914＋200、195、190、185 处增设变形监控量测点，监测围岩变形情况；加强超监控量测工作，当监控量测数据出现异常时，及时采取应急加固处理措施。

4.3 岩溶处治施工

（1）岩溶处治施工程序：DK914＋210～＋206 段增设 H180 格栅钢架封闭成环→DK914＋206～＋200 段增设 I18 工字钢套拱封闭成环→ϕ108mm 洞身超前管棚施工→拱顶空腔回填混凝土施工→对填充黏土裂隙注浆固结→岩溶段洞身三台阶开挖、支护→DK914＋188～＋183 段仰拱钢架封闭成环→隧底溶洞内填充黏土挖除、C25 混凝土回填→仰拱初支钢架封闭成环。

（2）初期支护施工：格栅钢架、型钢拱架在钢筋加工厂集中加工，平板车运输至施工现场，利用支护台车人工安装；锚管、锚杆采用 YT－28 手风钻钻孔，人工安装锚杆、锚管；喷射混凝土在拌和站集中拌制，混凝土搅拌运输车运至施工现场，采用喷射混凝土机械手施工。

（3）管棚施工：先施工奇数孔，后施工偶数孔；钻孔采用履带式 ZGYX420 潜孔钻，硬岩部位用冲击器钻孔、黏土部位用螺旋钻杆钻孔；采用挖掘机、人工配合顶进钢管，顶进过程中做好管棚安装记录，确保顶入长度满足设计要求；接长钢管时，相邻钢管的接头应前后错开，同一横断面内的接头数不大于 50％，相邻钢管接头至少错开 1m。管棚注浆浆液采用水灰比为 1∶1 的水泥浆液，注浆顺序按先两侧后中间进行。采用单液注浆，注浆压力 0.5～2MPa，注浆结束后采用 M10 水泥砂浆充填钢管封孔。

（4）拱顶空腔回填及注浆固结：采用履带式 ZGYX420 潜孔钻钻至拱顶空腔，钻孔两个，一孔安装混凝土输送管，另一个孔安装排气管，回填混凝土在拌和站集中拌制，混凝土搅拌运输车运至施工现场，HBT－60 混凝土泵泵送到拱顶空腔。采用履带式 ZGYX420 潜孔钻钻两个 60 度斜孔穿过拱顶黏土填充物，一个孔安装注浆管，一个孔安装排气管；注浆采用水灰比为 1∶0.5 的水泥浆液，注浆压力 0.5～1MPa，注浆结束后采用 M10 水泥砂浆充填注浆管、排气管封孔。

（5）仰拱填充物换填：DK914＋188～＋183 段仰拱钢架封闭成环后，方可进行 DK914＋200～＋188 仰拱填充物换填施工；采用挖掘机将隧底设计开挖线以下 4m 的黏土填充挖除，装自卸车运输至小东山弃碴场，换填混凝土在拌和站集中拌制，混凝土搅拌运输车运至施工现场，自卸入模，采用插入式振捣器振捣密实。

5　处治效果

红土岭隧道出口 DK914＋200～DK914＋183 段填充型溶洞已处治完成，处治施工过程中围岩稳定，未发生溜塌、管棚侵限，施工期间及仰拱钢架封闭成环后监控量测数据稳定，未出现黄色、红色预警。制定的上述隧道填充型岩溶处治技术措施达到预期设计效果，在安全、有序掘进通过岩溶段时起了非常重要的作用。

6　结语

红土岭隧道出口填充型溶洞段开挖施工，通过增加管棚超前支护、加强初期支护衬砌、调整工法等措施，岩溶处治达到预期效果。处治技术措施在红土岭隧道安全、有序掘进通过岩溶段时起到关键作用，具有非常重要的意义；同时也为类似地质情况隧道岩溶处治施工积累宝贵经验。

三亚地区砂层、周边建筑物无基础
条件下的基坑支护技术研究

韩拥军　　陈　亮

（中国水电基础局有限公司）

【摘　要】　以三亚天涯度假村升级改造基坑支护工程为依托，采用三轴搅拌桩和高喷扩大头锚索等工艺，解决了三轴搅拌桩穿过高标贯击数圆砾层和高压喷射扩大头锚索的多项难题，保证了 9.0m 外简单条形基础建筑物的安全。

【关键词】　三亚天涯度假村基坑支护工程　三轴搅拌桩　高压喷射扩大头锚索

1　工程概况

三亚天涯度假村升级改造基坑支护工程是我公司进入海南地产领域的第一个项目，位于三亚市海坡村，基坑面积为 $16558m^2$，基坑轴线长约 637.48m，南距三亚湾路 35m，东、西、北三面为 4～15 层的民用建筑。这些建筑全部采用简单的条形基础，地基承载极不稳定，且建筑物距离地下室边线距离非常近，最小距离仅为 9.0m，必须保证其安全。从地质上说，该项目地处南海之滨，以砂层为主，但其中包含一层标贯击数较高的圆砾层，对三轴搅拌施工形成了较大挑战，需要解决。

2　地质条件

基坑内地层以海相沉积（Q_4m）为主，大致可分为七层，自上而下分别为细砂、圆砾、粉砂、淤泥质粉质黏土、中砂、粉质黏土、中砂、粉质黏土。其中的圆砾层②、圆砾（Q_4m）：黄色，灰白色，饱和，稍密状，以灰白贝壳、螺为主，含少量中粗砂，颗粒级配差，该层本次勘场地均有分布。该层层顶埋深为 4.00～9.10m，层顶高程为 －2.06～2.60m，揭露厚度为 1.90～6.70m，平均揭露厚度 4.40m。该层于部分胶结较好，呈岩块状，块径约 5～10cm。

3　项目主要特点、重难点

（1）本工程三轴搅拌桩设计深度最大为 29m，而地勘报告中第二层圆砾层标贯击数最大达到 30.1 击/30cm，平均厚度 4.40m，远远超过了正常搅拌桩可施工强度，需要采取特殊措施。

（2）预应力锚索采用高压喷射扩大头锚索工艺，由于锚索施工需要穿越止水帷幕，将索具打入至周边建筑物下部土层，高压喷射扩大头锚索能有效地在减小锚索长度的同时保证抗拔力，但该工艺出现时间较短，且在砂层中运用实例较少，如何有效的控制锚索质量是施工中的重点。

4 三轴搅拌桩施工

4.1 三轴搅拌桩施工工艺

4.1.1 主要技术要求

本工程止水帷幕采用三轴水泥土搅拌桩，搅拌桩桩径为850mm，桩间距600mm，有效桩长平均约27.7m，咬合250mm，采用两搅两喷工艺，套接一孔法。三轴水泥搅拌桩水泥参入比宜为20%，水灰比宜为1.2～1.5，全长复搅，搅拌桩垂直度偏差不大于1/200。水泥土搅拌桩的桩身强度采用翻浆浆液试块强度和钻芯取样试验确定，水泥土试块28d无侧限抗压强度不小于1.0MPa。

4.1.2 施工工艺流程

根据工程实际情况，本三轴水泥土搅拌桩计划采用湿法施工，主要施工步骤可分为定位、制备水泥浆、预搅下沉（带浆）、提升喷浆搅拌、清洗等几个步骤。

4.1.3 主要施工设备选型

根据本工程实际情况，结合以往施工经验，三轴搅拌桩机计划选用上海金泰工程机械有限公司生产的BZ70型全液压步履桩机。

4.1.4 三轴搅拌桩施工顺序

当场地具备连续施工条件时，采用跳打式施工，如图1所示。当不具备条件，如在转角处或有施工间断情况下，采用单侧挤压式施工，如图2所示。总体施工顺序为沿设计轴线顺时针施工，开始和结束相交位置预留冷缝，采用高压旋喷处理。

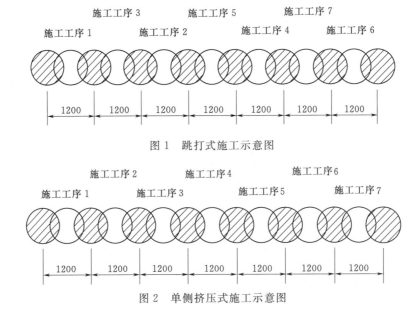

图1 跳打式施工示意图

图2 单侧挤压式施工示意图

4.1.5 三轴搅拌桩施工

三轴搅拌机施工前先进行场地平整，平整宽度不少于 10m，桩基作业平台区域内还需夯实加固，确保施工场地路基承重荷载需能满足 50t 吊车及步履式重型桩架行走要求。

桩机就位后，钻头开始旋转下沉，到达设计桩顶以上 50cm 后，开始喷浆，直至设计孔深，在孔底原地搅拌喷浆约 30s，开始提升钻杆，提升过程中继续喷浆搅拌，直到喷到桩头上部 0.5m 为止。

根据设计所标深度，在钻孔和提升全过程中，保持螺杆匀速转动。提升速度、下沉速度及注浆流量与设计注浆量之间要匹配，满足设计水泥掺入比要求，具体应根据工艺试验确定。

4.2 锚索施工工艺

4.2.1 主要技术要求

（1）锚索施工采用高压喷射扩大头工艺，采用套管护壁钻孔。锚固体采用双管旋喷扩孔，直径不小于 $\phi400$，采用 P. O42.5 级普通硅酸盐水泥，水泥掺入量 30%，水灰比 0.7（可视现场土层情况适当调整）。

（2）锚索支撑区域必须按照分段分层开挖，分段长度不宜大于 20m，分层厚度不宜大于 2m，下层土开挖时，上层的锚索必须有 7d 以上的养护时间并已张拉锁定。

（3）钻孔定位误差小于 50mm，长度误差不大于 20cm，旋喷桩径不得小于设计直径 20mm，并严格按照设计起止深度施工。

（4）锚固体 28d 无侧限抗压强度不低于 1.8MPa。

4.2.2 施工工艺及流程方法

锚索工艺流程：测量以及孔的定位→自由段钻孔→锚固段高压旋喷扩孔→锚杆制安锚杆→注浆→腰梁施工→张拉→封孔注浆。

（1）锚孔测放。按设计要求，将锚孔位置准确测放在坡面上，孔位误差不得超过 50mm。

（2）钻孔。自由段钻进采用常规锚杆钻机，孔径 150mm 锚固段换用高压旋喷钻机进行扩孔，扩孔直径不小于 400mm。钻孔深度要超出锚索设计长度不小于设计长度。

自由段钻孔结束后，采用高压旋喷进行扩孔，扩孔时浆压力不小于 20MPa，喷嘴给进或提升速度可取 10～25cm/min，喷嘴转速可取 5～15r/min，水泥采用 42.5R 普通硅酸盐水泥，水泥掺入量 30%，水灰比 0.7（可视现场土层情况适当调整）。

（3）清孔。钻孔达到设计深度后，稳钻 1～2min，防止孔底尖灭、达不到设计孔径。钻孔孔壁不得有沉渣及水体黏滞，必须清理干净，在钻孔完成后，使用高压空气（风压 0.2～0.4MPa）将孔内岩粉及水体全部清除出孔外，以免降低水泥砂浆与孔壁岩土体的黏结强度。除相对坚硬完整之岩体锚固外，不得采用高压水冲洗。若遇锚孔中有承压水流出，待水压、水量变小后方可下安锚筋与注浆，必要时在周围适当部位设置排水孔处理。如果设计要求处理锚孔内部积聚水体，一般采用灌浆封堵二次钻进等方法处理。

（4）锚索制作与安装。锚索在钻孔的同时于现场进行编制，内锚固段采用波纹形状，张拉段采用直线形状。钢绞线下料长度为锚索设计长度、锚头高度、千斤顶长度、工具锚和工作锚的厚度以及张拉操作余量的总和。正常情况下，钢绞线截断余量取 50mm。将截好的钢绞线平顺地放在作业台架上，量出内锚固段和锚索设计长度，分别做出标记；在内锚固段的范围内穿对中隔离支架，间距 60～100cm，两对中支架之间扎紧固环一道；张拉段每米也扎一道紧固环，并用塑料管穿套，内涂黄油；最后，在锚索端头套上导向帽。

（5）锚索的注浆。锚固法注浆采用排气注浆法施工。注浆压力保持在 0.3～0.6MPa。

（6）锚索张拉与锁定。锚头用冷挤压法对锚盘进行固定。旋喷搅拌桩及压顶梁强度达到 70％后方可进行张拉锁定。正式张拉前先用 20％锁定荷载预张拉二次。正式张拉时分别以 25％、50％、75％、100％的锁定荷载分 4 级张拉，张拉的时间为每级 3min。然后超张拉至 110％锁定荷载，在超张拉荷载下保持 5min，观测锚头无位移现象后再按锁定荷载锁定。

锚杆应进行拉拔试验，锚杆筋体拉拔检验位置应设于支护结构影响范围外，设 3 组，共 9 根，以确定水泥浆灌浆量，通过浆量确定扩大头直径。具体位置由建设、监理单位现场确定。在锚桩体养护 28d 后，先分 8 级加载至设计拉力值，并测量锚筋体的上拔位移值，然后加载至破坏，以检验锚桩的最大锚固力，检验要求按相应规范执行。

5 专题研究简介

5.1 三轴搅拌桩穿越砂砾石技术研究

针对本工程地层存在平均厚度约 4.4m 的圆砾层，标贯击数较高，施工中钻进困难，浆液浪费大，钻头磨损严重等问题，采取了以下措施：

（1）设备选型。施工开始前，通过对上海工程机械厂有限公司研制的 ZLD180/85－3－M2－S 超强三轴式连续墙钻孔机和上海金泰工程机械有限公司生产的 BZ70 型全液压步履桩机进行了对比试验，最终选定 BZ70，对三轴搅拌桩的成功起到了决定性作用。

（2）根据实际情况调整设备、施工参数满足施工要求。通过试钻，桩机可以穿过圆砾层，达到设计孔深，但是在圆砾层中钻进速度缓慢，钻头磨损严重，浆液浪费较多。为此，采取了如下措施，保证了三轴搅拌桩顺利完成：

1）根据本工程实际地质条件，换用更加耐磨的合金钻头，并适当调整叶片角度，便于钻进。

2）钻进困难时适当增加反钻次数，一般钻机在施工正常情况下不采取反钻，反钻对钻头本身有一定的损伤，但本工程实际施工情况证明，坚硬地层适量的反钻能保证钻进更加顺畅，节约施工时间。

3）调整泵送排量和浆液水灰比，在钻进困难时减少浆液的浪费。

5.2 高压喷射扩大头锚索技术研究

预应力锚索的主要技术难点在于地下水位以下的锚索施工坑外水的堵漏问题。解决方法如下：

（1）锚索钢绞线下设完毕后，机组将钻机外套管拔出，坑外的地下水就会自然流入基坑，此时我们采用的是将编织袋或者棉被包裹在钢绞线四周，用钻机挤压进锚索孔，一直将其压至帷幕中央，一般可以将地下水封堵，至少可令其流量大幅减小，如果存在小量流水，再流水通道位置插入一根泄水管，同时在其旁边插入一根注浆管并将管口封住，让水只从泄水管留出，在将其四周用水泥和堵漏王等材料封实。待封闭材料强度达到后，由注浆管开始注浆，泄水管流出浓浆后，将其封闭，再继续注浆，使中间空洞完全填满位置。水泥浆达到龄期后将泄水管打开，观察是否还有漏水情况。一般此时不会再发生漏水，或者渗水已经非常小，不必再进行处理。如果漏水还是很大，可以反复采用上述的"引流—封堵—注浆"的方法，直至处理结束。

（2）上述方法处理后极易形成反复，有外力触碰钢绞线或腰梁，封堵的棉被极易发生松动，再次漏水。最好的办法是在正对漏水锚索孔的帷幕外侧补强高压旋喷桩，将帷幕缺口完全封闭。此方法只能在锚索张拉后进行，而且费工费力。应根据实际情况进行选取。

（3）参照第二种方法的实用效果，本工程在第三道锚索施工时，加设了一根注浆管，为了避免破坏，注浆管采用镀锌钢管，注浆管长度 3.0m，绑扎在钢绞线上，随钢绞线下设至孔内，注浆管长度刚好保证其可以延伸至帷幕后方，再锚索张拉后利用这根注浆管进行注浆，效果比较明显。

6　主要结论

（1）通过研究，对三轴搅拌桩穿越较坚硬砂砾石层的设备进行了选型与改进，解决了海相圆砾地层成孔效率低、材料消耗大的难题。

（2）通过研究，本课题成功解决了高压喷射扩大头锚索地下水位以下锚索施工漏水处理问题，保证了周边建筑物的安全和工程的顺利实施。

马来西亚 TRX 项目硬切割咬合式排桩施工技术

尤福来   贾立维

（中国水电基础局有限公司）

【摘　要】　钻孔咬合桩作为一种支护挡土结构，在城市深基坑围护施工中有着广泛的应用。本文结合马来西亚 TRX 项目咬合桩施工，介绍当地咬合桩施工的一些关键技术，并对国内外咬合桩的技术要领做以简单分析和对比。

【关键词】　钻孔咬合桩　施工工艺　围护结构　连锁桩墙施工方案

1　前言

钻孔咬合桩是指在平面布置的排桩间相邻桩相互咬合（桩圆周相嵌）而形成的钢筋混凝土"桩墙"，它用作构筑物的深基坑支护结构或水利水电工程的防渗体，在国外有着比较广泛的应用。其基本要求是先期施工不加钢筋的一序桩，再用带切削齿的钻具切割一期桩形成二期桩，二期桩为混凝土等级较高（或同等级）的钢筋混凝土桩。这种技术由我国地下工程界知名专家王振信教授在国外考察时发现，并将其引进到国内推荐给深圳地铁工程。目前经过大量的工程实践，钻孔咬合桩在国内也已成为一项比较成熟的支护结构施工技术，但还没有相关技术规范。国内在引进技术时做了比较大的改良，即一期桩要使用超缓凝型混凝土，二期桩要在一期桩混凝土不凝固前切割。这种改良极大提高了施工工效，降低了对设备性能要求，但对桩墙整体结构性能的影响还没有权威的理论研究。这也是当前咬合桩施工技术在国内外的最大区别。

2　基本情况

TRX 咬合桩工程属于马来西亚 TRX 工程的一部分，位于马来西亚吉隆坡中心地带。主要地层为：

（1）0～15m 为覆盖层，部分覆盖层深度较浅，5m 左右，局部区域则超过 26m，岩面起伏大。地下水丰富，地下水位 3～15m 不等。

（2）岩溶发育，溶沟、溶槽广泛分布。在前期的超前勘探灌浆施工中，揭露的溶洞的比率接近 30%，对咬合桩施工增加了很大的难度。

（3）遇有多层溶洞的情况较多，在勘探孔钻孔过程中容易发生塌孔现象，咬合桩浇筑过程中超方现象严重。

该工程的桩基为咬合桩设计，设计要求一序桩入岩 1m，二序桩入岩 3m，桩径为

0.88m，相邻桩中心距0.7m，咬合长度0.18m。

3 咬合桩施工

3.1 导墙施工

咬合桩的导墙施工是工程开始阶段至关重要的一道工序，关系到后续施工的桩基位置是否在合格范围之内，主要起到定位桩基的作用，其次可以起到引孔作用，保证施工桩基的垂直度。

（1）中心线放线测量。在导墙施工之前需进行咬合桩中心线测量放线工作，其中导墙模板宽度比设计桩基直径宽0.02m，导墙的高度0.5m。在中心线及导墙宽度确定后，即可进行开挖槽段的施工，深度一般控制在0.5m。

（2）浇筑垫层。在开挖槽段上需进行混凝土垫层施工，混凝土为C15或者更低，垫层表面需控制平整，以利于后续立模施工。

（3）立模。立模是控制咬合桩开孔位置是否准确的关键因素，在立模之前必须重复测量中心线，立模结束后需进行复测边线，用以检查桩中心是否发生偏移。模板中心进行加固支撑。

（4）浇筑。浇筑导墙的过程需严格控制浇筑速度，防止混凝土过大的冲击力使模板发生位移。

3.2 钻孔施工

一期桩钻孔采用护筒驱动器进行护筒下设，同时进行钻孔施工。在覆盖层钻孔时，钻机驱动带管靴的护筒向下钻进，遇到阻力时采用捞渣斗将护筒内的土取出即土，如此往复，直到将护筒下设到基岩面，更换截齿钻头，进行岩石钻孔。

一般的咬合桩设计均为一序桩混凝土强度要比二序桩低一至两个等级，但本工程设计采用的是一序、二序桩为同等强度C35混凝土，且咨询明确要求二序桩在一序桩浇筑完成后36h才能切割。因此本项目的技术核心问题最如何切割C35混凝土的一序桩。

在钻孔工艺和机具无法调整的前提下，重点从调整钻孔工序上来加快施工进度，经过试验摸索，最终确定了以下施工成桩顺序，较好地解决了施工工效问题（图1）。

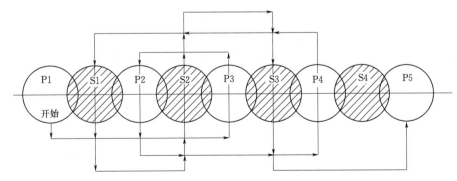

施工顺序说明：
1. P1，P2等代表一序桩，S1，S2等代表二序桩；
2. 施工顺序：P1→P3→P2→P4→S2→S3→S4→…以此类推，循环推进施工。

图1 施工顺序图示

3.3 钢筋笼制安

钢筋笼的制安与一般灌注桩的制作并无两样，主筋为 20T25 和 20T32 两种型号，箍筋为 T12，间距为 175mm。制作钢筋笼时要在控制好主筋数量、箍筋间距的同时也要控制好钢筋笼的外径，确保有足够的混凝土保护层，避免钢筋外露等质量问题的发生。钢筋笼加工成型后，用吊车吊入孔内就位。钢筋笼较长时，直接吊装容易造成弯曲变形、损坏，应采用多点起吊。钢筋笼吊装时应防止扭转、弯曲，缓慢下放。钢筋笼每隔 3m 须加保护块，保证钢筋笼位于孔中心。多节钢筋笼的连接采用焊接。

3.4 浇筑施工

由于基岩面的不确定性，导致了所下设护筒露出地表的长度不一，给浇筑施工带了一定的难度。对此，项目部进行浇筑井架的改良以适应护筒的长度。后续根据前期地勘孔报表显示作为钻孔参考，可将护筒露出地表高度控制在 1m 左右。咬合桩灌注采用罐车自卸入孔，孔口布置平台架与马道搭配使用。

混凝土采用 G35 水下商品混凝土，导管水下灌注，开浇时采用泡沫板排水法开浇，浇筑应连续进行，导管底距混凝土面保证埋深 2m 以上，避免拔脱造成断桩，也不宜大于 6m，以防导管挂住钢筋笼或埋深过大，不易拔出。最后混凝土浇至套管口，将泥浆全部挤排出，拆卸导管。

3.5 起拔护筒

起拔护筒主要用钻机带护筒驱动器进行，由于施工顺序及场地狭小的原因，在浇筑过程中钻机多数时间处于停等状态，且钻机本身带有护筒驱动器，起拔更为方便快捷，只需在护筒拆卸时吊车予以配合。护筒分节起拔时桩孔内的护筒要加防止下落措施，以免护筒落入孔内，形成事故。

4 相关试验项目的实施

咬合桩基施工遵循当地施工规范，需做相关的大应变、小应变、声波对穿试验等项目，检测成果（见表 1～表 3）。

表 1　　　　　　　大 应 变 检 测

试验	桩号	长度/m	测试荷载/t	试验结果			备注
				表面荷载/t	底部荷载/t	运行荷载/t	
大应变	SSP38	15	240	238	188	426	通过
	SSP72	27.55	240	330		382	通过
	SSP－96	18.4	240	238	225	463	通过
	SSP－122	8.6	240	237	226	463	通过

表 2　　　　　　　小 应 变 检 测

试验	桩号	预计长度/m	试验结果	备注
小应变	SSP－128	7.79	无明显变异，完整性检测通过	通过
	SSP－44	8.25	无明显变异，完整性检测通过	通过
	SSP－66	9.3	无明显变异，完整性检测通过	通过

表 3			声 波 对 穿 检 测	
试验	桩号	检测最大混凝土 深度/m	试验结果	备注
声波对 穿试验	SSP - 30	12.68	声波剖面无显著变异	通过
	SSP - 58	11.86	声波剖面无显著变异	通过
	SSP - 88	9.05	声波剖面无显著变异	通过
	SSP - 114	8.31	声波剖面无显著变异	通过

5 施工效果评价

此次咬合桩分部工程施工初期遇到了极大的困难，通过不断探索，施工逐步正常化。从开挖后的效果看，咬合桩桩身混凝土充实饱满，咬合完整，达到了设计要求。截至目前，冠梁及锚索配套施工也已全部完成，锚索处于张拉检测阶段。

填海地层复合灌浆法止水工艺试验

龚宏伟　丰武江

（江西大地岩土工程有限公司）

【摘　要】　滨海填方工程止水一直是一个技术难题。该项目在某滨海复杂填方基坑止水工程原方案施工失败之后，提出"静压＋旋喷"的复合灌浆方案。通过该方案在本工程中的实施，很好地解决了填方块石大、间隙充填、灌浆浆液流失等问题，快捷、经济地完成了该工程。

【关键词】　滨海填方　基坑止水　静压灌浆　旋喷灌浆

1　工程概况

大连市某石化集团进行二期扩建，计划修建一座大型海水取水泵房。泵房外型尺寸为 $55.6m \times 21.2m$。地下为抗渗钢筋混凝土结构，基础底标高为 $-11.0m$，泵房底标高为 $-8.5m$，顶标高为 $3.0m$，地面整平后标高为 $5.2m$。临时基坑采用放坡开挖施工。设计要求基坑止水采用旋喷桩，旋喷桩轴线施工范围为 $111.6m \times 84.6m$，基础处理深度为入中风化板岩 $1.0m$，旋喷孔采用双排交错布置，孔间距 $0.8m$，共布设 980 个孔。基坑止水完成后，要求渗漏量需小于 $5000m^3/d$。

根据本项目的工程地质勘察报告，该泵房场区为近年填海而成，场地地层复杂，自上而下主要由回填山坡土、回填开山碎石和淤泥质沙土等组成，其中，山坡土层厚 $1.2 \sim 1.7m$，开山碎石层厚约 $16.1 \sim 19.4m$，地层松散，碎石粒径级差大，粒径大小主要为 $20 \sim 200mm$，部分达块石级，最大块石粒径达到 $3000mm$ 左右。开工前场地地层上部进行了强夯处理，但场地地下水仍与海水相连，水位随海水潮起潮落而变化，基坑止水施工难度大。

2　原方案的施工

根据原设计的临时基坑止水施工方案，首先进行了典型试验段的施工。典型试验段轴线长 $15.6m$，双排共布置旋喷桩 40 根，分排、分序施工。因地层黏粒含量较少，泥浆护壁钻孔方法成孔难，决定采用气动跟管钻进、PVC 管护壁的施工方法进行施工。

旋喷过程中，发现已施工两排的 Ⅰ、Ⅱ 序孔孔口均无返浆，浆液流失严重，旋喷灌浆不能成桩，不能形成有效的防渗墙，且大量存在大块石，加剧了问题的严重性。

鉴于此，建设单位会同设计、勘察和施工单位的工程技术人员，经过认真研究，一致认为原施工方案风险过大，不适合本基坑的止水工程，需更改设计，重新确定施工方案。

3　复合灌浆法方案

方案论证过程中，与会专家一致认为，如何解决浆液流失和施工中大块石问题为本基坑止水成败的关键。

我单位根据多年来积累的施工经验，针对该场地地层存在大块石、细颗粒物含量少、空隙率大等特点，提出了一套在复杂填土地层处理中采用"静压注浆＋旋喷灌浆"两种灌浆工艺叠加、复合，以期达到充填块石间间隙、阻止浆液流失、有效形成防渗墙的目的的施工方案。该方案得到专家的一致认同。

新方案主要内容为，采用"静压注浆＋旋喷灌浆"的方法对基坑止水轴线上地层进行处理，即在轴线两侧分别布置 2～3 排静压注浆孔，先灌注一定的砂浆，砂浆达到一定强度后，再沿两排静压灌浆孔中间布置一排旋喷灌浆孔，对地层进行旋喷灌浆处理，使其在复杂地层中形成止水墙体，达到止水的目的。静压注浆可根据需要掺加一定的速凝剂，以免砂浆流失过大。

由于地层细颗粒物含量少、空隙率大及存在大块石等，成孔难度大，采用气动跟管钻机进行，跟管钻进，套管既可护壁，又可用于静压注浆。

静压注浆主要目的：被处理地层一定范围内的空隙尽可能注满浆液。旋喷灌浆主要目的：处理底部淤泥层、强夯影响范围的地层、切割和充填静压灌浆缺陷部位等。

4　复合灌浆法止水施工工艺试验

复合灌浆法施工方案正式实施前，先通过典型试验段分组试验，对方案进一步优化，再进行整个基坑止水施工。典型试验段选择在基坑西侧有代表性地层部位，轴线长共 30m；试验段分为两组，每组轴线长 15m，分别进行试验。

试验技术要求：每组试验的排距和孔距以满足要求灌浆、减少浆液损失为原则。试验施工顺序为，先静压注浆，后旋喷灌浆。静压注浆由一端向另一端推进。

第一组按"三排静压注浆孔＋双排旋喷灌浆孔"布设。静压注浆孔排距为 1.0m，孔距为 2.0m，梅花形布置；在静压注浆排与排中间布置旋喷灌浆孔，排距为 1.0m，孔距为 0.8m，形成双排旋喷桩结构。静压注浆先施工两边排，边排完成且所注砂浆凝固并达到一定强度后，再施工中间排。旋喷灌浆按排分先后顺序，每排分Ⅰ、Ⅱ序进行。

第二组按"双排静压注浆孔＋单排旋喷灌浆孔"布设。静压注浆孔排距为 1.5m，孔距为 2.0m，梅花形布置，在灌浆轴线上布置旋喷灌浆孔，孔距为 0.6m，形成单排旋喷桩结构。两排静压注浆同时施工。旋喷灌浆分Ⅰ、Ⅱ序进行。

第二组试验静压注浆孔最佳排距确定：

$$排距 R = r + b/2, \quad b = 2 \times (r^2 + l^2/4)^{1/2}$$

式中：r 为浆液球形扩散半径；l 为孔距；b 为两圆相交形成的厚度。根据计算 r 为 1.1m、l 为 2m 时，$b \approx 0.92m$，R 值为 1.56m，此处取值 1.5m。

试验结束后，进行效果对比，选出最优施工方案，进行整个基坑的止水施工。

4.1 试验方法

4.1.1 钻孔

采用气动跟管钻机跟管钻进，静压注浆钻孔钻至淤泥层顶即可，套管留下灌浆使用。旋喷灌浆钻孔入中风化基岩 1.0m。钻孔结束后，下入 PVC 管护壁，拔出套管。

4.1.2 砂浆拌制

静压注浆前须进行砂浆配合比试验。确定砂浆的配合比，主要是确保砂浆有良好的流动性和注入性，能完全充填被处理范围内碎石的空隙，施工中没有太大的离析，硬化后具有必要的抗压强度和黏结力。经现场实验，得出现场砂浆配合比详见表 1。

表 1 砂 浆 配 合 比

水/kg	水泥/kg	砂/kg	外加剂/%	流动度（无外加剂）/s
360	450	1226	5~6	20±2.0

4.1.3 静压注浆

地层孔隙率约为 25%~30%，根据扩散范围要求，静压注浆需采用限压、限流、限量的方式进行，进浆压力控制在 0.3~0.5MPa，砂浆注入率控制在 50~60L/min，浆液耗量控制在 2.5~3.0m³/m。为了尽可能减少浆液流失，所注砂浆的扩散比需尽可能缩小，但需兼顾砂浆的可注性，砂浆的扩散比定为 1:3，流动度为 20s±2.0s，有效扩散半径约为 1.0~1.2m。注入率以调节砂浆泵流量实现。

根据浆液灌注情况，适量掺加速凝剂。速凝剂采用模数为 2.4~3.0 的水玻璃，浓度为 30~45 波美度，掺入量 5% 左右。施工中实际掺入量根据现场灌浆情况确定，按地层及灌注情况增减，甚至不掺加。

根据勘察资料和现场钻孔，被处理的填土层孔隙率较大，且连通性较强，每米浆液注入量应相应加大，拔管速度（自下而上）相应放慢，并采用无压灌浆方式进行灌浆。上部强夯影响范围内的地层较密实，不需掺加速凝剂，以免影响浆液扩散。

为使每孔的地层连续处理，注浆需每隔一定时间将套管拔出 0.1~0.2m。每孔的单位浆液耗量、拔管速度及拔管时间间隔，以现场所需为准。

第一组中间排静压注浆主要以弥补两边排缺陷为主，故所注浆液不需掺加速凝剂，同时，砂浆流动度根据灌注情况适当减少。

4.1.4 旋喷灌浆

旋喷灌浆现已是一种较为成熟的施工工艺，在国内基础处理中应用广泛，此处不赘述。

4.2 试验结果对比

4.2.1 试验效果

第一组：静压灌浆左、右两排灌浆耗浆量较大，单孔平均耗浆量为 2.5m³/m。中间一排灌浆耗浆量较小，单孔平均耗浆量为 1.33m³/m。旋喷灌浆时，孔口返浆正常，且水泥含量较高，地层孔隙基本被砂浆充填。

第二组：静压灌浆灌浆耗浆量较大，单孔平均耗浆量为 2.63m³/m。旋喷灌浆时，孔口返浆正常，且水泥含量较高，地层孔隙基本被砂浆充填。

试验结束后，两组试验部位均进行了质量检查，依据《水工建筑物水泥灌浆施工技术规范》（DL/T 5148—2001），质量检查以压水试验的方式进行，采用单点法进行压水试验。每组 3 个检查孔，共布置了 6 个孔。根据检查结果，每个检查孔的透水率值均小于 5Lu，满足了基坑止水要求。

根据以上试验及试验部位检查显示，虽然填土层松散、复杂，及大量存在大块石，但两组试验均能对地层进行较好地处理。通过砂浆灌注、扩散，在处理范围内基本能将大块石四周充填；所遗留部分缺陷，在旋喷灌浆时，虽不能切割，但旋喷浆液较稀，可将其充填，避免留下缺陷。

4.2.2　结果对比

第一组试验段工程量较大，需施工三排静压灌浆孔和两排旋喷灌浆孔，砂浆和旋喷浆液耗量较大；按轴线长度计，单位平均耗浆量为 2.50m³/m，砂浆总耗量为 58m³/m。第二组试验段工程量相对较小，只需施工两排静压灌浆孔和单排旋喷灌浆孔；按轴线长度计，单位平均耗浆量为 2.63m³/m，砂浆耗量为 48.8m³/m。两组试验段施工成果情况统计表见表 2，两组试验段施工成果对比表见表 3。

表 2　　　　　　　　两组试验段施工成果情况统计表

部位	左排			中间排			右排		
	施工段 /m	总耗浆量 /m³	单位耗浆量 /(m³/m)	施工段 /m	总耗浆量 /m³	单位耗浆量 /(m³/m)	施工段 /m	总耗浆量 /m³	单位耗浆量 /(m³/m)
第一组	137	334	2.44	135	179	1.33	140	357	2.55
第二组	139	377	2.72	—	—	—	140	356	2.54

表 3　　　　　　　　两组试验段施工施工对比表

部位	轴线长度/m	总耗浆量/m³	单位耗浆量/m³	轴线单位耗浆量/(m³/m)
第一组	15	870	2.08	57.9
第二组	15	733	2.63	48.8

两组试验中砂浆的平均耗量存在明显差别，第二组砂浆耗量较第一组少。究其原因，应为第一组较第二组的处理宽度大 0.5m 所致。

根据试验效果分析，两组试验对复杂填土层处理效果均较好，能满足本工程要求。但从试验成果和试验数据来看，两组试验施工方法的优劣明显。第一组比第二组分别增加了一排静压灌浆孔和一排旋喷灌浆孔，第一组比第二组钻孔量增加，砂浆量增多，旋喷施工量也增加了。为了减少工程量和节省工程造价，确定后续施工采用"双排静压灌浆孔和单排旋喷灌浆孔"的方法进行。

5　结语

试验结束后，整个基坑的后续止水均采用了"双排静压灌浆孔和单排旋喷灌浆孔"的方法进行，施工进展顺利，并通过质量检查，所有检查部位全部合格。随后进行了开挖，开挖过程安全、顺利，为泵房主体施工创造了条件。根据基坑开挖结束后的测算，整个基坑渗漏量约为 2000m³/d，远小于设计要求的 5000m³/d，止水效果显著，且新方案比原设计方案节约工程造价近 700 万元，占总造价约 35%，提前工期 47 天，取得显著的经济效益和社会效益，得到了建设和设计单位的肯定和赞誉，也为本单位积累了丰富的施工经验，为以后在类似的工程施工应用提供了借鉴。

TBM 组装间岩壁梁岩台缺陷处理技术研究

苗双平

（北京振冲工程股份有限公司）

【摘　要】　TBM 组装间岩壁梁在施工过程中，由于受地质条件及人为因素影响，导致 TBM 组装间岩壁梁在施工过程中发生无法成型或岩壁梁岩台存在缺陷，对后序岩壁梁上部吊车轨道安装埋下严重的安全隐患。本文以吉林引松供水总干线三标 TBM 组装间岩壁梁为研究背景，对岩壁梁缺陷处理进行了详细分析和研究，提出了岩壁梁岩台缺陷的处理技术，并对研究结果进行了验证，希望对类似工程提供有参考价值。

【关键词】　TBM 组装间　岩壁梁　缺陷　处理技术

1　前言

目前随着 TBM 掘进技术的发展，国内超长隧洞施工越来越多，独头掘进 10km 已很普遍，而 TBM 地下组装洞室内岩壁吊车梁结构型式的实现，需结合组装洞室的结构功能，并根据其地质条件的复杂程度，严格控制开挖，保证岩台成型角度在合理范围内[1]，但在组装洞室的实际开挖过程中，因围岩节理裂隙的存在、控制爆破的偏差以及人为操作等因素的影响，或多或少会造成组装洞室段岩台开挖未能成型[2-6]。徐光成[7] 在施工时首次采用了"三步起爆一次开挖施工光面——预裂爆破"新技术，在岩壁梁岩台以上保护层部位采用"直孔和斜孔光面爆破一次开挖"方法，减少了爆破对岩壁的扰动，确保了岩壁开挖成型质量，创造了炮孔痕迹率 100%；幸享林[8] 基于大量分析研究和监测成果表明，在复杂地质条件下，即使在洞室群围岩卸荷松弛变形已较大的情况下，采用岩壁吊车梁结构在技术上仍是可行；李世民[9] 采用凿岩台车开挖，充分发挥了凿岩台车大断面施工的优势；并成功将岩锚梁应用于组装间，优化了组装间宽度和桥机承载结构；目前，对于岩壁吊车梁未能成型岩台的处理方法并没有相应的国家规范和标准[10-17]，为保证岩壁吊车梁的顺利施作，本文以吉林引松供水总干线三标 TBM 组装间岩壁梁为背景，对未成型岩台岩壁吊车梁的设计进行了研究。

2　工程概况

吉林引松供水总干线三标 TBM 组装间全长 80m，组装洞为蘑菇形，开挖断面为 10.5m×15.0m（宽×高），设计岩壁梁宽度为 1.3m，岩壁梁上部浇筑宽 1.3m，高 2.0m 的钢筋混凝土桥机轨道安装基础，安装 2×80t 桥机一台。岩壁梁开挖施工过程中由于地质条件影响，岩台以下存在较大的超挖情况，大部分的岩壁梁开挖后达不到1.3m宽的设计要求，形成岩壁梁岩台缺陷，因此需要对该缺陷进行处理，以满足工程运行需求。

3 岩壁梁岩台缺陷处理技术

3.1 岩壁梁岩台缺陷处理原则

施工中，先进行岩台下部补强混凝土的施工，待强度达到设计强度的70%时，进行原设计钢筋混凝土岩壁梁的施工，将二者作为独立结构，岩壁梁截面如图1如示。

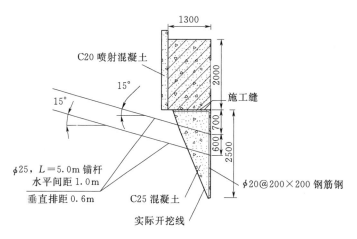

图 1 岩壁梁岩台截面图

假定补强体为独立的绝对刚性体，按其受力特点，将其视为符合文克尔假定的弹性地基，在荷载作用下，补强体产生平移与刚体转动，根据刚体平衡和抗滑计算受拉钢筋截面积、抗滑稳定、锚杆锚固长度[18]。

（1）单位梁长岩壁吊车梁受拉锚杆截面积应符合下列规定：

$$\gamma_0 \psi M \leqslant \frac{1}{\gamma_d} f_y (A_{s1} L_{t1} + A_{s2} L_{t2})$$

$$A_{s1} L_{t1} = A_{s2} L_{t2}$$

式中：γ_0 为结构重要性系数，结构安全级别为Ⅰ级，取 1.1；ψ 为设计状况系数，对应于持久状况、短暂状况、偶然状况，可分别取 1.0、0.95、0.85；γ_d 为岩壁吊车梁受拉锚杆承载力计算的结构系数，考虑锚杆释放应力影响，取 1.65；M 为吊车梁单位竖向轮压、横向水平荷载、岩壁吊车梁自重、单位梁上轨道附件重力和梁上防潮墙重力所有各荷载的设计值对受压锚杆与岩壁斜面交点的力矩和；f_y 为受拉锚杆抗拉强度设计值，按《水工混凝土结构设计规范》，取 300N/mm^2；A_{s1}、A_{s2} 为第一、二排受拉锚杆单位梁长的计算截面面积；L_{t1}、L_{t2} 为第一、二排受拉锚杆到受压锚杆与岩壁斜面交点的力臂。

（2）岩壁吊车梁与岩壁结合面的抗滑稳定验算应符合以下规定：

各荷载均取设计值：

$$\gamma_0 \psi S(\cdot) \leqslant \frac{1}{\gamma_d} R(\cdot)$$

$$R(\cdot) = \left[(G+F_V+W)\sin\beta - F_h\cos\beta + \sum f_y A'_{si}\cos(\alpha_i+\beta)\right]\frac{f'_k}{\gamma'_f} + \frac{c'_k}{\gamma''_c}A +$$

$$\sum f_y A'_{si}\sin(\alpha_i+\beta) \quad S(\cdot) = (G+F_V+W)\cos\beta + F_h\sin\beta$$

式中：$S(\cdot)$ 为沿岩壁斜面上的下滑力；$R(\cdot)$ 为沿岩壁斜面上的阻滑力；F_V 为单位梁长竖向轮压设计值；F_h 为单位梁长吊车横向水平荷载设计值；G 为单位梁长上岩壁吊车梁自重（含二期混凝土）设计值；W 为单位梁长上轨道及附件重力和梁上防潮隔墙重力设计值；β 为岩壁角；α_i 为第 i 排受拉锚杆的倾角；A 为单位梁长岩壁吊车梁斜面的面积；A'_{si} 为第 i 排受拉锚杆单位梁长的实配截面面积；f'_k 为岩壁斜面上抗剪断摩擦系数标准值；γ'_f 为抗剪断摩擦系数的分项系数，取 1.3；c'_k 为岩壁斜面上抗剪断粘结力标准值；γ''_c 为抗剪断粘结力的分项系数，取 3.0。

（3）要求锚杆在稳定岩体内锚固长度应符合下列规定：

$$L_a \geqslant \frac{\gamma_0 \psi \gamma_d \gamma_b f_y A_s}{\pi D f_{rb,k}}$$

$$L_a \geqslant \frac{\gamma_0 \psi \gamma_d \gamma_b f_y A_s}{\pi d f_{b,k}}$$

式中：L_a 为受拉锚杆在稳定岩体内的锚固段长度，mm；γ_d 为结构系数，不小于 1.35；γ_b 为黏结强度的材料性能分项系数，可取 1.25；f_y 为受拉锚杆抗拉强度设计值，为 300MPa；$f_{rb,k}$ 为胶结材料与孔壁的黏结强度标准值，本工程砂浆强度等级 M30，取 1.2MPa；$f_{b,k}$ 为胶结材料与钢筋之间的设计黏结强度，取 2.0MPa；d 为锚杆直径，为 25mm；D 为锚杆孔直径，取 42mm；A_s 为单根受拉钢筋的截面面积，钢筋直径为 25mm，则其面积为 490.9mm²。

计算见表 1。

表 1　　　　　　　　　　混凝土补强体受拉锚杆锚固长度计算表

参　数	γ_0	Ψ	γ_d	γ_b	f_y /MPa	A_s/mm²	D/mm	$f_{rb,k}$ /MPa	$f_{b,k}$ /MPa	d /mm
大小	1.1	1	1.35	1.25	300	490.9	42	1.2	2	25
L_a(mm) 按公式（5.3.6-1）						1726.514954				
L_a(mm) 按公式（5.3.6-2）						1740.327074				

参照表 1 计算结果和以往工程经验，锚杆长度定为 5m 较为合理。

3.2　计算过程

首先计算出补强体所承受的荷载，再针对不同荷载情况、岩壁梁缺陷情况进行计算加固系数，从而设计处理措施。

（1）设计荷载。补强体承受的荷载包括桥机的竖向轮压、桥机横向水平荷载（根据桥机厂家资料）、岩壁梁自重、补强体自重、轨道及其附件重以及各种工况下其他动荷载。

（2）过程计算。岩壁梁开挖后，不同的桩号段岩台缺陷程度不同，缺陷高度在 1.5～3.5m 之间，分析岩台缺陷情况，采用不同的处理方案，初步拟定岩台缺陷处理补强体的垂直高度为 2m、2.5m 和 3m 三个方案。

通过对混凝土补强体的受力分析发现，对计算受拉锚杆截面影响最大的因素是吊车竖向荷载和吊车水平荷载，仅考虑这两种荷载作用，假定设置单排受拉锚杆，水平间距1m，锚杆起始位置为岩台以下70cm处，上倾15°锚入岩石，初步计算中不满足要求的剖面，增设一排受拉锚杆后，缺陷高度在2.5m以内均满足要求，但缺陷高度3m位置仍然不满足要求要求，需要水平方向进行加密处理。通过对以上计算结果的归纳总结，并参照类似工程经验，最终确定4个岩台缺陷处理方案：

方案一：补强体垂直高度3m，两排锚杆，水平间距1m，垂直排距0.6m；

方案二：补强体垂直高度2.5m，两排锚杆，水平间距1m，垂直排距0.6m；

方案三：补强体垂直高度2m，两排锚杆，水平间距1m，垂直排距0.6；

方案四：补强体垂直高度3m，三排锚杆，水平间距0.7m，垂直排距0.6m。

对以上四个方案，按照不同缺陷程度进行验算，结果证实均能满足安全要求。

4　施工过程中注意事项

施工过程中由于先进行岩壁梁岩台缺陷部位的补强，因此必须加强施工质量的检查，保证每根锚杆注浆密实度、入岩深度，严格控制锚杆的间排距，保证受力均匀，避免应力集中，造成岩壁梁破坏。施工中应注意以下几方面：

（1）按规定选择水泥浆体材料。

（2）浆液在28d龄期后要求抗压强度达到设计强度。

（3）注浆作业应连续紧凑，中途不得中断，使注浆工作在初始注入的浆液仍具塑性的时间内完成；在注浆过程中，边灌边提注浆管，严禁将导管拔出浆液面，以免出现断杆事故。

（4）注浆过程中控制注浆压力及注浆量，保证浆液扩散均匀，保证注浆效果。

（5）锚杆垫板应与基面密贴，锚杆应平直、无损伤，表面无裂纹、油污、颗粒状或片状锈蚀。

补强体处理完成后，强度达到设计强度的70%，对岩台部位施工缝按规范要求进行处理，再进行上部钢筋混凝土岩壁梁的施工。

5　结语

本文采用理论分析、现场试验的方法对TBM组装间岩壁梁岩台缺陷处理进行研究，主要得到以下结论：

（1）通过理论分析，通过对混凝土补强体的受力分析发现，对计算受拉锚杆截面影响最大的因素是吊车竖向荷载和吊车水平荷载，锚杆长度选定为5m。

（2）对不同缺陷高度的岩壁梁缺陷应采取不同加固方案，确信高度越大，补强体强度应越大，锚杆间距要分布合理，保证岩壁梁受力均匀。

（3）从处理过程可以看出，在现场施工过程中，先要做好地质条件的分析，尽量避免在地质缺陷的区域设计TBM组装间岩壁梁，确因条件限制时，亦要加强质量控制，同时做好岩壁梁岩台缺陷的详细统计，分桩号段、分区间进行缺陷统计，针对不同的缺陷程度进行分级，再按照以上方法进行岩壁梁补强计算，保证处理后的岩台满足荷载要求。

参考文献

［1］ 邓勇.锦屏电站引水隧洞 ϕ12.43m 大直径 TBM 组装洞室设计与施工［J］.隧道建设，2010，30（3）：271 - 275.

［2］ 李世民，张世杰，俞学辉，等.超长隧洞 TBM 地下扩大洞室施工［J］.云南水力发电，2014（B11）：63 - 66.

［3］ 赵志强.某隧道地下 TBM 组装间扩大洞室设计与施工技术［J］.西部探矿工程，2006，18（11）：142 - 143.

［4］ 杨春旭，李家兴，田灿斌.糯扎渡水电站地下厂房岩壁梁岩台开挖爆破试验［J］.云南水力发电，2010，26（5）：122 - 126.

［5］ 张德高，张志斌.溪洛渡水电站右岸地下厂房岩壁梁岩台开挖质量管理［J］.云南水力发电，2009，25（6）：109 - 110.

［6］ 彭相国，佟阳.岩壁吊车梁爆刻技术在呼和浩特抽水蓄能电站的研究与应用［J］.甘肃水利水电技术，2012，48（1）：63 - 64.

［7］ 徐成光.岩壁梁部位开挖施工关键技术研究［J］.贵州水力发电，2006，12（3）：45 - 48.

［8］ 幸享林，吴燕，冯梅.复杂地质条件下地下厂房岩壁吊车梁的设计［J］.西部探矿工程，2011，23（8）：181 - 183.

［9］ 李世民，李驱，李登钺，等.TBM 地下组装间施工［J］.云南水力发电，2014（1）：62 - 64.

［10］ 宋智，孙强.TBM 组装洞室未成型岩台岩壁吊车梁设计研究［J］.东北水利水电，2016（1）.

［11］ 史永跃，熊细和，吴勇，等.地下厂房岩壁梁岩台成型措施及岩体损伤的研究［J］.水电站设计，2015（1）：51 - 54.

［12］ 严匡柠，熊诗涛，李玉良.洪屏抽水蓄能电站地下厂房岩壁梁岩台精细化开挖技术［J］.施工技术，2013，42（12）：36 - 39.

［13］ 任国青.锦屏 TBM 组装洞特大断面空间交错施工技术［J］.现代隧道技术，2012，49（6）.

［14］ 闫景参，王鹏禹，李光前，等.大直径 TBM 组装洞室设计与施工［J］.水利水电施工，2014（5）：33 - 35.

［15］ 肖海波.高地应力下 TBM 组装洞特大洞室开挖方法研究［J］.铁道标准设计，2011（9）：85 - 88.

［16］ 刘绍宝.TBM 洞内组装洞室及其辅助系统设计［J］.建设机械技术与管理，2007，20（11）：97 - 101.

［17］ 宋立德.雅砻江锦屏二级水电站引水隧洞 TBM 组装洞开挖［J］.山西建筑，2011，37（16）：229 - 231.

［18］ 石广斌，刘有全，李敬昌.岩壁吊车梁稳定性刚体极限平衡分析法之商榷［J］.西北水电，2008（5）：15 - 17.

高喷灌浆工程

中国三峡建设管理有限公司
简　介

中国三峡建设管理有限公司（简称中国三峡建设）是全球最大的水电开发企业和中国最大的清洁能源集团——中国长江三峡集团公司（简称中国三峡集团）的二级子企业，为国有独资公司，注册资本金 20 亿元，是一家为全球客户提供大中型水电工程、抽水蓄能电站、水利工程和公共基础设施等项目全产业链服务的工程投资、建设、管理和咨询公司。

2015 年 7 月，中国三峡集团紧跟国有企业改革步伐，为进一步强化核心竞争能力，传承发展以三峡工程为代表的大型水电建设管理经验，实施企业"国际化"战略，系统整合水电开发建设板块的专业技术力量，正式组建成立中国三峡建设，作为中国三峡集团大型水电工程开发建设的实施主体，全面承接中国三峡集团国内、国际水电工程开发建设业务，已开发建设了三峡、溪洛渡和向家坝水电站，在建有白鹤滩、乌东德水电站和巴基斯坦国卡洛特、科罗拉水电站，另外还广泛参与抽水蓄能电站、风电、光伏电站、公共基础设施等工程项目开发建设，业务范围涉及水利、电力、新能源、交通、市政、设备制造和安装、输变电工程等，工程咨询和监理业务遍布国内外。

中国三峡建设在多年业务发展中已经具备了项目投资开发整合能力、大型水电工程建设管理能力、水电技术与科技创新能力和水电标准引领能力。获得国际行业协会科技成果奖 3 项，国家级科技成果奖 12 项，省部级科技成果奖 60 项，主编或参编国家、行业标准 18 项。

土石围堰高喷灌浆防渗设计与施工的几点思考

邱俊沣　赵建民

（中国水利水电第八工程局有限公司）

【摘　要】 本文主要对土石围堰高喷灌浆防渗设计与施工中存在的一些问题进行讨论，如设计孔排数及孔距、防渗轴线的位置、围堰的填筑、高喷灌浆施工工期等，分析其对高喷灌浆防渗效果的影响。分析影响高喷灌浆施工质量的关键因素，包括钻孔的孔位放样、主要参数控制重点、环境因素等，并对有关问题提出处理措施。

【关键词】 土石围堰　高喷灌浆　防渗设计　施工参数　关键因素

1　引言

高喷灌浆因其成本低、施工速度快，常用于水利水电工程土石围堰防渗处理。一段时间以来，土石围堰高喷灌浆防渗工程中出现了一些问题。如有的工程因孔、排距不合理，相邻旋喷桩之间搭接不良，有的地方局部出现Ⅰ序孔桩径很大而相邻的孔桩径很小或不成型；有的围堰由于填筑土石料没有控制好，影响高喷灌浆质量，甚至出现两个旋喷桩之间无法搭接等现象。导致高喷灌浆防渗墙体没有达到应有的效果，较为严重的还需要补充进行防渗处理。为此，有必要对产生上述现象的原因进行分析，查找出影响高喷灌浆防渗工程施工质量的关键因素，并采取针对性处理措施，以确保土石围堰高喷灌浆的防渗效果。

2　土石围堰高喷防渗灌浆设计

2.1　高喷孔排数及孔排距

《水利水电工程高喷灌浆技术规范》（DL/T 5200—2004）5.0.6条条文说明中"高喷灌浆孔的排数、排距和孔距，主要取决于高喷体的直径或长度范围，但确定这一尺寸是一个复杂的问题，尤其是在深部。目前比较可行的方法多是通过现场试验和工程类比加以确定"。

而现实的情况是，由于工期很紧，有的工程未进行高喷灌浆试验，根据经验确定孔排数及孔排距；有的进行了现场试验，但试验完成后，只是进行表层开挖测量喷射有效范围，再依据规范5.0.2条"……深度小于20m时，可采用摆喷对接或折接形式，对接摆角不宜小于60°，折接摆角不宜小于30°；深度为20～30m时，可采用单排或双排旋喷套接、旋摆搭接形式；当深度大于30m时，宜采用两排或3排旋喷套接型式或其他型式。"进行孔排数及孔排距的确定。如此则可能产生以下问题：

（1）高喷灌浆施工深度不明确。因为有的工程土石围堰上部采用土工膜或粘土心墙进行防渗处理，高喷灌浆并未到达围堰防渗顶高程，规范中所指"深度"是按高喷灌浆的深度确定还是按围堰防渗的深度确定没有规定，因而在进行围堰高喷灌浆防渗的孔排距设计中带来混乱。为此，建议在规范修订时，规定所指的深度是指围堰防渗的深度（即防渗体需承受的水头大小）还是高喷灌浆的深度。笔者认为，该"深度"应为围堰防渗的深度，而实际设计或施工中，个别单位为了节省工程量，往往按高喷灌浆的实际深度来进行设计施工，这样带来了围堰运行期因水头高、高喷防渗体厚度不够而被击穿的风险。

（2）对旋喷桩直径的估计应留有余地。对多个工程高压旋喷灌浆开挖检测时发现，大部分工程旋喷桩的桩径都呈现上面较大，往下逐渐变小（相同地层内，施工参数相同）的现象；深度越大，顶部和底部有效桩径的差别越明显。分析认为应是随着孔深的增加，上部盖重和侧压力增大的缘故，造成有效的喷射灌浆范围减小。建议在确定施工参数时，应将孔深对喷射有效范围的影响因素加以考虑。如果高喷灌浆的实际孔深较大，而开挖的深度较小，根据开挖范围内实测桩径确定孔排距时应留有一定的余地。对于地层较复杂、深度较大的高喷灌浆工程，在开始施工前应安排在类似地层进行高喷灌浆专项试验，进行表层开挖的同时进行钻孔注水试验，以确定适合于该围堰地质条件的合适的孔排数、孔排距及其他施工参数，在确保高喷灌浆防渗墙的搭接效果的同时，提高经济效益。

2.2 高喷防渗墙轴线位置

有的工程为了节省填筑工程量和交通方便，将高喷灌浆施工轴线定在围堰的迎水面侧靠近边缘处，且平台高程距离水面很近，碾压又不够密实，平台边缘在水的浸泡和近距离高喷灌浆施工振动的作用下易发生垮塌而产生不均匀沉降。不仅导致钻机和高喷台车无法稳固而影响高喷灌浆的质量，对施工人员和设备的安全亦有较大的影响。

建议高喷灌浆防渗墙施工轴线位于围堰的中部或稍微偏迎水面侧，施工平台高度不得低于施工期 5 年一遇的洪水位；平面上高喷轴线距上下游水面线的距离不少于 4m，并考虑材料与设备的运输道路；场地要求，轴线上下游各 1.5m 范围内应填筑至少 2m 厚的黏土并压实。

3 土石围堰高喷防渗灌浆施工中的常见问题

3.1 片面压缩工期

水利水电工程土石围堰防渗工程，一般安都排在冬季施工。为确保第二年工程安全度汛，同时为后续工程施工预留足够的时间，往往压缩高喷灌浆的工期。甚至有的人认为，只要增加高喷灌浆设备，土石围堰防渗施工就可以无限压缩工期。产生上述现象的原因，是因为有的人对高喷灌浆施工程序及过程不够了解所致。高喷灌浆都是分机组进行作业的，包括钻孔、制浆、高喷灌浆等单独进行，施工设备多，每套设备需要一定的空间进行周转。周转空间不足则机组之间将产生施工干扰，影响施工效率；其次，现大多均实行机组承包责任制，两个机组交界处的孔位控制、施工次序、场地维护等协调难度大，质量责任难以区分，所以交界处也是质量风险易发生处。机组过多则交界处增多，质量风险自然增大。特别是对于孔深比较大的地段，为抢工期还有可能出现两个机组交叉施工的现象，施工质量难以保证。

3.2 围堰填筑

在施工单位内部，往往从事填筑施工的人员与防渗施工的人员之间不属于同一个小单位，有的填筑施工人员往往不管防渗的需要，在填筑材料、方式上随意性大，影响高喷灌浆质量。

（1）填筑的材料。根据规范对高喷灌浆的定义"高喷灌浆是一种采用高压水或高压浆液形成高速喷射流束，冲击、切割、破坏地层土体，并以水泥基质浆液充填、掺混其中，形成桩、柱或板墙状的凝结体，用以提高地基防渗或承载能力的施工技术"。如土石围堰中存在粒径较大的块石、孤石，由于高速喷射流束无法对其进行切割、破坏，则难以达到该孔应有的喷射灌浆的范围。所以，土石围堰填筑过程中，在高喷灌浆轴线附近填筑的材料中应剔除粒径过大的块石（根据实际工作的经验，建议块石粒径不大于30cm）。大块石不仅影响钻孔效率和钻孔的偏斜度，而且由于块石的阻挡，可能使墙体无法有效搭接，对墙体的连续性造成影响。另外，如果原河床中孤石、块石较多，条件许可时应尽量挖除，为高喷灌浆扫除障碍，提高防渗效果。

有的围堰由于条件所限，采用轮船的皮带机向水面抛投经筛分过的卵石或砂进行围堰的填筑（如部分城市的综合水利枢纽工程）。由于集中采用一种粒径的材料抛投（一定范围内均为卵石或砂），填筑的围堰空隙率很高。高喷灌浆时经常发生坍塌、不返浆等情况。坍塌的砂石由于未经切割破坏和水泥基质充填、掺混，在高喷墙体中出现夹层或透镜体。建议如采用未经筛分处理的砂砾石材料，条件许可时应掺入一定的土料，以提高填筑体的密实度。

（2）填筑的方式。有的围堰在填筑时，由于各方面的原因，有的地段将块石或碎石集中堆放，导致围堰中出现架空现象。钻孔时出现卡钻、塌孔等事故，增加了钻孔难度的同时对钻孔的偏斜度也有较大影响，而且喷射灌浆时浆液易流失，造成孔口无返浆，对墙体的连续性或密实度产生不良影响。建议在围堰填筑时，将防渗墙轴线附近填筑料与其他部位的填筑料分开，防渗轴线附近采用粒径较小碎石和土的混合料填筑。同时，在围堰填筑至水面以上后，填筑过程中采用推土机和碾压设备分层碾压密实。

4 影响施工质量的关键因素

影响高喷灌浆施工质量的关键因素很多，以下为实际工作中易发生偏差的几个关键因素。

4.1 孔位放样

孔位偏差过大对于高喷灌浆质量的影响是显而易见的，直接造成桩体之间无法搭接。高喷灌浆一般在填筑的土料上进行露天施工，由于高喷过程中产生的废渣、废浆和雨水混合，加上施工设备的来回移动，导致预先放置的孔位经常被移动或覆盖，造成部分孔位需进行第二次甚至第三次放样。为此，实际工作中有的人想了不少办法：有的在预先放置的孔位插钢筋固定，然后人工挖出桩位；有的在围堰边缘设置控制桩，然后根据计算确定孔位；有的在已喷的孔位插入标记，再根据标记采用插入法确定两个标记孔之间的孔位等，但由于各种原因效果都不是很理想。建议采用的方法如下：喷射灌浆完成后在已喷孔的孔位中心插入标记，后序孔放样前顺标记将已喷孔表面挖除，找出已喷孔的准确孔位，然后再在两个已喷孔位之间采用插入法确定需放样孔的孔位，这样可确保孔位准确，并可对已施工的孔位偏差进行修正。

4.2 主要参数控制重点

高喷灌浆主要参数控制重点主要包括：孔排距、喷射压力、提升速度、喷射流量等。在其他因素一定的情况下，合适的孔排距可以确保墙体连续且经济合理，喷射压力、流量和提升速度对喷射灌浆的范围、桩体质量将产生直接的影响。孔、排距受设计和钻孔放样的准确性控制，前面已有说明。而喷射压力、提升速度、喷射流量等参数是因为在施工过程中易产生变化，应重点控制。有的机组因为喷射灌浆泵带病运转，为提高喷射压力采用小喷嘴喷射导致流量不足；有的喷射灌浆泵因机械磨损在喷射过程中压力下降，有的人为避免喷射泵缸体的磨损故意降压喷射；提升速度由卷扬机控制，可随时调整，有的人为加快进度而提高提升速度。高喷灌浆施工过程中，应采取有效措施对以上参数加强控制。

4.3 环境因素

影响质量的环境因素很多，如自然环境、人文环境（如人的质量意识）、现场环境等。一个干净、整洁的现场环境，是有利于提高施工效率和保证施工质量的。道理很多人都明白，但实际工作中，往往高喷灌浆施工现场的环境是比较恶劣的。除天然条件影响外，未按有关要求执行也是其中的原因。如场地不平整或宽度不足导致排水、排污、道路不畅，未按要求进行排污处理而使工作面脏乱差，导致设备移动困难，放样的孔位被移动或覆盖而产生孔位偏差等。而产生上述现象的原因主要是有些人认为是临时工程，对现场环境的控制重视不足，加强对现场环境的管控是十分必要的。

5 小结

土石围堰高喷灌浆防渗是一个系统工程，质量控制应从围堰填筑开始抓起，根据实际地质条件进行防渗设计，认真分析影响工程质量的关键因素并做好控制工作、加强现场环境治理等各个环节。高喷灌浆防渗工程的成败，不应单纯地归结为一个因素或几个因素，是各种因素综合作用的结果。只有做好每一步的工作，才能达到既保证防渗工程质量，又经济合理的效果。

浅谈某码头海上高压旋喷桩施工

龚宏伟　丰武江　付正群　付荣华

（江西大地岩土工程有限公司）

【摘　要】　沿海及海上基础处理工程渐多，而海上施工存在诸多不便不利条件。本文就高压旋喷桩海上施工，在海水、海基较大背压和多变海况以及较短工期等条件下，从海上平台搭设、海上桩身定位、工艺及设备选择等方面，重点介绍保证桩身质量并满足工期要求的施工方法。

【关键词】　高压旋喷桩　海上施工　钢管桩平台　钻喷一体

1　工程概况

本工程L形码头堤内侧全长333.3m，布置3个泊位，码头结构型式采用重力式沉箱结构。码头地基处理按水深不同分为两段，浅水区域采用开挖换填地基处理方式。深水区段9个沉箱位的地基处理采用高压旋喷桩拌和体加固的地基处理方式，高压旋喷桩地基处理区范围沿码头轴线长度约为137.8m。高压旋喷施工区域位于半开敞式海域，受南风影响较大，并受潮涨潮落影响。由于沉箱位下地质情况的不同，旋喷桩拌和体亦分为A～I区9个区域，其中A、B、C、D、E 5个区的持力层为圆砾层，施工时穿透粉细沙层，并深入圆砾层0.5米；F、G、H、I 4个区域持力层为中风化石英砂岩层，施工时穿透粉质黏土层，到达中风化石英砂岩层，不深入。单桩直径1.0m，横向相互搭接200mm，非结构缝区域纵向搭接200mm，结构缝两侧每一侧三排桩相互搭接300mm，旋喷桩桩身强度不应小于2.5MPa。高压旋喷桩桩位布置示意如图1所示。

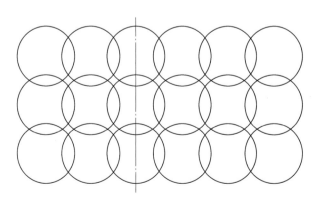

图1　桩位布置示意图

施工平台顶部高层为 7.8m，施工旋喷桩桩顶高层为 $-19.0\sim-25.9$m，钻杆悬空长度为 $26.8\sim33.7$m。

桩长 $9.0\sim15.6$m，海水深度 $19.0\sim25.9$m，虚拟桩长 $28.0\sim41.5$mm（海水深度＋入海基深度），部分桩基有较大负压。

旋喷桩工程量：84492.7m。

工期要求：从进场、平台搭建、试桩、施工、检桩到撤场，共 5 个月 21 天。

2 海上施工平台搭设

海上施工钢平台结构形式（自下而上）：钢管桩→剪刀撑联结→I50 下层横梁→贝雷片→I20a 上层横梁→木板。

采用 80t 履带吊振动锤进行钢管桩的打设，钢管桩打设后焊接钢管桩间的剪刀撑，增强钢管桩的整体稳定性。上面采用履带吊安装下层横梁、贝雷架、上层横梁、木板。

2.1 施工平台布置

旋喷边排孔轴线区域总面积为 5890m²，旋喷施工平台边线离旋喷边排孔轴线距离为 1.5m，旋喷施工平台搭设总面积为 7200m²（包括施工材料堆放区 360m²），由于工期紧张，布置 5 台套高喷灌浆设备，在施工区域平均分布 5 台高喷台车，制浆系统布置在泵房平台，每台高喷台车自重 35t，在施工过程中，高喷台车由四个支撑点支撑设备的整个重量，每个支撑点支撑重量为 8.75t。钻机结构处布置图如图 2 所示。

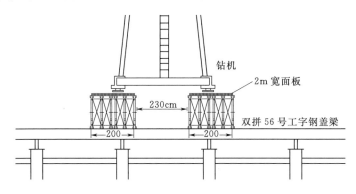

图 2　钻机结构处布置图

（1）高压旋喷泵房系统布置。根据施工部位范围，在施工部位内侧搭建一个（30m×12m）的平台用于集中布置高喷灌浆施工泵房，共布置 5 个水泥灰罐、5 个旋喷泵房系统、一个 10m³（3m×2m×1.7m）储油罐、3 台 500kW 发电机及其他设备，1 个水泥灰罐供 2 套制浆系统的水泥灰，2 台备用水泥灌。每台水泥灰罐自重 10t，荷载 55t，5 台水泥罐重 325t，每台高压泵重 4.5t，5 台高压泵重 22.5t，储油罐和储油量重 11t，每台发电机重 5t，5 台发电机组重 25t，其他设备 15t，总荷载为 398.5t，均匀分布在泵房平台上。

（2）施工供水系统布置。在施工现场灌浆泵房位置布置一个 7.5m³ 蓄水池，配置多台小型抽水泵配合灌浆泵房用水。灌浆用水符合设计和相关规范的要求。

（3）施工供电系统布置。由于施工部位在水上作业，施工用电难以架设过去，而施工高峰期用达到 1500kW，根据施工用电需要，在施工现场安排 6 台 300kW 的发电机组，集中发电，采用240mm²的电缆输送电至施工设备。

（4）施工运输：

1）海上施工平台与陆地没有道路相连接，所有施工设备、材料及人员都利用海运，施工人员上下班及施工过程中所用的小件材料用渔民船作为海上交通运输工具，渔民船做好安全防护栏配备救生圈。

2）施工用水泥和柴油利用方驳（载重1500t，船身长为55m）作为交通运输工具。水泥罐车（自重20t，载重70t，车身长为21m）从某码头行驶上方驳，船在海上行驶，采取措施保障运输安全。每次运输2辆水泥罐车，在施工高峰期每天用原材料200t，每天运输两趟。

2.2 钢管桩施工平台搭建

根据旋喷桩施工需要，在海上搭设施工平台1座，搭设总面积7200m²，在侧面搭设一工作平台，用于水泥罐及水泥浆搅拌设备，工作平台面积为320m²，两平台相连，方便水泥浆输送管道联通。

平台下部结构为管桩基础，管桩规格820mm×10mm，管桩顶分配梁为双拼56号工字钢，上部结构为贝雷桁架梁，贝雷桁架为2片一组，片间距0.9m，组间距1.3m，桥面施工机械行走段及旋喷机械施工部位用6m×2m桥面板满铺。

根据相关资料，极端高水位为5.11m，本项工程平台顶面设计标高为7.8m，桩顶标高6.2m，平台纵向长166m，宽从近海区域侧向外为35～48m。

3 高压旋喷桩施工

3.1 设备

本工程使用了5套"XG－HZJ－50T卧式灰罐智能制浆系统"与"GP1800－2智能钻喷一体机"形成配套，很好地解决了海上作业供浆不便等问题并使现场更安全、环保。"智能钻喷一体机GP1800－2"的使用，从质量、工期上满足了工程需求。高压旋喷施工机械设备配备见表1。

表1　　　　　　　　　高压旋喷施工机械设备配备表

序号	设备名称	型　号	功率/kW	数量	备　注
1	水泥灰罐	XG－HZJ－50T	18.5	5	
2	低速搅拌桶	NJ－400	3.5	5	
3	高速搅拌机	NJ－600	7.5	5	可连续24h工作，24h可制浆120t，搅拌时间30s即可
4	空压机	6m³	37	6	
5	电焊机		15	3	
6	钻喷一体机	GP1800－2	75	5	造孔、灌浆一体
7	高压泵	GPB－90WD	90	5	
8	潜水泵		2.2～	16	
9	地质钻机	Y2	18	2	检查孔取芯

序号	设备名称	型　号	功率/kW	数量	备　注
10	运输车	江铃	双排	2	
11	储油罐		10m³		
12	发电机		300kW	6	
13	交通船			1	

3.2　海上定位套管安放与固定

由于钻杆悬空长度较大加之海上风浪的影响，确保定位套管安放与固定显得尤为重要。钻孔垂直度是保证高喷体质量重要的指标。

（1）在施工平台和高压旋喷桩施工桩顶之间采用直径219mm的钢套管作为定位孔，可以确保施工过程中钻杆不直接受到海浪的冲击力而发生了孔位的偏差。

（2）单孔定位：测量人员放好基准点，并在施工平台上做好控制点标记，施工人员用钢卷尺准确的放出孔位，孔位偏差不大于5cm，下钢套管，钢套管底端深入淤泥层至旋喷桩施工桩顶高程，上端固定在施工平台上，选择风浪较小的时候，使用锤线定位法测量钢套管的垂直度。

（3）多孔定位：多孔定位主要用四孔相连的方法，横纵四孔相结合，固定四孔套管形成凳子形状，上下焊接固定，在施工平台定位四孔孔位，下入旋喷桩桩顶处，可以确保孔位不发生偏移和偏斜，此方法需要四孔连续作业，主要用于风浪较大和施工区域较大的施工范围。

3.3　高压旋喷桩施工

采用二管高压旋喷法施工。先期在两块具代表性区段进行了试桩，通过试桩确定、检验了各类设备的选型，选定了施工参数。

（1）施工顺序。根据施工部位和保护管的埋设方法来确定，首先从沉箱外侧第一排开始施工，再施工第二排高喷孔的原则来进行的（也可以采用两排同时施工方法来进行施工）。

（2）施工参数。施工技术参数依据试桩结果选定，见表2。

表2　　　　　　　　　　　高压旋喷施工参数表

参　数　名　称		参　数　值	备　注
水泥浆压/MPa		30～35	桩底部使用大值
风压/MPa		0.65～0.75	桩底部使用大值
水泥浆液	水灰比	1∶1	允许有0.05的波动
	密度	1.51	
旋喷转速/(r/min)		10	
提升速度/(cm/min)		10～12	桩底部使用小值
喷嘴	个数	单喷嘴或双喷嘴	
	直径/mm	1.7或2.4	

（3）旋喷施工。本工程有两个特点：一是背压较大；二是工期较紧。这两个特点带来的难题是通过技术参数的调整和使用"GP1800－2智能钻喷一体机"以及优化各环节配置和衔接来解决的。智能钻喷一体机集钻孔和灌浆为一体，钻孔完成无需拔管，减少了操作流程，也相应保证了钻孔的完整性。其具体操作控制如下：

1）钻孔钻至设计孔深，开始按规定参数进行原位静射，静喷的风压和泵压均使用大参数，2～3m后，返浆正常即可提升，桩底提升速度为10cm/min（视桩身负压情况而定），然后逐步将提升速度控制在10～12cm/min，喷杆转动速度为10r/min。

2）高喷灌浆全孔自下而上连续作业。如需中途拆卸喷射管时，搭接段进行复喷，复喷长度不小于0.2m。高喷灌浆过程中，出现压力突降或骤增、孔口回浆密度或回浆量异常等情况时，查明原因，及时处理。

3）在进浆正常的情况下，若孔口回浆密度变小、回浆量增大，则降低气压并加大进浆浆液密度或进浆量。高喷灌浆过程中发生串浆时，填堵串浆孔，待灌浆孔高喷灌浆结束，尽快对串浆孔扫孔，进行高喷灌浆，或继续钻进。

4）高喷灌浆过程中采取必要措施保证孔内浆液上返畅通，避免造成地层劈裂或地面抬动。高喷灌浆因故中断后恢复施工时，对中断孔段进行复喷，搭接长度不小于0.5m。当局部需要扩大喷射范围或提高凝结体的密实度时，采取复喷措施。

5）当喷杆提至预定标高时即结束该孔的喷射工作。

6）施工中准确记录高喷灌浆的各项参数、浆液材料用量、异常现象及处理情况等。

3.4 施工质量控制

（1）高喷灌浆用水泥符合要求，强度在P.O 42.5级及以上。水泥浆液搅拌时间，使用高速搅拌机时不小于30s，使用普通搅拌机时不小于90s，水泥浆自制备至用完的时间应不超过4h。

（2）钻孔孔位与设计孔位偏差不大于50cm，A区、B区、C区、D区、E区、F区钻孔孔深深入持力层（圆砾层）0.5m，G区、H区、I区钻孔孔深深入持力层中风化石英砂岩岩面。钻孔结束后接着开始高喷灌浆。

（3）高喷灌浆全孔自下而上连续作业，中途有暂停时搭接段进行复喷，复喷长度控制在0.50m以内。

（4）高喷灌浆过程中采取必要措施保证孔内浆液上返畅通，避免造成地层劈裂或地面抬动。

（5）在孔内出现严重漏浆时，采取以下措施进行处理：①降低喷射管提升速度或停止提升；②降低喷浆压力、流量，进行原地灌浆。

3.5 施工效果

施工结束后对旋喷桩进行了检测，9个区段分别布置四个垂直钻孔取芯和一个斜孔取芯，以检查桩身、搭接处结石情况、高喷体抗压强度等力学参数情况以及高喷体着底等情况。

4 结语

工程按期交付。从检验结果看，高喷体取芯率均达87.5%以上，桩身底部与底部围岩胶结紧密，桩、桩搭接良好，桩身直径保持了一致性，高喷体抗压强度均达 2.53MPa 以上，满足设计要求。

参考文献

［1］ 林本华，刘志强，李海军．升浆止水施工技术在大型船坞工程施工中的应用［J］．水利水电施工，2007（2）：28－31．

高压旋喷灌浆与帷幕灌浆的结合应用

马宝鹏　李向平　翟兵科　黄胜利

（葛洲坝集团基础工程有限公司）

【摘　要】 高压旋喷灌浆和帷幕灌浆是地基处理与防渗的两种重要技术，现已被广泛使用。本文以江坪河下游河道防护工程为背景，详细介绍这两种灌浆技术的特点及施工过程，并对这两种灌浆方式相结合组成的防渗体系在实际工程中的应用进行了说明。

【关键词】 高压旋喷灌浆　帷幕灌浆　结合应用

前言

江坪河左、右岸平台高程左岸为 305m，右岸为 310m，人工挖孔桩板部位底部最低高程左岸为 275m，右岸为 278m。分别位于河床左右两侧，常年枯水位以下部分为透水性很高的砂砾石、块石及河流冲积物形成的覆盖层，基岩部分裂隙、节理发育，渗水较大，需要进行防渗处理后才能保证挖孔桩顺利进行和施工安全。根据现场环境和地质条件，拟采取在覆盖层内采用高压旋喷灌浆形成防渗墙防渗，基岩内采用帷幕灌浆防渗处理方式进行施工。

1　工程地质概况

下游河道防护区范围内，河流流向为 S73°E～S90°E，枯水期河水位 290m，现阶段涤水河水水位实测 294m，河水面宽度为 40～70m，水深 0.5～3m。根据物探地震波测试，（河）床覆盖层厚度为 19～24m，地震波波速 1650～2100m/s，可分为 2 层，下部为堰塞湖沉积相灰黑色黏土夹砂或为砂砾石、块石夹黑色腐殖质砂质黏土，上部为现代河流冲积物，由砂砾石及漂石组成。下伏基岩为弱风化的 $\in_1 l^{1-2}$ 层灰绿色薄层钙质粉砂岩、板岩夹灰岩条带。岩层倾向上游偏右岸，倾角平缓，发育的断层主要有 F_{121}、F_{211}、F_{241}、F_{271}、F_{94}、F_{134} 等。由于断层裂隙的切割，泄洪时会引起局部冲刷规模加大。

防护区两岸地形坡度左岸为 40°～50°，右岸为 35°～45°，覆盖层厚度左岸为 0～20m，右岸为 3～22m（图 1 河道防护现场地质条件）。下伏基岩为强风化的 $E_1 l^{1-2}$ 层灰绿色薄层钙质粉砂岩、板岩夹灰岩条带。

2　防渗方式选择

灌浆方法选择背景：覆盖层为砂砾石、块石及河流冲积物形成的强透水层，造孔与灌浆施工难度较大适合"根管钻机一次性成孔，自下而上高压旋喷灌浆"。下伏基岩为弱风化砂岩、板岩夹灰岩条带，裂隙、节理发育，造孔相对难度较小适合"自上而下分段帷幕灌浆"

结合现场地条件，采用"一孔两用即覆盖层内高压旋喷灌浆＋（桩下）基岩帷幕灌浆"组合的形式。这种组合形式适用于深基坑（深基坑上面一部分处于覆盖层中，而剩余部分处于基岩中）侧壁挡土或挡水以保护邻近建筑物施工时的防渗处理。布置方式为：

（1）靠河侧：距桩板轴线外侧2.3m与3.05m处覆盖层内布置两排高压旋喷灌浆孔防渗，高压旋喷灌浆孔间距0.8m，排间距0.75m，深入强风化岩体1m；距桩板轴线外侧3.05的位置基岩内沿高压旋喷灌浆孔下部布置一排帷幕灌浆孔，帷幕灌浆孔间距1.6m，终孔深度在防冲桩深度上加深1.0m；河侧起喷高程：右岸起喷高程为305m；左岸起喷高程均为301m。

（2）靠山侧：为防止山体内渗水和江内河水绕渗对桩板施工造成影响，在靠山侧距桩板轴线2.0m处覆盖层内增加布置一排高压旋喷灌浆孔防渗，孔间距0.8m，深入弱风化岩层1m；基岩内沿高压旋喷灌浆孔下部布置一排帷幕灌浆孔，帷幕灌浆孔间距1.6m，终孔深度在防冲桩深度上加深1.0m，高压旋喷灌浆孔和其下部的帷幕灌浆孔钻孔角度外倾3°左右。起喷高程右岸为EL309m、左岸EL304m（利用高喷桩对内侧边坡覆盖层起到一定的固结作用，防止挖桩过程中井壁覆盖层发生坍塌而引起边坡不稳定）。

（3）横向设置：为使防渗结构形成一个封闭体，需在左、右岸桩板防渗部位的上、下游设置"覆盖层内高压旋喷灌浆＋（桩下）基岩帷幕灌浆"，布置方式同靠山侧排布置，左岸起喷高程为304m，右岸起喷高程为309m。图1为人工挖孔桩板高压旋喷灌浆、帷幕灌浆平面布置图部分示意图（G开头文字为高喷灌浆孔位标识，W开头文字为帷幕灌浆孔位标识）。

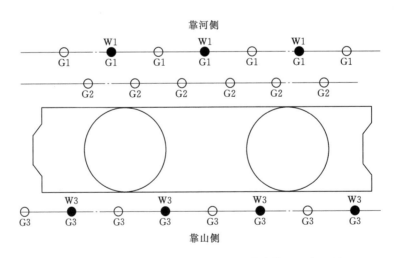

图1　人工挖孔桩板高压旋喷灌浆、帷幕灌浆平面布置图

3　高压旋喷灌浆

高压旋喷灌浆与帷幕灌浆结合应用时，应先完成覆盖层的高压旋喷灌浆，才可进行高

喷孔下的帷幕灌浆。

高压旋喷灌浆，就是利用钻机把带有喷嘴的注浆管下到已经做好到预定深度的孔中，以 25～40MPa 的压力把浆液从喷嘴中喷射出来，并旋转喷射，形成喷射流冲击破坏图层，当能量大、速度快和动脉状的射流动压大于土层结构强度时，土颗粒便从土层中剥落下来。一部分细颗粒随浆液冒出地面，其余颗粒在射流的冲击力、离心力和重力等力的作用下，与浆液搅拌混合，并按一定的浆土比例和质量大小，有规律的重新排列，浆液凝固后，便在图层中形成一个防渗体，高压旋喷灌浆形成的防渗体为圆柱状。

3.1 高压旋喷灌浆的特点

高压旋喷灌浆从施工方法、加固质量与应用范围，不但与静压注射方法有所不同，而且与其他地基处理方法相比，更有独到之处，主要的特点如下：

（1）适用范围较广。

（2）施工方便，施工速度较快。

（3）能确保固结体的强度达到要求。

（4）有较好的耐久性。

（5）浆液集中，流失较少。

（6）设备简单，管理方便。

（7）生产安全，无污染。

3.2 高压旋喷灌浆的应用范围

高压旋喷灌浆法适用于处理淤泥、黏性土、黄土、砂土、人工填土和碎石土等地基。当地层有地下水径流、永久冻土层和无填充物的岩溶地段，不宜采用。可以应用的范围如下：

（1）已有建筑物和新建筑物的地基处理，提高低级强度，减少或整治建筑物的沉降或不均匀沉降。

（2）深基坑侧壁挡土或挡水以保护邻近建筑物及保护地下工程建设。

（3）基坑底部加固，防止管涌和隆起。

（4）坝体的加固以及防水。

（5）边坡加固及隧道顶部加固。

3.3 高压旋喷灌浆的施工工序

高压旋喷灌浆主要施工方法是（二管）：覆盖层高压旋喷钻孔采用跟管钻机钻孔孔径 $\phi150$，孔内下 $\phi110$ PVC 套管护壁，然后钻喷机下入高喷管进行高压旋喷施工，分两序进行施工。

（1）施工准备：测量放样，制浆站的制作安装，水、电接至施工地点，并在附近设沉淀池，以便作废浆的排放处理，配备高喷设备和人员等。

（2）定孔位：在定孔位时，严格按照设计放样定孔位，并采用木桩固定。孔位偏差值应小于 5cm。

（3）造孔：本工程采用跟管钻机，把钻机移至钻孔位置，对准孔位校正钻机满足设计要求，经技术人员检测合格后方可开钻，钻孔孔径 $\phi150$。钻孔完成后，下入直径 110mm 的 PVC 套管后拔管成孔。

（4）高压喷射：当钻进到设计深度后，按照选定的参数，进行喷射注浆，并根据地质情况和喷浆情况，按照相关规范适当调整，做好记录。先旋喷设备就位、进行调平、支撑点垫实垫稳；全面检查喷浆设备是否完好，再进行孔口试喷，检查各种管路是否畅通；下管时将喷头进行密封，以防浆、气、水管道堵塞；下到设计深度后，按浆、水、气顺序依次送入，各种参数达到设计要求和孔口返浆正常后，再按要求进行正常提升喷射。

（5）喷射提升：喷射时，先应达到预定的喷射压力、喷浆旋转 30s，水泥浆与桩端土充分搅拌后，再边喷浆边匀速旋转提升注浆管，各项高喷参数按规范控制，直至距桩顶 1m 时，放慢搅拌速度和提升速度，保证桩顶密实均匀。中间发生故障时，应停止提升和旋喷，以防桩体中断，同时立即检查排除故障，重新开始喷射注浆的孔段与前段搭接不小于 0.2m，防止固结体脱节。

（6）回灌：高喷灌浆结束，利用回浆或水泥浆及时回灌，直至孔口浆面不在下降为止，并要预防其他钻孔排出的泥土或杂物进入。

（7）机具清洗：施工完毕，把注浆管等机具设备冲洗干净，管内、机内不得残存水泥浆，通常把浆液换成水，在地面上喷射，以便把泥浆泵、注浆管和软管内的水泥浆全部排出。

（8）移动设备：待上个孔施工完成，且下一个钻孔验收合格可开始高压旋喷施工时，移动钻机到下一个孔位。

（9）记录：施工中钻孔、高喷灌浆的各道工序应详细、及时、准确记录，所有记录需按要求使用统一表格。

3.4 高压旋喷灌浆时遇到的问题及解决办法

（1）漏浆量大，孔口返浆小的处理：

1）在浆液中加入水玻璃等速凝剂。

2）向孔内加砂、黏土、刨花、锯末等堵漏材料。

3）加大浆液比重或灌注水泥砂浆、水泥黏土浆等。

4）降低提升速度或停止提升。

5）降低喷射压力、流量，进行原位复喷。

6）先对漏浆量大的施工部位静压预灌浓浆。

（2）孔口返浆量过大的处理。采用提高喷射压力或减少注浆量或加快提升速度和旋转速度进行处理。

（3）喷灌中断的处理。因故停喷后重新恢复施工前，在中断处以下 0.5m 处开喷，中断前后搭界处进行复喷。停机超过 3h 时，应对泵体输浆管路进行清洗后方可继续施工。

（4）串通孔的处理。高压喷射灌浆过程中发生串浆时，应填堵串浆孔，待灌浆孔高喷灌浆结束 8h 后，对串通孔扫孔进行高喷灌浆或继续钻进。也可以增序施工，如果之前分一、二序施工，如果该部位串孔严重，可分成一、二、三、四序施工。

4　帷幕灌浆施工

当覆盖层高喷灌浆结束后，过 1～2d 凝固期，便可进行该部位高喷孔下的帷幕灌浆。

帷幕灌浆是指将浆液灌入岩体或土层的裂隙、孔隙，形成连续的阻水帷幕，以减小渗流量和降低渗透压力的灌浆工程。所谓帷幕，就是在设计好的具有一定孔距的成排的钻孔中注入浆液，使得钻孔中的灌浆体互相搭接而形成的一道混凝土防渗墙，因为这道混凝土防渗墙类似帷幕，所以工程上称它为帷幕灌浆。在水利工程建设中，该工程技术常常被用在底部基岩的防渗处理。应用帷幕灌浆施工技术处理后的基岩，有效地融合了水泥浆与周围的土层，形成了非常密实的帷幕，因此，能够有效地预防水流的渗透，增强工程基础的抗渗能力。

4.1 帷幕灌浆技术的优点

4.1.1 高实用性

水利工程属于实用性工程之一，因此在施工的过程中也要求施工技术具有较高的实用性。而帷幕灌浆技术的主要原理就是在基岩当中钻出帷幕式的孔洞，在这些孔洞当中浇筑混凝土，等到混凝土凝固之后就形成了帷幕式的防水层，其能够有效对水利工程建筑进行保护，并且操作简便，有着极高的实用性价值。

4.1.2 高安全性

施工技术的安全性同样是评价一项技术的关键性指标，在通常利用帷幕灌浆技术时，首先需要对施工地区的地质进行详细的勘察，了解当地的水文特质，并对不同水利工程施工技术下浇灌的混凝土所需要承受的压力进行计算，只要严格按照计算后的压力数据进行施工，就能够有效保证整体工程的安全性。

4.1.3 低成本性

施工成本和收益是施工单位发展过程中关注的首要问题，降低成本，提高收益也是建筑单位在市场当中发展的重要前提，因此低消耗、低成本的施工技术就成为了现代施工企业和投资方重点关注的问题。帷幕灌浆技术的操作极为简单，并且对于不同的水利工程和地质地貌有着不同的施工要求，对于施工机械要求不高，仅对施工材料本身的质量要求较高，因此在施工过程中所产生的成本较低，具有极高的收益性。

4.2 帷幕灌浆施工工艺

4.2.1 施工前的准备

施工作业前，根据图纸找到孔位，然后放好点，并查找帷幕孔对应高喷孔的参数，因为帷幕孔的开灌深度与高喷孔的终孔深度相对应，必须准确收集整理这些参数。同时检查设备是否正常，密度计、流量计是否精准，只有提前做好这些准备，才能开始施工，确保帷幕作业能正常进行。

4.2.2 灌浆孔的造孔

帷幕灌浆施工过程中的第一道工序属于成孔，它是决定灌浆质量的最为重要的一道施工工序。通常成孔质量以及进展情况会直接影响到帷幕灌浆施工质量与工期，所以必须确保成孔又快又好的施工完。帷幕灌浆孔的钻孔方法应根据地质条件和灌浆方法确定。根据江坪河现场条件应采用自上而下分段灌浆法、孔口封闭灌浆法时，宜采用回转式钻机；灌浆孔位与设计孔位的偏差应不大于10cm，孔深应不小于设计孔深，实际孔位、孔深应有记录。灌浆孔孔径应根据地质条件、钻孔深度、钻孔方法和灌浆方法确定。灌浆孔以较小直径为宜，但终孔孔径不宜小于56mm。

（1）钻孔孔径。灌浆孔孔径应根据地质条件、钻孔深度、钻孔方法和灌浆方法确定。灌浆孔以较小直径为宜，但终孔孔径不宜小于56mm，因为这是在高喷孔下的帷幕灌浆，所以整个覆盖层段都应预埋孔口管，钻孔覆盖层段孔径90mm，全段埋设孔口管管径89mm，壁厚3mm；基岩内钻孔径65mm。

（2）采用XY-2地质回转钻机。

（3）帷幕灌浆段长一般可为5～6m，岩体完整时可适当加长，但最长不应大于10m；岩体破碎孔壁不稳时，段长应缩短。

4.3　帷幕灌浆特殊情况处理

（1）串浆处理。可采用浆液加浓、降压。限流灌注，当吸浆量下降时再逐步提高灌浆压力。也可阻塞串浆孔，待灌浆孔灌浆结束后，再对串浆孔进行扫孔、冲洗，而后继续钻进或灌浆。如注入率不大，且串浆孔具备灌浆条件，也可一泵一孔同时灌浆。

（2）冒浆处理。在灌浆过程中发生表面冒浆时，轻微者，可以稍停灌浆，让其自行凝固堵漏。严重者应先行实行堵漏措施，无效的话可以运用越级变浓浆液、降低压力、中断间歇等方法。

（3）中断处理。由于停电、机械故障、器材等问题出现的被迫中断灌浆情况，应尽快恢复灌浆，恢复时应从稀浆开始，如果吸浆量与中断前接近，则可尽快恢复到中断前的浆液密度，否则应按变浆规则逐级变浆。若恢复后吸浆量急剧减小，说明裂隙口应中断被堵，应重新扫孔，冲洗后复灌。

（4）吃浆量大的解决方法。帷幕灌浆时，有时候会出现吸浆量即时浆液已经按规范变到最浓级，可是仍变化不大，长时间灌不结束的情况。其原因大多不是因为空隙体积太大没有灌满，而是因为地层的特殊结构条件促使浆液从附近地表流出，或始终沿着某一间隙或明或暗的流失了，对此因采取以下方法处理，进一步降低浆柱压力，限制流量，减少浆液在缝隙中的流动速度，促使浆液尽快沉积凝固。或在浓浆中加入速凝剂，如水玻璃、氯化钙等，促使尽快凝结。或灌注更浓的水泥砂浆，间隙灌浆，将漏浆通道堵住。

5　对高压旋喷灌浆与帷幕灌浆结合应用的看法

（1）进场前应做好施工布置，风、水、电到位，各种管路要有预判意识的提前布置好，同时供浆系统也要做提前准备。在施工现场要选择合适的位置开挖修砌筑排污池，制浆和造孔产生的废水废浆，排到排污池沉垫，并及时清理，以防止施工产生的废水废浆四处漫流。

（2）对高压旋喷灌浆与帷幕灌浆结合应用需要注意的是，不管高喷灌浆还是帷幕灌浆，孔位一定不能出现偏差。同时要准确的找到其高喷孔相对应的帷幕孔，因为帷幕孔的开灌深度与高喷孔的终孔深度相对应，必须准确收集整理这些参数，保证高喷与帷幕搭接处的防渗效果。

（3）对既有覆盖层又有基岩的地质要进行防渗处理，选择高压旋喷灌浆与帷幕灌浆结合应用的形式，可以高效的达到其施工目的。就江坪河板桩防渗处理项目而言，前期未做灌浆时井挖作业中会不时出现塌方，深层渗水严重等情况，造成板桩开挖施工不安全，同时难以进行作业。加入灌浆之后，彻底解决塌方渗水等情况，促使板桩开挖施工顺利进行。可以看出，高喷灌浆使覆盖层形成防渗固结体，帷幕灌浆使基岩形成防渗帷幕，完美的达到其防渗固结作用。

（4）每种灌浆技术都有其优缺点，在每种特定的情况下，会有不同的技术应用。我们在进行灌浆施工的时候，就要根据具体的实际情况来制定适合的灌浆技术，因地制宜，以使灌浆技术可以发挥出最大的优势，为水利工程的质量打下坚实的基础。

高压旋喷灌浆在砂卵石地层中的应用

李文禄　黄胜利　赵阳峡　翟兵科

（中国葛洲坝集团基础工程有限公司）

【摘　要】 高压旋喷灌浆是用高压力将水泥浆注入到地层里达到加固地基，防渗止水的技术。主要是对地层喷射切割、搅拌、置转，使水泥浆与土层、泥沙、卵石充填胶结形成的防渗体。

【关键词】 砂卵石地层　高压旋喷　防渗止水　应用

1　工程概况

加查 2 号雅鲁藏布江特大桥，起讫点桩号为 DK216＋9.52～DK216＋767.00，中心里程为 DK216＋312.00，全长 757.48m。8～10 号墩跨越雅鲁藏布江，8 号和 9 号主墩位于雅鲁藏布江中，两座主墩均采用 12 根直径 1.8m 的群桩基础；10 号副墩位于雅鲁藏布江岸边，采用 12 根直径 1.5m 的群桩基础。其中 8 号墩设计承台基础底部高程 3178.63m，承台基础顶面尺寸为 17.60m×13.10m；9 号墩设计承台基础底部高程 3181.61m，承台基础顶面尺寸为 17.60m×13.10m；10 号墩设计承台基础底部高程 3186.66m，承台基础顶面尺寸为 14.80m×11.10m。根据设计图纸等资料，8 号、9 号、10 号桥墩基础地质条件均为卵石土，密实度从上至下分别稍密、中密、密实。设计文件 2013 年 12 月勘测水面高程 3189.52m。筑岛施工现已全部完成，8 号桥墩筑岛顶面高程为 3194.00m，承台开挖深度 15.37m；9 号、10 号桥墩筑岛顶面高程为 3193.00m，其中 9 号承台开挖深度 11.39m，10 号承台开挖深度 6.34m。

根据提供的勘察资料，各桥墩的地层分布大致如下。

（1）8 号墩地层。

筑岛填土：层顶高程 3194.0m（与岛面高程一致）厚度 15.7m；

稍密卵石，层顶高程 3178.3m，厚度 3.2m；

中密卵石，层顶高程 3175.1m，厚度 12.5m；

密实卵石，层顶高程 3162.6m，厚度大，未揭穿。

（2）9 号墩（10 号墩同）地层。

筑岛填土：层顶高程 3193.0m（与岛面高程一致），厚度 10.2m；

稍密卵石，层顶高程 3182.8m，厚度 9.8m；

中密卵石，层顶高程 3173.0m，厚度 11.9m；

密实卵石，层顶高程 3161.1m，厚度大，未揭穿。

2 高压旋喷灌浆的适用范围

主要适用于淤泥质土、流塑软塑黏性土、粉土、砂土、黄土、素填土和碎石土、卵石、块石、漂石、呈骨架结构地层，也有很好作用。根据勘察资料显示，加查 2 号桥 10 号墩属卵石层结构，筑岛面石料多为大粒径石块和细沙，根据围护桩成孔情况反映，漏浆较为严重，多采取化学浆以及泥浆护壁等方法堵漏。高压旋喷灌浆也得解决这一问题。

3 高压旋喷灌浆参数指标

不同地层在高压旋喷施工前，一般得进行试验孔试喷这一工序，通过钻孔取芯，开挖等一系列工序确定高压旋喷灌浆扩散半径，设置详尽的使用参数。对于卵石层地质，采用 KLEMM805－2 锚杆钻机进行造孔（冲击钻直径 115mm），KLEMMKR804 喷机进行旋喷灌浆。施工场地横跨雅鲁藏布江筑岛施工，岛面下水流流速较大，渗透力强，故采用高风压进行钻孔。采用顶驱式双动力头，保证钻进到原始底层能够顺利进。成孔后下 PVC 管，减少孔内塌孔。空压机指标：风压 17MPa。

高压旋喷喷射参数控制执行《建筑地基处理技术规范》（JGJ 79—2012）中有关规定。参数见表 1。

表 1   高压旋喷灌浆参数表

项　　目	单　　位	双管法参数	备　　注
压缩空气	MPa	0.5～0.7	
水泥浆压力	MPa	30	
浆液密度	kg/cm³	1.5	
浆液流量	L/min	70～100	
水灰比		1:1	
提升速度	cm/min	10～15	
喷嘴直径	mm	2.1	
水泥强度		P42.5	

4 高压旋喷灌浆施工工艺

高压旋喷桩分为二排三序施工（遇串浆、串风现象，分成三序施工），先施工Ⅰ序孔，先外排，后内排，后施工Ⅱ序孔，再施工Ⅲ序孔；相邻孔施工间隔时间不宜少于 72h。施工工艺流程为：

（1）测量放点。使用 GPS、全站仪等仪器导入位置坐标，根据设计图纸要求，进行测量放样，建立临时桩号，确定每排的孔位，孔号和顺序。

（2）钻机就位，校正钻孔、挖泥浆沟排设。对一序孔进行钻进，挖设泥浆沟进行泥浆排污，保持作业面干净整洁。

（3）下 PVC 管。钻进成孔后，插入 φ110PVC 塑料管。搭接处用塑料胶带黏结保证 PVC 管不脱节，孔口封闭，防止杂物堵塞。

（4）制浆站泥浆配制。高压旋喷灌浆前期准备工作。

（5）高喷钻机就位并进行试喷。开浆开水进行喷嘴试喷，检查浆管水管是否堵塞。

（6）设置旋喷参数。在进行高压喷射前，设置高喷参数，浆压 35MPa，水压 0.2～1.0MPa，浆量 70～100L/min，浆液比重 1.52，气压 0.5～0.7MPa，提升速度 20cm/min，旋转速度 10～15r/min。

（7）下喷管并进行高压旋喷。按钻孔孔深确定钻杆根数，并进行旋喷灌浆。

（8）清洗管具　旋喷结束后对高喷管进行清洗，防止浆液堵塞管道。

（9）管口检查　清洗结束后，检查管口密封圈及时更换有所损坏的，完成后涂抹黄油，润滑接口。

（10）移孔。移动高喷钻机至下一孔位喷射。

5　高压旋喷灌浆中的异常情况及处理方法

加查 2 号桥 10 号墩，设计孔位共 238 个，内排 116 个，外排 122 个，孔径 1.25m，相邻孔径 80cm，内外排间距 50cm。根据现场实际喷注情况来看，还是有异常情况值得我们探讨和反思的。我们采取外排止水，内排密封的方法进行旋喷灌浆。通过对内排孔的旋喷效果反映，外排孔的先充填、封堵止水效果起着至关重要的作用。

从钻孔情况来看，JC2－10－W26 等多个外排一序孔钻孔情况显示，孔位在 12m 左右出现卡钻和爆管的状况，喷注时出现了塌孔，导致二次扫孔。根据外排一序孔钻进情况来看，地下流水层平均在 8～10m 左右，流量较大。反渣颗粒在 1～2cm 不等且未见有泥浆或细砂从孔口反出。初步判断，该地层多为中密卵石层，透水性强，拔管后容易塌孔。喷浆主要为存在的问题为：

（1）漏浆严重（表2）。旋喷注浆时漏浆严重的部位均在 8～10m 处，先前注浆无果，后终止注浆。

处理方法：灌注水玻璃。水玻璃和水泥比例 3∶1，水玻璃和水 1∶1 混合后注入孔内。按实验显示，初凝时间 10min 左右。考虑到底层下伴有流动水，故在注浆时从孔口掺有瓜米石和细砂混合注入孔内。同时上调浆液密度，1.6～1.8 不等。降低提升速度，使砂砾与浆液混合后能充实渗漏处。避免速度过快流水层带走浆液，从而达到外排充填、封堵内排密封的效果。从外排二序孔钻孔反渣情况观察分析，渣粒中明显伴有大量的水泥浆或水泥浆凝结固体颗粒。

（2）卡钻。筑岛时为防止石料被水流冲刷，多采取大颗粒块石巩固岛底地基。为防止喷嘴堵塞下钻杆时风管开启。而不稳定块石层在下钻时被风压带动，坍塌挤压 PVC 管造成埋孔卡钻等现象。

处理方法：在旋喷时，适当降低气压和下杆速度。等到达设计标高时，按参数进行调压，开始旋喷，并填细砂米粒石加快初凝时间，达到防渗止水加固地基的效果。

表 2 高压旋喷部分孔位旋喷数据

加查二号桥 10 号墩位部分高压旋喷台账

项目	高喷孔号	孔序	桩长/m	内容	浆压/MPa	流量/(L/min)	进浆/(g/cm³)	返浆/(g/cm³)	注浆量/L	水泥用量/t	单耗 m/t	水玻璃 kg	混合砂 m³	备注
						水泥浆		浆液密度						
外排	JC2-10-W50	I	12	注浆							0.639	250	0.2	
				旋喷	32	72.1	1.5	未返浆	10090	7.67				
	JC2-10-W49	II	12	注浆							0.302	100		
				旋喷	32	67.7	1.55	1.3	4768.5	3.62				
	JC2-10-W48	I	12	注浆							0.828	100	0.4	
				旋喷	32	72.6	1.5	未返浆	13069	9.93				
	JC2-10-W47	II	12	注浆							0.254		1.3	
				旋喷	32	67	1.6	1.32	4011	3.05				
内排	JC2-10-N50	I	12	注浆							0.425			
				旋喷	32	72.5	1.52	1.3	6713.6	5.10				
	JC2-10-N49	II	12	注浆							0.258			
				旋喷	32	73	1.52	1.31	4079.6	3.10				
	JC2-10-N48	I	12	注浆							0.275			
				旋喷	33	72.4	1.53	1.3	4345.5	3.30				
	JC2-10-N47	II	12	注浆							0.257			
				旋喷	33	72.6	1.51	1.3	4051.6	3.08				
合计									51.1	38.86	0.405	450	1.9	

注　通过对内外排 I 序孔和 II 序孔的注浆比较，内排浆量骤降，证明外排止水达到预期效果。

6　结语

通过对 10 号墩地层的旋喷灌浆处理效果来看，我们对砂卵石层采取的止水密封的方法效果很是理想。具体总结如下几点：

（1）在砂卵石、大块石，相对密实地层要做高喷试验，通过钻孔观察孔内反渣情况确定合理技术参数，在经过钻孔取芯，注、抽水，开挖，围井检查喷浆效率。

（2）钻孔要采用风动跟管钻机造孔，经过大的风压力和钻孔扰动把地层破坏，形成裂隙或通道，使浆液能够充分渗透。

（3）对大裂隙、通道，孔内有流动水，漏浆较大孔，孔口不返浆地层：

1）提高浆液比重掺入一定比例膨润土增加稠度。

2）孔口缓慢投入细砂。

3）通过水玻璃与水泥浆液试验，确定胶凝参数，首先对一序孔钻孔时孔内不返风、碴的孔位预灌定量双液浆，其次在进行扫孔喷浆，减少浆液浪费。

4）投入 0.5cm 碎石与砂混合一起从孔口缓慢投入，碎石能在大的裂隙上形成骨架，在由砂与浆包裹堵住裂隙或通道。

（4）复杂地层，采用高压旋喷灌浆效果比脉动灌浆效果好。

通过以上几点对我们今后处理类似砂卵石地层提供了宝贵的经验。方式方法和科学合理的实验数据相结合，才能更加高效率地完成施工进度，确保工程质量和安全。

桩基工程

导杆式铣槽机防渗墙技术装备施工现场

山东省水利科学研究院
简　介

  山东省水利科学研究院（简称山东院）是以应用技术研究为主的社会公益型科研机构，是中国水利学会地基与基础工程专业委员会副主任委员单位。全院在职职工 206 人，其中高级专业技术职称 98 人（含研究员 30 人），中级专业技术职称 83 人，业务涵盖岩土工程、勘察设计、水资源与水环境、水土保持、农村水利、工程检测等领域。山东院在地基基础处理方面具有较强的技术优势和丰富的成果积累，主持完成的"土坝坝体劈裂灌浆加固技术""高压喷射灌浆技术"曾获国家科技进步二等奖，"坝体地基劈裂灌浆防渗技术"获国家发明三等奖，"软土地基灌浆防渗加固技术研究""大粒径地层高压喷射灌浆构筑防渗墙技术研究""垂直铺塑防渗技术研究"获山东省科技进步一等奖。上述科研成果在国内得到了较大范围的推广，对我国水利行业地基与基础领域的技术发展起到了较大的推动作用。

  近年来，在已有技术成果的基础上，山东院陆续研发了"振动射冲防渗墙技术""防汛抢险车""导杆式铣槽机防渗墙技术"等技术成果和装备。其中，"振动射冲防渗墙技术""导杆式铣槽机防渗墙技术"列入水利部和山东省水利先进技术重点推广名录，并在省内外得到了较大规模的推广应用，经济效益、社会效益显著。目前，正结合济南市轨道交通地基处理工程开展"基坑防渗与支护一体化工法"的深度研发。山东院诚挚邀请有关兄弟单位来访交流，在"中国水利学会地基与基础工程专业委员会"的指导下，广泛开展技术合作，共同推动水利地基基础领域的发展。

京沪高速铁路黄河南引特大桥钻孔灌注桩施工技术

唐　静　刘加朴　王　冰

（中国水电基础局有限公司）

【摘　要】 新建京沪高速铁路黄河南引特大桥施工难度巨大，质量控制要求严格，基础沉降监测精度控制要求达到毫米级，大桥基础采用钢筋混凝土钻孔灌注桩，灌注桩施工质量好坏，直接关系到整个大桥的沉降是否能达到设计要求，从而影响到线路运行安全。

【关键词】 特大桥　钻孔灌注桩　施工技术

1　工程概述

新建京沪高速铁路黄河南引特大桥全长 5391.30m。该特大桥设计活载为 ZK 活载；孔跨式样是 156-32m 预应力混凝土简支梁、6～24m 预应力混凝土简支箱梁、40+56+40 预应力混凝土连续梁；桥上采用板式无碴轨道；采用流线型圆端实体墩和圆端形空心墩，一字形桥台；基础采用钢筋混凝土钻孔灌注桩。施工难度巨大，质量控制要求严格，基础沉降监测精度控制要求达到毫米级。

2　自然地理特征

工程区域气候属暖温带亚湿润季风气候区，四季分明。年平均温度在 11～14℃，极端最高气温为 40℃，最冷月平均气温在 −4℃ 左右，沿线土壤最大冻结深度 0.5m。

桥段处于鲁中南丘间平原，施工场地地表为耕地，地势起伏不大。地层为第四系全新统冲积层粉质黏土、粉土、黏土，夹淤泥质粉质黏土、细砂、中砂、圆砾土、卵石土透镜体，局部表层分布人工堆积填筑土、素填土、杂填土。地下水埋深较浅，一般埋深小于 10m，黄河水补给和大气降水为地下水的主要补给来源。

3　施工次序

每台桩机施工 1 个墩台，墩台内优先采用"跳打法"施工，不能采用"跳打法"的部位，原则上是待前一根桩的混凝土浇注完毕 24h 后方可施工邻桩。

4　施工准备

4.1　桩位测量放样

用坐标法或极坐标法放样钻孔桩中心点，并打入标桩，桩位中心点的放样误差应控制在 5mm 范围内。在距桩中心约 2.0m 的安全地带设置"十"字形控制桩，便于校核。

4.2 埋设护筒

护筒用 5～8mm 的钢板制作，高度 2.5～5.0m，其内径根据桩孔直径不同分别为 1.20m、1.50m、1.80m。护筒上、下端口和中部外侧各焊一道加劲肋以增加刚度。其底部埋置在地表下不小于 2.0m 中，护筒顶高出地面 0.3m，其底脚高于地下水位以上 1.5～2.0m。

护筒埋设一般采用挖埋法，埋设准确、水平、垂直、稳固，护筒的四周应回填黏土并夯实。护筒中心与设计桩位中心的偏差不得大于 5cm；钢护筒垂直度偏差不大于 1.0%，保证钻机沿着桩位垂直方向顺利工作。

4.3 泥浆的制备及循环净化

本桥段桩基穿过的地层有黏土、砂土、粉土、卵砾石等地层，且地下水位高，选用优质膨润土造浆固壁，造浆配合比见表 1。

表 1 $1m^3$ 膨润土泥浆配合比

原料名称	淡水/kg	膨润土/kg	纯碱/kg
配合比	1000	60	2.4

制浆时先在搅拌机中加入规定的水量，再向搅拌机中加入规定的膨润土和外加剂，搅拌 5min 后将泥浆放入泥浆池中膨化 24h 待用。在钻孔桩施工过程中，桩孔中排出的泥浆通过净化后循环使用。

新制膨润土泥浆比重为 1.05～1.10，入孔泥浆比重为 1.05～1.2；黏度 16～25s，含砂量不大于 4%，胶体率不小于 95%，pH 值大于 6.5。

5 钻孔

选用配备摩阻型钻杆的旋挖钻机钻孔，使用比设计桩径大 0.5～1.0cm 的钻头钻进。旋挖钻机钻孔取土时，依靠钻杆和钻头自重切入土层，斜向斗齿在钻斗回转时切下土块向斗内推进完成钻取土，遇到硬土时，自重力不足以使斗齿切入土层，此时通过液压油缸对钻杆加压，强行将斗齿切入土中完成取土。根据屏显深度，待钻筒内钻渣填满后，反转后即可关闭进渣口，由起重机提升钻杆钻斗至地面，拉动钻斗上的开关及打开底门，钻斗内的土自动排出。卸土完毕关好斗门，再进行下一斗的挖掘。利用自卸汽车将钻渣运至弃渣场。

钻进过程中采用静态泥浆护壁取土工艺，在出渣同时继续向孔内注浆，确保孔内浆面始终高于护筒底脚 0.5m 以上。

钻孔过程中应利用旋挖钻机自有的斜度控制仪进行经常性的校核调整，保证孔斜率小于 1%。同时每个墩第 1 根钻孔桩钻进过程中应对照地质勘探图纸对钻孔中所遇到的各种地层进行采取土样，并填写地层的分层深度、取样时间等标签，标签填写好后装袋保留。一般每 2m 取个土样，并在每一种地层中至少取一个样，当至设计图纸要求的孔深前 1m 时，每 0.5m 取一个土样。在每个墩第 1 根钻孔桩钻进完毕后清孔前找设计地质人员进行地质核对，并由设计地质人员签字确认，所取土样要进行拍照留存。

成孔达到设计深度时，要测量机上余尺，并根据地质勘探资料、钻进速度、钻具磨损程度及钻渣等情况，判断地质情况，经现场监理工程师鉴定，确定终孔深度。

6 清孔

钻孔到设计孔深并经设计地质人员确认后，将清底钻头放入孔底，捞去孔底浮土，然后下入 $\phi100mm$ 钢管采用气举法清孔。清孔时孔内泥浆面应不低于孔口下 1.0m，且高出地下水位 2.0m 以上。

浇筑水下混凝土前孔底沉淀厚度应满足表 2 的要求，并经监理工程师确认，不合格时应采用气举法进行二次清孔。严禁采用加深钻孔深度的方法代替清孔。

表 2　　　　　　　　　　　　清孔检查项目及质量标准

项次	检查项目		质量标准	检查方法
1	沉淀厚度/mm		≤100	标准锤量
2	清孔后泥浆指标	孔内排除或抽出的泥浆手摸无 2～3mm 颗粒		手摸观察
		密度/(g/cm³)	≤1.10	比重称
		黏度/s	17～20	1006 型黏度计
		含砂率/%	<2	含砂率计

7 钢筋笼加工及下设

7.1 钢筋笼制作

钢筋笼在制作场内采用胎具成型法一次性制作，用槽钢和钢板焊成组合胎具。将加劲箍筋就位于每道胎具的同侧，按胎模的凹槽摆焊主筋和箍筋，全部焊完后，拆下上横梁、立梁，滚出钢筋骨架，然后吊起骨架搁于支架上，套入盘箍筋，按设计位置布置好盘箍筋并绑扎于主筋上，点焊牢固。

每根桩的钢筋笼也可分成二节制作，待其运输到桩孔旁边后焊接成整体。

7.2 保护层的设置

钢筋笼保护层采用与桩体混凝土同等级的预制混凝土垫块或塑料成品垫块。保护层厚度 8cm。沿钢筋笼外侧竖向每隔 2m 设置一道，每道沿圆周对称设置 4 块。

7.3 钢筋笼的存放、运输与现场吊装

钢筋笼临时存放的场地必须保证平整、干燥。存放时，每个加劲筋与地面接触处都应垫上等高的方木，以免受潮或沾上泥土。每个钢筋笼制作好后要挂上标志牌，便于使用时按桩号装车运出。

钢筋笼在转运至墩位的过程中必须保证骨架不变形，采用汽车运输时在每个加劲筋处设支承点，各支承点高度相等。

钢筋笼入孔时，由 25t 吊车吊装，采用三点法起吊。第一吊点设在骨架的下部，第二吊点设在骨架长度的中点到上 1/3 点之间，第三吊点在骨架最上端的定位处。钢筋笼吊装如图 1 所示。

吊放钢筋笼入孔时应对准孔径，保持垂直，轻放、慢放入孔，入孔后应徐徐下放，严禁摆动碰撞孔壁，严禁高提猛落和强制下放。若遇阻碍应停止下放，查明原因进行处理。

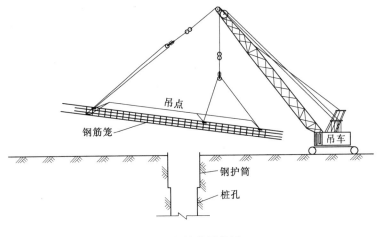

图 1　钢筋笼吊装图

笼体最上端的定位，必须由终孔后测定的孔口标高来计算定位筋的长度。钢筋笼中心与设计桩中心位置对正，反复核对无误后再焊接定位于钢护筒上，完成钢筋笼的安装。钢筋笼安装完成后采用 φ25mm 钢管将钢筋笼压重，防止在浇筑混凝土时钢筋笼上浮。

8　声测管安装与下设

对于桩径大于等于 1.5m 的桩，或桩长大于 52m 的软土、松软土地区的摩擦桩，或桩长大于 50m 的非软土、松软土地区的摩擦桩均要预埋声测管，用于采用声波透射法检查桩身质量情况，除此之外的其他桩采用低应变反射波法检查桩身质量情况。声测管采用 A3 钢板为材料，内径 50mm，长度比桩深长 30cm；其连接采用丝扣连接，以保证其内的顺直畅通。

声测管焊接固定在主钢筋内侧，保证其垂直并相对平行，等分布置桩的圆周内。声测管内灌满清水，做好全管封闭，在埋设过程中，防止泥浆和混凝土浆进入管内。

钢筋笼下设完毕后，采用无收缩水文测绳、标准测锤再次测量沉渣厚度，超出允许范围的桩孔需要作二次清底。

9　水下混凝土浇筑

本桥段各试验钻孔桩混凝土采用泥浆下直升导管法浇注水下混凝土。选用直径为 250mm 的圆形螺旋快速接头导管。第一次使用导管前检查导管是否漏气、漏水和变形，接头连接是否牢固可靠，丈量导管组装后的实际长度，并且要定期进行接长水密性试验，试水压力为 0.8MPa。

开浇采用隔水胶球法。导管下设后在导管内放置略小于导管内径的隔离胶球作为隔离体，隔离泥浆与混凝土，在开浇前，将一辆 6m³ 的混凝土搅拌车灌满，并运至所要灌注的桩孔旁边，然后将储料斗灌满，当储料斗内的混凝土量已满足初灌要求时，拔出储料斗内出口上的盖板，同时打开储料斗上的放料闸门，使混凝土连续进入导管，迅速地把隔水栓及管内泥浆压出导管，同时将桩孔旁边的混凝土搅拌车内剩余的混凝土不断灌入储料斗内而使混凝土连续地灌入桩孔内。

混凝土一旦开浇后，应连续进行，不得中断，并应始终使导管埋入混凝土中足够深度，保证导管拆卸后导管埋入混凝土的深度不小于1m，以防止将导管拔出混凝土面；同时导管埋入混凝土中2~6m，以免出现堵管或铸管事故。

浇筑过程中，应密切注意孔口情况，若发现钢筋笼上浮迹象，应稍作停浇，同时在钢筋笼上加压重物，在不超过规定的中断时间内继续浇筑；若发现孔口不返浆，应立即查明原因，采取相应的措施处理。

在终浇阶段由于导管内外的压力差减少，浇注速度也会下降；如出现下料困难时，可适当提升导管和稀释孔内泥浆。浇注的桩顶标高应比设计桩顶标高高出0.5~1.0m，以保证混凝土强度，多余部分在承台混凝土施工前凿除，桩头应无松散层。

10 特殊情况处理

10.1 桩身夹泥

灌注时由于导管密封不良，泥浆渗入导管内，或导管栓塞破裂、脱落，都会产生夹泥现象，这时应全部提出导管和钢筋笼，凿掉已浇注的混凝土和未提出的钢筋笼，桩孔重新清孔合格后重新灌注混凝土。

10.2 卡埋钻具

在松散的砂卵砾石或流沙层中钻进，因孔壁坍塌造成埋钻；钻进软黏土层时一次进尺太多，因孔壁缩颈而造成卡钻；钻头的边齿、侧齿磨损严重，不能保证成孔直径，孔壁与钻斗之间的间隙过小而造成卡钻；因机械故障使钻斗在孔底停留时间过长，导致钻斗四周沉渣太多或孔壁缩颈而造成卡埋钻。如果卡钻不严重，强拉钻杆提起；如果钻头被卡严重，强拉硬提无效时，可一边旋转钻头，一边强拉提升。

10.3 塌孔

由于地层松散、地下水位高，而又没有使用泥浆或泥浆供应不足、泥浆性能不好等原因所致。施工中可使用比重和黏度较大、护壁效果好的泥浆，并及时向孔内补泥浆，保持较高的浆面高度。同时注意控制起下钻具的速度，避免对孔壁产生过大的冲击、抽吸作用。

10.4 钻进中漏浆

在砂卵砾石层中钻进，透水性极强时，采用一般浓度的泥浆，漏失可能比较严重，容易造成埋钻事故。在此类地层中钻孔，可先投放泥球，及时补浆，并用钻头反复冲击，在孔内搅拌泥浆，使稠泥浆迅速充填在孔壁卵石的间隙中，阻挡渗漏而保护孔壁稳定；漏失停止后，恢复正常钻进。

10.5 卡管

在灌注混凝土过程中，混凝土堵在导管内下不去，或导管被混凝土或钢筋笼卡住提升不起来而造成卡管事故。

卡管事故原因：隔水阀卡在导管中；混凝土拌和不均匀、和易性差导致粗骨料集中卡在导管中；混凝土灌注速度太慢而致使混凝土在导管中停留过久而凝结；导管升降时挂住钢筋笼等。

处理方法：因混凝土堵管或隔水阀堵塞，可用钢筋或长杆冲捣，或用软轴振捣器振捣。导管与钢筋笼卡在一起时，不可强力起拔，采用轻扭动慢提拔的方法。如导管拉断、脱落，可用特殊打捞工具打捞，并清除孔内混凝土。

10.6　堵管

在灌注混凝土过程中，由于混凝土的配合比不当；新拌混凝土的质量不符合要求（流动性过小，严重离析，骨料超径等）；混凝土的运输方法不当，造成混凝土严重离析；浇筑混凝土的方法不当，浇筑速度过慢或中断时间过长；混凝土导管内径过小，或同一根导管中采用了不同内径的管节等原因造成浇筑导管堵塞。

出现堵管事故，采取以下措施处理：

（1）分析堵管原因和部位，查对记录，确认管底位置和埋深。

（2）上下反复抖动导管，每次提升不要过高，不得猛墩导管，以防导管破裂和混凝土离析。

（3）抖动无效时，可在导管埋深许可的范围内提升导管，以增加导管内的压力，减少混凝土流出的阻力。

（4）若仍然无效，堵管部位不深时可下钻杆捅；较深时可用压缩空气顶推管内混凝土（事先制作带进气管的导管封头），所用压力应在导管强度允许的范围内。

（5）若以上处理方法均无效，应抓紧时间起出导管和钢筋笼，凿掉已浇注的混凝土和未提出的钢筋笼，对桩孔重新清孔合格后重新灌注混凝土。

10.7　钢筋笼上浮

钢筋笼上浮原因是混凝土和易性不好，灌注中途出事故，使混凝土初凝结成硬盖，阻力增大；混凝土浇筑速度太快向上拱抬钢筋笼；钢筋笼在孔口固定不牢。

预防措施：放置钢筋笼时对准钻孔中心，在孔口牢固固定；根据气温变化，适当调整混凝土配合比，使其具有良好的和易性、流动性；混凝土面上升到钢筋笼底部或钢筋笼上浮时，要适当放慢灌注速度。

11　结语

黄河南引特大桥共设计有钻孔桩 1358 根，施工完成后，由北京铁五院工程试验检测有限公司进行无损检测，采用低应变反射波法检测 1326 根，声波透射法检测 32 根，检测结果为：一类桩 1358 根，占 100％，无二类、三类桩出现，工程质量良好。

京沪高铁自 2011 年 6 月 30 日正式开通以来，距今约 6 年时间，线路运行良好，黄河南引特大桥桩基工程作为高铁工程的组成部分，经受住了时间的考验。

深厚石渣回填层冲孔灌注桩施工
关键技术研究与实践

吴文涛　焦家训　徐光红

（中国葛洲坝集团基础工程有限公司）

【摘　要】　长江珍稀鱼类保育中心科研办公区桩基工程桩型选用1000mm直径灌注桩，桩基础施工地质主要由上部深厚石渣回填层和底部入中风化闪云斜长花岗岩组成，其中上部石渣回填层最深达71m，主要由三峡大坝施工开挖弃渣无序分布松散堆积，组成成分为基岩风化砂与花岗岩大块石，部分为混凝土浇筑块、砂砾石等；设计底部入中风化花岗岩厚度至少1m。前期施工中先后发生严重漏浆、塌孔、埋钻、江水倒灌等施工难题，同时地层中大直径钢筋混凝土块及块石架空现象广泛存在，导致灌注桩正常钻进施工受到严重影响。我们通过下设一定深度钢套管，回填块石、黏土、水泥等堵漏，总结并推广"一固、二填、三钻、四浇"施工工艺，取得了该深厚石渣回填层灌注桩施工成功经验。

【关键词】　灌注桩　深厚石渣回填层　施工难题　施工工艺

1　工程概况

长江珍稀鱼类保育中心位于三峡大坝右岸白岩尖与茅坪溪防护大坝左坝头间185m平台上，紧邻长江岸边，主要分为科研办公和展示两大区块。其中科研办公区区域采用灌注桩基础，桩型选用1000mm直径灌注桩，桩端后注浆，总桩数238根，平均桩长47.43m，最大桩长约72m，钻孔总工程量10723.79m，分别浇筑C35和C40混凝土共计9758m³，含试验桩施工工期为7个月，设计桩端进入持力层深度按1.0m控制，单桩静载试验加载最大值11000kN。

由于桩基施工的上部覆盖层均为无序抛填、松散回填层，施工过程中均出现不同程度渗、漏浆现象，尤其是D、E、F轴区域大部分深孔桩基（≥65m）施工回填层厚度均超过50m，最深达71m，部分桩孔30～40m深度位置钻孔过程中发生江水倒灌，底部沿原回填冲沟表面反复发生突发性泥浆漏空现象，施工难度极大。前期试验桩基施工过程中出现孔内塌、漏、卡事故频发，孔内事故难以处理，造成桩基施工无法正常施工，我们通过总结施工经验教训，提出了"一固、二填、三钻、四浇"的桩基施工综合性防塌、漏、卡施工工艺，并成功运用于本桩基工程施工。

2 工程地质条件

科研办公区桩基础地层组成从上至下分别为：①人工回填层（Q^{el}）：主要由施工开挖弃碴杂填而成，物质组成主要为基岩、风化砂与块石。块石含量及空间分布不均匀，有架空、脱空现象，勘探孔钻进过程中常发生卡钻、掉钻、埋钻现象，钻进过程中所用泥浆大量流失，钻探工作极为困难。②坡积层（Q^{dl}）：分布于冲沟及地势低洼地带，厚 0.5～4m，局部在 6m 以上。岩性成分多为灰白色的闪云斜长花岗岩，其次为灰色闪长岩。土层结构主要呈稍密状，局部呈松散—稍密状。原表部多为人工耕植地，结构极疏松。③基岩：基岩为前震旦系结晶岩体。根据勘察及钻探资料，覆盖层之下基岩以闪云斜长花岗岩为主，其次为灰色闪长岩。人工回填层较厚，坡积层厚度较小，基岩强度高。

3 施工关键技术措施

3.1 钻孔泥浆选择

选用不同材料作为钻孔泥浆制浆材料需要结合现场施工实际，综合考虑施工成本合理选择，本桩基工程选择的是宜昌周边的优质黏土作为制浆材料，通过对不同桩基采用不同泥浆比重取值，我们发现采取不同造孔泥浆取值对泥浆损耗产生较大影响，进而影响孔壁稳定及坍塌程度，通过选取任三根桩孔 F4-1、F5-1、E5-1、C12-2 在不同钻进深度范围内，使用不同浓度比重的泥浆作为钻进介质时，孔口浆液液面单位时间损耗进行对比得出表 1。

表 1 采用不同浓度密度条件下浆液损耗统计表

序号	桩编号	浆液密度 /(g/cm^3)	各孔深对应泥浆漏失量/(m^3/h)		
			10～15m	25～30m	35～40m
1	C12-2	1.1	1.88	2.36	3.49
2	E5-1	1.15	1.65	2.01	2.85
3	F5-1	1.2	1.26	1.45	2.09
4	F4-1	1.22	1.18	1.39	1.97

注 试验浆液试验取正循环孔口泥浆。

从表 1 中可以看出本桩基特厚复杂回填层渗漏浆量随钻孔深度、浆液比重较低加大，减小该漏浆因素影响最根本的是提高浆液浓度，对于本桩基工程施工地质钻孔泥浆浓度而言，当浆液密度提高至 $1.2g/cm^3$ 时，渗漏浆程度明显降低，实际施工过程中我们选取钻进浆液浓度在 $1.2～1.25g/cm^3$ 之间，取得了较好效果，同时我们发现在钻进泥浆密度大于 $1.25g/cm^3$ 时，泥浆含砂量显著提高，影响钻进工效并对钻头磨损产生不利影响。通过分析，我们认为深厚、复杂、松散石碴回填层桩基施工，存在较多渗漏通道情况下钻进浆液比重应适当加大，且不能采取反循环施工工艺，钻进过程中需要根据孔口浆液浓度变化及时调整循环，避免孔内浆液沉淀分层。

3.2 渗漏浆处理措施

通过本桩基工程，我们将渗漏浆现象分为三类：

（1）a 类漏浆：处理难度较小，可以通过改变造孔泥浆黏度及比重，回填碎石并挤压密实，选择合适实心钻具及冲击钻进方式。

（2）b类漏浆：此类型漏浆处理由于事发突然，漏浆迅速，易造成松散地层孔壁坍塌掉块，若施钻人员未及时发现，会造成孔内卡埋钻具或其他安全事故，在塌落物中存在较多块石情况下，钻具处理难度极大，将造成钻具及单孔报废。鉴于此类漏浆原因难以预防，故只能采取事先准备堵漏材料和漏浆发生后及时处理措施。我们采取了如下工艺流程应对突发性漏浆现象：

1）根据地质资料、相邻孔钻进资料预测掌握施工桩基孔突发漏浆可能深度，提前准备碎石、黏土、袋装水泥等堵漏材料堆放于施工桩基孔边，提高漏浆处理效率；同时安排装载机、反铲等设备就近停放，便于漏浆后及时处理。

2）回浆及制浆池内储备足够泥浆用于及时补充漏失泥浆，保证孔壁稳定。

3）安排通知钻机操作手和施工技术人员及时记录反馈孔内施钻深度和钻进工效情况，根据钻进速度及时判定是否进入块石层，要求操作手做好块石层漏浆正确处理应对措施。

4）发生漏浆后及时提出钻具，回填水泥、碎石及黏土等混合料，并注入储备回收泥浆，堵漏方法以堵住孔底漏浆为原则，堵漏回填厚度一般为5～10m。

5）换用合适钻具重新钻孔清孔，直至钻至漏浆孔深不漏为止，若继续漏浆则反复回填钻进重复上述过程，此类漏浆一般3次以内均可堵住。

（3）c类漏浆：此类漏浆现象处理难度大，孔内事故发生几率高，尤其是在回填层深度超过60m情况下，卡、埋钻事故极易发生，处理难度极大，这是本特厚、复杂、松散、漏失地层情况下桩基施工遇到的最棘手问题，除了采取B漏浆情况下处理措施以外，我们还在以下四方面采取处理预防措施：

1）将钻进时普通黏土泥浆改为水泥、黏土等混合泥浆，增强堵漏效果，同时增大堵漏过程中水泥、碎石投放百分比。

2）要求生产单位在钻进接近接触段深度时必须将管钻钻具换为平底实心钻具，并反复夯实充填漏浆通道。

3）必须配置现场孔内事故处理工具，如扁铲、工字钻具等。

综合上述各类漏浆现象及处理方式，得出表2。

表2　　　　　　　　　　　　　不同漏浆地层选用堵漏材料配合

序号	漏浆部位	漏浆型式	堵漏材料	堵漏方式	造孔泥浆密度 /(g/cm³)
1	回填松散层	渗、漏浆	黏土、碎石（直径小于10cm）	少量回填，增加泥浆黏度	≥1.25
2	块石架空	突发大漏量漏浆	黏土＋块石（直径小于25cm）	底部大量回填，直至堵住漏浆通道	＞1.25
3	大渗漏通道部位	突发大漏量漏浆	黏土＋水泥＋块石（直径小于25cm）	底部大量回填，直至堵住漏浆通道	＞1.25
4	地下水击穿上部孔壁	清水返入孔内破坏孔壁	黏土＋水泥（击穿部位范围）＋碎石（分层回填）	底部至上部漏浆孔壁回填，封闭返清水通道	≥1.25

3.3 施工设备及机具选择

3.3.1 施工设备选择

桩基施工设备根据钻进原理分为冲击钻进式、旋转切削式、旋转冲击式；按出渣工作原理分为反循环泵吸式和正循环冲击钻进式；若根据使用钻具可以分为落锤、单动汽锤、双动汽锤、柴油桩锤、振动桩锤、射水沉桩、静力压桩等类型。

随着科学技术的发展，桩基础施工实用设备种类日新月异，产品不断推陈出新，目前常见主要使用设备有：旋挖机、冲击钻机、地质回转钻机，本桩基工程选用的是我公司已有的宏源 CZ-9 和 ZZ-6A 型钻机设备，分别配置 75kW 和 55kW 动力电源，根据本工程实际使用情况表明：配置 55kW 动力钻机可以钻进 60m 以下桩孔，但一旦孔内发生卡埋钻具事故，因负荷较大，处理过程对该型钻机损耗较大，故障率较高，稳定性及安全性也较差，故我们在发现上述问题后更换 75kW 动力钻机设备施工 60m 以下桩孔，实际施工过程表明 75kW 动力钻机设备完全适应孔深 72m 以内，桩径 φ1.0m 特厚、复杂、松散、漏失的回填石渣地层桩基施工要求，故障率小，便于及时在较短时间内处理孔内事故。

3.3.2 配套钻具选择及使用

本工程 CZ 或 ZZ 系列冲击钻机施工灌注桩所使用的主要钻具为：平底十字钻具、空心管钻钻具三种，其中由于空心管钻钻具钻进效率较高，目前使用范围最广。根据本桩基工程统计资料，钻进覆盖层（无直径大于 1m 大孤石），管钻工效一般为 8~12m/d，而平底钻为 5~6m/d；而钻进大孤石或中风化基岩地层，管钻工效为 0.3~1m/d，而平底钻为 1~1.6m/d。对比各类钻具而言，我们往往单方面注重工效及进度因素，施工中仅采取空心管钻钻具钻进，但在工程实际施工中我们还需要重点考虑所选择钻具对施工地层的适应性，本工程深厚回填石碴层前期试验桩施工中采用空心管钻仅用 3d 时间就钻至 40m 深度以下，但在第 4d 因突发全孔漏浆导致卡埋钻具，经过 20d 时间仍未能成功处理起钻具，给生产和进度造成了较大影响，我们后来针对不同地层及时换用平底钻具挤密钻进，未发生一起孔内卡埋钻具事故。事实证明：对于松散复杂地层内灌注桩施工，我们要综合地质条件、施工进度安排及施工工效合理选用配套钻具，并正确使用钻具钻进。

3.4 深厚石渣层施工工艺

3.4.1 施工工艺流程

本工程在临江一侧孔深超过 60m 的桩基施工过程中采用下设钢套筒施工工艺，能够避免孔内反复突发漏浆对上部松散孔壁造成的塌孔威胁，有效地保证了深厚复杂石渣回填层中桩基正常施工，确保了孔内钻具、地面设备人员施工安全，归纳起来施工工艺概括为"一固、二填、三钻、四浇"。

（1）"一固"：施工平台以下至库区江水位变动区域的桩孔孔径增大至 1.25m（该段孔长度 18m，应根据下设钢套筒长度变化），钻孔至 18m 后，分节下设 18m 长度外径为 1.2m 的钢护筒。为保证运输及现场使用方便，钢套筒在加工厂按 6~8m 卷板焊接后运输至现场，使用 25t 吊车采用分节吊装对接焊接方式吊放至孔内。

（2）"二填"：钢套筒安装到位后，边钻边向孔内投放黏土、水泥的混合料，黏土与水泥经过钻头捶击搅拌后形成的胶凝材料，凝固后附着在孔壁、空隙中，比膨润土、黏土浆形成的泥皮更有强度，对孔壁稳定作用大。

（3）"三钻"：即回填混合料后再用钻头重复钻孔。风化砂夹块石层钻进发生遇漏浆时，回填黏土、水泥混合料超过漏浆段2m，并重复钻进；块石夹风化砂层、块石架空层钻进发生遇漏浆时，回填黏土、水泥、片石混合料超过漏浆段3～5m，并重复钻进至原有深度。

（4）"四浇"：孔内发生塌孔，或者块石架空层严重漏浆时，采用混凝土浇筑至塌孔顶面高程1m左右。

3.5 实施效果及验证

3.5.1 工效对比分析

在已成桩浇筑的D、E、F轴E6-1、F4-1、D4-1、F7-3、F8-1、D5-1、F9-1七根桩基中，我们任意选择采取改进后施工方艺钻进成孔的F7-3、F8-1、D5-1、F9-1桩基进行工效分析，结果见表3。

表3　　　　　　　　施工工艺变化前后工效对比分析表

序号	桩号	施工天数	验收孔深/m	计量桩长/m	工效/(m/d)
1	E6-1	34	69.2	67.27	1.98
2	D4-1	17	57.88	56.26	3.31
3	F4-1	48	66.44	64.48	1.38
	平均				2.22
4	F7-3	16	66.77	63.96	3.99
5	F8-1	12	72	69.03	5.75
6	F9-1	9	58.68	55.67	6.19
	平均				5.31

从表3中可以得出：深厚复杂石渣回填层采取"一固、二填、三钻、四浇"施工工艺后平均工效为5.31（m/d），是原施工工艺对应工效的2倍以上，大大提高了该地层灌注桩施工效率，降低了孔内事故率，加快了进度，确保了工程的顺利完工。

3.5.2 质量检测

本桩基工程质量检测结果见表4。

表4　　　　　　　　桩基试验检测项目及结果统计

序号	检测项目	检测方式	抽检批次	合格率
1	混凝土立方块抗压试验	抗压强度	238	100%
2	低应变试验	弹性波反射法	75	100%
3	超声波试验	跨孔法超声检测	27	100%
4	静载荷试验	慢速维持荷载法	3	100%

经过桩基试验抽、检测结果表明：混凝土抗压强度检测合格率为100%，3组静载荷检测、75组低应变检测、27组超声波检测结果均符合设计和规范要求，证明深厚石渣回填层采取"一固、二填、三钻、四浇"施工工艺取得了圆满的成功。

4 结语

（1）深厚石渣回填地层灌注桩施工中漏浆预防及处理工艺。在深厚石渣回填地层中进行桩基施工难度最大的就是如何应对处理各种形式的漏浆问题，我们通过深入分析各种漏浆成因得出相应预防和处理措施，并应用于实际桩基钻进施工中，取得了良好效果。

（2）深厚石渣回填地层灌注桩施工机具选择研究。本工程通过对现有灌注桩施工设备、机具适用范围和特性进行分析，确定了该地层适用钻机设备，明确其配套施工工艺，对于指导深厚石渣回填层内桩基施工设备机具、功率选择提供了借鉴参考，具有重要实用价值。

（3）深厚石渣回填地层灌注桩钢套管下设施工工艺研究及实践。本工程地质情况下钢套管下设施工工艺概括为"一固、二填、三钻、四浇"。在保证灌注桩施工质量的前提下，大大提高了施工工效，大大减少了孔内事故发生和处理风险，较大程度上降低了工程施工成本，该施工工艺的取得具有十分重要的社会意义和经济意义。

深厚石渣回填地层冲孔灌注桩工程在国内桩基施工史上并不多见，关键在于它集成了陆上桩基施工过程中难以遇到的各类关键施工工艺难题，本桩基工程的顺利实施完工，为国内复杂漏失地层上桩基施工工艺成功运用及借鉴提供了一个成功范例。

高水头压力下海床软基地层旋挖桩施工技术

李　君　原　伟　罗维波　程　潇

（中国水电基础局有限公司）

【摘　要】　高水头压力下海床软基地层，如采用常规桩基施工工艺对淤泥扰动大，桩孔缩径严重，成孔难度大，且混凝土浇筑充盈系数大。通过对现场地质条件的综合分析，提出在上部软弱地层采用振动锤下入深长钢护筒，旋挖机成孔；对于钢护筒以下的地层采用膨润土泥浆固壁，旋挖机成孔；采用该综合施工工艺后，达到孔壁稳定、成孔速度快、节约工期与成本的效果。

【关键词】　高水头压力　海床软基地层　旋挖桩成孔　长护筒　膨润土泥浆

1　引言

马来西亚沙巴国际会展中心项目是沙巴州政府致力于打造国际旅游和会展活动胜地的标志性工程。项目地处填海形成陆地上，基坑围堰为钢板桩围堰，施工场地两面临海。工程钢板桩围堰承包商在围堰施工完成后的基坑抽水过程中，因围堰发生严重变形与大面积渗漏，基坑抽水无法进行。因此，业主调整方案，采用黏性土与块石（含超大粒径块石）对基坑进行了全面回填，并在回填表面进行了简单碾压处理，形成了桩基施工作业面。回填顶高程为−1.0m，基坑外海平面高潮水位为＋1.5m，因此施工平台与海平面存在2.5m的高差。另外，因部分钢板桩未进入下部相对不透水层以及围堰在抽水过程中发生严重变形漏水，造成钢板桩围堰并未起到封闭止水效果，基坑与外部海水存在较大的水力联系，因此，施工过程中外部水头压力较高，基坑内时有涌水发生。

前期地勘孔已揭示出海床以下平均深度13.7m范围内的地层主要由砂质粉土、粉质细砂、粉质黏土等构成，非常松软（SPT≤5）。加上上部的0～8.5m的场地回填层后，也就是说从施工平台以下最深约22m的范围内地层松散，非常容易塌孔。如果采用常规灌注桩施工方法进行施工，由于下部软弱地层状差，施工过程中对地层扰动大，会使淤泥、砂层等产生流动，造成桩孔缩径严重，难以成孔，或在浇筑时造成混凝土扩散严重，充盈系数大。

为克服以上弊端，我们采用了在深厚软弱地层中下设长护筒，旋挖成孔；对于钢护筒以下的地层，则采用旋挖成孔，膨润土泥浆固壁的综合施工方法，保证了工程顺利进行。

2　工程概况及场地地质条件

2.1　工程概况

主体结构为混凝土框架结构，占地面积52556m²，总建筑面积157912m²。下部基础由旋挖桩、承台、基础柱、联系梁等组成；旋挖桩共1070根，桩径有800mm和1000mm两种。主体结构由这1070根桩、814个承台以及基础柱支撑，施工完成后，整栋建筑处于海水面上将成为沙巴州亚庇市的标志性建筑物。

2.2　工程地质情况

现场地勘孔钻孔取芯揭示海床高程约为−1.0～−9.5m。除上部厚度0～8.5m的回填层外，海床以下的原始地层自上而下共分为4层：

（1）第1层：第四纪冲积层，厚度约为13～22m，主要成分包括松散的砂质粉土、松散—中密的粉质细沙、松散—紧密的黏质粉土等，并夹杂有贝壳碎片。

（2）第2层：全风化残积层，主要成分为全风化砂岩，顶面埋藏深度17～25m，厚度0～5m。

（3）第3层：中风化—强风化砂岩、页岩，最小厚度约4m。

（4）第4层：微风化—新鲜砂岩、页岩。

从地勘孔的标贯试验可知，海床以下6.5～21.5m、平均深度13.7m范围内的地层非常松软（SPT≤5），主要由砂质粉土、粉质细砂、粉质黏土等构成.

3　设计要求及参数

（1）设计桩径：800mm和1000mm。

（2）设计孔深：原设计孔深30～38m，部分桩可能进入风化砂岩、页岩层。施工过程中，设计根据基岩取样情况以及前期2根桩的静载试验结果，对孔深进行了调整，要求嵌入微风化—新鲜基岩层，因此，实际孔深为25.62～52.22m。

（3）混凝土等级：G40。

（4）设计承载力：直径800mm桩384t，直径1000mm桩600t。

4　施工技术措施

4.1　护筒下设

每根桩施工前，由测量人员放出孔中心位置，打入钢筋或木桩，并标记出孔号。

根据本工程的地层情况，采用长度为18m的护筒，护筒内径应不小于桩的设计直径。采用50t履带吊与激振力947kN的振动锤下设护筒。

护筒下设时，在以孔位为原点，相互垂直的2个方向的地面上，距离孔位50～100cm远的位置各钉一根辅助定位钢筋（或木桩），并记录原始距离。护筒下设过程中随时测量护筒至2个辅助定位钢筋（或木桩）的距离，发现偏移时，及时纠正，以此确保护筒位置及垂直度。同时，在相互垂直的2个方向上吊线辅助检测护筒下设过程中的垂直度。护筒下设过程中如遇下设困难，可由钻机先钻引孔后再下设。

4.2 钻进成孔

（1）钻孔。根据本工程的地质条件，桩孔钻进时采用长护筒与护壁膨润土泥浆护壁相结合的方式，清水钻进的方式。当地层非常松散，造成孔壁非常不稳定时，采用加长护筒或增大膨润土浆液比重的方式，避免塌孔。

上部土层、砂层钻进主要采用双头土层螺旋钻和土层筒钻，岩层钻进主要采用双锥岩层螺旋钻和岩层截齿筒钻。

成孔前检查钻头直径、钻头磨损情况，施工过程对钻头磨损超标的及时进行补焊或更换。钻孔过程中，应避免速度过快钻进或提升钻具，以免引起地层或地下水过快移动而造成塌孔。

当钻孔过程中，发生快速漏浆时，应迅速回填适当的材料到漏浆不再发生的位置并及时补充浆液，以保持孔壁稳定，同时查找漏浆发生的原因，上报后续施工方案经监理工程师后，才能再继续施工。

在未浇筑或浇筑完24h内的桩周围5倍桩径（中心距）范围内，不能进行钻孔施工和混凝土浇筑，以避免造成塌孔或未凝固的混凝土受到扰动或其他破坏。

（2）基岩鉴定。钻孔过程中，钻机操作手需注意地层变化，并在钻孔记录表中记录地层情况。如监理工程师要求保存土样、岩样，辅助人员负责对每一次地层的改变进行样品的采集，并做好记录。

钻孔过程中遇到岩石（漂石、基岩）时，由现场技术员会同监理工程师现场鉴定、见证测量岩石面深度、确定入岩深度并进行签认。

4.3 泥浆与清孔

（1）膨润土泥浆。新制膨润土泥浆技术指标要求见表1。

表1   新 制 泥 浆 指 标 要 求

检测项目	指标范围（20℃时）	检测方法
比重/（g/mL）	<1.10	泥浆比重秤
黏度/s	30～90	马氏漏斗
pH 值	9.5～12.0	pH 试纸或电子 pH 值测试仪

（2）清孔。钻孔到设计孔深后，采用清孔捞沙钻头清孔，即将清底钻头放入孔底，捞去沉渣。使用膨润土泥浆时，清孔后孔内泥浆比重应不大于 1.25g/mL。

4.4 钢筋笼下设

采用50t履带吊放钢筋笼入孔。起吊时保持平稳，避免钢筋笼在起吊过程中变形。下笼时由人工辅助对准孔位，保持钢筋笼垂直，轻放避免钢筋笼碰撞孔壁，下放过程中若遇阻碍立即停止，查明原因进行处理。严禁高提猛落和强制下放。钢筋笼孔口对接采用双面焊接，保证焊接牢固。

4.5 混凝土浇筑

（1）混凝土及其原材料。混凝土采用商品混凝土，其强度等级为 G40，坍落度为 200mm±25mm。

在施工现场设检测点，每一车混凝土都需检测坍落度，每根桩所使用的混凝土都取一组试块。凡是混凝土坍落度不能满足要求的，不能使用。

（2）导管下设。浇筑导管使用直径 250mm 钢管，下设导管时应防止碰撞钢筋笼。全部下入孔内后，应放到孔底，以便核对导管长度及孔深，然后提起 25cm。

（3）混凝土浇筑：

1）采用混凝土搅拌车运输混凝土至浇筑桩孔口，经溜槽将混凝土输送至浇筑漏斗。如果因场地限制混凝土搅拌车不能到达孔口，采用混凝土吊罐辅助浇筑。

2）混凝土浇筑采用"压球法"开浇，料斗容量需达到混凝土满管要求。

3）混凝土浇筑连续进行，浇筑过程中应勤测混凝土面深度，尤其是拆管前必须对混凝土顶面深度进行测量，确保拆管后的埋深不小于 1.5m。浇筑过程中以及拆管时，提升导管时应轻柔，避免导管拔出造成断桩事故。

4）桩孔混凝土灌注时，孔内溢出的膨润土泥浆通过回浆管路回收至浆站，振动筛除砂后循环利用。

（4）护筒起拔。混凝土浇满并有新鲜混凝土流出后，使用吊车吊振动锤起拔护筒。起拔时，及时向护筒内补充混凝土，直至混凝土面不再下降为止。

4.6 围堰附近桩基施工

施工现场周边沿钢板桩围堰布置有现场临时排水沟，而这些位置也有桩位布置。因此，在施工靠近围堰排水沟附近的桩基时，如果采用与其他桩基相同的方法，则在混凝土浇筑完成，起拔护筒后，排水沟内的流水将对桩身仍未凝固的混凝土造成冲刷，影响桩身质量。因此，在施工靠近围堰的桩基时，采用先下设长度 5m，直径大于桩径 200mm 的永久护筒，再在永久护筒内下设临时护筒的方式。

5 施工成果

采用本工法共完成 1072 根旋挖桩，施工过程中采用了桩头开挖验桩、静载试验、大应变测试、小应变测试以及桩身砼试块试压等多种检测方式，除桩头开挖验桩和桩身混凝土试块试压为 100% 检测外，其余方式的检测数量为：

（1）静载试验：10 根，其中 800mm 桩 2 根，1000mm 桩 8 根。

（2）大应变测试：64 根，其中 800mm 桩 17 根，1000mm 桩 47 根。

（3）小应变测试：360 根，其中 800mm 桩 109 根，1000mm 桩 251 根。

检测结果表明：桩身完整性、桩身承载力、桩身混凝土强度、孔底沉渣等全部满足设计和规范要求。

6 结语

因本项目特殊的施工条件及工程地质条件，如果采用常规施工方法钻孔，成孔难度将非常大。因此采用了长护筒＋膨润土泥浆固壁、旋挖钻孔的施工工艺。较好地解决了复杂施工条件下钻孔灌注桩的施工，实践证明该工艺是可行且有效的。混凝土浇筑平均充盈系数为 1.23，最小充盈系数 1.03。扩孔较大的位置主要集中在 25m 以上，尤其是护筒底 18～25m，这从混凝土浇筑过程和 PIT 检测结果均得到了验证。有鉴于此，施工中曾考虑将护筒加长至 24m 左右，但是，受限于 50t 履带吊的起吊高度和起吊能力，如果加长护筒，将在下设过程中进行对接。同时，护筒加长后，混凝土浇筑完成后，起拔护筒过程中又需将护筒割断，分段起拔。这样一来，将对工期影响非常大。因此，经综合考虑后，采用了改善泥浆性能的方式来尽可能减小扩孔。

目前桩基施工已全部施工完成，从大量试验检测结果（共检测 434 根桩，试验检测数量占桩总数量的 40.5％）来看，桩基质量满足设计要求。本工程也为今后国内类似项目以及沙巴本地后续类似项目的设计与施工提供有益的借鉴。

深厚石渣回填地层灌注桩施工机具选择研究

张玉莉　徐光红　吴文涛　白家安

（中国葛洲坝集团基础工程有限公司）

【摘　要】　以长江珍稀鱼类保育中心工程为基础，通过对现有灌注桩施工设备、机具适用范围和特性进行分析，确定了深厚石渣层适用的钻机设备，对于指导深厚石渣回填层内桩基施工设备机具、功率选择提供了借鉴参考，具有重要实用价值。

【关键词】　深厚石渣　回填层　施工设备　机具　功率

1　工程概况

长江珍稀鱼类保育中心是为了解决三峡大坝建成运行以后，为每年部分洄游到长江中上游产卵繁殖的长江珍稀鱼类建造的人工养殖繁育中心。长江珍稀鱼类保育中心主要分为科研办公和展示两大区块，其中科研办公区大跨度区域采用桩基础。由于该项目是三峡大坝修建运行后，确定兴建。选址位于三峡大坝右岸白岩尖与茅坪溪防护大坝左坝头间高程185m 平台上。即过去叫杨家湾大冲沟，杨家湾冲沟原始地面属低山丘陵地貌，沟梁相间，地形完整性较差，沟宽一般 20～30m，最宽达 50m，冲沟原始高程一般 125～172m 不等，南高北低，是三陕大坝工程施工期间弃渣场。弃渣场为开挖风化砂砾、石渣弃料、建筑废弃物、废弃截流混凝土块石体、坝址开挖花岗岩大块石等多种成分组合成石渣层，石渣层回填物杂乱、无序、松散体，且回填层最深达 65m，故称为"深厚石渣层"。由于弃渣自重分选机理，深厚石渣层形成集中架空、脱空现象。在此深厚石渣层上进行灌注桩施工，经常遇到大块石成孔难，以及钻进过程中集中架空层"突发、瞬间漏浆"和"孔失内压、失稳、失重造成的塌孔、埋钻、卡钻、掉钻"等事故。由此可见在深厚石渣层回填层进行桩基施工，施工风险和难度是非常大。

2　成孔工艺研究

2.1　机具选择

常规灌注桩钻孔一般是实施平底十字钻具或空心管钻头施工。在三峡长江珍稀鱼类保育深厚石渣回填层施工中，经常遇到大块石地层冲孔工效低下以及塌孔以及卡、埋掉钻头现象等问题。通过对钻灌机具的研究和对比，采用了平底十字钻具和空心管钻头一体化。使得钻孔时工效大幅提高，成本也大幅度降低。

2.2 成孔机具研究

2.2.1 钻灌机具使用状况

本桩基工程地层为深层石渣回填层为集中架空、大块孤石（花岗岩、混凝土块），施工难度大，在此上钻孔经常发生卡、埋掉钻头现象，还造成钻机齿轮轴经常断裂和钻具较大程度损坏现象。

2.2.2 深厚石渣回填地层灌注桩工程施工钻进工效分析。

针对在深厚回填石渣地层中施工桩基工程难度大、工效低、成本高，本工程前期钻孔深度在 65m 深度以下典型桩基施工工效及分析见表 1 和表 2。

表 1   长江鱼保桩基工程各施工地质工效比较

序号	桩孔号	各地层工效/[m/(台·日)]				
		风化砂砾石层	堆石层	大直径孤石	花岗岩基岩	大平均工效
1	F4-1	10.9	0.3	0.5	0.8	1.38
2	F5-1	12.2	0.4	0.5	0.6	1.72
3	E5-2	9.5	0.4	0.6	0.6	1.65
	平均值	10.87	0.37	0.53	0.67	1.58

表 2   桩基 F4-1 施工工效分析

桩型	孔别	孔深/m	进尺/m	工时耗用/台时								工效/[m/(台·日)]		
				生产			机故	孔故	停等	打漏浆回填	清孔、验收、浇筑	总工时	钻进	生产	平均
				钻进	辅助	小计									
灌注桩	F4-1	66.44	66.44	482	168	650	50	168	20	240	24	1152	3.31	2.45	1.38
占比/%				41.8	14.6	56.4	4.3	14.6	1.7	20.8	2.1				

从表 1 中可以看出：回填层中砂砾石层钻进工效较高，平均达到 10.87m/(台·日)，孤石和花岗岩基岩工效较为接近，堆石层平均工效仅 0.37m/(台·日)，分析主要是由于块石层存在架空漏浆现象，块石层不同深度钻进过程中反复漏浆打回填导致工效较低。此外，从表 2 中可以看出：因漏浆造成孔内卡埋钻具事故处理和打漏浆回填时间占总成桩时间分别为 14.6％ 和 20.8％，两者合计占比 35.2％，由此可见解决深厚回填层中钻灌机具型号是解决深厚石碴层塌孔埋钻现象和大块石地层冲孔工效低下问题的关键。

2.3 深厚石渣层灌注桩施工中设备和钻具选型使用及功率匹配研究

在深厚石渣地层中施工灌注桩对钻孔设备及钻具选择要求较高，这主要是因为大部分深厚石渣层中存在较多大直径孤石，钻进阻力大，工效低，需要配置与地层相适应的重型冲击设备。由于该地层桩孔孔壁稳定性较差，易发生塌孔掉块卡埋钻具现象，若石渣层厚度超过 50m，则塌孔掉块现象更为严重，事故处理难度加大。

本工程选择使用的是宏源系列 CZ-6 和 CZ-9 钻机，分别配置 55kW 和 75kW 动力，实际施工情况反馈 55kW 动力 CZ-6 钻机在施工超过 50m 深度石渣地层时孔内卡、埋、掉钻头事故处理困难，主要表现为事故处理过程中反冲动力不足，设备故障率高，而桩基孔内卡埋钻事故处理成功率最重要的一个环节在于短时间内的正确处理方法，若设备功率或性能无法达到要求，故障频繁，将影响孔内事故的及时处理，导致孔内塌孔掉块物随时间延长越来越多，最终无法成功处理。

此外，桩基施工中冲击重锤使用也影响较大，在本工程深厚石渣层灌注桩施工中反映采用普通的管钻钻具存在磨损频率高，损坏程度大，焊补恢复时间长且影响工效，成本高等特点，在块石架空层中钻进平均工效仅 0.3～0.5m/(工·日)，一旦发生孔内卡埋钻具事故处理难度远远大于实心平底钻具，本工程前期试验桩 E4-1 在使用管钻钻具过程中发生漏浆塌孔卡钻事故，反复处理无效后导致该桩孔及管钻钻具报废。

2.4 深厚石渣层灌注桩施工中钻机选择及使用

桩基施工设备根据钻进原理分为冲击钻进式、旋转切削式、旋转冲击式；按出渣工作原理分为反循环泵吸式和正循环冲击钻进式；若根据使用钻具可以分为落锤、单动汽锤、双动汽锤、柴油桩锤、振动桩锤、射水沉桩、静力压桩等类型，各类型设备及适用范围见表 3。

本工程为陆上桩基，施工地质条件复杂，含大直径块石及漂石，广泛存在堆石层，要求设备移动转移桩位灵活，通过对表 3 内各类型桩基施工设备进行筛选，本工程只能适用落锤、单动汽锤模式机械设备，但落锤式冲击设备利用人力或卷扬机拉起钻具，效率较低，且遇到地质复杂造成的孔内事故由于几乎无反冲力，故无法处理孔内事故，不能适用于本工程；单动汽锤模式冲击设备工作动力为蒸汽机，目前已被以电动机为动力装置的设备替代，即采用电动机及凸轮相配合的冲击钻进设备。

表 3　　　　　　　　　　　各类型桩基设备及适用范围

桩锤种类	优缺点	适用范围
落锤 （用人力或卷扬机拉起桩锤，然后自由下落，利用锤重夯击桩顶使桩入土）	构造简单，使用方便，冲击力大，能随意调整落距，但锤击速度慢（每分钟约 6～20 次），效率较低	1.适于打细长尺寸的混凝土桩； 2.在一般土层及黏土、含有砾石的土层中均可使用
单动汽锤 （利用蒸汽或压缩空气的压力将锤头上举，然后自由下落冲击桩顶）	结构简单，落距小，对设备和桩头不易损坏，打桩速度及冲击力较落锤大，效率较高	1.适于打各种桩； 2.最适于套管法打就地灌筑混凝土桩
双动汽锤 （利用蒸汽或压缩空气的压力将锤头上举及下冲，增加夯击能量）	冲击次数多，冲击力大，工作效率高，但设备笨重，移动较困难	1.适于打各种桩，并可用于打斜桩； 2.使用压缩空气时，可用于水下打桩； 3.可用于拔桩，吊锤打桩
柴油桩锤 （利用燃油爆炸，推动活塞，引起锤头跳动夯击桩顶）	附有桩架、动力等设备，不需要外部能源，机架轻，移动便利，打桩快，燃料消耗少；但桩架高度低，遇硬土或软土不宜使用	1.最适于打钢板桩、木桩； 2.在软弱地基打 12m 以下的混凝土桩

桩锤种类	优缺点	适用范围
振动桩锤 （利用偏心轮引起激振，通过刚性联结的桩帽传到桩上）	沉桩速度快，适用性强，施工操作简易安全，能打各种桩，并能帮助卷扬机拔桩；但不适于打斜桩	1.适于打钢板桩、钢管桩、长度在15m以内的打入式灌注桩； 2.适于粉质黏土、松散砂土、黄土和软土，不宜用于岩石、砾石和密实的粘性土地基
射水沉桩 （利用水压力冲刷桩尖处土层，再配以锤击沉桩）	能用于坚硬土层，打桩效率高，桩不易损坏；但设备较多，当附近有建筑物时，水流易使建筑物沉陷；不能用于打斜桩	1.常用锤击法联合使用适于打大截面混凝土空心管桩； 2.可用于多种土层，而以砂土、砂砾土或其他坚硬的土层最适宜； 3.不能用于粗卵石、极坚硬的黏土层或厚度超过0.5m的泥炭层
静力压桩 （系利用静力压桩机或利用桩架自重及附属设备的重量，通过卷扬机的牵引传至桩顶，将桩逐节压入土中）	压桩无振动，对周围无干扰；不需打桩设备；桩配筋简单，短桩可接，便于运输，节约钢材；但不能适应多种土的情况，如利用桩架压桩，需要搭架设备，自重大，运输安装不便	1.适于软土地基及打桩振动影响邻近建筑物或设备的情况； 2.可压截面40cm×40cm以下的钢筋混凝土空心管桩、实心桩

随着科学技术的发展，桩基础施工实用设备种类日新月异，产品不断推陈出新，目前常见主要使用设备有：旋挖机、冲击钻机、地质回转钻机，对三种设备比较见表4。

表4　　　　　　　旋挖机、冲击钻机和地质回转钻机使用比较

序号	名称	类别	适用范围	工作原理
1	旋挖机	回转切削式	填土层、黏土、粉土、淤泥层、砂土层及含有部分卵石、碎石的地层，不适用于含大块硬质漂、孤石，复杂松散漏浆等地层，钻进深度也不宜超过60m	钻杆提供扭矩、加压装置通过加压动力头的方式将加压力传递给钻杆钻头，钻头回转破碎岩土，并直接将其装入钻头内，然后再由钻机提升装置和伸缩式钻杆将钻头提出孔外卸土，这样循环往复，不断地取土、卸土，直至钻至设计深度
2	冲击钻机	冲击钻进式	适用于各种类型施工地质，尤其适用于含大块漂、孤石及入岩要求较高地层使用，钻进深度可达到150m	通过动力拉动钢丝绳，提升重锤至一定高度，依靠重力作用破碎岩土，形成泥浆与破碎渣土混合体，通过正、反循环或抽筒抽取方式排出破碎溶融状态渣土，保证继续钻进
3	地质回转钻机	回转切削式	适用于均质稳定地层，尤其适用于基岩内钻进施工，不适用于大口径建筑桩基工程施工，多用于岩石灌浆和地质勘探工程	通过动力装置、变速箱、卡盘带动钻杆转动，利用钻具自身重量或钻机加压作用于钻具上，旋转切削岩石至钻具内，待装满后提出孔外排渣后重复钻进

从表4中可以看出，由于本桩基工程施工地质条件复杂，回填层深度较厚，选用冲击钻机是唯一的选择，根据本工程实际，本桩基工程选用的是我公司已有的宏源CZ-9和CZ-6钻机设备，分别配置75kW和55kW动力电源，根据本工程实际使用情况表明：CZ-6型钻机可以钻进60m以下桩孔，但一旦孔内发生卡埋钻具事故，因负荷较大，处理过程

对该型钻机损耗较大，故障率较高，稳定性及安全性也较差，故我们在发现上述问题后安排 CZ-9 钻机设备施工 60m 以下桩孔，实际施工过程表明 CZ-9 型钻机完全适应孔深 73m 以内，桩径 1.0m 深厚、复杂、松散、漏失地层中桩基施工要求；CZ-6 型钻机仅适应于 50m 以内相似地层桩基施工。

2.5　深厚石渣层灌注桩施工中钻机配套钻头选择及使用

目前冲击钻进方式施工桩基主要钻具主要为平底十字钻具、空心管钻钻具两种，其中空心管钻钻具钻进效率较高，使用范围最广。

此类型钻具呈圆锥台形，实心结构，重量较大，韧角较厚，利于破碎较坚硬地层（如火成岩），水口较小，稳定性较好，钻孔成形质量较好，圆整度较高，孔内事故处理难度低于管钻钻具。

空心管钻是目前使用最为广泛的一类钻具，其重要特点是：该型钻具一般分为两层冲击韧角，底圈先破碎岩层，第二层韧角负责修整孔形和进一步破碎岩石排出，钻具中间空心，利于钻渣排出和泥浆介质冷却冲击韧角。适用一般较稳定地层钻进效率高，钻具长度可延长至 4～4.5m，重量最大可加至 5t（ϕ1.0m 钻孔），钻进成孔较为圆整。

平底钻钻具和空心管钻钻具分别见图 1、图 2，本工程采用上述两种钻具联合使用方式：在上部松散的覆盖层施工时，可采用空心管钻钻具钻进，遇大块石及漏浆回填层换用十字钻、平底钻头造孔，适当控制造孔进尺。钻孔时，即便对于不漏浆地层，边钻边向孔内投放黏土、片石的混合料，通过钻头对混合料的挤压作用，加固孔壁不塌孔。在覆盖层与原始地层相结合存在漏浆通道地层和基岩部位换用平底十字钻具钻进，减小了事故发生概率。

图 1　平底钻钻具底部形状

图 2　空心管钻钻具底部形状

根据施工数据统计，钻进覆盖层（无直径大于 1m 大孤石），空心管钻工效为 8～12m/d，而平底钻为 5～6m/d；而钻进大孤石或中风化基岩地层，空心管钻工效为 0.3～1m/d，而平底钻为 1～1.6m/d，所以根据不同地层选用不同钻头施工效果明显不同。

通过以上对比分析及实践。采用 CZ-9 型冲击钻机设备，采用平底十字钻具和空心管钻头联合施工，解决大块石地层冲孔工效低的难题，施工工效整体提高了 40% 以上，且施工成本大幅度降低。

3　结语

本工程通过对现有灌注桩施工设备、机具适用范围和特性进行分析，确定了该地层适用钻机设备，明确其配套正循环施工工艺，对于指导深厚石碴回填层内桩基施工设备机具、功率选择提供了借鉴参考，具有重要实用价值。

后注浆灌注桩施工工艺

李延刚　赵　坤　李亚伟

（北京振冲工程股份有限公司）

【摘　要】　珠海某工程地域属典型海陆相沉积，主楼及裙房为后注浆灌注桩，持力层在砾砂层。通过后注浆工艺，一是加固桩底沉渣和桩身泥皮；二是对桩底和桩侧一定范围内的土体通过渗入（粗粒土）、劈裂（细粒土）和压密（松软土）注浆起到加固作用，减小沉降。

【关键词】　后注浆　灌注桩　工艺

1　工程概述

场地位于珠海某新区口岸服务区，场地地形较平，本项目地下车库三层，结构采用框架剪力墙型式，基础开挖深度为 15m。该工程所有工程桩声波检测 100%。

根据地质勘查报告，本次基坑支护有关土层自上而下分述如下：

（1）冲填土：松散，稍湿—饱和。层厚为 0.50～7.50m。

（2）素填土：松散，稍湿—饱和，仅局部分布，层厚为 0.20～6.40m。

（3）淤泥：饱和、流塑，层厚为 4.50～14.60m。

（4）粉质黏土 a：饱和，可塑状态，厚度为 0.40～10.30m。

（5）淤泥质粉质黏土 a：流塑～软塑，饱和。层厚为 0.70～14.10m。

（6）粉质黏土 b：饱和，可塑状态，层厚为 0.60～28.50m。

（7）淤泥质粉质黏土 b：饱和，流塑～软塑。层厚为 0.90～8.70m。

（8）中砂：饱和，稍密（局部中密）层厚为 0.70～5.60m。

（9）砾砂：饱和，中密状态，层厚为 0.50～39.40m。

2　施工工艺的选择

根据该工程工程特点，地层情况，本着推广建筑业新技术，节能降耗，提高单桩承载力，综合类似工程成功经验，特选择后注浆灌注桩工艺。

桩径为 1.0m、1.4m、1.6m 三种，采用后注浆钻孔灌注桩，桩端、桩侧后注浆。桩端浆管通长且对称布置。桩侧根据深度，分别为 1 段、2 段、3 段注浆。工艺参数具体见表 1。

表 1 后注浆灌注桩工艺参数表

桩径 /m	桩数	桩端浆管	注浆量 /kg	侧 1 注浆管	注浆量 /kg	侧 2 注浆管	注浆量 /kg	侧 3 注浆管	注浆量 /kg
1.0	331	2 根通长	1800	距桩底 5m	700				
1.4	144	3 根通长	2800	距桩底 5m	1100	距桩底 15m	1100		
1.6	416	3 根通长	2500	距桩底 8m	1000	距桩底 20m	1000	距桩底 32m	900

3 施工方法

（1）注浆管及安装。注浆管采用焊接钢管，规格为 DN25。在钢筋笼制作、吊放过程中，完成注浆管连接、注浆装置的安装。按设计将桩底压浆管置于钢筋笼内侧，对称均匀布设，与钢筋主筋平行，并用铁丝临时固定，每节注浆管用套管依次连接，接头部位缠绕止水胶带，并焊接牢固，桩底注浆管端部伸出钢筋笼底部 400mm。

（2）桩底注浆器及安装。注浆管底部安装可靠有效的后注浆单向注浆器，注浆器应能承受 1MPa 以上的静水压力。注浆管底端采用丝扣连接注浆器，注浆器由止回阀和长度 300mm 的注浆花管构成，花管喷口孔直径 3mm，孔间距 80mm 均匀布置，注浆花管用薄型橡皮包裹。其工作原理为：当注浆时，注浆管中压力将薄型橡皮迸裂，水泥浆通过注浆孔孔隙压入土层中，止回阀同时又保证混凝土浆不会回流将注浆管堵塞。

（3）桩侧注浆环管安装。按照设计要求，桩侧注浆装置由纵向注浆导管、环形管及注浆器组成，纵向注浆导管是连接地面注浆系统与环形管的过渡管材，采用 DN25 黑铁管，按每道注浆环形管的标高加顶部预留长度下料，与注浆环管连接绑定，再与钢筋笼主筋绑扎固定，并一起下放至孔内。注浆环管采用 35mm 橡胶钢丝管，喷口直径 3mm，间距 80mm，用 10 号铁丝绑扎在钢筋笼上，与纵向注浆导管连接处要密封牢固。钢筋笼孔口对接时，纵向注浆导管用套管依次连接，接头部位缠绕止水胶带，随钢筋笼一起下入孔内。钢筋笼下放时要对准桩位中心垂直、缓慢下放，严禁扭曲、墩笼以免损坏纵向注浆导管和注浆环管。

（4）浆液制备。压浆使用 P.O42.5 普通硅酸盐水泥，水泥进场按规范验收、送验，合格后方可使用。结合本工程地质条件水灰比为 0.5∶1，浆液密度控制在 1.80g/cm³ 左右。水泥浆液要不停的搅拌，不能沉淀离析，浆液进入储浆池用滤网进行过滤，清除结块和杂质。

（5）开塞。开塞工作的主要目的是使注浆管路畅通，开启注浆孔，劈裂桩底混凝土，为注浆工作提供前提条件，所以开塞工作是桩底注浆成败的关键。

钻孔灌注桩水下混凝土浇筑后 12h 内用压力水从注浆管中压入，一般 2～5MPa 橡胶管裂开。当注入水的压力突然下降时表示套管已开裂释放压力。应均匀减小进水压力，以防止高压回流夹带杂质堵塞压浆孔。当管内仍然存在压力水时，不能断开管路，以防水射出伤人。

（6）桩侧注浆：

1）桩侧注浆对泵的要求是排量小且压力高且稳，泵的额定压力应大于要求的最大压力的 2 倍，同时由于后注浆的开塞要求，泵压最大值要求 7MPa 以上。

2）开塞泵压根据注浆器形式及安置效果不同有变化，一般 1～2MPa，当压力超过 7MPa 视为管路不通。

3）实行注浆量与注浆压力双控，以注浆量（水泥用量）控制为主，注浆压力控制为辅。当注浆量达设计要求时，可终止注浆。当注浆压力大于 2MPa 并持续 3min，采用间歇注浆方式，且注浆量达到设计注浆量的 80% 时，可终止注浆。

（7）桩端注浆。单桩后注浆顺序区分饱和土与非饱和土，饱和土中注浆顺序为：先桩侧后桩端；非饱和土先桩端后桩侧，多断面桩侧注浆应先上后下，桩侧桩端注浆间隔时间不宜少于 2h。

1）成桩 7d 后施工桩端注浆，压浆要慢速、低压、控制流量，让水泥浆先低压渗入逐渐加压劈裂进入桩端和桩侧土层。

2）注浆作业点与成孔作业点的距离不宜小于 8～10m。

3）压力表要进行专业检测合格后才能使用，桩端注浆压力控制在 3～10MPa，注浆流量经验值宜为 40L/min。

4）桩端注浆要对多根注浆管实施等量注浆，分两次进行注浆，第一次注浆 70%，间隔 1.5h 后，将剩余 30% 浆液注入。

5）群桩注浆先外围后内部。

6）当注浆压力长时间低于正常值或地面出现冒浆或串浆应改为间歇注浆或调低水灰比，间歇时间应控制在 30～60min。

7）桩底注浆时，如有一根注浆管发生堵塞，可将全部的水泥浆量通过另一根畅通管一次压入桩端；桩侧注浆管如有一道堵塞，则在另一道加注 50% 浆液，余浆可加注在临桩对应的一侧。

（8）注浆记录。为保证施工质量控制，施工过程中，严格按照规范要求施工，并做好施工记录，对桩号、注浆顺序、注浆量、注浆压力、开始时间、完成时间严格记录，发现异常记录在案，查明原因后按规范要求进行后续注浆的处理。

4　小结

后注浆灌注桩是灌注桩中比较精细的类型，每一步都是决定注浆效果的关键，每一个时间间隔都有讲究，不按部就班，就会造成注浆失败，使承载力低于设计值。按照后注浆工艺认真执行，灌注桩承载力可提高 20%～40%，对于单位承载力所需费用可节约近 40%。

参考文献

[1] 宋建麟，董红霞.混凝土灌注桩开放式后注浆施工工艺 [J].山西建筑，2007（12）：108-109.
[2] 万征，桩侧桩端后注浆灌注桩水平静载特性研究 [J].岩石力学与工程学报，2015（S1）：3588-3596.
[3] 李继广，刘彦祥.后注浆技术提高钻孔灌注桩承载力的分析 [J].水道港口，2010，31（1）：65-68.

桩基施工中保护城市地下管线的经验

周发海

（中国水利水电第八工程局有限公司基础公司）

【摘　要】　地下管线不仅直接影响到桩基的施工进度，而且关系到城市居民的生活，以及人民的生命和财产安全。武汉轨道交通 21 号线第二标段以安全为前提，有效地解决了桩基工程施工与保护城市地下管线的矛盾问题。

【关键词】　桩基工程　地下管线　安全管理

1　前言

武汉轨道交通 21 号线第二标段，基础处理专业工程施工内容主要包括桩基试验、钻孔灌注桩、水泥搅拌桩、预应力管桩等施工项目，其中钻孔灌注桩是桥梁工程建设的重点项目，它的保质保量按期完成，直接关系到桥梁上部结构的整体建设工期和桥梁运行的安全保障。在线性工程建设中，影响桩基工程施工的最大因素是城市地下管线，它往往因前期勘探比较粗糙，或因产权单位在预埋管线时没有进行详细的规划和记录，导致在施工勘察过程中无法清楚地掌握地下管线的走向、深度、管线直径大小等相关参数，对于这种情况，施工单位往往只能与产权单位联系确定一个大概的范围，然后采取人工挖探沟或者用金属探测仪的方式来进行勘探，但对于地下水较为丰富和埋设较深的位置，往往不仅耗时长、安全隐患大，而且无法进行勘探到位，成为施工中的突出问题。武汉地铁 21 号线沙军区间 19～36 号桥墩基础工程采用人工挖孔桩与金属探测仪相结合的方式，较好地解决了上述问题，为桩基础施工创造了有利的条件。

2　施工概况

2.1　桩基工程与地下管线情况

根据从产权单位了解的地下管线信息，沙军区间 19～36 号桥墩为群桩布置，每个承台布置 6 根 φ1.25m 的桩基础，桩深平均 55.0m，临近有鱼塘，地下水丰富，管线有通讯光缆、军用光缆、燃气管道、城市水管等，管线相对位置难以确定，总体深度不超过 5.0m。为确保燃气管道、军用光缆等管线的安全运行，同时保证施工工期，经过认真研究分析，决定对该段桩基上部拟采用人工挖孔桩方式进行施工，以探明燃气管道、军用光缆等管线与桩基的相对关系，确保桩基施工及管线运行的安全，对挖孔桩深度超过燃气管道埋深且已确认底部已无管线时换用旋挖钻采用泥浆护壁方式进行后续钻孔作业；若挖孔过程中揭露燃气管道等管线则进行护壁施工后暂停，待燃气管道改迁后再进行人工切割，换用旋挖钻采用泥浆护壁方式进行后续钻孔作业。

2.2 施工技术标准

本施工范围桩径为1.25m，开挖直径为1.8m，开挖深度为穿过临近最深的管线，为保证施工人员安全，孔壁采用钢筋混凝土进行护壁，护壁厚度为15cm。

3 人工挖孔桩基施工

3.1 施工程序

人工挖孔桩的主要作业程序：测量定位→混凝土锁口施工（$H \geqslant 300mm$）→开孔挖取→抽排水修整护壁→钢筋绑扎→支模→校正中心→浇护壁混凝土→养护→拆模→循环往复→深度超过管线预计埋深或发现管线→孔深验收→埋设护筒（或割除燃气管道后埋设护筒）→旋挖钻钻进至设计孔深。

根据标准化要求，护壁采用100～150mm厚C35混凝土。遇到不利的地质条件，除制定单桩的施工措施外，还合理安排各桩的施工顺序，在可能的情况下，先施工较浅的桩，后施工深一些的桩，先施工外围（或迎水部位）的桩，后施工中部的桩。

3.2 施工准备

(1) 平整场地，清除路面危石、浮土，路面有裂缝或坍塌迹象者应加设必要的保护，铲除松软的土层并夯实。

(2) 测量出各桩基中心精确位置，埋设中心桩。

(3) 井口四周围栏防护，并悬挂明显标志，井口护壁混凝土高出地面不小于30cm，防止土、石滚入孔内伤人；井口四周1m范围内地面采用厚度不小于10cm的C25混凝土硬化；挖孔暂停或人不在井下作业时，孔口要加盖；孔口四周挖好排水沟，及时排除地表水，搭好孔口遮挡雨棚，安装提升设备，修好出渣道路。

(4) 井内作业必须戴安全帽、孔内搭设软梯和掩体；掩体用2cm厚钢板作顶盖，以防落石伤到井内作业人员。出土渣用的吊桶、吊钩、钢丝绳、卷扬机等，经常检查更换。

3.3 开挖

(1) 挖孔作业采用人工逐层开挖，由人工逐层用镐、锹进行，遇坚硬土层用锤、钎或风镐破碎，挖土次序为先挖中间部分后周边，允许误差为30mm。

(2) 在开挖过程严禁乱挖，应谨慎小心，以防破坏光缆，影响通讯信息，对于遇到硬土层使用锤、钎或风镐等动力设备时，应严防破坏燃气管道、城市供水管，影响城市居民生活和安全事故，故在施工前应做好安全技术措施和施工应急预案。

(3) 挖土一般情况下每层挖深1.0m左右，及时用钢模现浇混凝土护壁。每天进尺为一节，当天挖的孔桩当天浇筑完护壁混凝土。桩护壁上段坚向筋按设计要求（$\phi8@300$）将钢筋伸入下段护壁内，伸入长度不小于设计要求的长度。上下节护壁的搭接长度不得小于50mm。

(4) 开挖通过地下水质土层时，缩短开挖进尺，随时观察土层变化情况，当深度达到6m时，应加强通风，保证人员施工安全。有情况及时上报。

（5）开挖所用的运输渣土设备，应保证其具有良好的操作性能，不发生高处坠落、倾覆等事故，对施工中使用的吊桶承载力，进行钢丝绳安全计算，吊桶出土的允许最大重量为80kg（含水分重量），采用规格为直径10mm的软钢丝绳作业。

（6）渣土用卷扬机提升至地面，倒入手推车运到临时存碴场，采用自卸卡车集中统一运送走。

（7）对于遇地下水较丰富的孔，采用水泵连续抽排孔内积水，必要时及时进行护壁和插入竹管进行引排处理。

3.4 护壁施工

（1）桩体每挖掘1m就必须要浇筑混凝土护壁，护壁混凝土标号不得小于桩体混凝土标号即C35。护壁采用内齿式护壁，每节1m，模板为钢制，拼装紧密，支撑牢固不变形，护壁厚度为10～15cm，上下护壁搭接5～10cm，以保证护壁的支撑强度。

（2）模板底应于每节段开挖底土层顶靠紧密。如地质情况不好或在全风化层及地下水位较多的强风化层，在护壁混凝土中加配光圆钢筋，配置规格为：环向钢筋ϕ8，间距300mm；纵向钢筋ϕ8mm，间距300mm，每间隔一根向上或向下伸出50m，用于连接上下节护壁，环向筋、纵向筋间绑扎连接，纵向筋两端弯钩，渗水量不大的强风化层，采用素混凝土护壁；中风化及弱风化岩层较好，可不支护。

（3）为加快挖孔桩施工进度，可在护壁混凝土中加入水泥用量1%～2%的早强剂，对地下水较多的地层，还可加入速凝剂，每节挖土完毕后立即立模浇筑，浇筑采用吊桶运输，人工撮料入仓，钢钎捣实，混凝土坍落度控制在8～10cm范围内。混凝土浇筑完毕24h后，或强度达到2.5MPa时方可拆模，每节护壁均应在当日连续施工完毕。拆模后发现护壁有蜂窝、露水现象时，应及时用高标号水泥砂浆进行修补。

（4）每节护壁做好后，必须在孔口用"十"字线对中，然后由孔中心吊线检查该节护壁的内径和垂直度，如不满足要求随即进行修整，确保同一水平上的护壁任意直径的极差不得大于50mm。

3.5 地下管线的安全保护

（1）既有管线的最大埋深深度为5.0m，当桩基挖至6.0m深度时，或在开挖过程中如管线出现在5.0m以上，可停止挖桩，并及时通知管线产权单位到达施工现场进行辨识，在未改迁之前，对已揭露出来的管线实施有效保护，并做好安全警示标识，并对井口实施防护安全措施。

（2）对于已挖至6.0m的桩基，仍未发现管线，则采用管线探测仪器放入孔底进行探测，以便进一步确定是否还存在管线，同时并做好相关记录。

（3）地下管线还可采取的保护方式有：根据管线的种类，材质、走向和位置，通过钢板桩、深层搅拌桩等形成隔离体，限制地下管线周围的土体位移、挤压或振动管线；选择合理施工工艺，合理安排钻孔顺序。

（4）对便于改道搬迁，且费用不大的管线，可以在桩基础施工之前先行临时搬迁改道，或者通过改善、加固原管线材料方式，以确保土体位移时也不失去使用功能。

（5）对一些无主或不明管线，估计破坏后不会造成重大损失或影响，或经与有关部门联系，可暂停使用的管线，可采用不保护方式，或完后再恢复管线使用功能。

3.6　质量检查

挖桩完成后在自检的基础上，做好施工原始记录、办理隐蔽工程验收手续，经对桩尺寸、高程、桩位、垂直度全面检查签字后，对于遇地下管线的桩基孔做好详细的记录，以便旋挖钻机钻孔、承台开挖时做到全面细致的了解，减少不必要的管线破坏、降低施工成本，避免因后续施工而影响城市居民生活。

4　结语

采用人工挖孔桩与金属探测仪相结合的方式，来探测地下管线，不仅解决了挖探沟的施工成本、安全风险，而且很好地解决了桩基位置是否存在地下管线以及因管线问题影响桩基础和整个工期建设，减少了护筒的埋设工作，降低了施工成本，加快了施工进度，保障了施工安全，达到了预期目标，综合效益显著。桩基工程与城市地下管线的关键在于探明管线，其次在施工过程中科学合理的组织，不断优化施工方案，确保工程安全可靠，可给类似工程提供参考。

浅谈桐子林水电站明渠左导墙抗冲桩的施工方法

何　烨　陈杰　杜　思　莲

（中国水利水电第七工程局有限公司）

【摘　要】　因桐子林水电站明渠左导墙底板局部变形渗水，为保障明渠左导墙质量及在过流时的安全，故在明渠左导墙［桩号（左导）0＋141.450～（左导）0＋212.000］顶部设置抗冲桩，桩顶高程1004m，钢筋笼进入导墙底高程以上2.5m，桩底高程为956m。桩中心距离导墙左侧2.5m，桩直径1.0m，间距1.5m，共计布置49根，桩体材料为C30自密式混凝土。现就对桐子林水电站明渠左导墙抗冲桩的施工方法进行简述，供大家探讨学习。

【关键词】　明渠左导墙　抗冲桩　施工方法

1　施工方案

1.1　施工方案简述

本工程抗冲桩施工采用间隔的方式分区，间隔孔施工。抗冲桩采用旋挖钻机成孔、利用25t吊车进行桩内钢筋笼吊装及下设，最后使用混凝土罐车运输混凝土并结合混凝土天泵对已成桩孔采用"直升导管法"进行混凝土浇筑。

1.2　造孔

本工程造孔采用旋挖钻机，钻孔作业前先对旋挖钻机的桅杆进行调垂，将旋挖钻机移至钻孔作业所在位置，旋挖机的显示器显示桅杆工作画面，操作旋挖钻机的电气手柄将桅杆位置升到工作状态的位置。钻孔时先将钻头着地，通过显示器上的清零按钮进行清零，操作记录钻机钻头的原始位置，操作人员能通过显示器监测钻头的实际工作位置，每次进尺孔深位置，旋转开孔后，以钻头自重加压作为钻进动力，钻渣后将其提出地表，装入弃土渣车，同时观察监视并记录钻孔地质情况。

本工程造孔条件特殊，混凝土厚度较深，如何选用合理的钻具造孔是关键。针对上部混凝土，开孔时选用筒钻钻头，开孔后主要采用破碎钻头进行钻孔，当钻至混凝土底部钢筋层时再换用筒钻对钢筋层进行钻孔，待钻过钢筋层，继续使用破碎钻头对下部基岩进行钻孔，直至设计孔深。

由于本工程的特殊性，旋挖钻机的平均功效约为2.1m/h（每天工作20h）。

1.3　清孔

孔底清理紧接终孔检查后进行。钻到预定孔深后，必须在原深处进行空转清土（10r/min），然后停止转动，提起钻杆；在空转清土时不得加深钻进，提钻时不得回转钻杆；清孔后，用测绳检测孔深。

1.4 钢筋笼制作与吊装

（1）钢筋笼的制作。钢筋笼的制作按照设计图纸，进行下料，严格按照搭接长度进行焊接。

（2）钢筋笼的运输、安装。钢筋笼运输采用平板车运输，25t 汽车吊安放。

1.5 混凝土浇筑

（1）安放导管。混凝土采用导管浇筑，导管内径为 300mm，螺丝扣连接。

导管采用吊车配合人工安装，导管安放时，眼观，人工配合扶稳使位置居钢筋笼中心，然后稳步沉放、防止卡挂钢筋骨架和碰撞孔壁。安装时用吊车先将导管放至孔底，然后再将导管提起 50cm，使导管底距孔底 50cm。

（2）混凝土的拌和、运输。混凝土拌和坍落度控制在 180～220mm、扩散度应在 340～400mm。每车混凝土出站前，试验室试验人员检测混凝土的出站坍落度和扩散度，不合格不予出站。混凝土由左岸拌和楼拌制，12m³ 罐车运输。

（3）混凝土浇筑。混凝土由罐车运至现场后，采用泵送进行浇筑。为确保浇筑的顺利进行，混凝土浇筑前要首先准确计算出首批混凝土方量，埋置深度（≥2.0m）和填充导管底部的需要。

在浇筑将近结束时，核对混凝土的灌入数量，以确定所测混凝土的浇筑高度是否正确。

（4）控制要点：

1）浇筑开始后，应连续地进行，准备好导管拆卸机具，缩短拆除导管的时间间隔，防止塌孔。

2）开始浇筑时，混凝土面高度将至钢筋笼底部时要放慢浇筑速度，当孔内混凝土顶面距钢筋笼底部 1m 时，混凝土浇筑速度应控制在 0.2m/min 左右，并仔细量测混凝土表面高度，以防钢筋笼上浮，当混凝土拌和物上升到钢筋笼底口 4m 以上时，提升、拆除导管，使混凝土浇筑导管底口高于钢筋笼底部 2m 以上，恢复 0.5m/min 左右的正常浇筑速度。

2 桩体质量检查与成果分析

2.1 造孔

嵌岩深度的确定。各桩在施工过程中根据钻进情况，发现基覆分界变层即开始每隔 0.5～1.0m 进行现场取样，由四方工程师（业主、设计、监理和施工）共同进行基岩鉴定。各桩孔在施工过程中均严格按照相关要求进行基岩取样鉴定工作。确保地连墙嵌岩深度满足设计要求。

明渠左导墙抗冲桩共 49 个单元，嵌岩最大深度为 20.0m，最小深度为 12.50m，平均入岩深度为 17.74m，均满足设计要求。

2.2 清孔换浆

明渠左导墙抗冲桩清孔结束后由监理工程师对清孔质量进行验收。本次施工的 49 个槽孔单元清孔验收均合格，各项性能指标均符合设计和规范要求。统计结果见表 1。

表 1

清孔泥浆性能指标统计表

部　　位	性能指标	最大值	最小值	平均值	备注
明渠左导墙抗冲桩	比重/(g/cm³)	1.13	1.00	1.10	
	黏度/s	18.90	18.30	18.60	
	含砂量/%	5.0	1.5	3.06	
	淤积厚度/cm	4.0	0.5	2.5	

2.3　混凝土浇筑

混凝土浇筑过程质量控制。浇筑过程中控制各料斗均匀下料，并根据混凝土上升速度起拔导管，导管埋入混凝土的深度符合设计及规范要求。

混凝土必须连续浇筑，桩孔内混凝土上升速度不小于 2m/h。

桩孔内混凝土面应均匀上升，其高差应控制在 0.5m 以内。至少每 30min 测量一次混凝土面深度，每 2h 测定一次导管内混凝土面深度，并及时填绘混凝土浇筑指示图，在开浇和结尾时应适当增加测量次数。

浇筑混凝土时，在孔口处设置盖板，防止混凝土散落槽孔内。槽孔底部高低不平时，应从低处浇起，防止混凝土将空气压入导管内。

本工程混凝土浇筑，混凝土面上升速度统计见表 2。

表 2　　　　　　　　　　　**混凝土面上升速度统计表**

施工部位	混凝土面上升最大值/(m/h)	混凝土面上升最小值/(m/h)	混凝土面上升平均值/(m/h)	是否符合设计标准(>2m/h)
明渠左导墙抗冲桩	24.10	10.60	17.04	符合

2.4　钢筋笼施工

钢筋笼沉放采用 25t 汽车吊进行。钢筋笼沉放前在孔口定位，符合设计要求后缓慢沉放。钢筋笼沉放后测量孔内淤积均无明明显增加，说明钢筋笼沉放过程中无严重刮壁现象。钢筋笼沉放至孔口后采用 φ20 吊筋焊接在钢筋笼顶部，钢筋笼沉放至孔底后测量上部余量以对钢筋笼沉放高程进行定位。

2.5　混凝土质量检测结果

明渠左导墙抗冲桩工程中每个单元浇筑过程中，由试验室对混凝土拌和物进行随机取样。按规范要求的模具成型后进行标准养护，达到龄期后进行了混凝土抗压性能指标试验。试验由工地现场试验室进行试验。其性能指标试验结果统计见表 3。

表 3　　　　　　　　　　　**混凝土质量检测成果统计表**

施工部位	混凝土设计强度	检测项目	龄期/d	破型组数	最大值/MPa	最小值/MPa	平均强度/MPa	标准差	离差系数	保证率/%	合格率/%
明渠左导墙抗冲桩	C30(高流态)	抗压强度/MPa	28	40	39.0	36.4	37.7	—	—	—	100
			28(仓面)	9	38.4	36.9	37.9	—	—	—	100
		劈拉强度/MPa	28	2	3.83	2.72	3.78	—	—	—	

综合以上统计，雅砻江桐子林水电站明渠左导墙抗冲桩工程各工序控制严格，符合设计及相关规范要求，过程受控。

3 墙体检查

按照监理部的要求，选取 6 号、25 号、42 号和 48 号 4 个单元进行钻孔取芯和注水检查。

3.1 混凝土芯样

本工程检查孔取芯表面光滑（图 1），无蜂窝麻面，芯样连续，取芯率为 100%。根据取芯成果揭示，本工程混凝土浇筑连续，浇筑过程中无断层、混浆层等，混凝土密实可靠。芯样质量检测见表 4。

图 1 检查孔照片

表 4 混凝土芯样质量检测成果及分析表

施工部位	混凝土设计强度	检查组数	最大值/MPa	最小值/MPa	平均强度/MPa
明渠左导墙抗冲桩	C30	4	45.9	43.4	44.3

3.2 注水试验

注水试验利用取芯孔进行，注水段长为 5～7m/段，注水采用医用一次性注射器（20mL）注水，具体方法如下：

向试验孔注入清水，使管中水位高出地下水位一定高度（或至孔口）并保持固定不变，用医用一次性注射器测定其注入量。开始每隔 5min 测量一次，当连续 2 次测量的注入流量之差不大于最后一次注入流量的 10% 时，试验即可结束，取最后一次注入流量作为计算值。注水检查成果见表 5。

表 5   注水检查结果汇总表

检查部位	检查孔号	最大值/(cm/s)	最小值/(cm/s)	平均值/(cm/s)	备注
6 号	J-1	2.79×10^{-7}	9.57×10^{-8}	1.76×10^{-7}	
25 号	J-2	4.23×10^{-7}	1.05×10^{-7}	2.00×10^{-7}	
42 号	J-3	2.87×10^{-7}	1.27×10^{-7}	2.18×10^{-7}	
48 号	J-4	4.38×10^{-7}	1.37×10^{-7}	2.73×10^{-7}	

4 施工中遇到的问题

（1）地质情况较设计图纸发生变化，桩号左导 0+206.000 处的第 44 号桩在钻进至 28.0～43.0m 时遇炭质页岩（断层带及影响带），造成该孔塌孔至 34.0m，经业主、设计、监理及施工单位四方协商决定，对该孔先进行混凝土回填处理。

（2）导墙下部掏刷情况不明，桩号左导 0+155.000 附近导墙底部出现裂缝并渗水，可能对该部位桩的成孔会造成极为不利的影响，如塌孔等。

（3）在钻孔过程中除了导墙底部有钢筋网外，在导墙中部也存在浇筑导墙混凝土中的模板拉筋，这对钻具的磨损，钻机的工效和成孔的孔斜率都有一定影响，在钻进桩号左导 0+164.000 处的第 16 号桩开孔时钻杆断裂；桩号左导 0+183.500 处的第 29 号桩钻进至 41m 钻杆再次断裂。经业主、设计、监理及施工单位四方协商决定，对该孔进行混凝土浇筑，再在 29 号桩靠右岸中心距 1.5m 处按原设计深度补打一根桩；桩号左导 0+182.000 和桩号 0+185.000 处的 28 号桩、30 号桩在施工中发现两孔之间存在串通现象，两孔钻至 42.0m 时，因两根桩岩石强度过高，无法钻进，且导致施工 30 号桩的钻机钻杆断裂，钻头掉入桩孔内无法打捞，经业主、设计、监理及施工单位四方协商决定，对 28 号、30 号桩不再进行钻进，沉放原设计尺寸的钢筋笼并同时进行混凝土浇筑。

振冲工程

中国水利水电科学研究院　北京中水科工程总公司
地基工程研究室
简　介

中国水利水电科学研究院是水利水电行业专业齐全、规模最大的工程科研单位。北京中水科工程总公司是其全资子公司，地基工程研究室是专门进行大坝等防渗加固灌浆技术研究的部门，具备国内灌浆研究最齐全的试验设备和试验条件，自 20 世纪 50 年代起一直致力于开展地基处理灌浆技术研究，是我国电力和水利行业灌浆技术标准的主要起草者。

在无机灌浆材料方面在国内首次研究出超细干磨、湿磨水泥、稳定浆液、膏状浆液等；有机化学材料丙烯酸盐、硅酸盐、环氧、聚氨脂等几十种系列浆液配比；在灌浆工艺上，先后研究了化灌理论和工艺、联合灌浆工艺、劈裂灌浆工艺、套阀花管工艺、膏状浆液灌注工艺、后灌浆桩施工工艺等。先后承担了龙羊峡、二滩、溪洛渡、锦屏一级、向家坝、下坂地、乐滩、彭水等几十项大中型工程的灌浆试验及技术服务。

工程部注重科研与实际工程相结合，拥有一支具有技术水平先进、工程经验丰富的专业队伍，可开展以下业务：

（1）各类建筑物的基础防渗和加固处理；

（2）各类灌浆试验、灌浆技术服务和施工；

（3）大坝、桥梁及各种建筑物的裂缝处理；

（4）新型灌浆材料的研究和相应工艺技术研发；

（5）地基处理的计算分析系统的研发。

振冲加固处理拦沙坝坝基试桩工程及成果

张少华

（北京振冲工程股份有限公司）

【摘　要】　河北丰宁抽水蓄能电站拦沙坝坝基上部土层为淤泥质土，其力学性质较差，土质不均匀，且存在液化问题，地基承载力仅为 80kPa，作为拦沙坝坝基不能满足大坝稳定性、承载力及抗震等要求，需清除或进行地基处理。可研设计采用振冲碎石桩处理坝基，以满足工程要求。本次试桩①为验证淤泥质土振冲加固处理效果，为设计提供资料；②确定施工设备、施工参数和施工工艺等；③取得振冲复合地基质量检验的方法和标准等。

【关键词】　振冲碎石桩　复合地基　静载荷试验　动力触探试验

1　工程概况

河北丰宁抽水蓄能电站位于河北省丰宁满族自治县境内西北部的滦河干流上，电站规划装机容量 3600MW，分两期建设，水库工程一次建成。一、二期工程各装机 1800MW，各安装 6 台单机容量为 300MW 的可逆式水泵水轮机组。电站工程规模为大（1）型，工程等别为 1 等，拦沙坝建筑物级别为 1 级。

拦沙坝为复合土工膜心墙堆石坝，最大坝高 23.5m，坝顶长度 548.0m，坝顶宽度 8.0m。河谷呈宽缓的 U 字形，滦河在此处呈反 S 形，河谷宽度 250～450m，最窄处为 150m。沿岸断续分布Ⅱ级阶地。左岸为一 NW290°延伸"舌"状小山梁，长约 1200m，梁脊高程 1092～1135m，底宽一般为 60～100m，最宽处为 200m。北坡植被茂密，坡度一般 45°～70°；南坡植被稀少，坡度一般 30°～40°，局部较陡。右岸山体雄厚，基岩裸露，山顶高程一般为 1190～1380m，坡度一般 35°～45°，局部为陡壁，Ⅱ级阶地分布位置地形平缓。

坝址区河床表层的淤泥质土厚度为 4～8m，下伏砂卵砾石层厚约 21～24m，基岩为灰窑子沟单元细粒花岗岩。淤泥质土主要以粉砂、粉粒为主，含有少量黏粒和胶粒；天然密度为 1.56～1.97g/cm³，塑性指数为 9.2～33.2，数值变化较大。淤泥质土力学性质较差，土质不均匀，存在液化、震陷和不均匀沉降等问题，地基承载力为 80kPa，作为拦沙坝坝基不能满足大坝稳定性、承载力及抗震等要求（表 1）。

表 1　　　　　　　　　　　　　拦排沙系统土层物理力学指标建议值

岩　　　性		砂砾石层	马兰期黄土	粉土质砂
天然重度/(kN/m³)		19.0	14.7	14.5
饱和重度/(kN/cm³)		20.0	15.9	18.0
液限/%			25.1	26
塑限/%			15.8	16
塑性指数			9.3	10
渗透系数/(cm/s)		8×10^{-2}	2.52×10^{-5}	1.6×10^{-5}
压缩模量/MPa		45	7～10	4.0
抗剪参数	黏聚力/kPa	0	2	1
	摩擦系数	0.58	0.47	0.18
承载力/kPa		800	150	80

2　拦沙坝软基处理振冲桩试验目的及要求

（1）试验目的：验证振冲加固处理坝基淤泥质土的效果，通过试验取得振冲复合地基的抗剪强度、压缩模量（或变形模量）、承载力等指标，为设计提供资料；确定施工设备、施工参数和施工工艺等；取得振冲复合地基质量检验的方法和标准等。

（2）试验要求：拦沙坝坝基淤泥质土的加固处理深度一般为 11.5m，局部可加大处理深度（以进入砂卵砾石层 1m 为终孔标准）；振冲碎石桩填料应级配良好，粒径在 20～120mm；采用 75kW 或 125kW 振冲器进行施工，等腰三角形布桩，桩间、排距均为1.5m，桩间、排距可视现场试验情况进行调整。

3　振冲试桩施工

（1）施工工程量：冲碎石桩 50 根，桩长 13～13.5m，总进尺 658.7 延米，总填料量约 900m³。

（2）施工机械设备：试桩施工投入两套 BJ-75 型振冲器（其中 1 台备用），现场备有振冲设备各种常用零配件。

（3）施工参数：本试桩工程 BJ-75 型振冲器试制桩施工参数如下：

制桩电压为 380V（波动超过 ±20V 未进行施工）；加密电流 90A，留振时间 10～12s（根据试验施工前的工艺试桩，一般留振时间为 10s），造孔水压 0.4～0.6MPa，加密水压 0.3～0.5MPa，加密段长度 30～50cm。

（4）施工工艺：施工工艺流程如图 1 所示。

（5）振冲施工：为了解施工场地的工程地质条件，调试施工机具及设备，验证施工技术参数等，在正式施工前进行了 5 根工艺试验桩施工。

施工工序：主要为造孔、清孔、填料、加密等。

施工中采用加密电流、留振时间、加密段长度作为控制标准；填料量指标为参考值。

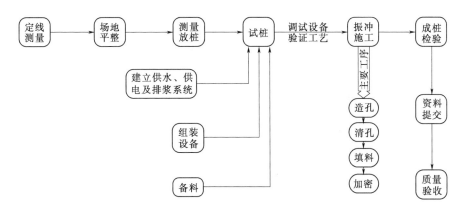

图 1　施工工艺流程图

桩体加密从桩底标高开始，逐段、连续向上进行，直至桩顶标高。填料方式主要采用的是强迫填料法。

施工中出现的问题及处理措施：部分振冲桩施工过程中，桩深 8～10m 处存在硬夹层，造孔电流超过 100A，为了验证该层是否为最终持力层，通过多次上提、下放振冲器，振冲器逐渐冲过该硬层，而下面土层成孔速度亦较快，并可继续成孔至 13m。从而避免出现达到终孔条件的假象，提高桩体的有效处理深度。振冲加密施工至桩深 5～6m 时，由于土质软弱，加密电流不易达到设定值。采取将振冲器提出孔口的间断填料法施工，追料压到软弱层，并多次重复上述过程，增加该施工段的填料量，减小加密段长，保证了桩体密实度（图 2）。

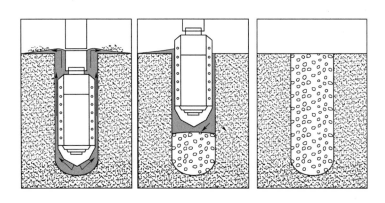

图 2　振冲桩施工工序示意图

4　拦沙坝振冲复合地基试验检测

（1）检测测试项目：①复合地基承载力及变形；②桩间土强度参数；③原位桩间土物理力学指标；④原位桩间土抗剪强度指标；⑤桩体材料相对密实度；⑥桩体填料抗剪强度指标；⑦桩体密实度。

（2）检测测试方法：①单桩复合地基静载荷试验；②桩间土直剪试验；③桩间土标准贯入试验；④桩间土物理力学性能试验；⑤桩间土小三轴试验（CU 剪试验）；⑥桩体填料

相对密实度试验（室内）；⑦桩体填料大型直剪试验（室内）；⑧桩身密实度动力触探试验及现场密度试验。

（3）检测测试结果：

1）本工程振冲碎石桩试桩复合地基承载力特征值为 366kPa，变形模量大于 40MPa。

2）桩间土直剪试验 3 组，②层低液限黏土黏聚力为 5～24kPa，内摩擦角为 6.8°～26.6°。

3）桩间土标准贯入试验 6 个孔，液化砂土层的标准贯入击数在 14～16 击之间，标准贯入击数比天然砂土层有所提高，液化基本消除。

4）桩间土物理力学性能试验结果为②层低液限黏土含水率范围为 25.2%～49.3%，质量密度范围为 1.70～1.95g/cm³，重力密度范围为 17.0～19.5kN/m³，天然孔隙比范围为 0.727～1.531，压缩模量范围为 1.89～13.28MPa。

5）桩间土小三轴试验（CU 剪试验）结果为有效应力黏聚力范围为 15～38kPa，内摩擦角范围为 22.1°～30.2°，总应力黏聚力范围为 9～35kPa，内摩擦角范围为 14.8°～19.9°。

6）振冲碎石桩材料的相对密度试验结果：最小平均干密度为 1.36g/cm³，最大平均干密度为 2.05g/cm³。

7）桩体填料大型直剪试验结果：桩体材料密度为 1.74g/cm³ 时，碎石桩材料的内摩擦角最大值为 41.86°，最小值为 40.53°；咬合力最大值为 260kPa，最小值为 230kPa；密度为 1.82g/cm³ 时，碎石桩材料的内摩擦角 45.57°，咬合力为 270kPa。

8）本次试验所抽测的 6 根试桩桩身较密实，依据工程经验，根据重型动力触探试验成果及现场桩顶密度试验结果判断，桩体密实度应在 2.20g/cm³ 以上。

5　振冲复合地基试桩工程分析

（1）本次试验设计方案：拦沙坝坝基淤泥质土的加固处理深度一般为 11.5m，局部可加大处理深度（以进入砂卵砾石层 1m 为终孔标准）；振冲碎石桩填料应级配良好，粒径在 20～120mm；采用 75kW 振冲器进行施工，等腰三角形布桩，桩间、排距均为 1.5m。经检测测评，该方案设计合理，造价经济；满足大坝稳定性、承载力及抗震等要求。

（2）本次试验施工采用 BJ—75 型振冲器，经工艺试验，试验施工参数为加密电流 90A，留振时间 10s，造孔水压 0.4～0.6MPa，加密水压 0.3～0.5MPa，加密段长度 30～50cm。经检测试验：施工设备及施工参数均满足设计技术要求，为拦沙坝软基处理确定了施工设备、施工参数和施工工艺等。

（3）根据试桩施工，在拦沙坝坝基淤泥质土地层中，造孔速度普遍较快，平均为 1.61m/min；在该地层中完成一根桩长 13m 左右的振冲桩用时约 34～70min。工程桩期间，预计单台机组正常的施工效率应在 6000m/月以上。

（4）此次检测试验取得了拦沙坝淤泥质土振冲复合地基质量检验的方法和标准，为大面积振冲碎石桩施工的质量管理提供了保证。

振冲法在淤泥质土层中的应用

李国印　张来全　张少华

（北京振冲工程股份有限公司）

【摘　要】　振冲法处理的地基土层多为砂类土及粉土等。采用振冲法加固处理淤泥质土、砂卵石等互层复杂地质条件情况下的工程实例较少。本文介绍了丰宁抽水蓄能电站拦沙坝坝基处理施工案例，该建筑场地工程地质条件复杂，根据设计技术要求，施工中依据不同土层的物理力学性质对施工参数有所调整，以满足工程质量。振冲碎石桩复合地基恢复期后，经业主指定的第三方检测，其抗剪强度、承载力、桩体及桩间土密实度等指标均满足设计要求。为振冲法处理该类地基提供了宝贵经验。

【关键词】　振冲　淤泥质土　抗滑稳定性　承载力

1　工程概况

河北丰宁抽水蓄能电站位于河北省承德市丰宁满族自治县，电站设计构成主要包括上水库、下水库、地下厂房等，下水库拦沙坝坝轴线位于下水库进出水口上游直线距离约1.65km处，坝型为复合土工膜防渗心墙堆石坝，坝顶高程为1066.0m，最大坝高23.5m。本工程采用振冲碎石桩散粒体对天然地基中粉细砂、淤泥质土进行挤密、置换，完成对天然地基的加固处理。

2　工程地质条件

丰宁抽水蓄能电站下水库拦沙坝坝基土层为以淤泥质土为主的新近沉积土层，淤泥质土、粉细砂、砂卵砾石层等犬牙交错，且不同区域内存在不同厚度的中粗砂及卵砾石层（以下称为硬夹层），土层地质条件复杂，淤泥质土层主要以粉砂、粉粒为主，含有少量黏粒和胶粒，淤泥质土力学性质较差，土质不均匀，且存在液化问题，天然地基承载力仅为80kPa，作为拦沙坝坝基不能满足大坝稳定性、承载力及抗震等要求。

3　施工技术要求

拦沙坝振冲碎石桩的处理高程为1042.50m，上游至坝上 0+074.70，下游至坝下 0+074.70m，左右两侧至淤泥质粉土与基岩的交界处，处理深度为深入砂卵砾石层 1.0m。所用石料粒径为 20～120mm，级配良好且含泥量不大于 5% 的碎石。处理后的复合地基要求消除地震液化，承载力特征值不小于 250kPa，复合土体等效内摩擦角大于 30.0°，复合土体等效黏聚力大于7.25kPa。

4 施工参数

本工程采用BJ-75型振冲器施工，施工参数如下：

（1）制桩电压为380V。

（2）造孔水压0.4~0.6MPa，加密水压0.3~0.5MPa。

（3）加密电流90A。

（4）留振时间10~12s。

（5）加密段长度30~50cm。

5 施工流程及方法

（1）工艺流程。振冲碎石桩施工工艺流程如图1所示。

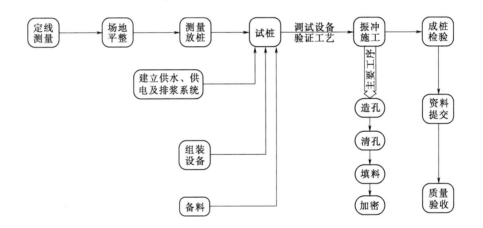

图1 振冲桩施工工艺流程图

（2）施工方法。振冲碎石桩施工方法如图2所示。

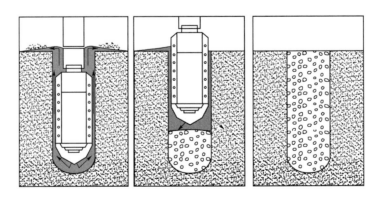

图2 振冲碎石桩施工方法示意图

6　施工时采取的措施

由于工程地质条件复杂，软弱土层和硬夹层分布不均匀，施工难度大大增加。通过查阅地质勘察报告、进行现场调研及施工时现场原位测试等，整理出整个施工区域的土层分布图表，明确了软弱土层、硬夹层存在的位置及厚度，根据土层分布图表将整个施工区域划分成若干个板块，不同土层施工时调整了相应的施工参数，并且及时成立自检队伍对施工质量进行检测，验证施工质量是否满足设计要求。

（1）软弱土层施工措施。由于淤泥质土层较为软弱，围压较小，造孔时较易成孔，因而造孔水压不变。在加密时发现加密电流不易达到设计值，根据现场实际情况，采取在填料加密时：①适当减小加密段长度，由原来的30～50cm减小到10～20cm；②适当增加留振时间，有原来的10～12s增加到15s；③振冲器提出孔口，追料压到软弱土层，并多次重复上述过程，增加该施工段的填料量。若加密时加密电流达到设计要求，而振冲器依然下降明显，不能结束此段的加密，须继续追加填料重复此段加密，直至在达到加密电流的同时，振冲器不再下降，方可完成此段加密，保证桩体的密实度。在加密完成后及时进行自检，自检结果满足设计的质量要求，从而验证了减小加密段长度、增加留振时间、增加填料量等措施取得了很好的处理效果。

（2）硬夹层施工措施。由于硬夹层较为密实，造孔时振冲器下降缓慢，孔口返砂明显，振冲器外壁磨损及内部配件损坏严重，造孔电流在130A以上，出现了抱卡导杆的情况，造成了可以终孔的假象。因而在施工时采取：①在施工前，告知机组人员所施工区域内硬夹层存在的位置及厚度，造孔时加大水压，由原来的0.4～0.6MPa调整为0.6～0.8MPa，要求机组人员验证该层是否为最终持力层，通过多次上提、下放振冲器，使振冲器逐渐冲过硬层，从而避免出现达到终孔条件的假象，保证桩体的有效处理深度；②出现抱卡导杆情况时及时停止下放振冲器，让振冲器停留在原深度，加大水压预冲一段时间，然后缓慢下放振冲器，在该地段附近多次上下提拉振冲器清孔，防止卡孔，实现穿透；③每个施工机组配备2台备用振冲器，并增加修理班人数，保证振冲器的及时维修和连续施工。在加密时，加密电流较易达到设计值，且自检时桩体质量满足设计要求，因而加密电流，加密段长度、留振时间等施工参数不变。

（3）局部特殊土层施工措施。在部分桩体施工时发现，软弱土层和硬夹层多层交替分布，在软弱土层加密完成后出现硬夹层，继续用软弱土层加密时的施工参数导致振冲器负载过大而损坏，因而采取一个桩体两种施工参数的方法进行施工，土层变化时施工参数也随之相应的变化，既保证了施工质量，又保护了振冲器不受损坏。在加密完成后及时进行自检，自检结果满足设计的质量要求，从而验证了不同土层采用不同施工参数的措施取得了很好的处理效果。

7　工程检测

（1）检测方法。本工程在完工后通过采用复合地基载荷试验、重型（超重型）动力触探等检测试验方法及时进行了检测，检测方法见表1。

表 1　　复合地基检测表

序号	检测项目	检测目的
1	复合地基载荷试验	复合地基承载力及变形
2	重型（超重型）动力触探	桩体密实度
3	标贯试验	桩间土承载力
4	桩间土物理力学指标、抗剪强度指标	物理、力学性能指标
5	桩间土试验钻探	桩间土处理效果检验
6	桩间土试验取样	桩间土处理效果检验
7	室内直剪试验	确定桩体抗剪强度

通过以上试验方法检测，根据《检测报告》得出：①桩间土密实度为密实；②桩体密实度为密实；③复合地基承载力特征值大于 250kPa；④复合土体等效内摩擦角大于 30°，复合土体等效黏聚力大于 7.25kPa。以上检测结果全部满足设计要求的各项技术指标。

8　结论

（1）本工程施工场地较大且地质条件复杂，经第三方检测，施工质量全部满足设计要求的各项技术指标。

（2）振冲法针对以淤泥质土为主且地质条件复杂的地基达到了很好的处理效果，提高了地基的抗滑稳定性、承载力、并消除了地震液化。

（3）在施工时应根据不同的土层地质条件采用不同的施工参数进行施工，保证了施工质量。

（4）在淤泥质土层进行振冲加密时，可采取减小加密段长度、增加留振时间、增加填料量等技术措施，保证振冲碎石桩桩体及桩间土的密实度。

（5）本工程为振冲法在以淤泥质土为主且地质条件复杂地基处理中的应用提供了宝贵的经验。

顶管与掘进

长 江 科 学 院
简　介

　　长江科学院（简称长科院）始建于1951年，隶属水利部长江水利委员会，2001年被确定为国家非营利性公益科研机构。长科院为国家水利事业，长江流域治理、开发与保护提供科技支撑，同时面向国民经济建设相关行业，以水利水电科学研究为主，提供技术服务，开展科技产品研发。下设16个研究所（中心），1个分院，9个科技企业，有博士后科研工作站和研究生部。依托建设有国家级创新平台1个，省部级创新平台5个。现有在职职工900余人，教授级高工100余人（二级教授8人），高级工程师300余人，博士200余人，硕士250余人。享受国家政府津贴专家39人、国家千百万人才工程2人、水利部5151人才工程5人、湖北省院士引领培养团队1人。

　　长科院建院60余年来，承担了三峡、南水北调以及长江堤防等200多项大中型水利水电工程建设中的科研工作，以及长江流域干支流河道治理、综合及专项规划、水资源综合利用、生态环境保护等领域的科研工作；主持完成大量国家和省部级重大科研项目。提交科研成果9000余项；荣获国家和省部级科技成果奖励431项，其中国家级奖励32项；获得国家发明和实用新型专利165项；主编或参编国家及行业技术标准、规程规范44部；出版专著近70部。

泥水平衡顶管技术在南水北调穿越
高速公路工程中的应用

白建峰　曹　宇

（中国葛洲坝集团基础工程有限公司）

【摘　要】　本文结合工程实例，重点阐述了泥水平衡顶管技术在南水北调配套供水管线工程穿越高速公路时的施工操作方法及其控制要点。本文对目前泥水平衡顶管施工时的技术问题进行分析，并提出一些解决思路与相关措施，供同行参考。

【关键词】　泥水平衡顶管　高速公路　不良地质　施工技术　分析

1　前言

因经济建设发展需要，各种管线在高速道路下穿越越来越多，而传统的人工掏土顶管施工法存在较多弊端，诸如施工周期长，人工开挖存在安全隐患，顶进距离短，无法解决道路沉陷问题，对地质条件要求也高，如碰到砂土、淤泥土及地下水位高时都无法施工，满足不了现代化建设需要。泥水平衡顶管适用的土质比较广，软土、黏土、砂土、砂砾土、硬土、回填土均可适用，同时土层损失小，挖掘面稳定，面沉降较小，施工速度快，不影响交通通行。

2　工程概况

河南省安阳市南水北调配套工程 37 号线穿越京珠高速工程顶管长度 165m，采用内径 2000mm 钢筋混凝土管。施工采用泥水平衡顶管施工技术，顺利完成穿越任务。

3　施工难点分析

3.1　穿越京珠高速大动脉

京珠高速为南北大动脉，交通繁忙，顶进施工时务必保证施工质量，控制地表沉降，保证车辆正常通行。

3.2　地下水位高，地质状况复杂

该段原为鱼塘，高速施工时采取抛石处理地基，为避免穿越施工遭遇大块抛石，设计管顶埋深距离地面 14m。根据地勘报告，顶管水平管身主要位于第②层黏土和第③层低液限粉土，层内可见 1～3cm 钙质结核，含量一般约占 2%～5%。地下水位比管线高，对顶

管施工方式选择影响较大。

4 设备选型与对比分析

不同的土质需要选用不同的顶管机，这样才能充分利用资源，避免浪费现象，尤其是在使用液压顶管机时更是需要提前考察好土质和地形，才能确保顺利施工过程。扬州斯普森生产的 DN2000 大刀盘平口式泥水平衡顶管掘进机具有沉降控制精度高，顶进速度快，便于操作和维修，施工可靠性好等特点，经技术经济比选后，选该款泥水平衡顶管机进行施工。

5 在顶进施工中技术注意点

5.1 施工测量

顶进过程中的测量控制是控制顶管施工质量的关键，若测量有误差，会造成管道轴线偏差过大，引起造成接口错位，引起地埋沉降，严重时会引起顶力过大，造成管道无法顶进。顶管施工采用连续测量与间断测量结合的方式，技术人员全过程跟踪测量管道中线，发现有偏差趋势，及时向顶进指挥人员反映。顶进过程中坚持"勤测微纠少纠"，勤测即多测量，以便掌握精确情况；微纠即发现偏差后不能一步纠偏到位，要慢慢纠偏，当上下、左右均发生偏差时，先纠上下、后纠左右；少纠即如果偏差在 $1\sim2\mathrm{cm}$ 之内，且机头走向是在减少偏差，倾斜角在 $\pm0.3°$ 范围内，可以不纠偏。

5.2 中继间

本工程采用 $12\times50\mathrm{t}$ 油缸为中继间，结合实际顶力分析，当主顶千斤顶达到中继间总推力（也即管道允许顶推力）的 $40\%\sim60\%$ 时应安放第一个中继间，根据理论计算，中继间在管道顶进 $42\mathrm{m}$ 后需设置。而考虑本工程穿越高速公路，地质条件复杂，为分担机头迎面阻力，保证管材不抱死，增大安全系数，将中继间设置位置提前，放置在顶管机后 $30\mathrm{m}$ 处。

5.3 触变泥浆减阻控制

用泥浆减阻是长距离顶管减少阻力的重要环节之一，在顶管施工过程中，如果注入润滑泥浆能在管子的外围形成一个比较完整的浆套，则其减摩效果是十分令人满意的。本工程采用每节管设置一组注浆孔，每组 4 个 1 寸注浆孔，$90°$ 均分设置，每组注浆孔有独立的单向阀门控制，防止在压浆停止时管外的泥沙会顺着注浆管流到浆管内，沉淀后会把注浆管堵住。

注浆原则是注浆时必须保持"先压后顶、随顶随压、及时补浆"，根据顶力情况及时补浆，使摩阻力控制在最佳值。另外，保持管节在土中的动态平衡。一旦顶进中断时间较长，管节和周围土体固结，在重新启动时就会出现"楔紧"现象，顶力要比正常情况高出1.4 倍，因此尽可能缩短中断顶进时间保持施工的连续性，如中断时间过长必须补压浆。

5.4 异常情况及处理

该顶管机在顶进前 90m 时施工顺利，顶管机排泥及压力表读数均正常，平均每天可顶进 20m。在顶进 90m 时出现大面积卵石，排泥管排泥异常，电机电流增大并发热，顶进压力骤然上升。根据观察分析发现大量碎石混合重粉质壤土（胶泥）将机头刀盘入泥口堵塞，顶管机无法正常排泥，并造成机头迎面阻力过大。结合现场实际情况，决定将机头观察舱口扩大后人工清仓，清仓后顶进 20～80cm 后机头再次卡死。继续采取人工清仓方式，每次清仓大约 8 小时，平均顶进距离约 50cm，继续顶进 50m 后恢复正常。

6 结语

通过在南水北调配套供水管线工程穿越高速公路的工程实践，泥水平衡顶管机能够安全、优质、高效地完成顶进施工任务。但在顶管前，必须进行详细的调查研究，在了解土层变化情况、地下水位情况后编制可行的施工方案，选择合适的顶管机型，同时在施工过程中严格控制施工工艺，把不利因素降到最低，遇见异常情况不能盲目顶进施工，以免造成质量事故。

泥水平衡顶管在特殊环境下的
基坑支护施工方案探析

周 兵

（中国葛洲坝集团基础工程有限公司）

【摘　要】　泥水平衡顶管顶进过程中遇障碍物、遇松散覆盖层且存在集中渗漏通道情况下，顶管机很大几率被周围土体抱死，根据施工现场实际情况，基坑只能采用东西两侧垂直支护、南北两侧放坡的施工方式将被抱死的顶管机吊出地面，再采用现场钢管合拢的方式进行闭合，而其中基坑垂直支护方式需根据各个特殊环境进行最优桩类选择。

【关键词】　泥水平衡顶管　顶管机　抱死　基坑支护　施工方案

1　引言

泥水平衡顶管在粉细砂质地层中正常顶进时管周的摩擦阻力较其他土层较大，如在顶进过程中遇到前期地勘不明的建筑物或构造物钢结构、钢筋混凝土结构、砌石结构等障碍物时，遇到松散覆盖层且存在集中渗漏通道这种恶劣的地质地层条件时，顶管机很大概率被周围土体抱死。为了挽回不必要的损失，需尽快将覆盖在顶管机及连接的管道顶部和两侧的土体挖除并形成一个基坑，将被抱死的顶管机吊出地面，再采用现场钢管合拢的方式进行闭合。本文所述工程中由于现场场地狭窄，顶管机周围地上地下条件复杂，综合比较，基坑只能采用东西两侧垂直支护，南北两侧放坡的施工方式，而其中垂直支护方式需根据各个特殊环境进行最优桩类选择。

2　工程概况

南水北调中线总干渠35号供水管线滑县第三水厂支线坐落在黄河故道上，全线沉积着较厚的黄河泥沙，是典型的砂质土层，尤其是县城中心城区段2400m的直径DN1800mm的管材为JPCCP管道的供水管线基本坐落在粉细砂层上。县城中心城区段供水管线布置在大宫河东侧沿河道路下5～7m，该段道路宽约5m，一侧紧邻河堤且河堤上方有高压线，高压线为滑县的主要供电线路，无法拆除；道路的另一侧为密集的居民房屋及单位房屋；道路下埋设各种通讯电缆、光缆、自来水管道、天然气管道、雨污水管道等专项专线项目。同时，供水管线横穿三条城市主干道和一座废弃的引灌水渠道，因为建设年代久远，相关数据资料缺失，给顶管施工带来较大风险。滑县县城中心城区顶管段工期短，场地狭窄，施工干扰多，施工难度大，施工项目繁多，工程量大，而JPCCP管道泥水平衡顶管施工作为本标段的关键项目，直接关系到整个工程的成败。

3 施工过程中遇到的各特殊环境简述

3.1 9号沉井南侧遇砌石结构闸室情况

9号沉井下沉过程中已遇到该砌石结构闸室的一部分，结合相关的地质勘测资料，9号沉井附近原为滑县的老六干渠，但具体位置及结构不明。为了探明位置和结构，待9号沉井完成后对沉井南侧砌石结构进行了补充探测，发现该老六干渠闸室自北向南依次分布有6条闸墩及1处闸底板，其中第1条和第6条闸墩为挡墙结构，第1条闸墩砌石在沉井下沉施工已经被破除。目前剩余5处闸墩及闸底板与顶管预留孔洞相互冲突。

3.2 2～1号沉井区间遇障碍物情况

泥水平衡顶管机自2号沉井向1号沉井方向顶进刚刚穿越一条城市主干道后，顶管机停滞不前。依据现场地质雷达探测和钎探情况，顶管机头的上方、前方存在各种管线及障碍物，包括10kV电力线路、35kV造纸厂线路、联通公司地埋光缆、自来水管道、污水管道、地埋广电光缆等，机头处障碍物为废弃的桩头且在污水管道及自来水管道正下方。顶管机部位紧邻大宫河，西侧分布有大宫河河堤、污水泵站、10kV高压线杆，东侧紧邻广电小区楼层，施工场地非常狭窄。

3.3 6～5号沉井区间遇松散覆盖层且存在集中渗漏通道情况

泥水平衡顶管机自6号沉井向5号沉井方向顶进穿越一条城市主干道后，顶进至159m处因顶管机至第一套中继间之间39m管道出现大量流失泥水、膨润土泥浆现象，造成管道无法继续顶进。依据现场地质雷达探测和钎探情况，管顶覆盖层大部分为土质不均的松散状砂壤土、人工杂填土（较多的砖瓦碎块及生活垃圾、沿线大部分为路基杂填土及沥青路面），雨污水管道纵横且年久损坏，使其形成了自上而下垂直方向单向渗漏通道。同时由于泥水平衡顶管顶进过程中都有触变泥浆形成的圆环厚度为3～5cm的泥浆润滑套，一旦雨污水管道的垂直通道与JPCCP管道外壁泥浆润滑套形成的水平通道连通，那么触变泥浆润滑套就不容易形成，甚至在雨污水管道渗水量较大的情况下完成形不成泥浆润滑套，此时如果不及时处理，很大可能造成JPCCP管道被周围土体抱死的工程隐患，那时处理起来会非常的麻烦。

4 基坑支护方案比选

因为施工场地狭窄，顶管机部位周边环境复杂，遇到以上特殊情况下需要及时处理，综合对比施工方案，总体上采用基坑支护方案，具体的基坑支护方式因各特殊部位情况进行施工方案对比而定，具体对比分析情况如下。

4.1 9号沉井南侧

基坑挖土深度为7.6m，根据基坑挖土深度、周边环境情况及相关规范规定，基坑安全等级定为二级。综合考虑本工程管线复杂、建筑物距离近、施工场地狭小等特点及可实施性和工程造价等相关因素，我们提出以下三种施工方案作为比选：

（1）钢板桩＋土钉支护方案。深基坑东、西两侧开挖全部采用拉森钢板桩垂直支护方式，拟采用桩长13.5m的拉森钢板桩，深基坑南、北两侧1∶1放坡，边坡采用土钉支护方式，这种方案特点如下：

1）优点：钢板桩具有良好的耐久性，基坑施工完毕回填土后可将钢板桩拔出回收再次使用；施工方便，工期短；拉森钢板桩由于抗弯能力较强，多用于周围环境要求不甚高的深5~9m的基坑。

2）缺点：

① 拉森钢板桩长12m、15m、18m等，打桩设备较高、较宽，由于施工现场场地有限（征地红线宽仅为12m），沉井周围环境复杂，尤其是施工区域西侧架线高度为8~10m的高压线路成为了打桩设备的拦路虎。

② 另外，在本工程中拉森钢板桩耗用量大，重复使用率低，租赁或采购成本大。

③ 打桩伴随的振动很可能引起施工区域东侧民众的阻工和赔偿诉求。

（2）钢管桩＋土钉支护方案

深基坑东、西两侧开挖全部采用钢管桩垂直支护方式，拟采用桩长10.0m的φ245@500的钢管桩，钢管桩灌注1：0.5水泥浆，深基坑南、北两侧1：1放坡，边坡采用土钉支护方式。

该方案施工成本较高，钢管桩打桩设备所使用的履带式柴油打桩机较大，场地要求高，而且打桩机震动、噪音较大，容易引起临近的西侧73号高压线杆和东南侧的房屋安全隐患以及附近居民的阻工情况发生。

（3）钢筋混凝土排桩加内支撑＋土钉支护方案。深基坑东、西两侧开挖全部采用钢筋混凝土垂直排桩加内支撑支护方式，采用桩长9.59~11.59m的钢筋混凝土灌注桩；深基坑南、北两侧1：1放坡，边坡采用土钉支护方式，其中钢筋混凝土排桩采用反循环钻机进行土层钻进成孔、冲击钻机进行砌石底板钻进成孔、灌注混凝土的施工工艺。该方案特点如下：

1）钢筋混凝土灌注桩成桩设备小，打桩设备震动、噪声小，对周边环境影响小。

2）施工进度、安全能得到保证。

综合考虑岩土工程勘察报告和周边地形地貌及建筑物的特点，比较基坑支护方案的安全、经济、可实施性方面比较和选型上，该部位的基坑支护采用钢筋混凝土排桩加内支撑＋土钉支护方案。

该部位基坑东、西两面钢筋混凝土排桩所采用的钻孔灌注桩共计34根，实际施工时间为20天，基本满足施工工期要求。

4.2 2~1号沉井区间

基坑挖土深度为8.27m，参照9号沉井南侧基坑支护施工方案比选分析，提出以下三种施工方案作为比选：

（1）钢板桩＋土钉支护方案。深基坑南、北两侧1：0.3放坡，其他内容同"9号沉井南侧钢板桩支护方案"。

（2）水泥土墙＋土钉支护方案。根据计算书计算结果，水泥土墙的抗倾覆稳定性验算和抗滑移稳定性验算均不满足要求。

（3）钢筋混凝土排桩加内支撑＋土钉支护方案。深基坑东、西两侧开挖全部采用钢筋混凝土垂直排桩加内支撑支护方式，采用桩长12.27m的钢筋混凝土灌注桩；深基坑南、北两侧 1：0.3 放坡，边坡采用土钉支护方式，其中钢筋混凝土排桩采用机锁杆旋挖钻机进行土层干钻成孔、灌注混凝土的施工工艺。该方案特点如下：

1) 机械化作业，施工简单，基本无振动。

2) 钢筋笼、砼可集中加工、配送，也可以现场加工，作业方便。

3) 施工速度快，工艺成熟，相当来讲过程中安全可靠。

4) 施工成本相对较低。

综合考虑各种因素，该部位的基坑支护采用钢筋混凝土排桩加内支撑＋土钉支护方案。

该部位基坑东、西两面钢筋混凝土排桩所采用的钻孔灌注桩共计 18 根，实际施工时间为 5d，基本满足施工工期要求。

4.3　6～5 号沉井区间

基坑挖土深度为 7.64m，参照 2～1 号沉井区间基坑支护施工方案比选分析，提出以下两种施工方案作为比选：

（1）工字钢桩＋土钉支护方案。深基坑东、西两侧开挖全部采用工字钢桩垂直支护，工字钢支护采用一顺一丁组合方式布置，型号选用 20a，桩长 10m，工字钢就位后采用履带式液压挖土机施打，深基坑南、北两侧 1：0.3 放坡，边坡采用土钉支护方式。

这种施工方案的最大优点是施工周期短，施工成本低，盘活机头、继续顶进施工的可能性较大，但打桩入土和拔桩出土过程中还是有强度不大的振动，很可能引起附近民众的阻工和赔偿诉求。

（2）钢筋混凝土排桩加内支撑＋土钉支护方案。采用桩长 11.64m 的钢筋混凝土灌注桩，其他内容同"2～1 号沉井区间钢筋混凝土排桩加内支撑＋土钉支护方案"。

实际施工过程中，我们优先采用了第一种方案，待工字钢桩准备施打时，由于强度不大的振动引来了附近居民的阻工，综合考虑各种因素，尤其是可实施性方面，我们最终采用了"钢筋混凝土排桩加内支撑＋土钉支护方案"。

该部位基坑东、西两面钢筋混凝土排桩所采用的钻孔灌注桩共计 18 根，实际施工时间为 3d，基本满足施工工期要求。

5　结语

随着社会进步，工程技术水平提高，基坑支护方式种类也越来越丰富，在实际工作中怎样找到最合适的施工方式变得越来越重要。本文认为应结合岩土工程勘察报告和周边地形地貌及建筑物的特点，从安全、经济、可实施性方面进行综合比较分析，进而选择出最优方案。

泥水平衡顶管在典型砂质土层下的
触变泥浆减摩控制

周 兵

（中国葛洲坝集团基础工程有限公司）

【摘　要】　泥水平衡顶管技术在典型砂质土层中能否顺利完成长距离施工任务，管壁四周较大的摩阻力成为了关键技术难题。如何通过触变泥浆减摩技术大幅降低管外壁单位面积平均摩擦阻力值，成为了顶管工程成败的关键。

【关键词】　泥水平衡顶管　典型砂质土层　长距离　触变泥浆　减摩

1　引言

触变泥浆减摩技术的基本原理为：为减少长距离及超距离顶管中的管壁四周摩阻力，在管壁外压注触变泥浆，形成一定厚度的泥浆套，使顶管在泥浆套中顶进，以减少阻力。其和中继间接力技术并称为泥水平衡顶管的两大关键技术。

砂质土层的泥水平衡顶管触变泥浆减摩是工程建设的关键技术之一，降低了管外壁单位面积平均摩擦阻力值，砂质土层的泥水平衡顶管也成功了一半。

2　工程概况

南水北调中线总干渠35号供水管线滑县第三水厂支线坐落在黄河故道上，全线沉积着较厚的黄河泥沙，是典型的砂质土层，尤其是县城中心城区段2400m的直径DN1800mm的管材为JPCCP管道的供水管线基本坐落在粉细砂层上，管顶覆盖层大部分为土质不均的松散状砂壤土、人工杂填土（较多的砖瓦碎块及生活垃圾、沿线大部分为路基杂填土及沥青路面）。

县城中心城区段供水管线布置在大宫河东侧沿河道路下5～7m，该段道路宽约5m，一侧紧邻河堤且河堤上方有高压线，高压线为滑县的主要供电线路，无法拆除；道路的另一侧为密集的居民房屋及单位房屋；道路下埋设各种通讯电缆、光缆、自来水管道、天然气管道等专项专线项目。同时局部地段城市雨污水管道等地埋管道纵横且年久失修，与周围土体形成了天然的渗漏通道。

3　触变泥浆减摩控制

3.1　正常顶进情况下的触变泥浆减摩控制

在顶进过程中，通过顶管机尾部的同步注浆与管道上的预留孔向管节外壁压注一定数量的减摩泥浆。采用多点堆成压注法，使泥浆均匀地填充在管节外壁和周围土体的空隙，减小管节外壁和土体间的摩阻力，起到降低顶进时阻力的效果。

触变泥浆系统设置：每根管距插口2m处设置3个注浆孔，注浆孔成120°分布。经过不断压浆，在管外壁形成一个泥浆套。浆液配比见表1。

表1　　　　　　　　　　　　　　　浆液配比（1m³浆液重量比）　　　　　　　　　　　单位：kg

膨润土	纯碱	水	CMC
30	1.5~2	适量	0.3~0.5

浆液质量指标：

（1）泥浆比重 1.06~1.1g/cm³；

（2）漏斗黏度 120~150s。

压浆时，储浆池内的触变泥浆由地面上的压浆泵通过管路压送至压浆总管，并一直到连通各压浆孔的软管内，通过控制压浆孔球阀来控制压浆。

3.2 基于松散覆盖层情况下的触变泥浆减摩控制

所要解决的技术问题是提供松散覆盖层中顶管外壁触变泥浆润滑套成形的施工方法，通过实践证明，通过调整触变泥浆压浆压力、性能指标，能使顶进管道处于膨润土悬浮液中，进而解决顶管管道外壁因干摩擦引起的阻力较大问题，降低工程风险。该方法包括以下步骤：

（1）确定失水失浆管段及详细位置。

（2）调整触变泥浆压浆压力。

（3）加大、加浓注浆量。

（4）持续注浆、补浆并反复启动中继间及主顶油缸。

（5）推顶 JPCCP 管道前进。

步骤（2）中，调整后的触变泥浆压浆压力不要过高，一般为 0.2~0.3MPa。

步骤（3）中，在阻力异常管段（即失水失浆管段）加大、加浓注浆量，拌制的触变泥浆比重控制在 1.2~1.3g/cm³ 范围内，黏度控制在 180s 左右。进一步讲，在所述增加注浆量过程中，加注的注浆液配比为每立方米浆液中含膨润土 50kg、纯碱 2~2.5kg、CMC0.9~1.1kg。

步骤（4）、（5）中，持续注浆、补浆并反复启动中继间及主顶油缸，确保顶力正常管段的管道阻力处于可控范围并逐渐下降，使顶力逐渐下降至 4~7MPa，提高传递至阻力异常段的顶力，从而推动 JPCCP 管道继续向前前进。

实践证明，压浆压力控制在合理范围内，有益于膨润土悬浮液的形成。在配置触变泥浆浆液时，在浆液中加入少量的碳酸钠（纯碱）和羧甲基纤维素钠（CMC）粉末，大大降低了顶进管路的推顶阻力。最终经调整后的浆液具有增稠、悬浮、分散、保水等优异性能，大大提高了浆液的浮力，减小了管外壁摩阻力。

3.3 触变泥浆减摩效果

通过工程实践和应用，管外壁单位面积平均摩擦阻力值能降到 4~5kN/m² 的低阻力范围内；由该摩擦阻力值推算后，优化了中继间间隔参数，延长了顶进长度，其中第一套中继间设置在距顶管机机头 40m 处，从第一套中继间开始，每顶进长度约 165m 后增加一套中继间，充分证明了泥水平衡顶管技术在长距离大直径管道非开挖技术中的优越性。另外，单台顶管机的平均顶进效率由施工组织设计阶段的 15m/（台·d）提高到施工阶段的 21m/（台·d），施工工效提高了 40%。

4 触变泥浆注浆注意事项

（1）如果一次性注入的膨润土能在管道周围的土层中保持不变，那么只要直接在机头刃脚之后注入一次就足够了，然而十分明显，在管道推进过程中，膨润土由于流散到土层中而有所消耗。鉴于此，对后续管道也必须补充压入膨润土，以使管道和土层之间空隙中的膨润土悬浮液压力能够在顶进管道的全部长度上保持与土压力一致。根据现场情况，每节管道都有注浆孔，补浆顺序是：前 3～5 节全部补浆（9～15m），之后，每隔 2～5 节管道补浆。

（2）在大管径顶进的场合下，可分上下两部分注浆，因为在管道的下半部，膨润土在顶进过程中比静止状态下更容易流出，而上半部的注浆则是在管道静止的情况下更容易进行。因此最好是将管道下半部的注浆孔和上半部的注浆孔分别组合起来。这种半侧注出的理由在于静止状态的管道以其全部很大的重量沉落于底部，这样便在管道的顶部形成了小空隙，或者至少是形成了一个压力较低的区域。因而在这种状态下，浆液在管道顶部比在管道底部更容易流出。反之，在顶压力和浮力同时作用下，管道有向上拱起的倾向。这时管道离地升起，于是管道底部形成了一个低压区，致使膨润土更加容易渗入其中并均匀地散开。

5 结语

随着国家城镇化建设的大力推进，地下管网改造及新、扩建任务相当艰巨。而由于历史原因，地下管网错综复杂，相当一部分没有档案记录，为避免大面积开挖拆除旧管网、不影响居民正常生活需求，采用非开挖地下顶管技术是目前被认可的施工技术。本文认为触变泥浆减摩技术作为顶管施工的关键技术之一，因所遇到的岩土情况不一而采用的参数和特殊情况下的处理方式是今后重点攻关的关键课题之一。

开敞式 TBM 过类泥石流不良地质洞段
施工处理技术

苗双平[1] 李　强[1] 高健冬[2]

(1.北京振冲工程股份有限公司　2.吉林省中部城市供水股份有限公司)

【摘　要】 开敞式 TBM 在掘进过程中，往往会遇到断层破碎带，目前业界已经有相应的处理方式，但是在遇到类泥石流洞段时，单独依靠目前 TBM 自身条件及已有的处理方式很难实现顺利通过，需要采取特殊的施工处理措施相互配合才能通过，本文依托吉林引松供水项目三标段类泥石流不良地质洞段的处理，形成一套完整的开敞式 TBM 过类泥石流不良地质洞段施工处理技术。

【关键词】 类泥石流洞段　管棚　灌浆　TBM 施工处理技术

1　前言

TBM（隧道掘进机）由于其高效、安全的优越性能，近年来在隧道工程中得到愈来愈多的应用。但其对断层破碎带等不良地质条件的适应性较差。这些不良地质条件对 TBM 掘进会产生较大影响，不仅可能导致 TBM 掘进作业时间利用率降低，甚至有可能出现 TBM 损坏和难以顺利通过的情况。国内目前施工完成的大伙房输水工程、引洮、锦屏水电站引水隧洞工程以及正在施工的辽西北供水工程，均存在断层破碎带等不良地质洞段，对工程建设安全、进度造成很多影响，经过艰难的处理，顺利通过，在一般的断层破碎带处理方面积累了不少的经验和技术，但是对于类泥石流不良地质洞段的处理，目前业内还没有最佳的施工处理技术。吉林省中部城市引松供水工程总干线三标段 TBM 施工洞段，在掘进至 47＋373 段时，揭露类泥石流不良地质洞段，导致隧洞形成坍塌，处理时间达到 5 个多月，通过对本次类泥石流不良地质洞段的处理，研究了适合的施工处理技术。

2　工程概况

吉林省中部城市引松供水工程总干线三标段位于吉林省吉林市岔路河至温德河之间，总长度 24300m。TBM 独头掘进 10km，开挖洞径 7.9m，逆坡掘进，坡度为 1/4300，埋深 50～500m。岩性为燕山早期石英闪长岩，半自形粒状结构，块状构造。岩石普遍遭受蚀变，主要矿物成分为斜长石、角闪石、黑云母和少量石英，石英占 10％～22％。受构造影响，岩体破碎，渗透性弱—中等。TBM 施工中，已掘进通过 80m 均为完整的石英闪长岩，围岩类别为Ⅱ类，在掘进至桩号 47＋380 时，围岩发生突变，揭露为断层破碎带，围岩极其破碎，并伴随有少量的渗水。随后现场严格按照设计支护参数进行施工，在掘进至桩号 47＋373 时，发现顶护盾压力接近极限值，证明刀盘上部围岩压力持续增加，随后发现塌方体体积庞大，并且持续塌落，持续对刀盘施加压力，导致刀盘无法转动。现场对刀盘逐步进行后退，退至安全洞段后进行处理。

经后期处理过程发现桩号 47＋378～47＋372 段为碎块石夹杂断层泥；桩号 47＋372～47＋364 段为类泥石流不良地质洞段，刀盘前方及顶部均为级配较好的类泥石流状流态土、砂及水的结合体。刀盘被死死包裹，1 号皮带渣量太大，导致 TBM 无法掘进，为此进行了分阶段、分层次的处理措施，历经 5 个多月顺利通过该洞段。

3 施工处理技术

3.1 47＋378～47＋372 碎块石夹杂断层泥段

TBM 后退过程中，掌子面前方渣体一直跟随 TBM 向刀盘前方延伸，直至累计 TBM 后退 13m 处才稳定。后退后，多次尝试向前掘进，均因刀盘压力过大，未能成功。

经过对现场断层带情况、TBM 设备情况进行详细的分析后，根据断层带情况、空间布局及隧洞施工经验，制定了施工方案进行处理。采用管棚进行破碎岩体加固，管棚布置图如图 1、图 2 所示。

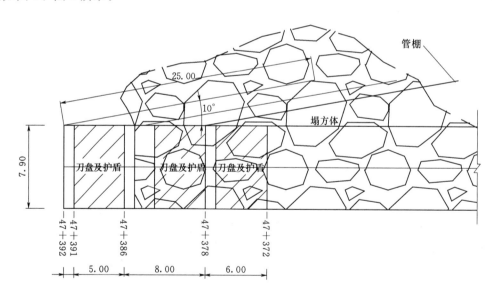

图 1 管棚布置及塌方洞段示意图（单位：m）

经过与地质资料的对比，结合物探数据显示，前方不良地质洞段 30～50m，为此制定了循环加固掘进的实施方案：

（1）探孔施工：结合管棚施工在顶拱左中右布置 3 个 φ127 跟管探孔，孔深 30m，外插角 10°，以探明前方地质情况。

（2）管棚施工：在护盾顶拱后侧 120°范围，设置 φ127 跟管钻进管棚，间距为 40～

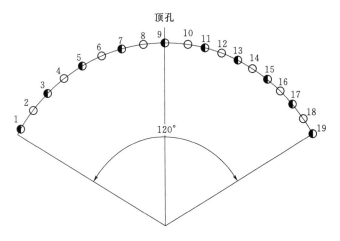

图 2　管棚布置断面图

50cm，外插脚为 10°，长 25～30m，管棚管提前加工为花管，以便注浆。

（3）管棚施工完成后，在管棚中安装 3 根 φ32 钢筋束，增强管棚承载力，并进行灌浆固结，灌浆采用 P.O42.5 普通硅酸盐水泥，水灰比为 0.5：1，灌浆压力 0.3～1.0MPa。

（4）松渣体固结：管棚钻孔施工中，若遇松渣体、塌腔体，则灌注水泥砂浆或混凝土。完成塌腔体回填后再重新开孔进行管棚孔施工。

（5）支护加固完每一循环管棚及灌浆作业后，待凝 72h，开始 TBM 掘进；根据管棚施工的长度，每掘进 6～8m 开始进行下一循环的管棚及灌浆加固。

（6）掘进过程中，按照 V 类围岩钢拱架加密间距到 45cm，配合钢筋排等进行支护。

经过以上方案处理，施工三个循环管棚灌浆后，TBM 掘进至桩号 47＋369，但由于该洞段地质条件极其复杂，渗水流量大，100L/s，刀盘顶部及前方围岩成泥石流状，一经刀盘旋转扰动，变成类泥石流状，造成刀盘阻力大，皮带无法出渣，致使无法正常掘进，需要进行堵水及岩体固结加固。

3.2　47＋372～47＋364 段为类泥石流不良地质洞段

（1）处理原则：

1）掌子面破碎岩体坍塌后挤压在刀盘前，因此需要对刀盘进行减压。

2）对于 TBM 设备施工经过断层时，首先探明水文地质条件及围岩稳定条件，早预防、早准备，封闭地下水、固结围岩，再掘进。地下水渗透量大，导致岩体成类泥石流状，因此需先进行堵水固结处理。

3）对 TBM 设备进行观察，防止浆液对设备造成损害。

4）灌浆过程中需要严格控制洞室变形。

5）考虑灌浆过程中浆液的可控性，选择新型灌浆材料。

6）以已经施工的管棚作为骨架，进行围岩加固处理。

（2）具体实施方案。基于现场实际情况，结合处理原则，具体实施方案如下：

1）在刀盘两侧开挖小导洞，高 1.8m，宽 1.5m，采用风镐短进尺开挖，边开挖边支护，以开挖到刀盘后背（刀脖子）为目标。布置图如图 3 所示。

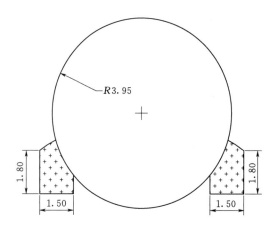

图 3 导洞布置断面图（单位：m）

2）采用"循环置换法"进行刀盘前方石渣清理。通过拆除下半部刀盘内道具，进行刀盘前方石渣的清理，同时为了防止连续垮塌，在刀盘顶部进渣口填充高密度苯板进行置换空腔，以便减少刀盘阻力，同时为后期清理提供准备。

3）在已施工三个循环管棚区域进行分上中下三层5排进行堵水固结灌浆；经过测算及工程经验，选取加固范围为9点钟位置至2点钟位置1倍洞径范围，沿洞轴线15m区间进行加固，布置图如图4所示。

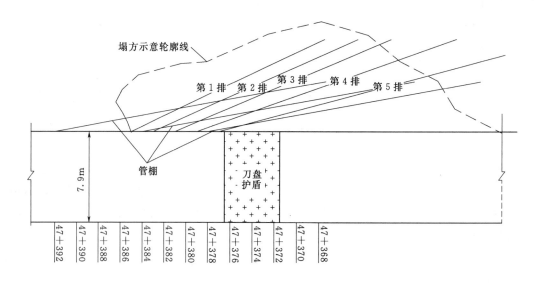

图 4 管棚及灌浆孔布置示意图

4）施工过程中，采用先进行上层孔位（第1排）的施工，随后再进行下一段钻孔施工。随后进行下层孔位（第3排）施工，再进行中间孔位（第2排）的施工，最后进行第4、5排孔位施工，采用前进式分段注浆工艺，每5m为一段。

5）灌浆过程中采用由山东大学研发的水泥基新型可控速凝膏状体注浆材料（GT－1）。该材料具有初终凝时间可调、扩散控制性好、动水抗分散、早期强度高、环保无毒等优点，同时结合水玻璃进行施工。水泥、GT－1两种浆液配比即 $V_c：V_{gt}$ 控制在 $1：1$～$5：1$ 之间。初凝时间控制在 30～$200s$，压力控制在 1.0～$3.5MPa$。采用 36～40 波美度水玻璃，P.O42.5普通硅酸盐水泥。

6）单个灌浆孔施工完成后，重新扫孔，在孔内安装钢筋束，再次灌浆封孔，增加整齐强度。

7）灌浆过程中，在护盾后方安装收敛变形监测断面及多点位移计，实时监测围岩收敛情况，一旦超过限定，马上停止灌浆。

8）灌浆结束后，进行钻孔取芯，验证灌浆加固效果，同时配合 TRT 三维地震地质预报系统进行相互对比，确认灌浆效果后进行下一步施工。

9）为了防止隧洞周围的水压力再次对加固区造成破坏，灌浆结束后，根据钻孔揭露地质情况，在隧洞左侧、右侧、顶部及特殊部位设置排水孔，排水孔终孔位置穿透加固区，保证排水通畅。

10）注浆加固后的断层围岩形成一个弹塑性承载环，该承载环抑制断层围岩的变形和屈服区的扩展，只要承载环内有一定厚度的完整的弹性环存在，则计算是收敛的，断层围岩是稳定的[8]。灌浆加固结束，达到设定要求后，进行刀盘前方及四周渣体的清理，清理分为两部分进行，其一为在刀盘内部通过刀孔进行清理；其二为将护盾两侧导洞继续开挖，延伸至刀盘前方 1～$1.5m$ 处，进行刀盘掌子面及刀盘周围的围岩固结体的清理。同时对护盾周围的岩体及固结体进行清理，释放压力。

经过以上处理方案的实施，刀盘前方掌子面及周围岩体得到了有效的加固，开挖过程中揭露，围岩空腔、裂隙中均被水泥浆填充，同时在灌浆过程中，原类泥石流状渣体受到挤压，水分被排出，经过水泥固结，形成强度较高的固结体，保证了 TBM 在掘进过程中，安全通过。

3.3 后续处理措施

掘进过程中钢拱架间距调整为 $45cm$，系统锚杆加钢筋网配合 McNally 系统进行支护。当隧洞边墙发生较大的塌方或边墙围岩强度不足以承受支撑靴压力，采用喷锚喷网＋钢拱＋模筑混凝土的联合支护方式进行处理，局部区域换填混凝土后支撑通过。

由于断层破碎带，整体洞段均为破碎构造，因此在 TBM 通过后，为防止长时间被积水浸泡，造成仰拱部位出现较大的变形，仰拱浇筑 $20cm$ 厚 C20 混凝土。同时安装收敛变形监测，持续监测洞室收敛变形情况。

4 结论

本文对常规断层破碎带的施工处理与类泥石流状不良地质洞段的施工处理技术进行对比，通过吉林引松供水项目三标段工程检验了该技术的可行性，对开敞式 TBM 在通过类泥石流不良地质洞段时提供了可参考技术，经研究主要得到以下结论：

（1）在开敞式 TBM 顶拱范围进行大直径的管棚施工可以有效处理断层破碎带问题。

（2）在 TBM 掌子面及周围岩体发生塌方时，采用在护盾后侧进行灌浆是可行有效的，但必须对 TBM 设备进行观察和防护。

（3）在 TBM 掘进遇到类泥石流状不良地质洞段时，采用管棚、灌浆的处理技术是可行的，但是灌浆过程中，必须采用初终凝时间可调、扩散控制性好、动水抗分散、早期强度高、环保无毒，同时能结合水玻璃进行施工的新型灌浆材料。

（4）施工过程中严格控制质量，保证实施的处理措施到达既定目标。

新材料
研究与试验

湖南宏禹工程集团有限公司
简　介

　　湖南宏禹工程集团有限公司是国内水利水电及基础处理工程行业中专业门类齐全、综合实力雄厚、设备先进、技术领先的综合科技型工程企业，现具有水利水电工程总承包一级资质、地基与基础处理工程专业承包一级资质，地质灾害勘查、地质灾害治理施工甲级资质，河湖整治工程专业承包二级资质，环保工程专业承包三级资质，地质灾害评估乙级、设计丙级资质及特种工程施工资质。并具备质量、环境、职业健康安全三体系整合的认证体系。可承担各类水利水电工程总承包施工及基础处理工程施工，隧道工程、路基工程，各类建筑物及其地下工程防水补强工程、矿山及地下基坑防水治水工程、环保工程施工，边坡工程、地质灾害治理工程施工，岩土工程勘察设计，地质灾害勘察、评估、设计，工程管理，新技术、新工艺的研发，新设备、新材料的研制、生产等。

　　近年来，公司完成了各类工程项目数百项，并不断研究开发创新新技术、新设备、新材料；公司目前拥有发明专利 12 项，实用新型专利 16 项，近年获得省部级以上科技进步奖 10 多项。公司将始终坚持以技术创新为先导，以诚信服务为根本，充分发挥自身的科研技术优势，精心打造"宏禹精品"，竭诚为社会提供最优质的服务。

乳化沥青破乳堵漏材料研发

李 娜 赵 宇 王丽娟 符 平

（中国水利水电科学研究院）

【摘 要】 利用乳化沥青的乳化及破乳机理，研制了一种可以在常温下使用的乳化沥青破乳堵漏材料。通过添加水泥、聚氨酯、膨润土等方法进行了乳化沥青的配比试验，推荐了适合的配比范围，获取了材料的性能指标。

【关键词】 乳化沥青 防渗堵漏 性能试验

1 前言

沥青灌浆是利用沥青"加热后变为易于流动的液体、冷却后又变为固体"的性质达到堵漏的目的，其具有遇水凝固、不被流水稀释而流失的优点，适用于较大渗量的堵漏处理。沥青灌浆在国内外堵漏工程中都有应用实例，美国下贝克坝、加拿大斯图尔特维尔坝、巴西雅布鲁坝、德国比格坝、李家峡水电站上游围堰、花山水电站导流洞及公伯峡水电站土石围堰和一些矿山、坑道封堵工程等均采用热沥青解决了地层漏水问题[1-4]，这些工程中均是将沥青加热到工作温度150℃以上进行灌注，温度敏感性高，灌浆管路需要保温、施工工序多、工艺复杂，限制了沥青灌浆技术的应用。符平、赵卫全等[5-6] 开发出一种"油包水"状态的低热沥青，在70℃时仍具有良好的流动性和可泵性，但仍需要采取保温措施。本文利用沥青先乳化后破乳的原理，研制了一种可以在常温下使用的乳化沥青破乳堵漏材料。

2 乳化沥青的破乳机理

乳化沥青是一种沥青和水的不稳定混合体系，常温下具有水的流动性能，形态与水相似，一定条件下沥青与水分离，即为破乳。乳化沥青分解破乳，是沥青乳液在施工中和施工后逐渐与矿料接触破乳，乳液的性质逐渐发生变化，水被吸收和蒸发而不断减少，沥青从乳液中的水相分离出来，从而具有沥青所固有的性质：与水相斥和遇水凝固，这个过程所需要的时间就是沥青乳液的破乳速度。这种分解破乳主要是乳液与其材料接触后，由于离子电荷的吸附和水分的蒸发产生分解破乳，其发展过程一般如图1所示。破乳机理主要有三种理论：电荷理论、化学反应理论和振动功能理论。破乳的本质是打破乳化沥青混

感谢国家重点研发计划项目2016YFC0401609及水利部支术示范项目SF-201611的资金资助。

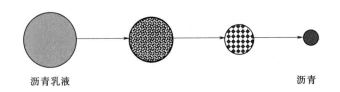

沥青乳液　　　　　　　　　　　　　　　　　　　　　沥青

图 1　沥青乳液的破乳过程

合液的内在界面张力平衡，可以通过加入表面活性剂（破乳剂）改变 HLB 值、破坏乳化剂的界面活性作用。乳化沥青破乳后的材料性能与乳化剂和破乳剂的选用密切相关，如乳化后稳定性、破乳速度、破乳后沥青的凝结速度等，这些参数对沥青灌浆浆液很重要。

　　根据乳化沥青破乳机理，选择了添加水泥、聚氨酯、膨润土等方法进行乳化沥青的破乳试验。乳化沥青破乳之后，水分被析出，沥青又将恢复自身的原有状态：遇水凝固、不分散，但其流动性同时变差，不能在孔内和地层内扩散。为了解决这个问题，可以将乳化沥青的破乳过程放在孔内完成，要求破乳过程在瞬时完成，破乳后沥青由于温度较低，流动性差，适宜于大开度、高流速地层的堵漏，类似于双液灌浆。

3　乳化沥青的分组配比试验

　　（1）采用 4 种乳化沥青 SSG、SSB、ZTG、ZTB，3 种聚氨酯 LW、HW、HK-9105，以乳化沥青为基数，掺加不同比例的聚氨酯进行配比试验，配比范围见表 1。配比试验结果表明，LW 水溶性聚氨酯和乳化沥青 SSG 较易发生反应，可以形成具有一定强度和较强韧性的凝结体。反应时间随着聚氨酯含量的增加而变快，聚氨酯比例低于 0.05 时反应较慢，达到 0.2 时反应瞬间发生，考虑到经济性和凝结效果，推荐比例为 0.1。典型配比试验结果见表 2。典型反应产物如图 2 所示。

表 1　　　　　　　　　　　　　　掺加聚氨酯的配比范围

材　　料	乳化沥青	聚氨酯
配比	1	0.05～0.2

表 2　　　　　　　　　　　　　　掺加聚氨酯的配比试验

乳化沥青名称	乳化沥青比例	聚氨酯名称	聚氨酯比例	破乳时间/s	凝结时间/s	反应效果
SSG	1	LW	0.05	20	5	形成一定强度和较强韧性的均匀凝结体
SSG	1	LW	0.1	15	3	形成一定强度和较强韧性的均匀凝结体
SSG	1	LW	0.2	5	2	凝结很快，形成一定强度和较强韧性的均匀凝结体
ZTB	1	LW	0.05			不凝
ZTB	1	LW	0.1	140	15	凝结较慢，凝结体较软
ZTB	1	LW	0.2	68	10	凝结较慢，凝结体较软

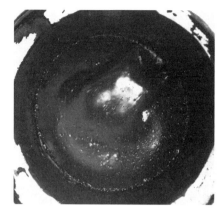

第 3 组　　　　　　　　　　　　　第 6 组

图 2　反应产物

（2）采用 4 种乳化沥青 SSG、SSB、ZTG、ZTB，3 种聚氨酯 LW、HW、HK—9105，以乳化沥青为基数，掺加不同比例的水泥或水泥浆液进行配比试验，配比范围见表 3。配比试验结果表明，掺加 LW 水溶性聚氨酯和水泥浆液时，可以和乳化沥青 SSG 反应形成均匀凝结体，但是凝结较慢，形成的凝结体较软。典型配比试验结果见表 4。

表 3　　　　　　　　　　　　　掺加聚氨酯和水泥的配比范围

材　　料	乳化沥青	掺加剂 1	掺加剂 2	
		聚氨酯	水泥	水
配比	1	0.05～0.2	0.1～0.5	0～0.5

表 4　　　　　　　　　　　　　掺加聚氨酯和水泥的配比试验

乳化沥青名称	乳化沥青比例	聚氨酯名称	聚氨酯比例	水泥	水	破乳时间/s	凝结时间/s	反应效果
SSG	1	LW	0.1	0.1	0.1			不凝
SSG	1	LW	0.1	0.25	0.25	120	15	凝结较慢，凝结体较软
SSG	1	LW	0.1	0.5	0.5	100	10	凝结较慢，凝结体较软

（3）采用 4 种乳化沥青 SSG、SSB、ZTG、ZTB，3 种聚氨酯 LW、HW、HK—9105，以乳化沥青为基数，掺加不同比例的膨润土浆液进行配比试验，配比范围见表 5。配比试验结果表明，掺加 LW 水溶性聚氨酯和膨润土浆液时，可以和乳化沥青 SSG 发生反应，形成不均匀的较分散的凝结体，典型配比试验结果见表 6。

表 5　　　　　　　　　　　　　掺加聚氨酯和膨润土的配比范围

乳化沥青		掺加剂 1	掺加剂 2	
		聚氨酯	膨润土	水
配比	1	0.05～0.2	0.05～0.2	0.25～1

表6 掺加聚氨酯和膨润土的配比试验

乳化沥青名称	乳化沥青比例	聚氨酯名称	聚氨酯比例	膨润土	水	破乳时间/s	凝结时间/s	实验描述
SSG	1	LW	0.1	0.05	1			不凝
SSG	1	LW	0.1	0.1	1	180	15	凝结较慢，形成较分散的凝结体
SSG	1	LW	0.1	0.2	1	140	10	凝结较慢，形成较分散的凝结体

（4）采用慢裂慢凝 KW1、慢裂慢凝 KW2、中裂 KW3、中裂 KW4、阴离子 KW5、快裂 KW6、高渗透 KW7 等 7 种乳化剂分别自制乳化沥青，采用 3 种聚氨酯 LW、HW、HK—9105，以乳化沥青为基数，掺加不同比例的聚氨酯进行配比试验，配比范围见表 7。配比试验结果表明，采用乳化剂 KW2 自制乳化沥青，比例为 1∶1∶0.03（沥青∶水∶乳化剂）时，较易和 LW 水溶性聚氨酯发生反应，可以形成具有一定强度和较强韧性的凝结体。反应时间随着聚氨酯含量的增加而变快，聚氨酯比例低于 0.05 时反应较慢，达到 0.2 时反应瞬间发生，考虑到经济性和凝结效果，推荐比例为 0.1。典型配比试验结果见表 8。典型反应产物如图 3 所示。

表7 自制乳化沥青掺加聚氨酯的配比范围

材料	自制乳化沥青			聚氨酯
	基质沥青	水	乳化剂	
配比	1	0.5～2	0.01～0.03	0.05～0.2

表8 自制乳化沥青掺加聚氨酯的配比试验

乳化剂类型	自制乳化沥青	聚氨酯名称	聚氨酯比例	破乳时间/s	凝结时间/s	实验描述
KW2	1	LW	0.05	12	5	形成一定强度和较强韧性的均匀凝结体
KW2	1	LW	0.1	7	3	形成一定强度和较强韧性的均匀凝结体
KW2	1	LW	0.2	5	2	凝结很快，形成一定强度和较强韧性的均匀凝结体

（5）采用慢裂慢凝 KW1、慢裂慢凝 KW2、中裂 KW3、中裂 KW4、阴离子 KW5、快裂 KW6、高渗透 KW7 等 7 种乳化剂分别自制乳化沥青，采用 3 种聚氨酯 LW、HW、HK-9105，以乳化沥青为基数，掺加不同比例的水泥进行配比试验，配比范围见表 9。配比试验结果表明，采用乳化剂 KW2、KW4 自制乳化沥青，比例为 1∶1∶0.03（沥青∶水∶乳化剂）时，添加水泥比例为 0.25～0.5，添加 HW 水溶性聚氨酯比例为 0.2，可以析出流动性沥青。采用乳化剂 KW1、KW2、KW4 自制乳化沥青，比例为 1∶1∶0.03（沥青∶水∶乳化剂）时，添加水泥比例为 0.25～0.5，和 LW 水溶性聚氨酯发生反应，可以形成具有一定强度和较强韧性的凝结体。采用乳化剂 KW1、KW2、KW4 自制乳化沥青，比例为 1∶1∶0.03（沥青∶水∶乳化剂）时，仅添加水泥（0.25～0.5），也可析出沥青，其中 KW4 对应的析出速度较快，析出的沥青流动性较好。典型配比试验结果见表 10。典型反应产物如图 4 所示。

图 3　反应产物

表 9　　　　　　　　　自制乳化沥青掺加聚氨酯和水泥的配比范围

材料	自制乳化沥青			掺加剂 1	掺加剂 2	
	基质沥青	水	乳化剂	聚氨酯	水泥	水
配比	1	0.5～2	0.01～0.03	0～0.2	0.1～0.5	0～0.5

表 10　　　　　　　　　自制乳化沥青掺加聚氨酯和水泥的配比试验

乳化剂类型	自制乳化沥青	聚氨酯名称	聚氨酯比例	水泥	破乳时间/s	凝结时间/s	实验描述
KW2	1	HW	0.2	0.25	7		搅拌后析出流动沥青，丝状
KW2	1	LW	0.1	0.25	10	2	形成一定强度和较强韧性的团状凝结体，略分散
KW2	1		0	0.5	5		析出沥青，团状，略硬
KW4	1	HW	0.2	0.5	15		搅拌后析出流动沥青，丝状
KW4	1	LW	0.2	0.5	10	3	形成一定强度和较强韧性的均匀凝结体
KW4	1		0	0.25	6		搅拌后析出流动沥青，丝状

（6）采用慢裂慢凝 KW1、慢裂慢凝 KW2、中裂 KW3、中裂 KW4、阴离子 KW5、快裂 KW6、高渗透 KW7 等 7 种乳化剂分别自制乳化沥青，采用 3 种聚氨酯 LW、HW、HK - 9105，以乳化沥青为基数，掺加不同比例的膨润土浆液进行配比试验，配比范围见表 11。配比试验结果表明，采用乳化剂 KW4 自制乳化沥青，比例为 1∶1∶0.03（沥青∶水∶乳化剂）时，添加膨润土浆液比例 0.1∶0.5，和 HW 水溶性聚氨酯发生反应，可以缓慢析出沥青，略分散。采用乳化剂 KW1、KW2、KW4 自制乳化沥青，比例为 1∶1∶0.03（沥青∶水∶乳化剂）时，添加膨润土浆液比例 0.1∶0.5，和 LW 水溶性聚氨酯发生反应，可以形成具有一定强度和较强韧性的凝结体。采用乳化剂 KW1、KW2、KW4 自制乳化沥青，比例为 1∶1∶0.03（沥青∶水∶乳化剂）时，仅添加膨润土浆液，不能破乳，也不能凝结。典型配比试验结果见表 12。典型反应产物如图 5 所示。

第3组

第6组

图4　反应产物

表11　　　　　　　　　　自制乳化沥青掺加聚氨酯和膨润土的配比范围

材料	自制乳化沥青			掺加剂1	掺加剂2	
	基质沥青	水	乳化剂	聚氨酯	膨润土	水
配比	1	0.5~2	0.01~0.03	0~0.2	0.05~0.2	0.25~1

表12　　　　　　　　　　自制乳化沥青掺加聚氨酯和膨润土的配比试验

乳化剂类型	自制乳化沥青	聚氨酯名称	聚氨酯比例	膨润土	水	破乳时间/s	凝结时间/s	实验描述
KW2	1	HW	0.1	0.1	0.5			不凝
KW2	1	LW	0.1	0.1	0.5	10	2	形成一定强度和较强韧性的均匀凝结体
KW2	1		0	0.1	0.5			不凝
KW4	1	HW	0.2	0.1	0.5	70		搅拌后析出沥青，略分散
KW4	1	LW	0.2	0.1	0.5	12	3	形成一定强度和较强韧性的均匀凝结体
KW4	1		0	0.1	0.5			不凝

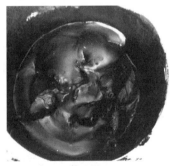

第2组

第4组

图5　反应产物

4 堵漏材料特性

采用抗压仪和养护箱，测试了典型配比试块的 7d 抗压强度。试验结果见表 13。

表 13　　　　　　　　　　　　典型配比试块的 7d 抗压强度

乳化沥青类型	乳化剂类型	（自制）乳化沥青比例	聚氨酯名称	聚氨酯比例	水泥	7d 抗压强度/MPa
SSG	—	1	LW	0.05	—	2.02
SSG	—	1	LW	0.1	—	2.07
SSG	—	1	LW	0.2	—	2.12
	KW2♯	1	LW	0.05		2.04
	KW2♯	1	LW	0.1		2.06
	KW2♯	1	LW	0.2		2.10
	KW2♯	1	LW	0.1	0.25	2.09
	KW4♯	1	LW	0.2	0.5	2.16

由以上试验结果可知，由成品乳化沥青和自制乳化沥青研制，掺加聚氨酯形成的产品，其 7d 抗压强度相差不大，添加水泥后强度略有提高。

破乳后的沥青材料符合典型的宾汉流体，宾汉体的流变特性可以用下式表示：

$$\tau = \tau_B(t) + \eta(t)\frac{\mathrm{d}v}{\mathrm{d}r} \tag{1}$$

式中：$\tau_B(t)$、$\eta(t)$ 分别为宾汉流体的内聚强度、塑性黏滞系数。

采用真空减压毛细管测黏度装置，测试了典型配比材料的流变特性。试验结果见表 14。

表 14　　　　　　　　　　　　典型配比材料的流变特性

乳化剂类型	（自制）乳化沥青比例	聚氨酯名称	聚氨酯比例	水泥	温度/℃	$\eta/\mathrm{mPa \cdot s}$	τ_B/Pa
KW2	1	HW	0.2	0.25	40	3074.06	67.31
KW2	1	HW	0.2	0.25	50	2015.20	64.52
KW2	1	HW	0.2	0.25	60	1308.62	61.33
KW4	1	HW	0.2	0.5	40	5513.28	79.81
KW4	1	HW	0.2	0.5	50	3155.11	72.30
KW4	1	HW	0.2	0.5	60	2428.51	69.56
KW4	1	—		0.25	40	3027.90	61.57
KW4	1	—		0.25	50	1901.64	58.51
KW4	1	—		0.25	60	1265.31	56.78

由表 14 可知，随着温度的降低，材料的黏度逐渐增加；掺加水泥比例增加时，材料的黏度逐渐增加；采用水泥和聚氨酯共同破乳比仅用水泥破乳形成的材料黏度略大。

5 结论

（1）乳化沥青产品 SSG 和 LW 水溶性聚氨酯可以快速发生反应，形成具有一定强度和较强韧性的凝胶体材料，可以应用于大孔隙快流速的孔隙地层堵漏。

（2）采用乳化剂 KW2 自制乳化沥青，比例为 1∶1∶0.03（沥青∶水∶乳化剂）时，较易和 LW 水溶性聚氨酯发生反应，可以形成具有一定强度和较强韧性的凝结体材料。考虑到经济性和凝结效果，聚氨酯比例推荐为 0.1。

（3）采用乳化剂 KW2、KW4 自制乳化沥青，比例为 1∶1∶0.03（沥青∶水∶乳化剂）时，添加水泥比例为 0.25～0.5，添加 HW 水溶性聚氨酯比例为 0.2，可以析出流动性较好的沥青。

（4）自制乳化沥青的配比范围推荐为 1∶1∶0.03（沥青∶水∶乳化剂）。添加水泥的比例推荐为 0.25～0.5，添加膨润土浆液的比例推荐为 0.1～0.2，添加聚氨酯的比例推荐为 0.1～0.2，可根据不同的灌浆需求调整破乳方式和比例范围。

参考文献

[1] Deans G. Lukajic use of asphalt in treatment of dam foundation leak‐age：Stewartville Dam [J]. ASCE Spring Convention. Denver. April 1985.
[2] Sedat Turkmen. Treatment of the seepage problems at the Kalecik Dam（Turkey）[J]. Engineering Geology，2003（68）：159‐169.
[3] 倪至宽，等. 防止新永春隧道涌水的热沥青灌浆工法 [J]. 岩石力学与工程学报，2004（23）：5200‐5206.
[4] 傅子仁，等. 热沥青灌浆工法于地下工程涌水处理的应用 [J]. 隧道建设，200.2007（S2）：437‐441.
[5] 赵卫全，等. 改性沥青灌浆堵漏试验研究 [J]. 铁道建筑技术，2011（9）：43‐46.
[6] 符平，等. 低热沥青灌浆堵漏技术研究 [J]. 水利水电技术，2013（12）：63‐67.

环保型 CW 系环氧树脂灌浆材料研究

李 珍[1,2,3,4]　邵晓妹[1,2,3,4]　魏 涛[1,3,4]　韩 炜[1,2,3,4]

（1. 长江科学院　2. 武汉长江科创科技发展有限公司　3. 国家大坝安全工程技术研究中心　4. 水利部水工程安全与病害防治工程技术研究中心）

【摘　要】 针对糠醛-丙酮体系环氧稀释剂毒性大且易挥发，容易对施工人员和环境造成危害的问题，项目通过对环氧树脂主剂的改性制备、新型糠醛代用品 R 的优选，并通过配方优化合成，从而研发出实际无毒的 CW 系环氧树脂灌浆材料。环保型环氧树脂灌浆材料可广泛适用于水利、电力、交通和建筑等不同行业工程建设中地质缺陷处理问题，应用前景广阔。

【关键词】 环保型　CW　环氧树脂灌浆材料　急性毒性试验

1 前言

目前，糠醛-丙酮体系环氧浆材在我国的水利工程建设中得到广泛应用。由于为中等毒性的限用化合物，且易挥发，对施工人员和环境造成较大危害，为进一步提升材料环保性能，寻求替代材料很有必要。

2 原材料的优选

2.1 环氧树脂主剂的改性制备

本研究中将传统的环氧树脂进行改性，改性后的双酚 A 型环氧树脂结构如下：

$$H_2C \underset{O}{\overset{}{\diagdown}} CH - C - O + R - O - C - C - C \underset{n}{}{\sim\sim\sim} C - CH_2 \underset{O}{\overset{}{\diagup}}$$

其中，R 可以为不同的功能基团。

分别制备出含有相同 R 基团、环氧值不同的两种双酚 A 型环氧树脂作为环氧树脂主剂（分别为 E1 和 E2），用红外光谱对结构进行表征，E1 和 E2 在 $910cm^{-1}$ 处可观测到环氧基吸收峰，在 $3000cm^{-1}$ 处可观测到羟基吸收峰（图 1）。分别测定 E1 和 E2 的环氧值、粘度、挥发份等基本性能（表 1），发现 E2 环氧值高于 E1，因此 E2 反应活性更高。此外，E2 型环氧树脂黏结力强、收缩性小、稳定性高，但低温条件下黏度很大，需加热才能从容器中倒出，操作不方便，且易造成不安全的隐患；E2 型环氧树脂除了具有 E1 型环氧树脂的优点外，还具有低温条件下黏度相对较低、操作简便的特点。因此，对比分析认

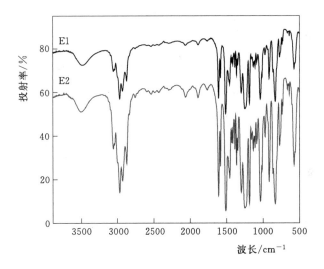

图 1　两种环氧树脂主剂的红外谱图

为 E2 型更适合作为环氧树脂主剂。

　　尽管与 E1 相比，E2 型环氧树脂具有反应活性高等诸多优点，但是一般要求浆液初始黏度在 10～30mPa·s 之间，E2 黏度过大，可灌性较差。因此，必须在保持 E2 原有优良性能的前提下，采取适当措施进一步降低其黏度。经大量试验发现，通过添加表面处理剂、稀释剂等添加剂对 E2 型环氧树脂主剂进行改性，可获得黏度低、室温固化、力学性能和黏结性能好的环氧树脂，具体掺量见表 1。

表 1　　　　　　　　　　　　　　　　　环氧树脂 A 组分的配方

组　成	作　用	配方（质量比）
环氧树脂主剂	主剂	100
糠醛替代品 X	活性稀释剂	5～50
丙酮		5～50
表面处理剂	表面湿润、渗透，结接增强剂	微量
其他添加剂	根据处理对象及用户要求	适量

2.2　环保固化剂的改性制备

　　本研究首先制备出具有长脂肪链的改性高分子伯胺作为固化剂，该固化剂可在室温条件下与双酚 A 型环氧树脂较快固化。随后，对该高分子伯胺进行改性，利用取代基 R' 改变氨基的活性和数量，从而调控固化剂与环氧树脂的反应速度，最终获得快慢两种不同固化速度的环氧树脂灌浆材料 C1 和 C2。

　　此外，根据凝结时间来调节固化剂的用量，一般是（4～6）:1。

2.3　新型糠醛代用品 R 的优选

　　通过大量的收集调查和研究，本研究优选改性了糠醛结构类似的化合物，且毒性比糠醛低得多。农药急性毒性的分级标准见表 2，糠醛与糠醛代用品 R 的性能比较见表 3。

表 2		我国农药急性毒性的分级标准	
给药途径	Ⅰ级（高毒）	Ⅱ级（中毒）	Ⅲ级（低毒）
大鼠口服/(LD_{50} mg/kg)	<50	50～500	>500

表 3			糠醛与糠醛替代品 X 的性能比较	
项　　目	熔　　点	沸　　点	相对密度	大鼠口服 /(LD_{50} mg/kg)
糠醛	−36.5	162	1.160	50～60
糠醛替代品 X	−26	179	1.04	1300

从表 2 和表 3 可以看出：糠醛比糠醛替代品 X 的挥发性大，且糠醛属于中毒，糠醛代用品 R 属于低毒，固化后实际无毒。

3　环保环氧树脂灌浆材料的合成与配方优化

利用糠醛代用品 R 和丙酮发生 claisen 缩合发应，此反应与催化剂的种类和用量、反应温度、反应物料配比有关。本研究在室温（20℃）研究了此反应的影响因素，找出了最佳的反应条件。

在装有搅拌器、温度计、滴液漏斗的 100mL 三颈瓶中加入一定量的丙酮和催化剂。在室温（20℃）下快速搅拌（>650r/min），由滴液漏斗中慢慢滴入糠醛替代品 X，控制滴入速度在 30min 内滴完，整个反应过程不超过 30℃，滴完后再继续搅拌 30min 即可。用上述反应物与低黏度环氧树脂按一定比例配制，可得新型低黏度无糠醛环氧树脂化学灌浆材料。

无糠醛环保型环氧浆的性能检测结果见表 4。

表 4	环保型环氧树脂灌浆材料的主要性能
项　　目	指　　标
浆液密度/(g/cm³)	1.02～1.06
初始黏度/(mPa·s)	6～20
可操作时间/h	10～90
抗压强度/(30d, MPa)	60～80
抗拉强度/(30d, MPa)	8～20
黏结强度（干）/(30d, MPa)	>3.0
黏结强度（湿）/(30d, MPa)	>3.0

从表 4 可以看出，所研发的环保型环氧树脂灌浆材料，初始黏度低，力学强度高，渗透性好，适用于地基与基础的加固以及微细裂缝灌浆。

4　环保型环氧树脂灌浆材料环保性能研究

为了更好的研究环氧树脂灌浆材料的环保性能，对材料固化前和固化后的环保性能进行研究。

4.1 挥发性有机化合物检测

环氧树脂灌浆材料固化前按照 JC 066—2008《建筑防水涂料中有害物质限量》的检测方法检测挥发性有机化合物苯、甲苯＋乙苯＋二甲苯、苯酚等有害物质含量。环氧树脂灌浆材料固化前挥发性有机化合物的检测结果见表 5，检测结果表明，材料符合国家建材行业标准 JC 1066—2008《建筑防水涂料中有害物质限量》规定的各项有害物质限量指标。

表 5 　　　　　　　　　　　　　挥发性有机化合物检测结果

序　号	检测项目		检测结果	检测结论
1	挥发性有机化合物（VOC）/（g/L）		≤10	合格
2	苯/（mg/kg）		≤0	合格
3	甲苯＋乙苯＋二甲苯/（g/kg）		≤0	合格
4	苯酚/（mg/kg）		≤10	合格
5	蒽/（mg/kg）		≤1	合格
6	萘/（mg/kg）		≤15	合格
7	游离 TDI/（mg/kg）		≤0	合格
8	可溶金属/（mg/kg）	铅	合格	合格
		镉	合格	合格

4.2 大鼠急性毒性试验研究

将环氧树脂灌浆材料固化后固结体按照中华人民共和国国家质量监督检验检疫总局 GB/T 21757—2008《化学品急性经口毒性试验急性毒性分类法》进行大鼠急性毒性试验，通过环氧树脂灌浆材料大鼠单次灌胃后，观察试验动物是否产生毒性反应，从而对材料毒性进行评价。

分别对 3 只 SD 大鼠灌胃给予环氧树脂灌浆材料，剂量为 5000mg/kg，连续观察 14d，分别在给后第 7d 和 13d 测定动物体重。给材料后第 14d 处死大鼠进行大体解剖。试验照片如图 2 所示。

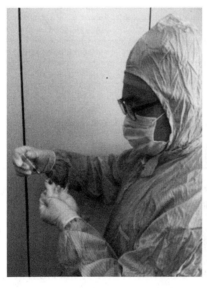

图 2 　试验照片

（1）一般症状观察：给材料后各组动物外观和行为，分泌物和排泄物等均未见异常，无动物死亡。

（2）体重测定：给供材料后各时间点3只大鼠体重均呈增长趋势，试验结果见表6。

表6 给环氧灌浆材料后各时间点大鼠体重

动物编号	体重/g		
	给药0d	给药后7d	给药后13d
1	218.1	220.4	231.6
2	218.6	231.5	247.0
3	231.5	258.8	276.5

（3）病理检查：给供试品后第14d腹腔注射戊巴比妥钠深度麻醉后，打开腹腔，切断腹主动脉，放血致动物死亡，大体解剖观察主要脏器组织未产生肉眼可见的病理变化。

（4）结论：在本实验条件下，环氧树脂灌浆材料按5000mg/kg经口给予SD大鼠单次急性毒性试验，动物全部存活，未见明显毒性，此供试品的LD50大于5000mg/kg，毒性极低，按GHS急性毒性的分类不能被分类。

5 环保型环氧树脂灌浆材料可灌性能研究

为提高环氧灌浆材料的对岩石的可灌性，对材料加入表面活性剂、偶联剂等来优化配方，通过材料表面性能的研究来验证材料的可灌性。有效提高环氧灌浆材料浸润渗透性。

表7为改性前后环氧灌浆材料的表面化学性能指标，改性后的环氧灌浆材料接触角和界面张力有明显的降低，即浆液渗透能力提高，可灌性加强。图3为高性能环氧浆材与花岗岩接触角随时间变化图片，可以看出浆液在30min左右与花岗岩接触角降低至0°，表明环氧灌浆材料完全润湿花岗岩体，具有优异的渗透能力和浸润性。

表7 改性前后环氧灌浆材料表面化学性能

环氧灌浆材料	检测项目	测试结果	
改性前	浆液界面张力（环法，20℃，mN/m）	配浆毕	34.38
		1h	36.11
	浆液接触角（20℃）（接触物均为花岗岩）	1h	10.6
改性后	浆液界面张力（环法，20℃，mN/m）	配浆毕	8.20
		1h	28.13
	浆液接触角（20℃）（接触物均为玄武岩）	1h	0

图3 浆材与花岗岩接触角随时间变化图片

6 小结

（1）对不同种类的环氧树脂主剂的改性制备、固化剂及糠醛代用品的优选，并通过不同品种的环氧树脂灌浆材料进行的分类合成与配方优化，研制出兼具高渗透性、高亲和力和具有环保性能的新型环氧灌浆材料。

（2）通过挥发性有机物检测及大鼠急性毒性试验证明CW系环保型环氧树脂灌浆材料实际无毒。

（3）环保型环氧树脂灌浆材料可广泛适用于水利、电力、交通和建筑等不同行业工程建设中地质缺陷处理问题，应用前景广阔。

参考文献

[1] 魏涛，汪在芹，韩炜，等.环氧树脂灌浆材料的种类及其在工程中的应用 [J].长江科学院院报，2010，26（7）：69－72.

[2] 魏涛，邵晓妹，张健.水利行业化学灌浆技术最新研究及应用 [J].长江科学院院报，2014（2）：77－81.

新型环氧树脂抗冲磨材料的研究与施工工艺

邝亚力[1]　韩　炜[1,2,3,4]　李　娟[1,2]　李　珍[1,2,3,4]　汪在芹[1,2,3,4]

（1.长江科学院　2.武汉长江科创科技发展有限公司　3.国家大坝安全工程技术研究中心
4.水利部水工程安全与病害防治工程技术研究中心）

【摘　要】　通过对传统的环氧树脂抗冲磨修补材料进行增韧改性，研制出一种韧性高、放热少、高强度、抗冲磨性能好的环氧树脂抗冲磨材料，并与传统环氧树脂进行力学性能和抗冲磨性能进行了比较。

【关键词】　水工建筑物　改性环氧树脂　抗冲磨性能

1　引言

水利水电行业中，水电站泄水建筑物由于受到水流冲刷的磨蚀破坏，其表面存在一定程度的磨损，如大坝混凝土面层脱落、表面细骨料完全被冲掉、粗骨料和钢筋裸露、表面凹凸不平坑洼注注等。特别是当水流中含一定泥沙时，冲蚀破坏危害更大。长期下去，不仅影响水电站的正常发电，甚至危及大坝的安全运行。因此必须及时对大坝混凝土表面进行修补[1-3]。

由于聚合物类材料的抗冲耐磨性能好，目前大多数混凝土抗冲磨材料以聚合物为主体，其中应用最为广泛的当属聚脲弹性体[2-3]和环氧树脂。聚脲弹性体具有反应速度快、防渗效果好、抗冲磨性能高、力学性能优异、耐冲击、防水、防腐等优点，然而由于聚脲的反应速度过快，与基面的浸润能力差从而影响与混凝土基面的附着力，同时其耐老化性能差，需配合其他涂料一起形成复合涂层使用。环氧树脂有以下优点：

（1）由于环氧树脂中含有大量的羟基和醚键结构，容易与混凝土之间发生分子间相互作用，因此其与混凝土基面的粘接性能很好。

（2）环氧树脂的化学性能稳定，固结体受温度、酸碱性的影响很小。

（3）环氧树脂空间温度性好，其固化过程只发生环氧基团开环反应并形成网络结构，同时大量的羟基结构能够形成氢键相互作用，材料排列紧密，因此反应前后体积变化小。

（4）有很强的抗压强度和抗拉强度。这些优点使得环氧树脂在水利行业中广泛应用[4]。

然而，由于环氧树脂中交联密度高，分子结构特殊，其固化物韧性不足、脆性大，受到冲击后很容易产生裂纹。此外，在工程实践中，环氧树脂的收缩率大，与基础混凝土的线膨胀系数相差较大，导致环氧树脂很容易出现水流磨损破坏，从而与基础混凝土脱落，因此需要对环氧树脂材料进行改性。本文通过对传统的环氧树脂抗冲磨修补材料进行增韧改性，研制出一种韧性高、放热少、抗冲磨性能好的环氧树脂抗冲磨材料，以满足实际工程的需要。

2 新型环氧树脂抗冲磨材料的研究

2.1 环氧树脂的选择

普通的双酚 A 缩水甘油醚型环氧树脂固化物比较脆，抗冲磨性能差，容易开裂、起皮。本文选用海岛结构环氧树脂是将含有多种活性基团的高分子增韧剂加入环氧树脂-固化剂体系中，端基或侧链上的活性基团与环氧基团反应，产生牢固的化学交联点并析出球形颗粒，形成分散相，即海岛结构[5]。选择的增韧剂的相对分子质量不能太大，反应前必须要与环氧树脂-固化剂体系相容；同时其分子质量也不能太小，反应后可以顺利析出球形颗粒。当受到高速水流冲刷时，在水流的冲击力和剪切力的作用下，海岛结构中模量较低的分散球形颗粒诱发环氧树脂基体发生屈服和塑性形变，调动环氧树脂三维网络基体产生形变等耗能过程，断裂韧性增强。另外，球形颗粒本身发生形变，在一定程度上对韧性的提高起到作用。因此利用海岛结构的环氧树脂可以有效提高材料的抗冲磨性能。

2.2 填料的选择

在环氧树脂-固化剂体系中，还可以通过添加改性无机填料提高固化物的韧性。改性填料表面的活性基团和不饱和键与环氧树脂形成的界面相互作用力远远大于范德华力，可以有效阻碍裂纹在基体中的扩展，从而起到增韧效果。由于粒径和表面形状对体系的抗冲磨性能影响很大，既不能有过大的孔隙又不能产生团聚现象。同时，填料的添加可以吸收一部分反应热而且使得固化物更加密实，力学性能更好。另外，填料的加入使得环氧树脂与混凝土之间的线膨胀系数更接近，较少了界面破坏的概率。

然而，过量的填料的添加会使环氧树脂的抗冲磨性能下降，这主要是由于包裹环氧树脂基体相对减少，每颗填料与树脂基体的粘接性能降低。当收到高速含沙水流冲击时，抗冲磨较差的树脂被磨损，继而石英砂裸露出来，并很容易被冲走。

因此，经过多次试验对比，本文选用 200 目左右的石英砂和纳米二氧化硅复配的级配填料。

2.3 改性环氧树脂的性能测试

2.3.1 力学性能测试

参照《环氧树脂砂浆技术规程》DL/T 5193—2004 方法进行力学性能试验，材料试验配方与力学性能试验结果分别见表 1 和表 2。

表 1 材 料 试 验 配 方

试件编号	环氧树脂	填料
Ⅰ	普通	无
Ⅱ	改性环氧树脂	无
Ⅲ	改性环氧树脂	添加

表 2		力 学 性 能 测 试 结 果		
力学性能 \ 试件编号		I	II	III
抗压强度/(28d，MPa)		65.2	100.6	105.3
抗拉强度/(28d，MPa)		10.5	13.2	13.8
黏结强度/(28d，MPa)		3.8	4.2	3.6
拉伸剪切强度/(干养护，28d，MPa)		13.5	14.1	14.5
断裂伸长率/%		2.5	10.7	9.4
线膨胀系数/(10^{-6}/℃)		9.2	9.3	13

从表 2 分析可知，改性环氧树脂体系（II）的抗压强度和断裂伸长率大幅度提高，其中抗压强度已超过 100MPa 而添加填料体系（III）的抗压强度较未添加体系有小幅度提高，而线膨胀系数与混凝土更接近，与混凝土的匹配性和相容性良好。

2.3.2 抗冲磨性能测试

参照《水工混凝土试验规程》SL 352—2006 抗冲磨试验水下钢球法，累计冲磨 72h，并分别在 24h、48h 和 72h 三个时间段停机取出试件称重，并分析不同配方材料的抗冲磨性能随时间的变化规律，抗冲磨试验结果见表 3。

从表 3 分析可知，改性环氧树脂体系的磨损率较普通环氧树脂体系降低了 22.9%，抗冲磨强度提高了 22.2%，具有更好的抗冲磨性能。而添加填料后抗冲磨性能有小幅度上升。

表 3		抗 冲 磨 试 验 结 果		
抗冲磨性能 \ 试件编号		I	II	III
质量损失量/g	24h	47.21	26.92	23.58
	48h	83.20	56.48	51.06
	72h	105.93	81.70	69.18
抗冲磨强度 /[h/(kg/m²)]	24h	37.53	65.72	74.31
	48h	41.54	61.44	68.28
	72h	49.28	60.23	75.04

3 改性环氧树脂施工工艺

改性环氧树脂的施工工艺流程如下：

（1）基面处理：用角磨机或钢丝打磨混凝土表面的松散颗粒，直至露出混凝土新面；吹去表面灰尘沙粒，必要时对混凝土基面进行清水冲洗，风干。

（2）材料配制：根据施工面积，按一定比例将改性环氧树脂、固化剂、填料混合，并用搅拌机搅拌均匀，必要时需添加一定量炭黑配制水泥色。搅拌好的环氧树脂要在 30min 内用完（具体时间依环境温度而定），超过适用期的应废弃。

（3）环氧树脂涂刷：按照从上到下、从左到右的顺序进行涂刷，开始带劲涂刮，回刮时注意表面平整光滑。涂刮过程中要求用力均匀，形成厚度均一的涂层。另外尽力避免涂刮过程中的衔接刀痕。在孔洞较大的基面上修补时，先用力涂抹在孔洞较大处，分少量多次涂抹，直至表面光滑、平整，无流挂、起泡、凹陷等现象。

（4）涂层养护：涂刷完成后至少养护 24h，材料未完全固化时，要避免受到过水浸泡、雨淋、暴晒和撞击、人踏等机械损伤。

4 结语

（1）选用改性环氧树脂较传统环氧树脂有更优异的抗压性能、韧性和抗冲磨性能，这些都有利于解决水工建筑物的高速水流冲磨、气蚀等破坏问题。

（2）适量地添加填料在一定程度上提高了环氧树脂的韧性，同时填料可以吸收一部分反应热，另外添加填料的固结体更加密实，力学性能更好。

参考文献

[1] 黄微波，胡晓，徐菲.水工混凝土抗冲耐磨防护技术研究进展 [J].水利水电技术，2014，2（45）：61-67.
[2] 徐雪峰，白银，余熠.水工泄水建筑物抗冲耐磨高分子护面材料综述 [J].人民长江，2012（43）：177-179，198.
[3] 谭雪松，韩炜，陈亮.统在天福庙大坝溢洪道中的应用 [J].化工新型材料，2011，39（7）：138-140.
[4] 王恺毅.环氧树脂材料在冲砂底孔防护中的应用 [J].水电与新能源，2014（2）：63-64.
[5] 买淑芳，方文时，杨伟才，李敬玮.海岛结构环氧树脂材料的抗冲磨试验研究 [J].水利学报，2005，36（12）：1498-1502.

CW流变自黏性材料在东湖隧道防渗堵漏的试验研究

韩　炜[1,2,3,4]　杨秀林[1,2]　邵晓妹[1,2,3,4]　李　珍[1,2,3,4]　汪在芹[1,2,3,4]

（1.长江科学院　2.武汉长江科创科技发展有限公司　3.国家大坝安全工程技术研究中心　4.水利部水工程安全与病害防治工程技术研究中心）

【摘　要】 结合某隧洞裂缝修补实例，介绍了流变自黏性材料的材料特性以及施工工艺。

【关键词】 流变自黏性　止水密封　隧道

1　研究背景

我国经济发展，房屋建筑、水工建筑、交通隧道建设如火如荼，但是这些建筑物的防水形势却不容乐观，尤其是混凝土接缝处往往是渗漏水的多发部位，也是密封处理的重点部位。为达到防水密封的效果，需要研发具有较强的水密性和气密性，以及良好的黏结性，良好的耐高低温性和耐老化性能，具有弹塑性安全环保的新型密封止水材料，从而保证水工建筑物的长期安全高效运行[1]。

目前国内外水工建筑密封防水材料主要为三类：定型密封材料〔止水带（华东院SR-2塑性止水材料）、止水条〕、不定型密封材料〔腻子、密封膏或嵌缝膏（河南永丽聚硫密封胶）〕和半定型密封材料（密封带、遇水膨胀胶条等），以上这些材料对水工建筑密封有一定的效果，但仍存在一些不足。比如：定型密封材料的耐候性、耐老化性以及与温度变化的适应性较差；不定型密封材料长期在户外暴露容易老化、逐渐变硬、失去弹性、表面出现龟裂、耐候性和耐紫外线性能下降，而且价格高[2]；半定型密封材料适用范围窄，一般只适用于钢结构屋面板、墙体、板缝的密封。

建筑密封的防水层必须具备整体性，但实际应用中建筑密封材料的防水层仍存在不同型式的透水接缝，全面的了解密封材料与透水接缝的适应性，使密封材料在接缝处起到桥梁连接分作用，防止接缝两侧的密封材料中间出现气泡等不利因素。只有使用密封材料才能使防水层达到整体性。防水层的接缝必须具备水密性和气密性，这是密封材料发挥作用的关键[3,4]。

密封材料应具备以下条件：

（1）收缩自如，在任何环境温度下能够有效适应接缝的各种形变以及位置移动，并且能够保持原有的密封效果。

（2）接缝发生位置移动的时候密封材料不产生黏结破坏和内聚破坏。由于水工建筑材料大多长期处在进水的状态，因此密封材料在水中也应该能满足以上两种材料。

密封材料发生失效主要有以下三种方式：

（1）黏结性变差，导致与混凝土表面脱离。

（2）密封材料自身发生内聚破坏。

（3）密封材料老化龟裂。

其失效的主要原因为：密封胶的物理化学性能、接缝的表面状况、黏结面积、温度变化、紫外线、介质等回。其中密封胶的性能、黏结面积及温度变化与密封胶灌注深度的设计有直接的关系[5,6]。

2　密封材料性能

本次密封材料采用流变自黏性材料，该密封材料是由新型橡胶改性环氧树脂、流变助剂、表面活性剂等所组成，它具有操作简单，密封效果好，力学强度高，在干燥及潮湿条件和水中都能很好地固化且无毒的特点。

本文将河南永丽聚硫密封胶以及华东院 SR-2 塑性止水材料与流变自黏性材料各项性能进行对比，对比性能见表 1、表 2。

表 1　　　　流变自黏性材料与河南永丽聚硫密封胶性能对比

序号	检验项目		单位	河南永丽聚硫密封胶	流变自黏性材料性能
1	外观		—	膏状均匀，无结皮结块	块状均匀固体
2	密度		g/cm³	1.5	1.963
3	适用期		h	5	2.6
4	表干时间		h	9	1.2
5	下垂度		mm	0	0.6
6	拉伸模量	23℃	MPa	0.2	0.7
		−20℃	MPa	0.3	1.1
7	弹性恢复率		%	90.2	93
8	定伸黏结性		无破坏	无破坏	无破坏
9	浸水后定伸黏结性		无破坏	无破坏	无破坏
10	质量损失率		%	2	0.7

表 2　　　　流变自黏性材料与华东院 SR-2 塑性止水材料性能对比

序号	检验项目	单位	SR-2 塑性止水材料性能	流变自黏性材料性能
1	密度	g/cm³	1.5±0.05	1.963
2	施工度（针入度）	0.1mm	≥100	120
3	流动度（下垂度）	mm	≤2	0.6

序号	检验项目			单位	SR-2塑性 止水材料性能	流变自黏性 材料性能
4	拉伸黏结性能	常温、干燥	断裂伸长率	%	≥250	155
			破坏型式	—	内聚破坏	无破坏
		低温、干燥 -20℃	断裂伸长率	%	≥200	85
			破坏型式	—	内聚破坏	无破坏
		冻融循环 300次	断裂伸长率	%	≥250	150
			破坏型式	—	内聚破坏	无破坏
5	抗渗性			MPa	≥1.5	≥2.0
6	流动止水长度			mm	≥135	150

3 流变自黏性材料施工工艺

流变自黏性材料的工作原理：它是由流变自黏性材料配套界面剂牢固的黏结在混凝土迎水面，通过材料自身的延伸性和弹性，在水压力的挤压下挤入接缝内，始终保持接缝止水状态。其施工工艺流程如下：

（1）凿槽：沿施工缝的走向凿出一个"U"形槽，槽的表面应尽可能处理的干净平整。表面干净的目的是防止界面剂与基层之间形成隔层，使界面剂与基面具有较强黏结力。

（2）清洗：将槽内松动物及杂质、灰尘、油渍等用清水冲洗干净，自然风干，不易于自然风干的部位用红外线灯烤干或者用风扇吹干。

（3）涂界面剂：在干燥地面上刷一层界面剂，干燥后，刷第二层界面剂。涂刷界面剂能增强材料与基面的粘接性，并且能够密封水分。

（4）嵌缝：第二层界面剂表干后，即可进行嵌缝施工。将流变自黏性材料用手搓成工况所需的长条，按照缝里—缝外，两边—中央的顺序施工，嵌缝完成后，表面用手或者工具整平，最后回填一定厚度的水泥砂浆。

（5）钻孔安装锚杆：采用间距为150mm，锚入深度为60mm，外露15mm的钢筋做锚杆，施工缝上下各设一排，用20号低碳钢丝在锚杆上缠绕一周，做成钢丝网，在用水泥砂浆抹平。

（6）灌浆：为避免水平施工缝与横缝相交处的出现渗漏的情况，在其相交部位骑缝钻孔，然后用CW灌浆材料灌浆，形成一条完整的止水带。

4 结语

建筑防水材料的效果是材料和施工二者完美结合的综合体现，因此，提高防水施工技术水平和材料密封效果，对于提高建筑物的防水功能十分重要。东湖隧道的渗漏部位进行了流变自黏性材料止水处理，达到了预期的效果，保证了止水质量，也为今后类似项目的施工积累了一定的经验。

参考文献

［1］ 周鑫.卢乔渝建筑防水工程中密封材料的应用［J］.中华民居，2014（3）：55.

［2］ 刘红梅，纪常杰.含硫天然气环境下密封材料的兼容性［J］.国外油田工程，2001（5）：48-50.

［3］ 徐建月，陈宝贵，段林丽.密封材料在建筑防水工程中的应用［J］.新型建筑材料，2011（12）：39-41.

［4］ 蔺艳琴，刘嘉，曹寿德，潘广萍.机场跑道接缝密封材料工艺设计和施工工艺［J］.中国建筑防水，2008（9）：22-25.

［5］ 陈宝贵，段林丽，高正龙.浅谈密封材料在建筑防水工程中的应用［C］.2009：39-41.

［6］ 邓超.我国建筑密封材料的现状与发展［J］.中国建筑防水，2006（z1）：34-37.

堆石混凝土用自密实混凝土原材料及配合比研究

柳新根　张玉莉　石艳军　文　丽

（中国葛洲坝集团基础工程有限公司）

【摘　要】　以浯溪口水利枢纽工程为例，重点阐述了堆石混凝土用自密实混凝土的施工操作方法及其控制要点。本文针对自密实混凝土原材料及配合比的技术问题进行分析及总结，并提出一些解决思路与相关措施，很好地解决了工程中的难题，可供同行参考。

【关键词】　堆石混凝土　自密实混凝土　原材料　配合比

1　工程概况

浯溪口水利枢纽工程位于景德镇市浮梁县蛟潭镇内，是昌江干流中游一座以防洪为主，兼有供水、发电等综合利用的水利工程，枢纽主要建筑物有左右岸碾压混凝土非溢流坝、表孔溢流坝、低孔溢流坝、河床式厂房。工程等级为Ⅱ等工程，主要建筑物为2级建筑物，次要建筑物为3级建筑物。

本工程正常蓄水位56.00m，水库总库容4.747亿 m^3，电站装机容量32MW。大坝采用混凝土非溢流坝、溢流坝及河床式厂房组合式布置方案，坝轴线长度498.62m。工程正常蓄水位56.00m，坝顶高程65.50m，最大坝高46.80m。

堆石混凝土在本工程主要应用于导流明渠工程、安装间坝段和厂房尾水导墙，堆石混凝土浇筑总量为1.7万 m^3。

2　堆石混凝土用自密实混凝土原材料设计

2.1　水泥

（1）宜选用：硅酸盐水泥和普通硅酸盐水泥。

（2）可使用：矿渣硅酸盐水泥、火山灰硅酸盐水泥、粉煤灰硅酸盐水泥、复合硅酸盐水泥；复合水泥中的多种成分使得水泥和外加剂的相容性更加复杂。

（3）不宜使用：铝酸盐水泥、硫铝酸盐水泥以及早强型水泥，原因是凝结速度较快，导致自密实混凝土外加剂掺量高、流动性损失快，一般无法实现自密实施工。

2.2　掺和料

自密实混凝土浆体总量较大，如果胶凝材料仅使用水泥容易引起混凝土早期水化放热较大、硬化混凝土收缩较大，不利于提高混凝土的耐久性和体积稳定性。

（1）常用活性掺和料：①粉煤灰应使用Ⅱ级以上粉煤灰，原状灰优于磨细灰，C类灰慎用；②粒化高炉矿渣粉。

（2）高强自密实混凝土掺和料：硅灰。

（3）惰性掺和料：石英砂粉、石灰石粉。

（4）其他掺和料：沸石粉、复合矿物掺和料。

2.3　细骨料

自密实混凝土细骨料宜选用 2 区中砂或中粗砂。1 区细砂和 3 区粗砂亦可用于配制自密实混凝土，但是细砂的使用易导致外加剂用量的增加，成本提高，所配制的自密实混凝土黏性较大，黏性较低时易发生泌浆、抓底等问题，粗砂的使用易导致粉体用量较高，成本增加，故自密实混凝土最好选用 2 区中砂或中粗砂。

2.4　粗骨料

粗骨料宜选用 4.75～20mm 连续级配的碎（卵）石，或 4.75～10mm 和 10～20mm 两个单粒级配碎（卵）石，石子的孔隙率应低于 40%。粗骨料最大粒径不超过 20mm，针片状颗粒含量不超过 8%。

2.5　外加剂

自密实混凝土要求具有较大的流动性和良好的黏聚性，所以不仅要求减水率高，抗离析性好，还应具有流动性能保持时间长、不影响早期强度等特点。高自密实性能的实现依赖于良好的配合比设计和以高性能聚羧酸盐高分子为主要原料的高性能减水剂，用于堆石混凝土的减水剂不仅要有优越的减水性能还应有助于高性能自密实混凝土流体化形成均匀、稳定的体系，使得不同尺度的颗粒能够悬浮其中，同时还应具备持续打破絮凝而不影响胶凝材料凝结时间的特点，通常用于堆石混凝土的高性能减水剂需要根据工程使用的胶凝材料特性进行多组分的复配以实现上述性能，最终确定与原材料相适应的外加剂型号。

2.6　外加剂与原材料的适应性试验以及实验标准

为了客观评价用于高自密实性能混凝土的减水剂性能，采用标准自密实砂浆进行检测，具体检测方法见《胶结颗粒料筑坝技术导则》（SL 678—2014），通过评价自密实砂浆的坍落扩展度、V 漏斗通过时间，泌水率和自密实性能稳定性等性能来综合评价外加剂的性能，标准自密实砂浆检测指标见表 1。

表 1　　　　　　　　　标准自密实砂浆掺用外加剂后的性能指标

项　　目	初　始	静止 1h	静止 2h
坍落扩展度/mm	250～300	≥250，且≥95%初始值	≥250，且≥90%初始值
V 漏斗通过时间/s	5～15		
泌水率	≤1		

3　自密实混凝土配合比设计

3.1　配合比设计基本参数

（1）粉体：原材料中的水泥、掺和料和骨料中粒径小于 0.075mm 的颗粒。

（2）细骨料：满足方孔筛粒径 0.08～4.75mm 的颗粒。

（3）粗骨料：满足粒径大于方孔筛 4.75～20mm 的颗粒。

（4）砂浆：水、粉体、细骨料的混合浆体。

（5）体积水粉比：水和粉体的体积比。

（6）体积砂率：细骨料与砂浆的体积比。

（7）含气量：混凝土中的空气含量。

（8）胶凝材料：和水成浆后，在化学作用下，能从浆体变成坚固的石状体的材料，通常指水泥、粉煤灰、矿粉、硅粉。

（9）外加剂掺量：外加剂质量与胶凝材料的质量比。

3.2 配合比设计方法

（1）确定单位体积粗骨料用量 V_G。根据自密实性能要求确定粗骨料用量《胶结颗粒料筑坝技术导则》（SL 678—2014）规定：自密实混凝土中粗骨料体积 V_G 宜为 0.27～0.33，为了提高硬化后混凝土的耐久性以及防止弹性模量的降低，应尽可能采用较多的粗骨料。

（2）选定单位体积用水量 V_w。根据《胶结颗粒料筑坝技术导则》（SL 678—2014）规定，建议 170～200kg，并且根据原材料的性能确定合适的用水量。

（3）选定体积水粉比 W/P。根据《胶结颗粒料筑坝技术导则》（SL 678—2014）建议为 0.80～1.15。常用参数 0.95～1.05，水粉比降低，外加剂用量提高，成本增加，流动性、抗离析性、保塑性提高；水粉比提高，外加剂用量降低，成本减少，流动性、抗离析性、保塑性降低。

（4）计算粉体用量 V_P。根据《胶结颗粒料筑坝技术导则》（SL 678—2014），建议 0.16～0.20m³，高粉体量有利于提高自密实性能，成本增加；低粉体量不利于自密实性能，成本较低。根据公式：$V_p = V_w/(w/p)$ 计算得出分体用量。

（5）确定含气量 V_a。根据《胶结颗粒料筑坝技术导则》（SL 678—2014），建议 1.5%～4%，通常自密实混凝土的含气量为 0.020m³ 左右，与所使用外加剂的种类关系密切，应以实际测量为准。

（6）确定单位体积细骨料 V_s。计算公式为：$V_s = 1 - V_G - V_w - V_a - V_p$，由于细骨料内时常会包含小于 0.075mm 的分体，因此应根据细骨料中分体含量 R_p 校核细骨料量：$V_s = (1 - V_G - V_w - V_a - V_p)/(1 - R_p)$。

（7）计算单位体积胶凝材料用量 V_{ce}：

$$V_{ce} = V_p - R_p V_s$$

（8）计算水灰比 w/c 与理论水泥用量 M_{co}

$$w/c = \frac{A f_{cu,e}}{f_{cu,o} + AB f_{ce}}$$

$$M_{c0} = V_w/(w/c)$$

（9）校核胶凝材料体积用量，计算实际水泥 M_c 用量和掺和量 M_b：

$V_{c0} = M_{c0}/\rho_c = V_{ce}$；配合比各组分确定。

$V_{c0} = M_{c0}/\rho_c > V_{ce}$；取低水粉比重新进行配合比设计。

$V_{c0}=M_{c0}/\rho_c<V_{ce}$；直接增加水泥用量至粉体设计量 Vp；直接补充惰性掺和料至粉体设计量 Vp；使用活性掺和料超量取代水泥，使得粉体量满足设计量 Vp。

设水泥质量取代率为 x，设定取代系数 y

$$M_{c0}(1-X)/\rho_c+M_{c0}XY/\rho_b=V_{ce}$$
$$M_c=M_{c0}(1-X)；M_b=M_{c0}XY$$

3.3 自密实混凝土应注意问题

（1）由于自密实混凝土粉体材料比例高，宜使用搅拌力度大，搅拌力度充分的单/双卧轴强制式搅拌机。

（2）不应使用自落式搅拌机，由于自落式搅拌机搅拌力度不强，自密实混凝土采用的外加剂作用速率降低，一方面混凝土状态无法控制；另一方面，粉体材料较高，搅拌状态无法确定均匀性，无法生产出合格混凝土。

4 自密实混凝土状态控制

自密实混凝土的工作性能应采用坍落度实验、坍落扩展度实验、V形漏斗实验和自密实性能稳定性试验检测，其指标应符合表2的要求，其自密实性能稳定性实验方法见《胶结颗粒料筑坝技术导则》（SL 678—2014）附录 B。

表 2　　　　　　　　　　　　　自密实混凝土工作性能指标

检测项目	坍落度/mm	坍落扩展度/mm	V形漏斗通过时间/s	自密实性能稳定性/h
指标	260～280	650～750	7～25	≥1

（1）自密实混凝土强度等级宜不低于堆石混凝土设计强度要求。

（2）自密实混凝土的弹性模量、长期性能和耐久性等其他性能，应符合设计和相关标准的要求。

（3）堆石混凝土抗压强度等级宜按90d龄期自密实混凝土80%保证率的150mm立方体抗压强度来确定，共分为6级，即 $C_{90}10$、$C_{90}15$、$C_{90}20$、$C_{90}25$、$C_{90}30$、$C_{90}35$；其强度标准值可参考表3。

表 3　　　　　　　　　　　　　堆石混凝土强度标准值

项目	堆石混凝土强度等级					
	$C_{90}10$	$C_{90}15$	$C_{90}20$	$C_{90}25$	$C_{90}30$	$C_{90}35$
抗压强度/MPa	10	15	20	25	30	35
拉压比	0.075～0.085					

5 现场配合比试拌调整过程

根据对现场原材料检测结果，采用实验室提供基准配合比（表4）进行试拌，结果不满足自密实混凝土工作性能要求，试拌结果见表5。

表 4								实 验 室 基 准 配 合 比			
编号	设计要求	水泥/kg	石粉/kg	水/kg	砂/kg	石子/kg	外加剂/kg	扩展度/mm	V漏斗/s	含气量/%	备注
1	C15W4F50	209	275	188	810	742	7.33	670	17.0	3.7	理论值

保塑 60min 性能检测						
SF/mm	670×670	坍落度/mm	265	V漏斗	20.1	含气量	3.8%

表 5　　　　　　　现 场 试 拌 检 测 数 据

检测时间	扩展度/mm	V漏斗/s	坍落度	状态描述
11月5日	550×600	31″	230	严重泌浆、抓底、堆积

通过与实验室沟通得知送往实验室石子中含有泥块，但现场石子未发现泥块，分析结果为现场石子不含泥块，导致混凝土状态泌浆严重、抓底、石子中间堆积，混凝土不满足工作性能要求，具体参见图1～图4。

图 1　实验室石子中的泥块

图 2　实验室混凝土中被搅碎的泥块

图 3　现场石子照片（一）

图 4　现场石子照片（二）

通过以上分析，调整配合比参数，降低水胶比提高混凝土中粉体材料，保证混凝土的和易性，再次进行试拌，采用配合比见表6，检测数据满足自密实混凝土工作性能要求，见表7。

表6

编号	设计要求	水泥/kg	石粉/kg	水/kg	砂/kg	石子/kg	外加剂/kg	扩展度/mm	V漏斗/s	备注
1	C15W4F50	235	303	160	885	595	6.4	655	18.1	理论值

表7 调 整 后 检 测 数 据

时间	扩展度/mm	V漏斗/s	坍落度	备注
出机检测	650×660	18.1	270	状态良好（图5）
保塑30min	650×660	21.3	265	不泌浆、不抓底（图6）
60min	630×630	23.5	265	不泌浆、不抓底（图7）

图5 混凝土检测

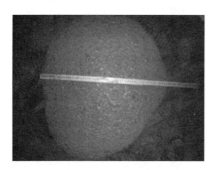

图6 混凝土保塑30min检测

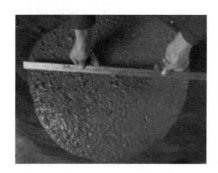

图7 混凝土保塑60min检测

6 堆石混凝土质量控制与检验

6.1 堆石混凝土浇筑质量检验

通过孔内密实度检验和孔内声波检测等方法综合评价，监测点一般由监理工程师随机选取，检测频率为每层设 $500m^2$ 检测 1 个孔。经检验，混凝土密实度好。

6.2 堆石混凝土的强度检验

采用钻孔取芯的方法，芯样直径不宜小于 200mm，每万立方米取芯 $2\sim10m$。经检验，混凝土强度达到设计要求。

6.3 堆石混凝土抗渗性能检验

采用钻孔压水试验检测大坝的抗渗性能符合《水利水电工程钻孔压水试验规程》（DL/T5331）中的有关规定，检测结果满足设计要求。

7 水化温升监测

（1）试验块水化温升监测。为监测堆石混凝土水化温升值，现场浇筑了两个 $2m\times2m\times2m$ 的堆石混凝土试验快，一个采用开挖块石，一个采用天然鹅卵石，堆石混凝土温度增长曲线如图 8 所示。

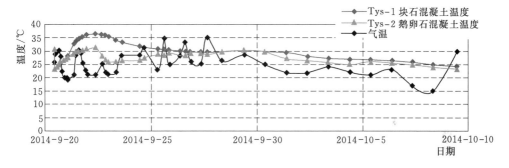

图 8　堆石混凝土温度增长曲线图

从图 8 可以看出，块石混凝土水化温升值为 8.0℃，鹅卵石混凝土水化温升值为3.5℃。可见，堆石混凝土的水化温升值较低。

（2）现场堆石混凝土水化温升监测。从现场施工情况看出，明渠导墙堆石混凝土水化温升为 6.4℃。现场明渠导墙堆石混凝土采用开挖块石，水化温升和试验块水化温升相符，水化温升较低，一般不大于 10℃（图 9）。

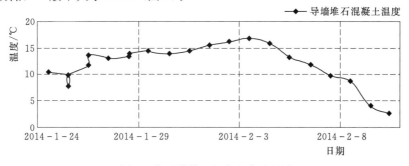

图 9　堆石混凝土温度变化过程图

8 自密实混凝土配合比现场调整

（1）使用现场材料通过试验室配置得到的配合比为自密实混凝土理论配合比，还应根据现场生产系统试配时用水量修正调整修正，得到最终施工施工配合比。

（2）根据现场拌和情况，所调整的施工配合比允许与理论配合比有所变化，其中砂石用量可在±5%的范围内调整，水泥用量可在−10～20kg的范围内调整，粉煤灰用量−20～10kg的范围内调整，水胶比变化范围不得超过−0.02～0.01的范围。

（3）水泥、粉煤灰的购买厂家发生变化后必须重新进行配合比试验调整。

（4）定期对砂石的级配情况进行筛分检查，根据筛分结果及时调整配合比。

9 结语

堆石混凝土技术是在自密实混凝土技术上发展起来的一种新型大体积混凝土施工方式，该技术主要由堆石入仓和浇筑自密实混凝土两道工序组成，将粒径大于30cm的块石、卵石堆放至仓面中，然后向堆石体中浇筑自密实混凝土，利用自密实混凝土优越的流动性能，使其非常好地填充堆石题中的空隙，从而形成完整、密实、有较高强度的混凝土，这样形成的混凝土称为堆石混凝土。

对于堆石混凝土施工，采用具有优越流动性能的自密实混凝土时确保工程质量的关键，本工程通过原材料和配合比研究，选择了具有优越工作性能的自密实混凝土，是工程得以顺利实施的保障。

低热沥青浆液可灌性试验研究

黄立维　邢占清　李　娜　符　平

（中国水利水电科学研究院）

【摘　要】　通过富水条件下低热沥青浆液扩散性能和抗冲性能试验研究，揭示了低热沥青浆液在富水条件下的性能变化规律，获得了不同流速条件下低热沥青的抗冲性能指标，并与速凝膏浆、水泥-水玻璃浆液进行了对比研究，可为类似工程提供有益的参考。

【关键词】　低热沥青　扩散性能　抗冲试验　砂砾石层

1　概述

沥青灌浆是利用沥青"加热后变为易于流动的液体、冷却后又变为固体"的性能而达到堵漏的目的，具有遇水凝固和不被流水稀释而流失的优点，适用于较大渗漏的处理[1-5]。符平利用先乳化后破乳原理开发出"油包水"状态的低热沥青，在70℃时仍具有良好的流动性和可泵性，在多个工程中得到应用[6]。李娜等进行了低热沥青性能试验、不同材料配比试验、强度试验、流变参数试验等，对低热沥青的材料选择、流变性、可灌性、破乳速度、温感性能等进行了深入研究，完善了低热沥青材料的性能指标[7]。然而，这些指标主要是在无水条件下浆液本身的性能指标，对于其在砂砾石地层中的流动特性研究开展较少，尤其是低热沥青浆液在富水砂砾石地层下的流动特性研究更没有见到相关报道。影响浆液扩散特性特性的影响因素及其作用机理不够明确，富水环境将对浆液性能的变化过程与凝胶特性将产生极为不利的影响，亟待开展相关研究工作。因此，本文采用现场一维、二维模型对不同条件下的低热沥青浆液的扩散特性进行试验研究，揭示浆液在富水条件下的性能变化规律；开展了低热沥青的抗冲性能测试试验，并与常用的堵漏材料水泥-水玻璃和速凝膏浆进行了对比，得到了不同不同流速条件下浆液的抗冲特性。

2　低热沥青的扩散性能

低热沥青的流动类似于高塑性液体，影响低热沥青在地层中扩散流动最重要的因素包括灌浆压力、温度和渗漏通道层面特性。低热沥青是典型的宾汉流体，宾汉体的流变特性可以用下式表示[8]：

感谢水利部技术示范项目 SF－201611 及中国水利水电科学研究院科研专项 EM0145B492016 项目的资金资助。

$$\tau = \tau_B(t) + \eta(t)\frac{\mathrm{d}\nu}{\mathrm{d}r} \tag{1}$$

式中：$\tau_B(t)$、$\eta(t)$ 分别为低热沥青流体的内聚强度、塑性黏滞系数。

低热沥青"油包水"结构含有大量流动性好的水分，其流动性要远好于同温度的纯沥青浆液。低热沥青在饱含地下水环境下，虽然沥青浆团表面被冷却，但因沥青比热值较高，导热系数低，沥青内部温度降低速度缓慢，在灌入的几分钟内，仍具有相当高的温度，保持一定的流动性，如对沥青混合体施以适当的推挤压力（灌浆压力），具流动性的内部沥青将推动表面的冷凝壳向外整体流动，并有可能突破沥青混合体表面的冷凝壳，形成新的流动前沿，向前扩散，直至由于温度降低导致沥青浆液的内聚强度大于由灌浆压力形成的推动力。因此，低热沥青无论是在管路内、孔内还是地层孔隙内都具有良好的可灌性，在灌浆压力作用下，可扩散一定的距离。本试验模拟了低热沥青在不同配比和不同孔隙率砂砾石层中的扩散过程。

2.1 一维灌浆试验

（1）试验模型。采用 PVC 管设计制作一维试验模型，模型内装上不同配比、不同孔隙率的砂砾石层。沙石粒径分别为 2～5mm、5～10mm、10～20mm、20～50mm、2～50mm，分别在模型内无水与饱和情况下进行不同压力条件下的低热沥青灌注试验，其布置如图 1 所示。

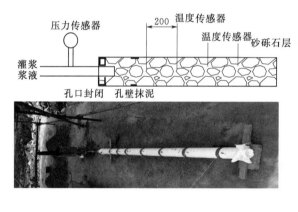

图 1　一维试验模型设计和模型示意图

将砂砾石筛分成不同粒径，然后向模型内装填。为减少不同密实状态对试验成果的影响，通过控制砂砾石的用量使所装填的砂砾石层状态为中密。对装满砂砾石的模型进行了渗透试验，在同样用量的砂砾石（中密状态）情况下，相同粒径的渗透系数差异不大。经测试，不同粒径的渗透系数见表 1。

（2）灌注试验。低热沥青灌浆材料的配比采用沥青：水：水泥：外加剂＝1：1：0.7：0.03。将其通过连接好的专用螺杆泵和管路灌入预制好的一维模型内。

表 1 　砂砾石渗透系数结果表

粒径/mm	2～5	5～10	10～20	20～50	2～50
渗透系数/（cm/s）	0.025	0.240	0.550	1.125	0.160

在低热沥青浆液凝结 7d 后，可将 PVC 管破开，获得沥青的扩散距离见表 2 和结石体情况如图 2 所示。

表 2 　一维试验模型灌浆统计

序号	颗粒粒径/mm	灌浆压力/MPa	无水条件		富水条件	
			饱满扩散距离/cm	最远扩散距离/cm	饱满扩散距离/cm	最远扩散距离/cm
1	2～5	0.4	17	40	15	38
2		0.6	19	41	15	40
3		0.8	20	32	17	40
4		1.2	21	42	18	48
5	5～10	0.4	36	45	34	40
6		0.6	42	48	41	44
7		0.8	48	51	45	53
8		1.2	56	58	48	54
9	10～20	0.4	65	73	51	61
10		0.6	86	116	61	66
11		0.8	98	105	89	92
12		1.2	125	136	110	115
13	20～50	0.4	93	96	85	90
14		0.6	165	175	133	143
15		0.8	166	186	138	155
16		1.2	176	195	140	160
17	2～50	0.4	76	86	72	76
18		0.6	83	98	73	110
19		0.8	99	120	78	116
20		1.2	105	136	81	134

注　饱满扩散距离是指沥青浆液扩散后完全充填的区域；最远扩散距离是指沥青浆液扩散能达到的最远距离。

低热沥青在不同条件下扩散距离不同，在重力影响下会出现分层现象。在扩散范围内浆液的结石体比较饱满、密实，具有明显的边界。

（3）结石体力学性能试验。在已凝固的灌浆结石体中，通过切削打磨获得 4cm×4cm×16cm 的试验试块进行了不同龄期的力学性能测试试验。试验结果见表 3。

图 2　一维试验模型低热沥青灌注后试样

表 3　　　　　　　　　　　　一维试验模型沥青结石体力学性能

序号	颗粒粒径 /mm	无水条件				有水条件			
		抗压强度 /MPa		28d 弹性模量 /MPa	28d 渗透系数 /(cm/s)	抗压强度 /MPa		28d 弹性模量 /MPa	28d 渗透系数 /(cm/s)
		3d	28d			3d	28d		
1	2～5	2.14	2.37	5.05	1.2×10^{-5}	1.69	2.46	5.64	3.5×10^{-5}
3	5～10	2.45	3.45	7.70	7.1×10^{-6}	2.18	3.15	6.53	1.7×10^{-5}
6	10～20	2.84	3.6	5.15	3.2×10^{-6}	2.65	3.05	7.24	1.9×10^{-5}
8	20～50	3.62	4.81	12.90	4.8×10^{-6}	2.98	3.34	9.45	9.6×10^{-6}
10	2～50	3.12	4.39	12.10	5.4×10^{-6}	2.68	3.29	10.20	2.5×10^{-5}

2.2　二维灌浆试验

（1）二维试验模型设计。采用 1.5m×1.5m×1.0m 的钢制模型，灌浆管预先置入后，在其内填设不同的实验材料，然后在顶部设置钢盖板。灌注完成后，拆除钢盖板对实验数据进行收集分析。

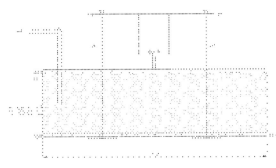

图 3　二维试验模型设计和试验模型示意图

（2）低热沥青灌注试验。通过在模型中装填不同粒径的砂砾石模拟实际地层，并使用千斤顶对模型钢盖板施加压力模拟不同深度下的低热沥青灌浆。试验结果如图 4 所示。

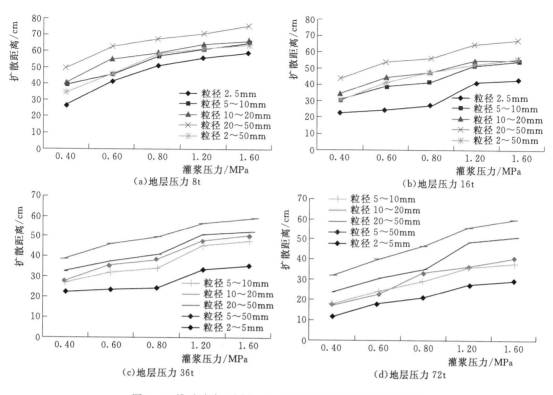

图4　二维试验中不同粒径模型低热沥青最小扩散距离图

（a）地层压力 8t

（b）地层压力 16t

（c）地层压力 36t

（d）地层压力 72t

3　低热沥青堵漏抗冲试验

（1）试验模型。不同地层灌浆堵漏受地质条件、裂（孔）隙大小、地下水流速、浆液性能及灌浆施工工艺等因素影响较大，特别是动水堵漏灌浆。灌浆浆液在动水条件下的扩散过程和堵漏灌浆效果分析原理研究很少，往往需要采用室内模拟试验来观察浆液在地层中的运动扩散规律，以及在动水条件下的堵漏灌浆效果。

为检验低热沥青浆液在块石架空地层中不同边界条件、不同流速条件下的防渗堵漏适应性，在满足相似要求的前提下制作了试验模型如图5所示。块石直径主要选取 200～

图5　抗冲试验模型示意图

500mm 的河卵石，随机无序抛填在模型中，利用端头的水管制造不同的流速。

（2）材料参数。常用的水泥-水玻璃、速凝膏浆和低热沥青浆液均为典型的宾汉姆流体（表4），其剪切屈服强度都大致与时间呈幂函数关系即[9]：

$$\tau = \tau_0 e^{at} \tag{2}$$

式中：τ 为浆液某时刻的剪切屈服强度，Pa；τ_0 为浆液初始剪切屈服强度，Pa；a 为时间系数；t 为时间，s。

表4　　　　　　　　　　　　典型堵漏材料性能指标表

序号	堵漏材料名称	初始屈服强度/Pa	时间系数	备　注
1	水泥-水玻璃	150	0.015	—
2	速凝膏浆	200	0.010	—
3	低热沥青	250	0.020	70℃施工温度

（3）抗冲试验。抗冲试验后浆液留存情况如图6所示，试验结果见表5。

(a)低热沥青　　　　　　　　　　　　(b)水泥-水玻璃

图6　抗冲试验浆液留存

表5　　　　　　　　　　　　各种材料抗冲试验成果表

流速/(m/s)	低热沥青				速凝膏浆				水泥-水玻璃			
	光滑下垫面		2～5mm 碎石		光滑下垫面		2～5mm 碎石		光滑下垫面		2～5mm 碎石	
	封堵率/%	浆液留存率/%	封堵率/%	浆液留存率/%	封堵率/%	浆液留存率/%	封堵率/%	浆液留存率/%	封堵率/%	浆液留存率/%	封堵率/%	浆液留存率/%
0.2	100	100	100	100	100	88	100	95	100	75	100	81
0.5	100	100	100	100	100	72	100	78	100	62	100	68
1.0	100	100	100	100	85	61	91	68	95	48	100	64
1.2	100	100	100	100	70	52	76	68	88	34	92	43
1.5	100	92	100	98	45	41	52	49	62	28	68	32
2.0	100	71	100	82	21	15	23	17	37	11	38	13
2.5	70	52	73	58	—	—	—	—	10	5	12	10
3.0	42	18	43	19	—	—	—	—	—	—	—	—

4 讨论

低热沥青灌浆是在动水条件下封堵大空隙地层渗流通道的一种非常有效的方法。本文根据低热沥青材料特性，在室内试验条件下进行了一维、二维浆液扩散试验和抗冲试验。

（1）低热沥青浆液扩散距离主要与砂砾石层的粒径级配有关，在砂砾石中密状态和灌浆压力为 1.2MPa 时，2～5mm 的砂砾石层中浆液扩散距离为 20～40cm，2～50mm 粒径的砂砾石层中浆液扩散距离可达到 80～120cm，若在孔隙更大的 20～50mm 粒径组成的砂砾石层中，浆液扩散距离扩散距离更可达到 150cm，说明低热沥青灌浆浆液具有良好的扩散能力，可基本满足在中等块石地层中灌浆孔排距对浆液扩散范围的要求。

（2）低热沥青浆液扩散距离还与灌浆压力、地层富水条件和地层上覆附加应力有关。

低热沥青的扩散距离随着灌浆压力的增大增加，在粒径较小的地层中可采用较高的灌浆压力以获得浆液良好的扩散性能。

低热沥青浆液在同等灌浆压力下，无水条件下的扩散距离较饱和状态下的扩散距离有所增加，表明地层内水份的存在影响了浆液的温度变化，从而改变了浆液的流变参数，影响了浆液的扩散距离，最大影响幅度可达 30％。

不同深度地层条件下低热沥青的扩散距离将受到明显的影响，在 30m 深度下（地层压力为 72t），浆液的扩散距离将至少减少 20％以上，粒径越细受到的影响越大。

（3）低热沥青浆液结石体的抗压强度、渗透系数等力学参数测试结果表明：低热沥青结石体强度能达到 2～5MPa 左右，渗透系数小于 5×10^{-5}cm/s，是一种防渗性能良好的灌浆材料，可满足一般工程防渗的要求，但其弹性模量仅有 5～10MPa，明显偏软，加上沥青固有的蠕变特性，应采用低热沥青-水泥基灌浆材料的复合灌浆弥补低热沥青结石体强度较低的不足。

（4）与常用的速凝膏浆、水泥-水玻璃浆液相比，低热沥青灌浆材料在抗冲试验过程中的浆液留存率高，封堵效果显著。对于孔隙率小于 40％、流速低于 2m/s 的地层，采用低热沥青浆液进行封堵时，封堵率 100％，封堵速度快。

5 结论与建议

本文围绕实际工程需要，开展了富水条件下低热沥青浆液扩散性能和抗冲性能试验研究，可以初步得出以下结论和建议：

（1）低热沥青在中等以上粒径的地层中扩散距离能满足灌浆孔排距的要求，其结石体强度可满足工程防渗的要求。但在微细粒径为主的地层中其扩散距离受到较大的限制。

（2）低热沥青在大流量、快流速的地层封堵堵漏中具有不分散、遇水凝固的特性，浆液留存率高，封堵率高，效果显著。

（3）采用低热沥青-水泥基灌浆材料复合灌浆可弥补低热沥青结石体强度较低的不足，并可降低施工造价。

（4）低热沥青在灌注过程中需要全程保温，需要进一步研究其施工工艺及其相应的设备装置，以推广低热沥青材料在工程实践中的应用。

参考文献

[1] 赵卫全.大孔（裂）隙地层动水堵漏灌浆技术研究与应用［D］.中国水利水电科学研究院博士学位论文，2012.

[2] L. HERNANI DE CARVALHO. Jaburu dam foundation improvement［C］. The 17th International Large Dams Committee，Austria，1991

[3] 赵卫全，等.改性沥青灌浆堵漏试验研究［J］.铁道建筑技术，2011.

[4] Deans G. Lukajic use of asphalt in treatment of dam foundation leak - age：Stewartville Dam［J］. ASCE Spring Convention. Denver. April 1985.

[5] Sedat T. Treatment of the seepage problems at the Kalecik Dam（Turkey）［J］. Engineering Geology，2003，68：159 - 169.

[6] 符平，等.低热沥青灌浆堵漏技术研究［J］.水利水电技术，2013，44（12）：63 - 67.

[7] 李娜，等.低热沥青堵漏材料性能试验［J］.水利水电技术，2016，47（5）：128 - 133.

[8] 阮文军.基于浆液粘度时变性的岩体裂隙注浆扩散模型［J］.岩石力学与工程学报，2005，24（15）：2709 - 2714.

[9] 符平，等.非水反应型材料灌浆堵漏模型研究［J］.岩土工程学报，2015，37（8）：1509 - 1516.

低热沥青灌浆材料性能试验研究[*]

李　娜　赵　宇　王丽娟　符　平

（中国水利水电科学研究院）

【摘　要】　针对沥青灌浆存在的加热温度高、施工工艺复杂，以及灌浆过程可控性差等缺陷，研究了一种"油包水"低热沥青的灌浆材料，其施工温度小于70℃、遇水冷却凝固、不冲释。开展了低热沥青堵漏材料的室内性能试验研究，包括沥青特性试验、材料配比试验、强度试验、流变参数试验等，对低热沥青的材料选择、流变性、可灌性、破乳速度、温感性能等进行了深入研究，推荐了适合的配比范围。

【关键词】　低热沥青　防渗堵漏　灌浆　性能试验　流变

1　前言

　　沥青灌浆在国内外堵漏工程中都有应用实例，如美国下贝克坝、加拿大斯图尔特维尔坝、德国比格坝、巴西雅布鲁坝、李家峡水电站上游围堰、花山水电站导流洞及公伯峡水电站土石围堰和一些矿山、坑道封堵工程均采用热沥青解决了地层漏水问题^[3-6]，这些工程中均是将沥青加热到工作温度150℃以上进行灌注，温度敏感性高，灌浆管路需要保温、施工工序多、工艺复杂，造成灌浆处理深度浅、灌浆过程可控性差，限制了沥青灌浆技术的应用。水科院地基室从2000年开始研究沥青灌浆材料，以工作温度为落脚点，从降低沥青软化点出发，陆续地研发了改性沥青、水泥-热沥青、低热沥青等灌浆材料。

　　低热沥青灌浆材料，采用先乳化后破乳的思路（受乳化沥青启发，乳化沥青是一种沥青和水的不稳定混合体系，常温下具有水的流动性能，形态与水相似，一定条件下沥青与水分离，即为破乳），先将沥青加热至液态，水加热至沸腾，乳化剂加入热水中，然后沥青和水混合搅拌制成更不稳定的乳化沥青，此时，沥青分散在水中，为"水包油"状态，最后加入较多量的水泥，吸收一部分水使沥青析出，此时沥青中含有水、水泥和水泥浆，在70℃时具有良好的流动性和可泵性，同时遇水凝固、不冲释，适合于大空隙漏水地层的堵漏灌浆。

　　本文通过室内试验系统研究低热沥青灌浆材料，进行了沥青性能试验、不同材料配比试验、强度试验、流变参数试验等，对低热沥青的材料选择、流变性、可灌性、破乳速

---

　　* 感谢国家重点研发计划项目2016YFC0401608及水利部技术示范项目SF－201611的资金资助。

度、温感性能等进行了深入研究，进一步完善低热沥青材料的配比，以形成更稳定、可控的产品。

2 低热沥青的配比试验

2.1 乳化及破乳机理

乳化沥青是以沥青为分散相，以水为溶解相，在适宜的温度中，在机械力作用下，使沥青以细小的微粒（0.1～10μm）均匀地分散在水中，并添加适宜的乳化剂降低乳液表面或界面张力，形成表面或界面上的分子定向排列和吸附，从而形成相对稳定的"水包油"多相分散体系。沥青乳化剂是表面活性剂的一种类型，它具有表面活性剂的基本特性，由具有易溶于油的亲油基和易溶于水的亲水基所组成。亲油基连接沥青微粒，每个沥青微粒连接多个乳化剂分子，这样在沥青微粒的外围形成了一层膜，称为界面膜也称吸附层，连接的乳化剂分子越多，界面膜越致密，膜的强度越高；亲水基与水分子以氢键的方式相连，这种亲水作用的结果是在界面膜表面形成一层牢固的水合层，亲水基越多，亲水性越强，则结合水分子的数量越多。通过界面膜降低了沥青和水的界面张力，且界面膜越致密，其对界面张力的降低作用越强烈，从而防止了它们的相互排斥作用，达到稳定的分散混合溶液体系，如图1所示。

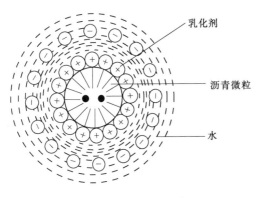

图 1 沥青乳化机理示意图

乳化剂使沥青和水两不相溶的物质界面相溶，并且发生吸附，使各个沥青微粒形成单个的悬浮物，这就是乳化沥青体系，在常温状态中表现为液体，具有良好的流动性。

乳化沥青分解破乳，是沥青乳液在施工中和施工后逐渐与矿料接触破乳，乳液的性质逐渐发生变化，水被吸收和蒸发而不断减少，沥青从乳液中的水相分离出来，从而具有沥青所固有的性质：与水相斥和遇水凝固，这个过程所需要的时间就是沥青乳液的破乳速度。这种分解破乳主要是乳液与其材料接触后，由于离子电荷的吸附和水分的蒸发产生分解破乳，其发展过程一般如图2所示。破乳机理主要有三种理论：电荷理论、化学反应理论和振动功能理论。破乳的本质是打破乳化沥青的混合液的内在界面张力平衡，可以通过加入表面活性剂（破乳剂）改变HLB值、破坏乳化剂的界面活性作用。乳化沥青破乳后的材料性能与乳化剂和破乳剂的选用密切相关，如乳化后稳定性、破乳速度、破乳后沥青

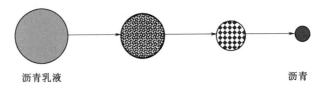

沥青乳液　　　　　　　　　　　　　　　　　　　　　　　沥青

图 2 沥青乳液的破乳过程

的凝结速度等，这些参数对沥青灌浆浆液很重要。

2.2 沥青性能试验

（1）试验方法及内容：

1）密度测定。按照国家 GB/T 8928 测定。

2）黏度测定。采用 NDJ-4 旋转黏度计测定沥青在不同温度下的表观黏度，根据沥青在不同温度下的黏度选择不同转子（1～4 号）和不同转速（0.3/0.6/1.5/3/6/12/30/60）进行测定。

3）针入度测定。沥青的针入度是在标准试验条件下（温度 25℃，荷重 100g，贯入时间 5s），标准针贯入沥青试样的深度（以 0.1mm 计）。我国目前对沥青采用针入度级标准评价，针入度级标准按照沥青针入度的不同将沥青分成不同的标号，针入度越大沥青的标号也越大。不同温度下沥青的针入度—温度呈直线关系：

$$\lg P = A_{\lg Pen} T + K \tag{1}$$

式中：P 为针入度，0.1mm；T 为温度，℃；$A_{\lg Pen}$，K 为回归系数。根据不同温度下沥青的针入度值由式（1）计算回归得到针入度温度指数 $A_{\lg Pen}$，再由式（2）确定沥青的针入度指数 PI：

$$PI = (20 - 500 A_{\lg Pen})/(1 + 50 A_{\lg Pen}) \tag{2}$$

4）软化点测定。采用环球法测定沥青的软化点：把确定质量的钢球置于填满沥青试样的金属环上，在规定的升温条件下，钢球进入试样，从一定的高度下落，当钢球触及底层金属挡板时的温度，视为其软化点，以摄氏温度表示（℃）。

（2）试验结果及分析。选用三种沥青：水工沥青 70 号、水工沥青 90 号、道路沥青 110 号分别进行了沥青性能试验研究，基质沥青表观黏度随温度变化过程如图 3 所示。

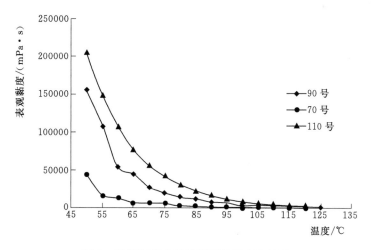

图 3　基质沥青表观黏度随温度变化过程

由图 3 可知，基质沥青的表观粘度随着温度的降低逐渐增加，在低于 55℃时接近塑性状态；随着温度的升高流动性逐渐增强，在高于 85℃时逐渐呈现出牛顿流体特性。110 号道路沥青的软化点最低，易于加热，但针入度较大，影响低热沥青破乳后的固结体强度，且易产生较大的蠕变。70 号水工沥青的针入度较小，有利于提高低热沥青破乳后的固结体强度，但软化点过高，不易加热，对灌浆设备和施工工艺要求较高。综合考虑沥青的热性能、变形能力和黏结强度，建议采用 90 号水工沥青作为低热沥青的原料。

2.3 分组配比试验

（1）以沥青为基数，掺加不同含量水泥、组合不同乳化剂进行配比试验。配比试验结果表明，水泥含量达到 1.0 时配制的低热沥青不可泵，低于 0.6 时不能将沥青破乳，推荐比例为 0.6～0.8；7 种乳化剂中，快裂乳化剂不适用，部分乳化剂不能充分乳化沥青，中裂 802 乳化效果较好；乳化剂含量低于 0.01 时不能乳化，高于 0.03 时乳化充分，考虑到经济性和乳化效果，推荐比例为 0.03。

（2）以沥青为基数，乳化剂采用中裂 802，掺加不同含量水泥和破乳剂共同破乳进行配比试验。配比试验结果表明，7 种破乳剂 AD1～AD7 破乳效果差异不大，均能快速破乳，破乳剂含量低于 0.01 时破乳速度降低，高于 0.03 时破乳效果较好，但破乳后的沥青较粘稠，增加泵送难度，考虑到经济性和破乳效果，推荐比例为 0.01。

（3）以沥青为基数，乳化剂采用中裂 802，破乳剂采用 AD2，掺加破乳剂和不同含量的外加剂（快硬水泥、速凝剂、水玻璃、偏铝酸钠、无水氯化钙）进行配比试验。配比试验结果表明，添加外加剂后，破乳速度均有所提高，掺加偏铝酸钠和快硬水泥后的破乳效果较好，沥青成团析出，较不添加外加剂的硬度略高。

综合以上试验结果，可以看出，通过掺加水泥破乳，破乳速度稍慢，析出的低热沥青流动性较好；掺加水泥和和破乳剂共同破乳，破乳速度快，低热沥青黏性大，流动性稍差；掺加化学试剂或快硬水泥后，析出的低热沥青温度较高，硬度有所提高。原料推荐配比为：沥青 1、乳化剂（中裂、慢裂）0.03、水泥 0.6～0.8、水 0.75～1、破乳剂 0.01、化学试剂 0.03～0.05、快硬水泥 0.3～0.6，可根据不同灌浆过程对破乳速度、析出温度、固结体强度的不同需求等调整具体配比值。

2.4 低热沥青性能试验

采用中裂 802 乳化剂，取沥青：水泥：水：乳化剂的配比为 1：0.6：1：0.03 进行试验，对析出的低热沥青，测试了密度、针入度及软化点指标，与基质沥青的性能指标进行了对比。

由试验结果可知，低热沥青的密度比基质沥青高，针入度比基质沥青较大，相应的软化点则有所降低。

3 低热沥青的抗压强度试验

采用抗压仪和养护箱，测试了不同配比试块的 7d 抗压强度。

结果表明，由水泥和破乳剂共同破乳析出的低热沥青比仅用水泥破乳析出的低热沥青强度略高，添加化学试剂或快硬水泥后，析出的低热沥青强度明显提高，其中添加快硬水泥和偏铝酸钠及破乳剂的试件，强度可达 3.2MPa 左右。

4 低热沥青的温感试验

（1）试验装置。沥青的性能与温度密切相关，其所有指标都是在一定的温度条件下的特性，因此掌握沥青的温度变化情况很重要。本试验针对灌浆过程中可能遇到的大孔隙、低水温条件，设计 15cm×15cm×10cm 的低热沥青试件，测定其在 15℃ 水温下试块的温度分布情况及降温过程。研制了一套温度场采集装置，由变送器、温度传感器、开关电源、RS485 采集模块及采集软件构成，如图 4 所示。

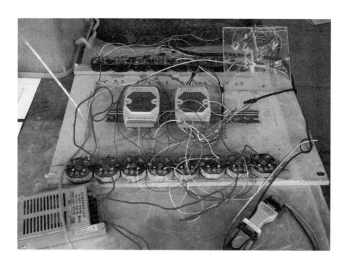

图 4 温度场采集装置

（2）试验结果及分析。采用中裂 802 乳化剂，取沥青：水泥：破乳剂：水：乳化剂的配比为 1：0.6：0.01：1：0.03 进行试验，制作 15cm×15cm×10cm 的试件，放入 15℃ 的恒温水浴中，测试试件的温度场变化情况。

结果表明，沥青的导热性能较差，温度扩散较慢，试件最外侧直接与水接触部分降温较快，试件中央区域的温度始终高于四周的温度，离边界越远降温越慢。因此，在灌浆过程中，在灌入的几分钟内，低热沥青仍会具有相当高的温度，保持一定的流动性，在灌浆压力作用下，可扩散至一定的距离。

5 低热沥青的流变性能试验

（1）试验原理。含水泥颗粒的低热沥青是典型的宾汉流体，宾汉体的流变特性可以用下式表示：

$$\tau = \tau_B(t) + \eta(t)\frac{dv}{dr} \qquad (3)$$

式中：$\tau_B(t)$、$\eta(t)$ 分别为宾汉流体的内聚强度、塑性黏滞系数。

设计了一套真空减压毛细管测黏度装置，取装有沥青的毛细管上的一段，截面 I 及 II 间的距离为 L（图 5），在管内划出半径为 r 的圆柱。在稳定流动情况下，圆柱表面上的切应力、圆柱截面上的压力和浆液的重力的满足式（4）的条件平衡式：

$$2\pi r\tau L = P\pi r^2 - \pi r^2 \lambda L \qquad (4)$$

由式（3）、式（4）可推导出 $\tau_B(t)$ 和 $\eta(t)$ 的计算公式

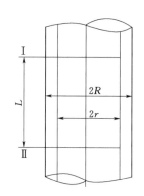

图 5 一段装有沥青的毛细管

式（5）、式（6）。

$$\tau_B = \frac{3D(P_c - \lambda L)}{16L} \tag{5}$$

$$\eta = \frac{\pi D^4}{128L}\left(\frac{P_1 - P_2}{q_1 - q_2}\right) \tag{6}$$

式中：q_1 为毛细管中沥青在压力 P_1 下的流量；q_2 为毛细管中沥青在压力 P_2 下的流量；D 为毛细管的直径；L 为毛细管的长度；P_c 为 P-q 曲线与 P 曲线的交点坐标；λ 为毛细管的比重。

（2）试验装置及试验方法。研制了一套真空减压毛细管测黏度装置（图6），包括①提供负压的装置为真空泵，包括一个真空泵专用电机和一个装有水的缓冲瓶；②沥青流通通道为不同管径和长度的毛细管；③测压装置包括真空泵接口处的真空表及插在接料玻璃瓶橡胶塞上的真空表；④接料装置为一个带有橡胶塞的玻璃瓶，橡胶塞上分别钻三个孔，接真空表、毛细管和真空泵，接料瓶放置在电子秤上，以便在实验过程中及时记录接料瓶的重量差；⑤沥青保温装置为一套可控制温度的加热设备及用有机玻璃板制作的水槽。

图6　真空减压毛细管测黏度装置

制作 $15cm \times 15cm \times 30cm$ 的低热沥青试件，放入可控制不同水温的恒温水槽中，利用真空泵抽负压，测定在不同压力下沥青被吸入接料瓶的重量变化，根据式（5）、式（6）即可计算出低热沥青在不同温度下的流变参数。

（3）试验结果及分析。试验结果见图7、图8。图7为在温度60℃条件下，采用中裂802乳化剂，固定沥青：水：乳化剂的比例为1∶1∶0.03，改变水泥的含量从0.5～0.8，对比添加破乳剂破乳和仅用水泥破乳的流变参数。图11为采用中裂802乳化剂，固定沥青：水：乳化剂的比例为1∶1∶0.03，改变水泥的含量从0.5～0.7，流变参数随温度的变化过程。

由图7可知，水泥的含量越大，析出的低热沥青的黏度越大；同样配比，采用水泥和破乳剂共同破乳比仅用水泥破乳析出的低热沥青黏度明显增加。水泥比例大于0.7时，低热沥青的黏度增加较快，在0.8时黏度达到67744mPa·s。因此，温度60℃条件下，水泥比例大于0.8时会增加灌浆泵送难度。

由图8可知，随着温度的降低，低热沥青的黏度逐渐增加，水泥比例为0.5和0.6的

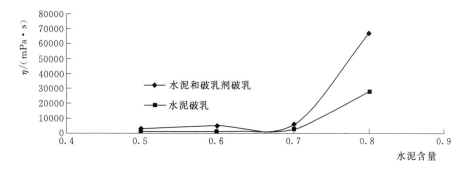

图 7 不同水泥配比的低热沥青流变参数（60℃）

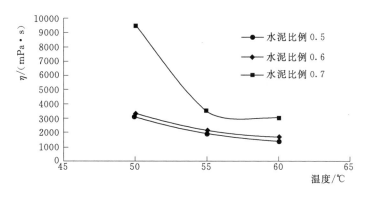

图 8 不同温度的低热沥青流变参数

变化趋势接近，水泥比例为 0.7 时，低热沥青的黏度增加较快，在 50℃的黏度达到 9523.68mPa·s。因此水泥含量大于 0.7，温度低于 50℃时会增加灌浆泵送难度。

6 结论

（1）低热沥青在 60℃以上具有较好的流动性和可泵性，比常规沥青灌浆加热温度低，能耗少，同时遇水凝固、不冲释，非常适合大孔隙（开度 30～50cm、流速大于 0.5m/s）漏水地层的灌浆堵漏。

（2）低热沥青原料的配比范围推荐为沥青 1，水泥 0.6～0.8，水 0.75～1，乳化剂 0.03，破乳剂 0.01。低热沥青的性能试验对比了仅用水泥破乳和添加破乳剂破乳的不同方式，添加破乳剂后黏度增加，可根据不同的灌浆需求调整破乳方式和比例范围。

（3）低热沥青的破乳速度和浆液温度可以通过调整添加水泥的含量进行小范围的调整，添加破乳剂后破乳速度较快，但流动性也有所降低。通过添加化学试剂或快硬水泥可以提高固结体的强度。

（4）通过温感试验可知，低热沥青的导热系数较低，沥青内部温度降低速度缓慢，在灌入的几分钟内，仍具有相当高的温度，保持一定的流动性，在管路内、孔内或地层孔隙内都具有良好的可灌性，在灌浆压力作用下，可扩散至一定的距离。

参考文献

[1] Deans G. Lukajic use of asphalt in treatment of dam foundation leak – age: Stewartville Dam [J]. ASCE Spring Convention. Denver. April 1985.

[2] Sedat Turkmen. Treatment of the seepage problems at the Kalecik Dam (Turkey) [J]. Engineering Geology, 2003, 68: 159 – 169.

[3] 倪至宽, 等. 防止新永春隧道涌水的热沥青灌浆工法 [J]. 岩石力学与工程学报, 2004 (23): 5200 – 5206.

[4] 傅子仁, 等. 热沥青灌浆工法于地下工程涌水处理的应用 [J]. 隧道建设, 2007 (S2): 437 – 441.

[5] 赵卫全, 等. 改性沥青灌浆堵漏试验研究 [J]. 铁道建筑技术, 2011 (9): 43 – 46.

[6] 符平, 等. 低热沥青灌浆堵漏技术研究 [J]. 水利水电技术, 2013 (12): 63 – 67.

[7] 张金升, 等. 沥青材料 [M]. 北京: 化学工业出版社, 2009.

对不同水灰比的静置浆液黏度测量的研究

王丽娟　周建华　李　凯

（中国水利水电科学研究院）

【摘　要】　本文设计了一套真空减压毛细管测静置浆液黏度装置，在考虑压滤作用的基础上，使试验条件更接近工程实际，并进行对比试验，得出搅拌时间和搅拌频次对浆液黏度值的影响。

【关键词】　黏度　压滤　毛细管法

1　引言

黏度是水泥浆浆液灌浆需测定的重要指标，浆液的黏度决定着浆液在受注地层内的扩散距离，更进一步决定了灌浆工程的质量和成本。因此研究如何在实验室较准确地测定浆液在地层流动过程中的黏度是很有意义的。而压滤作用是浆液在地层灌浆中需考虑的一个重要因素，目前已有文献在室内模拟土体注浆的实验装置中考虑了压滤作用，也有在测量浆液结石强度中考虑了压滤作用，但测量浆液黏度相关文献中却从未直接考虑压滤作用。本文设计了一套真空减压毛细管测静置浆液黏度装置，在考虑压滤作用的基础上，使试验条件更接近工程实际，测出的黏度可以更好地反映浆液在地层中的流动过程。

2　试验原理

在压力作用下，浆液中自由水被强制滤过土体，使浆液浓度提高，即压滤作用。在浆液灌浆过程中，考虑了压滤作用，才可以更好地描述浆液在地层中的流动及灌浆效果，因此在测定水泥浆液黏度试验中，采用了测定静置浆液黏度的方式来考虑压滤作用，以使试验条件更接近工程实际，并与定时搅拌的浆液测得的黏度进行比较，以得出搅拌时间和搅拌频次对浆液黏度值的影响。

毛细管黏度计的原理是通过测定定量的被测流体在恒压降下流过一定长度管线需要的时间来确定流体的黏度，它是直接在液体流动过程中测得的黏度。黏度本身就是量测液体在流动时，在其分子间产生内摩擦的大小，是用来表征液体性质相关的阻力因子。所以说在液体流动过程中用毛细管黏度计测得的黏度相对来说是较准确的。

近似水泥浆液为宾汉流体，宾汉流体是非牛顿流体的一种，通常是一种黏塑性材料，在低应力下，它表现为刚性，但在高应力下，它会像黏性流体一样流动，且其流动性为线性，服从数学模型：

$$\tau = \tau_B(t) + \eta(t)\frac{\mathrm{d}v}{\mathrm{d}r} \tag{1}$$

式中：$\tau_B(t)$、$\eta(t)$ 分别为宾汉流体的剪切强度、塑性黏滞系数。

设在半径为 r 的液体圆筒面上，其切应力与屈服应力 τ_0 相等，则在半径 r 以内的部分，因 $\tau < \tau_0$ 而不流动（固体状），形成如图 1 的速度分布，称为塞流。流核的尺寸为液体圆筒面上切应力等于 τ_0 处的半径 r_0。

$$\tau_0 = \frac{r_0}{2}\left(\frac{\partial p}{\partial x} + \gamma\right) \tag{2}$$

假定所测水泥浆体在毛细管中呈不可压缩层流状态，管壁上没有滑动。根据力的平衡（图 2）：

$$\frac{\partial p}{\partial x}\mathrm{d}x\pi r^2 + \gamma\pi r^2 = \tau(2\pi r)\mathrm{d}x \tag{3}$$

$$\frac{\partial p}{\partial x} = \frac{\Delta p}{L} \tag{4}$$

由式（1）、式（2）和式（3）公式可推导出浆液剪切强度和黏度公式：

$$\tau = \frac{\gamma R}{2L}\left(\frac{P}{\gamma} + L_1 + L - (\alpha + \varepsilon_1 + \varepsilon_2)\frac{Q^2}{2\pi^2 g R^4}\right) \tag{5}$$

$$\tau = \frac{4Q}{\pi R^3}\eta + \frac{4}{3}\tau_0 \tag{6}$$

以上式中：α 为动能修正系数，一般取 1；ε_1、ε_2 分别为毛细管进出口能量损失系数；γ 为浆体的重度。

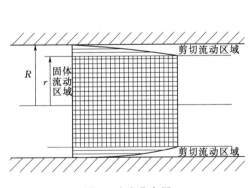

图 1 速度分布图

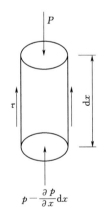

图 2 微分单元力的平衡

3 试验装置及试验方法

研制了一套真空减压毛细管测静置浆液黏度装置，包括①提供负压的装置为真空泵，包括一个真空泵专用电机和一个装有水的缓冲瓶；②浆液流通通道为不同管径的毛细管；③测压装置包括真空泵接口处的真空表及插在接料玻璃瓶橡胶塞上的真空表；

④接料装置为一个带有橡胶塞的带刻度玻璃瓶，橡胶塞上分别钻 3 个孔，接真空表、毛细管和真空泵；⑤进浆装置为一有机玻璃管圆柱筒，同时也是浆液静置装置如图 3、图4 所示。

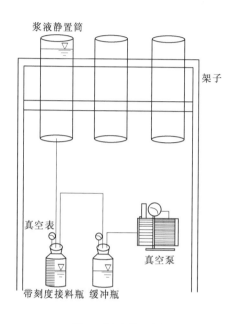

图 3　试验装置图

图 4　实验装置示意图

利用真空泵抽负压，测定在不同压力下流动浆液在毛细管中的流量，即接料瓶中一定时间内刻度变化差，然后代入上述公式计算可得浆液的黏度。有机玻璃管圆柱筒中浆液随着静置时间越长，浆液上层析出的水量也在不断增加，会形成很明显的浆液和水的分界面，在测定黏度中需控制开关只让下层浆液流入毛细管，上层的水不可流入，以保证测得的黏度是下层浆液的黏度。

测定浆液不同静置时间后浆液的黏度试验采取三种方式：①只在浆液初始配置中低速搅拌 5min，之后在浆液静置过程中无搅拌；②在浆液初始配置中低速搅拌 5min，之后在每次测黏度之前再低速搅拌 5min；③在浆液初始配置中低速搅拌 5min，之后在每次测黏度之前再低速搅拌 10s 左右。

4　试验结果

（1）测定不同型号不同水灰比水泥浆液黏度随静置时间变化函数（第一种方式）见表1、表 2。

由表 1、表 2 可知，三种水泥不同水灰比浆液黏度随静置时间呈指数函数 $y = a e^{bx}$ 增长；同型号水泥随着水灰比的增大参数 a 也逐渐增大；超细普硅 425 水泥水灰比 1 和 0.8浆液相比较水灰比 2 和 3 的浆液黏度和参数 a 都呈大幅度增长。

表 1　　325 复合硅酸盐水泥不同水灰比浆液黏度随静置时间变化函数（第一种方式）

	水灰比	静置时间/min	黏度/(mPa·s)	黏度随静置时间变化函数
325 复合硅酸盐水泥	3	0	13.9	$y = 17\,e^{0.015x}$
		60	60.3	
		120	87.9	
		180	452.2	
		240	602.9	
	2	0	38.8	$y = 30.32\,e^{0.013x}$
		30	40	
		60	74	
		135	118.8	
		210	751.9	
	1	0	73.8	$y = 61.52\,e^{0.014x}$
		60	119	
		90	174.2	
		120	400.3	
		180	885.9	
		240	1808.6	
	0.8	0	235.9	$y = 228.5\,e^{0.02x}$
		30	314.9	
		60	882	
		90	1764	
		150	4052.8	
	0.6	0	602.4	$y = 487.3\,e^{0.023x}$
		30	802.8	
		90	2908.7	
		120	9902.4	
	0.5	0	2324	$y = 1659\,e^{0.016x}$
		60	2039.6	
		90	8764.8	
		120	14920	

表 2　　不同型号不同水灰比水泥浆液黏度随静置时间变化函数（第一种方式）

水泥型号	水灰比	黏度随静置时间变化函数
425 普通硅酸盐水泥	3	$y = 43.15\,e^{0.01x}$
	2	$y = 105.5\,e^{0.006x}$
	1	$y = 160.1\,e^{0.007x}$
	0.8	$y = 219.9\,e^{0.012x}$
	0.6	$y = 357.6\,e^{0.021x}$
	0.5	$y = 822.9\,e^{0.016x}$

水泥型号	水灰比	黏度随静置时间变化函数
超细普硅 425 水泥	3	$y = 34.56\,e^{0.017x}$
	2	$y = 40.2\,e^{0.015x}$
	1	$y = 2861\,e^{0.008x}$
	0.8	$y = 2666\,e^{0.022x}$

（2）测定 425 普通硅酸盐水泥不同水灰比浆液黏度随静置时间变化函数（第二种方式）见表 3。

表 3　　425 普通硅酸盐水泥不同水灰比浆液黏度随静置时间变化函数（第二种方式）

	水灰比	静置时间/min	黏度/(mPa·s)
425 普通硅酸盐水泥	3	0	13.9
		30	14.0
		60	14.0
		90	14.1
		120	14.2
		150	14.2
		180	14.5
		210	14.6
		240	14.8
	2	0	38.8
		30	40.0
		60	41.0
		90	41.3
		135	42.0
		180	43.0
		210	45
	1	0	73.8
		30	74.0
		60	75.0
		90	75.9
		120	78.0
		180	80.0

由表 3 可知，采用在浆液初始配置中低速搅拌 5min，之后在每次测黏度之前再低速搅拌 5min 这种试验方式测得的浆液黏度一直基本等于初始黏度，不随静置时间发生变化。

（3）测定 425 普通硅酸盐水泥浆液不同静置时间后的黏度（第三种方式）见表 4。

表 4　　425 普通硅酸盐水泥不同水灰比浆液黏度随静置时间变化函数（第三种方式）

	水灰比	静置时间/min	黏度/(mPa·s)
425 普通硅酸盐水泥	3	0	13.8
		30	14.2
		60	14.3
		90	14.3
		120	14.3
		150	14.3
		180	14.5
		210	14.6
		240	14.8
	2	0	38.9
		30	40.0
		60	41.1
		90	41.2
		135	42.1
		180	43.1
		210	45
	1	0	73.9
		30	74.0
		60	75.1
		90	75.9
		120	78.0
		180	80.0
		210	73.8

由表 4 可知，采用在浆液初始配置中低速搅拌 5min，之后在每次测黏度之前再低速搅拌 10s 这种试验方式测得的浆液黏度更接近初始黏度，不随静置时间发生变化。

5　试验结果分析

水泥加水拌成的浆体，起初具有可塑性和流动性，随着水化反应的不断进行，浆体逐渐失去流动能力，转化为具有一定强度的固体。实际上，水化是水泥产生凝结硬化的前提，而凝结硬化是水泥水化的结果。硬化水泥浆体是一非均匀的多相体系，由各种水化产物和残存熟料所构成的固相以及存在于空隙中的水和空气组成，所以是固-液-气三相多孔体。搅拌能保证水泥与水均匀分散，保证浆体足够的流动性。

在本实验中，只在浆液初始配置中低速搅拌 5min，之后在浆液静置过程中无搅拌，并随着水化反应的不断进行，水泥和水不能均匀分散，浆液呈不均匀状态，会形成很明显的浆液和水的分界面。本实验需测得的黏度是下层浆液的黏度。随着静置时间越长，浆液上层析出的水量在不断增加，并且由于水泥水化反应的不断进行，下层浆液流动性会逐渐降低，浆液黏度会越来越大，由试验结果来看，下层浆液黏度随时间呈指数函数增长。

而采用在浆液初始配置中低速搅拌5min，之后在每次测黏度之前再低速搅拌5min或10s，这样每次测黏度前水泥与水均匀分散，浆液为均匀浆液。从理论上来说，随着水化反应的不断进行，水泥会逐渐凝结硬化，但是每隔30min对浆体进行搅拌5min或10s，会重新打开或破坏已经形成的水泥浆凝结体，使浆体的黏度基本保持不变。

6　试验结论及不足

试验采用的第一种方式：只在浆液初始配置中低速搅拌5min，之后在浆液静置过程中无搅拌，这种试验方式测出的浆液黏度更接近于工程实际，因在工程施工中，浆液灌入地层后，无法再进行搅拌，只是在压滤作用下浆液浓度得到提高。

搅拌方式对浆液不同静置时间的黏度影响很大。只在浆液初始配置中低速搅拌5min，浆液的黏度随静置时间呈指数函数变化；而采用在浆液初始配置中低速搅拌5min，之后在每次测黏度之前再低速搅拌5min或10s，浆液的黏度都基本保持不变。

在浆液静置过程中形成的下层浆液不仅会持续发生水化反应，而且在重力作用下，水泥颗粒会向下运动，因此导致下层浆液在高度方向是不均匀的，但是本实验中因测一个黏度值至少需测三个不同压力下的浆液流量才能得出，而且水灰比3、2、1的浆液析水率很大，最后形成的下层浆液量很少，所以在本实验装置中无法很好的考虑浆液的不均匀性，需在下一步试验研究中进一步完善。

参考文献

[1]　杨晓东.水泥浆体灌入能力研究［R］.中国水利水电科学研究院.1985.

[2]　阮文军.注浆扩散与浆液若干基本性能研究［J］.岩土工程学报，2005，27（1）：69-73.

[3]　张忠苗.考虑压滤效应下饱和黏土压密注浆柱扩张理论［J］.浙江大学学报（工学版），2011，45（11）：1980-1984.

[4]　张忠苗.黏土中压密注浆及劈裂注浆室内模拟试验分析［J］.岩土工程学报，2009，31（12）：1818-1824.

[5]　希辛柯.泥浆水力学［M］.袁恩熙，陈家琅，译.北京：石油工业出版社，1957.

[6]　陈惠钊.粘度测量［M］.北京：中国计量出版社，2003.

[7]　王丽娟.膏浆浆液的流变参数测定方法［J］.水利水电技术，2014，45（4）：56-58.

[8]　梁经纬.粘土水泥浆液的压滤效应及其对强度的影响［J］.水利水电技术，2015，46（10）：133-137.

广蓄电厂引水隧洞 CW713 环氧砂浆混凝土
表面防护材料应用研究

李 娟[1,2] 韩 炜[1,2,3,4] 邵晓妹[1,2,3,4] 李 珍[1,2,3,4] 汪在芹[1,2,3,4]

（1.长江科学院 2.武汉长江科创科技发展有限公司 3.国家大坝安全工程技术研究中心
4.水利部水工程安全与病害防治工程技术研究中心）

【摘 要】 广蓄电站 B 厂引水系统隧洞混凝土衬砌表面长期受到水介质的侵蚀和大量淡水壳菜附着和破坏，留下大量孔洞，继续发展会对整个结构的安全使用和耐久性构成严重影响，导致电站机组无法安全运行。为此，需要对混凝土进行及时防护修补。为保证施工质量，选取 CW713 高触变性环氧砂浆混凝土表面防护材料进行应用试验研究。试验结果表明，CW713 环氧砂浆与混凝土基面黏结性良好，完全固化，无起皮、脱落、流挂现象，满足设计要求。

【关键词】 引水隧洞 淡水壳菜 CW713 高触变性环氧砂浆 混凝土防护

1 引言

广蓄电站是我国第一座高水头、大容量的抽水蓄能电站，也是世界上装机容量最大的抽水蓄能电站。整个工程分两期建设，安装 8 台 300MW 的可逆式抽水蓄能机组，设计水头 535m，电站总装机容量 2400MW，为大亚湾核电站的安全经济运行和提高电网供电质量服务。

广蓄电站 B 厂引水系统隧洞全长约 3800m，经隧洞排空检查发现混凝土基面表面存在大量缺陷。混凝土中 $Ca(OH)_2$ 收到库水中的 HCO_3 分解产生的 CO_2 的溶蚀作用，引起水泥水化产物的分解，表面强度降低，在有压动水的作用下产生剥落，同时，CO_2 对剥落混凝土的骨料进行二次侵蚀。此外，隧洞内混凝土表面产生大量淡水壳菜，不仅对混凝土产生侵蚀影响，更增加了隧洞内壁的糙率，影响到隧洞输水效率及发电[1,2]，继续发展会严重破坏引水系统隧洞结构。为了有效防护隧洞内部混凝土不受到 CO_2 和淡水壳菜的侵蚀，确保电厂机组的长期安全运行，需要研发能够保护混凝土不发生各种流失溶蚀并有效防止淡水壳菜的附着，同时施工效率高、耐久性优良的新型表面涂层材料。

目前国内混凝土防侵蚀材料多为聚氨酯类、聚脲类、水泥渗透结晶型类、有机硅类、乙烯基树脂类、氟碳类、硅烷类等材料，这些对混凝土防侵蚀保护具有一定的效果，但是这些材料并没有有效防止淡水壳菜的功能。而淡水壳菜的防止方法有物理法、化学法、生物法等，其中物理法包括物理拦截、控制水温、控制光线、控制水流流速、控制水流流速、优化工程运行方式、机械人工清理、脱水干燥等方式，化学法包括足丝溶解、化学药剂灭杀等方式，生物方法主要以生物抑制法为主。大部分物理方法操作复杂，因素限制较多，可控性、可行性较差。化学方法与物理方法相比，化学灭杀法具有可控性强，见效快等特点，但同时由于其化学成分与结构等问题，对于供水安全存在一定隐患。考察其灭杀效果的同时，还应注意考虑其长远影响。生物抑制法的运用有较大的局限性，只能使用于开放性的水体区域，适合于捕食淡水壳菜鱼类生长的环境。

长江科学院长江工程技术分公司在多年混凝土防护材料研发与应用经验的基础上，通过现场具体情况调研和实验室试验，研发了 CW713 高触变性环氧砂浆混凝土防护涂层，能够在对淡水壳菜进行抑制的同时保护混凝土不受外界环境的侵蚀，并具有安全、环保、持久、高效的特点，并进行现场试验，试验效果良好。

2 材料性能

环氧砂浆是由有机和无机材料组成的多相复合材料。其中有机材料为环氧树脂与固化剂反应生成的固化物，在砂浆中做胶结材料；无机材料为惰性填料，如石英砂、石英粉等硅质材料。其中，环氧树脂本身的抗压强度和抗冲磨强度并不高，但由于其黏结能力极强，添加一些填料后性能大增。因此，由于环氧砂浆优异的物理机械性能，很适合应用在水利行业作为混凝土表面防护修补材料[3-8]。

CW713 高触变性环氧砂浆混凝土表面防护材料是长江科学院长江工程技术公司自主研发的新型涂层材料，是以 CYD128 国产环氧树脂原料为基材，通过添加纳米填料以及其他固化剂、增韧剂、触变剂等助剂进行改性，从而制备出的有机无机多相纳米复合材料，具有优异的抗压抗折强度、韧性、黏结性以及耐久性。由于亲水基团的存在，CW713 环氧砂浆可以在潮湿环境中固化，同时还可以在水分子的催化下，固化更完全，因此作为混凝土防护涂层具有优异的物理机械性能。此外，由于环氧树脂的黏度大，可对填料进行湿润、浸渍，最终固化后形成致密结构。

CW713 高触变性环氧砂浆混凝土表面防护修补材料性能见表 1。

表 1   CW713 高触变性环氧砂浆混凝土表面防护修补材料主要性能指标

序号	测试项目	性能指标	检验标准
1	密度/(g/cm³)	1.51	DL/T 5126—2001
2	适用期/min	25～30	DL/T 5150—2001
3	抗压强度/(MPa，龄期 28d)	78.9	DL/T 5193—2004
4	抗拉强度/(MPa，龄期 28d)	11.2	
5	与混凝土黏结抗拉强度/ (MPa，龄期 28d)	12.0	
6	C50 混凝土对接抗折强度 /(MPa，龄期 28d)	15.0	GB/T 13354—1992
7	线膨胀系数/(1/℃)	12.2×10^{-6}	
8	碳化深度/mm	0	

由表 1 可知，CW713 高触变性环氧砂浆混凝土表面防护材料具有优异的抗压强度、抗拉强度、与混凝土黏结强度和 C50 混凝土对接抗折强度，因此作为混凝土表面防护修补材料，CW713 高触变性环氧砂浆具有优异的物理机械性能，有一定的拉伸变形能力，对混凝土表面孔洞具有很好的修补效果。其线膨胀系数与混凝土处于同一数量级，当温度发生变化时，不会出现由于线膨胀系数不一致而导致的裂缝等缺陷。此外，碳化深度为零显示了该材料对混凝土耐久性保护效果显著。[1]

3　工程现场应用试验研究

本次试验应广州抽水蓄能发电有限公司运行部要求进行现场踏勘，选定上平洞 41 号结构块（如图 1、图 2 所示）处进行试验，试验面积 10m²。

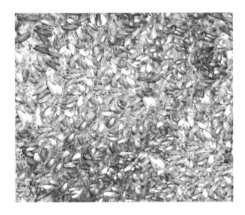
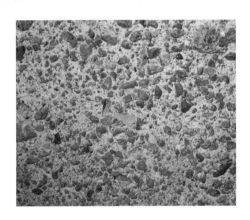

图 1　试验部位淡水壳菜生长情况　　　　　图 2　试验部位混凝土基面处理后

工程现场试验工艺流程如下：

（1）混凝土基面淡水壳菜处理：采用高压水的方法对淡水壳菜进行清除，同时配制石灰水进行幼虫灭杀，局部无法冲洗干净的部位用角磨机手工打磨的方法直至全部清理干净。

（2）混凝土基面打磨：采用高压水的方法将隧洞衬砌混凝土表面的污染物、薄弱层、松散颗粒清除干净，直至露出新鲜密实的骨料。局部无法冲洗干净的部位采用碱液、洗涤剂、溶剂处理干净并用淡水冲洗直至中性，或用角磨机手工打磨直至清理干净。

（3）CW713 环氧砂浆混凝土表面防护修补材料配制：根据试验面积大小，按一定配比称量并将 A、B 组分进行充分搅拌［A 组分：B 组分＝10∶3（质量比）］，直至二者混合均匀。

（4）CW713 环氧砂浆混凝土表面防护修补材料涂覆：分层用力多次涂抹，对孔洞压实抹平，防止出现小泡，无漏涂、流挂现象，最终使其表面达到光滑、平整。

（5）养护：试验部位需自然养护至少 24h，避免过水和人员破坏、机械损伤等。

如图 3 可见，CW713 环氧砂浆混凝土表面防护材料工艺简单，只需搅拌均匀涂刮即可，同时施工过程中，材料无流挂。如图 4 所示，固化完全后，涂层无起皮、无脱落、不起泡、表面平整光滑。对此进行拉拔试验，如图 5 所示，混凝土脱落，这说明 CW713 环氧砂浆材料与基面的黏结性好。

图 3　CW713 环氧砂浆涂层

图 4　拉拔试验情况

图 5　CW713 环氧砂浆涂层

图 6　两个月后 CW713 环氧砂浆涂层情况

两个月后，CW713 环氧砂浆混凝土表面防护材料应用情况如图 6 所示，由此可知，经水流冲刷两个月后，涂层表面无脱落和明显磨损现象，表面依然光滑，无明显变化。该试验达到预期效果。

4　结论

根据广蓄电厂引水隧洞施工现场的实际需要，选用 CW713 高触变性环氧砂浆混凝土表面防护材料进行现场试验。这主要有 4 点：①该材料施工简单方便，易于现场操作，施工过程无流挂现象；②材料完全固化后，涂层无起皮、无脱落、不起泡、表面平整光滑；③该材料与原混凝土基面有很强的粘接性；④经过两个月的水流冲刷和侵蚀，涂层表面无明显变化。

由此可见，CW713 高触变性环氧砂浆在引水隧洞内混凝土表面修补和防护等工程中具有良好前景。

参考文献

［1］ 华丕龙，单凤霞.广州蓄能电厂淡水壳菜生境调查及防治初探［J］.水力发电，2014，40（11）：82-85.

［2］ Ciparis Serena, Phipps Andrew, Soucek David J., et al. Effect of environmentally relevant mixtures of major ions on a freshwater mussel［J］. Environmental Pollution. 2015，207：280-287.

［3］ 孙宇飞，胡炜，张勇.环氧砂浆热膨胀性能试验研究［J］.西北水电，2013，3（0088）：1-4.

［4］ 张利，赵丽丽.环氧砂浆在混凝土表面补强加固中的应用［J］.吉林水利，2006，11（293）：24-26.

［5］ Alves C., Sanjurjo-Sanchez J. Conservation of stony materials in the built environment［J］. Environmental Chemistry Letters，2015，13（4）：413-430.

［6］ Ei-Hawary MM. Testing for engineering and durability properties of an epoxy mortar system［J］. Kuwait Journal of Science and Engineering，1998，25（1）：163-174.

［7］ 魏涛，廖灵敏，韩炜.CW系列混凝土表面保护修补材料研究与应用［J］.长江科学院院报，2011，28（10）：175-179.

［8］ 韩炜，杜科，李珍.大坝混凝土裂缝修补材料的制研究［J］.人民长江，2011，42（10）：80-82.

新型灰浆墙体材料配比试验研究

李明涛[1]　肖俊龙[2]

（1. 山东省水利科学研究院　2. 河海大学）

【摘　要】 为满足自凝灰浆防渗墙在永久工程中的应用，本试验研究对影响墙体性能的水胶比、当地黏土掺量、膨润土掺量等主要因素进行了正交配合比试验，得到了满足设计指标的自凝灰浆配合比。现场检测表明本试验结果满足工程需要，对类似工程有一定的借鉴意义。

【关键词】 自凝灰浆　配比试验　研究

1　问题的提出

现行《水利水电工程混凝土防渗墙施工技术规范》中，自凝灰浆作为防渗材料中的一种，其原浆配比为水泥用量 $100 \sim 300 \text{kg/m}^3$，膨润土 $40 \sim 60 \text{kg/m}^3$，凝结后墙体抗压强度 $0.1 \sim 0.5 \text{MPa}$，变形模量 $40 \sim 300 \text{MPa}$，渗透系数 $1 \times 10^{-6} \sim 1 \times 10^{-7} \text{cm/s}$ 之间。采用非循环方式施工，施工时自凝灰浆作为固壁泥浆，成槽后自行凝结成墙。显然，规范中要求的自凝灰浆是一种高水灰比的浆液，结石率较低，凝结过程中，需要不断补充灰浆完成析水固结，固结后的墙体仍具有高含水性、低强度的特性，承受水压的能力有限，容易形成穿孔破坏；另外，自凝灰浆原浆与槽孔内的部分钻渣混合形成防渗墙，由于颗粒沉积速率不同，粗颗粒、水泥颗粒等多沉积在墙体的中下部，因此墙体不同部位各种材料含量差别较大，墙体的物理力学指标呈现明显的差异性。在工程应用中，自凝灰浆多用于低水头或临时性的防渗工程。

从材料性质来说，自凝灰浆属于水泥土材料，水泥颗粒与颗粒更细的膨润土及黏土混合固结后具有较强的材料稳定性，这种方法工艺简单，价格低廉，防渗性能有保障，不失为低水头建筑物防渗的一种理想选择。某平原水库坝基砂层防渗采用自凝灰浆防渗墙，设计指标要求如下：①抗压强度 $R_{28} = 2 \sim 3 \text{MPa}$；②墙体渗透系数 $K \leqslant 5 \times 10^{-6} \text{cm/s}$；③水泥掺入量不小于 400kg/m^3。与规范中要求的自凝灰浆相比，本工程的设计指标对强度及结石率提出了较高的要求，对墙体的稳定性要求较高，因此需要进行材料配比试验的研究。根据施工委托方提供的施工方法，要求成槽清孔后以全置换的方式灌注自凝灰浆，因此有条件配置稳定性好的浓稠浆液。

2　配比试验原材料

（1）水泥。选定当地复合硅酸盐 P. C32.5R 东郭水泥。依据《水泥标准稠度用水量、凝结时间、安定性检验方法》（GB/T 1346—2001）、《水泥胶砂强度检验方法》（GB/T 17671—1999）、《水泥细度检验方法》（GB/T 1345—2005）对其进行试验检测，检测结果见表1。

表 1   P.C32.5R 东 郭 水 泥

项目	抗折强度/MPa		抗压强度/MPa		凝结时间/min		标准稠度用水量/%	安定性
	3d	28d	3d	28d	初凝	终凝		
标准值	≥3.5	≥5.5	≥15.0	≥32.5	≥45	≤600		≤5
检测值	4.6	7.6	20.8	40.5	187	277	30.2	0.5
结论	合格	合格	合格	合格	合格	合格		合格

（2）黏土。为提高自凝灰浆的结石率，配比中大量使用成槽置换出的当地土，减小水灰比，提高灌注浆液的浓度，改善了自凝灰浆的稳定性，析水率大为减少。依据《土工试验方法标准》（GBT 50123—1999）对黏土进行检测，检测结果见表2。颗分曲线如图1所示。

表 2   当地黏土物理性能指标

项目	砂粒含量/%	粉粒含量/%	黏粒含量/%	流限 W_L/%	塑限 W_P/%	塑性指数 I_P
当地黏土	6.5	52.8	40.8	37	20	17

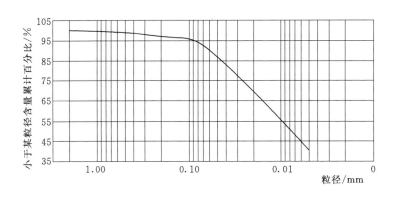

图 1   颗分曲线

（3）膨润土。本试验选用符合《膨润土》（GB/T 20973—2007）标准的宁阳信通矿业出产的二级钙基膨润土。

3 室内配合比设计

为满足本水库墙体设计指标的要求，使其具有足够的强度、抗渗性能、永久工程所必需的耐久性，综合考虑现场施工对浆材工作性的要求，总结大量前期探索试验后，最终选定配合比试验水泥用量为 75～125kg/m²，并从水胶比、当地黏土掺量以及膨润土掺量三个方面考察其工作性、力学性能和抗渗性。

3.1 配合比设计方法

在考察前人研究配合比试验的前提下，最终选定正交试验方法。正交试验设计根据正交性从全面试验中挑选出部分有代表性的试验组合进行试验，这些有代表性的点具备了均匀分散、齐整可比的特点。试验选取 L16（4⁵）正交配合比表格，主要研究浆材的水胶比、当地黏土掺量、膨润土掺量三个因素对凝结体的力学指标和防渗性能的影响规律与机理。每个因素选取四个水平，在现场前期的探索试验的基础上设定水胶比水平为 0.6、0.64、0.68、0.72；当地黏土掺量水平为 49%、53%、57%、61%；膨润土水平为 3.4%、3.8%、4.2%、4.6%，其中的百分比为各种材料与胶凝材料总量的比率，见表 3。

表 3　　　　　　　　　　　配合比影响因素及水平

水平 因素	1	2	3	4
水胶比	0.6	0.64	0.68	0.72
当地黏土/%	49	53	57	61
膨润土/%	3.4	3.85	4.2	4.6

3.2 凝结体抗压强度试验

本节依据《水工混凝土试验规程》（SL 352—2006）中规定的立方体抗压强度的试验方法测定灰浆凝结体的抗压强度；按照正交试验结果分析方法对各试验立方体抗压强度进行极差分析；分析不同水胶比、黏土掺量、膨润土掺量等因素对自凝灰浆立方体抗压强度的影响规律。

3.2.1 试验方法

凝结体试件的成型和养护方法依照《水工混凝土试验规程》（SL 352—2006）进行。使用 150mm×150mm×150mm 的标准立方体试模进行装膜成型，每组 3 个试块。浆液装模后自流平、自密实不需要格外震动，但需轻敲模壁减少浆液内的气泡。试块在凝固前需进行 1～2 次补浆并进行抹面。约 48h 后试件脱模放入温度 15～25℃、湿度不小于 95% 的标准养护室，养护龄期为 28d。试验仪器为 WE-100 液压式万能试验机，测试时的加载速度控制在 0.05～0.15MPa 之间。

3.2.2 试验结果处理方法

根据《水工混凝土试验规程》（SL 352—2006）中有关规定，抗压强度按下式计算（准确到 0.1MPa）：

$$f_{cc} = \frac{P}{A}$$

式中：f_{cc} 为抗压强度，MPa；P 为破坏荷载，kN；A 为试件承压面积，mm²。

取三个试件的平均值作为该组试验结果，当三个试件最大值或者最小值之一，与中间值之差超过中间值的 ±15%，取中间值；超过时应将该测值剔除，取余下两个试件的平均值作为试验结果。若一组中有可用的测值少于 2 个时，本组试验重做。

3.2.3 试验结果极差分析

根据上述试验方法，所测得的凝结体抗压强度见表 4。

表 4　　　　　　　　　　　凝结体抗压强度极差分析表

试验号 \ 因素	1 水胶比	2 当地黏土	3 膨润土	4	5	抗压强度/MPa
Z1	1 (0.60)	1 (49%)	1 (3.4%)	1	1	6.3
Z2	1 (0.60)	2 (53%)	2 (3.8%)	2	2	5.4
Z3	1 (0.60)	3 (57%)	3 (4.2%)	3	3	3.4
Z4	1 (0.60)	4 (61%)	4 (4.6%)	4	4	2.9
Z5	2 (0.64)	1 (49%)	2 (3.8%)	3	4	5.0
Z6	2 (0.64)	2 (53%)	1 (3.4%)	4	3	4.4
Z7	2 (0.64)	3 (57%)	4 (4.6%)	1	2	3.2
Z8	2 (0.64)	4 (61%)	3 (4.2%)	2	1	2.4
Z9	3 (0.68)	1 (49%)	3 (4.2%)	4	2	3.9
Z10	3 (0.68)	2 (53%)	4 (4.6%)	3	1	3.4
Z11	3 (0.68)	3 (57%)	1 (3.4%)	2	4	3.0
Z12	3 (0.68)	4 (61%)	2 (3.8%)	1	3	2.6
Z13	4 (0.72)	1 (49%)	4 (4.6%)	2	3	3.4
Z14	4 (0.72)	2 (53%)	3 (4.2%)	1	4	3.0
Z15	4 (0.72)	3 (57%)	2 (3.8%)	4	1	2.4
Z16	4 (0.72)	4 (61%)	1 (3.4%)	3	2	2.2
K1	18.000	18.600	15.900	15.10	14.50	
K2	15.000	16.200	15.400	14.200	14.70	
K3	12.900	12.000	12.700	14.000	13.80	
K4	11.000	10.100	12.900	13.600	13.90	
k1	4.500	4.650	3.975	3.775	3.625	
k2	3.750	4.050	3.850	3.550	3.675	
k3	3.225	3.000	3.175	3.500	3.450	
k4	2.750	2.525	3.225	3.400	3.475	
极差	1.750	2.125	0.8	0.375	0.225	

　　按正交试验结果分析方法，分别对各试样立方体抗压强度进行极差分析，结论如下：

　　(1) 按照极差的大小分析：影响新型自凝灰浆立方体抗压强度最主要的因素是当地黏土的掺量，其次是水胶比，膨润土掺量等因素。

　　(2) 灰浆凝结体的 28d 抗压强度与普通混凝土的变化规律基本一致，随着水胶比的增大，抗压轻度逐渐减小。水胶比与立方体的抗压极差趋势如图 2 所示。

　　(3) 试验发现随着当地黏土掺量的增大，灰浆凝结体 28d 立方体抗压强度逐渐降低。极差分析结果如图 3 所示，图中当地黏土用量指当地黏土占胶凝材料的比值。

　　(4) 试验数据说明随着膨润土占胶材总量的比率增大，掺膨润土的灰浆凝结体 28d 的立方体抗压强度逐渐降低，但降低幅度不大，这与本试验中膨润土掺量的变化幅度较小有

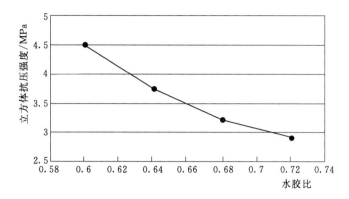

图 2　抗压强度随水胶比变化规律

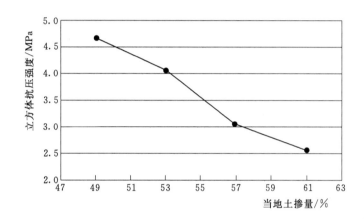

图 3　抗压强度随当地黏土掺量变化规律

关。在等量取代水泥用量的情况下，由于膨润土颗粒细小、离子吸水膨胀性强等特性，可以改善灰浆凝结体的孔隙率对灰浆凝结体抗渗性能的提高是有利的，但同时也降低了凝结体的密实度对墙体抗压不利，28d 立方体抗压强度极差分析结果如图 4 所示，图中的百分比为膨润土所占胶凝材料的比率。

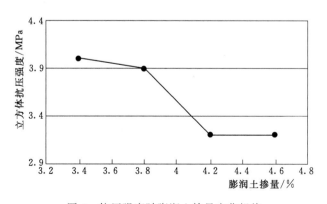

图 4　抗压强度随膨润土掺量变化规律

3.3 凝结体抗渗性能试验

自凝灰浆抗渗性能依据《水工塑性混凝土试验规程》（DL/T 5030—2013）进行渗透系数试验。试验设备使用山东省水利科学研究院研制的塑性混凝土渗透系数试验装置STY-1型。按照正交试验结果分析方法对各试件相对渗透系数进行极差分析。分析不同水胶比、黏土掺量、膨润土掺量等因素对自凝灰浆凝结体抗渗性能的影响规律。

3.3.1 试验方法

试验试件为直径100cm，高60cm的圆柱体，每组两块。试验养护方法与抗压试验相同，均为室内标准养护。具体试验方法如下：

试件达到28d龄期后取出，用钢丝刷将试样上下表面打毛，以消除可能影响试样透水性的水泥浆膜；在圆柱体试样的侧表面均匀涂上一层硅橡胶，待密封材料晾干后，将试样放置于清水中浸泡24h以上，或用饱和罐进行真空饱和；将处理好的试样装入压力室内的顶帽与底帽之间，上下两端放置透水石，外包裹以乳胶膜，乳胶膜两端扎紧在试样顶帽和底帽的凹槽内，以防止压力室中的气体进入试样，将压力室外罩放置于底座上，通过把手旋紧压力室，并检查压力室是否有漏气现象；打开渗透压力接管的阀门，通过加压系统施加少许水头压力，将乳胶膜与试样之间的空气通过上排气管排出，排气完成后，关闭渗透压力接管阀门，撤去水头压力；再在压力室内施加0.05～0.10MPa的周围压力，将试样内部多余水排出，在确定无多余水和气体后，方可进行渗透试验；分别对试件施加周围压力和渗透水压，渗透压力要小于压力室内周围压力，确保试验不会出现绕渗现象。之后持续观测量管读数，直至渗流稳定，开始读数记录，连续记录5～10次渗流量读数，得到第一次与最后一次读数时间间隔内的稳定渗流量。

3.3.2 试验结果处理

按如下达西定律公式计算渗透系数及渗透比降：

$$K = \frac{QL}{AtH}$$

式中：K 为渗透系数，cm/s；Q 为 t 时间内渗透过试样的水量，cm^3；A 为试件截面积，cm^2；L 为试件高度，cm；H 为作用水头，cm；t 为渗透时间，s。

$$J = \frac{H}{L}$$

式中：J 为渗透比降；H 为作用水头，cm；L 为试件高度，cm。试验所得自凝灰浆凝结体的渗透系数见表5。

表5　　　　　　　　　　凝结体渗透系数试验结果及极差分析表

试验号 \ 因素	1（水胶比）	2（当地黏土）	3（膨润土）	4	5	渗透系数 K /（$1×10^{-6}$cm/s）
Z1	1（0.60）	1（49%）	1（3.4%）	1	1	0.043
Z2	1（0.60）	2（53%）	2（3.8%）	2	2	0.082
Z3	1（0.60）	3（57%）	3（4.2%）	3	3	0.227
Z4	1（0.60）	4（61%）	4（4.6%）	4	4	0.532

试验号 \ 因素	1（水胶比）	2（当地黏土）	3（膨润土）	4	5	渗透系数 K /(1×10^{-6}cm/s)
Z5	2（0.64）	1（49%）	2（3.8%）	3	4	0.067
Z6	2（0.64）	2（53%）	1（3.4%）	4	3	0.113
Z7	2（0.64）	3（57%）	4（4.6%）	1	2	0.584
Z8	2（0.64）	4（61%）	3（4.2%）	2	1	0.914
Z9	3（0.68）	1（49%）	3（4.2%）	4	2	0.136
Z10	3（0.68）	2（53%）	4（4.6%）	3	1	0.308
Z11	3（0.68）	3（57%）	1（3.4%）	2	4	0.504
Z12	3（0.68）	4（61%）	2（3.8%）	1	4	1.187
Z13	4（0.72）	1（49%）	4（4.6%）	2	3	0.106
Z14	4（0.72）	2（53%）	3（4.2%）	1	4	0.290
Z15	4（0.72）	3（57%）	2（3.8%）	4	1	0.930
Z16	4（0.72）	4（61%）	1（3.4%）	3	2	1.749
K1	0.884	0.352	2.408	2.104	2.196	
K2	1.676	0.792	2.268	1.608	2.552	
K3	2.136	2.244	1.568	2.352	1.632	
K4	3.076	4.380	1.532	1.712	1.392	
k1	0.221	0.088	0.602	0.526	0.549	
k2	0.419	0.198	0.567	0.402	0.638	
k3	0.534	0.561	0.392	0.588	0.408	
k4	0.769	1.095	0.383	0.428	0.348	
极差 R	0.548	1.007	0.219	0.186	0.290	

3.3.3 试验结果极差分析

按正交试验结果分析方法对各试件的渗透系数进行极差分析。结论如下：

（1）影响因素主次顺序。按照极差的大小分析得出：自凝灰浆凝结体渗透系数最主要的因素是当地黏土掺量，其次是水胶比、膨润土的掺量等因素。

（2）渗透系数随水胶比变化规律。随着水胶比的增大，自凝灰浆凝结体 28d 的渗透系数逐渐增大，抗渗性能显著降低。渗透系数随水胶比极差变化规律如图 5 所示。

（3）渗透系数随当地黏土掺量变化规律。随着当地黏土掺量的增加，自凝灰浆凝结体的渗透系数不断增大，抗渗性能明显降低。这是由于随着当地黏土掺量的增加取代的水泥增多，水泥减少后灰浆水化反应等需水量减少颗粒间自由水增多，多余的自由水在灰浆凝结过程中逐渐蒸发使灰浆内部形成局部孔隙和毛细管通道；同时水泥水化产物减少尤其是 $Ca(OH)_2$ 的减少进一步抑制了黏土颗粒、矿渣等的二次水化。以上共同导致灰浆中胶凝体减少灰浆内部胶凝能力变弱而孔隙和毛细管通道增多过水面积增大而渗径减小，最终降低自凝灰浆凝结体的抗渗性，灰浆凝结体随当地黏土掺量的极差变化规律如图 6 所示。

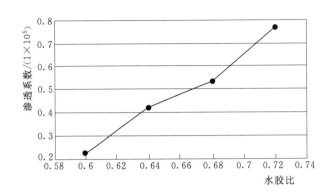

图 5　渗透系数随水胶比变化规律

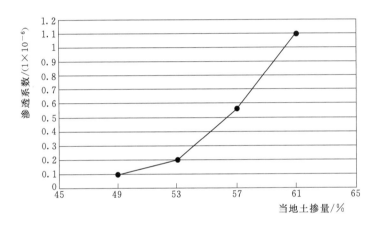

图 6　渗透系数随水胶比变化规律

（4）渗透系数随膨润土掺量变化规律。随着膨润土掺量增大，灰浆凝结体 28d 的渗透系数逐渐较小，但减小幅度并不明显，这与试验所用膨润土等级较低和掺量变化幅度较小有关。增加少量膨润土取代的水泥量有限，灰浆的胶凝能力基本不变；但独特的分子结构使其具有高吸水性和高膨胀性，可以吸附大量的自由水为结合水，同时自身的膨胀可以减小凝结体孔隙的过水面积，从而提高灰浆凝结体的抗渗能力，渗透系数随膨润土变化规律如图 7 所示。

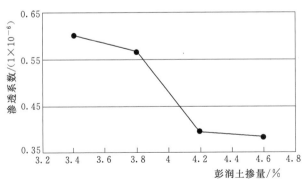

图 7　渗透系数随膨润土变化规律

3.4 室内配合比的确定

试验发现自凝灰浆凝结体的抗压强度以及抗渗性能均与材料各因素具有较好的数量关系，因此可以在试验基础上根据灰浆各指标与各因素的数学关系以及施工设备、项目墙体性能对灰浆指标的要求，利用数学关系式求解适合本工程需要的灰浆材料配合比。

本项目墙体设计指标：28d抗压强度为 $2\sim3$MPa，渗透系数小于 5×10^{-6}cm/s。按照《水利水电工程混凝土防渗墙施工技术规范》（SL 174—2014）对墙体材料的规定，自凝灰浆的配制强度应考虑泥浆下浇筑对实际强度的不利影响，为满足最终墙体指标自凝灰浆的配制强度为 $2\sim5$MPa。依据以上试验结果及分析筛选后确定水胶比的范围为 $0.64\sim0.69$，当地土的掺量为 $49\%\sim61\%$，膨润土掺量为 4% 左右。

本项目的施工采用人工添加和机械搅拌的形式配制灰浆。为确保在一定人为误差的范围内所配合灰浆完全满足墙体性能指标，室内配合比最终确定为水胶比为 0.67，当地土掺量为 50%，膨润土掺量为 4%。

3.5 施工配合比

现场试验段过程中依照室内配合比进行现场配制，并对试验墙体的不同部位分别进行了三组了抗压强度和渗透系数检测，墙体6m处抗压强度和渗透系数的平均值分别为：3.3MPa、2.37×10^{-7}cm/s；墙体8m处抗压强度和渗透系数的平均分别为：4.2MPa、1.42×10^{-7}cm/s。现场试验结果表明室内配合比成墙完全满足墙体设计指标，但施工灰浆黏度过大，泵送时泵的负荷过重，因此在满足成墙指标的范围内略微调整水胶比为 0.68、当地土掺量 53%、膨润土掺量 4.2%，最终确定施工配合比及其性能指标见表6。

表6 施 工 配 合 比

材料名称	水泥	土	膨润土	水
生产厂、牌、地名	P.C32.5R 东郭水泥	当地土	宁阳信通矿业	饮用水
重量配合比	0.62	0.78	0.062	1.00
材料用量/(kg/m³)	400	504	40	643
28d渗透系数 K/(cm/s)	3.6×10^{-7}			
28d抗压强度/MPa	3.4			

4 结语

以新建平原水库防渗墙工程为研究对象，以设计指标为依据，从墙体材料配比着手研究了新型自凝灰浆防渗墙配比材料中水胶比、当地黏土掺量、膨润土掺量因素对灰浆施工性能、墙体抗压强度、墙体抗渗性能等的影响规律及影响机理，为自凝灰浆现场配比提供了重要参考检测结果表明，采用本自凝灰浆配比成果建成的防渗墙完全满足设计指标的要求，产生了较大的经济效益。自凝灰浆防渗技术的深入研究有利于发挥其自身优势，解决中低水头防渗项目施工工期短、资金紧张等问题，符合我国当前水利基础建设的需求。

南水北调工程穿黄隧洞 CW620 水免疫聚脲混凝土表面防护材料应用研究

韩　炜[1,2,3,4]　甘国权[1,2,3,4]　景　锋[1,2,3,4]　邵晓妹[1,2,3,4]
李　珍[1,2,3,4]　汪在芹[1,2,3,4]

(1.长江科学院　2.武汉长江科创科技发展有限公司　3.国家大坝安全工程技术研究中心
4.水利部水工程安全与病害防治工程技术研究中心)

【摘　要】 南水北调中线工程穿黄隧洞锚具槽部位新浇混凝土与原混凝土之间形成环状施工缝，因新旧混凝土性能差异，导致部分施工缝表面呈片状、点状渗水，为加强止水防渗效果，施工缝经化学灌浆处理后，需再进行聚脲材料表面涂覆封闭处理。由于穿黄隧洞内具有低温、潮湿的环境特点，为保证施工质量，选取 CW620 聚脲混凝土表面防护材料进行应用试验研究。

【关键词】 穿黄隧洞；锚具槽；聚脲；低温潮湿环境

1　引言

南水北调中线工程穿黄隧洞为盾构法施工的双线大型高压输水隧洞，设计流量 $265m^3/s$，加大流量 $320m^3/s$，单洞全长 4250m，其中过河隧洞段长 3450m，采用新型预应力复合双层衬砌结构，内、外衬之间由排水垫层分隔，分别独立工作；外衬为拼装式钢筋混凝土管片结构，内衬为现浇预应力混凝土结构，北岸竖井检修排水泵房内设有两台渗漏排水泵，单台额定流量 $108m^3/h$。

穿黄隧洞锚具槽位于隧洞边墙，表面已浇筑混凝土，新浇筑混凝土与原混凝土之间形成环状施工缝，由于新旧混凝土的干缩性差异，导致部分施工缝表面呈片状、点状渗水。为确保穿黄工程长期安全运行，需对施工缝进行化学灌浆防渗加固处理。为进一步加强止水防渗效果，施工缝经化学灌浆处理后，需再进行聚脲材料表面涂覆封闭处理。由于穿黄隧洞内具有低温、潮湿的环境特点，为保证施工质量，有必要先做聚脲涂覆试验。

长江科学院长江工程技术分公司在多年防水材料研发与应用经验的基础上，通过现场具体情况调研，选取 CW620 水免疫聚脲混凝土表面防护材料系统进行现场试验，试验效果良好。

2　材料性能

聚脲弹性体（Polyurea elastomer）技术是国外近 10 年来继高固体分涂料、水性涂料、辐射固化涂料、粉末涂料等低（无）污染涂装技术之后为适应环保需求而研制、开发的一种新型无溶剂、无污染的绿色施工技术。聚脲弹性体涂装技术，它集塑料、橡胶、涂料、玻璃钢多种功能于一身，全面突破了传统环保型涂装技术的局限，很适合作为混凝土的裂缝修补涂层材料[1-10]。

CW620水免疫聚脲混凝土表面防护材料系统是长江科学院长江工程技术公司自主开发研制的新型涂层材料系统，是以脂肪族聚脲原料为基材，通过添加纳米材料以及各种助剂制备而成的纳米复合材料，具有优异的强度、韧性、黏结性、耐久性以及环保性能。由于其慢反应特性，材料固化时间长，树脂基体能够对混凝土基体充分浸润，从而与混凝土结合牢固。由于特殊的材料构成，与传统聚脲材料相比，具有不仅在潮湿甚至有水环境中固化不起泡，而且在水分子的催化下，能够固化的更完全，从而提高其物理性能的特点，因此具有传统聚脲所没有的水免疫特性。此外，材料以脂肪族化合物为主，100％固含量，因此耐老化性和环保性能尤其突出，并能够以喷涂、滚涂、刮涂和刷涂等多种方式进行施工。

CW620水免疫聚脲混凝土表面防护材料性能见表1、表2。

表1　　　　CW620聚脲混凝土表面防护材料系统底层材料主要性能指标

序号	测试项目	性能指标		检验标准
1	表干时间	≤4h		
2	抗压强度/(MPa，龄期28d)	>40		
3	抗拉强度/(MPa，龄期28d)	>20		
4	断裂伸长率/(MPa，龄期28d)	>20％		GB/T 16777—2008
5	黏结强度/(MPa，龄期28d)	与混凝土（干）	>4.5	
		与混凝土（湿）	>3.0	
		与花岗岩	>5.0	
		与钢材	>10	

表2　　　　CW620水免疫聚脲混凝土表面防护材料系统面层材料主要性能指标

序号	测试项目		性能指标	检验标准
1	固体含量/％		≥98	
2	涂膜表干时间/h		≤8	
3	撕裂强度/(N/mm，龄期28d)		≥35	
4	拉伸强度/(MPa，龄期28d)		≥15	
5	断裂伸长率/(％，龄期28d)		≥300	
6	与混凝土的黏结强度/(MPa，龄期28d)		≥3.5	GB/T 23446—2009
7	不透水性/(0.4MPa 2h，龄期28d)		不透水	
8	低温弯折性/(无处理℃，龄期28d)		−40，无裂纹	
9	人工气候老化	拉伸强度保持率/(％，龄期28d)	≥90	
		断裂伸长率保持率/(％，龄期28d)	≥90	
		低温抗弯折性/(℃，龄期28d)	≥−35	

序号	测试项目	性能指标	检验标准
10	碳化深度/(mm，龄期28d)	0	
11	抗冻融性能	>F150	DL/T 5150—2001
12	抗冲磨/(磨损率%，72h，龄期28d)	<0.5	

由表1及表2分析可知，CW620水免疫聚脲混凝土表面防护材料系统底层材料具有优异的拉伸强度、黏结性能以及一定地拉伸形变性能，因此作为混凝土裂缝防渗漏修补材料系统的底层材料可以提供优异的黏结性和抗裂性能。而面层材料具有优异地拉伸形变能力，对裂缝特别是伸缩缝具有很好的修补效果。此外，不透水性数据表明材料具有优良的抗渗性能；碳化深度、抗冻融性能显示了材料对混凝土耐久性保护效果显著。

另外，环保监测数据表明，材料的有害物质含量远远低于国家环保标准，可见CW620水免疫聚脲混凝土表面防护材料系统具有优异的环保性能，可保证在输水工程中应用而不污染水质和周边环境。

3 工程现场应用试验研究

本次试验应南水北调中线干线工程建设管理局河南直管项目建设管理局郑焦项目部要求进行现场踏勘，选定ⅡB标北岸竖井侧墙（图1）以及ⅡA标41仓结构裂缝侧墙（图2）处进行试验，试验面积：20m²。

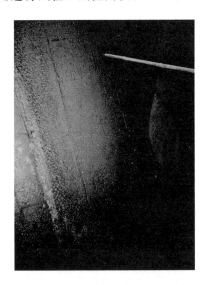
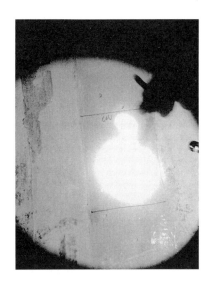

图1　ⅡB标北岸竖井侧墙试验部位　　　图2　ⅡA标41仓结构裂缝侧墙试验部位

工程现场试验工艺流程为：基层混凝土表面处理→CW620水免疫聚脲混凝土表面防护材料系统底层材料配制及涂覆→CW620水免疫聚脲混凝土表面防护材料系统底层材料清理→CW620水免疫聚脲混凝土表面防护材料系统面层材料配制→CW620水免疫聚脲混凝土表面防护材料系统面层材料涂覆→自然养护。

如两图可见，现场试验环境主要为潮湿环境，CW620水免疫聚脲混凝土表面防护材料系统不仅可以很好地适应潮湿环境，而且工艺简单，主要分为基面打磨清洗、底层涂覆、面层涂覆以及自然养护四个步骤，每一步骤之间可以进行连续作业，无需等待，具体施工步骤如图3、图4、图5所示。施工完成2h候后，CW620水免疫聚脲混凝土表面防护材料系统固化完好，表面平整、不起泡，如图6所示。

图3 试验部位打磨清理

图4 CW620材料系统底层材料涂覆

图5 CW620材料系统面层材料涂覆

图6 CW620材料系统涂覆情况

两个月后，CW620水免疫聚脲混凝土表面防护材料工程应用情况如图7所示，可见材料能够很好地附着在混凝土表面。通过拉拔试验，材料与混凝土的黏结强度在3.0～3.5MPa，并且大部分出现了混凝土破坏（图8），表现出了在潮湿环境下良好的黏结性能。

图 7　CW620 材料系统底层材料涂覆

图 8　CW620 材料系统面层材料涂覆

4　结论

（1）根据工程现场实际需要，长江科学院长江工程技术公司特别研制出 CW620 新型聚脲混凝土表面防护材料系统，在穿黄隧洞现场进行涂覆试验研究。

（2）CW620 水免疫聚脲混凝土表面防护材料系统具有优异的潮湿环境适应性和与混凝土的黏结性。

（3）两个月的现场试验表明，CW620 水免疫聚脲混凝土表面防护材料系统对穿黄隧洞的修补初具成效。

参考文献

[1]　黄微波.喷涂聚脲弹性体技术概况 [J].上海涂料，2006，44（1）：29-31.

[2]　崔绍波，卢中远，刘德春.界面聚合技术及其应用研究进展 [J].化工进展，2006，25（1）：47.

[3]　冯菁，韩炜，李珍.新型聚脲混凝土保护材料开发及工程应用研究 [J].长江科学院院报，2012，29（2）：64-67.

［4］ 魏涛，廖灵敏，韩炜. CW 系列混凝土表面保护修补材料研究与应用［J］. 长江科学院院报. 2011，28（10）：175－179.

［5］ 韩炜，杜科，李珍. 大坝混凝土裂缝修补材料的制备研究［J］. 人民长江，2011，42（10）：80－82.

［6］ 韩炜，杜利，李珍. 大坝混凝土裂缝修补材料的制备研究［J］. 人民长江，2011，42（10）：80－82.

［7］ Ray Scott. Effects of Secondary Diamine Content in Spray Polyurea Coating Systems［C］. Presented at the 2nd PDA Annual Conference Meeting. Orlando，Florida. 2001（11）：28－31.

［8］ Yllgor E，Yllgor J，Yurtsever E. Hydrogen bonding and polyurethane morphology（I）：Quantum mechanical calculations of hydrogen bond energies and vibrational spectroscopy of model compounds［J］. Polymer，2002，43（24）：6551－6559.

［9］ Danielmeier K，Britsch C M，Gertzmann R，et al. Polyaspartate resins with good hardness and flexibility［P］. U S，2004，6774207 B2.

［10］ Sheth J P，Klinedinst D B and Wilkes G L，et al. Role of chain symmetry and hydrogen bonding in segmented copolymers with monodisperse hard segments［J］. Polymer，2005，46（18）：7317－7322.

［11］ 张加美. 水利水电工程手册［M］. 北京：中国水利水电出版社，1998.

三门峡大坝 CW721 丙乳砂浆混凝土碳化处理材料应用研究

邝亚力[1]　赵良成[1,2]　李　娟[1,2]　韩　炜[1,2,3,4]

邵晓妹[1,2,3,4]　李　珍[1,2,3,4]　汪在芹[1,2,3,4]

（1.长江科学院　2.武汉长江科创科技发展有限公司　3.国家大坝安全工程技术研究中心　4.水利部水工程安全与病害防治工程技术研究中心）

【摘　要】　三门峡大坝主体及其附属工程混凝土结构均存在不同程度的碳化，碳化比较严重、且存在安全隐患。为有效遏制混凝土表面碳化程度的进一步加深及其他并发症状的发生，延长大坝使用寿命，提高运行效益，对 CW721 丙乳砂浆的性能及工艺进行处理，取得了良好效果。

【关键词】　三门峡大坝　混凝土碳化　CW721 丙乳砂浆

1　前言

在钢筋混凝土结构中，水泥水化产物的碱性很高，使钢筋表面形成一层钝化膜，此钝化膜对钢筋起保护作用。空气中的二氧化碳气体渗入混凝土与水泥的水化产物发生中和反应，使混凝土基体的碱性下降，这一过程称作混凝土的碳化。混凝土的碳化由混凝土表面开始，逐步向内部发展，碳化层厚度与时间的平方根成正比，一旦碳化至钢筋表面，钢筋便因钝化膜被破坏而开始锈蚀，钢筋锈蚀其体积膨胀，膨胀应力使保护层胀裂，形成"顺筋裂缝"继而出现保护层的崩落、露筋以及钢筋断面严重削弱，甚至使物件失去承载能力，而引起整个结构物的损毁。

三门峡水利枢纽是黄河上修建的第一座大型水利枢纽，工程自 1960 年 9 月蓄水以来历经了 50 余年。在我国目前的设计和运用条件下，钢筋混凝土建筑物的耐久极限为 50 年左右，50 年后部分混凝土的碳化深度将大于或等于混凝土保护层的厚度。目前，三门峡大坝主体及其附属工程混凝土结构均存在不同程度的碳化，碳化比较严重、且存在安全隐患的部位主要有坝体左岸 400t 启闭机承重梁及排架柱、方程 337m 平台承重梁、方程 328～337m 平台间混凝土柱、门机轨道梁部分。三门峡大坝主体及其附属工程混凝土碳化，将对枢纽工程的安全性、适用性和耐久性产生不良影响。为遏制混凝土表面碳化程度的进一步加深及其他并发症状的发生，延长大坝使用寿命，提高运行效益，采用 CW721 丙乳砂浆对混凝土表面进行保护。

2 材料性能

CW721丙乳砂浆材料以少量有机聚合物掺入到水泥砂浆中与无机水泥成为复合胶凝材料，可以改善普通水泥砂浆的性能特点，从而得到具有新特性的砂浆。由于聚合物的掺入，在砂浆内部形成网状薄膜，填充了砂浆中的孔隙，切断了与外界的通道，改善了砂浆的物理结构，因而抗裂、抗冻、防水、防腐、耐磨性能好，与旧混凝土黏结强度高，尤其适用于混凝土表面薄层修补而不自裂。与环氧砂浆相比，还具有配制方法和施工工艺简单，操作方便，无刺激性气味成本低等优点。目前已在水工、港工、公路、桥梁及住宅等工程的修复、加固和防渗、防潮施工中应用。

CW721丙乳砂浆材料有以下几个特点：

（1）本材料无毒、无害、对环境无污染，属绿色环保型产品。

（2）黏结性好。本材料既可人工涂抹，也可机械喷涂，并适合潮湿面的黏结。丙乳砂浆与同灰砂比的普通水泥砂浆相比，与老砂浆及钢板的黏结强度提高4倍以上。丙乳砂浆不仅和老砂浆（混凝土）有很高的黏结强度，而且它的弹性模量、热膨胀系数与基底混凝土更接近，是一种非常优异的新老混凝土黏结和修补材料。

（3）抗渗能力强。丙乳砂浆的密实性远远优于同灰砂比普通砂浆，抗氯离子渗透能力提高8倍以上。抗水渗透性提高3倍以上，2天吸水率降低10倍。

（4）耐腐蚀性能好。丙乳砂浆能耐2%以下硫酸，5%以下盐酸、硝酸和氢氟酸，20%以下氢氧化钠、氨水、尿素、乙醇、苯及多种盐类的腐蚀。

（5）优异的抗冻性能。快速冻融循环300次，丙乳砂浆的相对弹性模量仍在95%以上，失重几乎接近于零。

（6）力学性能显著提高。与同灰砂比普通水泥砂浆相比，抗拉、抗折强度分别提高35%和50%。极限引伸率提高1～3倍。弹性模量降低，收缩减少，抗裂性能显著提高。

（7）抗老化性能好。经2160h碳弧灯紫外加速老化，性能同普通水泥砂浆。已有20年的使用实例。

CW721并入砂浆材料的技术指标见表1，性能指标见表2。

表1　　　　　　　　　　　　CW721丙烯酸酯共聚乳液技术指标

项　　目	指　　标
外观	乳白微蓝乳状液
固含量/%	40±1
黏度/（25℃）S（涂-4杯）	11.0～16.0
pH值	2.0～4.0
凝聚浓度/（g/L，$CaCl_2$溶液）	>50

表2　　　　　　　　　　　　　　CW721丙乳砂浆性能指标

项　　目	指　　标
抗压强度/MPa	≥30
抗折强度/MPa	≥8.0
与老砂浆黏结强度/MPa	≥2.5
抗渗等级/MPa	≥1.5
吸水率%/2d	≤4

3 施工工艺流程

3.1 基面清理

使用角磨机彻底清除混凝土表面污物、灰尘和疏松层，并对基面加入喷砂或人工凿毛（深度 1~2mm），用清水冲洗干净，施工前应洒水使施工面保持饱水状态（施工时不应有积水），在薄层修补区的边缘凿一道 3~5cm 深的齿槽，增加修补面与老混凝土的黏结。

3.2 材料配制

（1）灰砂比及丙乳掺量确定：对防腐抗渗要求高的，应用灰砂比 1:1 砂浆，丙乳掺量为水泥用量的 25%~30%。一般要求应用灰砂比为 1:2~2.5，丙乳掺量为水泥用量的 15%~25%，施工前应根据现场水泥和砂子及施工和易性要求，通过试拌来确定水灰比。

（2）砂浆及净浆拌制：拌制砂浆时，先将水泥、砂子拌均匀，在加入经试拌确定的水及丙乳，充分拌和均匀，材料必须称量准确，尤其是水和丙乳，拌和过程中不能随意扩大水灰比。每次拌制的砂浆需在 30~45min 内用完，一次不易拌制过多。丙乳净浆拌制时，丙乳水泥比为 1:1~1.5 先把称好的丙乳倒入桶内，一边搅拌一遍慢慢加入水泥，搅拌均匀直至水泥无结块即可使用。

3.3 材料涂刷

在涂抹丙乳砂浆前，先刷一层丙乳净浆打底，要求随抹随涂，薄而均匀，不漏涂，不流淌。在净浆未硬化前，即摊铺丙乳砂浆。仰面或立面施工，涂层厚度超过 7mm 时，分两次抹压，以免脱落。砂浆摊铺到位后，用力压实，随后就抹面。注意向一个方向抹平，不要来回多次抹，不需二次收光。修补面积较大时，可隔块跳开分段施工。

3.4 涂层养护

待表面略干后，用农用喷雾器喷雾养护或用薄膜覆盖，一昼夜之后，洒水养护 7d 再在表面刷一层丙烯酸酯共聚乳液面层干燥养护 21d，即可投入使用。避免在阳光直射或风口部位，注意遮光、保温。

4 材料应用

三门峡大坝采用 CW721 丙乳砂浆材料对碳化程度较深处进行混凝土防碳化处理。图 1~图 6 分别为混凝土基面清理、丙乳净浆涂刷、CW721 丙乳砂浆涂刷前后对比、洒水养护和完工后现场图。如此可见，CW721 丙乳砂浆材料施工工艺简单，只需搅拌滚涂即可。施工过程中材料无流挂、表面颜色均一，可以对混凝土进行有效保护。

图 1　混凝土基面清理

图 2　丙乳净浆涂刷

图 3　CW721 丙乳砂浆修补前

图 4　CW721 丙乳砂浆修补后

图 5　洒水养护

图 6　施工完成

5　结论

针对三门峡大坝主体及其附属工程混凝土结构均存在不同程度的碳化的问题，采用 CW721 丙乳砂浆的性能及工艺进行处理，取得了良好效果。

参考文献

[1]　李建清，王秘学，杨光.水工混凝土防碳化处理方法及施工工艺 [J].人民长江，2011.42（12）：50 - 59.
[2]　刘卫东，赵治广，杨文东.丙乳砂浆的水工特性试验研究与工程应用 [J].水利学报，2002，6：43 - 46.

其　他

江苏河海工程技术有限公司
介　绍

江苏河海工程技术有限公司为 1992 年成立的具有独立法人资格的河海大学全资企业，公司是以河海大学为科研背景支持，以水利水电新技术推广应用为核心，以工程科研、现场试验、工程施工为载体的综合型科技公司。近年来公司业务在水利水电、交通、城市地下工程等行业均有建树，公司拥有多项科研成果和几十项发明专利，其中 PCC 管桩技术获得国家技术发明二等奖。

利用水下检测对水下建筑物基础质量的分析应用

顾红鹰[1]　董延朋[1]　顾霄鹭[2]　刘力真[1]

（1. 山东省水利科学研究院　2. 南水北调东线山东干线有限责任公司）

【摘　要】　文章阐述了利用现代水下遥控潜水器进入复杂的水工隧洞中进行检测的方法和现场试验，在对水工隧洞的水下检测进行了探讨的同时，对检测技术实现了不断更新和改造，对隐蔽工程的检测取得了可行性的发展。通过对工程的运行情况进行分析，对基础运行情况进行了有效判定。

【关键词】　水下工程检测水工隧洞　水下建筑物基础

1　工程概况

某穿黄河工程地下包括两部分：水工隧洞工程和黄河滩地埋管工程。

（1）水工隧洞：由南岸竖井、过河平洞、北岸斜井及进、出口埋管等部分组成，轴线总长 585.38m，其中进口埋管长 31.42m，竖井段长 19.47mm，下直弯段 31.46m，过河平洞段长 307.17m，平洞低点高程－33.00m；斜弯段 10.56m，北岸斜井段长 155.47m，北岸埋管段 29.93m。隧洞衬砌采用钢筋混凝土结构，为圆形断面，洞径 7.50m。其后通过长 60m 的连接段与穿引黄渠埋涵相接。穿黄隧洞进口高程 27.3m，出口高程 27.3m。

（2）黄河滩地埋管：滩地埋管全长 3943m，纵坡 1/2500，中间设一个转弯段，转弯半径 500m。埋管采用内圆外城门洞型现浇钢筋混凝土结构，内径 7.5m。滩地埋管进口高程 28.88m，末端高程 27.3m。埋管中间设上、下游两座检修井，下游检修井井口高程 40.00m。1 号井距进口检修闸 1750m，内径 1.0m，深 15m；2 号井距 1 号井 2230m，内径 1.0m，深 17m。

2　水工隧洞工作特点及水工隧洞常规检测存在的问题

水下结构和水力特点是水工隧洞最主要的工作特点。水工隧洞作为地下结构，不但具有一般地下洞室结构的特点，还因输水产生有内水或外水压力，并有可能引发某些次生问题：人工地下结构是在岩（土）体中开挖形成的，应力重分布，引起的围岩变形；对于跨流域引水埋深大的隧洞，高地应力问题也相当突出，高地应力会引起隧洞围岩发生过大的松弛区，或时效性变形破坏等；较大内水压力的存在，要求围岩具有足够的厚度和进行必要的衬砌，否则一旦衬砌破坏，将危及岩坡稳定和附近建筑物的正常运行；较大的外水压力也可使埋藏式压力管道失衡；施工质量及老化等问题也会在运行中不断显现。

水工隧洞充水以后，水下部分的监测只能依赖预先埋设的固定监测仪器实施，仪器埋设的固定性决定了只能对有限的几个部位进行监测，一旦仪器损坏或工程的其他部位出现问题，只能依赖排空或潜水员入水检查。排空检查由于成本高，应力场变化大，可能对工程结构造成损害等特点，实施起来难度较大；潜水员潜水检查由于专业限制往往对工程运行特点不够了解，且长时间、大深度潜水存在很大的安全风险。这些传统的检测方法，在工程的应用广度和深度上受到极大制约，有些检测项目，因保证不了工程的技术要求而被放弃，有相当多的工程由于不适于潜水员入水条件而不能开展水下检测工作。

3 水工隧洞的水下检测试验

3.1 水下检测工程技术概述

目前水利工程水上部分的检测技术已较成熟，大部分能以无损或半破损方式进行。

近年来，在大力开发海洋自然资源进程中，水下检测技术得到了快速发展。水利工程的水下检测技术也应运而生，相继开发出了先进的、高效能的水下检测设备，如水下摄像监视机、水下超声测厚仪、水下磁粉探伤仪、水下电位测量仪、水下摄影器材、水下无人遥控潜水器、水下无损探伤仪、浅层部面仪、彩色图像声呐、水下测量电视等新颖的技术设备。

目前水下检测多采用潜水员携带水下检测设备和水下无人遥控潜水器检测技术。水下无人遥控潜水器又可称为水下机器人，广泛应用在民用和军事领域，以及在海洋、内湖环境下的各类水下工程作业、打捞救生和海洋科学考察等各方面。

3.2 水下检测设备

为了满足穿黄隧洞及滩地埋管检测的现状需要，特别设计制作了检测设备的载体——水下机器人 600-6T。前进后退的控制由 4 个水平高速旋转的螺旋桨提供动力，升降控制则由 2 个竖向螺旋桨提供动力，采用高压配电技术拖曳专门定制的 1300m 零浮力电缆。为保证在水下运行的平稳及平稳，加装了一组配重，该组合设备在国内为首次研发并应用。主要有：

（1）陆地控制设备采用 19 英寸液晶显示屏，存储 1TB，配两高压电源，以完成1000m 水下行程的供电需求，组合为一体主控器。

（2）两检修井间距离为 2230m，检测最大行程为 1130m，特订制 1306m 水下专用零浮力光纤电缆。因光纤超长，收放线难度大，特别设计了手动计数线架。

（3）选用的声呐主要应用于管道的破损、变形、淤积等缺陷的检测。声呐头通过发射声呐波，经反射后由接收系统接收其反射波，形成一个管道内的声呐扫描图，可以判断管道内的积泥、破损等情况。

（4）水下摄像系统是由一组高清防水摄像镜头及 LED 照明系统组成，可拍摄清水或混水中较为清晰的视频及图像。

3.3 检测方法

检测过程中全程开启录像设备，声呐设备基本与录像同步进行。整个检测过程中，高清摄像机对经过的管道进行全程录像，声呐系统同步进行扫描。

水下检测设备在水下先后完成了穿黄河隧洞 585.38m 的观测工作，滩地埋管 3943.00m 的观测工作，环形伸缩缝选择性进行检测，并提取了典型断面的图像资料。对原工程地质中易出现问题的如断层、破碎带等部位的观测和对滩地埋管监测断面部位的观测。对伸缩缝运行状态、隧洞淤积情况、沉积物及其他外来物体情况、洞壁情况、洞体完整性情况、特殊断面进行了检测，从而分析了穿黄河隧洞工程和滩地埋管工程的水下工程运行状况。

3.4 检测结果

对长度 585.38m 的隧洞和 3943m 的滩地埋管进行全程检测。

（1）伸缩缝运行状态。穿黄河工程隧洞和滩地埋管有伸缩缝 449 条，其中隧洞部分有 29 条，滩地埋管部分有 420 条。在检测中对伸缩缝重点检测，典型断面选择在 1 号检测井向南 14m 处。

（2）隧洞和滩地埋管的淤积情况。隧洞底部淤积情况是检测的重点，滩地埋管的淤积情况也是检测内容之一。

通过对视频资料及拍摄的照片分析，认为存在少量的沉积物，视为未形成淤积覆盖，声纳扫描资料其底部无变形，即尚未形成淤积。通过隧洞底部的淤积图像发现，存在沉积物高低不平，分布不均匀。分析认为：由于为沉积物体为软质淤积且量小，淤积情况未能显示。通过设备在指定位置进行近距离的往复运动，以螺旋桨的动力带动底部的淤积物，测试淤积层的厚度及硬度，可见淤积物被带起的情况。滩地埋管的淤积情况，为软质淤积，因厚度很小，从拍摄资料中无法判断。

（3）其他异物。此次检测过程中发现的隧洞中外来物体较小，对工程运行无影响。滩地埋管中的异物为施工时留下的，主要是电缆线的套管，顺水流方向，长度 1.6m 左右。

（4）洞壁情况。从上述资料分析，基本光滑，个别地方少有麻面，尚未见结构性缺陷。

（5）洞体完整性情况。从取得的资料上分析，目前隧洞的完整性较好。从取得的资料上分析，目前滩地埋管完整性好。

（6）特殊断面。根据现场要求对隧洞处于地质结构存在断层或破碎带处进行了重点检测，同时对现有的监测断面进行了重点检测。

从取得的资料上分析，目前特殊断面处的隧洞未见结构性缺陷。

（7）水下工程运行状况。从整体视频资料及上述抓取资料分析，穿黄河隧洞及滩地埋管工程等水下工程目前运行状况良好。

尚未见结构性缺陷；尚未见功能性缺陷。

4 结论

水下工程无人检测技术，检测环境复杂，设备要在不同的环境深度、压力、透视状况等环境下进行细致的检测工作。由于工程的地下工作环境较为复杂，通过水下遥控潜水器在水下工程中的潜水、驱动、数据传输、探照、扫描、拍摄、水下操作及检测等主要工作，初步对水下洞室的水的清洁度、淤积、附着物、伸缩缝状况及隧洞（埋管）整体情况等运行状态有了直观了解，取得了潜水器下潜深度、速度、水温、距离及水工建筑物表观质量等照片和视频资料，并进行了测量操作。在对水下工程进行质量检测的同时，也为进一步改进水下潜水器、完善水下工程检测方式打下了基础。

通过对所有视频资料及声呐影像资料的详细分析，穿黄河隧洞及滩地埋管工程的水下工程运行情况如下：

（1）整个穿黄隧洞及滩地埋管未见有结构性、功能性的缺陷。

（2）隧洞和滩地埋管存在一定的沉积物，可视为软质淤积，淤积厚度很小，输水运行时此类淤积可被水流冲出管道，但应进行定期观测，根据输水期间的天气、水质、水流等因素并通过水质的变化情况分析沉积物及淤积的变化规律。

隧洞及埋管内未见异常，工程的整体情况满足工程安全运行要求。

（3）以上述（1）、（2）可推定地基与基础部分未出现异常情况，地基基础满足工程安全运行要求。

（4）利用水下检测对水下隐蔽工程的整体运行进行判定是可行的，也是必要的。应大力推广。

物探技术在水库病险坝段隐患探测中的应用

宋智通[1] 李 振[2] 谢文鹏[3] 胡继洲[1]

（1. 南京水利科学研究院 2. 胜利石油管理局供水公司 3. 山东省水利科学研究院）

【摘 要】 分别采用探地雷达、浅层地震仪及高精度磁法等三种物探技术，对某平原水库原出库闸溃决段沉埋物进行探测，结果表明坝体内存在异物、空洞等诸多隐患，与现场验证成果一致，探测成果可信；推荐的防渗墙轴线在距大坝轴线 23m 的圆弧平台上布置。本文可作为水库隐患探测和除险加固的依据。

【关键词】 探地雷达 浅层地震仪 高精度磁法 平原水库

1 前言

山东某中型平原水库，是以供水为主的一座地上湖泊式中型平原水库，1987 年初建成蓄水。1988 年 4 月，位于东坝桩号 0＋204.2 的原出库闸失事沉毁，大坝溃决，坝基形成宽约 50 多 m、深约 5m 的冲坑，冲坑底高程约为 −3.1m 左右。随后冲坑用中粗砂回填，原出库闸相关构件未予清理填埋在坝体内，并在上游填筑半圆形的施工围堰挡水，铺盖顶高程 6.75m，圆弧半径 44.0m。由于恢复的坝体及填筑的围堰存在严重的质量问题，致使大坝渗流异常，虽几经处理，未能彻底消除隐患，目前坝段背水坡坝脚仍然存在浸水现象，并且在溃决段还有明显漏水点，已危及大坝运行安全，现状水库限制水位运行，严重影响水库的经济效益，急需除险加固。在此之前采用综合物探方法来查明渗漏处地下沉毁物可能的分布及范围。

2 技术思路及原理

2.1 技术思路

本次探测工作主要目的是查明地下沉毁物可能的分布范围，为此在通过对各种物探方法比选后，采取更适合本工作模型的探地雷达、浅层地震方法及高精度磁法三种方法。

2.2 探地雷达

探地雷达是利用地下介质的电性差异来探测地下目的体的，当地下存在着电性界面及断点时，地质雷达将会接收到来自于这些界面或断点的反射、绕射等电磁波信号，从而形成反映了电性界面特征的同相轴，同相轴的波形特点、形态特点、能量强度反映了电性界面的形态特征和电性差异。因此地质雷达的应用效果主要取决于地下电性界面处的电性差异。数据采集系统采用瑞典产（RAMAC）地质雷达主机及与其配套的低频天线。

2.3 浅层地震法

利用人工激发的地震波在地下介质传播，当穿过波速不同的介质的分界面时，波改变原来的传播方向而产生折射。当下层介质的波速大于其上层介质的波速时，在波的入射角等于临界角的情况下，折射波将会沿着分界面以下层介质中的速度"滑行"。这种沿着界面传播的"滑行"波也将引起界面上层质点的振动，并以折射波的形式传至地面。通过地震仪测量折射波到达地面观测点的时间和震源距，就可以求出折射界面的埋藏深度。本次投入地震仪为美国 Geode 数字地震仪，它具有动态范围大、分辨率高等特点；为保证接收信号的真实性，工作前确保仪器道一致性，工作中采用通频带接收、手动记录方式。

2.4 高精度磁法

磁法勘探是在地面观测地下介质磁性差异引起的磁场变化的一种地球物理勘查方法。由于具有不同的剩余磁性和感应磁性，能形成相应的磁场异常，叠加在正常的磁场上。通过仪器测量，研究地面磁异常的特征，达到解决地质问题的目的。采用加拿大 GSM-19T 型高精度磁力仪。灵敏度：0.05nT；分辨率：0.01nT。

3 沉埋物探测

3.1 探测目的

查明原出库闸溃决段沉毁物可能的分布范围及渗漏异常点，为水库除险加固和防渗墙轴线布置提供技术支撑。

3.2 测线布置及工程量

根据现场条件及探测目的要求进行测线布置，具体分为两个部分：第一部分沿坝顶路面上布置 A、A1、B 共 3 条测线，长度分为 80m 及 240m 两种；第二部分在施工围堰平台上，布置 C～E 17 条测线，长度均为 80m。各测线工作方法、编号及长度见表 1，平面位置如图 1、图 2 所示。

表 1　　　　　　　　　　物探测线长度及工作方法一览表

测线号	测线长/m	技术方法	测线号	测线长/m	技术方法
A	80	探地雷达、地震、磁法	C6	80	磁法
A1	80	磁法	D	80	探地雷达、地震、磁法
B	240	探地雷达、地震、磁法	D1	80	磁法
C	80	探地雷达、地震、磁法	D2	80	磁法
C1	80	磁法	D3	80	磁法
C2	80	磁法	D+	80	探地雷达
C3	80	磁法	D4	80	磁法
C+	80	探地雷达	D5	80	磁法
C4	80	磁法	D6	80	磁法
C5	80	磁法	E	80	探地雷达、地震、磁法

注　除了 B 测线里程为 0+110～0+350 外，其余各测线里程均为 0+165～0+245。

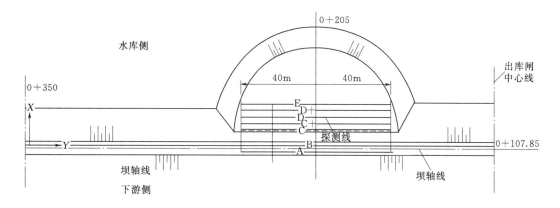

备注：A–E为雷达、浅震测线

图1 地质雷达及浅层地震测线布置示意图

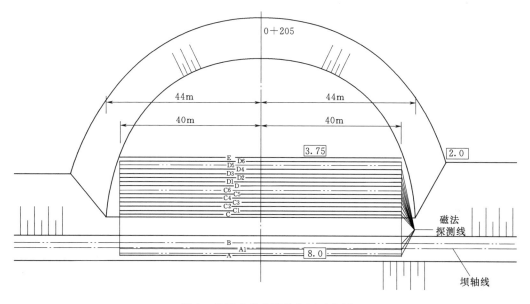

图2 高精度磁法测线布置示意图

3.3 探测成果与分析

根据探测成果，异常点分布平面示意如图3所示，异常点分布垂线示意如图4所示。由图可知：

（1）水库东坝原出库闸溃决段坝基内存在非土体异物，坝内土体存在空洞、渗漏通道、裂缝、架空等诸多隐患。因此，该坝段出现渗流异常是有据的。

（2）原出库闸体、涵管等大体积砼块体很可能是整体沉埋于冲坑内，大致位置在桩号0+195～0+215范围，并未有大的位移，只是坝坡护面砼板等扁平物体可能有所飘移。

（3）复建工程对冲坑的回填采取水中倒沙填筑留下了隐患，在0+165～0+210范围坝基面附近普遍出现空洞，可能是因为回填时未碾压密实。

（4）根据坝体坝基空洞、渗漏通道的分布可以判断，在0+175、0+195、0+320附近下游面存在渗漏点；此外，0+270坝基附近存在的渗漏通道，可能为施工时坝基未清基留下的隐患。

（5）三种探测方法的成果基本一致，探测成果可信，可作为除险加固设计的依据。

（6）根据探测结果，建议防渗墙轴线布置在距大坝轴线 23m 的圆弧平台上（E 测线）。

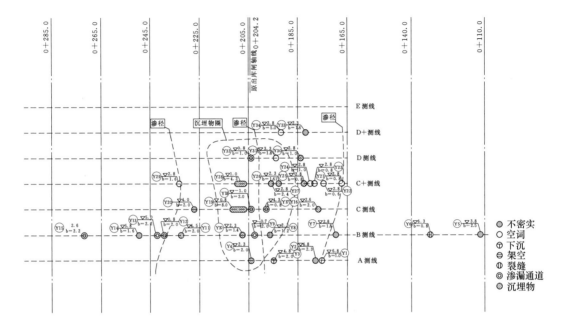

图 3　异常点分布平面示意图

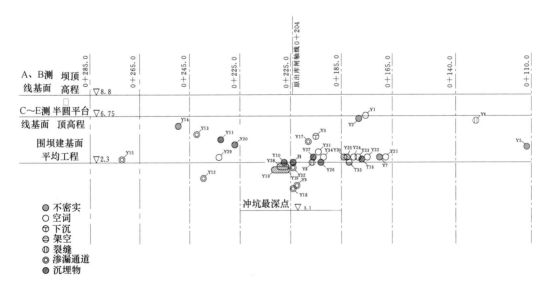

图 4　异常点分布垂线示意图

3.4　探坑验证

在东坝渗漏段开挖 7 个探坑用于观测渗水情况。探坑间距 20m，距坝脚截渗沟 5m 位置开挖，探坑尺寸 1m×1m，向下挖深时见水即停。探坑渗水情况汇总见表 2。

表 2 探 坑 情 况 汇 总 表

桩号	库水位/m	探坑底高程/m	探坑深度/m	描述
0+128	5.3	2.783	1.023	坑内无水
0+148	5.4～5.58	2.868	0.97	坑内基本无水
0+168	4.83～5.82	2.574	0.93	开挖后坑内出水，最大水深0.355m
0+188	4.83～5.82	2.596	0.627	开挖深0.58m时坑内出水，最大水深0.532m
0+208	4.66～5.82	2.97	0.474	开挖深0.4m时坑内出水，最大水深0.328m
0+228	4.83～5.82	2.264	0.760	开挖深0.73m时坑内出水，最大水深0.63m
0+248	5.40～5.82	2.484	0.850	开挖深0.74m时坑内出水，最大水深0.14m

由表2可见，桩号0+168～0+248段，探坑开挖后即渗水，表明该段渗流浸润线异常升高，这与探测结果是一致的。

4 结语

（1）原出库闸溃决段围坝分别采用探地雷达、浅层地震、高精度磁测三种方法，查明相关坝段坝体地基特征及沉毁物可能的分布范围，技术思路正确。

（2）探地雷达方法探测结果表明，在实测的A～E 7条测线中除了D+测线及E测线没有明显异常外，其余5条测线均存在异常，判断存在沉毁物；地震映像方法探测结果表明，在实测的A～E 5条测线中除了A测线不明显、E测线没有明显异常外，其余3条测线均存在异常，判断存在沉毁物；根据围坝路面3条测线及施工围堰平台13条测线的高精度磁测方法探测结果推断，沉毁物中心主要分布于轴线方向0+199，在垂直于轴线方向（围堰平台）上接近E测线。

（3）三种探测方法的成果基本一致。探坑验证结果表明，该段渗流浸润线异常升高，探测成果可信。

（4）根据探测结果，由于溃决段存在异物，除险加固设计0+169～0+239坝段的防渗墙轴线布置在距大坝轴线23m的圆弧平台上布置是合适的。

浅析白鹤滩水电站灌排廊道群测量控制方法

李　宁　蒙万谦　傅自飞

（中国水利水电第七工程局成都水电建设工程有限公司）

【摘　要】 白鹤滩水电站左岸厂区防渗排水系统围绕厂区布置了七层排水廊道、灌浆廊道、交通廊道，廊道开挖断面尺寸以 3.0m×3.5m 的小洞室为主。在灌排廊道群中每层布设落水孔，将灌排廊道连接成为一个整体，因此洞室的空间位置就要求必须精确。另外洞室的岩层大部分以Ⅳ类危岩为主，垂直埋深和水平埋深参差不齐且受高地应力及陡、缓倾角裂隙影响片帮掉块严重，整体施工难度大，危险系数高。

【关键词】 灌排廊道　控制测量　编程　流程

1　工程概述

白鹤滩水电站位于四川省宁南县和云南省巧家县境内，是金沙江下游干流河段梯级开发的第二个梯级电站，具有以发电为主，兼有防洪、拦沙、改善下游航运条件和发展库区通航等综合效益的巨型水电站。左岸厂区防渗排水系统共七层灌排廊道全长 13400.46m，断面类型为城门洞形，具体尺寸为 3.0m×3.5m、3.0m×4.0m、4.0m×4.5m 和 4.0m×5.0m 等几类洞型，其中 3.0m×3.5m 洞型占洞室开挖总长度的 66.8％。各层小洞室与主厂房、主变室、尾水调压室、出线竖井等主要洞室是同时开挖，最终连接为一个整体。灌排廊道群开挖规模庞大、纵横交错、高差大，施工通道长、转弯多，空间关系复杂、施工干扰问题突出，对测量精度和开挖质量要求高。

2　灌排廊道开挖测量控制的特点和难点

灌排廊道开挖测量的工作环境主要在地下封闭的空间内，环境恶劣、光线差、精度要求高、具有连续性和重复性，测量方法受施工环境和施工方法的限制影响较大。根据白鹤滩水电站灌排廊道具体要求，开挖测量控制的特点和难点具体如下：

（1）开挖导线控制网布设难度大，由于洞型主要以 3.0m×3.5m 为主并未贯通，难以形成闭合或者附合导线，导线控制网实际布设主要以支导线为主，控制网整体精度和单点精度不高。

（2）灌排廊道洞室长且狭窄，控制点埋设受风水管线布设、出渣通道、生产用水和地下水影响，控制点选点及埋设相当困难。开挖阶段控制点易被出渣设备破坏，混凝土阶段受底板清基影响，控制点难以永久保存，同时也严重影响现场测量施工进度。

（3）加密控制网观测过程中，由于灌排廊道洞型较小，转弯半径小且转弯多，空气质量差，光线不足等影响，造成控制网点布设不均匀，观测时角度和边长受客观因素影响较大，测量平差角度中误差、相对边长中误差、点位中误差等精度难以达到规范要求。

（4）受爆破作业和通排风系统影响，小洞室内排风散烟困难，环境恶劣，一般开挖工序完成后就要进行测量放线，洞内环境难以达到测量放线基本要求，因此也增加了测量放样的测量误差。

（5）灌排廊道群主要以单向开挖和相向开挖为主，由于控制网布设难度大，测量放样过程中受环境和人为影响，对各洞室的顺利贯通带来了巨大压力。

（6）灌排廊道群开挖过程中，开挖工作面同时施工，测量放样时间较为集中，另外对控制网向内延伸增加了难度和工作量，因此必须采用科学的测量方法提高工作效率。

3 测量控制方法

3.1 控制点加密

3.1.1 控制点加密工作标准化和流程化

白鹤滩水电站首级控制网（点）主要布设在进厂交通洞、主副厂房洞、各交通洞主干道附近，离灌排廊道作业面的距离往往较远，必须进行控制点加密延伸工作。

控制点加密工作流程如下：

（1）在开工通知下达前，从测量监理工程师处获得测量基准点、基准线、基本资料和数据，并现场移交测桩。

（2）进行数据资料复核和现场控制点坐标复测，确认无误后再拟定控制点加密方案。

（3）一般采用分级布设的方法：先布设精度较低、边长较短（边长为25～50m）的施工导线；当隧道开挖到一定距离后，布设边长为50～100m的基本导线。

（4）廊道内控制点应选在底板或顶板岩石等坚固、安全、测设方便与便于保存的地方。控制导线的最后一点应尽量靠近贯通面，以便于施测贯通误差。对廊道的相交处，也应埋设控制导线点。

（5）严格按观测方案和《水电水利工程施工测量规范》（DL/T 5173—2012）、《国家三、四等水准测量规范》（GB 12898—91）、《中、短程光电测距规范》（GB/T 16818—2008）行业测量标准及规范进行加密控制网的观测工作。

（6）观测完毕以后，整理各项数据资料，进行控制网平差计算并把坐标成果上报测量监理工程师进行审核。

控制网具有控制全局、限制测量误差累积的作用，是施工放样工作的依据。规范的控制点加密延伸工作，对保证控制点的精度乃至保证之后洞室贯通精度有着非常重要的意义。

3.1.2 优化控制导线布设

导线布设方式主要有闭合导线、附合导线和支导线，灌排廊道受洞型大小和洞室长度的约束，其导线经常无法布设为闭合或附合导线，只能布设为支导线的型式，然而支导线布设型式无法进行平差，控制点精度无法保证。为了保证控制点精度，实际采用了一种复测支导线的方法（即布设复测支导线），可以理解为是已知点与待测加密控制点之间往返测量两次的支导线型式，也可以理解为是从已知点开始经过一些待测加密控制点，最后又返回到已知点的闭合导线形式（图1），往返测提高了观测值的精度，又可以对控制网点坐标进行平差计算。采用复测支导线的方法弥补了支导线无法进行测量平差的缺陷，从而保障了控制网点的各项精度指标，确保了施工放样等测量工作的精度满足规范要求。

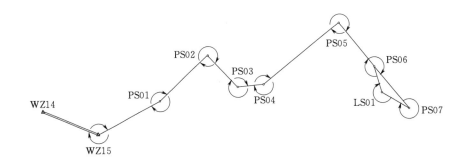

图1　复测支导线布设示意图

3.2　坐标系的灵活使用

控制点坐标一般采用大地坐标，但是在施工测量放样过程使用大地坐标有以下劣势：

（1）大地坐标数据位数较多，fx-5800编程计算器输入数据时较慢且容易出错。

（2）大地坐标无法直观上看出洞室开挖里程桩号及轴线等重要参数，所需要参数均需通过计算器来转换计算，这无疑大大增加了工作量，降低了工作效率。

为了能够直观、快捷地进行测量放样工作，实际一般采用施工坐标，根据洞室桩号布置情况确定直角坐标系原点，提前将控制点大地坐标转化为该洞室的施工坐标。施工坐标系的建立原则上以洞室轴线 0 桩号位置为原点，以洞室轴线为 X 轴，以桩号前进方向为 X 轴正方向，Y 值遵循左负右正的原则，高程系统采用白鹤滩统一使用的 1985 国家高程基准。在该施工坐标系下，任意一点（X，Y）的坐标分别代表该点在廊道中的桩号及该点距廊道中心线的偏中距离，这样的优点是在测量放样、断面验收、内业处理等工作上大大提高了工作效率，也大大简化了计算器程序的编写。

3.3　先进的测量放样方法

3.3.1　测量放样工作流程化和标准化

科学的标准化作业流程一方面指导测量作业的规范有序进行；另一方面大大提高了工作效率。根据灌排廊道实际开挖放样过程，总结测量放样的作业流程如下（图2）：

（1）读审图纸：熟悉设计蓝图、有关设计修改通知单及相关核定单、加密控制网成果资料等，保证相关信息的全面性和可靠性。

（2）确定放样方法：根据放样点的精度要求和现场的作业条件，选择技术先进和合适的放样方法。

（3）准备放样数据：将各灌排廊道的工程坐标、轴线方位、洞型尺寸等几何数据和计算好的放样参数绘制成简单示意图，编制相应计算器程序。放样数据与计算器程序经至少两人独立计算校核才可使用。

（4）检查仪器设备：全站仪由专人定期进行自检，使用前检查其运行状态，主要检查电池电量情况，其他工器具包括卷尺、小棱镜等的完整情况。

（5）设站并进行检核：测站点尽量直接在控制点或其加密点上进行，根据限差要求和洞室实际情况也可先测设放样测站点后再进行放样。测站点应与至少两个已知点通视，保证放样有检核方向。

（6）放样并做好记录：测量放样记录使用规定的表格，按规定的格式填写，完整填写各项测量记录，不得随意涂改，便于发现错误。

（7）复查无误后交接：作业结束后，观测员检查记录计算资料并签字。复查无误后填写测量放样成果表，以书面或口头方式技术交底交予现场技术员，现场技术员确认无误后完成交接。

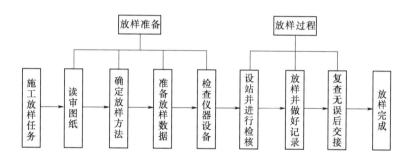

图 2　施工测量放样工作流程图

实际放样过程中还需注意以下几点：

1）及时在洞室边墙上标识开挖里程桩号，指导和服务其他质量控制手段；

2）检查上一循环洞室开挖超欠挖情况，针对欠挖部位进行标记，并对现场施工人员进行交底对欠挖部位及时进行处理；

3）除在开挖掌子面标识开挖轮廓线点位，还需在距离开挖掌子面2～3m左右位置处再次标识洞室中心点、起弧点、顶拱点等特殊点位，作为钻孔人员的参照点位（后视点），以便更好地控制开挖洞型，在开挖坡比较大时这项工作尤其重要。

3.3.2　计算器程序辅助计算

洞室开挖放样实际中均采用全站仪配合卡西欧 fx-5800P（可编程）计算器进行。由于灌排廊道洞型基本为城门洞，利用可编程计算器预先编辑好放样程序，可以快速精确地完成点位放样和超欠挖值计算等测量工作，保证测量精度的同时也可以大大提高工作效率。

城门洞型主要分为边墙和顶拱两种计算方法，边墙的放样可以根据仪器所显示 Y 坐标（偏中距离）直接作出判断，顶拱点位则需要通过坐标反算距离与顶拱半径对比得出超欠挖值，如果多个点位通过常规计算则需耗费较多时间。而使用预先编辑好的计算器程序，通过简单输入点位坐标，直接得出超欠挖值，则可以达到快速放样的目的。下面以第七层排水廊道 LPL7-1（3.0m×3.5m 洞型）开挖放样程序做简要解析：

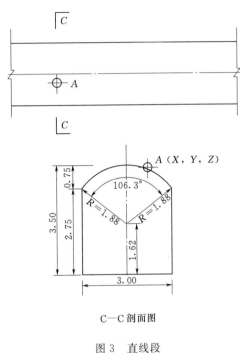

C—C 剖面图　　　　　　　　　D—D 剖面图

图 3　直线段　　　　　　　　　图 4 曲线段

（1）直线段。假设放样过程中任意一点 A（如图 3）位于顶拱，则判断该点与设计洞型位置关系所需程序如下：

Lbl 0："X="? X;"Y="? Y;"Z="? Z↵

X→K:Prog"LPL7-1":Z-H→L↵

If L≥2.75:Then √(Y²+(L-1.62)²)-1.88→W:IfEnd↵

If L<2.75:Then Abs(Y)-1.5→W:IfEnd↵

"CQW=":W▲

Goto 0↵

（程序中调用了一个专门显示廊道底板设计高程的子程序 LPL7-1，程序最终运行结果显示为 CQW=? 如果为正则表示超挖，位于设计开挖线以外，反之则为欠挖）

（2）曲线段。曲线段测量放样时无论是边墙还是顶拱，都是无法从仪器所显示坐标直接作出判断的，全部需要通过 fx-5800 计算器计算作出判断。假设放样过程中任意一点 B（图 4）位于顶拱，则判断该点与设计洞型位置关系所需程序如下：

Lbl 0："X="? X;"Y="? Y;"Z="? Z↵

X1→N;Y1→E;90°→F;R1→R;Pol(X-N,Y-E)↵

If J<0:Then J+360→J:Else J→J:IfEnd↵

Cls↵

X1+π×R×Abs(J-F)÷180→K;I-R→P;Prog"LPL7-1":Z-H→L↵

If L≥2.75:Then√(P²+(L-1.62)²)-1.88→W:IfEnd↵

If L $<$ 2.75：Then Abs(P)$-$1.5$\to$W：IfEnd ↵

"CQW$=$"：W ◢

"ZH$=$"：K ◢

"PJ$=$"：P ◢

Goto 0 ↵

（程序中 X1，Y1，R1 分别为曲线段圆心坐标与半径，程序最终运行结果显示为 CQW$=$？如果为正则表示超挖，位于设计开挖线以外，反之则为欠挖；ZH 为曲线段实际开挖里程桩号；PJ 为曲线段实际偏中距离）

4 结语

白鹤滩水电站拥有复杂的防渗排水系统洞室群，本文讲解了灌排廊道小洞室开挖施工测量控制的重点、难点以及解决方法。测量工作在整个施工过程中起着不可忽视的先决作用，它指导洞室开挖的每一步，精确地控制洞室轴线及开挖断面质量。目前，左岸防渗灌排廊道开挖阶段的工作已经全部完成，这些测量方法得到了实践和检验，对其他的地下工程测量工作者具有一定的借鉴。

三维地震 TRT 法在 TBM 施工隧洞超前
地质预报中的应用

丁　庭　苗双平　赵　欢

（北京振冲工程股份有限公司）

【摘　要】　TBM 隧洞施工过程中，尤其是在穿越断层、溶洞等不良地质发育的段落时，需进行超前地质预报，以避免造成卡机突水、突泥等灾害。在 TBM 施工隧洞中引入三维地震 TRT（Tunnel Reflection Tomography）方法进行超前地质预报。该方法采用锤击震源，极大程度地减小了探测对隧洞围岩的二次破坏；探测采用三维空间观测方式，可以实现隧洞施工掌子面前方地质反射界面较为准确的定位；探测主机与传感器之间采用无线通信方式，避免了有线传输与 TBM 施工机械间的干扰。利用该方法在吉林引松供水工程 TBM 施工隧洞中开展了实际的探测工作发现，三维地震 TRT 法探测实施简便，探测结果直观可靠，是一种可以用在 TBM 施工隧洞中超前地质预报方法，具有广泛的应用前景。

【关键词】　TBM　三维地震　TRT　隧洞超前地质预报

1　引言

水利水电工程领域，将有重点水电工程和跨区域跨流域调水工程。在这些工程中需要修建数百条深长隧洞，隧洞建设面临新的困难与挑战。隧洞建设规模扩大并向西部山区转移，使隧洞长度与埋深都相应增加，并且跨区域的深长隧洞沿线地质情况复杂多变，施工安全风险增高。

在深长隧洞施工中，全断面隧洞掘进机（tunnel boring machine，TBM）相比传统的钻爆法施工具有明显的优势：掘进与出渣速度快，施工过程对围岩扰动和对环境影响小，作业人员工作强度小，作业安全性高，综合的经济社会效益高等。因此，TBM 施工越来越多的应用到深长隧洞建设中。由于地质条件复杂多变，在 TBM 施工遭遇断层、软弱破碎围岩等时，往往造成 TBM 卡机被困，造成工期延误与经济损失。

超前地质预报是隧洞施工中的重要环节。破碎岩体、断层、含水溶洞、地下暗河等是常见的赋存灾害源的不良地质体，在开挖揭露或施工扰动的作用下，容易导致塌方、突水涌泥等地质灾害，往往造成重大经济损失，甚至人员伤亡。在隧洞施工期间，超前地质预报可以有效地提前掌握掌子面前方的地质情况，对可能存在的不良地质体、可能出现的地质灾害做出预判，提前采取对应措施，从而避免施工期灾害，保障施工安全。

超前地质预报在 TBM 施工隧洞中作用尤其重要，可指导 TBM 有效避免破碎岩体坍塌、突水涌泥等灾害。但超前地质预报手段在应用到 TBM 施工隧洞时面临的探测环境非常复杂：TBM 庞大的施工机械占据了本来就相对狭小的隧洞腔体空间，多种地球物理探测方法无法布设测线及传感器等；TBM 施工机械使地球物理探测时人工施加的电场、电磁场产生畸变，严重干扰探测。

针对在 TBM 施工隧洞进行超前预报这一难题，本文将三维地震 TRT 方法引入到 TBM 施工隧洞超前探测中，介绍三维地震 TRT 探测方法的基本原理、仪器特点与探测实施过程。以吉林省引松供水工程三标段为工程依托，对 45＋357～45＋257 段落开展三维 TRT 探测，对可能存在的断层破碎带进行超前判断，探测结果用于指导施工，并且开挖结果验证了探测结果的准确性。

2 三维地震 TRT 技术

2.1 三维地震 TRT 原理

三维地震 TRT 技术的原理在于当地震波遇到声学阻抗差异（密度和波速的乘积）界面时，一部分信号被反射回来，一部分信号透射进入前方介质。声学阻抗的变化通常发生在地质界面或破碎岩体接触面。反射的地震信号被高灵敏地震信号传感器接收，经过分析后，被用来了解隧洞工作面前方地质体的性质（软弱带、破碎带、断层、含水等），位置及规模。正常入射到边界的反射系数计算公式如下：

$$R = \frac{\rho_2 V_2 - \rho_1 V_1}{\rho_2 V_2 + \rho_1 V}$$

假设 R 为反射系数，ρ 为岩层的密度，V 等于地震波在岩层中的传播速度。地震波从一种低阻抗物质传播到一个高阻抗物质时，反射系数是正的；反之，反射系数是负的当掌子面前方岩体内部有破裂带时，回波的极性会反转。反射体的尺寸越大，声学阻抗差别越大，回波就越明显，越容易探测到。

2.2 三维地震 TRT 探测

（1）三维地震 TRT 硬件。三维地震 TRT 硬件系统主要由三部分组成：传感器、无线模块、中心控制系统组成，如图 1 所示。其中，中心控制系统主要包括：地震仪（主机）、基站、触发器源、触发器导线。本节论述以及后文工程探测中的三维地震 TRT 仪器是以 TRT6000 为例。

（2）观测方式。三维地震 TRT 技术采用三维观测方式，主要包括 12 个震源点以及 10 个接收点，其常用的观测方式如下：靠近隧洞掌子面的边墙布设震源点，一般在左右边墙各 2 排，间距 2m，每排 3 个，分别布设在隧洞边墙的拱肩、拱腰和拱脚位置，共 12 个震源点。10 个接收点分为 4 排布置，第 1 排接收点共 2 个，在第 2 排震源点向后 10～20m 范围内，布设在左右拱肩处；第 2 排接收点共 3 个，在第 1 排接收点后 5m 处，布设在左右拱脚及拱顶处；第 3、4 排接收点布置分别于第 1、2 排相同。同时，每个震源点与接收点都有对应顺序的编号。

（3）现场探测过程。

1）按照前文中叙述的观测方式，进行震源点与接收点的布设并编号，获取对应坐标

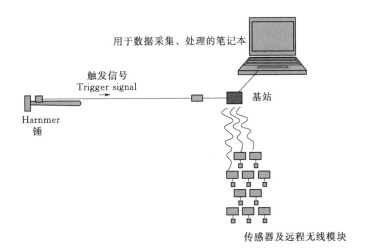

用于数据采集、处理的笔记本

触发信号
Trigger signal

基站

Harnmer
锤

传感器及远程无线模块

图 1　三维地震 TRT 探测系统

以便在处理数据时使用。

2）按图 1 所示进行系统连接，打开无线模块、基站、采集软件等，准备采集。

3）在震源点处进行锤击，此时锤击产生地震波在岩体中传播，安装在锤柄处的触发器产生触发信号，经电缆传输至基站，基站接收到触发信号后，给安装在各传感器上的无线模块下达命令进行地震波数据的采集，并通过无线模块将各检波器采集到的振动信号传输至基站，进而传达至采集电脑，完成地震记录的显示与存储。

4）对每 1 个震源点，需至少进行 3 次锤击，采集 3 次有效数据并保存。

5）完成 1 个震源点数据采集后，切换到下一个震源点，重复步骤（3）（4）进行采集，直至所有得到所有震源点对应信号数据，完成采集。

2.3　三维地震 TRT 技术优势

基于三维地震 TRT 探测的基本原理与探测实施过程，其应用于 TBM 施工隧洞中具有明显优势。

（1）三维地震 TRT 探测信号以围岩为传播介质，相对于电磁类探测方法，TBM 施工机械对探测的影响较小。

（2）TRT 探测以锤击为震源，相对于传统以爆破为震源的地震探测方法，对围岩的扰动减小，隧洞内人员与机械设备等更为安全，对环境影响小，且操作简便。

（3）接收器与主机之间采用无线模块传输数据，省去接收点与主机之间联系所需的多条线缆，对 TBM 施工机械影响较小。

（4）三维地震 TRT 探测采用三维震源与三维接收模式，波速结果在理论上有明显进步，探测结果立体图中反射界面是由空间叠加所有地震波形得到，结果更加精确，尤其是地质异常体走向平行于隧洞轴线时，改善效果明显。

3　工程应用

在吉林省引松供水工程三标段 TBM 施工隧洞中应用三维地震 TRT 技术进行超前地

质探测，对比探测结果与开挖揭露情况，检验三维地震 TRT 超前探测在 TBM 施工隧洞中的可行性。

3.1 工程概况

吉林省中部城市引松供水工程属长距离跨流域城镇供水工程，分为输水干线和输水支线，其中输水干线长 263.58km。总干线三标段位于温德河—岔路河段，引水隧洞 TBM 施工段落为 26+011～47+519，共 21508m。项目区内地貌单元主要为中低山丘陵，表层被第四系坡洪积物和冲洪积物所覆盖，其下为基岩。隧洞穿越的地层岩性主要有凝灰岩、花岗岩、安山岩、石英闪长岩等，地质构造主要表现为断裂，对区域内工程地质条件起影响作用的共 24 条，多有继承性和复合型的特点。隧址区地表水系发达，有温德河及支流四间房河、大岔河，岔路河及支流石门子河等，主要为大气降水补给。引松供水工程三标段 TBM 施工隧洞埋深浅，穿越多条断层，地表水与地下水比较发育，工程地质性质差，易出现围岩塌方造成卡机、突水涌泥造成淹机等灾害，因此需要在隧洞施工期进行超前地质预报，查明可能存在的灾害源，保证 TBM 安全顺利施工。

3.2 探测实施

TBM 施工掘进至 45+357，在 TBM 停机维修保养期间实施三维地震 TRT 探测。现场探测相关采集参数设置为：记录长度 256ms，触发延迟-2ms，采样间隔 0.125ms，震源类型 Impact Hammer，通信信号强弱 Medium，除触发通道的增益为 0dB 外，其他通道 20dB。现场采集用时大约 90min，未对 TBM 施工工序造成影响。采集完成后进行处理，设定探测距离为 100m，因此得到 45+357～45+257 范围内三维地震 TRT 探测结果，如图 2 所示。

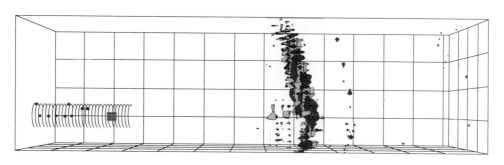

（a）三维成像图

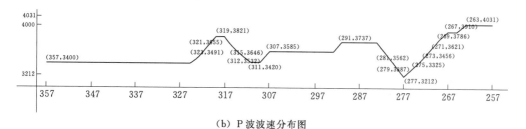

（b）P 波波速分布图

图 2　45+357 三维地震 TRT 探测结果

通过勘测区域的地震波反射扫描成像三维图、P波波速、掌子面地质信息等，可以得出如下结论：

（1）45＋357～45＋312，即掌子面前方0m～45m范围内，P波波速约为3400m/s，无明显正负反射，推断该段落围岩较均一，与掌子面围岩质量相近，呈较完整状态。

（2）45＋312～45＋277，即掌子面前方45m～80m范围内，P波平均波速约为3300m/s，在45＋309附近波速出现明显下降，且出现明显的负反射，在45＋277附近波速下降，推断该段落围岩整体完整性差，在45＋309、45＋277附近围岩破碎，裂隙发育，可能存在软弱夹层或断层破碎带。

（3）45＋277～45＋257，即掌子面前方80～100m范围内，P波呈上升趋势，平均波速约为3450m/s，无明显正负反射，推断该段落围岩较上一段稍好，围岩完整性差。

3.3 结果对比

（1）前期勘察资料对比。探测实施段落的前期地质勘察资料显示，在探测区域内，存在2套不同岩性地层。掌子面现有岩层为二叠系范家屯组凝灰岩，隧洞在45＋246位置处经过断层F_{23}核心位置及岩层交界面，之后进入燕山早期侵入花岗岩。2套岩层呈不整合接触，该段落地质纵断面图如图3所示。断层F_{23}与隧洞轴线呈小角度相交，交角约为10°，影响范围25～100m。因此可以看出，三维地震TRT探测结果与前期勘察结果对断层破碎带的存在都有较明确判断，两者的结果只是在断层破碎带出现位置的判断上稍有不同，三维地震TRT探测结果更为精确。

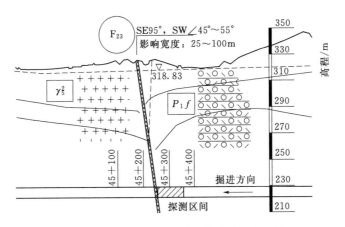

图3　三维地震TRT探测段落地质纵断面图

（2）实际开挖对比。根据前期勘察资料与三维地震TRT探测结果，项目部迅速作出破碎围岩带应急预案，包括加强支护方案、人员组织配备方案等。在掘进过程中坚持"短进尺，强支护"原则，密切关注掘进参数变化，观察围岩变化情况。

以掘进参数中最具代表性的推进压力为例，说明围岩变化情况，推进压力高反应围岩质量较好，推进压力低反应围岩质量差。在45＋357～45＋310范围内，推进压力与之前无较大差别，维持在210bar左右。由45＋310开始，推进压力迅速降低，一直到TBM掘进至45＋277，掘进压力始终在110bar～130bar范围内变化。之后，掘进压力随TBM向前掘进而升高，压力大约为190bar。

在 45＋307 位置开挖揭露破碎围岩，岩性为凝灰岩，岩体呈碎块状，出现小型塌腔，在 45＋277 位置处凝灰岩破碎，在此段落围岩质量与三维地震 TRT 探测结果相近。对比其他段落的预报结果与开挖揭露情况，围岩质量基本一致。

在吉林省引松供水工程现场的应用表明，三维地震 TRT 探测结果精确，能够较好的识别断层破碎带，可指导对不良地质体超前处理，为 TBM 安全顺利掘进提供保障。

4　结论

三维地震 TRT 探测方法作为一种隧洞超前地质预报手段，应用于 TBM 施工隧洞具有明显优势，本文在介绍其技术特点的基础上，在吉林引松供水工程三标段施工现场开展了工程应用，得到的结论如下：

（1）三维地震 TRT 探测是以地震波法为理论基础，在进行超前预报时可避免 TBM 施工机械设备的干扰，探测系统采用的人工锤击震源、无线传输模块、三维观测模式等，起到了改善探测效果，简便探测操作的作用。

（2）在吉林引松供水工程三标段工程现场，三维地震 TRT 探测准确预报了 45＋357～45＋257 段落内围岩质量变化情况，实现了该段落内断层破碎带的较准确定位。

（3）引松供水工程的现场实践表明三维地震 TRT 超前探测方法探测操作简便快捷，不占用施工时间，探测结果直观准确，是一种适用于 TBM 施工隧洞并具有较高可靠性的超前预报手段，值得在今后的 TBM 施工隧洞中推广应用。

金沙江乌东德水电站金坪子滑坡Ⅱ区治理工程效果初步评价

李　志　覃振华　刘冲平　王团乐　白　伟

（长江三峡勘测研究院有限公司）

【摘　要】 金坪子滑坡Ⅱ区体积巨大，距离乌东德坝址仅 2.5km，其稳定状况事关乌东德水电站的安全运行。基于前期勘察认为该滑坡呈牵引式（松脱式）蠕滑变形，不存在发生突发性大规模失稳的可能性。但从提高电站安全运行的角度出发，对该滑坡采取了地下（上）截排水为主的工程治理措施进行治理。本文收集了为期 5 年滑坡治理过程中滑坡体中排出的地下水量、滑坡体中的地下水位变化情况以及滑坡变形放缓的特征，以此为依据综合评价滑坡治理的工程效果，可为类似工程提供借鉴经验。

【关键词】 乌东德水电站　金坪子滑坡　排水　地下水位　变形量　稳定性评价

1　引言

乌东德水电站是金沙江下游河段（攀枝花市至宜宾市）四个水电梯级——乌东德、白鹤滩、溪洛渡、向家坝中的最上游梯级。电站设计正常蓄水位 975m，水库总库容 74.08 亿 m^3，为大（1）型Ⅰ等工程，大坝为混凝土双曲拱坝，最大坝高 270m，电站装机容量 10200MW，多年平均年发电量 389.3 亿 kW·h，是西电东送的骨干电源点。

金坪子滑坡位于乌东德坝址下游约 900m 处的金沙江右岸。滑坡遥感解译体积达 6.25 亿 m^3，规模十分巨大，其稳定现状、变形趋势、可能失稳方式及规模直接关系乌东德水电站梯级开发的成立及河段内坝址选择，因而备受各界关注。

根据金坪子斜坡区的地形地貌、地质特征，将该斜坡分为 5 个区（图 1），中部基岩梁子（Ⅳ区）；基岩梁子之上的泊渡——当多堆积体斜坡（Ⅰ区）；基岩梁子东侧的低凹滑坡（Ⅱ区）；金坪子古滑坡（Ⅲ区）；金坪子滑坡古滑坡前缘沿江基岩出露区（Ⅴ区）。Ⅳ、Ⅴ为雄厚的原位基岩，稳定性好。Ⅰ、Ⅱ、Ⅲ区均为第四系堆积体。其中Ⅰ区为古崩塌堆积体，整体稳定性较好；Ⅱ区为蠕滑变形体，处于整体蠕滑状态，稳定性较差；Ⅲ区为深嵌于古河槽之中的古滑坡堆积体，稳定性好。根据上述结论，制定了主要针对Ⅱ区的工程治理方案。

2　基本地质条件

金坪子滑坡Ⅱ区上距坝址 2.5km，体积约 2,700 万 m^3，分布高程 880～1400m（图 1、图 2）。

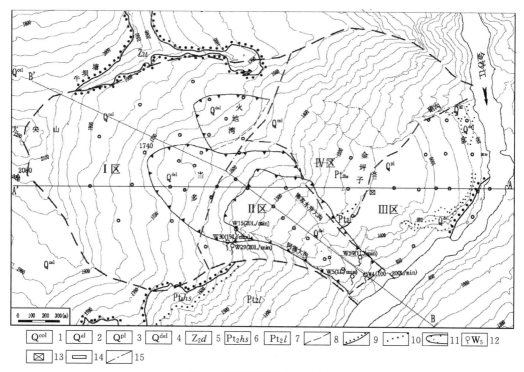

图 1 金坪子滑坡地质示意图

1—崩坡积物；2—滑坡堆积物；3—观音崖组；4—灯影组；5—落雪组；6—黑山组；7—地层整合界线；8—不整合界线；9—断层；10—地层产状；11—滑坡界线；12—泉水点；13—钻孔；14—滑坡分区；15—剖面线

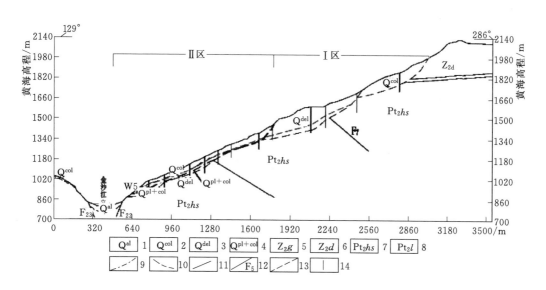

图 2 金坪子滑坡 Z4－Z4 地质纵剖面图

1—冲积物；2—崩积物；3—滑坡堆积物；4—洪崩积物；5—观音崖组；6—灯影组；7—黑山组；8—落雪组；9—第四系岩性分界线；10—基岩与覆盖层分界线；11—基岩地层分界线；12—断层；13—地下水位；14—钻孔

堆积体自下而上可分为4层（图3）：①古冲沟碎块石、砂砾夹少量粉土（Q^{pl+col}），结构松散—中密，厚度30~64m；②滑带土，紫红色粉质黏土夹少量砾石、碎石，厚度一般为2~9m，底部为滑带呈硬—可塑状，结构紧密，具明显挤压错动特征，可见光面及擦痕；③滑坡主体千枚岩碎屑夹土（Q^{del}），岩性为紫红色、灰黑色粉质黏土夹砾石、碎石，厚度为一般为16~45m，最小6m；④后期崩塌形成的白云岩块石碎石夹少量粉土层（Q^{col}），分布在表层及后部，厚度20~61m，块石碎石成分为Z_2d白云岩，结构松散。

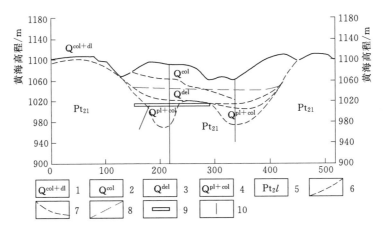

图3　Ⅱ区 H13-H13′工程地质横剖面图

1—崩坡积物；2—崩积物；3—滑坡堆积物：滑体物质为白云岩块石夹土；4—洪崩积物；5—落雪组灰岩；6—基岩与
第四系分界线；7—第四系内物质分界线；8—地下水位线的；9—勘探平洞；10—钻孔

Ⅱ区下伏基岩总体呈"两沟一梁"凹槽（图3）。纵向坡度角一般为18°~36°，平均坡度角23°。基岩面横向上两沟略显不对称，下游侧古冲沟切深48m、宽46m，上游侧冲沟切深40m、宽66m，往后部切深与宽度逐渐减小，直至尖灭。

3　滑坡治理措施

金坪子滑坡Ⅱ区滑坡体积巨大，常规滑坡治理措施如抗滑支挡、削方减载难以实施；根据滑坡变形与地下水及降雨呈正相关的特征及滑体地下水的补、径、排特点，有针对性的采取了地表截（排）水系统和地下排（截）水系统进行治理，以提高蠕滑体的稳定性，控制滑坡变形（图4）。

地表截排水体系统由Ⅱ区后缘截水沟、各高程截水横沟及地表纵向冲沟硬化三部分构成。

基于Ⅰ区堆积体靠近当多一带存在富水区这一地质判断，在高程1350m布置后缘截排水洞，在截水洞中布置排水仰孔截排富水区地下水；在Ⅱ区滑坡体中布置5条排水洞，根据滑坡体透水性特点，采取"仰孔+俯孔"以排除滑坡体中的地下水。仰孔和俯孔ϕ63U-PVC塑料花管，外包一层200g/m^2无纺土工布组成的过滤体进行孔壁保护和排水。

在Ⅱ区布置水位长期观测孔，地表位移监测点及深部位移监测点，对滑坡动态进行长期监测。

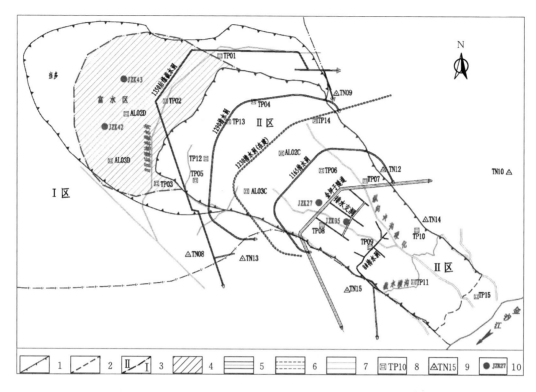

图 4　金坪子滑坡Ⅱ区治理工程布置图

1—Ⅱ区边界；2—Ⅱ区前缘剪出口；3—分区界线及编号；4—富水区；5—已建截排水洞；6—在建排水洞；
7—地表截排水系统；8—地表位移监测点；9—监测网基点；10—水位监测孔

4　治理效果初步评价

4.1　排水效果

4.1.1　方程 1350m 后缘截排水洞

方程 1350m 后缘截排水洞 2012 年 9 月 28 日开工，2015 年 12 月 12 日贯通，排水孔 2016 年 6 月 28 日开始施工，截至 11 月 28 日完成 290 个。2014 年 1 月 1 日至 2016 年 11 月 28 日排水监测数据显示：1350m 后缘截排水洞总计排水量 66788m³，其中排水洞施工期排水 32977m³，排水孔排水 33811m³。日均排水 62.7m³/d（图 5）。单孔流量监测显示

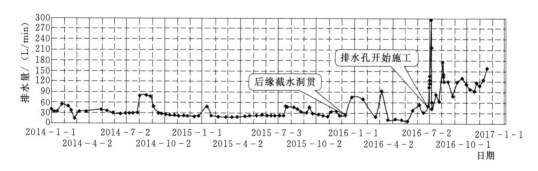

图 5　方程 1350m 后缘截排水洞排水量过程曲线图

富水区排水孔平均初见流量大多高于 10L/min，其中 Z0－120－1、Z0－127－1 初见流量高达 100L/min 和 200.6L/min（图 6）。

4.1.2 方程 1290m 排水洞

方程 1290m 排水洞 2015 年 4 月 18 日开工，2016 年 4 月 15 日贯通，排水孔暂未施工。该排水洞总计排水量 35000m³。日均排水 59.3m³/d。

4.1.3 方程 1165m 排水洞

方程 1165m 排水洞 2015 年 4 月 11 日开工，2016 年 1 月 31 日贯通，排水孔暂未施工。该排水洞总计排水量 19000m³。日均排水 52.2m³/d。

图 6　Z0－127－1 排水效果照片

4.1.4 金坪子隧道排水支洞

金坪子隧道排水支洞 2013 年 2 月 21 日开工，2014 年 9 月 11 日贯通，排水孔 2013 年 8 月开工，2015 年 2 月完工。2014 年 1 月 1 日至 2016 年 11 月 28 日排水监测数据显示：总计排水量 85000m³。日均排水 79.8m³/d。

4.1.5 8 号排水洞

8 号排水洞 2013 年 1 月 5 日开始开挖，2013 年 10 月 11 日贯通，排水孔 2015 年 11 月 25 日开始施工，2016 年 5 月 20 日施工完成。排出滑体地下水 6300m³。日均排水 24.5m³/d。

综上，截至 2016 年年底，截排水洞共排除地下水约 23 万 m³。

4.2 地下水位下降

金坪子滑坡 Ⅰ、Ⅱ 区水位监测孔数监测结果显示，2012 年 7 月至 2016 年年底，地下水位下降 2～5m（图 7）。

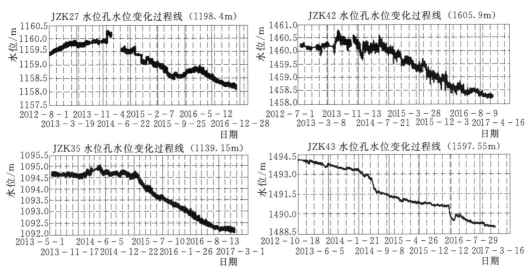

图 7　长观孔地下水位变化过程曲线图

4.3 变形情况

金坪子滑坡Ⅱ区滑坡变形监测始于 2005 年,截至 2016 年经历了 2 个丰水期和 1 个枯水期。2005 年至 2008 年为丰水期,2009 年至 2013 年为枯水期,2014 年至 2016 年为丰水期。以地表变形监测点 TP11 为例,在第一个丰水期(2005—2008 年)最高变形速率 4mm/d,在枯水期(2009—2013 年)变形速率为 0.3 ~ 0.8mm/d,第二个丰水期(2014—2016 年)由于排水治理工程开始启动并发挥排水效用,其变形速率虽然有一定程度的上升,但最高变形速率小于 2mm/d(图 8、表 1),其余各地表变形监测点变形特征与 TP11 一致。表明滑坡治理后变形呈变缓趋势。

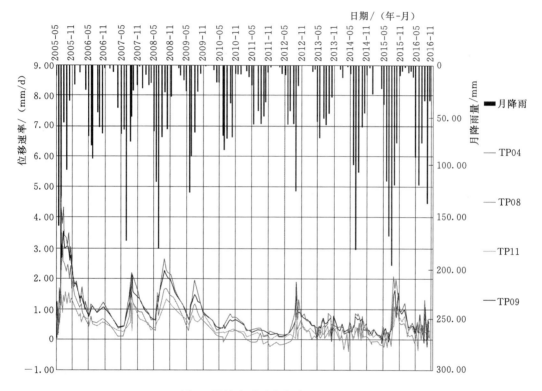

图 8 滑坡变形速率与降雨量对比图

表 1　　　　金坪子滑坡Ⅱ区代表性地表位移监测点年变形量与降雨量统计表

地表监测点编号	降雨量/mm	前缘 TP11 变形量/mm	中部 TP08 变形量/mm	中后缘 TP14 变形量/mm	后缘 TP04 变形量/mm
2006 年	452	382.32	345.38	300.85	199.79
2007 年	530.9	414.40	343.10	319.78	186.74
2008 年	624.3	576.61	498.78	510.88	311.19
2009 年	373.4	387.47	348.34	319.18	227.24
2010 年	393.2	210.78	185.47	168.60	100.74
2011 年	305.5	131.58	118.06	101.00	69.78
2012 年	328.3	177.59	146.79	97.26	68.96

地表监测点编号	降雨量/mm	前缘 TP11变形量/mm	中部 TP08变形量/mm	中后缘 TP14变形量/mm	后缘 TP04变形量/mm
2013 年	341.9	189.46	190.20	183.32	108.77
2014 年	527.5	164.38	142.65	112.94	81.62
2015 年	779.6	218.98	171.29	239.05	125.29
2016 年	540.9	160.82	141.63	138.28	106.6

5 结语

（1）金坪子滑坡Ⅱ区蠕滑体，距乌东德坝址 2.5km，分布高程 880～1400m，体积约 2700 万 m³。其变形主要表现为沿千枚岩碎屑土层的松脱式或牵引式蠕滑变形，从提高电站安全运行的角度出发，采取地下排（截）水系统和地表排（截）水系统相结合的工程措施以提高滑体的稳定性，控制滑坡变形。

（2）金坪子滑坡Ⅱ区采取了地表截（排）水系统和地下排（截）水系统相结合的工程治理措施进行治理。

（3）截至 2016 年年底，排（截）水洞累计排出地下水约 23 万 m³。其中方程 1350m 后缘截水洞单孔最大流量为 200.6L/min，总计排水量为 66788m³，日均排水为 62.7m³/d。

（4）水位监测孔监测结果显示，2012 年 7 月滑坡治理工程启动以来，至 2016 年年底，滑坡地下水位总体下降 2～5m。

（5）变形监测资料显示滑坡全年平均变形速率及年变形量均有变缓趋势，工程治理效果初显。

参考文献

[1] 薛果夫，李会中.金沙江乌东德水电站预可行性研究报告第四篇工程地质 [R].长江水利委员会长江勘测规划设计研究院/中国水电顾问集团西北勘测设计研究院，2008.

[2] 陈祖安，彭土标，郗绮霞，等.中国水力发电工程（工程地质卷）[M].北京：中国电力出版社，2000.

[3] 王团乐，刘冲平，郝文忠，等.乌东德水电站金坪子巨型古滑坡问题研究 [J].人民长江，2014（10）.

[4] 李会中，王团乐，黄华.金坪子滑坡Ⅱ区地质特征与防治对策研究 [J].长江科学院院报，2008，25（5）：16-20.

[5] 李会中，王团乐，段伟锋，等.金坪子滑坡形成机制分析与河段河谷地貌演化地质研究 [J].长江科学院院报，2006，23（4）：17-22.

[6] 彭绍才，韦国书，等.金沙江乌东德水电站金坪子滑坡防治工程安全监测月报 [R].2016.

七星水库 HDPE 膜平面防渗技术

贾　平　周　姣

（中国水利水电第八工程局有限公司）

【摘　要】　介绍七星水库采用 HDPE 膜进行水平防渗的技术，包括 HDPE 模的特点、技术性能，以及铺设、焊接施工中的关键技术。

【关键词】　HDPE 膜　水平防渗　铺设　焊接

1　工程概况

七星水库灌溉工程位于贵州省贞丰县，以岩溶地区的地下河流为主要水源，利用天然形成的盲谷经防渗后成库，利用海子为库盆，防渗工程是建库的关键。防渗采用"堵洞＋防渗帷幕方案＋水平防渗"方案。

七星水库水平防渗范围主要为东门海子和后海子范围内的孔岭暗河系统和水井湾洼地内的石板井 s5 岩溶系统。洼地最大蓄水深度 34m。剖面上洼地呈"U"形，底部地形相对平缓，地形坡度大多在 5°～20°范围。库盆主要由 T_1y^2、T_1a 地层构成，属强—中等岩溶层组，由于库首下游存在低洼地，且分水岭单薄，库水存在通过单薄分水岭的可溶岩向下游溶隙渗漏问题，为了保证水井湾洼地库区成功防渗蓄水，根据设计图纸要求，需对洼地高程 932m 以下采用 1m 厚砂和碎石回填＋0.5m 厚黏土垫层＋2mm 厚 HDPE 防渗膜＋0.5m 厚黏土保护层＋1m 厚石渣盖重进行防渗处理，本工程 HDPE 膜铺设面积 58289m²。

HDPE 膜全称为"高密度聚乙烯土工膜"，是土工合成材料中的一种，具有优良的耐环境应力开裂性能和抗低温、抗老化、耐腐蚀性能，以及较大的使用温度范围（−60～＋60）和较长的使用寿命（可达 50 年），目前已广泛使用在生活垃圾填埋场防渗，固废填埋防渗，污水处理厂防渗，人工湖防渗等防渗工程。本文通过对 HDPE 防渗膜材料的选型、铺设、焊接等技术参数进行确定，形成一套完善的施工方法和施工技术，在节约施工成本的同时，也大大提高了施工工效，为今后同类工程施工提供借鉴。

2　HDPE 膜的主要技术指标

2.1　HDPE 膜防渗的原理

HDPE 膜在达到设计技术指标及检验合格的基面内铺设，采用双轨焊接方式，将铺设好的 HDPE 膜焊接成一个整体，周边锚入锚固沟，形成 HDPE 膜隔断层，使其库区水无法通过 HDPE 膜向外渗漏，达到防渗目的。

2.2 HDPE 膜技术指标

HDPE 膜的规格、型号、种类较多。结合本工程的防渗要求，经过试验，本工程采用了某公司生产的黑色、厚度 2mm、幅宽 6m、每卷长度为 50m 双光面 HDPE 膜，其技术性能指标见表 1。

表 1   HDPE 膜选用技术指标表

序　号	指　标	单　位	要　求
1	厚度	mm	2.0（±5%）
2	密度	g/cm³	0.94
3	尺寸稳定	%	±3
4	炭黑含量	%	≥2
5	拉伸强度	MPa	≥25
6	断裂伸长率	%	≥550
7	直角撕裂强度	N/mm	≥110
8	环境应力断裂	h	≥1500
9	200℃氧化诱导时间	min	≥20
10	水蒸气渗透系数	g・cm（cm²・s・Pa）	≥1.0×10⁻¹³
11	−70℃低温冲击脆化性能		≥通过
12	幅宽	m	≥6.8

3 HDPE 膜铺设施工工艺

3.1 HDPE 膜铺设的工艺流程

HDPE 膜铺设流程如图 1 所示。

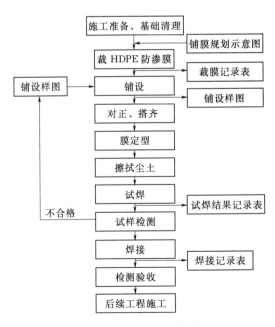

图 1　HDPE 膜铺设流程图

3.2 HDPE 膜铺设施工要点

3.2.1 HDPE 膜的铺设基面要求

（1）基面整体平整光滑且压实度满足设计要求（相对压实度大于95%），铺设基面内无尖锐物、积水、裂缝。

（2）锚固沟范围基面无损伤 HDPE 膜的杂物，如树根、超径棱角块石、铁丝、玻璃碎片等。

（3）HDPE 膜铺设基面技术指标见表3。

表 2 　　　　　　　　　　　　　　垫层料碾压控制指标

垫层料	设计干密度 /(t/m³)	相对压实度 /%	碾压层厚 /cm	含水率 /%
黏土	>1.30	>95	≤30	30

3.2.2 HDPE 膜的铺设

（1）铺设 HDPE 膜之前，先对铺设的范围进行测量，根据现场实际地形走势，确定 HDPE 膜铺设的顺序及焊接方式。

（2）按测量尺寸进行 HDPE 膜铺设及剪裁，HDPE 膜连接处呈波浪式铺设，目的是预留一定的富余量，以备沉降等，锚固沟锚固长度不小于2.5m。

（3）铺设按先周边后基底，先高处后低处的原则进行滚动铺设，HDPE 膜平顺贴底，尽量减少皱褶及拖移。HDPE 膜铺开后，采用砂袋（25kg）临时固定，铺设结束后及时锚固。

（4）斜坡上 HDPE 膜搭接布置时应使搭接缝平行于边坡方向，边坡横向搭接焊缝位置应离开坡面底部边线1.5m以上，接缝的搭接宽度不得少于100mm。

3.3 HDPE 膜焊接

3.3.1 焊接关键技术

本工程采用 CH-sarnen 型双轨式自动爬行热楔焊机，焊机主要由模拟电脑、电烙铁式热熔器、导轮三部分组成。通过在 HDPE 膜互相搭接的地方，利用上下导轮，将热熔器夹在两层 HDPE 膜之间，由电热熔器产生的350～420℃高温将上下两层 HDPE 膜原材料表层熔化，在导轮的夹力下将上下两层 HDPE 膜粘合在一起，形成的双焊缝，称为"双缝焊接"。焊接速度控制在2.5～3.5m/min 为宜。

3.3.2 HDPE 焊条

HDPE 焊条与制作 HDPE 膜的树脂材料相同，具有韧性高，抗拉，耐磨性能好等特点，具有吸水率低、水汽渗透率低；化学稳定性好、无毒无害等特性，本工程选用直径4mm 的 HDPE 焊条。

3.3.3 焊接方法

（1）HDPE 膜采用平搭焊接方法进行焊接，长直焊缝采用搭接宽度10cm、焊缝宽度1.4cm、缝间距5cm 的双焊缝。

（2）焊接作业前先将土工膜表面的灰尘、水分、污物等清洁干净，每天焊接前必须进行试验性焊接，并根据当天外界环境（气温、地面平整度、光照强度、风速等）调整及确定焊接机温度与速度，试验性焊接检测撕裂强度和剪切强度合格后，方能正式焊接。当外界环境不适宜 HDPE 膜焊接施工时，应立即停止焊接施工。

（3）焊缝温度降至常温前，不得对焊缝进行张拉、剥离等扰动。

（4）低温时段焊接 HDPE 膜，应对刚完成的焊缝采用厚棉被覆盖保温，避免焊缝部位温度骤降导致焊缝脆断。

3.4　HDPE 膜的缺陷修补

（1）需修补部位须适度打毛，打磨范围稍大于用于修补的 HDPE 膜，并保持表面干净、干燥。

（2）对于有缺陷的焊缝，用 HDPE 膜覆盖补条焊接方式，重新用挤压法焊接，补条焊接必须覆盖以前的接缝边缘不小于 50mm。

（3）破坏性试验取样部位，采用热风枪热熔封闭，所有补条必须超出缺陷区域边缘至少 15cm，并修补成圆角。

3.5　铺设无纺土工布

为了防止锚固沟内 HDPE 膜损伤，在锚固沟嵌入段 4m 范围内铺设 $400g/m^2$ 的无纺土工布。在铺设土工布时，锚固沟内尖锐石块、杂物等清理干净，铺设时应避免起皱、撕裂等现象，周边同 HDPE 膜一起锚入锚固沟。

无纺土工布主要性能指标见表 3。

表 3　　　　　　　　　　　无纺土工布主要性能指标表

序号	项　　目	单位	参　　　数	备　　注
1	单位面积质量偏差	％	－5	
2	厚度	mm	2.8	
3	幅宽偏差	％	－0.5	
4	断裂强力	kN/m	20.5	纵横向
5	断裂伸长率	％	40～80	
6	CBR 顶破强力	kN	3.5	
7	等效孔径 O_{90}（O_{95}）	mm	0.07～0.2	
8	垂直渗透系数	cm/s	K_X（10^{-1}～10^{-3}）；$K=1.0$～9.9	
9	撒破强力	kN	0.56	纵横向
10	产品规格		幅宽不小于 4m，长度可任意长	

3.6　锚固

（1）铺设 HDPE 膜前，根据设计要求开挖锚固沟，开挖尺寸为 100cm×100cm（宽×深）。

（2）HDPE 膜伸入锚固沟内铺设不小于 250cm，焊缝必须延伸到锚固沟内 HDPE 膜边缘。

（3）锚固沟内 HDPE 膜和土工布铺设完成后，采用 C20 混凝土填充固定。锚固沟施工如图 2 所示。

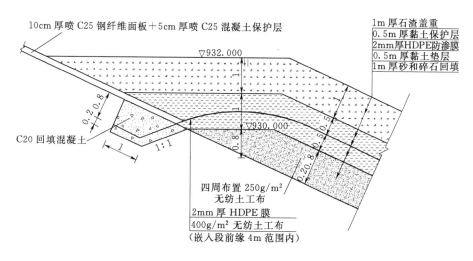

图 2　锚固沟施工图

4　HDPE 膜铺设的质量检测与验收

HDPE 膜铺设完成后，及时组织相关单位进行验收，验收主要检查 HDPE 膜母材及焊缝、周边结构质量，检查方法主要有目测、充气检测和渗漏检测。检测要点如下：

（1）目测法。全面检测。检测出的质量缺陷或有怀疑的部位采用不同颜色的彩色笔标记，并详细记录。

（2）充气检测法。检测标准为，充气压力 0.2MPa，保持 5min 后压力无明显下降为焊缝合格。充气检测留下的针孔必须进行封闭，并进行真空测检。

（3）周边渗漏检测法。采用密封的渗透检测箱进行检测。渗漏箱安装时不得破坏邻近部位的 HDPE 膜和防渗结构，前期加水加压时，要求压力徐徐上升且完全排除箱内空气，待箱内压力稳定后再倒计时检测记录，稳压检测过程中，一旦发现箱体周边渗水，应立即停止加压，检查渗水原因，并重新进行检测。

检测标准为，检测箱加水加压至膜上最大承压水头、稳压 8h，若水压未降低则表明锚固结构质量合格。

5　结语

七星水库水平防渗库盆目前已建成蓄水，经运行一年观测，库区水位除因蒸发水位稍有下降外，再无明显下降。HDPE 膜作为一种新型的防渗材料，在七星水库水平防渗工程中得以成功运用。HDPE 膜具有可焊性、良好的物理力学性能、不变形等优点，且施工操作简单，防渗效果好，施工进度快，消除了传统的防渗漏技术中的不足，在今后的防渗工程中大有发展前景。

浅谈夏季混凝土温控措施在箱涵混凝土中应用

郑 伟 程 意

（中国水电基础局有限公司）

【摘 要】 夏季高温天气施工对混凝土质量影响很大，而混凝土质量的优劣直接关系到工程结构质量，从施工进度及成本上考虑，此季节混凝土施工又无法避免，因此控制高温条件下的混凝土温度，成为高温天气施工的关键。鄂北水资源配置工程 2015 年度第 12 标在高温施工时应用多种温控措施相结合，使混凝土质量得到有效控制，保证了施工质量和进度。

【关键词】 夏季高温 混凝土 温控措施

1 工程概况

鄂北地区水资源配置工程 2015 年第 12 标段施工轴线长 1.5km，引水建筑物为 C25 钢筋混凝土箱涵，过流净断面尺寸为 $2 \times 4.5m \times 5.5m$（孔数×宽×高），底板、顶板、边墙厚度 0.8m，中隔墙 0.7m，暗涵底板、边墙、顶板及中隔墙转角处均设 $0.4m \times 0.4m$ 倒角，暗涵混凝土总量为 4.8 万 m^3。

根据设计要求，高温季节施工时，混凝土最高浇筑温度不得超过 28℃；冬季施工时，混凝土的浇筑温度不宜低于 5℃，否则应采取有效的措施保证混凝土浇筑温度及外露混凝土表面保温。气象资料显示，该枣阳地区属亚热带大陆性季风气候，夏热炎热，6 月中～9 月上旬为高温期，期间日最高气温在 32～38℃，此温度是指离地面 1.5m 高度上百叶箱中的空气温度，室外阳光直射气温则要高出 3～4℃。而此期间正值暗涵主体施工高峰期，为摆脱高温季节对混凝土浇筑质量及工期的制约，从降低混凝土出机口温度方面着手，以确保混凝土施工质量。

2 温控方案的选择

采用对骨料进行风冷和在混凝土拌和时加入冰片措施，来降低混凝土温度效果最为直接，最低可将混凝土出机口温度控制在 7℃左右，但需对骨料仓及拌合设备进行改造。由于本工程工期较短，期间只经历一个夏季高温，在设计要求混凝土最高浇筑温度指标并不高的情况下，改造及购置风冷用的氨压机机组、制冰片系统设备成本高昂，且改造工程量大、周期长，势必将对施工进度造成较大影响。从设备利用率及经济效益上考虑，此温控措施不适合本项目。

经对各种原材物料热学性能计算，多次对温控方案进行优化，本工程最终选择购置一台制冷水机，三台喷雾机，从混凝土出机口温控、混凝土浇筑温控、混凝土养护三种温控措施综合应用。应用成果表明，此种温控措施设备购置成本低，只需对拌合站通水管路进行简易改造，即可得到良好的温控效果。

3 夏季混凝土施工温控的综合措施

3.1 混凝土出机口温控

混凝土出机口温控，主要措施是降低各种原材料的温度，是混凝土温度控制中极其关键的一步，其控制成功与否，直接影响着混凝土入仓温度及浇筑温度，各环节温控人员必须从严把关，认真落实。

3.1.1 拌合用水温控

建站时，将混凝土拌和用水储水池整个设置在地表以下，在储水池四周粘贴10cm厚聚乙烯苯板塑料保温，并且在上部搭设遮阳棚避免太阳光直射照晒，以尽可能避免储水池与外界发生热传递。为保证拌和及其他部位用水充足，储水池的净空尺寸4m(长)×2.5m(宽)×2m(深)，储水量20m³。

采用冷水进行混凝土拌和，降低拌合用水温度，采取在拌合站设一台制冷水机，每小时制冷水量为4～5t，最低可将水温降至4℃。为提高制冷水机工效，采用抽取深井水(深井水水温一般在16～18℃)作为水源，可将制冷水机工效每小时制提高至7t，使用时提前3h将制冷水机启动，对储水池的水进行冷却循环，以保证混凝土拌和及其他部位冷水用量。

3.1.2 胶凝材料温控

水泥的出厂温度较高，最高可达90℃，自身温度会伴随储备期的延长而降低，因此要根据施工进度安排提前进场，并控制其运至工地的入罐温度不宜高于65℃，否则须在遮阳处停车待冷，同时尽量延长其储存时间，按"先来后用"的使用原则。

为尽可能降低水泥及粉煤灰温度，在水泥及粉煤灰储存罐用隔热材料进行包裹，同时在罐体顶部布设冷水管，在高温时段不间断用冷水对罐体进行喷淋。采取本措施2～3d后水泥温度可降至35℃以下；因粉煤灰自身温度相对较低，采取措施1d后温度即可控制在35℃以下。

3.1.3 骨料温控

骨料在整个混凝土配合比中占的比重最大，因此控制骨料的温度，是降低混凝土出机口温度的核心措施，在整个温控措施中最为关键。

在拌和站骨料仓、配料机、提升斗上部搭设遮阳棚，并在骨料仓四周安装防晒网，防止阳光照射。同时在粗骨料仓的隔墙上设置自动喷雾装置，用制冷水(4℃)做为雾化水源，利用喷雾形成局部小气候，降低料仓温度，细骨料只遮阳通风不做洒水措施。在采取以上措施后，粗骨料的温度可控制在20℃以内，砂子的温度可控制在25℃左右。

此外，以便粗骨料、砂子充分及快速脱水创造有利条件，为混凝土的拌和加冷水提供更大空间。将每个料仓的底部建成2%坡度的C20混凝土底板，底板厚度为20cm，并在料仓四周设置排水沟。骨料含水率的控制指标：粗骨料含水率不大于1%、砂的含水率不大于 5%。

3.1.4 优化配合比降低凝混凝土内部温度

在满足设计各项指标的前提下，通过试验，优化设计配合比进行混凝土温度控制。配合比配制时，选用聚羧酸系高性能减水剂（高温季节选用缓凝型），减水率可达 30%～35%，适当增加粉煤灰掺入比例，减少单位水泥的用量，达到减少水化热的目的，同时可最大限度地减少混凝土用水量，降低混凝土干缩率，从而控制混凝土内部温升，减少产生裂缝的概率。

3.1.5 混凝土出机温度

根据经验公式和施工配合比可粗略计算混凝土出机温度，设混凝土拌和物的热量系由各种原材料所供给，拌和前混凝土原材料的总热量与拌和后流态混凝土的总热量相等，从而混凝土出机温度可按下式计算：

由 $$T_0 \sum WC = \sum T_i WC$$

即可得 $$T_0 = \sum T_i WC / \sum WC$$

式中：T_0 为混凝土的拌和温度，℃；T_i 为各种材料的温度，℃；W 为各种材料的重量，kg；C 为各种材料的比热容，kJ/(kg·K)。

上式中，$C_{水泥}$、$C_{粉煤灰}$、$C_{砂}$、$C_{石}$ 均取值 0.84kJ/(kg·K)，则 $C_{水}$、$C_{外加剂}$ 取值 4.2kJ/(kg·K)；砂含水率取 5%，石含水率取 1%，原材料的温度为连续 3d 实测温度的均值（表1）。

表1 混凝土拌和温度计算表

原材料	原材料用量 /kg	原材料比热容 /[kJ/(kg·K)]	原材料热当量 /(kJ/℃)	T_i 原材料温度 /℃	原材料热量 /kJ
	W	C	$W \times C$	T_i	$T_i \times W \times C$
水	94	4.2	394.8	5	1974
砂含水量	36	4.2	151.2	27	4082.4
石含水量	12	4.2	50.4	22	1008
水泥	253	0.84	212.52	35	7438.2
粉煤灰	63	0.84	52.92	35	1852.2
外加剂	6.32	4.2	26.54	30	796.32
砂	755	0.84	634.2	27	17123.4
石	1184	0.84	994.56	20	19891.2
合计	—	—	2517.14		54165.72
拌和温度 T_0/℃	21.52				

经计算混凝土出机口温度为 21.52℃，此温度未考虑在拌搅过程中的温度损失。

3.2 混凝土浇筑温控

混凝土浇筑温度控制是混凝土搅拌机出料后，在经运输、卸料、泵送、下料、振捣等工序温度进行控制。

3.2.1　混凝土运输温控

加强现场施工组织管理，协调好混凝土拌和与入仓强度相匹配，合理安排混凝土罐车数量，缩短混凝土运输及等待卸料的时间是减少混凝土在运输过程中温升的主要措施，同时还需做到以下几项工作：

在混凝土罐车罐体外包裹保温被，以减少吸收外界热量，避免混凝土在运输中的温升。混凝土罐车在装料前，应将低温深井水注入罐体内转动预冷降温，反复循环到搅拌车内的温度降下来为止，并排干罐内积水。

运输中混凝土罐车要慢速搅拌，在装料及卸料过程中经常用抽取的低温深井水对罐体外表面淋水控制温度回升。在浇筑现场设置遮阳棚供等待混凝土搅拌车暂时停靠，避免搅拌车长时间暴晒，遮阳棚采用脚手架支撑，顶部搭设防晒网进行遮阳。

3.2.2　混凝土浇筑温控

（1）混凝土尽量避免在高温时段浇筑，在安排仓位时，随时了解和跟踪天气预报，掌握天气变化的趋势走向，在有阴天或低温时间，抓住时机，抢浇快浇。平时混凝土浇筑安排在每天的早晚低温时间内，一般下午 17：00 之后开仓，次日上午 10：00 之前浇筑完成，白天高温时段只作浇筑前的备仓工作，以避开每天高温时段施工。

（2）加强现场施工管理和调度，加快砼浇筑速度和入仓强度是保证混凝土入仓温度的最有效措施，从运输环节着手，提高入仓效率，并尽快进行平仓振捣。同时在施工时要配备足够的人员、设备和器具，尤其是振捣设备炎热天气下易发热损坏，应准备好备用振捣器。

（3）根据拌和能力、浇筑速度、气温、振捣器性能和浇筑仓号尺寸等因素，确定浇筑层的厚度及铺料方式，在完成每层铺料后及时用彩条布或其他保温材料，加以覆盖防晒。混凝土浇筑覆盖上一层的时间控制在 1.5h。

（4）在浇筑仓面设置小型喷雾机，利用仓面喷雾形成局部小气候，降低仓面及周边温度。喷雾时要保证雾化质量和喷雾量，既确保形成小气候，又防止雾化不足而使仓面积水。

3.2.3　混凝土浇筑温度计算

根据实践，混凝土的浇筑温度一般可按下式计算：

$$T_P = T_0 + (T_n - T_0)(\alpha_n + \beta_t + \theta_t)$$

式中：T_P 为混凝土的浇筑温度，℃；T_0 为混凝土的拌和温度，℃；T_n 为混凝土运输和浇筑时的室外气温，℃；α_n、β_t、θ_t 为温度损失系数，其中 α_n 为混凝土装卸和运转温损、β_t 为混凝土运输温损、θ_t 为混凝土浇筑温损。

上式中，根据经验值及现场实测数据平均值，按以下规定取用：

T_n 取 29.6℃；α_n 为 n 为装卸和运转次数（本工程 n 取 3），α 取 0.032；β_t 为 t 为运输时间（本工程取 0.25h），如用混凝土搅拌车时，β 取 0.252；θ_t 为 t 为浇筑时间（本工程取 0.5h），θ 取 0.18。

经计算：$T_P = T_0 + (T_n - T_0)(\alpha_n + \beta_t + \theta_t)$

$\qquad = 21.52 + (29.6 - 21.52) \times (0.032 \times 3 + 0.252 \times 0.25 + 0.18 \times 0.5)$

$\qquad = 23.53(℃)$

3.3 混凝土养护

成立专职混凝土养护小组，制定并落实养护工作责任制度，每个作业面在混凝土浇筑完毕后，派专职人员负责混凝土后期养护工作，并做好记录，真实地反映养护全过程。

混凝土养护方式根据结构物的具体部位，采用以下不同的养护方法：

（1）暗涵底板及顶板，混凝土终凝后及时覆盖毡布洒水保湿养护，在高温炎热的气候情况下则在终凝前采用喷雾机对仓面进行喷雾方式提前养护，防止混凝土表面干裂，同时应避免仓面积水。

（2）两侧墙体背水面，拆模后将顶板覆盖的毡布向下延伸并紧贴边墙外立面，在顶板四周布置花管 24 小时不间断流水养护。

（3）暗涵过流面，阳光无直接照射，拆模后应立即用喷雾器喷洒养护剂养护，以保持混凝土表面的水分，喷洒时喷雾器嘴距混凝土表面 30～50cm，前后均匀喷洒，使混凝土表面形成平整的保护膜。

混凝土养护期间，每隔 2h 检查一次养护情况，气温高时加密巡查，检查内容为：水养护混凝土表面的湿润状态、混凝土表面流水养护面积、过水面墙体及顶板底面喷洒养护剂均匀情况等。养护应连续进行，且养护时间不得少于 28d，对于较关键部位，还应适当延长养护时间。

4 结语

（1）本工程采用的制冷水机、喷雾机等降温措施只针对混凝土浇筑温度要求不高的施工项目，当设计混凝土浇筑温度要求较高时，则需采用加冰片（屑）、风冷骨料等综合措施。

（2）混凝土在高温炎热气候下施工，温度控制是至关重要的环节，它不但是质量控制的关键所在，也是施工成本控制的着力之处。因此，须将各种有效的温控措施有机结合、综合应用，并针对具体的环境条件制定专门措施及责任制度，才能达到预期的温控目标。

（3）施工中多种温降措施的应用，会导致施工环节增多、工作内容繁复等问题，各温降措施之间环环相扣，任何一环节出现问题，都将造成温控失败，因此给施工组织管理提出更高要求，这也是项目管理者应予以重视的。

管井井点降水在淮水北调侯王站施工中的应用

郭国华

（中国水利水电第八工程局有限公司）

【摘　要】 管井降水具有施工相对简单，施工和降水成本较低的优势，一般适用于渗透系数不小于 1m/d 的含地下水的地层降水工程。淮水北调侯王站工程位置地下水类型主要为孔隙水，赋存于上部的粉质壤土和砂壤土中，3-1 层砂壤土、4-1 层砂壤土和 5 层粉砂、砂壤土具承压性，地层平均渗透系数为 $K=0.1m/d$ 左右。实测地下水位高程 27.53m 左右，侯王站基坑开挖前原始面高程 30.63m 左右，需开挖至最低高程为 21.0m，结合当地地层特性和附近类似工程降水措施，采用管井井点降水措施确保了整个施工过程基坑干燥。

【关键词】 管井降水　自动水位控制系统

1　工程概况

淮水北调工程为目前已经建成的安徽省内最大调水工程，工程自蚌埠市五河站从淮河干流抽水，经淮北市濉溪县黄桥闸向北至宿州市萧县岱山口闸，调水线路总长 268km，抽淮水流量 $50m^3/s$。淮水北调工程主要建设内容包括输水河渠工程、泵站工程、节制闸工程及其他配套工程等。该工程大部分区域位于黄淮泛滥作用形成冲积平原，地层基岩被第三系第四系松散层覆盖，土壤厚度达几十米到几百米。受本地区土壤特性、河沟及大气降水等条件影响，该区域土壤浅层地下水埋深一般在 1～4m 之间，浅层地下水位普遍高于工程所需的最低开挖高程，特别对需在干燥地基施工的泵站等影响较大，降水成为本工程主要措施之一。

侯王站工程为本工程已建成的 9 座泵站中的一个，位于为淮水北调工程输水沿线上的六级翻水站工程，站址设于淮北市侯王沟北沟口处，与已建侯王沟北涵相接。设计引水流量为 $15m^3/s$，装机 1600kW。侯王站采用闸（拦污检修闸）站（泵站）合建的布置方式。泵站自进水至出水设引水明渠、前池拦污检修闸、前池、泵房拦污检修闸、主副厂房、压力汇水箱、引水控制段、穿堤出水涵、出口防洪控制闸及出水渠等建筑物，为正向进水、正向出水。该泵站基坑最低开挖高程为 21.0m，地下水位高程约为 28.0m，采用管井井点降水措施，确保了整个施工过程基坑干燥。

2　降水必要性

侯王站基坑开挖前原始面高程 30.63m 左右，需开挖至最低高程为 21.0m，设计勘探水文地质条件为：

1 层重粉质壤土（Q_4^{al}），分布高程 24.33～30.63m，允许坡降 0.35，渗透系数 2.0×10^{-6} cm/s；

2-1 层淤泥（Q_4^{al}），分布在原人工沟渠底部，高程 25.00～25.85m；

2-2 层淤泥质重粉质壤土（Q_4^{al}），局部分布，高程 22.05～25.75m，允许坡降 0.30，渗透系数 1.0×10^{-6} cm/s；

3 层重粉质壤土（Q_3^{al}），高程 15.63～25.00m，允许坡降 0.40，渗透系数 1.0×10^{-5} cm/s；

3-1 层砂壤土（Q_3^{al}），高程 14.73～16.55m，允许坡降 0.15，渗透系数 3.0×10^{-4} cm/s；

3-2 层重粉质壤土（Q_3^{al}），高程 15.35～19.15m，允许坡降 0.35，渗透系数 5.0×10^{-5} cm/s；

4 层重粉质壤土（Q_3^{al}），高程 1.05～15.25m，允许坡降 0.45，渗透系数 4.0×10^{-6} cm/s；

4-1 层砂壤土（Q_3^{al}），高程 5.85～11.05m，允许坡降 0.15，渗透系数 3.0×10^{-4} cm/s；

5 层粉砂、砂壤土（Q_3^{al}），高程 -2.95～1.05m，允许坡降 0.10，渗透系数 1.0×10^{-3} cm/s；

6 层重粉质壤土（Q_3^{al}），高程 -1.05m 以下，灰黄色，硬可塑，湿，夹砂壤土，含砂礓，允许坡降 0.45，渗透系数 6.0×10^{-6} cm/s。

工程区地下水类型主要为孔隙水，孔隙潜水赋存于上部的粉质壤土和砂壤土中，主要接受大气降水、河水及沟塘等地表水补给，与地表水有密切的水力联系，水位随季节变化较大，旱季埋藏较深，雨季水位较高；3-1 层砂壤土、4-1 层砂壤土和 5 层粉砂、砂壤土具承压性。实测地下水位埋深 3.00m 左右，高程 27.53m 左右，侯王沟水位高程 27.65m，与侯王站址一堤之隔萧滩新河水位为高程 28.00m 左右。

设计要求：基坑开挖及施工过程中地下水位必须低于开挖面 0.5m 以上。施工前通过查阅当地水文地质资料发现，该地区常年潜层地下水位埋深 3.00m 左右，周边农户均采用人工井水浇灌农作物，井深 10m 左右。通过对周边工程开挖基坑了解，开挖深度超过3m 的基坑均需要采用井点降水措施才能确保基坑干地施工。为满足设计和工程要求，必须采取降水措施。

3 降水方案设计

3.1 基坑降水方案选择

管井降水具有施工相对简单，施工和降水成本较低的优势，附近类似工程均采用该降水方案，应予以优先考虑，根据设计给定地质条件，基坑位置砂壤土渗透系数均远小于1m/d，管井降水效果需要通过现场试验验证确定。

3.2 管井降水计算

3.2.1 降水模型的选择

由于 4 层重粉质壤土的渗透系数远小于其他土层的渗透系数，近似将 4 层重粉质壤土视为不透水层。

（1）含水层厚度：13.50m。

（2）管井深度：依据 JGJ/T 111—98《建筑与市政降水工程技术规范》，井点管深度为

$$H_w = H_{w1} + H_{w2} + H_{w3} + H_{w4} + H_{w5} + H_{w6}$$

式中：H_w 为降水井深度；H_{w1} 为基坑深度，取 10m；H_{w2} 为降水水位距离基坑底要求的深度，取 0.5m；H_{w3} 为水力坡度作用基坑中心所需增加的深度。由于基坑等效半径 $r=30$m，按照降水井分布周围的水力坡度 i 为 1/10～1/15，如降水井需影响到基坑中心，所需的降水管井深度 $H_{w3} = r \times i = 3.0 \sim 2.0$，取 $H_{w3} = 2.0$m，原理如图 1 所示：

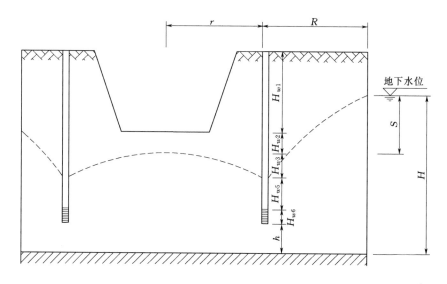

图 1   原理示意图

r—基坑等效半径；R—降水影响半径；S—降水深度；H—水层厚度

H_{w4} 为降水期间地下水位幅度变化。根据地质资料，H_{w2} 取 0.5m；H_{w5} 为降水井过滤器的工作长度，取 1.5m；H_{w6} 为沉砂管长度，取 0.5m。

代入上式：$H_w = 15.0$m$<H+$地下水位标高$=13.5+3.0=16.5$（m）

降水模型按照潜水非完整井进行设计计算

3.2.2   降水设计计算

降水管井采用内径 400mm 的无砂混凝土管，布置在基坑上口 1.5m 处。

（1）基坑等效半径。$r_0^2 = A/3.14$，基坑底面积为 $A = 2800$m^2，$r = 29.86$m，综合考虑 $r = 30$m。

（2）平均渗透系数。由于地层较为复杂，为取得准确的渗透系数，通过现场单井抽水试验确定地层平均渗透系数为 $k = 0.1$m/d。

（3）降水影响半径。$R = 2S\sqrt{kH} = 17.43$m，取 $R = 17.4$m，其中 $S = 10 + 0.5 - 3 = 7.5$m。

（4）总涌水量：

$$Q = 1.366k \frac{H^2 - h_m^2}{\lg\left(1 + \frac{R}{r_0}\right) + \frac{h_m - l}{l}\lg\left(l + 0.2\frac{h_m}{r_0}\right)} = 51.1\,\text{m}^3/\text{d}\left(h_m = \frac{H + h}{2}\right)$$

$H=13.5\text{m}$；$h=1.5\text{m}$；$r_0=30\text{m}$；$R=17.4\text{m}$；$l=H_{w5}=1.0\text{m}$；$h_m=7.5\text{m}$

（5）单井出水量。根据《建筑基坑支护技术规程》（JGJ 120—99），单井出水量为

$$q=120\pi r_s l'\sqrt[3]{K}=120\times3.14\times0.2\times1.5\times0.464=52.4\text{m}^3/\text{d}$$

式中：q 为单井出水量，m^3/d；r_s 为管井半径，m；l' 为淹没部分的滤水管长度，m；K 为含水层渗透系数，m/d。

（6）管井间距和数量。管井间距按照 15m，基坑的周长为 195m，管井数量为 13 口。

综上所述，本工程降水管井为直径 400mm 的无砂混凝土管，管井深度为 15m，井间距为 15m，抽水水泵采用功率 0.75kW，扬程为 26m，抽水管径为 40mm，排水主管径采用 200mm 钢管。

4 管井施工

4.1 管井施工工艺

管井成井采用反循环钻孔成井工艺，成孔直径为 800mm，采用外径 600mm（内径约为 400）的无砂预制混凝土滤管，井口上部 2m 用黏土封死，四周用绿豆砂充填，小排量潜水泵抽水。深井抽水 7d 后开始挖土。具体施工工艺流程如图 2 所示。

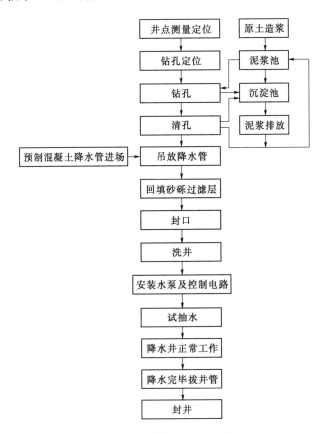

图 2 降水井施工工艺流程

4.2 测量定位

按施工图放出井的中心点。井位偏差控制在 0.5m 内。井位设立显著标志，钢纤打入地面以下 300mm，并灌石灰粉做标记。

4.3 钻孔定位及钻孔

以定好的井位点为中心，φ100mm 为直径做圆，向下开 0.50m 作为井口，确认无地下管线及地下构筑物后放护筒，护筒外侧填黏土封隔好表层杂填土，以防钻井冲洗液漏失。

钻机就位时需用水准仪找平，做到稳固、周正、水平，以保证钻进过程中的钻机稳定。起落钻塔必须平稳、准确。钻机就位偏差小于 20mm，钻塔垂直度偏差小于 1%。

钻进过程中要随时观察冲洗液的流损变化，保持冲洗液面不低于井口下 1m，钻进中发现塌孔、斜孔时及时处理。钻机向下钻孔至要求深度后（大于设计深度的 0.5~1.0m），将钻头提高 0.5m 左右，然后注入清水继续启动反循环砂石泵替换泥浆，直到泥浆密度接近 $1.05g/cm^3$，黏度为 18~20s。现场观察一般以换浆后泥浆不染手为准。换浆过程中，安排泥浆的清运和排放工作。

4.4 下管

下管前检查井管有无残缺、断裂及弯曲情况。将底层管堵与第一节井管公母接口接上，在外对称放上三根竹枇，用铁丝固定两圈。将提升用钢丝绳一头固定在井字架上，另一头套住管堵凹槽稳定后下降。使井管居于井孔正中，避免倾斜，并固定。下降第二节井管时，注意连接的公母接口，动作要轻缓，不能猛降猛放。井管安放应力求垂直并位于井孔中间；管顶部比自然地面高 500mm 左右。井管过滤部分放置在含水层适当的范围内。

4.5 填料

安装完井管后，在无砂滤水井管外侧与井壁之间填砾料。砾料缓慢填入，防止冲歪井管，一次不可填入过多。接近井口 2.0m 处，用黏土封严，以防地面水、雨水流入。填充砂砾填料粒径大于滤网的孔径，一般为 3~8mm 的细砾石。砂砾滤料必须符合级配要求，将设计砂砾上、下限以外的颗粒筛除，合格率要大于 90%，杂质含量不大于 3%；用铁锹下料，填料要一次连续完成。

4.6 洗井

洗井应在下管填砾后 8h 内进行，以免时间过长，影响降水效果。将空压机空气管及喷嘴放进井内，先洗上面井壁，然后逐渐将水管下入井底。工作压力不小于 0.7MPa，排风量大于 $6m^3/min$。直至井管内排出水由浑变清，达到正常出水量为止。

4.7 安装抽水控制线路

潜水泵在安装前，对水泵本身和水位自动控制开关作一次全面细致的检查。检验电动机的旋转方向，各部位螺栓是否拧紧，润滑油是否加足，电缆接头的封口有无松动，电缆线有无破坏折断等情况，然后在地面上转 3~5min，水位自动控制开关是否完好，如无问题，方可放入井中使用。用绳索将潜水电泵和水位自动控制器吊入滤水层部位，上部与井管口固定。每台泵配置一个控制开关。主电源线路沿深井排水管路设置。安装完毕进行试抽水，满足要求后始转入正常工作。

4.8　封井

施工底板前先封井做法：去除坑底标高以上无砂混凝土管，填碎石，浇筑 C15 厚 500mm 混凝土封堵井口。

5　管井降水系统运行

降水井施工完成并配置好设备后，根据基坑开挖进度需要，考虑到地下水水位下降需要一定的时间，提前 7d 开启降水井抽排地下水，以免水位降深不足影响基坑正常开挖。通过采取管井降水措施后确保基坑开挖及泵站施工过程均在干地施工。

当建筑物混凝土浇筑完成开始部分回填时，根据回填的速度并结合地下水位，关停了部分抽水设备，降低抽水成本。

6　结语

由于降水井的抽排，形成了一个影响范围很大的降落漏斗，地下水位在降水井开启 7d 后稳定在基底标高 21.0m 以下 0.5～1.0m，说明此次井点降水方案合理。

井点降水保证了基坑干地施工的要求，保证了工程施工质量。

采用自动控制运行，节约了人工成本，保证了降水系统可靠性。

山地风电场风机基础施工技术

徐 斌

（中国水利水电第八工程局有限公司）

【摘 要】 近年来，我国的风电场建设逐渐增多，风电施工技术日趋成熟。我国的风能资源由于受地理位置、季风、地形等因素影响，风电场已由草原、戈壁和沿海地区向山地发展。山地地区也具有较为丰富的风力资源。本文结合工程实例，对山地风电场风机基础施工技术进行了简要的剖析，供相关人士参考。

【关键词】 风机基础 石方爆破 基础环 钢筋 混凝土

安徽明光鲁山（49.5MW）风电场位于明光市自来桥西面的杏山、涝口北面蒋大山、鲁山和石坝南面的鲁山和小横山山顶台地上。区内乡村公路网较完善，交通较为便利。该工程地形为典型的山地丘陵地貌，共包含 33 个 1.5MW 风力发电机组。风机基础型式采用钢筋混凝土圆形扩展基础，直径 16.6m，基底标高为 −3.0m（相对场平地面标高）。风机基础混凝土强度等级为 C35，基础结构安全等级为 2 级，设计使用年限为 50 年，抗震设防类别丙类。

1 山地风机基础施工特点

山地风机基础施工不同于其他地域的风机基础施工，施工难度较大，具有施工条件恶劣、交通不便、易发生不可预料情况等特点。

2 风机基础施工工艺流程

风机基础施工工艺流程：定位放线→基础开挖→垫层浇筑→基础环与预埋件安装→钢筋绑扎→模板安装→混凝土浇筑→模板拆除→基础回填。

3 风机基础施工方法

3.1 定位放线

（1）放样前要选择与放样精度相适应的仪器设备，并进行各项误差的检查与校正。认真核对设计图纸中的有关数据和几何尺寸，确认无误后，作为放样依据。

（2）在风机基础周边用木桩做 4 个基础的定位桩，作为基础放线的控制点。将标高引测到控制点桩上，作为此风机基础的统一标高控制桩。

（3）风机均分布在山地林场区域，在放样时应注意植被的保护。

3.2 基础开挖

3.2.1 土石方开挖

（1）开挖前通知建设单位，由建设单位对开挖范围内的树木进行移植或砍除，并做好坡顶截水沟，分段设置出水口，以防止雨水冲刷边坡。

（2）风机基础开挖采用挖掘机开挖，装载机配合施工。按设计土方 1∶1，石方 1∶0.5 放坡开挖，距设计底面高程 30cm 范围内采用人工开挖和清理。

（3）开挖过程中随时用水准仪监控开挖深度，防止出现超挖、欠挖现象。

（4）风机基础开挖按设计基底标高进行控制，且风机地基持力层的承载力必须达到风机厂家提供荷载要求最低要求。

3.2.2 石方爆破

（1）石方爆破是山地风电场风机基础开挖不可或缺的一部分。本工程部分风机基础将风化石挖除后，露出的坚石和孤石，需进行爆破。爆破采用浅孔微差梯段爆破法，这种爆破方法既能充分利用爆破能量又能较好的保证基础持力层不受到破坏。

（2）爆破施工前应编制《爆破施工安全专项施工方案》，施工中严格按照审批过的方案进行施工，还需进行详细的计算，控制好用药量，合理布置爆破孔，了解爆破点周围环境。

（3）爆破时应设置警戒范围，在反复观察警戒范围内无人员、牲畜的情况下，方可进行起爆。

3.3 垫层施工

（1）垫层支模采用定型模板，模板上口标高一致，且符合设计要求。

（2）垫层混凝土设计厚度为 10cm，设计标号 C15，浇筑采用罐车运送至现场，使用溜槽浇筑，并用振捣棒人工振捣。

（3）垫层浇筑完成后，用抹子找平，使其表面平整，垫层上的三块预埋铁板应处于同一水平面上并按要求进行覆盖养护。

3.4 基础环与预埋件安装

（1）基础环安装是风机基础施工中安装精度较高的一道工序。基础底层钢筋安装前，先将调节螺栓与基础环相连，利用 100t 吊车吊入基坑，放置在基础环支架上。

（2）基础环可靠放置后，施工人员检查门的方向，确定门的方向符合设计要求，然后调节下部调节螺栓，初步将基础环调水平。混凝土浇筑前，再对基础环水平度进行检测，基础环上法兰主点水平度应小于 2mm（即水平面内最高与最低点高差不允许超过 2mm）。辅点（相邻两主点的中间点）偏差不大于 3mm。

（3）安装时，钢板、型钢和 HPB300 钢筋焊接部位一律使用 E43 系列焊条焊接，HRB400 钢筋的焊接一律采用 E50 系列焊条。

（4）绑扎钢筋（包括穿孔钢筋），任何钢筋都不得与基础环直接接触，施工完必须重新检查基础环的水平度，不符合要求必须重新调平，任何钢筋的重量都不能作用在基础环上，只能通过架立筋放置在垫层上。

（5）浇筑前必须对基础环上法兰进行覆盖，防止浇筑时混凝土对法兰孔和螺纹的污染和损伤。浇筑时下料和振捣必须十分注意，下料时不得直接对着基础环本体，振捣器也不得直接与基础环接触，施工人员不得站在基础环上，应避免可能的和基础环的相碰触。

（6）风机基础电缆管预埋管采用 $\phi 150$ PVC 管 6 根，埋管最小转弯半径为 $10D$（D 为埋管直径），所有电缆埋管必须绑扎牢固，不得有松动，埋管之间的间距必须满足图纸要求。为防止积水，所有埋管水平段均设 2％坡度（向外坡）。埋管两端必须采取密封措施，以免混凝土或其他材料进入导致堵塞。

3.5 钢筋绑扎

（1）根据设计技术要求，部分型号钢筋必须由一根钢筋加工，不得焊接和搭接，纵横向钢筋交叉点采用铅丝绑扎。

（2）钢筋直径大于或等于 20mm 的钢筋采用机械连接。接头等级不小于Ⅱ级，并应具有抗疲劳、耐低温等性能。纵向受力钢筋的机械连接接头应相互错开，连接区段的长度应为 $35d$（d 为钢筋直径），同一连接区段的接头面积百分率不应大于 50％。机械连接应满足《钢筋机械连接通用技术规程》（JGJ 107—2010）。

（3）钢筋直径小于 20mm 的钢筋采用钢筋绑扎搭接，搭接长度符合现行国家规范要求，接头相互错开，同一区段接头面积百分率为 25％。

3.6 模板安装

（1）基础承台下段混凝土模板采用 8 块高 1.1m 钢模板组合而成。模板外部采用 $\phi 48$ 脚手管加固，内部使用 $\phi 12$ 拉模钢筋进行固定，模板与模板之间采用螺栓连接。

（2）基础承台上段混凝土模板采用 8 块高度 0.5m 钢模板组合而成。在施工时根据高程变化进行组装，外部采用 $\phi 48$ 脚手管加固。

（3）模板使用前刷隔离剂备用。模板与混凝土之间的保护层按照设计技术指标进行预制混凝土垫块，预制混凝土强度必须高于该部位混凝土强度，并在预制时在预制块内预埋扎丝，以便能固定于模板与钢筋之间，施工时不会发生脱落。

3.7 混凝土浇筑

（1）山区自然环境相较于其他地区比较恶劣，常常会下雨，而且山区都是土路，一下雨就会非常泥泞，严重时还会造成山体滑坡的现象，因此，混凝土应尽量避开雨天施工。混凝土浇筑前掌握未来 3d 的天气预报，并配备塑料布等防雨用具，做好防雨措施，保证浇筑施工连续进行，对已浇筑完成部位及时覆盖。

（2）风机基础混凝土设计标号为 C35，单台基础混凝土量为 430.9m³，要求连续不间断浇筑完成。混凝土采用商品混凝土，由混凝土搅拌运输车运输，由于地势及场坪问题，不同于草原、戈壁可以使用溜槽进行混凝土浇筑，需要用泵车泵送入仓。

（3）混凝土出机口温度不小于 10℃，入仓温度不小于 5℃，不大于 35℃，且内外温度极差小于 25℃。夏季入仓温度控制在 25℃以内，并尽可能的低。

（4）混凝土应分层浇筑，每层厚度 30cm 左右，上下两层混凝土浇筑时间间隔不得超过下层混凝土初凝时间前 1h，同一层应先中间、后外圈进行浇筑。

（5）根据浇筑部位钢筋分布情况，采用 $\phi 70$（局部钢筋密集部位采用 $\phi 40$）软轴振捣器进行振捣，振捣严格按照设计文件要求施工。振捣时不得强顶钢筋或模板，按照振捣器的振捣范围进行控制，振捣器插入混凝土按"梅花形"插入振捣，严禁以振捣器拖动混凝土平仓。振捣器应"快插慢抽"，不得影响混凝土振捣质量，混凝土振捣过程中必须注意对电缆埋管及基础环的保护。

（6）混凝土浇筑完毕，应用防水膜对混凝土进行保温养护，并保持湿润状态、防止雨水、防止温度剧变，养护时间不少于14d。每台风机基础浇筑完成后必须进行内部温度测量，测温次数每天不少于4次。

（7）山区地势地形起伏很大，道路部分路段坡度较陡，且途中会经过村落，所以在混凝土运输过程中，车速不能太快，确保车辆及人员安全问题。

3.8 模板拆除

（1）风机承台模板在混凝土强度不低于3.5MPa时，方可拆除。

（2）钢模板使用拆除后，清除残留灰浆和附着的混凝土，清除时严禁用铁锤敲击，清理整理好的钢模板刷脱模剂，模板背面防锈漆脱落的及时补刷。

（3）模板及配件设专人保管和维修，存放时均按规格、种类分别堆放整齐，如必须露天堆放或暂时不使用时，要涂刷防锈漆。

3.9 基础回填

基础混凝土达到设计强度后可进行基础回填，回填料可采用砂土回填（可采用原地开挖料），回填土应分层夯实，分层铺填厚度为30cm。回填土不得含有腐殖质等杂质的耕土，含有碎石时，其粒径不宜大于20cm。回填干密度不得小于$18kN/m^3$，压实系数不小于0.95。

4 结语

风机基础是风电场土建施工的核心部分，施工过程中应严格控制好石方爆破、基础环安装、钢筋绑扎、混凝土浇筑及预埋管路等施工质量。目前，该工程已投产运行，施工期间风机基础混凝土强度达到设计要求，外观质量良好，其他各项指标也均符合设计和规范要求。

一种新型泥浆池的研究与应用

荆　鲁　秦领军　周国锋

（中国水电基础局有限公司）

【摘　要】　泥浆池是泥浆系统中必不可少的一个组成部分，本文结合工程案例介绍一种新型的泥浆池研究与应用。

【关键词】　泥浆池　拼装　建造　效益

1　前言

护壁泥浆是由膨润土或黏土分散于水中所形成的胶体悬浮液，在防渗墙施工中起固壁、冷却、携带及悬浮岩屑等作用。泥浆池是泥浆系统中必不可少的一个组成部分，传统的泥浆池结构型式有浆砌石结构、混凝土结构等。从建造工期、经济效益及环境保护等角度分析，传统的泥浆池往往不能满足现有工程的需要。在新疆乌恰县康苏水库枢纽工程大坝基础防渗墙的施工中研发并应用了一种可快速组装、防沉淀絮凝、防冻结、可重复利用的新型泥浆池。

2　泥浆池规划

在轴线下游大坝排水棱体与大坝防渗墙轴线之间布置泥浆系统一套，内设高速搅拌机2台，制浆池容量约170m³，储浆池容量约340m³、回浆池容量约270m³。

供浆及回收浆液系统为：在浆池部位架设1台3PN型泥浆泵，利用φ80钢管送浆；防渗墙浇筑时，用3PN泥浆泵及软管结合浆沟向回浆池进行泥浆回收；施工过程中，利用泥浆净化系统和三级沉淀池进行废渣沉淀，无废渣或少废渣的泥浆利用泥浆泵继续送入槽孔中进行再次利用；经充分膨化的新鲜泥浆作为改善槽内泥浆性能和清孔换浆时使用。

3　泥浆池建造方案

根据施工现场材料的便利性，项目部拟定三种泥浆池建造方案，分别为浆砌石结构、混凝土结构、钢结构。

项目部通过多方询价，从基本直接费的人工费、材料费、机械使用费以及以往的施工经验综合分析，对三种不同结构的泥浆池建造成本以及建造工期进行对比，选择最优的泥浆池建造方案。

通过数据分析，费用最低的方案为浆砌石结构，工期最短的方案为钢结构。C15 混凝土结构在费用和工期方面均无优势，C15 混凝土结构被否定。

如何在浆砌石结构和钢结构中选择一种最优的方案，从工期和环保角度考虑钢结构具有优势，从费用角度考虑浆砌石结构具有优势。通过数据调查得出节约 1 天工期可节约项目部运行费用约 3 万元，采用钢结构较浆砌石结构节约工期带来效益约 21 万元。如果考虑钢板的重复利用性，那么采用钢结构形式带来的效益更加突出。但是依据以往施工经验，类似钢结构形式的泥浆箱重复利用率并不高，项目结束后周转困难，残值率低（如深圳地铁项目、长沙地铁项目泥浆池采用钢板焊接成型，后期清场转运十分困难，基本没有得到重复利用）。

如何提高钢结构泥浆箱的利用率，是本课题的目的之一。

4 泥浆池方案的确定

传统施工中通常是采用焊接形式把钢板焊接成型，形成空腔，盛装泥浆。这种方法后期拆卸困难，对钢板破坏严重，钢板的重复利用率低。项目部把西欧国家建筑工程项目流行的"拼装概念"引用到泥浆池建设中，采用拼装方式，把钢板连接成型，形成空腔，盛装泥浆。

4.1 结构功能设计

快速组装式泥浆池结构功能设计如图 1 所示。

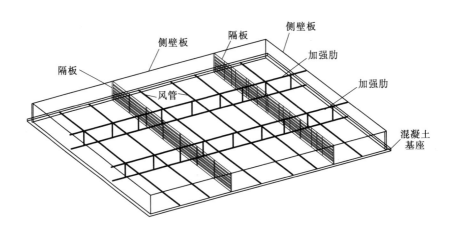

图 1　快速组装式泥浆池结构功能设计图

快速组装式泥浆池主体结构主要分为混凝土基座、侧壁板、中央隔板、底板风管、加强肋五大部分组成，各部分的主要作用如下：

（1）混凝土基座：为侧壁板、中央隔板、底板风管、加强肋提供平整坚固的基础受力面，将侧壁板埋设其中与侧壁板紧密结合，防止侧壁板底部渗漏。

（2）侧壁板：通过螺栓与橡胶止水将侧壁板紧密连接，形成环形密闭空腔。将浆液固定期内，防止浆液四溢。

（3）中央隔板：预埋于混凝土基座内，通过螺栓、橡胶止水与侧壁板紧密连接，将泥浆池按照功能需要分隔成不同空腔，防止不同浆液混合，同时具有一定加强肋的作用。

（4）底板风管：为泥浆池内搅拌系统，铺设于泥浆池底部，管壁开设梅花孔，与外界空压机站相连，防止浆液沉淀絮凝以及冻结。

（5）加强肋：具有抵抗压力和拉力的双重作用，通过加强肋将侧壁板、中央隔板牢固的连接在一起抵抗池内浆液扩张力和池外对侧壁板的压力。

4.2 工艺流程图

快速组装式泥浆池施工工艺流程如图 2 所示。

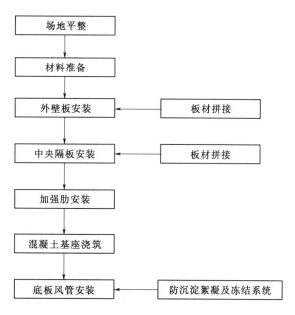

图 2 快速组装式泥浆池施工工艺流程图

4.3 施工关键点

根据泥浆池尺寸合理切割板材，下料前按照尺寸要求，利用 AUTOCAD 软件对板材进行数字化模拟放样，使板材利用率最大化，杜绝材料浪费。外壁板、内隔板及橡胶止水的连接孔严格按照图纸要求钻孔，孔位偏差符合图纸要求。外壁板、内隔板的拼接及安装角钢焊接时应保证焊缝饱满，平行度符合要求。

4.3.1 板材拼接

采用角钢与板材焊接，橡胶止水防渗，螺栓连接角钢的型式将板材拼接，如图 3 所示。

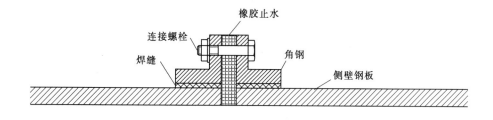

图 3 板材拼接示意图

4.3.2 侧壁板组装

采用角钢与拼装后的侧壁板焊接，橡胶止水防渗，螺栓连接角钢的型式将侧壁板组装成型，如图4所示。

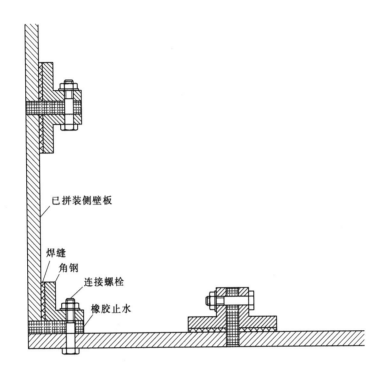

图4 侧壁板组装示意图

4.3.3 中央隔板与侧壁板连接

中央隔板与侧壁板采用双面角钢螺栓连接，以增加连接处抵抗拉力和压力的能力，如图5所示。

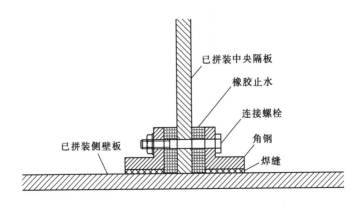

图5 中央隔板与侧壁板连接示意图

4.3.4　加强肋与中央隔板及侧壁板连接

加强肋与中央隔板及侧壁板采用钢管搭设成的多组三角形稳固受力体系连接，三角形稳固受力体采用卡扣固定，如图 6 所示。

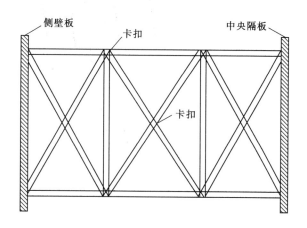

图 6　加强肋连接示意图

4.3.5　水平围檩及纵向肋板

为防止侧壁板、中央隔板抗受力变形以及增长其与基座连接的渗径，特在其顶部及底部加设水平围檩，在其侧面间隔布设纵向肋板，如图 7 所示。

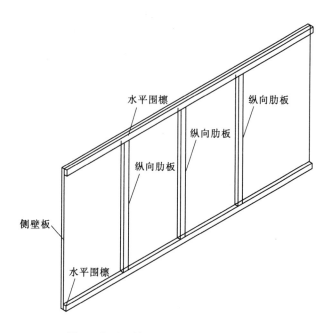

图 7　水平围檩及纵向肋板连接示意图

4.3.6　混凝土基座

侧壁板、中央隔板、加强肋、水平围檩、纵向肋板安装完毕后，在所形成的空腔内底部浇筑一层 20cm 厚混凝土，沿侧壁板底部外檐浇筑一层宽 30cm 厚 30cm 混凝土，形成基座。混凝土将侧壁板内外两面可有效固结，可防止浆液从底部渗漏，如图 8 所示。

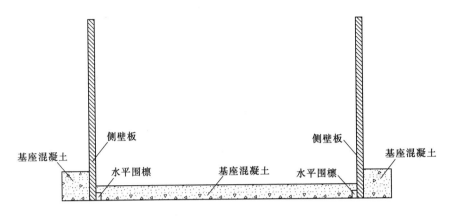

图 8　基座混凝土与侧壁板连接示意图

4.3.7　底板风管及防沉淀、防冻结自动系统

在浆池底板铺设供风花管，通过压缩空气对泥浆池内浆液搅动防止浆液沉淀絮凝以及冬季结冰，如图 9 所示。

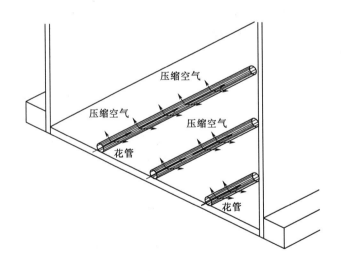

图 9　底板风管布设示意图

在泥浆池外设置温度控开关，当气温低于 0℃时，空压机自动启动，给花管供风，对浆液搅拌防止浆液冻结。空压机运行时间 10min 后自动停止运行 120min，如温度继续低于 0℃空压机再次启动 10min，如温度高于 0℃，空压机停止运行，如此循环防止浆液冻结。

在泥浆池内距离底部约 10cm 处设置浮力行程开关（密度开关），伴随着时间增长泥浆池内浆液开始沉淀絮凝，底部浆液浮力逐步增大，推动行程开关上行动作，当底部浆液密度达到 $1.5g/cm^3$ 时，行程开关触动空压机供电系统，空压机开始运行，通过供风花管搅动浆液使浆液底部沉淀絮凝物上浮，降低底部浆液密度。通过对浆液的搅拌，底部浆液密度逐步减小，浮力行程开关下行动作，空压机停止运行。

5 效益分析

康苏水库枢纽工程项目经理部研制的新型泥浆池，在该项目大坝基础防渗墙施工中取得了显著的成效，该泥浆池具有建设速度快，材料成本低等特点，经数据统计分析采用该型泥浆池为大坝基础防渗墙施工节约成本约23万元。

首次把拼装理念成功运用到泥浆池建设中，打破了现浇混凝土、浆砌石等常规泥浆池的建设思路。通过引入防冻结、防沉淀絮凝自动搅拌系统，为今后全自动护壁泥浆加工系统开辟了新的研究思路。

我国每年采用泥浆护壁施工的大中小工程数以万计，如何把组装式泥浆池的成功应用经验进行推广，并探索一种全自动高智能护壁泥浆搅拌循环系统是我们面临的新课题。

高风压双壁钻杆造孔技术研究及应用

周胜成[1]　卢勇君[1]　赵卫全[2]　韦兵生[1]

(1.中国能源建设集团广西水电工程局有限公司基础工程公司
2.中国水利水电科学研究院)

【摘　要】 针对地质钻机钻孔效率低,常规单壁钻杆风动潜孔钻机在造孔过程中遇到不良地层易卡钻及高风压对周围岩层扰动破坏大等钻孔难题,研究提出了高风压双壁钻杆造孔技术,并在工程中进行了初步应用。结果表明,采用高风压双壁钻杆造孔可显著提高钻孔施工效率,值得进一步推广。

【关键词】 双壁钻杆　风动钻机　高风压　快速造孔

1　概述

砂卵石、堆石体基础固结灌浆施工,破碎岩体的大漏水灌浆施工中的造孔,常规采用地质钻机造孔,钻孔速度慢,钻杆作注浆管,不能满足膏浆等稠浆的大注入量要求;其次钻头造孔总进尺量有限,孔深时无法完成单孔造孔任务,需要起钻、换钻头等问题,严重影响施工进度。风动潜孔锤跟管钻进造孔速度相对较快,但对于深孔(孔深大于50m)成孔困难,套管接头易被打断。风动潜孔锤单壁钻杆造孔成孔速度快,但成孔后需要起钻下注浆管,不能解决造孔、注浆工艺于一体的问题,影响施工效率;同时对于破碎地层,风动潜孔钻机单壁钻杆造孔易卡钻,且对地层扰动破坏大。开发研究风动双壁钻杆造孔技术具有重要应用意义。

俄罗斯"地质技术"专业设计局从1978年开始采用双壁钻杆连续取芯钻进技术,先后开发出各种成套设备、双壁钻杆以及各种环式风动冲击器。该项技术的特点是钻孔直径为钻杆直径的2~3倍,钻具轻便,可采用功率较小的设备[1]。2006年我国辽河石油勘探局申请了"双壁钻杆低压钻井技术"专利,这种钻井方法在同心双壁钻柱下端运用空气锤或者钻头来进行钻进,可进行正循环或反循环钻井[2]。目前双壁钻杆在我国钻井工程中已有较多应用[3]~[5],但在水电等地基基础处理领域还未见应用报道。

2　双壁钻杆构造及造孔工艺

2.1　双壁钻杆构造

双壁钻杆又称双层钻杆。由内、外两层钻杆(称内管和外管所组成)。内、外管之间构成环隙,是水力输岩钻进、中心取样钻进时,向孔底泵送冲洗介质的通道。内管中心孔是排出冲洗介质固定成一个整体，每根双壁钻杆之间以外管的丝扣进行连接，保证传递扭矩和压力。而内管之间多采用插接方式，一般只起流通冲洗介质的作用，因此，插接处要设密封装置。常规的双壁钻杆构造示意图如图1所示。

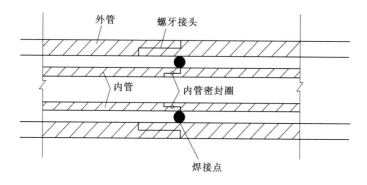

图1　常规双壁钻杆构造示意图

在水电地基基础处理工程中，需要利用双壁钻杆的中孔（内管）进行返渣和灌浆，因此需要对常规的双壁钻杆进行改造。

改造后的双壁钻杆由内管、外管、双壁旋转水龙头、隔离器（止浆环）、三叉接头等构成，规格根据工程的不同而异，常用的规格为ϕ89、ϕ108、ϕ146等，内管起返渣、注浆作用，内外管间环向间隙为送风通道。同时为保证钻孔的精度，在双壁钻杆前端增加了导向装置。改造后的双壁钻杆构造示意图如图2所示。

图2　改造后的双壁钻杆构造示意图

在复杂地层钻进时，压缩空气在双壁钻杆中的循环恰似一闭路循环系统，即使遇到较大的空洞，一旦钻具到达洞底，正常循环也会立即恢复。此外，双壁钻杆为满眼钻具，孔壁间隙小，破碎岩块没有没有坍塌的空间条件，双壁钻杆对孔壁有一定的支护作用，保证了钻进过程中的连续性，避免了因频繁提下钻具所形成的压力激动和抽吸作用给钻孔造成的破坏。双壁钻杆为满眼钻具，刚性好，孔斜易保证。

2.2　双壁钻杆造孔工艺

双壁钻杆造孔主要通过空压机和潜孔锤，其工艺与单壁钻杆造孔工艺主要区别是潜孔锤带逆止阀及内管直接作为灌浆管，在砂卵石地层钻进时无需跟套管。其造孔工艺：孔位放样→钻机就位→测量方位角及调整钻杆角度→第一段钻进→第二段钻进→...→最后一段钻进。钻进过程中如遇到断层破碎带等不良地质条件，停钻，利用内管直接灌浆，灌浆结束后继续钻进。

常规单壁钻杆潜孔钻在砂卵石地层造孔工艺流程：孔位放样→钻孔（φ146mm套管跟进）→下PVC（φ110mm）管→拔套管→浆液搅拌→固结灌浆→封孔→结束→下一孔施工。工序涉及套管跟进，钻孔及灌浆历时均较长。

（1）钻孔孔斜。由于双壁钻杆增加了导向装置，其孔斜精度要远高于单壁钻杆。同时在钻进过程中使用适宜的钻进压力，不致于使钻杆弯曲，保证了钻孔精度。

（2）钻孔风压。由于双壁钻杆采用内管排渣，对孔壁的扰动很小，基本不会塌孔，因此在钻进时可采用高压风压钻进，根据现场试验其钻进风压可达到3MPa。

（3）造孔速度。由于双壁钻杆采用高风压钻进，内管排渣，对孔壁扰动小，漏风少，一次性成孔，因此造孔速度快。在复杂地层及深孔成孔中，其成孔效率可达地质钻机成孔速度的10倍以上，综合造孔工效可达20m/h，施工速度大幅度提高。

3 双壁钻杆造孔在某加固工程中的应用

某水电站堵漏加固工程，设计孔深约100m，顶角孔斜约25°，间距2.0m，双排梅花形布置。前期采用单壁钻杆正循环钻进，1号孔在50m处遇到破碎层，层厚约1.2m；3号孔在35m处遇到破碎层，层厚约1.0m。遇到破碎层后，起钻下注浆管进行固壁速凝浆液灌浆，待凝后继续钻进。采用3班倒24h施工，单孔造孔历时约2d，效率较慢。因工期紧张，项目部对剩余几个孔改用双壁钻杆钻进。钻机采用MDL120履带式钻机，空压机采用英格索兰柴动空压机，钻孔钻孔风压2.6MPa，钻孔孔径130mm。钻进遇到塌孔时，利用内管注浆进行固壁，待凝固后继续钻进。终孔后，内管作为灌浆管，进行裂隙冲洗、压水后进行灌浆。现场钻孔如图3所示。

图3 风动钻机双壁钻杆钻孔图

12号、15号孔孔遇到破碎层分别在孔口往下50m、42m处，破碎层厚度约0.8～1.5m。在遇到岩层破碎时，通过内管注浆进行固壁，待固壁浆液达到初凝后继续钻进。采用双壁钻杆钻进法，完成单孔平均耗时仅1d，施工效率提高了约2倍，满足了现场施工进度要求。

4 结语

（1）双壁钻杆在高风压作用下，钻进速度快，较常规的潜孔钻及地质钻优势明显，特别是遇到砂卵石层及破碎岩层，常规钻孔方式钻进困难，需进行固壁灌浆或采用套管跟进等方法时，双壁钻杆的使用很好地解决了这一难题，值得在工程中进一步推广应用。

（2）钻孔过程中遇到软弱破碎带或终孔后，其内管可直接作为灌浆管，进行孔内冲洗、灌浆，减少了提钻和下灌浆管等工序，可显著提高施工效率。

（3）双壁钻杆内管可根据需要加工成大直径管，可满足灌注膏浆等高黏聚力、大稠度浆液的需要。

（4）双壁钻杆采用内管排渣，在钻孔过程中可防止高压风随孔壁消散，可大大提高钻进效率，提高钻孔深度和精度；同时可减少对钻孔孔壁的扰动和破坏，可进一步在帷幕工程中试验应用。

参考文献

[1] A. H. 俄双壁钻杆钻进设备简介 [J]. 国外地质勘探技术，1997（4）：39-41.
[2] 杨光，汲生龙，等. 双壁钻杆钻井技术及适用性分析 [J]. 西部探矿工程，2013（3）：80-82.
[3] 李永和. 双壁钻杆低压钻井工艺技术 [J]. 石油钻探技术，2007，35（2）：1-4.
[4] 王茂森，殷琨，等. 全孔反循环中心取样钻进设备与试验研究 [J]. 煤田地质与勘探，2000，28（5）：61-62.
[5] 马黎明. 气举反循环工艺在大直径工程井中的应用探讨 [J]. 中国煤炭地质，2015，27（10）：46-48.

莱芜市沟里水库防渗层基础处理

徐运海　刘莉莉　巩向峰

（山东省水利科学研究院）

【摘　要】　莱芜市沟里水库库区坐落于奥陶系下统及中统石炭系上，岩溶断层发育，库底淤积渗漏严重，水库无法正常蓄水。增容工程设计中库底采用两布一膜防渗。由于清淤开挖后库底支持层多变，通过对卵石层采取换砂处理措施，保证了库底的渗透稳定。

【关键词】　沟里水库　防渗支持层　基础处理

1　工程概况

沟里水库位于牟汶河支流莲花河上，控制流域面积 44.6km²，设计总库容 1033 万 m³，属中型水库。水库于 1965 年 7 月建成，水库以防洪为主，兼顾工业供水、农业灌溉等。华能莱芜电厂建于 1972 年，位于库区上游右岸，前期华能莱芜电厂的粉煤灰大多排入河道汇入库区。根据 2015 年实测资料，到 2015 年 6 月，水库兴利水位以下库内粉煤灰与泥沙淤积量共计 168.43 万 m³，兴利水位以下库容仅 554.57 万 m³，因渗漏严重，无法发挥水库的正常作用。

增容后水库总库容 1129 万 m³，仍为中型水库。

2　库区工程地质

2.1　地层岩性

库区地层岩性主要有两部分组成，上部为第四系覆盖层，下覆基岩；库区内第四系覆盖层分布广泛，自上而下分别为：

① 冲填土（Q_4^{al+ml}）层：灰褐色、黄褐色，土质不均匀，成分主要为壤土，含较多砂、砾及卵石、碎石颗粒。

② 粉煤灰（Q_4^{al}）层：灰黑色，为近几十年来发电厂排放冲积形成，较均匀。

③ 砂砾质壤土（Q_4^{al+pl}）层：黄褐色，呈可塑状态。局部黏粒含量偏高，近黏土，土质不均匀，夹少量粗砾砂颗粒，含量约 20%～30%，局部夹少量碎石。

④ 中粗砂（Q_4^{al+pl}）层：浅黄色，呈稍密—中密状态，砂质不均匀，含砾、碎石约 15%，颗粒成分以长石、石英为主。

⑤ 卵石（Q_4^{al+pl}）层：色杂，中密—密实，卵石、碎石含量 50%～70%，次棱角形，颗粒直径一般 20～50mm，成分为灰岩，由中粗砂，砾石及少量细颗粒土充填。

⑥ 黏土（Q_3^{al+pl}）层：褐黄色、棕黄色，呈可—硬塑状态，黏粒含量较高，夹少量粗砂砾，局部夹少量碎石，含量约 10%～20%。

库区广泛分布着石灰岩岩层，库底及库岸岩性主要有奥陶系中统八陡组灰色厚层泥晶质纯灰岩、阁庄组的薄层微晶膏溶云泥岩夹白云岩和奥陶系下统五阳山组的灰色厚层泥晶灰岩。

2.2 库区扩挖增容工程地质评价

库区基岩上覆土层分布、渗透性不均匀，不能形成连续分布的防渗体，基岩内岩溶渗漏通道为网络状，局部防渗措施不能解决渗漏问题；又由于岩溶、断层等在基岩中发育深度大，也不能采用垂直防渗措施，因此沟里水库只能采取库底水平防渗结合库岸防渗的型式。库区地形相对平坦，河道比降较小，两岸岸坡高度较低，也适合采取水平防渗，因此本水库采取两布一膜防渗是适宜的，但需注意以下一些问题。

库区岩溶发育。勘探遇到溶洞的钻孔数占总钻孔数的 12%，局部顶板厚度仅有 0.3m，水库蓄水后抬高水头较高，岩溶上部压力增加较多，可能出现岩溶塌陷问题，因此建议对溶洞提前进行灌浆及砼充填处理，对顶板厚度小于 0.5～1.0m 的溶洞，开挖后充填砼；对顶板厚度 1.0～1.25m 的溶洞以及顶板厚 5m 内无充填物的溶洞，灌水泥浆防止其蓄水后塌陷引起防渗体破坏。

吴家岭水位观测井 2000—2015 年平均最高地下水位为 174.35m，则多年来沟里水库库区最高地下水位低于现状最低库底高程，也低于增容工程库底清淤扩挖最低高程较多，地下水变化区间远离第四系覆盖层，因此地下水变化不会对库区防渗体造成影响。但考虑到汛期地表来水可能很快，沿库岸进入防渗体底部后，来不及下渗补给地下水，从而壅高水位，短时间内呈现承压状态，若防渗体上部重量不足可能造成防渗体上浮破坏，或者造成防渗体垫层冲刷破坏；施工过程中土工膜下部容易进入气体，若不及时排出，因为气体无法压缩、不易排出，导致防渗体各部分不能紧密接触，地下水也容易冲刷破坏防渗体。因此土工膜下须设置排水排气装置，以便及时有效的降低上浮力，保证防渗体安全。

3 防渗方案

库岸采用复合土工膜防渗，面积 8.9 万 m²；库底采用两布一膜防渗，面积 95.3 万 m²。库底土工布和土工膜要求分开铺设，库底自上而下分别为：厚 0.6m 回填土、重 200g/m² 土工布、厚 0.5mm PE 膜、重 200g/m² 土工布、支持层压实。在施工过程中，对清淤后的库底进行整平、压实后，铺设两布一膜防渗。库底防渗层包括支持层、排水排气层、防渗层和保护层。

（1）支持层。库底整平、压实至设计高程后作为两布一膜防渗的支持层，壤土压实度不低于 0.92，为防止防渗层被刺破，支持层表面不得有树根、芦苇、岩石尖角等突出物。

（2）排水排气层。为解决库底铺膜下的排水、排气问题，在铺膜下方设置纵横交织的软式透水管。垂直水流向每隔 20m 设一道横向排水、排气沟，通至库区两侧护岸，并沿护岸铺设至岸顶，沟槽尺寸 280mm×280mm，槽内敷设 φ80 软式透水管，并用粗砂回填，共计 108 条。顺水流方向设 5 道纵向排水、排气沟，沟槽尺寸 350mm×350mm，槽内敷设 φ150 软式透水管，并用粗砂回填。沿纵向排水、排气沟每 100m 设一套逆止阀，共计

103 套。

沟槽、软式透水管通至库区两侧护岸，并沿护岸铺设至岸顶。同时，为增加排水、排气的可靠性，在库底 0+000～1+100 段水平铺设一层粗砂垫层，厚 0.10m。

（3）排气口。本水库排气口设在新建库岸顶部，结合警示柱进行，警示柱高 0.7m，平面尺寸 0.2m×0.2m，内 d_{50}PVC 排气管，孔内可填碎石，每 20m 一个。

（4）防渗层。防渗层选用两布一膜，其中，土工膜采用厚 0.5mm 的 PE-HD 膜，上、下层均为重 200g/m^2 的土工布。土工膜采用焊接处理。

PE-HD 膜设计指标与要求如下：

密度不应低于 940g/cm^3；拉伸屈服强度（纵横向）不应低于 7N/mm；拉伸断裂强度（纵横向）不应低于 10N/mm；断裂伸长率（纵横向）不应低于 600%；直角撕裂负荷（纵横向）不应低于 56N；抗穿刺强度不应低于 120N；渗透系数应小于 10^{-13}cm/s；符合《食品包装用聚乙烯成型品卫生标准》（GB/T 5069—2003），土工膜无毒性，对水质无污染。不允许有砂眼、疵点、杂质。

土工布设计指标：长丝针刺土工布密度不应低于 200g/m^2；断裂强力大于 10.5kN/m；断裂伸长率 40%～80%；CBR 顶破强力大于 1.8kN；等效孔径 0.07～0.2；垂直渗透系数小于 $1～9.9×10^{(-1～-3)}$ cm/s；撕破强力不小于 0.28kN。

以上土工膜和土工布等需分别满足 GB/T 17643—2011 及 GB/T 17639—2008 国家标准。

（5）保护层。顶部土工布以上保护层厚 0.6m，其中壤土保护层厚度 0.5m，压实度 0.92；为满足抗冲要求，在库底范围内表层回填一层开挖的卵石，厚 0.1m。土工布以上回填土应优先采用库区开挖的砾石壤土。

4 土工膜支持层基础处理

4.1 开挖后地层情况

库区基岩上覆土层分布、渗透性不均匀，不能形成连续分布的防渗体，基岩内岩溶渗漏通道为网络状，局部防渗措施不能解决渗漏问题；又由于岩溶、断层等在基岩中发育深度大，也不能采用垂直防渗措施，因此沟里水库只能采取库底水平防渗结合库岸防渗的型式。库区地形相对平坦，河道比降较小，两岸岸坡高度较低，也适合采取水平防渗，因此本水库采取两布一膜防渗是适宜的，但需注意以下一些问题：

（1）库区岩溶发育，且可能随时间加剧发展。勘探遇到溶洞的钻孔数占总钻孔数的 12%，局部顶板厚度仅有 0.3m，水库蓄水后抬高水头较高，岩溶上部压力增加较多，可能出现岩溶塌陷问题，因此建议对溶洞提前进行灌浆及混凝土充填处理，对顶板厚度小于 0.5～1.0m 的溶洞，开挖后充填混凝土；对顶板厚度 1.0～1.25m 的溶洞以及顶板厚 5m 内无充填物的溶洞，灌水泥浆防止其蓄水后塌陷引起防渗体破坏。

（2）库区开挖后土层分别为砂砾质壤土、中粗砂、卵石、粉煤灰、冲填土、砂质黏土、岩石，面积分别为 28.89 万 m^2、20.68 万 m^2、36.54 万 m^2、3.9 万 m^2、0.4 万 m^2、3.44 万 m^2、1.41 万 m^2。

（3）根据设计，开挖后一般③层砂砾质壤土和④层中粗砂揭露，根据室内试验指标，砂砾质壤土具有高压缩性，剩余层厚也不均匀，会产生沉降量较大及不均匀沉降问题，故防渗施工前应进行压实，对卵石层进行反滤处理。

4.2 支持层基础处理

开挖后底部卵石地层的面积 36.54 万 m^2，需增加反滤措施。根据《碾压式土石坝设计规范》（SL 274—2001）反滤设计要求，对于不均匀系数 $Cu>8$ 的被保护土，宜取 $Cu\leqslant5\sim8$ 的细粒部分 d_{15}、d_{85} 作为计算粒径；对于级配不连续的被保护土，应取级配曲线平段以下（一般是 $1\sim5mm$ 粒径）细粒部分的 d_{15}、d_{85} 作为计算粒径。

被保护为无黏性土且不均匀系数 $Cu<5\sim8$ 时，第一层反滤级配按以下式确定：

$$D_{15}/d_{85}\leqslant4\sim5 \tag{1}$$

$$D_{15}/d_{15}\geqslant5 \tag{2}$$

式中：D_{15} 为反滤料粒径，小于该粒径的土重占总土重的 15%；d_{15} 为被保护土的粒径，小于该粒径的土重占总土重的 15%；d_{85} 为被保护土的粒径，小于该粒径的土重占总土重的 85%。

本工程中，卵石层被保护土不均匀系数 Cu 达 193.32，需按规范调整计算粒径，调整后卵石颗粒级配见表 1。

表 1   调整后卵石计算颗粒级配表

类型	粒径/mm				
	5~2	2~0.5	0.5~0.25	0.25~0.075	<0.075
卵石	24.72	36.36	13.64	7.39	17.90

中砂 D_{15} 为 0.268。对于卵石其 d_{15} 为 0.082mm，d_{85} 为 2.88mm；

则 $D_{15}/d_{85}=0.268/2.88=0.093\leqslant4\sim5$。

$D_{15}/d_{15}=0.268/0.05=5.36\geqslant5$。

由此可见，采用厚 30cm 开挖的中粗砂可满足设计要求。

5 结语

莱芜市沟里水库增容工程设计中，采用全盘土工膜防渗方案，这在山区水库中鲜见。库区开挖后土层分别为砂砾质壤土、中粗砂、卵石、粉煤灰、冲填土、砂质黏土、岩石，库底支持层处理较为复杂；通过对卵石层采取换砂反滤处理措施，保证了库底的渗透稳定和水库的安全运行。